国家哲学社会科学成果文库

NATIONAL ACHIEVEMENTS LIBRARY
OF PHILOSOPHY AND SOCIAL SCIENCES

先秦推类思想辩证

张晓芒　著

中国社会科学出版社

图书在版编目(CIP)数据

先秦推类思想辩证／张晓芒著．—北京：中国社会科学出版社，2023.6（2025.11重印）
（国家哲学社会科学成果文库）
ISBN 978－7－5227－1598－8

Ⅰ．①先…　Ⅱ．①张…　Ⅲ．①逻辑史—研究—中国—先秦时代
Ⅳ．①B81－092

中国国家版本馆CIP数据核字(2023)第044684号

出 版 人　季为民
责任编辑　冯春凤
责任校对　郝阳洋
责任印制　戴　宽

出　　版　中国社会科学出版社
社　　址　北京鼓楼西大街甲158号
邮　　编　100720
网　　址　http://www.csspw.cn
发 行 部　010－84083685
门 市 部　010－84029450
经　　销　新华书店及其他书店

印刷装订　北京君升印刷有限公司
版　　次　2023年6月第1版
印　　次　2025年11月第2次印刷

开　　本　710×1000　1/16
印　　张　41.5
字　　数　569千字
定　　价　299.00元

《国家哲学社会科学成果文库》出版说明

为充分发挥哲学社会科学优秀成果和优秀人才的示范引领作用，促进我国哲学社会科学繁荣发展，自 2010 年始设立《国家哲学社会科学成果文库》。入选成果经同行专家严格评审，反映新时代中国特色社会主义理论和实践创新，代表当前相关学科领域前沿水平。按照“统一标识、统一风格、统一版式、统一标准”的总体要求组织出版。

全国哲学社会科学工作办公室

2023 年 3 月

目 录

上 编

CONTENTS

PART I

CHAPTER 7 THE EVOLUTION FROM THE “ANALOGY” CATEGORY TO THE “ANALOGIZING” PATTERN OF THE PRE-QIN THOUGHTS ON ANALOGICAL REASONING

CHAPTER 8 PATTERN CONSTRUCTION AND WORKING MECHANISM OFTHE PRE-QIN REASONING METHODS

CHAPTER 9 EVALUATION ON THE WORKING MECHAN ISM OF THEPRE-QIN REASONING PATTERN

上　编

第一章
先秦逻辑思想研究的前提条件

中国逻辑思想史研究已逾百年，其中尤以其源头及重点的先秦逻辑思想史研究为著。但时至今日，这种“中国的逻辑”的对象、性质、基本内容、演化过程是什么？以及其所涉及这些年来逻辑史比较研究中一直热议的“逻辑的共性与个性”问题，“逻辑与文化的关系”问题，“中国古代逻辑思想的文化特殊性、民族性和传承性是什么”问题，应该说还是未能得出一个普遍性的学理共识。

将这些争论溯源至中国古代逻辑思想发生发展的源头进行归纳，实际上就是三个问题。第一个问题是，先秦逻辑思想究竟有没有？第二个问题是，如果有，那么它究竟是什么？第三个问题是，为什么会产生这种逻辑思想？这是研究先秦逻辑思想无论如何绕不开的三个问题。它们不但涉及了一个完整逻辑思想传统所必须论及的逻辑观以及有效推理论证的技术方法问题，也涉及了“逻辑”作为一种思维工具，理应具有超越时代的不变的价值永恒性，和伴随时代变化而变化的价值时代性了。因此，如果这三个问题得不到解释性回答，先秦逻辑思想研究的对象、方法、目的、意义就会被不断追问下去。

而对这三个问题的回答，说到底还是在比较逻辑框架下进行，也必然牵系逻辑观、逻辑方法以及逻辑与文化的关系问题。

第一节 逻辑观的问题

当前，随着社会的呼唤，逻辑学教育正在不同层面上持续展开，[1] 而随着受众者的不断扩大，无论是编写者抑或是讲授者还是接受教育者，都面临着一个现实的问题：逻辑[2]究竟是什么？它有什么用？可能不同的研究者和不同的接受者会有不同的回答。这就如同数学家眼里的逻辑，和逻辑史学家、哲学家、文学家眼里的逻辑，乃至想分析评价“这些年各地发生的和服女现象”的普通大众眼里的逻辑，大概也会有所不同。由此也牵系出一个老问题——逻辑观的问题。

一 从“逻辑”的工具性学科性质看“逻辑”的“是什么”

一个理论的“是什么”，往往是被它的“要干什么”催发、逼迫出来的。没有它的“要干什么”，也就无所谓它的“是什么”。

“是什么”显现在它的定义中，“要干什么”则是藏在这个定义底下要求它“为什么”是这个“是什么”的那个理由。我们探讨这个“是什么”的过程，实际上就是从探讨那个“要干什么”开始的。

问题似乎很简单，但探讨问题的过程却很是复杂。因为，从直观上感受，那个“要干什么”似乎就是这个“是什么”。二者能分开吗？仍然是直观感

1 随着社会对逻辑思维要求的日益提高，逻辑学基础教育在各高校得到了一定的重视，许多高校开设了“逻辑学”的通识教育课程；从2021年新学期开始，高中学段共有21个省市使用高中思想政治课统编版新教材选择性必修第三册《逻辑与思维》；高中语文统编教材选择性必修上册第四单元也为“逻辑的力量”。

2 按，“逻辑”（logic）可以有几种理解，一种是作为学科意义上的、理论形态的“逻辑学”；一种是作为思维认知能力的“逻辑”；一种是特殊的理论、观点或看问题的方法，如“这是什么逻辑”？本书对于先秦推类思想的比较研究，是在第一种意义上使用“逻辑”一词的。关于这一点，在本节第四小节“逻辑的可修正问题”中还会有所讨论。

受，不能分开，哪来的那么多理论争论？

逻辑亦如是。作为一门思维工具性学科的知识体系，逻辑究竟“是什么”是被它的“要干什么”催发、逼迫出来的。

1. 有关“逻辑”的不同解说

逻辑究竟是什么？著名逻辑史学家杜米特留曾认为，有关“逻辑学”的定义很多，几乎每一个逻辑学家都有自己对逻辑学的定义。而随着逻辑学研究的持续发展和逻辑类型的不断增多，对“逻辑”这一概念的讨论也从来没有停止过。据陈波教授在其《逻辑哲学导论》[1] 中对“逻辑”的不同描述，就记载了成百种对“逻辑”的不同理解，其中相互之间几乎都多多少少具有差异。这种不同理解虽然也反映着逻辑学研究的不断发展和逻辑类型的持续增多，但它也同时说明：究竟什么叫逻辑？逻辑有什么用？随着逻辑学研究领域目前更为复杂化地从领域合一趋向于领域分离，无论对逻辑学研究者、教学者还是对逻辑学的受教育者，这种追问更加预设式地闪现出来。

毕竟，作为一种思维工具性学科，逻辑领域的所有研究成果，不仅仅只是自家屋子里的东西，“自己讲自己的道理”肯定是对的，但它们总要或早或迟地通过各种交流环节乃至教学环节进入社会，直面受众。对于很大一部分人来讲，至少他们完全可以大道至简地提出，“学习逻辑对我认识并分析评价社会、认识世界有什么用”？

其实，“有什么用”的问题说穿了就是“要干什么”的问题，解释清楚了才是它的“是什么”的问题。对于逻辑究竟是什么？现代一些著名逻辑学家、逻辑史家如是说：

蒯因：“通常含混地说，逻辑是必然推论的科学。”

1　参见陈波《逻辑哲学导论》，中国人民大学出版社，2000。

克林："逻辑是用来组织科学的知识，和当作日常生活上推理之工具的。"

孟德生："逻辑最通俗的定义之一是：推理方法之分析。在研究这些方法时，逻辑的兴趣在论证的形式，不在论证的内容。"

柯比在谈到皮尔士把逻辑中心问题看成论证的归类时，又接着说："那么逻辑的研究就是用来区分对的（好的）论证和错的（坏的）论证的方法和原理的研究。"

斯克姆斯在《选择与机遇——归纳逻辑导论》一书中也明确地说："逻辑是关于论证的前提与结论之间论据联系强度的学问。"[1]

这些关于逻辑的定义，有的宽泛一些，认为逻辑学就是研究推理和论证的；有的狭窄一些，认为逻辑学的对象是研究必然性推理或者有效推理的。由是，如何理解"逻辑"，就有着对由前提到结论关系理解的狭义和广义之分。

2. 不同理解带来的问题

广义理解往往是在比较逻辑研究或不同的论证理论及模式研究中发生的，其所带来的问题如同编筐子，筐子边编到哪里是好？在A文化与B文化或A理论与B理论的比较研究中，无论"据A释B"还是"据B释B"，总有一个参照系来作为如何回到文本、回到生活的评价标准，其尺度的把握可能会因人而异，故而也每每会被人追问，你那个筐子是不是"逻辑"的筐子？

或如，在中西逻辑比较中，曾有学者认为：用"名学"称谓先秦逻辑思想，一是过窄，没有把先秦时代对于"辞""说""辩"等思维方法概括进去；二是又过宽，把许多不属于逻辑的内容也包括进去了，如先秦时代对名理、名法、名守、名分研究的内容。而用"辩学"称谓先秦逻辑思想，一是过窄，没有把先秦时代对于"名"的思维方法概括进去；二是又过宽，

1　以上转引自南开大学哲学院逻辑学教研室编著《逻辑学基础教程》（第二版），南开大学出版社，2008，第1页。

把不属于“辩”的内容如政治伦理方面的内容也包括进去了。故而主张“名辩学是中国古代主要研究正名、立辞、明说、辩当的方法、原则和规则的一门学问”。[1] 但一段时间内，“名辩学”还是被人诟病为是“在中国的逻辑”。

而按狭义理解来说，很多逻辑学家认为逻辑必然是形式的，就像亚里士多德三段论式那样，因此，“逻辑”与“形式逻辑”实际上是同义词。亦即，无“形式”即无“逻辑”。20 世纪 20 年代英国逻辑学家凯因斯在其《形式逻辑》一书中即认为：“逻辑一定是形式的，或者至少是非实质的。”[2] 金岳霖先生在其 20 世纪 30 年代由商务印书馆出版的《逻辑》中，其所说“逻辑”就是“形式逻辑”：“在《逻辑》那本书里我没有正式提出形式逻辑的定义，非正式地提出是有的。在课堂上我经常提出这样一个说法：逻辑是研究命题与命题之间的必然联系的……我把整个的逻辑看作是研究必然的科学。”[3] 于是“归纳与演绎大不相同。我认为它们终究是要分家的，所以这本书没有归纳的部分”[4]。

有学者延续了这种观点，在其一系列的研究中，“第一次以标题的形式明确提到了‘必然地得出’这个词”[5]，认为逻辑是“关于必然的推理的科学”[6]。其主要根据是，虽然亚里士多德“没有定义‘必然得出’这一重要概念”[7]，但仍然可以按照逻辑产生和发展的内在机制，即用“这种内在机制就是‘必然地得出’”[8] 来规定逻辑的观念，从而得出逻辑“是什么”。

有学者在研究中国古代逻辑思想过程中，也顺应了这种观点。虽然作者认为，“逻辑是总名，中国逻辑是特例，而中国逻辑总是以西方逻辑为参照物

1　刘培育：《名辩学与中国古代逻辑》，《哲学研究》1998 年增刊。

2　〔英〕凯因斯：《形式逻辑》，1928 年英文版，第 2 页。

3　金岳霖：《逻辑》，生活 · 读书 · 新知三联书店，1982 年重印版代序，“对旧著《逻辑》一书的自我批判”，第 34 页。

4　金岳霖：《逻辑》，生活 · 读书 · 新知三联书店，1982 年重印版，原序，第 1 页。

5　刘新文：《求是与求真——王路学术思想历程》，《重庆理工大学学报》（社会科学版）2020 年第 2 期。

6　王路：《理性与智慧》，上海三联书店，2000，第 11 页。

7　王路：《亚里士多德的逻辑学说》，中国社会科学出版社，1991，第 89 页。

8　王路：《走进分析哲学》，生活 · 读书 · 新知三联书店，1999，第 282 页。

(或标准)，否则怎么知道是不是逻辑呢?"[1] 但同时作者又认为相互比较的两种逻辑在其内在规定性上相同：研究命题之间必然性联系或从一个或多个命题必然得出一个新命题。故而该书着重对《墨经》中的"必"与"故"两个逻辑范畴进行了详解，并以此得出结论："三物必具，然后辞足以生"中的"必"为"必定、必须、一定要"，突出强调了三物的重要性，表达出结论对前提的必然性要求，这也契合了西方逻辑由前提到结论的必然性联系。

但是，按这种狭义的理解，又带来如下两个延伸问题值得思考。

3. 从前提到结论的"必然"

笔者认为，从前提到结论的"必然"可以有两种解释。"从前提必然得出一个结论"的"必然"，是语用、语效意义上的"必须、一定会"；而"逻辑是研究命题与命题之间的必然联系的"中的"必然"，是语法意义上的蕴涵，即结论"必然"被前提所蕴涵。而这两个"必然"所带来的真值情况有所不同。或如，亚里士多德逻辑意义下的"必然地得出"，成为形式逻辑发展到今天诸多分支"不可动摇的推动者"。而经中国逻辑史的研究，中国先秦时代的"推类"模式[2]或方法，其引征谕证[3]的推导模式，要求从引征的前提"必然"要谕证出一个当下的道理，以"取辩于一物而原极天下之污隆"[4]。或如，下编第十四章第一节所讲到的，在《左传》大量使用的引征谕

1 张忠义：《中国逻辑对"必然地得出"的研究》，人民日报出版社，2006，第2页。

2 本书下编将系统探讨这种模式。

3 引征：引出、征用一个具有公共知识的生活经验或历史经验作为"推类"的前提；谕证：以联想的工作机制用引征的前提隐喻或意涵当下所要说明的治国理政道理。又按，现代语言学家王力认为，在中国古代用"譬"的"推知"过程，寓说理于譬喻之中的"喻""谕"本无分别，直到汉代还相互混用，后来才有了分工。于单纯"比喻"意义的用"喻"不用"谕"，在"晓得"或"使人知道"的推论意义上，则用"谕"不用"喻"（参见王力主编《古代汉语》第一册，中华书局，1985，第324页）。这可以《说文解字》为证："譬，谕也"（《说文解字·言部》）；"谕，告也"（《说文解字·言部》）。《段注》："晓之曰谕，其人因言而晓亦曰谕。"由之，推类之"譬"一定是要借助于其他的事情来说明谕证某一事理。即《文心雕龙·比兴》篇在给"兴"做的语义解释"'兴'则环譬以记讽"之后，又进一步解说其功用，"观夫'兴'之托谕，婉而成章；称名也小，取类也大"。此处的"谕"即为晓告。

4 （晋）鲁胜：《墨辩注叙》。

证之后，总要来一句“此之谓也”，使之成为引征前提与谕证结论之间的“类事理联结词”；或如，《墨子》也在大量使用引征谕证之后，总要来一句“譬犹”“譬之犹”“譬彼犹”等；而《孟子》中则往往采用“喻”，如“五十步笑百步”中的“王好战，请以战喻”[1]。否则，也用不着引征谕证什么了。而其结论性质按其联想机制的工作机理，还是不具有必然性。

“普通逻辑”教材中归纳推理、类比推理的结论性质亦如是。由此引发出下一个延伸问题。为本节后文“逻辑可修正问题”方便计，作为个案，我们先讨论之。

4. 归纳逻辑[2]是不是“逻辑”

对于从前提到结论不具有必然性联系的归纳是不是逻辑，有学者从常被引用爱因斯坦著名的一段话中解读出爱氏也不认同归纳属于逻辑。按，爱因斯坦在《西方科学的基础和中国古代的发明——1953 年 4 月 23 日给 J. E. 斯威策的信》中如是说：“西方科学的发展是以两个伟大的成就为基础。那就是：希腊哲学家发明形式逻辑体系（在欧几里得几何学中），以及通过系统的实验发现可能找出因果联系（在文艺复兴时期）。在我看来，中国的贤哲没有走上这两步，那是用不着惊奇的。令人惊奇的倒是这些发现［在中国］全都做出来了。”[3] 我们在此不分析爱因斯坦的“毕竟做出来了”的“惊奇”，只考虑该学者对此的解读是：“爱因斯坦的逻辑观，属于国人所谓‘小逻辑观’……我认同爱因斯坦的逻辑观，即认为只有演绎才是形式逻辑，归纳不是形式逻辑。但这不等于轻视归纳，而只是把归纳归于另一学科，就是科学

1　《孟子 · 梁惠王上》。

2　从形态上看，归纳逻辑大致可以分为传统归纳逻辑和现代归纳逻辑。传统归纳逻辑是指由培根创立，经穆勒发展和完善的归纳逻辑理论；现代归纳逻辑是由凯恩斯创立，经赖辛巴哈、卡尔纳普、科恩等发展，运用概率论和公理化方法等来探索归纳问题所形成的归纳逻辑理论（也称概率归纳逻辑）。本书在进行中西逻辑比较中提到的归纳逻辑指传统归纳逻辑理论。

3　〔美〕爱因斯坦：《爱因斯坦文集》第一卷，商务印书馆，1976，第 574 页。

方法论；我认为演绎和归纳同等重要，科学的发展靠的是演绎和归纳两条腿走路，人类的理性靠的是演绎和归纳两条腿支撑。归纳是否属于逻辑，是学术分类问题，以研究对象的性质为根据；而不是学术评价问题，归纳不会因归入逻辑的名下而升值，或者排除于逻辑之外而贬值。我不认同‘大逻辑’观。从我看来，‘大逻辑’是大杂烩，大杂烩必然导致矛盾。”[1] 这种认识仍然是把“逻辑”等同于“形式逻辑”。当然，对于这两种逻辑观的孰是孰非，是学术争鸣问题，但对于“必然导致矛盾的大杂烩”之说，似可提出一些合理追问来。

第一，“逻辑”就是指“形式逻辑”的认识，自20世纪50年代以来，有着广泛的社会影响，以至于许多现今50岁以上的人莫不如此认为。因为迄今为止，我国通行的逻辑学诸教材，基本包括归纳在内，教材名称由“形式逻辑”改为“普通逻辑”再回归“逻辑学”，也是20世纪80年代以后的事了。而这些年来各种社会逻辑考试，包括MBA（工商管理硕士）、MPA（公共管理硕士）、MPAcc（专业会计硕士）、GCT（工程管理硕士）、国家公务员《行政职业能力测试》中的逻辑试题部分，也包括了归纳逻辑在内。按此，从逻辑学教学上讲，我们很难说逻辑学教师所上“逻辑课”中讲的一些内容不是逻辑，学生学的逻辑学课程也不全是逻辑，逻辑考试考的内容同样超出了命题范围。如是，作为逻辑学教师如何在“形式的”意义框架下审视自己所讲授的内容，如何面对学生同样是“形式的”意义框架下的合理追问？如是，作为人们现实生活中经常使用的归纳方法，如何找到它的理论归宿？作为人们现实生活中最常使用的词之一“逻辑”，尤其是当前面对网络世界中一些“中国人不讲逻辑”的负面网帖，人们更有理由追问，“逻辑究竟是什么”？“到底有哪些内容”？如是，“逻辑”的“是什么”和“要干什

---

1 程仲棠：《爱因斯坦引发的逻辑哲学问题》，《重庆理工大学学报》（社会科学版）2012年第4期。

么”的问题，就从逻辑学研究者和教学者扩展而摆在了所有求知者的面前。难不成当初的学科设计就有了问题？即便“有了问题”，仍然避无可避地牵系到“逻辑”的“是什么”和“要干什么”的訾应对诤中。[1] 而当下最现实的问题是，至少要让参加社会逻辑考试的考生明白，答题时“在逻辑上”为什么选这个选项，而不选其他的？

第二，如果我们将所讲所用的“逻辑”仅限于亚里士多德三段论以及由此衍生出的各种“形式的”逻辑，对许多人来讲，也存在“逻辑有什么用”的问题。在现实生活中，我们每个人都存在有三段论公理意识，如讲诚守信、遵纪守法、讲守规则等，并由此而生发的标准意识、规则意识、论证意识，但这并不包含了我们生活中的全部论证方法。著名数学家、逻辑学家罗素即说过，“数学完全是演绎的，但在数学里面三段论几乎从来也不曾出现过”[2]；“数学原理的研究方法其实是一种归纳方法，本质上正和在任何别的科学中发现一般法则的方法是一样的”[3]。

第三，就演绎与归纳的关系讲，演绎推理的大前提，都应是历史的、经验的归纳结果。尤其是作为三段论之所以成立的公理：“对一类事物的全部有所断定（肯定或否定），那么对该类事物中的部分也必须有所断定（肯定或否定）。”

1　20世纪五六十年代，受时代影响，我国逻辑学界曾因形式逻辑与辩证法的关系问题引发一场参与人数众多、影响深远的逻辑大讨论，讨论的主题大致可以分为七个：形式逻辑与辩证法的关系问题，形式逻辑的客观基础问题，形式逻辑的对象、性质和作用问题，形式逻辑推理中真实性和正确性的关系问题，形式逻辑的修正、改造与发展方向问题，归纳逻辑的问题，形式逻辑与数理逻辑的关系问题。其中第六个主题关于归纳逻辑的讨论其实也涉及逻辑观的问题。参见“哲学研究”编辑部编《逻辑问题讨论集》（上海人民出版社，1959），《逻辑问题讨论续集》（上海人民出版社，1960），《逻辑问题讨论三集》（上海人民出版社，1962）；周谷城《形式逻辑与辩证法》，生活·读书·新知三联书店，1962；吴家国《逻辑散论》，广西师范大学出版社，1996；赵总宽主编《逻辑学百年》，北京出版社，1999；李继东《中国现代逻辑史论（1919—1949）》，延边大学出版社，2001；沙青、张小燕、张燕京《分析理性与辩证理性的裂变》，河北大学出版社，2002；宋文坚《逻辑学的传入与研究》，福建人民出版社，2005；鞠实儿主编《当代中国逻辑学研究（1949—2009）》，中国社会科学出版社，2013；文艳《20世纪50、60年代逻辑大讨论研究》，硕士学位论文，南开大学，2016年。

2　〔英〕罗素：《西方哲学史》上卷，商务印书馆，1982，第256页。

3　〔英〕罗素：《我的哲学的发展》，商务印书馆，1982，第246—247页。

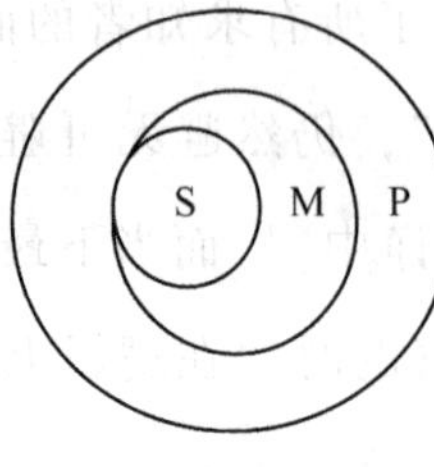

图 1

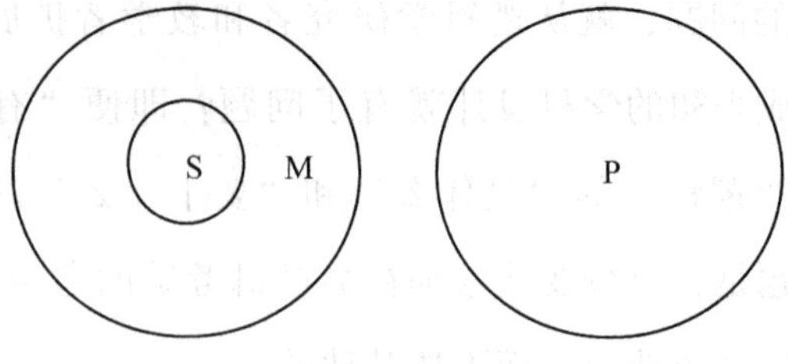

图 2

而凡是具有公理性质的，都是不同的历史时段，“人的实践经过千百万次的重复，它在人的意识中以逻辑的格固定下来。这些格正是（而且只是）由于千百万次的重复才有着先入之见的巩固性和公理的性质”。[1] 这种历史的、经验积淀的集体性思考结果，经过经年累月的积累，经验性地表达在“历史公共知识”下最基本的事实判断与价值判断中，不证而自明。

或如，在先秦文献《左传》[2] 中，有大量关于事物如何正确“正名—用名”的论证过程，其中有不少的论证过程使用着“凡……曰”论式，被称作“《春秋》五十凡例”。从逻辑方法论的角度看，这些论证过程的整体，应该说就是一个三段论推理的践行。尽管《左传》的这种“凡……曰”论式只是符合了孔子倡导的“无所苟而已”[3] 的“正名”精神，并没有任何逻辑论证理论上的分析评价，但从其娴熟使用，[4] 无疑也表明了当时的人们已经在历

---

1 〔俄〕列宁：《哲学笔记》，人民出版社，1959，第 233 页。

2 《左传》是中国第一部编年体史书，与《公羊传》《谷梁传》合称“春秋三传”。记述范围从鲁隐公元年（前 722）至鲁哀公二十七年（前 468）。

3 《论语·子路》。

4 《左传》在使用这些“凡……曰”论式的时候，大多或省略小前提，或省略结论，其中既有第一格“AAA”的有效式，如《庄公二十七年》，“冬，杞伯姬来，归宁也。凡诸侯之女，归宁曰来，出曰来归。夫人归宁曰如某，出曰归于某”；《僖公二十六年》，“公以楚师伐齐，取谷。凡师能左右之曰以”；也有第一格“AEE”的无效式，如《僖公二十年》，“二十年春，新作南门。书，不时也。凡启塞从时”。这也表明，在缺乏一定的逻辑理论总结的指导下，只凭经验的礼仪规则意识就会出错。但从“逻辑与文化”的角度看，《左传》所关注的并不是理论的总结，而是在当时注重政治伦理的历史文化背景下，始终关注着在历史经验的归纳中，礼仪制度稳定的重要性。如《僖公二十三年》，“十一月，杞成公卒。书曰‘子’，杞，夷也。不书名，未同盟也。凡诸侯同盟，死则赴以名，礼也”。其所体现的仍然是孔子倡导的“无所苟而已”的“正名”精神。关于这一点，我们在第十章第三节“正名思想的伦理化倾向”部分还将继续阐述。

史的经验归纳中，积淀出了具有一定稳定性的类似于三段论公理的礼仪规则意识，并以此应用于具体的论证实践中。亦即，以归纳政治伦理社会的现实要求，先规定了一个“正名”的“标准”，然后在“用名”过程中将这个标准套在当下的场景中，符合则“曰”，不符合则“不曰”。

第四，按上，如果我们认为归纳的结论特征是或然性的，它又如何能转化为必然真理，并作为演绎的前提必然性地推出新的结论？这恐怕也是一个无法回避的悖论式问题。

英国哲学家、逻辑实证主义代表人物之一的艾耶尔曾经认为，“主张逻辑和数学真理不是必然的或确定的这一论证方法曾被穆勒所采用。他认为这些命题是以极大量的例子作为基础的归纳概括……但是从原则上说这样的概括是可能会被驳倒的。这种概括是高度或然的，但是，由于它们是归纳的概括，因此它们就不是确定的……经验给予我们很正当的理由去设想数学或逻辑的‘真理’是普遍地真实的。但是我们并不具有一种保证。这些‘真理’只不过是在过去特别有效的一些经验假设；并且，它们和一切经验假设一样，从理论上来说是容易发生错误的”。但他同时又认为，“我们主张逻辑和数学命题不依赖于经验，其意义是说它们的效准不依靠经验来证实。我们可以经过一个归纳过程去发现这些命题，但是我们一旦理解了这些命题，我们就看到这些命题是必然的真理，它们对每一个可以设想的例子都是有效的”。[1] 如果我们理解艾耶尔之论断无误，亦即，前述程仲棠先生文中的“‘归纳概括’在逻辑系统中的华丽转身”，“经过论域的限制已转化为必然的真命题”的确属实，也能够强化说明，在人类由经验而理性的思维工具的锻造过程中，归纳与演绎应自在自洽地、自组织地同属于一个逻辑知识系统，否则我们就难以理解一个系统外的东西是如何成为这个系统内的逻辑

1 〔英〕艾耶尔：《语言、真理与逻辑》，上海译文出版社，1981，第 79—81 页。

真理以及沟通它们的媒介是什么。

这样理解对于逻辑教学者和逻辑使用者来说也极为有益。因为，如果我们认定归纳与演绎同属于一个自组织逻辑系统，至少可以在理智上接受那些经过历史的、经验的归纳，作为一种集体性思考结果，哪怕它的归纳强度[1]在理论上不等于1，我们也会在这同一个自系统内，认可它们两者之间的辩证联系，欣然接受这种不言而喻的逻辑真理。同时也至少在情感上，我们能够坦然接受这种经过历史化过程的经验，对每一个相关例证都应有效，并继而成为我们难以动摇的弱于理性的知性“信念”。或如，当我们讲授“普通逻辑”中性质判断及其推理的逻辑方阵图时，会告知学生，A、E、I、O 四种判断的真假制约关系是对事物对象之间某种客观关系的抽象，因此，它在人们的思维活动中就必然会体现出一定的规律性，成为一种思维的强约束。但全称判断往往超出了我们的认识范围，所以在现实的人际沟通中，我们对事物的断定，就应该谨慎下绝对肯定或否定的全称判断，以避免犯轻率概括或以偏概全的错误。因为全称判断往往是人们思想认识及行为的指南，即三段论意识。体现为现实生活的规则意识、论证意识，即如维特根斯坦所说的，“遵守规则是一种实践”。但是，“谨慎下”绝对肯定或否定的全称判断并不意味着“不下”，对于现实生活中那些具有普遍公共知识的全称判断，我们还是会在不考虑事实冲突或价值冲突的前提下自然做出判断的。否则我们连一个三段论推理也做不了。

第五，我们之所以能够具有上述的这种“信念”，是因为人类的科学认识发展与实践表明，人们能够通过归纳方法认识客观事物的普遍规律。或如，穆勒在其《逻辑体系》一书中，把自培根以来已经提出的求因果方法加以系统说明后，总结出穆勒五法，对于人类不断以新的理论化、系统化的思维方

1　指归纳推理的前提对于结论的确证程度。归纳强度的大小可以通过概率值来反映：p（h/e）。读作：“在已知前提 e 条件下结论 h 的条件概率（或逻辑概率、归纳概率）。”为：$0<p(h/e)\leqslant 1$。

法认识世界具有十分重要的意义。虽然培根和穆勒等人曾夸大了求因果联系方法的作用，认为，任何人应用了探求因果联系的方法，就能发现现象之间的因果联系。这就像任何人应用了直尺和圆规就能画出直线和圆一样。培根就曾说："我给科学发现所提出来的途径并不为聪明才智留下多少活动余地，而是把一切才智和理智差不多摆在平等的地位上面。因为正像画一条直线或一个正圆形一样，如果只是用手来画，那就很要依靠手的稳健和训练，但是如果是用直尺和圆规来画，那就很少依靠这个，或者根本就不依靠它了。对于我的计划来说，也恰好就是这样。"[1] 但是，求因果五法是或然性推理，其可靠性依赖两个因素：一是正确划出有关情况的范围；二是正确分析有关情况。而求因果五法本身无法自我正确划定、分析有关事物的范围、情况等，还是需要具体的知识场域和把已知知识场域正确运用在研究场合的演绎推理。

第六，当我们的"逻辑"不考虑甚至不屑于考虑如上这些问题时，一度热浪滚滚的"批判性思维"所提出的"有无其他因素影响推理"就让"逻辑"不得不面对与"批判性思维"对立的难堪情状。故而，人类的科学认识不断发展，所以，求因果五法有用；但人类又不可能穷尽一切真理，所以，求因果五法也非万能。这应该是我们学习求因果五法时应有的辩证态度，使我们在理解演绎与归纳的关系时，能够以弱于理性的知性欣然接受那些经过历史性、经验性归纳的集体思考结果，"相信"它们能够在一定范围或程度上，成为必然的逻辑真理。从而在演绎与归纳辩证统一的自系统内容架构上，从逻辑的发生发展，从人们所"知道"的不同推理模式，在认真的分析评价下，一点一点地将其转化为能够"认识"的东西，继而在实际应用及其有效性检验中，将这些能够"认识"的东西，为其被人们"熟知"下的应用铺展了前景。这里，仍然展现的是我们的"逻辑"领域

1 〔英〕培根：《新工具》第1卷，商务印书馆，1984，第61节。

合一下的知性“信念”基础。至少在“逻辑”与“批判性思维”之相互抵牾、不想交集的互瞪情状下，不用在相互说对方“不是”“没用”的时候，却又在教学中很是不情不愿地收编着对方的许多东西。[1]

这就又回到了我们原先的逻辑“是什么”和“要干什么”的话题中。

5. 回到生活，回到文本

很多逻辑学家认为逻辑必然是形式的，至于数理逻辑更是强调其形式性与系统性。正如波兰逻辑学家卢卡西维茨所说，它不仅是形式的，而且是形式化的。而从逻辑的工具效用上讲，这种将“完整的表象蒸发为抽象的规定”[2] 的形式化道路，按莱布尼茨所认为的，仍然是希望建立一种普遍的、没有歧义的语言，通过这种语言，就可以把推理转变为演算。一旦发生争论，我们只要拿出纸和笔算一算就行了。其目的仍然是为现实生活的论证服务。亦即，“它能这样地形成和排列符号，使得它能表达一些思想，或者说使得它们之间具有和这些思想之间的关系相同的关系。一个表达式是一些符号的组合，这些符号能表象被表示的事物，表达式的规律如下：如果被表示的那个事物的观念是由一些事物的一些观念组成的，那么那个事物的表达式也是由这些事物的符号组成的”。[3] 而现实的问题是，对于许多接受逻辑学教育者，他们可能并不关心某一条定理是如何在一个系统中“必然”推导出来的，他们或许只关心这条定理作为一个推理有效式，应该怎样在现实生活的论证中“拿来”使用；同时也想理解，相对于这条定理的无效式所说明的问题是什么？形式有效结论却不能接受所说明的问题是什么？而在医生看病和公安人

1　例如，批判性思维所推崇的图尔敏模式，其中的主张、予料和正当理由构成论证的基本结构，分别相当于论辩中的论题、论据和推理，其中的“推理”就是传统形式逻辑中演绎推理的基础部分；而传统形式逻辑由于涉及语言问题，必然会在涉及逻辑推理的基本规则时，会以“批判性的追问”在考证是否遵守了规则时涉及批判性思维探讨的一些问题，例如语境、预设问题等。

2　《马克思恩格斯选集》第2卷，人民出版社，1995，第18页。

3　张家龙：《数理逻辑发展史》，社会科学文献出版社，1993，第46—47页。

员破案的众多情景中，使用的是溯因推理，谁又能说他们使用的不是“逻辑有效式”而质疑他们？

又有，由于以“逻辑语言”为代表的“形式化语言”，是“逻辑学研究的两大支柱之一”，诸如中国先秦时代乃至印度因明奥义中，自然就找不出像亚里士多德逻辑那样由变项组成的推理形式。因此，“20世纪初之前，中国没有逻辑。这里的逻辑，既是指亚里士多德意义下的逻辑，也是指莱布尼茨意义上的逻辑”。[1] 而“中国的逻辑”，最多只能算是有形式逻辑推理实例[2]。似乎它还处于法国人类学家列维-布留尔所说的前逻辑或原逻辑阶段。而前逻辑或原逻辑是一种“作为神秘的思维的原始人的思维也必然是原逻辑的思维，亦即首先对人和物的神秘力量和属性感兴趣的原始人的思维，是以互渗律的形式来想象它们之间的关系的，它对逻辑思维所不能容忍的矛盾毫不关心”，它以“集体表象”为基础，服从于“互渗律”，“不是反逻辑的，也不是非逻辑的”。[3] 但纵观中国先秦时代，其文明发展程度早已远远超越了原始思维阶段，而韩非所历史性概括总结的“矛盾”一词，以其产生的历史文化成因[4]，以其两种对立事物“不可同世而立”和两种对立思想“为名不可两立”的既有名辩思想又有认识论、本体论的概括描述，表明先秦时代的思维并非“对逻辑思维所不能容忍的矛盾毫不关心”。因此，尽管中国先秦时代未能产生出古希腊亚里士多德意义上的“形式逻辑”，但是否就可以断定先秦时代没有作为政治传播活动中的思维工具系统之“逻辑”？

从回到生活、回到文本的意义框架下，也需要不同领域逻辑的研究者、教学者以及不同层面的受教育者不断追问逻辑的“要干什么”和“是什么”。而经考察分析，本节起始即描述的关于逻辑的不同定义，无论怎样描述不同，

1　李娜：《从语言发展的观点看逻辑学》，《哲学研究》2006年增刊。
2　如前述《左传》中的“五十凡例”。
3　〔法〕列维-布留尔：《原始思维》，商务印书馆，1981，第8、44—98页。
4　关于韩非矛盾思想的历史成因问题，在下编第十六章详述。

但又都有一个家族类似[1]共同点，即认为逻辑学是“关于推理、论证及其规律、方法的学问”。[2] 亦即，在现实的社会生活场景中如何有效的推理论证、分析评价。这就是逻辑的“是什么”和“要干什么”。

相较于以往的“形式逻辑是研究思维形式及其规律的科学”的传统定义，就使我们能够从逻辑观争论的回溯中，在“逻辑”研究、教学从领域合一到领域分离中，探讨如何从“逻辑必然是形式的”逻辑观（俗称小逻辑观），寻求向“研究推理、论证”之“大逻辑观”的“内在融贯”的合理转换了。

二 逻辑观的争论

其实，逻辑究竟“是什么”和“要干什么”，归根结底讨论的还是逻辑观的问题，抑或就是逻辑学科的形成要素问题，即为何“寻逻辑之名，起于欧洲，而逻辑之理，存乎天壤”[3]。

1. 逻辑观争论的回溯

从亚里士多德的《工具论》到培根的《新工具》，应是对思维方法论的历史反思的结果。惜笔者浅陋，不清楚近代以来西方关于逻辑观的讨论如何。揣测倘若没有1880年美国大法官霍姆斯的名言“法律的生命一直不是逻辑，而是经验”，大概就不会有以后的“图尔敏模式”？不过即便如此，那也会在逻辑“要干什么”的追问下，在探讨“新逻辑”的过程中，涉及逻辑观的问题。

---

1 维特根斯坦的家族相似性理论（Family Resemblance）认为，范畴的成员不必具有该范畴的所有属性，而是AB、BC、CD、DE式的家族相似关系。亦即，一个成员与其他成员至少有一个或多个共同属性。范畴成员的特性不必完全一样，只是依赖于家族相似性来归属同一范畴。范畴没有固定明确的边界，随着社会的发展和人类认知能力的提高，会不断形成和变化发展。

2 南开大学哲学院逻辑学教研室编著：《逻辑学基础教程》第三版，南开大学出版社，2014，第1页。

3 章士钊：《逻辑指要》，生活·读书·新知三联书店，1961，自序，第2页。

而在中国，逻辑观的问题之所以能够成为延续一百多年的问题，最初是由中西逻辑比较研究开始的，至今天批判性思维的加入，各种论证理论的迭出，想方设法地进行各种“形式化”甚或“模式化”研究，更使这个问题薪火相传，很有几段时期内大张旗鼓的气势。

应该说，早在19世纪末20世纪初西方逻辑大规模地传入中国，并引发民族情怀下对中国古代传统名辩思想探索之时，就已经或隐或显地涉及了“逻辑观”的问题。虽然其间的基本趋势是以西方传统形式逻辑为核心内容对照发掘中国先秦时期的名辩思想，如梁启超、王国维、章士钊等所代表的一批人；但胡适、高佣等人将研究范围扩充至宋明理学中，其所秉持的“试验论理学”的逻辑观已有了变化；其后的赵纪彬、詹剑峰、汪奠基等人对中国逻辑史的研究，更将除西方形式逻辑之外的辩证思维、认识论的东西也囊括进来。西方“形式逻辑”在中国尽管还充当着“分拣格子”的作用，但也开始有点水土不服了。这些不同研究范式的结果，就是后人所评价的，“所有的逻辑史研究都必须遵循西方逻辑的逻辑观。而任何不符合西方逻辑中的逻辑观的所谓逻辑史研究，就不能称作为真正意义上的逻辑史研究”[1]。

至20世纪30年代末40年代初，逻辑观的问题就更加在张东荪与金岳霖两位先生那里十分明确地进行着争论了。

张东荪在其《不同的逻辑与文化并论中国理学》[2] 中，在发现“逻辑是由文化的需要逼迫出来的”后，提出“我以为不但中国人，即中国以外的其他民族，如果其文化与西方不同，自可另用一套思想程式。这种另外的一套依然不失为正确的与有效的”，故而“没有唯一的逻辑”。由此，张东荪认为人类社会存在有四种逻辑，即，“第一种就是所谓传统的逻辑（traditional

1　曾祥云：《论中国逻辑史研究的逻辑观》，《湖南大学学报》（社会科学版）2011年第1期。

2　原刊载于《燕京学报》1939年第26期。现收入张汝伦主编的《理性与良知——张东荪文选》中，上海远东出版社，1995，第387—388页。

logic）亦就是所谓形式逻辑（formal logic）。这种逻辑虽是亚里士多德传下来的，然而却因后人的增修，已自成一系统。第二种是所谓数理逻辑（mathematical logic）。……第三我名之曰形而上学的逻辑（metaphysical logic）；第四种我名之曰社会政治思想的逻辑……特为明显计，为免误会计，我不愿用上述的名称，而特简称之为逻辑甲（logic A），逻辑乙（logic B），逻辑丙（logic C），逻辑丁（logic D）”。张东荪的这种逻辑观按这些年来的争论说法，显然是多元逻辑观或所谓“大逻辑观”。

针对张东荪观点，一贯坚持“没有不同的逻辑”“只有一种逻辑”的金岳霖先生，发表了《论不同的逻辑》[1]，从“对象与内容的分别”，批驳“张先生没有分别逻辑与逻辑学”，并以大篇论证，坚持了自己“一直到现在我没有感觉到有不同的逻辑”的观点。金先生秉持的逻辑观按这些年来的争论说法，显然是一元逻辑观或所谓“小逻辑观”。

毋庸置疑，迄今为止的逻辑学庞大领域合一体系滥觞于亚里士多德，因此，对于“逻辑”的理解，一般情况下是在“形式逻辑”范围内展开的。但从逻辑史研究来看，逻辑的发生发展，并不是纯粹的理论活动，还是一门和实践相关的学问。亦即，它的发生发展，既与理论思辨相关，也与对这种理论的实践应用相关。古希腊与中国先秦时期概莫能外。或如，从形式上看，亚里士多德逻辑学受到了古希腊几何学的影响，但从处理问题的类型上看，亚氏逻辑学又和古希腊论辩之风相关，他在其《论题篇》中，把论证分成了“证明的推理”和“论辩的推理”（或“辩证的推理”）[2]，有他一定的历史依据及现实要求。而浓厚的务实功利主义所决定的先秦逻辑思想的“名实”问题、“是非”问题等，只有在辨察政治伦理

1　原刊载于《清华学报》1941 年第 13 卷第 1 期。现收入金岳霖学术基金会学术委员会编的《金岳霖文集》第二卷中，甘肃人民出版社，1995，第 378、379、402 页。

2　参见〔古希腊〕亚里士多德《工具论》下，中国人民大学出版社，2003，第八卷等。

是非的政治传播活动中，才有它一直存在的意义，其推类方法的判例效应，在先秦文献中异常明显。

基于此，从考察历史、评价现状以及对未来发展路径分析，对推理论证乃至论辩评价标准的转变，由有效性、正确性向可接受性发展，修辞、语用问题便凸显了，以往单纯的形式逻辑视野以及对于“形式”的理解也在不断修正[1]。这种修正所说明的问题在于，从问题历史化、问题情境化的分析、评价方法出发，从形式论证到非形式论证，从论证到论辩[2]，从论辩到广义论证的语篇分析，其路径都须从逻辑历史化以及逻辑发展前景的角度考察。故而，研究逻辑发生情状以及发展趋向时，需要认真思考逻辑究竟“是什么”和“要干什么”的问题。体现在当前的逻辑比较研究以及各种论证理论的研究中，尤为如此。

2. 从逻辑学科的形成要素看

其实，逻辑究竟“是什么”和“要干什么”，应该大道至简、实干为要地回到最简单、最朴素的关于逻辑的认识上来。从一个学科形成的必备要素看，按照历史与逻辑的顺序，首先是这个学科研究对象的独立性及其确定。康德曾就“学科的标准”指出：“如果想要把一种知识建立成为科学，那就必须首先能够准确地规定出没有任何一种别的科学与之有共同之处的、它所特有的不同之点；否则各种科学之间的界线就分不清楚，各种科学的任何一种就不能彻底地按其性质来对待了。这些特点可以是对象的不同，或者是知识源泉的不同，或者是知识种类的不同，或者是不止一种，甚至是全部的不

1　例如，霍姆斯的“经验”应该就是反对当时司法中盛行的一种形式主义，将法律过程看作从一系列的公理演绎出作为推断的法律原则和作为定理的规则，然后把这些规则用到司法实践中，产生确定的法律结果。故而希冀对传统逻辑进行修正，以期探讨更加丰富的法律论证形式。

2　例如，非形式逻辑的三大先驱图尔敏（Stephen Toulmin）、佩雷尔曼（Claim Perelman）和汉布林（Charles Hamblin）都曾强调，逻辑应该将论辩实践作为自己的出发点。参见武宏志、周建开、唐坚《非形式逻辑导论》，人民出版社，2009，第15—16页。

同兼而有之。一种可能的科学和它的领域的概念，首先就根据这些特点。”[1] 逻辑的形成也应如此，无论它的领域分离研究多么延展，无论它融贯多少历史的、文化的、科技发展的因素，它总要回到最初合一状态下的“由前提到结论”的“关于推理、论证及其规律、方法的学问”中来，以满足如何在现实的社会生活场景中有效地推理论证、分析评价。

其更简单的说法，是在某个特定前提下的简短结论。或如，有学者在对不同类型逻辑学的内容进行概括，分析目前最流行的两种逻辑学定义时认为，“由于在已有逻辑类型的基础上无法给出一个相应相称的逻辑学定义，使得‘逻辑学’一词指且仅指这些逻辑类型。而通常流行的所谓逻辑学定义，只是给出了某个逻辑类型的典型特征，或描述了某部分学者认同的看法。因此，已有的逻辑类型，甚至主流逻辑类型都无法借助定义或本身的特点否认其他逻辑类型的合法性，即总是可能出现不能归入已知逻辑类型的新逻辑类型。而利用家族类似性引入的新逻辑类型将扩充逻辑学家族的成员和改变‘逻辑学’一词的内涵。一个可用本质主义或分析方式定义的概念其外延可以是开放的，但其内涵是固定的不可改变的。因此，这类概念仅具有平凡的未来”。在此前提下，根据“文明平等原则”，给“逻辑”下了如下定义，“从刻画典型特征的角度说，逻辑是关于说理规则的理论”[2]。而笔者的大白话则是：“逻辑是一门研究推理或论证有效性的工具性的思维科学。是一把普普通通的‘思维的斧子’。”[3] 在此我们甚至可以举出鲁迅在其杂文《“有名无实”的反驳》中的一段话：“这位排长的天真……他以为不抵抗将军下台，‘不抵抗’也就跟着下台了。这是不懂逻辑：将军是一个人，而不抵抗是一种主义，人可以下台，主义却可以仍旧留在台上的。”看来，在 20 世纪 30 年代的鲁迅眼

1 ［德］康德：《未来形而上导论》，商务印书馆，1978，第 3—4 页。
2 鞠实儿：《逻辑学的问题与未来》，《中国社会科学》2006 年第 6 期。
3 张晓芒编著：《逻辑是把斧子——日常说理的工具》，企业管理出版社，2010，前言，第 1 页。

中，其所理解的“逻辑”并不仅限于必然是形式的，因为他所指出的“逻辑”错误是对混淆概念的恰当分析。

同时，逻辑作为一种思维工具，它不仅是一种逻辑建构（证成“好的论证”）的思维工具，同时也是一种逻辑解构（批判“坏的论证”）的思维工具。其中的建构与批判，就不仅仅限于必然是形式的，同时也有一系列对逻辑谬误的恰当语形、语义、语用、语效、语境等的分析。而这一点，恰是当前批判性思维所关注的内容。当热衷于批判性思维者举手“批判”时，只是一种批判意识的表达，真正的批判还需要方法，而这个方法必然是“关于推理、论证及其规律、方法的学问”之“逻辑”的。武器的批判还需要批判的武器，观念与方法的统一才是现实的。

3. 在历史与现实的需要中发展领域逻辑

观念与方法的统一才是现实的。关于这一点，许多逻辑学家、逻辑史家也早有阐述。

英国逻辑史家威廉·涅尔、玛莎·涅尔夫妇认为：“逻辑是研究有效推理的规则的”；“只有当手中已经掌握了大量的进行推理或论证的材料，逻辑才能自然产生。……只有那些能够找出证明或要求证明的论说或诘问的类型才自然地引起逻辑的研究”。因此在逻辑的缘起问题上，“某些逻辑思想在亚里士多德以前就有了，这些逻辑思想来源于对日常实际论证的评论”。[1]

作为形式逻辑创始人，古希腊亚里士多德虽然认为，逻辑所研究的对象就是证明[2]，我们在此可以认为他所说“证明”就是有关证明的推理（形式）。但在亚氏《工具论》中《分析篇》之外的许多篇章，如《范畴篇》

---

1 〔英〕威廉·涅尔、玛莎·涅尔：《逻辑学的发展》，商务印书馆，1985，第1、17页。

2 苗力田主编：《亚里士多德全集》第一卷，中国人民大学出版社，1990，第83页。

《解释篇》《论题篇》《辩谬篇》，以及《修辞学》《诗学》中，亚里士多德讲述的内容也多有涉及非形式逻辑的问题。比利时修辞逻辑学家佩雷尔曼就认为，要发展亚里士多德的为人所忽视的另一支逻辑，即亚里士多德的论辩逻辑，这种论辩逻辑实质上就是“非形式”（informal）的逻辑。

这种“非形式的逻辑”的提法应该始自德国著名逻辑史家亨利·肖尔兹，他在其《简明逻辑史》一书中就曾认为：

> a）我们科学论的概念作为形式的和非形式的逻辑的上位概念，其定义是：最广义的获得科学认识的工具的理论。
>
> b）形式逻辑同科学论的一部分相符合。科学论的这一部分是用公式表达推理规则的，而推理规则是为了建立任何一门科学所必需的，这里包括着为了严格表达这些规则所必需的一切。
>
> c）最后我们把非形式的逻辑理解为属于科学论的整个余下的部分，这就是说，归属于科学论而又与形式逻辑不同的逻辑。

为此，肖尔兹评价道：“《工具论》今天还是逻辑学的最美的并从它可以学到很多东西的入门书”，而“《工具论》对初步接触这本书的人来说，其内容是非常丰富的……直到现在我们还没有碰到任何一种类型的逻辑（不管它和形式逻辑多么不同），在亚的书中找不到挂钩的地方”。[1] 这里所指的“挂钩”，应该不是在“形式”上的挂钩，而是在作用上的挂钩。亦即，按肖尔兹所划分，归纳逻辑显然属于科学论体系，它是一种“逻辑”，但它只属于“非形式逻辑”而非“形式逻辑”。按其作用来看，不仅形式逻辑，非形式逻辑也是一种获得科学认识的工具。故而当肖尔兹看到20世纪10—30年代一

---

1 〔德〕亨利·肖尔兹：《简明逻辑史》，商务印书馆，1977，第9、30、31页。

些形形色色的“逻辑”出现时，他认为“逻辑陷入了危机，以致濒于解体的威胁”。[1]

应该说，任何思维工具系统，都应是观念与方法的现实的统一，肖尔兹所认定的这种逻辑“危机”与所面临的“威胁”，应该不是针对“逻辑”本身的方法而言，而是针对“逻辑是什么”的逻辑观而言。按此分析评价，我们认为肖尔兹应该已经察觉到了逻辑的多元发展，并且随着逻辑类型的越来越多，对“逻辑”的理解应该多元化，传统的逻辑观念将被打破。而现实的情况也确实如此，随着领域逻辑研究的不断拓展，各种融贯历史的、文化的、科技发展因素的各逻辑分支研究，为不同层面的人们认知逻辑的面貌提供了更多的选择，通过对它们背后的逻辑原则、文化传统、人文精神的了解，可以改变着逻辑思维能力的内涵，增强我们对各自领域内普遍适用性和普遍有效性的逻辑思维方法论意义的感受，进而改变我们对传统逻辑观的理解。这就是逻辑究竟是一元的还是多元的，逻辑能不能修正？

三　如何消解逻辑的一元、多元之争

按上，对于肖尔兹所认定的逻辑的“危机”与所面临的“威胁”，可以进一步作为个案假设，如果他接触了中国古代的逻辑思想，这种认识恐怕会更强烈些。

肖尔兹的《简明逻辑史》于1931年出版，他应该没有接触过中国古代逻辑思想，因为在他那个时代及其以后一段时间，国外有影响的逻辑史著作，一般都没有专章讨论中国古代逻辑思想。或如，《大英百科全书》第19版

1　即肖尔兹在其《简明逻辑史》的“逻辑类型”部分所提的，“到此为止，我们还不能肯定，我们已经接近于讨论了所有的逻辑类型。因为今天什么样的奇奇怪怪的事情都会出现，不仅有拉斯克的《哲学的逻辑》（1910年），而且有弗兰兹·波姆的《美学的逻辑》（1930年），E. 曼海姆的《具体概念的逻辑》（1930年），H. 皮希勒的《社会的逻辑》（1924年），等等”。肖尔兹：《简明逻辑史》，第23—24页。

"逻辑学说史"的作者罗伯特·阿当姆森的《简明逻辑史》(1911)就根本不提中国古代逻辑思想史；涅尔夫妇的《逻辑发展史》(1962、1975)也没有关于中国古代逻辑思想与印度逻辑思想的记述；波亨斯基的《逻辑发展史》(1961)最后有一章专门论述了"印度的另类逻辑"，却不谈中国古代逻辑思想，而且他在关于"印度的另类逻辑"小结中说，印度逻辑是一种不同于西方形式逻辑的"另类逻辑"(alternative logic)，这种另类逻辑与西方逻辑的一个重大区别，就是"印度逻辑没有变项，其倾向明显是内涵性(intensional)的，而西方逻辑却是以外延性(extensional)占优势"；杜米特留的《逻辑史》(罗马尼亚文版1975，英文版1977)第一卷才包含了"中国古代的逻辑"与"印度逻辑"专章，他重复并强调了波亨斯基对印度逻辑的观点，认为印度逻辑的具体体现是因明之"喻"；但在论述中国古代逻辑史一开始就谈到中国哲学对于欧洲学者来说非常难懂，并分析了其中原因，且举老子《道德经》为例，其结论是，"中国古代哲学没有发展出一套像亚里士多德在古希腊系统化巅峰时期那样的逻辑工具，但是仍有许多关于几乎逻辑所有方面的有趣的论述，它证明了逻辑问题并未处于中国人的思维之外"。[1]

按波亨斯基所说，印度逻辑的倾向是内涵性的；杜米特留也认为印度逻辑的特点是因明之"喻"；将此相互作为镜像映射，吾师中国逻辑史家温公颐先生所说的中国逻辑是"内涵的逻辑"，也以其对中国古代逻辑思想的研究，表达着逻辑多元发展中"本土化"的观点。亦即，"西方逻辑侧重于外延方面的分析(即类的推衍)，从量的方面入手，推论的准确度较高。为求推论更准确，他们又逐渐把逻辑转到数理方面，产生了数理逻辑。这是西方形式逻辑的一个重要发展。中国逻辑较侧重于概念、判断、推理的实质性研究，较少注意形式方面的分析。所以从这方面说中国逻辑稍逊于西方和印度

1　参见李先焜《李先焜文集》，长江出版社，2017，第425页。

的逻辑。但中国逻辑的研究结合我国语言的特点，也有其独到之处。中国逻辑不纠缠于形式，而注重思维实质性的研究，所以它可以避免西方或印度逻辑的烦琐之处。……这样的逻辑，我们也可称之为'内涵的逻辑'，以别于西方的'外延逻辑'"[1]。这种相互映射，表明了在大逻辑观念的观照下，亚里士多德逻辑可能并非是唯一能够体现完整逻辑观的，逻辑"是什么"的本质规定应该是一致的，但具有本质规定性的"逻辑"的表现特征"要干什么"又应该甚或实际上是多元的。因为，所谓历史文化，就其广义而言，理应是人类一切现实活动所刻画的文明成果总和，是历史化的"观乎人文以化成天下"（《周易·彖辞上·贲卦》）。而思维方式所体现的逻辑思想，作为整体文化的一部分，它"所研究的正确推理形式及其规律，是任何正确认识和任何科学都必须应用和遵守的，因而是全人类共同的。正确地反映正确推理形式及其规律的逻辑也是全人类共同的。在这个意义上，没有不同民族、不同阶级和不同个人的逻辑。但另一方面，逻辑作为一个知识体系，总是某一时代、某一民族和某些个人的产物，因而就不可避免地要带有某个时代、某个民族和某些个人的特点"[2]。"逻辑"的这种特点，理应并且实际已经成为日益扩展的领域逻辑或比较逻辑史研究时的一种指导观念。已逾百年至今的中国逻辑史研究如是，当今的广义论证理论研究亦如是。

之所以如此，实在是因为，自古至今，人类的一切观念、思想，都是由现实的、从事具体社会活动的人所创造的，它有其历史定位，并且也为现实的历史所制约。因此，马克思和恩格斯在其合著的《德意志意识形态》第一卷第一章中认为："人们是自己的观念、思想等等的生产者，但这里所说的人们是现实的、从事活动的人们，他们受自己的生产力和与之相适应的交往的一定发展——直到交往的最遥远的形态——所制约。意识在任何时候都只能

1　温公颐：《先秦逻辑史》，上海人民出版社，1983，第48页。

2　《中国大百科全书》哲学1，中国大百科全书出版社，1987，第535页。

是被意识到了的存在，而人们的存在就是他们的现实生活过程。……我们的出发点是从事实际活动的人，而且从他们的现实社会过程中我们还可以描述出这一生活过程在意识形态上的反射和反响的发展。"[1] 当我们今天悉心聆听那历史的回声时，当应在脑海中展现那历史的图景，在问题历史化、问题情景化中考察其所产生的思想意识，有着什么样的时代烙印和时代精神。

或如，如果以此观点来分析先秦逻辑思想发展过程中的重镇——墨家的尚辩精神，其"教天下以义者"（《墨子・鲁问》）的论述过程，必然要求墨家强调一种论辩思想与方法的重要性。墨子归纳式的推类论辩方法，就是先分别归纳上古三代圣王和暴王的成败经验，然后再将其正反衡量对比，联导论证[2]，以作为一种经验性的"镜像"映射，引征谕证至当今之世应该如何做。在实际论证过程前后，墨子总要强调自己的论辩思想、方法以及是非标准的重要性。[3] 亦即，论证过程中思维规则之"仪""表""法"的普遍适用性与普遍有效性。

此个案表明，在 A 文化与 B 文化的比较研究中，应坦然将对方视作一个真正平等的他者，它们各自都是根据自身的历史与文化需要走着自己的发展道路，使得其在各自历史文化背景下的价值与功能也存在差异。故而"从文化具有不同价值的本身来讲，'好'与'不好'都是相对的，不同逻辑传统之间的差异，只能用'不同'来解释，不能按照一种逻辑的标准划分为'简单'或'复杂'"[4]。

推而广之，在恪守逻辑是"关于推理、论证及其规律、方法的学问"的

---

1 《马克思恩格斯选集》第 1 卷，人民出版社，1995，第 72—73 页。

2 "联导论证"（Conductive Arguments）由美国伦理学家韦尔曼（Carl Wellman）在 1971 年出版的《挑战与回应：伦理学中的证成》一书中最早提出（参见晋荣东《权衡论证的结构与图解》，《逻辑学研究》2016 年第 3 期；周晓君、廖备水《联导论证与层级语义》，《重庆理工大学学报》（社会科学版）2020 年第 3 期）。一般来讲，联导论证是利用多个看上去互不相干的、正面或反面的论证前提放在一起来推出结论，或者是不断累加相同的前提因素，以增强结论的可信度与说服力。

3 参见张晓芒《先秦诸子的论辩思想与方法》，人民出版社，2011，第六章"墨子的论辩思想与方法"。

4 张晓芒：《不同的文化背景与不同的思想路数》，《毕节学院学报》2007 年第 2 期。

“是什么”，以及“在现实的社会生活场景中如何有效地推理论证、分析评价”的“要干什么”的观念指导下，领域逻辑研究的持续发展，是可以消解一元、多元之争的。其所带来的变化，就是进一步思考逻辑是否可以修正？

四　逻辑的可修正性问题

关于逻辑的可修正性问题，前述20世纪五六十年代，我国逻辑学界所进行的逻辑大讨论的七个主题中，第五个主题就是关于“形式逻辑的修正、改造与发展方向问题”。在各有不同的修正方案中，除康宏逵先生的极端方案外，“在人类知识发展的现阶段，唯一可以作为科学存在的形式逻辑就是数理逻辑。古典形式逻辑和传统逻辑学说全都过时了”[1]，受当时国际国内政治因素的影响，其他方案基本前提是主张以辩证唯物主义为指导来修正现有的形式逻辑，故而大多要求提升教学中辩证逻辑的地位。[2] 如金岳霖先生认为应该建立一个新的逻辑体系，“这个逻辑体系是既有辩证法或辩证逻辑因素在内、又有形式逻辑因素在内的、而又以前者为主的统一的逻辑体系”[3]。应当说，这种认识反映的就是当时历史条件下的一种“中和”的大逻辑观。

还有一种方案要求联系思维实际推动形式逻辑的发展，如温公颐先生认为，“对于思维形式的研究不能完全撇开思维内容，而必须联系思维内容”；周礼全先生认为，“人们的实际思维，就其表现于语言说，就是语言的具体意义。因而，从逻辑角度研究自然语言的具体意义，应是今天我们修正或发展形式逻辑的重要方面之一”。[4] 其实这种“修正”方案又牵系逻辑大讨论中的第四个主题，“形式逻辑推理中真实性和正确性的关系问题”。也正是由于有

1 《哲学研究》编辑部编：《逻辑问题讨论三集》，上海人民出版社，1962，第604页。
2 参见吴家国《关于形式逻辑问题讨论的回顾》，《哲学研究》1979年第4期。
3 金岳霖学术基金会学术委员会编：《金岳霖文集》第四卷，甘肃人民出版社，1995，第355页。
4 《哲学研究》编辑部编：《逻辑问题讨论三集》，上海人民出版社，1962，第296、698页。

了这种“修正”的意愿，周礼全先生成为中国自然语言逻辑研究中最早的探索者，而温公颐先生则在这种讨论的影响下，“通过中西逻辑的比较，第一个对先秦逻辑思想的特质给出‘内涵的逻辑’的概括与界定”，“他关于中国古代逻辑思想特质的见解，无疑也是当今中国逻辑史研究中的‘逻辑与文化’研究思路的重要启示之一”。[1]

虽然上述的逻辑大讨论应该说也有着逻辑观讨论的意味，在逻辑究竟“是什么”和“要干什么”的冲突之间，这些讨论在问题历史化、问题情景化下的时代意味浓了些，但讨论的结果却为我国 20 世纪 80 年代以后传统逻辑的发展以及逻辑的现代化先行开辟了道路。如果当时的讨论结果按取消“形式逻辑”的方案进行，也就没有我们今天对于“逻辑观”乃至“逻辑能不能修正”的继续讨论了。

继续讨论的结果是，有学者分析评价了哈克和诺伊曼关于“逻辑可修正”观点，认为这里的“逻辑可修正”，并不是指单数形式的“逻辑”（logic）可以修正，而是指复数形式的“逻辑理论”（logical theories）可以修正。[2]

也有学者在先澄清“逻辑”和“可修正性”这两个概念的基础上，认为摆在我们面前的逻辑有两种，一种是“作为研究对象的逻辑”，它是“我们在实际使用着的逻辑”；一种是“作为理论形态的逻辑”，是逻辑学家对“实际使用着的逻辑的”的构造或刻画。它们两者之间是有区别的，前者作为“我们在实际使用着的逻辑，这是一种客观形态的东西。有没有这样的逻辑存在，是有争议的。如果有这种逻辑的话，它大概存在于人类的语言实践和思维实践中，并且与人类所面对的外部世界也有某种关联”，由此，作为后者，“就是对这种逻辑的描写、刻画或重构，它们是一种‘发现’而不是‘发

---

1 文艳、张晓芒：《论温公颐关于形式逻辑真实性与正确性的讨论》，《重庆理工大学学报》（社会科学版）2015 年第 1 期。

2 参见任晓明、曹青春《逻辑是可以修正的吗?》，《哲学研究》2008 年第 3 期。

明’，发现就含有描述性成分，就有真假对错之分……由此引出一连串复杂的哲学问题”。而所谓“逻辑”的“可修正性”是针对后者而言。此即，“当我说‘逻辑是可修正的’时候，我不是指客观形态的逻辑，这种逻辑是‘存在’那里、‘摆’在那里的东西，无法修正；至于它究竟是什么样子，则见仁见智，难以获得统一的见解。可以修正的只能是‘作为理论形态的逻辑’，即逻辑学家所构造的、并获得公认的逻辑学说和逻辑系统”。[1]

还有学者在逻辑学的问题及未来发展问题上，论及了“逻辑是否可以修正”的问题，并持肯定的态度[2]，为广义论证理论的探讨提供了理念支撑。

从这些学者讨论逻辑修正性问题中，我们可以这样认为，从历史的发展看，“逻辑理论”与“逻辑系统”以及“作为理论形态的逻辑”，是可以修正的。当前领域逻辑研究的持续发展，似乎也为这种断定不断提供着佐证。

如是，我们再结合（1）本小节前述的肖尔兹所谓，“直到现在我们还没有碰到任何一种类型的逻辑（不管它和形式逻辑多么不同），在亚的书中找不到挂钩的地方”；以及（2）杜米特留所谓，“中国古代哲学没有发展出一套像亚里士多德在古希腊系统化巅峰时期那样的逻辑工具，但是仍有许多关于几乎逻辑所有方面的有趣的论述，它证明了逻辑问题并未处于中国人的思维之外”；以及（3）爱因斯坦“令人惊奇的发现”，促使我们再一次思考，爱因斯坦的观点似乎并不是“小逻辑观”，他只是赞美了西方逻辑学发展过程中两座标志性的丰碑。这也进而让我们反思，在逻辑比较研究中，不同传统的逻辑思想究竟是什么？如果它是我们今天研究出来的“某领域/国别/民族的逻辑”，亦即我们从历史文献中梳理分析出的、有据可查的、明确的逻辑思想的理论（讲逻辑），以及对它们的实践应用（用逻辑），它为什么能够在逻辑多元发展的历程中，以其特有的思维方法体现着

1　陈波：《“逻辑的可修正性”再思考》，《哲学研究》2008 年第 8 期。

2　参见鞠实儿《逻辑学的问题和未来》，《中国社会科学》2006 年第 6 期。

逻辑的观念？如果它是我们今天按西方逻辑传统的摹本附会出来的“在某领域/国别/民族的逻辑”，亦即以西方传统逻辑的知识体系为分拣格子，分别塞进从各自历史文献中搜索出来的相关文献，为什么它也以特有的历史化的“是什么”的思维方法，仍然体现着历史化过程中作为思维工具的“要干什么”的“逻辑”的观念？

推而广之，在恪守逻辑是“关于推理、论证及其规律、方法的学问”的“是什么”，以及“在现实的社会生活场景中如何有效地推理论证、分析评价”的“要干什么”的观念指导下，领域逻辑研究的持续发展，表明逻辑是可以修正的。而事实上也是，当我们今天在逻辑学教学体系中，普遍地纳入演绎与归纳辩证统一的自系统内容架构时，逻辑就已经在修正了。

而未来可期的事实上也是，“回到生活”“回到文本”“走向未来”的现实要求，也催发着逻辑研究不断从领域合一走向领域分离，不管愿意不愿意，逻辑的可修正早已在路上。

综上要言一，现实的启示。不同的逻辑观决定着不同的研究理念与研究方向，但说到底，在现实的社会生活中，“逻辑”毕竟还是一个具有工具性、人文性的工具性学科，它总会以一定的理论阐述和自身的有效运作，架构了使它得以真实存在的意义框架，并以此回应着那些逻辑学科研究从领域合一到领域分离过程中从未中断的合理追问。故而有肯綮之“纲”：有关逻辑观问题的讨论，不仅对逻辑研究者有益，对于逻辑教学者和逻辑使用者也同样极为有益，它不但可以按照“学科的标准”厘清逻辑学的本质，有助于在领域合一下梳理领域逻辑之间的关系；同时还可进一步在“逻辑是否可修正”的讨论下，继续深化领域逻辑与比较逻辑史的研究与教学。

综上要言二，回归本书宗旨。19 世纪末 20 世纪初西方逻辑大规模传入中国，引发国人对中国古代传统名辩思想的探索，继而引发“中国有无逻辑”的逻辑观争论，至今的讨论成果林林总总。如有文章曾经对逻辑观念的定义、内容、性质、类型等问题进行过系统的论述[1]。随着中国逻辑史的继续研究，这种讨论恐怕还会或显或隐地继续下去。其积极意义在于，在讨论中拓展了的研究理念及视野，同样有助于我们在大逻辑观下探析中国先秦时代究竟有没有逻辑？如果有，它又是什么？它是如何产生的？从而仔细发掘、辩证认识我们民族的先哲，是如何在他们的那个社会大变革时代，怎样阐述、议论并实际应用在"思以其道易天下"[2]的不懈追求中，怎样点点滴滴地阐发或表述或论证了如何有效沟通交际、论证的思维工具系统。尽管这些论述远不如亚里士多德逻辑体系那样完整，但它们同样以一定的理论阐述和自身的有效运作，架构了使它们得以真实存在的意义框架，并以此回应着那些中国逻辑史研究百余年来从未中断的合理追问。

当然，在此我们也需要谨慎地按照本小节一开始就阐明的，"从一个学科形成的必备要素看，按照历史与逻辑的顺序，首先是这个学科的研究对象的独立性及其确定"来考察、规定先秦逻辑思想。因为，先秦逻辑思想之所以还不能称为"学"，就在于尽管诸子都在谈名、谈类、谈理、谈故、谈辩，都在用名、用类、用理、用故、用辩，但这些还未能从诸子思想中完全、彻底独立出来，即便是《公孙龙子·名实论》《墨经》《荀子·正名》等，似乎也不好将其张扬为是完完全全的"逻辑学著作"。

但这并不影响我们遵照一个简单的"因为"原则，在逻辑学科研究从领域合一到领域分离过程中，如何做到作为一种"得到辩护的真实信念"的"观念"存在，能以一个类似于柏拉图式的有关"知识"之经典定义的，"S知道P，当且仅当：（1）P是真的；（2）S相信P；（3）S的这一信念得到辩护"[3]，将中国传统逻辑思想也放在这个"逻辑大筐子"里？

1　参见翟锦程、杨岗营《论逻辑观念》，《南开哲学》第四辑，南开大学出版社，2009，第265页。

2　（清）章学诚：《文史通义·原道》。原话为："皆自以为至极，而思以其道易天下者也。"

3　陈晓平：《"信念"与"知识"辨析——从"盖梯尔"问题谈起》，《重庆理工大学学报》（社会科学版）2013年第5期。

可能还是难以有一个最终的公共认识，但如能在讨论中以“平等的他者”相互对待，不断省思、不断辨察、不断修正、不断推进逻辑的“是什么”和“要干什么”之融贯研究，真诚看待“逻辑大家族”里各有特色的推理、论证之思维工具系统，不亦乐乎？

第二节 逻辑方法的问题

前已述，任何思维工具系统，都应是观念与方法的统一，观念与方法结合在一起才是现实的。由此，我们有了逻辑的观念，还必须要有逻辑的方法，这样的“逻辑”才于我们“有用”。“逻辑学”作为一门学科或现实生活中的课程，它的任务主要还在于如何更好地研究方法、讲授方法。

一 逻辑就是分享规则

20世纪上半叶中国现代重要的逻辑学家牟宗三[1]在自己的“逻辑”视界下，认为逻辑系统除了传统意义上的形式逻辑外，还包括了现代意义上的形式逻辑，以及诸多延伸出来的逻辑系统。以后牟宗三也没有改变这种认识，认为“凡成文的逻辑系统皆显示推理自己，显示理性自己之展现，亦皆有一特殊结构模式，因皆有其逻辑句法之构造故。合起来是一个大系统之发展，分开来无一有绝对性，优越性”[2]。这里牟宗三所表明的显然是指不同的逻辑

1　有学者认为：“牟宗三是继张申府、汪奠基、金岳霖之后，比较全面和系统地评价了西方逻辑学，尤其是西方现代逻辑学与数理哲学，并提出和建立了自己的先验主义、理性主义和主体主义的逻辑一元论的逻辑思想、逻辑哲学和数学哲学，这在中国现代逻辑史上几乎是独一无二的。”参见王兴国《对牟宗三的逻辑二分法思想的初步了解》，台北：《鹅湖学志》1998年第20期。但对于这样一位逻辑学家，惜乎仅在四川教育出版社1994年出版的由周礼全主编的《逻辑百科辞典》中设有“牟宗三”一个词条，而上海辞书出版社2004年出版的《逻辑学大辞典》中仍没有收入有关牟宗三的词条。

2　牟宗三：《认识心之批判》，台北：联经出版事业公司，2003，第182页。

系统自有其不同的逻辑方法。

我们在上一节已述，在作为教育部普通高等教育“十一五”国家级规划教材《逻辑学基础教程》中，这样界定了这门学科：“逻辑学是关于推理、论证及其规律、方法的学问。”在“马克思主义理论研究和建设工程重点教材”《逻辑学》绪论部分，对于“逻辑”一词“学科”意义上的解释有狭义与广义区分，“狭义的逻辑就是研究推理有效性的科学”，此即为“必然地得出”意义下的“研究演绎推理有效性的科学”；“广义的就是研究思维的形式及其规律的科学”；同时认定，“本书就是在这种广义上定义和理解逻辑的”。[1] 此为从学科的学理角度理解“逻辑”。鞠实儿教授则是从文化角度来认识逻辑，认为逻辑是一定的文化集合体中规范的集合。亦即，无论怎样界定“逻辑”，抑或逻辑观无论怎样，有一点可以肯定，“逻辑是关于说理规则的理论”。[2] 在这个意义上，所谓讲“逻辑”就是在讲思维的有关规则与方法。其工作效能应该就是先秦墨子所谓“言必立仪”之“仪”。因为，“言而无仪……是非利害之辩，不可得而明知也”。[3]

或按涅尔夫妇的分析，逻辑的发展道路有着两条不同“思想路线”：

一条“思想路线”是以《波尔·罗亚尔逻辑》为代表，侧重于认识过程中的思维活动，从而具有“思维逻辑学”的特征，并且这种特征“广泛地为人们所接受，并继续在以后二百年被大多数哲学家用来指导逻辑研究”，[4] 因此成为近代至今许多仍然以讲授传统逻辑学为主的教材原型。

另一条“思想路线”是莱布尼茨（1646—1716）开创的路线，侧重于人工语言符号研究从而具有了符号逻辑学的特征，亦即它用特制的表意符号去

1　何向东、张建军、任晓明主编：马克思主义理论研究和建设工程重点教材《逻辑学》修订版，高等教育出版社，2017，第1页。

2　鞠实儿：《逻辑学的问题与未来》，《中国社会科学》2006年第6期。

3　《墨子·非命上》。

4　〔英〕威廉·涅尔、玛莎·涅尔：《逻辑学的发展》，商务印书馆，1985，第412页。

表示概念，并进而通过采用公理演绎方法以及使用具有确定意义范围的变元，使任一可行推理成为一种相应的代数演算。迄今为止现代逻辑的发展道路，就是遵循着这一条路线一路前行，且已发展成为拥有众多分支的学科，使逻辑学在数学、哲学、语言学等方面均可寻觅到它发展的痕迹。应该说，这种路线如今已经在人工智能发展、大数据时代显现着不可估量的重要影响。

我们在这里从方法论意义上来理解，无论哪条“思想路线”，只要让人理解，能实际应用，它也就一定是在讲它一系列的规则、方法。因此，学习、掌握、应用“逻辑”，除了“逻辑观”意义下的认识问题外，更多则是“逻辑方法”意义下的专门技术问题了。现代逻辑尤其如此。即使是当前传统逻辑意义下并有所扩展的“普通逻辑”，仍然是有关概念、判断、推理、思维规律等一系列规则、方法的理解和应用。

正是基于这种逻辑“思想路线”之方法论意义上的理解，我们还可以认为，“逻辑就是分享规则”[1]。在这种标示下，“学逻辑”就是在学习那些“蒸发”掉思维内容的形式化或非形式化的技术方法与规则；“用逻辑”实际上也是将这些技术方法与规则投射在现实生活的实际论证中。而逻辑学的工具学科性质也决定了，同任何工具学科如数学一样，这些技术方法与规则可以通过系统学习、训练加以掌握，并通过具体实践加以巩固。

大概也正是在这个意义上，对于一度热火朝天的批判性思维的合理追问就是，究竟哪些具有普遍适用性的方法与规则是你独有？因为，研究者、倡导者尽可渲染其所研究对象的有用性，但使用者却要实实在在用那些能当下使用的“学科明确”的思维工具来分析、评价、批判、创新现实生活中的各种问题。至少，那些希望参加各种社会逻辑考试的人，对着某一题，更迫切希望知道为什么选这个选项而不选其他选项？采用的方法与规则是什么？

---

1 参见张晓芒、田立刚《批判性思维的嵌入式教学与逻辑学课程小论文的写作》，《重庆理工大学学报》（社会科学版）2013 年第 2 期。

二 逻辑方法的两种含义

从逻辑方法角度看中西比较逻辑研究中的先秦逻辑思想，仍然是在逻辑观的观照下，考察在那个“思以其道易天下”以重整天下政治伦理秩序的时代，在具体的论证理论阐述和论证实践应用过程中，是如何产生以及产生了什么样的同样是具有普遍适用性的逻辑方法，以至于在百家争鸣都希冀“取辩于一物而原极天下之污隆”[1] 的过程中，“孟子非墨子，其辩言正辞则与墨同。荀卿、庄周等皆非毁名家，而不能易其论也”，而中国古代传统逻辑思想的现代转换，除了在逻辑观上增强对先秦逻辑思想发生发展背后的逻辑原则、文化传统、人文精神之历史文化理路的认知外，还可以在逻辑方法“其或兴微继绝者，亦有乐乎此也”[2] 上，增强对传统思维方法论意义的感受。

需要说明的是，我们这里所讲的“逻辑方法”，既指内含于中国古代逻辑思想中的逻辑方法，即“对象之逻辑方法”；同时又指对中国古代逻辑思想进行研究的逻辑方法，即作为分析评价手段的“研究之逻辑方法”。

在中国古代逻辑史研究中，可能作为手段的研究方法不同，得出的结论也可能会有所不同。胡适的认识对我们具有一定启发意义，他在自我评述如何研究中国古代思想体系时，“所用论述方法及其与中国传统学问不同的主要之点”，是“关于哲学体系的解释、建立或重建。在这一点上，我比过去的校勘者和训释者较为幸运，因为我从欧洲哲学史研究中得到了许多有益的启示。只有那些在比较研究中（例如比较语言学中）有类似经验的人，才能真正领悟西方哲学在帮助我解释中国古代思想体系时的价值”。[3]

1 （晋）鲁胜：《墨辩注叙》。污，犹降；隆，犹高。“污隆”意指高低，在此喻指为天下的盛衰、兴废，再喻指为论辩过程中的是非。

2 （晋）鲁胜：《墨辩注叙》。

3 胡适：《先秦名学史》，学林出版社，1983，第 2 页。

虽然，不同研究方法的使用，所得出的结论可能会有所不同，这种不同究竟谁更合理，尚不可一下断论。但有一点可以知道，即对不同研究方法的探索，本质上就是一种发散型创新，它是一个“对已知信息进行多方向、多角度、多渠道的思考，从而悟出新问题、探索新知识或发现多种解答或得出多种结果”的思维过程，以“求异性是发散思维最重要的本质特征”，[1] 不满足于以往的既定解释，力求围绕所研究问题寻求新变化，寻觅新的合乎情理的可能解释，并使任何思路、方法都可以在不同发散方向的新理解中，探索可能的言之有理、言之有据的创新契机。

或如，牟宗三对于《周易》的研究方法能够作为一个范例。上大学期间他就“在数理逻辑以及罗素、怀悌海、维特根什坦的思想背景下”，对《周易》的结构进行了分析，认为《周易》的结构在“数学方面的原则是‘序理’，是‘系统’，是‘关系’”。如他在解释东汉郑玄易学思想时认为，一卦之根本公理有“三才”公理、“六位”公理、“中”之公理、“当位”公理、“相应”公理，“这是五个根本公理，一切变通皆以此为准。且为言易者所共许”。[2] 这种认识显然受到数理逻辑思想与方法的影响。

这种方法是否合适，当时即有争议。1932 年成稿后，牟宗三把书稿送给数位相关权威学者看。由于胡适重考据法，而牟宗三把“《易经》是当做中国的一种形而上学看”，因此胡适认为牟宗三的“方法有危险，我看《易经》中没有你讲的那些道理”。为此牟宗三还“青年人压不下这口气，遂写了一封信给他，关于方法有所辩说，辩说我的方法绝无危险”；而曾经教授牟宗三数理逻辑课程的张申府，由于其时兴趣已转向唯物辩证法，也对这部书稿十分冷淡；只有接受过国外系统逻辑训练刚返国的沈有鼎认可，觉得“这部书

1　张晓芒：《创新思维方法概论》，中央编译出版社，2008，第 41 页。

2　牟宗三：《周易的自然哲学与道德涵义》，《牟宗三先生全集》第 1 册，台北：联经出版事业有限公司，2003，1988 年重印志言，第 5 页；第 4、54—55 页。

是化腐朽为神奇。纵使有附会，也附会得很妥帖、不乖错、不离谱。触类旁通是可允许的”。[1]

1935年这本书出版时，牟宗三请张东荪作序，被其欣然允诺，“亚里斯多德以本体的有无问题为出发点而讲形而上学，康德以知识的可能问题为出发点而讲形而上学，而怀特海德则以宇宙的结构问题为出发点而讲形而上学。怀氏的这种态度颇和中国的形而上学相仿佛……友人牟宗三素来喜欢研究怀氏哲学……牟君有了这样的素养，然后回头来再研究中国的形而上学，遂发现《周易》一书中有许多可宝贵的道理，乃写定以成此书。……惟以为有牟君这样的研究古籍方法始足为‘哲学的’。而现在一班关于中国哲学的著述，其实质是考据，所以是‘史学的’，并不是‘哲学的’。所以我对于牟君此书极愿意广向学术界有一言以为介绍”[2]。

我们姑且不论在这种方法论争中孰是孰非，但就对敢于探究研究方法之肯定态度，无疑会对研究者今后的不断探索努力增添助力。牟宗三对此深有感触，“俯充不辞以示对于后进之提携，故吾对于张先生终身感念也”，其结果就是牟宗三学问之路上的不断探索，“由此一微末不足道而却发之于原始生命的充沛想象之青年作品实足占当时学术思想界之分野，并可卜六十年来吾之艰困生活之经过以及学思努力之发展。此是一生命之开端起步，其他皆可肇始于此也。……这一方面的钻研是我离校后仍继续不断的工作，经十余年之苦思困学，结果便是《理则学》与《认识心之批判》两书之写成”。[3]

又有，作为现代新儒家代表人物之一的方东美，学贯中西，会通中西哲学与文化，他也曾在20世纪30年代尝试以现代逻辑的思想与方法为工具，分析易学的相关内容。认为《易经》“所遗留给吾人者符号而已矣。许多人都在那

1 牟宗三：《周易的自然哲学与道德涵义》，《牟宗三先生全集》第1册，1988年重印志言，第3、5页。
2 牟宗三：《周易的自然哲学与道德涵义》，《牟宗三先生全集》第1册，1935年张序，第10页。
3 牟宗三：《周易的自然哲学与道德涵义》，《牟宗三先生全集》第1册，1988年重印志言，第5页。

儿推敲他的意义，所用的方法各有不同，一种方法不能通，再用别种方法，有些人便把许多人的方法聚在一起求通，于是矛盾互见，徒劳无功。余知其难，目前不愿且不能便对《易经》作一个总答复，想第一步先把范围缩小，专从逻辑问题作一个报告"，于是便有了他 1939 年 40 岁时完成的《易之逻辑问题》。在这篇文章中，方东美批评了汉代京房、荀爽、虞翻等人的卦变说，认为其"究是演绎，抑是归纳，颇难分辨"，于是想"不揣冒昧，关于六十四卦之产生，欲以现代逻辑之手续一一说明之"。[1] 对于这种通过假定五条演绎公理来论述六十四卦之产生的逻辑方法上的"发散—求异—创新"，方东美曾在其以后在台湾大学开设的《中国哲学之精神及其发展》讲座中自我评价说："全部六十四卦皆可有效推得，终集大成于一部旁通之系统"。[2]

由上可推，在 20 世纪上半叶的逻辑学、逻辑史研究中，对于"对象之方法"与"研究之方法"的中西不同逻辑方法，就已交织并业已植根。在逻辑研究以及逻辑史研究乃至不同民族思维方式的研究进行到今天，在逻辑观念、逻辑方法的多元化认识中，在不停顿的探索—反思—再探索的争鸣中，这种融贯交织又开始了新一轮的开枝散叶。

或如，2015 年 11 月，在台湾大学主办的"第七届海峡两岸逻辑教学与学术研讨会"上，不同的论文就体现了"逻辑方法"的不同含义。

大陆学者、吾师孙中原先生提交的论文即是《中国逻辑史研究方法论刍议》。孙先生从 20 世纪 60 年代初，即师从汪奠基、沈有鼎先生开始了中国古代逻辑思想研究，至今八十多岁高龄仍笔耕不辍、孜孜不倦，已达六十年。孙先生的学术生涯见证了中国逻辑史研究最重要且成果最丰硕、争论最激烈的几十年。他在这篇论文中，首先提出了中国逻辑史研究方法论问题，历来

1　方东美：《易之逻辑问题》，《方东美文集》，武汉大学出版社，2013，第 314、323、330 页。

2　方东美：《中国哲学之精神及其发展》，孙智燊译，中华书局，2012，第 102 页。方东美自 1966 年 67 岁时，在台湾大学专开《中国哲学之精神及其发展》讲座，并着手开始以英文撰写该书。至 1976 年他 77 岁时，《中国哲学之精神及其发展》一书经长达十年的精心撰写终竟稿。

存在尖锐争论。因此，如何解决中国逻辑史研究方法论的争论问题，不但是中国逻辑史研究领域的前沿课题、攻关难题，同时也是闪光亮点的学术增长点。在孙先生看来，方法是宗旨、目的、方向、途径、手段、工具和程式的统称，我们完全可以借鉴希尔伯特对象理论和元理论、塔尔斯基对象语言和元语言，以及傅伟勋创造性诠释学的"实谓、意谓、蕴谓、当谓和创谓"划分理论，来思考中国逻辑史研究方法论的理论基础、前提和节点。[1]

有学者采用现代逻辑方法处理中国古代逻辑文献，并论述了现代逻辑与中国古代文献文本相结合研究的意义及价值。[2]

有学者以融贯语境的"思想单位"，解析探讨了墨子、孟子、苏秦三人的说服性推理，分析评价了他们各自擅长的"辟"式类推法、"援"式与主体转换、"推"式类推法、归谬法与引导法、两进法与多难论法等，有着各自思维方法的依据。[3]

有学者从"逻辑与文化"的关系角度，提出以往的"据西释中"方法无法恰当解读诠释逻辑与文化的联系，而当代逻辑哲学和非经典逻辑的研究能够给予当前中国逻辑史研究以启示，即对中国逻辑史上居于支配地位的道德推理、语用论辩、渗透性归纳推理展开研究，可能会展现"中国逻辑"的丰富内涵与特殊形态。[4]

如果我们在这里还需特意再说一点什么，那就是曾昭式教授的新著《先秦逻辑新论》，于2018年入选了"国家哲学社会科学成果文库"。该书之所以是"新论"，即如作者所概括的："是在吸收先秦逻辑研究成果的基础上，提出

1　参见孙中原《中国逻辑史研究方法论刍议》，《第七届海峡两岸逻辑教学与学术研讨会论文集》，台湾大学，2015年。

2　参见何扬、鞠实儿、沈榆平《评析现代逻辑视野下的中国古代逻辑研究——以〈白马论〉为例》，《第七届海峡两岸逻辑教学与学术研讨会论文集》，台湾大学，2015年。

3　参见李贤中《先秦说服术之比较》，《第七届海峡两岸逻辑教学与学术研讨会论文集》，台湾大学，2015年。

4　参见任晓明《中国逻辑史研究面临的挑战与发展机遇》，《第七届海峡两岸逻辑教学与学术研讨会论文集》，台湾大学，2015年。

了先秦逻辑是一种'正名—用名'论证类型。'正名'是确立名之所指，体现'名'的哲学功能；'用名'表现在具体论证中，反映论证者对于'名'的正确使用问题。'正名—用名'逻辑不似亚里士多德三段论在直言命题逻辑常项结构中确立逻辑变项外延关系，它是基于价值观的一种逻辑，而不同于印度因明的'信仰逻辑'和亚里士多德的'科学逻辑'，所以我们称之为价值的逻辑。"[1] 基于此，该书的研究当是基于广义论证的中国逻辑史研究。这种研究在"对象之方法"与"研究之方法"的探索上，很值得细细品咂回味。

按上，本节所论"逻辑方法"，或者是研究的对象，或者是研究的手段，或者二者兼而有之，但无论怎样，在"领域逻辑""民族逻辑"以及比较逻辑史领域，对于"逻辑方法"的重视，不仅有助于梳理、厘清以往相关研究中的一些争论，同时还会以研究的多元路径，推动各自研究的不断出新。

第三节 逻辑与文化的关系

在比较逻辑研究中，总要涉及"是什么"和"为什么"的问题。对于前一个问题的研究我们可以按"逻辑观"和"逻辑方法"的争鸣来进行，对于后一个问题的研究则无可避免地要涉及历史文化的背景问题了。这是因为，其一，按联合国教科文组织 1998 年公布的《世界文化报告》对文化作的界定，从广义上讲，"文化是一种生活方式和生存方式。这包括人们所持的价值观，对他人（民族和性别）的容忍，外在的以及与之相对的内在的取向和偏好，等等"；从狭义上讲，"文化是艺术、音乐、文学等方面的体现"。[2] 前者的广义理解，应该不仅包括"何以"生活和生存的指导观念，也应该包括"怎样"生活和生存的思维样式；后者的狭义理解则应该包括语言符号，或

1 曾昭式：《先秦逻辑新论》，科学出版社，2018，"前言"。

2 联合国教科文组织编撰：《世界文化报告（1998）——文化、创新与市场》，北京大学出版社，2000，第 1 页。

者是“思维的样法”。其二，从发生学角度看，逻辑的产生与文化的发展应该有一定的内在关联，它们的发生都应是特定文化群体内人们自由自觉的类本质体现。逻辑也是历史文化现象之一，也是一定社会生活“逼迫”出来的。如是，逻辑传统的表现类型可能会有所不同，但其随时制宜、随事制宜的产生，却有其历史文化的必然性，有其历史发展的维度和思维发展的维度。

一　文化逻辑

当我们在“逻辑观”的观照下以及在“逻辑方法”的追寻中，审视、探究中国先秦时代究竟有没有逻辑，如果有，它又是什么之后，紧接的追问就是：先秦时代为什么会产生这样的“逻辑”？它何以产生？

自从20世纪初展开中西逻辑比较研究以来，这个问题就使得“中国的逻辑”与“在中国的逻辑”之对立，不仅要求说明在对象、性质、基本内容、演化过程诸方面是否存在共性和个性的差异，同时也要求说明文化的差异是否会造成逻辑传统的差异。这实际上就是“是什么”和“为什么”的问题。在比较逻辑史研究中两相比较，后一点更为重要，因为，不同逻辑传统的合理性与合法性都必须在各自所属的历史文化情状中得到解释。脱离了它所从属的历史文化背景，我们将无法对之给出恰当合理的分析理解与评价。

按此，我们今天对于“中国的逻辑”的研究，除了回顾、思考以往对此问题的争论，以回应一些必须回答的问题外，还可得到其他一些有益启示。即如逻辑史家安东·杜米特留所认定的：“我们已经论述了二千五百多年的逻辑史，可以看出在此期间人们以各种方式构想和阐述逻辑学。可以发现在不同时期之间有巨大差别……逻辑演变过程的各个阶段，都反映了一种特殊的历史背景。”[1] 由此，研究任何不同传统的逻辑思想，都要回到产生“它”的

1　〔罗马尼亚〕杜米特留：《逻辑史·结论》，英国算盘出版社，1997，转引自温公颐、崔清田主编《中国逻辑史教程》（修订版），南开大学出版社，2001，第2页。

那个历史时代，探究“为什么”会在不同的历史文化情状中产生这样的“是什么”。从而品咂回味历史总是体现一定时代文化的历史，历史的发展也应是文化的发展。前述涅尔夫妇在其《逻辑学的发展》中所分析评价的逻辑发展的两条“思想路线”，应当就是西方古代与近代不同历史条件所催发的。按此，印度佛教文明催发出了因明；而在逻辑史上，阿拉伯逻辑也有着独特贡献[1]。同理，作为大文明区域的中国先秦时代，能够产生一定的逻辑思想也就用不着奇怪了。由是，文化与逻辑的关系必然也就会展现在我们面前。这实在是因为，论起逻辑，理应不能脱离特定历史时期的文化；论起文化，也理应要思考其背后的逻辑“样法”。所谓“文化逻辑”即是这两者的统一。亦即，它是一种特有文化中以历史化的逻辑思想传统构建起来的思维认知方式。笔者借助这些年来认知科学三大发现之一的“心智本质上是涉身的”之观念，认为：

其一，现实生活世界的生存需要，无论是形而上的理念探索，还是形而下的政治伦理制度安排，都应是文化的逻辑起点。因此，文化的逻辑就是真实的人类活动的逻辑。它以“思维样法”的形式，反映了一定历史阶段内人类群体有关思维的思想与方法，并以所形成的思维惯性，在其发生发展的历史化过程中，潜移默化地积淀在这个人类群体的内心深处，成为一种思维认知途径、根据、结构或格式、规则、特点等潜意识，并以一种认知“信念”形式，瓜瓞连绵地“世世传统”“代代相传”。亦即，因文化的需要逼迫，逻辑的联结是为其背后的文化与概念（即作为思维假设的价值判断或历史判断）所左右。在这一点上，前述马克思和恩格斯所说的那段话对于我们今天的先秦逻辑思想研究仍具有指导意义：“人们是自己的观念、思想等等的生产

1　从阿拉伯帝国的倭马亚王朝（661—750 年）至阿拔斯王朝（750—1258 年），大量其他民族的优秀文明成果被翻译成阿拉伯语，史称“翻译运动”。其中包括了古希腊逻辑。是阿拉伯学者使古希腊逻辑首先在中世纪得以延续，并通过他们传到西欧，没有这种传播，我们今天所知道的逻辑究竟发展成什么样子，还真不好说。虽然这种翻译和研究工作，最初是作为保卫伊斯兰教的手段，但作为古希腊逻辑与西欧中世纪逻辑的中介桥梁，阿拉伯逻辑在其形成与发展过程中，也曾出现许多不同的逻辑学派和代表人物，形成了具有阿拉伯精神的逻辑思想，使之具有了海纳百川、神人兼备，东西交流、承前启后的特点。

者，但这里所说的人们是现实的、从事活动的人们，他们受自己的生产力和与之相适应的交往的一定发展——直到交往的最遥远的形态——所制约。”这里还需要说明的是，我们所说的“文化逻辑”之“逻辑”，是在“客观事物发展变化的规律”之意义下使用的。

其二，不同的“思维样式”总是在特定文化场景中历史地形成，总存在论证主体、论证目的、论证样式与规则的统一，从而使我们能够在问题历史化的回溯中，考察它得以完成的主观性与客观性辩证统一的因素。首先，“思维方式是思维主体总结和概括出来的思考问题的规则、程序、步骤和手段等，它们必须通过思维主体的实际运用才能得到实现。所以，思维方式是属于主体而非客体的精神行为。可以说，不同的思维方式是不同文化氛围内的人们通过思维实践‘共许’的东西，是他们一切言行的共同的思维‘接口’”[1]。其次，“逻辑是由文化的需要逼迫出来的”，不同的历史文化条件决定了不同的思想路数，而所谓“历史文化条件”表达着历史实践的客观性，它所决定的不同思想路数的发生发展过程，展现了不同文化类群体的人们“为什么”会总结、概括出那些“是什么”的特有的思考问题的规则、程序、步骤和手段。作为一种特定文化体的人们“集体性思考”结果，这些不同思想路数的发生发展受到客观历史条件的影响，其所形成的不同意义框架下文化三段论意识，也就因其有着特有的历史文化背景，具有了一定的历史文化特征，对它的选择与评价也就有了历史客观性。或如，本章第一节提到《左传》中被称作“《春秋》五十凡例”的“凡……曰”论式，如果没有孔子倡导“无所苟而已”的传统“正名”精神，我们也很难评价它为什么在历史长河中会持续发挥、发扬着“名分大义”[2] 的作用及精神。故而在历史文化的选择、评价中，不同思想路数的思维方式，都是在其适用的范围和场景中运用，如果

1　张晓芒：《正确思维的基本要领》，中央编译出版社，2008，第226页。

2　辜鸿铭：《中国人的精神》，海南出版社，2007，第43页。

超出这个“语用”的“语境”，任何思维方式就因其比照“唯一逻辑”的抽象“一般性”，失去其历史文化特点。为此笔者认为，不同思想路数规约下的不同思维方式，既受一定历史时期内社会实践规模和水平的制约，也随着一定文化下社会实践活动方式的发展而发展。这就使得“特殊性”的思维方式具有了区域文化特点，表达着各具特色的生活方式、风俗习惯、语言文字、文化传统等，从而也展现出不同认知方式之间的差异。因此，逻辑虽然具有全人类性，但不同逻辑传统却具有各自的特殊性。还需要说明的是，这里的“逻辑”，是在人们思维的规则、规律或在逻辑学科意义下使用的。

其三，作为一种“保留的传统”，不同文化是不同民族不同历史发展的结果，作为其内容之一的思维样式，也以其适用于不同文化群体内人们的具体价值与实用性，成为历史选择的结果。又由于“每个文化集团都有独一无二的历史，这种历史一部分取决于社会集团特殊的内部发展，一部分取决于它所受到的外部影响”，故而在不同“逻辑传统”的比较研究中，美国现代人类学家弗朗茨·博厄斯提出的“历史特性主义”（historic al particularism）[1]和鞠实儿教授主张的“文化相对主义”[2]视域，二者不可阙如其一。而二者统一的“文化主义”，在A文化与B文化的比较研究中，就能由“应然”而“实然”地坦然将对方视作一个真正平等的他者。将这种理念落实在不同逻辑传统的比较研究中，它们就都是根据自身的历史与文化需要走着自己的发展道路，在各自历史文化背景下的价值与功能也存在差异。

二　对于文化逻辑的论争

回溯百余年来的中国逻辑史研究，对于中国古代“能不能产生逻辑”

1　〔美〕博厄斯：《原始人的心智》，国际文化出版公司，1989，第89页。

2　鞠实儿：《论逻辑的文化相对性——从民族志和历史学的观点看》，《中国社会科学》2010年第1期。

“为什么如此”的问题，其间的争论无不浸润着逻辑与文化的关系。其中较为激烈的争论为本章第一节所述的，20 世纪 30 年代末 40 年代初金岳霖先生与张东荪先生的“逻辑是一元的”还是“逻辑是多元的”争论。

作为争论一方，张东荪秉持整体性“文化主义逻辑观”，以《中西思想之根本异点》《从中国言语构造上看中国哲学》《思想言语与文化》《不同的逻辑与文化并论中国理学》等系列文章，从不同角度论述了逻辑与文化的关系问题，得出其经典论断——“逻辑是由文化的需要逼迫出来的”。认为逻辑跟着哲学思想走，是文化的产物。由于不同国家、民族的文化不同，因此只有不同文化背景下按其产生的特点与需要所形成的不同逻辑，并无唯一的逻辑。[1] 此即张东荪所认为的历史上存在四种不同逻辑类型，即第一节前述：逻辑甲（logic A，传统逻辑，traditional logic 或形式逻辑 formal logic）；逻辑乙（logic B，数理逻辑，mathematical logic）；逻辑丙（logic C，形而上学的逻辑，metaphysical logic）；逻辑丁（logic D，社会政治思想的逻辑）。按张东荪的分析评价，这四种逻辑类型都因其各自特点、来源，具有了同异有别的相互关系，使得“中国逻辑”和“西方逻辑”分属于不同逻辑类型。在张东荪看来，虽然中国没有形式逻辑和数理逻辑，即没有“逻辑甲”和“逻辑乙”，但却有形而上学的逻辑和社会政治思想的逻辑。对此再参照牟宗三的逻辑观，“中国逻辑”虽然没有“形式的解析”（Formal interpretation），即没有“逻辑甲”和“逻辑乙”，但却有“超越的解析”（Transcendental interpretation），即有“逻辑丙”和“逻辑丁”，这是由中国的哲学思想更多关注社会政治活动的原因造成的。[2] 前者可谓是“推理的一般”，后者可谓是“推理的特殊”。关于二者的关系，将在下编第八章第二节详述。

作为争论的另一方，金岳霖先生发表《论不同的逻辑》，认为“没有不

1　参见张汝伦编选《理性与良知——张东荪文选》，上海远东出版社，1995。

2　参见牟宗三《理则学》，台北：正中书局，1995，第 77 页。

同的逻辑”，“只有一种逻辑”，为此他从“对象与内容的分别”，以“一直到现在我没有感觉到有不同的逻辑”的坚持，坚决反对了张东荪关于逻辑与文化关系的观点：“我个人向来把逻辑视为不受语言文化的支配的对象”；“不同的逻辑系统的确有不同的地方，一系统中不同的部分也的确有不同的地方。可是，这只是就系统的不同点着想而已。如果我们就各系统的相同点着想，我们仍然回到统一的逻辑”；“张先生没有分别逻辑与逻辑学，他没有分别对象与内容，因此他没有把这个问题和另外一个问题分别出来。张先生在这篇文章[1]里根本没有举出理由使我们相信逻辑——逻辑学的对象——受语言文化的支配”。[2]

20世纪末21世纪初，这个老问题又在“逻辑与文化”的研究观念及方法争论上旧话重提，最初的积极倡议和系统研究者是吾师崔清田先生，他在《名学与辩学》的长篇绪论中，提出并论证了“历史分析的方法”与“文化诠释的方法”[3]；其后所著的《墨家逻辑与亚里士多德逻辑比较研究》，下篇标识就是“论逻辑与文化”[4]。在这两本著作中，崔先生明确了其思想来源即张东荪对于逻辑与文化关系的阐述。在他同时期其他系列论文中，始终不渝地阐述着“逻辑与文化”的关系问题。通过这一系列关于“逻辑与文化”之间关系的论证，他认为两者之间存在有相互依存、相互影响之关系。如无这些关系，两者的各自存在将失去前提。故而逻辑既有共同性，也有特殊性。对于不同的逻辑传统来说，正因为有了逻辑之共同性，才能将它们统归之于逻辑；与此相对应，也正因为有了逻辑之特殊性，才能品察它们作为逻辑家族之大类中的不同传统。当然，对于张东荪观点的评价，崔先生也很客观辩

1　指张东荪发表于《燕京学报》第26期的《不同的逻辑与文化并论中国理学》——引者注。

2　金岳霖：《论不同的逻辑》，金岳霖学术基金会学术委员会编《金岳霖文集》第二卷，甘肃人民出版社，1995，第378、379、383、402页。

3　崔清田主编：《名学与辩学》，山西教育出版社，1997，绪论，第1—33页。

4　崔清田：《墨家逻辑与亚里士多德逻辑比较研究》，人民出版社，2004，第169页。

证，“不可否认的是，张东荪的这些关注与讨论并非完全无可置辩；同样不可否认的是，张东荪有关‘逻辑与文化’的思想不乏合理之处，对逻辑学、逻辑史、中国逻辑以及逻辑比较的研究多有启迪，应当继承和发展”[1]。

作为一个坚决反对的他者，有程仲棠先生的批评，“张东荪的文化主义逻辑观的基本主张是文化决定逻辑，不同的文化决定不同的逻辑。它包括三个错误理论：1.‘四种不同的逻辑’论：把逻辑泛化为思维方式。2. 语言决定逻辑论：把逻辑的载体当作逻辑的本体。3. 逻辑‘跟着文化走’论：从主观主义走到相对主义”；并继而认为，“任何一个文明民族都有逻辑思维，但并非每一个文明民族都创立了逻辑学”，“逻辑在文化中具有双重身份：对人类文化的总体而言，它属于文化；对文化个体即各个民族的文化而言，它又是超越文化或跨文化的——这就是逻辑的全面的文化定位”。[2] 其后，程先生的观点及论述，整体展现在其《“中国古代逻辑学”解构》[3] 一书中。

整体而观，20 世纪末 21 世纪初，既然对中国古代逻辑史研究中许多问题需要回答，且受当下争论影响，相较于 20 世纪上半叶关于“逻辑与文化”的论争，参与相关讨论的学者大大增多了。

或如，作为《名学与辩学》一书曾经的责任编辑，笔者是最早接受崔先生“逻辑与文化”观念的读者。受此影响，曾对张东荪“扬比较”“抑比附”的观点持一种积极肯定态度，认为“张东荪的重异、求异的比较研究方法，对当代进一步深入研究中国逻辑史有着深刻的方法论意义”[4]。但现在笔者对于张东荪“扬比较”“抑比附”的观点又有了新认识，认为作为一种方法论原则，我们还是应该给“比附”以及延伸出来的所谓“据西释中”给予一种积极的肯定性评价，因为在 A 文化与 B 文化的比较研究中，往往会有一个主

1　崔清田：《关于张东荪的“逻辑与文化”》，《南开哲学》第四辑，南开大学出版社，2009。
2　程仲棠：《评张东荪的文化主义逻辑观》，《中国哲学史》2006 年第 3 期。
3　程仲棠：《“中国古代逻辑学”解构》，中国社会科学出版社，2009。
4　张晓芒：《张东荪哲学研究方法对当代中国逻辑史研究的启示》，《哲学研究》1999 年增刊。

要的比较对象为分析评价的参照点，否则无以进行两者之间同异的比较研究。而这与前述“将对方视作一个真正平等的他者”并不矛盾。

或如，有学者认为，张东荪无论在观念上还是在方法上，都“误读了逻辑学的研究对象，没有认识到逻辑学的全人类性和工具性质。其结果影响了逻辑学在中国近代时期的传播与发展。由文化的多元性进而引申为逻辑学的多元性，这与当时中国逻辑界所出现的综合逻辑是一脉相承的。它说明张东荪对逻辑学理论认识不足，并且影响着当时的许多学者，进而对逻辑学的发展产生不利的影响”[1]。

至如今，还有诸多学者诸多文章专门讨论“逻辑与文化”的关系论争，其中多有辩证的分析评价。诸如，《在逻辑与文化之间：张东荪的逻辑文化观》[2]《言语、思想与逻辑——张东荪多元逻辑观浅析》[3]《张东荪逻辑观述评》[4]《论逻辑与文化》[5] 等文，也在肯定张东荪观点合理一面之同时，指出了他观点中的不妥之处。

目前参与“逻辑与文化”讨论的学者视野越发宽阔，对于“不同的文明之间是否存在不同的逻辑”？有学者从“逻辑学未来将要面临的研究课题”之层面，提出“或许隶属于不同文明的逻辑有若干形式上相同游戏规则，但是，根据学界广泛一致的看法：文明具有整体性。因此，如果不涉及全面的文明，它们的任何构成单位都不能被充分理解。显然，这些规则在不同的文明中应该具有并不完全相同的性质与功能。根据以上所述，不同的文明可以具有不同的逻辑”。[6] 这种观点的延后，是进一步从民族志和历史学观点阐述了对“逻辑”的理解与认知，提出“广义论证”概念，认为它所涵摄的理

---

1 曾昭式：《张东荪多元逻辑观试析》，《商丘师范学院学报》2002 年第 1 期。
2 张斌峰：《在逻辑与文化之间：张东荪的逻辑文化观》，《安徽史学》2001 年第 2 期。
3 杨蕾：《言语、思想与逻辑——张东荪多元逻辑观浅析》，《中州学刊》2005 年第 2 期。
4 马秋丽：《张东荪逻辑观述评》，《理论探索》2007 年第 6 期。
5 王克喜：《论逻辑与文化》，《南京社会科学》2006 年第 12 期。
6 鞠实儿：《逻辑学的问题与未来》，《中国社会科学》2006 年第 6 期。

论，能够在“论证”的理论框架下，考察、分析、评价不同文化群体的说理方式，继而将它们都纳入逻辑家族中。[1] 究其根本，仍然是“历史特性主义”与“文化相对主义”在比较逻辑研究中的观念展现。

应该说，“逻辑与文化”之关系的讨论，对于不同逻辑传统抑或不同民族思维方式的比较研究，应具有一定的启发思考价值。因为在分析评价不同逻辑传统抑或不同民族思维方式时，它能够依据合理的逻辑观，选择合适的研究方法，根据所研究对象的历史文化特性来做出评判，从而探讨各自不同的“是什么”和“为什么”。亦即，在特定的历史文化背景及意义框架下，尽可能真实地认识它们各自内在的、独有的特质及工作机理；这种特质及工作机理作为不同文化的有机组成部分，有其历史成因，并以其历史选择的特有“论理”方式，展现着自己的有效性及普遍适用性。继而，品察不同文化群体的历史生活状态中产生的不同思维工具系统，在当下的文化会通中，为什么能够以“文化逻辑”相通之共性和差异之个性的辩证统一，在保存文化特殊性、民族性和传承性等问题的基础上，“和而不同”地构成人类不同文化能够沟通对话的重要条件之一。

国外的逻辑学者或汉学家在涉及“中国逻辑”传统的研究中，实际上也涉及逻辑与文化的关系。20 世纪 80 年代日本加地伸行的《从诸子百家到毛泽东》，其研究就涉及了先秦逻辑思想的政治文化背景；美国汉学家陈汉生（Chad Hansen）的《中国古代的语言与逻辑》，从语言哲学角度对中国古代语言和逻辑思想进行了分析；2004 年荷兰 Elsevier 出版集团陆续出版《逻辑学手册》增加了中国逻辑卷，有“中国逻辑”的文化特点。另外国外学者的代表性著作还有：Anton Dumiti，*History of Logic*，Tunbridge Wells：Abacus Press，1977；A. C. Graham，*Later Mohist Logic*，*Ethics and Science*，The Chinese Univer-

1　参见鞠实儿《论逻辑的文化相对性——从民族志和历史学的观点看》，《中国社会科学》2010 年第 1 期。

sity Press, 1978; Chad Hansen, *Language and Logic in Ancient China*, The University of Michigan Press, 1983; Benjamin I. Schwartz, *The World of Thought in Ancient China*, Belknap Press, 1985; A. C. Graham, *Disputers of the Dao: Philosophical Argument in Ancient China*, Open Court Publishing Company 1989; Christoph Harbsmeier, *Language and Logic in Traditional China*, Cambridge University Press, 1998。这些著作分别探讨了中国古代逻辑与哲学、伦理学、科学、语言学的关系。

2007 年在北京举行的第 13 届国际逻辑学、方法论与科学哲学大会上，有近 10 篇关于中国逻辑的一般研究、专题研究和比较研究的论文入选。

2018 在北京举行的第 24 届世界哲学大会上，由中外学者提交的有关“中国逻辑”或中西比较逻辑的论文，大约为 24 篇，也可大致分类如上。[1]

综上要之，不同逻辑传统思想及其方法的发生发展，是观念与方法的统一，是论辩理论与论辩实践的统一，是“讲逻辑”和“用逻辑”的统一，是思维传统与历史文化的统一。论及此就不能不思考其时之历史文化对逻辑传统的要求，逻辑传统对历史文化的影响。这理应成为我们研究不同逻辑传统及其方法的前提条件，也是本书研究先秦逻辑思想及其方法的前提条件。

只要不同逻辑传统抑或不同民族思维方式的比较研究延展着，逻辑与文化的话题大概就不会消失。

1 参见《世界哲学大会日程安排》，2018 年北京。

第二章
对百余年来先秦逻辑思想研究的回顾与反思

我们在思考先秦逻辑思想及方法研究的前提条件时，实际上所做的工作就是在思考已逾百年且今天仍在继续的中国逻辑史研究的逻辑观以及研究方法曾经有怎样的发展变化。只有在对其尽可能多的知悉洞晓上，我们的研究才能在不断的反思基础上，以前后融贯的一致性、问题历史化的向度，尽自己的可能继续推动发展着中国逻辑史的研究。

第一节　名学、辩学、名理学等名称的由来

一　西方“逻辑”的不同译名

西方“逻辑”传入中国的历史，可上溯至明末，有学者对此传入过程进行了详尽研究。按此研究，我们“目前可知最早记载传入中国的西方传统逻辑的文献是1603年刊印的利玛窦的《天主实义》，其中谈到了亚里士多德的‘十范畴’”；而“第一次把西方的演绎观念介绍到中国的是1607年利玛窦与徐光启合译的《几何原本》前六卷”；这一时期把西方逻辑传入中国的“传教士和信教士大夫主要有利玛窦、高一志、艾儒略、傅汎际、南怀仁、徐光启和李之藻等，典型文献有《几何原本》《西学》《西学凡》《名理探》和《穷理学》等”。[1] 但西方“逻辑”作为一个稳定的普遍适用的概念被中国社

1　翟锦程：《近代中国逻辑思想研究源论》，《中国高校社会科学》2016年第1期。

会接受，还是有一个中西思维工具系统从内容到形式的比较过程。

1. 名学、辩学、名理学

明末利马窦（Matteo Ricci，1552—1610）还曾作《辩学遗牍》，徐光启也作《辩学疏稿》，在这些书中，主要是记录了“天主教对佛教、儒道等义理的考辨与对诤”，其中运用了一些亚里士多德逻辑。不过，严格说来，这些书还不算是逻辑学，充其量只不过是一些西方逻辑方法的运用而已。清末英国传教士艾儒略翻译《辩学启蒙》时，就曾经指出他所翻译的书与利玛窦翻译的书“迥不侔耳”[1]。不过有一点似可认定，就是利玛窦等书的“辩学”之名，意味着中西不同思维工具系统比较研究的开始。当时的利马窦或其他人或许意识不到这一点，但这种中西逻辑的比较研究直到今天仍在继续。

在明末时期，还刊行了一本由李之藻精译、葡萄牙耶稣会传教士傅汎际（Franccois Furtado，1587—1653）意译的《名理探》。原书名为《亚里士多德辩证法疏解》，为17世纪葡萄牙科因布尔大学的逻辑讲义，主要内容为中世纪经院派所讲述的亚里士多德的概念、范畴学说，基本上代表了经院哲学的逻辑面貌。原书有25卷，中译本仅翻译“五公”和“十论”共10卷。刻于1631年，这应该是西方逻辑著作从译述方面较为系统地介绍到中国的最早一部。这本书把西方“逻辑”称为“爱知学”，是“穷理诸学之总名”，可以“引人开通明悟，辨是与非，辟诸迷谬，以归真之路”。但其问世之时，中国还是东方泱泱大国，其社会基础仍然是自给自足的自然经济，郑和下西洋以完成统治者“耀兵异域，示中国富强”[2] 的余声依然还在，中国传统学术的影响力依然强劲，因此这本书的影响并不大，很快就流于无声。

1　〔英〕艾约瑟：《辩学启蒙》序，上海图书集成印书局，1898，转引自翟锦程《近代中国逻辑思想研究源论》，《中国高校社会科学》2016年第1期。

2　《明史・郑和传》。

西方逻辑学大规模传入中国应自近代开始。当封建中国的大门被西方列强的坚船利炮一点点地轰开，一些中国近代启蒙思想家开始了沉思，为什么泱泱大国会如此败至“蛮夷小邦”？沉思的结果之一，是中国的科学不发达。于是，为了自强保种，有识之士开始大量介绍西方的文化与科学。对于西方逻辑文化的重视与热情，也开始日益高涨，大量逻辑学著译开始陆续面世。有中国近现代启蒙思想家，为使“Logic”一词能有一个为国人所理解的汉语译名，便“欲于国文中觅一、二字，与原文意义之范围同其广狭”[1]。

由于西方逻辑缘起于论辩，研究思维，兼涉语言，而先秦时期的诸子百家争鸣，相互訾应论辩不休，也均对“名”“辩”有所研究，故而有近现代启蒙思想家认为中国古代的“名”“辩”与西方“逻辑”在研究的内容及学科性质上有契合之处，因此成为当时翻译西方“逻辑”时的第一选择。如1824年即有无名氏翻译西方逻辑为《名学类通》。

严复则于1900—1902年，译成英国逻辑学家穆勒1843年写成的《逻辑学体系——归纳和演绎》为《穆勒名学》[2]，1909年严复又译成英国逻辑学家耶方斯1876年出版的一本逻辑入门书为《名学浅说》。严复之所以将“逻辑”翻译为“名学”，是他认为，“逻各斯”从词源学上讲，最为“奥衍”，而在中文中，只有“名”的含义“奥衍精博”，与“逻各斯”的含义相差无几。“而学问思辨皆所以求诚、正名之事，不得舍其全而用其偏也。”[3] 并且提出了“科学入手第一层工夫便是正名”[4]，认定只有中国古代“名学”与西方逻辑学的研究内容有相同之处。

这一时期前后，王国维译成耶方斯1870年出版的《逻辑的基础教程——

1 章士钊：《逻辑指要》，生活·读书·新知三联书店，1961，第274页。

2 南京金粟斋1905年木刻出版。

3 严复：《穆勒名学》部首案语，中国逻辑史研究会资料编选组编《中国逻辑史资料选》（近代卷），甘肃人民出版社，1991，第255页。

4 严复：《政治学讲义》，《中国逻辑史资料选》（近代卷），第273页。

演绎与归纳》为《辩学》；英国传教士艾约瑟（Joseph Edkins，1823—1905）也翻译出版了耶方斯的《逻辑初级读本》为《辩学启蒙》。

在20世纪20—40年代，一些中国人编写的逻辑学著作，采用的也是“名学”或“名理”等概念。或如：

屠孝实著的《名学纲要》，是20世纪20年代中国学者自著的具有代表性的大学逻辑教科书之一。在这部书“诸引”第二节“名学之目的及其界说”中，作者认为，“科学中有专究思维之体用，推其变化，考其符验，以名为为学之途术，示禁防之常例者，是为名学……通称论理学”；“名学者，为术诚之故，研究思维之形式及法则，兼以示为学之途径者也”。[1]

景幼南著的《名理新探》。作者认为逻辑学应该首重正名，因此，“名理学或论理学（欧音逻辑，印名因明）之意义”，就在于“正名辨句推论明辨著书之学”。故而在这本书中，作者认为语法与逻辑应熔为一炉，所以他的“名理学”实际上包括了语法、思想术和哲学，所以又称为“一般思想之通则，得称思想学或思想术”。[2]

在以上这些“名学”“辩学”“名理学”的使用中，都是用作“Logic”一词的汉语意译。

2. 论理学

至少在1897年孙诒让致梁启超的一封信中，孙诒让就曾有“论理家”一词的使用。[3] 这应该是取自当时日本翻译“Logic”所采用且至今未变的意译方法“论理学”（論理学，ろんりがく）[4]。“论理学”作为学科书籍名目的

1　1925年上海中华学艺社出版。中国逻辑史研究会资料编选组编：《中国逻辑史资料选》（现代卷上），甘肃人民出版社，1991，第60页。

2　1947年正中书局出版。《中国逻辑史资料选》（现代卷上），第415页。

3　参见（清）孙诒让《与梁卓如论墨子书》，《籀庼述林》，中华书局，2010，第382页。

4　〔日〕《国语大辞典》，日本小学馆，1982，第2580页；宋文军主编：《现代日汉大词典》，商务印书馆、日本小学馆，1997，第1880页。

传入，应以1902年《译书汇编》刊登的汪荣宝翻译日本高山林次郎的《论理学》为始，其后有林祖同翻译日本清野勉的《论理学达旨》[1]，田吴炤翻译日本十时弥的《论理学纲要》[2]，胡茂如翻译日本大西祝的《论理学》[3] 等。1912年，蒋维乔也根据日本中岛力造的讲义编译而成《论理学讲义》[4]，在这本书中，蒋维乔曾直言不讳地宣称："东亚向无论理学，有佛家所谓因明者略似之。我国古时所谓名家似是而实非。"

而按其后刘师培的说法，论理学就是名学，"欧儒之论理（论理学即名学，西人视为求真理之要法，所谓科学之科学也，而其法有二：一为归纳法，即由万殊求一本之法也；一为演绎法，即由一本赅万殊之法也。其书之传入中土者，有《名理探》《辩学启蒙》诸书，而以穆勒《名学》为最要）"[5]。

在20世纪10—30年代在中国大量出版的逻辑学著作中，有许多书也采用了"论理学"这一概念。

或如，留日学者王延直著的《普通应用论理学》。此书是我国学者最早自撰的逻辑学著作之一。作者在清末即开始讲授并着手撰写此书，其动机即作者在"自序"中开篇所说："予纂著《普通应用论理学》一书既竟，不禁喟然而叹曰：呜呼！比年以来，世界文明各国讲学之士，辄以程度不足訾议吾国人民矣！斯言也，吾闻而耻之，吾闻而深耻之！其欲一雪之而后快也久矣！"由于作者断言，"吾国人欲程度增高，必自政学两界始；而欲增高程度，又必自服从真理始；欲服从真理，又必自推求真理始；欲推求真理，又必自研究论理学始。此予于论理学一科，所以不能已于言也"，于是"予之纂著是书也，起乙巳秋，迄壬子夏，阅岁凡七，中间担任是科教授者凡十九

1　1902年文明书局出版。

2　1903年商务印书馆出版。

3　1906年上海泰东书局出版。

4　1912年商务印书馆出版。

5　（清末）刘师培：《攘书·正名》，李妙根编《国粹与西化——刘师培文选》，上海远东出版社，1996，第108页。

次，稿凡十易，而后仅仅得此。其本意亦不过欲使向学之士首先注重乎此，而后对于一切学科，庶能以少数之时间，吸收多数之知识，所谓国民程度，亦必自然增高于不自知，此可预计者也”。一种强烈的民族自尊心和迫切的“科学救国”“教育救国”理念跃然纸上。而有关“论理学之效用”问题，作者认为，“可知多种科学皆不能离乎论理，然则欲深究各科学自不可不先究论理学”，所以“论理一科为凡教育家、政治家、法律家、理论家等必不缺之知识”。有关“论理学之源流”问题，作者认为，“圣人论政，必先正名；西哲读书，首务析理”，因此，“有人类即有思想，有思想即有论理。思想较高者，论理亦较高。故古代文明诸国，莫不有论理学之萌芽。其中最著明者三，曰中国，曰印度，曰希腊是也”。只是对于中国，“论理之学，于中国古代无可考证”，虽也提到了“孔子首倡正名之说”，“荀子踵之作正名篇”，但“惜乎荀子而后，无人继起而广大之。以致中国名学历久失传。亦可慨矣”。[1]

或如，王振瑄著的《论理学》。此书是按照当时新学制高级中学的程度编写的逻辑教科书。在该书“绪论”的“论理学之性质”中，作者认为：“论理学之定义，简单言之，可曰思考之科学。再进而详释之，则为研究思考作用之形式及法则，而获得正确的知识起见，以论定必当遵守之规范为目的之科学也。而论理学则系研究欲达到真之标准时所当遵守之法则者也。”[2]

或如，吴俊升著的《新高中论理学概论》，原是作者在东南大学附中教学用的讲义，适合当时的高级中学使用。在该书“论理学的定义”一节中，作者认为：“论理学是探讨思想历程并研求思想法则之学。”[3]

或如，朱兆萃著的《论理学 ABC》，是当时一本较有影响的通俗逻辑著作。在该书“论理学的意义”一章中，作者认为：“论理学是把思考作用做

---

1 王延直：《普通应用论理学》，云南印刷局，1912，自序第 1—3 页，绪论第 2—3 页。
2 1925 年商务印书馆出版。《中国逻辑史资料选》（现代卷上），第 77 页。
3 1926 年中华书局出版。《中国逻辑史资料选》（现代卷上），第 82 页。

对象，研究其形式的法则底规范科学。”[1]

或如，王章焕著的《论理学大全》，该书分“绪论”“本论”“附论”，论述了传统逻辑、印度因明、中国古代辩学，是一部包括世界三大逻辑体系之总论的20世纪30年代早期的一本“逻辑大全”。在该书“论理学之沿革”一章中，作者虽也明确认为“东亚向无论理学。惟古代印度之因明，与我国之辩学，略似之”[2]，但其最后结论还是比当年的蒋维乔要进一步了。

类似这样的书大约有几十种，分别用于大学、中学、师范学校的逻辑教科书。

3. 理则学

同时期，对于“逻辑”的称呼，还有用“理则学”的。

或如，雷香庭著的被广东各高校使用的《理则学纲要》。在第一讲“理则学是什么？研究什么？为什么研究”中，作者认为“求学志在明‘理’，但明理要有明理的‘法则’……所以理则学……是直接研究思考的法则”[3]。

或如，吴俊升、边振方著的《理则学》。在第一章第一节“理则学的意义”中，作者即明确认为，“逻辑的范围比论理学、辩学、名学等名词所包括的内容都为广泛，因此，理则学也就是逻辑的一个最适当的译名”；从第二节“理则学的任务”看，作者认为“理则学是以研究如何使思想正确为起点的。但不以指导思想正确为唯一的任务，而是以指导正确的行动为其最终的实践任务的”。[4]

或如，陈大齐著的《实用理则学八讲》。该书是在比较逻辑基础上讲授理则学的。在“自序”中，陈大齐认为，“通常讲理则学，所讲的总是西洋的逻辑”，“然而中国的名学与印度的因明也各有其独到之处，不容忽视。因明与逻辑相差尚不甚远，名学与逻辑则颇不相同。据作者浅见所及，逻辑、因

1 1928年世界书局出版。《中国逻辑史资料选》（现代卷上），第86页。
2 1930年商务印书馆出版。《中国逻辑史资料选》（现代卷上），第97页。
3 1936年成书，由大学文化事业公司印行。《中国逻辑史资料选》（现代卷上），第254页。
4 1943年正中书局印行。《中国逻辑史资料选》（现代卷上），第377、378页。

明偏重事实的认识，名学偏重价值的衡量”，“最理想的办法当然是把名学、逻辑、因明合冶一炉，以造成一种不偏不遗最完备的理则学”；“通常理则学教本对于思想形式方面的正确，讲述甚详，而对于思想实质方面的正确，颇少阐发，这实在是形式逻辑的一大缺点”。这似乎也表明了该书特点，不是以思维形式为讲述重点，而是从实用的需要出发来讲述西方逻辑学。在该书第一讲“绪论”中，陈大齐还认为，“普通说到理则学，总是指西洋的逻辑而言，但我们不可忘记，理则学不是西洋人所独有的，东方两大民族亦各有其理则学，印度有因明，我们中国有名学。这两种理则学，其完备程度，比之西洋理则学虽有逊色，但亦有精到之处，不容我们忽视”[1]。依作者的这种见解，显然把逻辑、因明、名学看作既有普遍性又有特殊性的同一门具有普遍意义的有关思维工具系统的学问了。

到台湾地区后，陈大齐仍然延续了他在大陆时期讲授逻辑学的传统，以实用为主，以提高人的逻辑思维能力为目的，其代表作为《实用理则学》。在这本书的“自序”中，陈大齐更是从人文素质及精神文化的高度，在比较了理则学、名学、因明三科后，不无遗憾且又满怀希望地分析评价说，“中国的精神文化向称发达，在人文科学的各部门中均曾有深刻的研究与精辟的见解，而与理则学这一门学问似乎缘分独浅。先秦诸子曾发抒过许多有关名理的学说，且所说亦甚精审，名学已有了萌芽，诚能顺利滋长，未尝不可以灿然大备，成为东方的一种理则学。而后世竟无人继起研究，不但未能把前人的业绩发扬光大，甚且少有人予以称道宣扬。于是名学的萌芽，昙花一现，几成绝响。印度因明在唐代传入中国，当时僧俗的学者均曾热心研究，为翻译的因明论作疏作记者达数十家之多，可谓盛极一时。但好景不长，因明研究的风气逐渐消沉，所作疏记亦逐渐遗失，卒至今日幸存的少数疏记亦靠了

1　该书是作者在 20 世纪 40 年代前后给当时的国民党中央训练团的八次讲稿合编而成，被列为《青年文库》之一，1943 年由中国文化服务社发行。《中国逻辑史资料选》（现代卷上），第 401—402 页。

国外的保存而始免于绝迹。西洋逻辑亦尝一度传入中国，明季曾有《名理探》一书的翻译，而流传不广，久已仅存一二孤本。自家的名学未能滋长，外来的因明与逻辑在过去亦少受人重视，岂中国这块学术园地不适于理则学的培植，抑亦园丁们未尝尽其培植的最大努力？姑不论其原因何在，现在中国人都已认识理则学在学术上的重要，正是培植这一门学问的良好机会，一方面改变土质，以期其更适宜于培植，他方面努力培植，以期其顺利滋长，双方并进，不难有光明灿烂的前程"[1]。从陈大齐的这些论述中，我们既可以体察到他对传统逻辑学之实用性和重要性的肯认，也可以品味出遗憾与希望并存，这似为当时逻辑学人的共同情态之写照。

继金岳霖的《逻辑》于1937年出版后，牟宗三也于1941年出版了厚达六百多页的《逻辑典范》；1955年，又在台湾地区出版了"部"定大学教材《理则学》，至20世纪90年代初期，已重印10次以上。作为现代中国又一位重要的逻辑学家，牟宗三对西方现代逻辑学也非常了解，且在20世纪30年代的形式逻辑与辩证法论战中，作为"形式逻辑派"代表的牟宗三，也曾在中西逻辑比较之后，这样评价先秦逻辑思想："先秦名家之形名、名实，除其政治礼法上之作用外，有其本质之意义。其意义相当于今日之逻辑与认识论。此有本质意义之名家之形名学可规定为：'积极地论名实之本身以及名与其所指之实之关系。'此即中国名家原初之意义，亦即典型之意义。"[2] 有意思的是，牟宗三于1928—1933年在北京大学哲学系读书期间，张申府、金岳霖、张东荪三位先生可以说是牟宗三哲学和逻辑学的启蒙老师。他曾在其自述中说，"那四年中，给我帮助与影响最大的，在校内是张申府与金岳霖先生，在校外是张东荪先生"。不知后来金岳霖和张东荪对于逻辑是一元还是多元的争

1　陈大齐：《实用理则学》，台北：远东图书公司，1964，自序。又，有关陈大齐的《理则学》研究，曾与郑州商学院吴泽强教授讨论过，特此感谢。

2　牟宗三：《才性与玄理》，广西师范大学出版社，2006，第219页。

论对牟宗三有影响否。不过从上述之语看，牟宗三所用“理则学”一词，按现在说法，应是“大逻辑观”了，而他所认为的先秦形名学具有政治伦理作用，应是从“他们的现实社会过程中”所揭示的“在意识形态上的反射和回声”，其言之肯綮。

至于“逻辑”之“理则学”称谓，可能是受陈大齐、牟宗三等人影响，我国台湾地区直到20世纪50年代末仍然在使用。或如，陈祖耀的《理则学》[1]，张铁君的《理则学》[2]，等等。

4. 章士钊的分析评价及主张

应该说，在中国现代逻辑史上，章士钊对西方逻辑学传入中国的最大贡献是对“Logic”的汉语译名厘定。

早在1917年，章士钊在其写成的《逻辑指要》中就认为，将“Logic”翻译成“名学”“辩学”或“论理学”都不合适。因为，这些译名本来是想要“著录原名之义，而因以义为其名也”，但是却“以义译名，弊害最显著”，“欲于国文中觅取一二字，与原文意义之范围同其广狭，直不可能”。[3]因此章士钊在《论翻译名义》一文中力主以音译名。而这种新译名，实际上就是对中西逻辑思想体系的共同点和差异点的揭示，就是对中西逻辑思想所进行的一定程度的对比分析和研究。在这种研究中，他分析评价了“论理”之名，认为“论理学从西文逻辑得名，日人所译称也。窃谓其称不当。……若泛言论理，则天下之论理之学，何独逻辑？不论理而能成科之学，固未之前闻也”。所以“论理”一词，“义既泛浮，词复暧昧”。继而章士钊分析评价了“名学”之名，认为“古之名学，起于名物象数之故，范围有定。虽名家如

1　台北：三民书局，1959。

2　台北：中华文化出版委员会，1959。

3　章士钊：《逻辑指要》，生活・读书・新知三联书店，1961，第274页。

尹文、公孙龙、惠施之徒，其所为偶与今之逻辑合辙，而广狭浅深，相去弥远”。他又分析评价了“辩学”之名，认为“通括名墨而无所亏滞，惟‘辩’字耳”，但“辩学”一词，“虽能范围吾国形名诸家，究之吾形名之质，与西方逻辑有殊”。基于如上论断，章士钊认为：“以‘辩’或‘名’直诂‘逻辑’，则尚有变乱事实之嫌”。而且，“不论何种科学，欲求其名于中西文字，义若符节，断不可得，而‘逻辑’尤甚”。[1] 正是因为“吾国人之译斯名，有曰名学，曰辩学，亦俱不叶”[2]，所以他主张，“‘论理’与‘名’与‘辩’皆不可用。……愚意不如直截以音译之，可以省却无数葛藤。吾国字体，与西文系统迥异，无法输入他国字汇，增殖文义，以音译名，即所以弥补此憾也。佛经名义，富而不滥，即依此法障之。愚于‘逻辑’，亦师其意”[3]。

章士钊的这种看法，显然已经自觉认识到“名学”“辩学”“论理学”等，与“逻辑”四者相比较定有所不同。这种认识对于我们今天在诸多前辈学者基础上继续研究先秦逻辑思想也有着极为重要的启发意义。亦即，我们今天是否还有必要去争论先秦时代诸子所阐发的思维工具系统，究竟是名学？是辩学？是名辩学？是论理学？是逻辑？只要它是这么一个东西：它对产生它的先秦时代的社会群体来说，具有思维工具价值和论辩实用功能，能够帮助先秦时代的人们有效论证是非、治乱、善恶，“明是非之分，审治乱之纪，明同异之处，察名实之理，处利害，决嫌疑”[4]，它与西方逻辑观念所追求的目的、作用、意义等，没有什么本质上的不同，是否就可以不必再相争了呢？

由上我们可以看出，在西方逻辑传入中国最初的那些年，作为一门外来的思维科学称谓，“名学”“辩学”“论理学”“逻辑”等，究竟应该如何使用，的确是一个现实存在的问题。

1　章士钊：《逻辑指要·定名》，第1—3页。

2　音 xié，通“协”。和洽，相合。

3　章士钊：《逻辑指要·定名》，第3页。

4　《墨经·小取》。

或如，在20世纪二三十年代，美学大师朱光潜就曾指出语言学的研究范围，说："要明白一国的语言文字，第一要知道它的音（音韵学），第二要知道它的义（训诂学），第三要知道它的音的组合原则（音律学），第四要知道它的义的组合原则（文法学），第五要知道它的音和义的组合对于读者或听者所生的影响（修辞学与美学）。这些都是专门学问。"[1] 在这段叙述中，对于括号内词语与括号外语言成分的关系，朱光潜在另一处叙述中作了说明，"'()'则借用符号名学中的内涵号"。这样不但表明了括号内外词语的内涵和外延的关系，同时，更注重了语言所表达的效果——语用学。

而我们感兴趣的是，朱光潜所使用的名词——"符号名学"。这显然是指西方的"符号逻辑"。"名学"成为"逻辑"的一种称呼，在语言学中也有所表现。

但在同时期，朱光潜在又一处对语言学的表述中，认为"思想和语言，既是同时进展，平行一致，不能分离独立，它们的关系就不是先后内外的关系，也不是实质与形式的关系"，"语言的实质是与它思想共有的意义，它的形式是与逻辑相当的文法组织"。[2] 朱光潜在这里又使用了"逻辑"一词。显然，在20世纪二三十年代，对于外来"逻辑"之称谓，没有一个统一的标准。此也说明当时学界对于"逻辑"一词的具体称谓存在着分歧或争论。至少可以这样认为，对"逻辑"这个称谓缺少一个"共许"的本质规定性。

二 对"中国古代逻辑"的称谓

就在西方逻辑被大量译介的同时，随着严复等人翻译西方逻辑学说，梁启超、章太炎、孙星衍、胡适、章士钊、郭湛波、伍非百等人，开始比照西方逻辑模式，对名家、墨家有关"名"与"辩"的思想与方法予以了新的解

---

1 《朱光潜美学文集》，上海文艺出版社，1982，第216页。

2 朱光潜：《诗论》，生活·读书·新知三联书店，1984，第98页。

释。在研究中，他们一改以往经学研究中对材料的积累与剖析，皓首穷经地用考证、训诂、诠释的研究方法，通过对名家、墨家等诸子有关“名”与“辩”的综合分析和整体理解，认为中国古代名辩思想与西方逻辑基本相同。这样一来，“名学”“辩学”“论理学”等，就在中国思想史研究中，又被用来指称“中国古代逻辑”了。

或如，前述王延直在论及“论理学之源流”时，就提到了“孔子首倡正名之说”以及“荀子踵之作正名篇”之“中国名学”。至于先秦其他各家，“证以论理法则，合者亦复颇多。然此不过偶然之符合，决非由论理法则而出者”。[1]

或如，胡适于1917年写成的博士论文《先秦名学史》中，“名学”也已经不再是“Logic”的意译，而是专指“中国古代逻辑”了。而《先秦名学史》也成为现代第一本有关中国逻辑思想史的断代史专著。

或如，《名学稽古》[2]，这本书是由章行严的《名学他辩》、胡适的《惠施公孙龙之哲学》、陈启天的《中国古代名学论略》三篇文章组成。《名学他辩》论述了先秦名学中的“他辩”和“三物论式”，与西方逻辑的三段论式、印度因明的三支论式相类；《中国古代名学论略》则批驳了中国古代有所谓“名家”而无所谓“名学”的观点，并论证了中国古代名学在世界上和中国学术上的地位。

或如，陈显文著的《名学通论》，是一本以研究中国先秦逻辑思想（中国名学）为主的逻辑史专著。在这本书中，作者得出一个结论：“科学方法不是西方独有，我们中国亦曾有之。”[3]

或如，在前述王章焕著的《论理学大全》中，作者也论述了中国古代辩学，如作者分述了“墨者之辩学”“诡辩学派之辩学”“非辩者之辩学”“杨

1　王延直：《普通应用论理学》，云南印刷局，1912，绪论，第4页。

2　1923年商务印书馆出版。

3　1925年中华报社出版。《中国逻辑史资料选》（现代卷下），第56页。

朱之辩学”“荀子之辩学”等。但如前述，在这本书中作者明确认为：“东亚向无论理学。惟古代印度之因明，与我国之辩学，略似之。”这反映了作者认为中国古代“辩学”自是一种具有本土特质的思维工具系统。

或如，郭湛波著的《先秦辩学史》。该书是一本集中研究先秦逻辑思想的学术专著，在书中作者认为，中国的哲学方法只有自古至先秦是“辩学”，汉至明末是“因明”，明末至现在是“逻辑”。并说：“形名学是什么？就是中国逻辑学。……中国治学的方法，就是中国逻辑学——形名学。”[1] 这显然是认为中国古代逻辑思想也有一个历史发展的轨迹。

或如，虞愚著的《中国名学》。作者在该书“自序”中认为：“中国论理学即指‘名学’而言”；在该书“中国名学沿革大概”中作者也认为，中国名学远不如逻辑和因明：“辨析名理远不逮希（腊）、印（度）二土。”[2] 从作者交互使用“中国论理学”及“中国名学”，也可以看出究竟“中国逻辑”应该怎样称谓为好，还是缺乏一种质的规定性。

或如，伍非百著的《中国古名家言》，此书初稿写于 1914 年，脱稿于 1932 年，1949 年汇总出版。作者结合西方逻辑和印度因明，疏解了中国古代名学。

尽管此期的“名学”“辩学”，又被用来指称“中国古代逻辑”，至少表明这些前辈学者在比较研究中，都分别承认中国古代也有“逻辑”。只是在各自论述中，对于中国先秦逻辑思想究竟是什么？与西方逻辑学比较，有人认为相同，有人则认为不同，自有它自身的特质。但不管如何，这种研究毕竟在促进西方逻辑普及的同时，也通过中西逻辑传统的比较研究，开创了独立研究中国逻辑史的先河，促进了中国古代逻辑思想的阐发。虽然其间所存在的问题与争论也不少，甚至其中一些问题与争论一直延续至今。

在这一时期，日本学者也开始对中国先秦逻辑思想进行了研究。或如，

---

1 1932 年中华书局出版，《中国逻辑史资料选》（现代卷下），第 161 页。

2 1937 年正中书局出版，《中国逻辑史资料选》（现代卷下），第 284、286 页。

1909 年由香村宜圆撰写的《东洋论理学史》。其时，以"论理学"专指中国古代逻辑的著作，中国也有，但不多。如梁启超的《墨子之论理学》，是他 1914 年写成的《子墨子学说》中的附录，其中认为，"《墨子》全书，殆无一处不用论理学之法则"。在其《墨子学案》中也有《墨家之论理学》的部分。另外虞愚在 1935 年也写有一篇《墨家论理学的新体系》。

三　近四十年来中国逻辑史研究中的称谓

第一章第一节有述，20 世纪五六十年代的逻辑大讨论，受当时政治思潮影响，所涉及的问题，基本上是在西方传统逻辑论域内，对于中国先秦逻辑思想涉及不多。

自 20 世纪 70 年代末 80 年代初开始，可以说是掀起了研究中国古代逻辑思想的又一高潮。当时的老中青三代学者都积极参与到这一研究浪潮中。这一时期所出版的有关中国逻辑史的著作非常多，而作为书名则基本上采用"逻辑"一词来称谓中国古代的逻辑思想。

从 1979 年开始，时隔几十年后有关中国逻辑史的著作又开始面世，汪奠基先生的《中国逻辑思想史》（1979 年）、周文英先生的《中国逻辑思想史稿》（1979 年）相继出版，预示着中国逻辑史研究即将再次引起逻辑学界的注意。

而随着在杨芾荪、温公颐、虞愚、李匡武等四位前辈学者的联合倡议下，1980 年 12 月"中国逻辑史研究会"在广州成立至今，"中国逻辑史研究已卓然成为中国逻辑学界的一个富有特色的热门专业"[1]，其研究成果斐然，内容丰富。

作为集体撰写的中国逻辑思想通史的著作有：五卷本的《中国逻辑史》

1　周山、张学立主编：《回顾与前瞻——中国逻辑史研究 30 年》文集，学林出版社，2011，序言，第 1 页。

(1989年),五卷六本的《中国逻辑史资料选》(1985—1991年)。

作为个人撰写的中国逻辑思想通史、断代史及史论的著作有:温公颐的《先秦逻辑史》(1983年)、《中国中古逻辑史》(1989年)、《中国近古逻辑史》(1993年);周云之、刘培育合著的《先秦逻辑史》(1984年);孙中原的《中国逻辑史》(先秦)(1987年);周山的《中国逻辑史论》(1988年);彭漪涟的《中国近代逻辑思想史》(1991年);周云之、陈正英、郑伟宏的《中国逻辑史》(2004年)等。

作为中国逻辑史教程使用的著作有:杨沛荪主编的《中国逻辑思想史教程》(1988年),温公颐、崔清田主编的《中国逻辑史教程》(1988、2001年修订)。

上述这些著作的出版,在20世纪八九十年代"形成了一个热烈的充满生气的中国逻辑史研究的巅峰时代"[1]。

自20世纪70年代末始,迄今为止的四十年间,傅季重主编的《哲学大辞典·逻辑学卷》(1988年),彭漪涟、马钦荣主编的《逻辑学大辞典》(2004年),其中就专有中国逻辑史词条的撰写。如果没有同期的中国逻辑史研究成果,这些词条的撰写恐怕就是空穴来风了。

同时,既然同是"逻辑史",自然就会有近代以来比较研究的延续。杨百顺的《比较逻辑史》(1989年)为这一时期三大逻辑比较研究的专著;张家龙主编的《逻辑学思想史》(2004年),也将三大逻辑体系并列。

在上述著作中,诸位前辈学者从宏观角度描述了中国逻辑史的发展历程及其特点,详细介绍了各个不同时期的代表人物及其逻辑思想,分析了中国逻辑史研究的对象、范围、方法和意义。

除此之外,部分学者从专题角度分门别类地著书立说。或如,詹剑锋、

1 周山、张学立主编:《回顾与前瞻——中国逻辑史研究30年》文集,序言,第2页。

沈有鼎、陈孟麟、朱志凯等前辈著有专门研究墨辩逻辑的专著《墨家的形式逻辑》（1979 年）、《墨经的逻辑学》（1980 年）、《墨辩逻辑学》（1983 年）、《墨经中的逻辑学说》（1988 年）；崔清田从比较的角度入手研究，著有《墨家逻辑与亚里士多德逻辑比较研究》（2004 年）；孙中原从元逻辑角度著《中国逻辑研究》（2006 年）；周山从中国古代逻辑思想的源头探索，著《易经新论》（1991 年）；董志铁从名辩艺术与思维逻辑的关系著《名辩艺术与思维逻辑》（2007 年）；翟锦程对先秦时期的名学做了系统研究分析，著《先秦名学研究》（2004 年）；张晓芒以中国传统的思维法则为研究重点，著《先秦辩学法则史论》（1996 年），后又在此基础上，对先秦诸子的论辩思想与方法进行研究，著《先秦诸子的论辩思想与方法》（2011 年）；曾昭式的新著《先秦逻辑新论》2018 年入选了“国家哲学社会科学成果文库”，这的确是一件值得庆贺的事情。

至于从范畴角度、汉语角度、逻辑与文化角度、古代推类方法、古代逻辑语用学等不同角度研究中国古代逻辑思想的专著、论文还有许多。

或如，田立刚的《先秦逻辑范畴研究》（2010 年），黄朝阳的《中国古代的类比——先秦诸子譬论》（2006 年），刘明明的《中国古代推类逻辑研究》（2012 年），郭桥的《逻辑与文化》（2006 年），关兴丽的《〈墨子〉语义学和语用学思想研究》（2004 年）等。

或如，一些学者不断变换研究视角，从传统文化的不同层面挖掘中国古代逻辑思想研究的新路径，提出了新观点、新思路。有吴克峰的《易学逻辑研究》（2005 年）、《易学推类逻辑的类型分析》（2006 年）、《中国逻辑史视野下的先秦易学与名辩学》（2006 年）等；王克喜的《古代汉语与中国古代逻辑》（2000 年）、《从古代汉语透视中国古代的非形式逻辑》（2004 年）、《中国逻辑史比较研究之反思》（2007 年）、《文化视角下的逻辑东渐》（2006 年）等；王路、张立娜的《逻辑的观念与理论——中国逻辑史研究的两个重要因素》(2007年);曾昭式的《中国逻辑史研究的三种立场》(2002年)、《从语言与逻辑关系看古代汉语与中国古代逻辑思想》(2002年)等;杨武金、郭哲的《论中国古代逻辑的基本性质》(2008年);晋荣东的《推类理论与中国古代逻辑特殊性的证成》(2014年),《四柱命理类比推断的逻辑重建》(2010年);等等,不一而足。所发表的论文之量大[1],研究方法之不同,研究新论迭出,充分显示出了中国古代逻辑思想研究的良好态势。

当然,这也从另一个侧面表明,有关中国逻辑史研究领域仍然有许多问题需要探讨,面对许多质疑与批判仍然需要回答。或如,质疑声中,极具代表性的就是程仲棠先生的《"中国古代逻辑学"解构》(2009年)。

值得一提的是,20世纪70年代末80年代初,一些日本学者也在进行着中国古代逻辑思想研究。如加地伸行写过一本《中国人的论理学》,宇野精一也发表有《中国逻辑思想的产生和影响》(1982年)。

回溯这些年中国逻辑思想研究历程,虽然20世纪70年代至90年代对中国先秦逻辑思想研究的成果很多,但引发的问题也不少。原因之一在于,20世纪80年代,中国逻辑史研究,受逻辑"一元论"影响,基本是比照西方传统逻辑学的教学体系框架,在"中国形式逻辑的思想发展史"意义上进行,从而多以比较法注重中西逻辑的求同研究,有意无意地忽视了中西逻辑的差异性研究,且研究中也或多或少存在着对中国古代逻辑思想的诠释有牵强附会痕迹,在对中国古代逻辑思想的特点认识上引发了争议。

或如,当时作为通史的五卷本《中国逻辑史》,以及作为教材的《中国逻辑史教程》第一版、《中国逻辑思想史教程》即如是。如果说中国古代同样有与"形式逻辑"同样的内容,因此中国古代逻辑史跟西方逻辑史一样,是"形式逻辑发展史",那么一部《中国逻辑史资料选》前四卷,却没有列

1 据2010年一次全国逻辑学大会上有代表讲,有学者统计,这些年来在国内发表的逻辑学研究领域的论文中,有关中国逻辑史研究的论文数量名列前茅。

出一个其中包含有“逻辑形式”的文献，当时出版的逻辑史著作也并没有找出真正像亚里士多德逻辑那样的推理形式，即或我们可以从先秦文献中能够分析出某些逻辑形式（如“或”“假”“效”等式），似也只能说是后人的时代意见，而不是古代思想家原来提供的历史意见。因此，当时就所引发争论或批评问题的焦点有二：一是中国古代有没有“逻辑”；二是，如果有，那么这种“逻辑”的对象、性质、研究方法又是什么？

之所以有这样的问题，是因为有学者对中国先秦逻辑思想研究的方法和成果提出了质疑。如有学者以西方亚里士多德逻辑做比较标准，认为中国古代无亚里士多德式的逻辑，或认为中国逻辑史研究的问题、内容，许多并不是逻辑的。其中最具代表性的就是前述程仲棠的《“中国古代逻辑学”解构》。还有学者认为与近代以来的前人研究相比，这一时期的中国逻辑思想研究，存在扩大中国逻辑史研究的范围，导致其研究“泛”而不精，缺少重大创新和突破。

虽然这些质疑涉及逻辑观的问题，即什么是逻辑，但这种质疑无疑也说明一个问题，即中国古代逻辑思想究竟是什么，也还未得到共识。于是在质疑声中，有学者便从书名上易手，研究思路又返回到西方逻辑最初传入中国时所遇到的“定名”问题，并受此启发，在更宏阔的“大逻辑观”视野内，对“中国古代逻辑思想”提出了新理解下的定名，以重新探讨中国古代逻辑的实质内容。或如，刘培育的《中国古代哲学精华·名辩篇》（1992 年），周云之的《先秦名辩逻辑指要》（1993 年）、《名辩学论》（1996 年），张晓芒的《先秦辩学法则史论》（1996 年），崔清田主编的《名学与辩学》（1997 年），林铭均、曾祥云的《名辩学新探》（2000 年），翟锦程的《先秦名学研究》（2004 年）等。晋荣东的《中国近现代名辩学研究》（2015 年）则对一百多年来“名辩学”意义下中国逻辑史研究做了系统梳理与分析研究；陈道德、曾祥云的《符号学视野下的先秦名辩学研究》（2017 年）采用的研究方法也有着自己的特色。

但这种重新厘定后的定名，从其一开始至今，就按下葫芦浮起瓢地存在着争议。有学者认可，但对于中国古代逻辑是名学？是辩学？是名辩学？还有不同看法；有学者不认可，认为这样的研究是否认中国古代有逻辑，是否认一百多年来尤其是自20世纪70年代末至90年代以来的中国逻辑史研究的成果。

应该说，A文化与B文化的比较研究，总要经历一个从“求同存异”到“察同辨异”的过程，其各自的合理性与合法性总要在不断的争论、反思中探索。基于此，中国逻辑史研究从开始至今，我们清晰地认识到，对中国古代逻辑思想发展脉络和特点的研究仍然十分必要，这有助于我们从整体上把握中国逻辑思想史的发展历程以及各历史阶段逻辑思想的特点。

第二节　回顾与反思

一　对西方逻辑的认识

如前所述，近代以来，封建中国的大门在西方列强坚船利炮轰逼下，不能不屈辱地一点点打开。泱泱大国为何如此不堪？怎样才能重新抖擞？许多中国近代启蒙思想家的沉思结果之一，是中国的科学不发达。自19世纪60年代提出的“以中国之伦常名教为原本，辅以诸国富强之术”[1]，并一直争论不休的“中体西用”思想，鲜明地表达了这一点。于是，为了自强保种，西方的文化与科学开始被一些有识之士译介进中国。其中，重视与热情的浪潮也波及西方逻辑文化，逻辑学在重振中国过程中的意义及价值，被斑斑点点

1　（清）冯桂芬：《校邠庐抗议》。

显现了出来。一直到今天，这种意义及价值依然存在。

明末历法家李天经[1]曾给李之藻译介的《名理探》作序，认为“中国学问”，“侈谈虚无、顿悟”，离开了真实的大道。西方人的名理探，是希望人明白真实的道理，“于明悟为用，推论为梯”。这里所说的“侈谈虚无”是指理学的“致知不必格物”，“顿悟”则流于荒诞、幽谬，离开了逻辑真的大道。而西方逻辑学，有明确的目的——“于明悟为用”；有正确的手段——“推论为梯”，故而可以“辨是与非，辟诸迷谬，以归真之路”。读起来虽然深奥（与传统思维方式有别），但品味它的道理，都是真理，实在是一种“格物穷理”的“大原本”。但如前所述，《名理探》问世之时，中国还仍然是东方泱泱大国，因此其“流传不广”[2]，影响不足为道。逮至近代，时移世易，中国学者对逻辑学有了新的认识，即逻辑学在自强保种过程中有其不可阙如的重要性。

被章士钊盛赞为“为国人开示逻辑途径”之“巨子”[3]的严复，就认为从学科地位上讲，西方逻辑学“为体之尊，为用之广”，是“一切法之法，一切学之学”。[4]王国维则强调：“今日所最急者，在授世界最进步之学问之大略，使知研究之方法。”[5]梁启超也在其《墨子学案》中认为：“知道论理学为一切学问之母，以后无论做何种学问，总不要抛弃了论理学的精神。”

不仅如此，严复更将学习西方逻辑学作为“更革心思”以“愈（逾）愚”[6]的一个根本途径。在严复看来，“民种”之高下，不外乎民力、民智、民德。“生民之大要三，而强弱存亡莫不视此”，“未有三者备而民生不优，亦未有三者备而国威不奋者也”。但从当时中国的实际情况来看，“今吾国之最患

1　李天经（1579—1659年），明代历法家。曾经主持历局，编写《崇祯历法》137卷。

2　陈大奇：《实用理则学》，台北：远东图书公司，1964，自序。

3　章士钊：《逻辑指要》，生活·读书·新知三联书店，1961，例言。

4　严复：《穆勒名学》“引论”的案语，《中国逻辑史资料选》（近代卷），第255页。

5　王国维：《奏定经学科大学文学科大学章程书后》，见《静庵文集·续集》。

6　严复：《原强》，《严复集》第1册，中华书局，1986，第15页。

者，非愚乎？非贫乎？非弱乎？则径而言之，凡事之可以愈此愚，疗此贫，起此弱者皆可为，而三者之中，尤以愈愚为最急”。[1] 严复在其1899年写给张元济一封谈论翻译的长信中所认为的，“复自客秋以来，仰观天时，俯察人事，但觉一无可为。然终谓民智不开，则守旧维新两无一可”，“大者则谓译书为当今第一要务”，就是这种心境的写照。因此，作为“终其一生的‘愈愚’者”[2]，从1896年到1908年，他先后翻译了赫胥黎的《进化论与伦理学》[3]、亚当·斯密的《国富论》、约翰·穆勒的《逻辑学体系》[4]、赫伯特·斯宾塞的《社会学研究》、孟德斯鸠的《论法的精神》等。其中对于西方逻辑的认识，严复从“民智者富强之原”的愿望出发，在其主要介绍西方逻辑科学知识的文章《西学门径功用说》中，提出了“故生人之事，以炼心积智为第一要义”的主张，显然是将锤炼人的心智，发展人的逻辑思维品质，积累智慧、知识，当作了学习西方科学的首要任务。严复认为通过这种“炼心积智”，可以从根本上改变中国人的传统思维方式，以适应学习西方近代自然科学的需要，从而提高民力、民智、民德，从而提高“民种”。至于如何“炼心积智”“更革心思”，以提高中国人辨别是非的逻辑思维能力，严复认为要自觉学习西方逻辑学，自觉掌握“致思穷理之术”，一改以往那种“信师好古”的“经学”思维方式，以一种全新的治学态度，“黜伪而崇真”，“尤必使自竭其耳目，自致其心思，贵自得而贱因人，喜善疑而慎信古”[5]。在严复看来，学习逻辑学的“绝大妙用，在于有以炼智虑而槺心思。使习于沉者不至于浮，习于诚者不能为妄。是以一理来前，当机立剖，昭昭白黑，莫使听荧。凡夫洞（恫）疑虚猲，荒渺浮夸，举无所施其伎焉”[6]。学习西方逻辑学的重要性与急迫性，昭昭彰彰，历历在目。

---

1 严复：《与外交报主人论教育书》，《严复集》第3册，中华书局，1986，第560页。
2 参见时世平《严复：终其一生的“愈愚”者》，《中国社会科学报》2012年4月16日。
3 严复译为《天演论》。
4 严复译为《穆勒名学》。
5 严复：《原强》，《严复集》第1册，第18页。
6 严复：《救亡决论》，《严复集》第1册。

按上，近代思想家推介西方逻辑的急迫心情，其目的性极其明确，就是要通过改变中国人的思维方式，以图强保种。其思考问题的层面几无比肩。

二　对西方逻辑的认识所产生的影响

在西方逻辑学大量输入中国之时，面对一种有别于以往“经学”思维方式的思维方法，以西方逻辑映照中国古代的思维方式，有两种不同认识。

一种认识是认为中国自古无逻辑。

王国维就认为中国传统思维缺乏逻辑思维方式和方法的训练，因而缺乏科学的严密性和精确性。对此他说：“我国人之特质，实际的也。西洋人之特质，思辨的也，科学的也。长于抽象而精于分类，对世界一切有形无形之事物，无往而不用综括及分析之二法。故言语之多，自然之理也。吾国人所长，宁在于实践之方面，而于理论之方面，则以具体的知识为满足，至分类之事，则除迫于实际之需要外，殆不欲穷究也。夫战国议论之盛，不下于印度六哲学派及希腊诡辩学派之时代，然在印度，则足目[1]出而从数论、声论之辩论中，抽象之而作因明学。陈那[2]继之，其学遂定。希腊则有亚里士多德自爱利亚派、诡辩学派之辩论中，抽象之而作名学。而在中国，则惠施、公孙龙等所谓名家者流，徒骋诡辩耳！其于辩论思想之法，则固彼等之所不论，而亦其所不于论者也。故我中国有辩论而无名学，有文学而无文法，足以见抽象与分类二者，皆我国人之所不长。”[3] 这种认识，应是在学科意义上比较了西方逻辑、印度因明、中国古代的论辩思维。如果换个角度，放弃这种学科意义上的比较，时至今天，可能这种认识能够进一步启发中国逻辑史的研究

1　即乔达摩，公元 50—150 年间人，印度正理派的创始人。

2　陈那（440—520 年）为印度中世纪逻辑之父，批评吸收了正理论，改革佛教古因明理论，创立了新因明。

3　王国维：《论新学语之输入》，见《静庵文集》。

观念及方法。亦即，在逻辑与文化观念与广义论证理论指导下，对于中国逻辑史研究，论证理论研究及论证实践研究并重，不失为一可行的路径指向。

到了1912年，蒋维乔在其根据日本中岛力造的讲义编译而成的《论理学讲义》一书中还直言不讳地宣称："东亚向无论理学，有佛家所谓因明者略似之。我国古时所谓名家似是而实非。"这种认识仍然是在系统的学科意义上比较而后断言的。这种认识在近些年来，也以"在断言中国古代没有逻辑学的时候，并不否认中国古代有逻辑思想"[1] 的形式出现。

一种认识是认为传统的形式逻辑不仅在西方存在，中国也古已有之。

随着西方逻辑学输入的刺激和诸子学的兴起，我国学术界一些先秦逻辑思想研究的先驱者开始比照西方传统逻辑模式，对先秦诸子，尤其是名、墨两家有关名与辩的思想予以新的诠释。通过这种诠释，中国古代名辩思想被认为是与西方传统逻辑基本相同。因此，他们确认传统的逻辑不仅在西方存在，中国也古已有之，甚至这种存在还先于西方。

清代学者孙诒让（1848—1908年）曾花费近30年时间完成《墨子间诂》一书。他第一个认识到《墨经》诸篇中有如亚里士多德的演绎法和培根的归纳法。1897年，孙诒让致信梁启超，一方面提及自己的《墨子间诂》对《墨经》的诠释尚有遗憾；另一方面又说："《经》《说》诸篇，闳义眇恉，所未窥者尚多。尝谓《墨经》，楬举精理，引而不发，为周名家言之宗；窃疑其必有微言大义，如欧士论理家雅里大得勒（亚里士多德）之演绎法，培根之归纳法，及佛氏之因明论者，惜今书讹阙，不能尽得其条理。……拙著印成后，间用近译西书复事审校，似有足相证明者。"[2] 这也至少表明，西方逻辑的知识体系，在当时中国学者那里，已经是较为熟稔的了。同时也认为作

1　参见程仲棠《文化的终极关怀与逻辑学的命运——兼论中国文化不能产生逻辑学的根本原因》，载《中国逻辑史全国学术研讨会论文集》，2007年南开大学。

2　孙诒让：《与梁卓如论墨子书》，《籀庼述林》，中华书局，2010，第382页。

为一种正确思维的方法，中国古代也应有之。

作为近代最先几位之一对中西逻辑做出比较研究的严复，就明确认为有关逻辑的学问与方法，在中国古代就已存在，故他在《名学浅说》中说："夫名学之为术，吾国秦前，必已有之。"[1]

梁启超则明确指出，逻辑学在中国古代虽不发达，但其"萌芽之稍可寻者，惟先秦诸子而已"，"（先秦）诸子中持论理学最坚而用之最密者，莫如墨子。《墨子》一书，盛水不漏者也，纲领条目相一贯，而无成或抵牾者也。何以故？有论理学为之城壁故"。因此他在其《墨经校释・自序》中认为，"《墨经》殆世界最古名学书之一也"；并说，"西语的逻辑，墨家叫做'辩'"；"墨子全书，殆无一处不明论理学之法则"。如他认为，《墨经》早已发明了穆勒五法，说："归纳的五种方法，《墨经》有了三种。其实共变法不过求异法的附属，求余法不过求同法的附属。有这三种已经够了。"梁启超因此宣称："吾东方之培根，已生于两千年以前"，并且慨叹道："这部名著（指《墨经》）是出现在亚里士多德以前一百多年，陈那以前九百多年，培根、穆勒以前二千多年。他的内容价值大小，诸君把那四位的书拿来比较便知，我一只字也用不著批评了。只可惜我们做子孙的没有出息，把祖宗遗下的无价之宝，埋在地窖里二千年。今日我们在世界文化民族中，算是最缺乏论理精神、缺乏科学精神的民族"。[2] 为此梁启超还很是伤感，"以全世界论理学一大祖师，而二千年来，莫或知之，莫或述之"。[3]

章太炎也借因明、西方逻辑之理，以"校理墨经，观其同异"，以把握中国古代逻辑的"精义"，作《原名》："印度之辩，初宗，次因，次喻；大秦之辩，初喻体，次因，次宗。其为三支比量一矣。《墨经》以因为故，其立

1　严复：《名学浅说》，《中国逻辑史资料选》（近代卷），第 267 页。

2　梁启超：《墨子学案》，《中国逻辑史资料选》（现代卷下），第 5、18、19 页。

3　梁启超：《子墨子学说》，《中国逻辑史资料选》（近代卷），第 303、315 页。

量次第：初因，次喻体，次宗。”

而胡适更是言之凿凿地说，“所谓名学，就是逻辑”。因而他的《先秦名学史》实际上就是先秦逻辑史。[1]

章士钊更是直言不讳地断言，“寻逻辑之名，起于欧洲，而逻辑之理，存乎天壤。其谓欧洲有逻辑，中国无逻辑者，妄言也，其谓人不重逻辑之名，而即未解逻辑之理者，尤妄说也”，故而才有“逻辑起于欧洲，而理则吾国所固有”。[2] 因为“欧洲逻辑言三段，印度因明言三支，吾国逻辑言三物。同一理也”[3]，因此，“先秦名学与欧洲逻辑，信如车之双轮，相辅而行”。

如上，思想家们的这些认识，我们认为是体现了他们在急欲介绍西方科学尤其是逻辑科学以振弱的同时，不忘探究中国逻辑思想的民族情怀。这种民族情怀所反映的是，尽管近代思想家们也承认西方逻辑学对于语言的结构分析有益于思想的表达，对于事物的逻辑分析有益于科学发展、国家兴盛，但两千余年积淀而来的泱泱大国的心态余绪，使他们似不甘心兴盛了两千余年的国学失败，似不甘心两千余年来义理研究方法的失败，似不甘心两千余年来经学思维方式的失败。因此，在这种需要改变旧有研究方法，学习新研究方法的过程中，促使受传统学术方法浸染的他们，也为重振国家的形势所驱动；促使他们在介绍西方逻辑学的同时，借用西方逻辑学知识，将眼光关注在对中国先秦逻辑思想的义理中，开始了最早的中西逻辑比较研究。

梁启超即以西方逻辑的眼光审视、挖掘先秦时代的相关史料，“于是乎昔人绝未注意之资料，映吾眼而忽滢；昔人认为不可理之系统，经吾手而忽整；乃至昔人不甚了解之语句，旋吾脑而忽畅”[4]。虽然他也欣喜地认为，虽然墨

1 参见胡适《中国哲学史大纲》卷上，商务印书馆，1987，第187页。

2 章士钊：《逻辑指要·自序》，生活·读书·新知三联书店，1961，第2页。

3 章士钊：《逻辑指要》，第276页。

4 梁启超：《先秦政治思想史》，《饮冰室合集》，中华书局，1988，第13页。

家“论理学”“不能如今欧美治此学者之完备”，但“即彼土之亚里士多德（论理学之鼻祖也），其缺点亦多矣，宁独墨子。故我国有墨子，亦足以自豪也”[1]。如果我们今天把这种比较研究的心态认作是民族情怀使然，至少这种情怀可以促动西方逻辑学在移植中国的过程中，以适宜载体与中国固有的文化资源、文化精神相连接，从而顺应人们的接受心理。

胡适找到了这种接受心理的落脚点。认为，“哲学是受它的方法制约的。也就是说，哲学的发展是决定于逻辑方法的发展的”。而“中国近代哲学与科学的发展曾极大地受害于没有适当的逻辑方法”，因此，需要“用西方自亚里士多德直至今天已经发展了的哲学和科学的方法来填补”。但这样会出现一个问题，即“我们中国人如何能在这个骤看起来同我们的固有文化大不相同的新世界里感到泰然自若？一个具有光荣历史以及自己创造了灿烂文化的民族，在一个新的文化中决不会感到自在的。如果那新文化被看作是从外国输入的，并且因民族生存的外在需要而被强加于它的，那么这种不自在是完全自然的，也是合理的。如果对新文化的接受不是有组织的吸收的形式，而是采取突变替换的形式，因而引起旧文化的消亡，这确实是全人类的一个重大损失。因此，真正的问题可以这样说：我们应怎样才能以最有效的方式吸收现代文化，使它能同我们固有的文化相一致、协调和继续发展？”因此，胡适将眼光放至先秦时代的非儒学派，认为正是“在这些学派中可望找到移植西方哲学和科学最佳成果的土壤。关于方法论问题，尤其如此”。这样，“才能使中国的哲学家和哲学研究在运用思考与研究的新方法与工具时感到心安理得”。[2]“心安理得”无疑就是在既要学习西方逻辑，同时又不自愧弗如时的一种民族情怀彰显。

1　梁启超：《墨子之论理学》，《中国逻辑史资料选》（近代卷），第310—311页。

2　胡适：《先秦名学史》，学林出版社，1983，第4、7—9页。

第三节 现代研究方法的探讨

上述近代逻辑文化研究中的民族情怀，体现在研究方法上，就是深受传统旧学浸染的思想家们，也开始借助西方新学综合分析和整体理解的方法，希望从中获得了研究中国古代逻辑的文化价值取向，以探寻诠释先秦逻辑思想之义理的根据和方法。

一 体现在西方“逻辑”的译名上

为了既能介绍西方逻辑学知识，又能满足“中国古已有之”的心理，一些思想家为使“logic”一词的汉译名能为学界及大众理解和接受，常“欲于国文中觅一、二字，与原文之范围同其广狭”。亦即本章第一节所述，由于西方逻辑缘起于论辩，研究思维，兼涉语言，而先秦时期，诸子百家争鸣，呰应论辩不休，也均对“名”“辩”有所研究，故而近现代思想家们认为中国古代的“名”“辩”与西方“逻辑”在研究的内容及学科性质上有契合之处，因此成为翻译西方“逻辑”时的第一选择。

如前述，严复作为近代第一个对中西逻辑做出比较研究的人，就认定只有中国古代“名学”与西方逻辑学的研究内容有相同之处，而那些翻译“logic”为“辩”的（如《辩学启蒙》），“皆不足与本学（指逻辑学）之深广相副”。从而在1902年译成英国逻辑学家穆勒1843年写成的《逻辑学体系——归纳和演绎》为《穆勒名学》，1909年又译讲成英国逻辑学家耶方斯1876年出版的一本逻辑入门书为《名学浅说》。王国维则在1908年译成耶方斯1870年出版的《逻辑的基础教程——演绎与归纳》为《辩学》。其时，英国传教士艾约瑟也翻译了耶方斯的《逻辑初级读本》为

《辩学启蒙》。

在诸如概念、判断、推理等一些逻辑学的重要概念译名上，严复也是经过中西逻辑的对比分析才确定了相应译名。如“三段论”是“合三词而成一辩”，这与中国古代韩非所创“演连珠”相似，所以译“三段论”为“演连珠”。[1]

二　刺激了中国近代学者比照西方逻辑研究先秦逻辑思想

1. 刘师培的中西逻辑比较研究

前述孙诒让是近代最早认为《墨经》诸篇中有如亚里士多德的演绎法和培根的归纳法，但由于各种原因，孙诒让并未就这一自提出就延续百多年且至今仍然存在的重要问题展开进一步研究，这一殊荣归刘师培所有，“堪称中国逻辑思想研究的开拓者”[2]。在他 1904 年刊发的《攘书·正名》篇中，刘师培就参照其时已刊发的《穆勒名学》，探讨了先秦时代的逻辑思想，认为在先秦时代，“春秋以降名之不正也久矣！惟《荀子·正名》一篇，由命物之初推而至于心体之感觉……与穆勒《名学》合”；至于墨家之辩名，“墨之经上下篇多论理学”。[3] 由此前提，刘师培在其后中西比较逻辑的继续研究中，分析评价西方亚里士多德“首创论理之学”、培根之“内籀之说”与“穆勒本其意复成《名学》一书”，认为“皆循名责实之学”，相较于此，先秦“诸子学术之合于西儒者也”。[4] 至于为什么“合于”？怎样“合于”？“合于”得恰当不恰当？有无差异？原因是什么？等等，其所引发的问题讨论与对诤从此沸沸扬扬。

1　参见严复《名学浅说》，《中国逻辑史资料选》（近代卷），第 265—267 页。

2　翟锦程：《近代中国逻辑思想研究源论》，《中国高校社会科学》2016 年第 1 期。

3　刘师培：《攘书·正名》，李妙根编《国粹与西化——刘师培文选》，上海远东出版社，1996，第 105—106 页。

4　周国林编：《刘师培儒学论集》，四川大学出版社，2010，第 4 页。

2. 严复的中西逻辑比较研究

严复在介绍西方逻辑学的过程中，从逻辑方法论角度对中国古代旧学进行了反思，并尝试着对中西逻辑学说进行了比较研究。如他认为西方逻辑学中三段论的推演进程与中国古代“演连珠”的推演进程有相同之处，故将“三段论”与“演连珠”进行了对比分析。[1] 严复的比较研究为梁启超、章太炎等人的比较研究开了先河。

3. 梁启超对《墨辩》的比较研究

梁启超是近代第一个自觉运用西方逻辑基本原理来解释、阐发墨家辩学主要内容的人，他干脆认为“辩”就等同于“逻辑”“墨辩”两词，“用通行话翻译出来，就是‘墨家论理学’”。正因为梁启超认为“《墨经》殆世界最古名学书之一也”，并且《墨经》“于名理披析，皆极细密，今世论理学之重要问题，略具矣”，所以他又认为“欲论墨子全体之学说，不可不先识其所根据之论理学”。[2] 为此，梁启超 1904 年写成《墨子之论理学》作为《子墨子学说》的附录；1920 年写成《墨经校释》，并专写《读墨经余记》作为“墨经最重要之部分”的“论理学”的内容；1920 年写成《墨子学案》，其中辟专章阐发了墨家论理学的基本内容。

在这些书中，梁启超采用了西方逻辑的方法来探讨墨家逻辑思想。但他的比较方法是一种“商量”的方法，“凭借新知商量旧学”[3]。应该说，在当时那个时代的 A 文化与 B 文化的比较中，面对一种全新的外来学科知识，并转而回顾自己的传统，探究有无与此相对应的东西，其首先进入方法论比较

1　严复：《名学浅说》，《中国逻辑史资料选》（近代卷），第 267 页。

2　梁启超：《墨子之论理学》，《中国逻辑史资料选》（近代卷），第 303—304 页；《墨子学案》，《中国逻辑史资料选》（现代卷下），第 5—9 页。

3　梁启超：《墨经校释·自序》。

基准的必然是那个外来的东西。否则就无以言其同。故而梁启超毫不讳言地说："吾侪所恃利器，实洋货也"，"以欧美现代思想衡量古人"。[1] 但这种"工欲善其事，必先利其器"的治学态度，也使得他以"商量"的态度，"以欧西新理比附中国旧学"[2]，其"商量"的结果就是要尽力印证《墨经》"与今日西方学者所发明，往往相印"[3]；"墨子全书，殆无一处不用论理学之法则……（《墨经》）特详。今引而释之，与泰西治此学者，相印证焉"[4]。

在这种似乎无可选择地借助"利器"印证墨家辩学的过程中，梁启超"引申触类，借材于域外之学以相发，亦可有意外创获"，系统地研究并阐发了墨家逻辑思想的基本概念及基本原理。或如，在《墨子之论理学》中，他断然认为，所谓"辩"，"即论理学也"；所谓"名"，"即论理学所谓名词Term（概念）也"；所谓"辞"，"即论理学所谓命题 Proposition 也"；所谓"说"，"即论理学所谓前提 Premise 也"。[5] 梁启超的这种认识以及研究范式[6]，对以后中国逻辑史研究的影响极大，但也是后世相关研究产生争论的主要源头之一。

及至20世纪90年代，梁启超的这种研究方法有学者称为"据西释中"的方法，也就是依照西方逻辑为依据，重新解释和重构先秦逻辑思想及体系。但始料不及的是，"据西释中"的提法在现实中尤其是在对以往研究方法进行反思的过程中，可能会对另一些研究者的感情有所伤害，甚或有否定一代人甚至几代人的许多研究成果的歧义性理解。因此有学者用"梁启超范式"[7]来概括近代以来中西逻辑比较中的研究方法。

1　梁启超：《先秦政治思想史》，《饮冰室合集》，中华书局，1988，第13页。

2　梁启超：《墨子之论理学》，《中国逻辑史资料选》（近代卷），第302页。

3　梁启超：《墨经校释·自序》。

4　梁启超：《墨子之论理学》，《中国逻辑史资料选》（近代卷），第303页。

5　梁启超：《墨子之论理学》，《中国逻辑史资料选》（近代卷），第304页。

6　库恩指出，范式是指在一定时期内可以向研究者群体提供的典范性问题及解决问题的普遍公认的科学业绩。参见库恩《科学革命的结构》前言，北京大学出版社，2005。

7　参见曾昭式、谢耘《梁启超范式与中国逻辑史研究》（英文），《逻辑学研究》2012年第1期。

在《墨子学案》中，梁启超还论述了“《墨经》论理学的特长，在于发明原理及法则”，并认为《墨经》的推理方式“自不能如西洋和印度的精密，但相同之处亦甚多”；论述了“墨子的论理学，不但是讲演绎法，而且讲归纳法。他的归纳法，不能像二千年后的穆勒·约翰那样周密，自无待言，但紧要的原理，他都已大概说过”；认为西方逻辑学中的穆勒五法，《墨经》已提出了三条：

> 今论归纳同异之法：
>
> （一）求同法　《经》：同：异而俱于此一也。
>
> （二）求异法　《经》：法异则观其异。
>
> （三）求同求异法　《经》：同异交得放有无。
>
> ……归纳的五种方法，《墨经》有了三种。其实共变法不过求异法的附属，求余法不过求同法的附属，有这三种已经够了。[1]

在《墨子之论理学》中，梁启超也极力称赞能够有此发明者，“我祖国二千年前，有专提倡此论法（指归纳法）以自张其目者，则墨子其人也”[2]。

但从《墨经》中的相关经条来看：

第一，关于“同：异而俱于此一也”，是《墨经》关于“同”的定义，指不同的事物具有某种相同的属性。

> 同：异而俱于之一也。
>
> 同：二人而俱见是楹也，若事君。[3]

1　梁启超：《墨子学案》，《中国逻辑史资料选》（现代卷下），第9、16—18页。

2　梁启超：《墨子之论理学》，《中国逻辑史资料选》（近代卷），第313页。

3　《墨经·经上》，《墨经·经说上》。

按求同法是探求因果联系的方法，是指，如果在被研究现象出现的若干场合中，只有一种情况是共同的，那么，这种共同的情况就与被研究现象有因果联系。

第二，关于“法异则观其异”，在《墨经》中指“问故”要看前提、根据；“观宜”要看合适不合适。

> 法异则观其宜。
>
> 法，取彼择此，问故观宜。以人之有黑者有不黑者也，止黑人；与以有爱于人有不爱于人，止爱人，是孰宜？[1]

“止”在墨家辩学中为反驳的方式。止式：特称否定与全称肯定之间必有一假的推理。特称可同真，全称可同假。

套用“法”（公式）要看合适与否。这个套用不合适。因为“法异”。

前一个“止”：均为事实，属于同类。后一个“止”：前为事实，后为理想。属于异类。

而按求异法也是探求因果联系的方法，是指，在比较被研究现象出现的场合和不出现的场合，如果其他情况相同，只有一种情况不同，也就是说，它在被研究现象出现的场合存在，在被研究现象不出现的场合不存在，那么，这种情况就与被研究现象之间有因果联系。

第三，关于“同异交得放有无”，是《墨经》注意到了谈说论辩中对立事物或对立判断在一定条件下有相互转化的可能，以“真理总是具体的”，体现了思维的辩证法。[2]

1　《墨经·经上》，《墨经·经说上》。

2　参见张晓芒《先秦诸子的论辩思想与方法》，人民出版社，2011，第204—206页。

同异交得放有无。

同异交得：于富家良知，有无也；比度，多少也；蛇蚓旋圆，去就也；鸟折用桐，坚柔也；剑尤甲，死生也；处室子母，长少也；两绝胜，白黑也；中央，旁也；论行、行行、学实，是非也；鸡宿，成未也；兄弟，俱适也；身处志往，存亡也；霍，为姓故也；贾宜，贵贱也；长短，先后，轻重援。[1]

而按求同求异法并用法，是指，在被研究现象出现的若干正面场合中只有一个情况相同，而在被研究现象不出现的若干反面场合中都没有这一情况，那么就可以推断这种情况与被研究现象之间有因果联系。

从这些分析的结果看，梁启超的印证似有不符合之处。但他仍然如前述认为："于是乎昔人绝未注意之资料，映吾眼而忽滢；昔人认为不可理之系统，经吾手而忽整；乃至昔人不甚了解之语句，旋吾脑而忽畅。"

在科学技术落后于西方甚多的年代中，任何一种科学研究的努力，都会急切地与民族自尊联系起来。这种现象反映了一种运用某种新方法时的普遍民族心理。据此，从梁启超引用西学研究中学的方法上看，他这种"以新知商量旧学"的比较研究方法，即可以引入"西学"，又维护了民族自尊的国人心理与感情，从而在民族情怀上解决了中国古代有无逻辑的疑惑。虽然在这种研究中，梁启超也如前所述，认为墨家逻辑思想的一些论述"不能如今世欧美治此学者之完备"，但"即彼土之亚里士多德（论理学之鼻祖也），其缺点亦多矣，宁独墨子。故我国有墨子，其亦足以自豪也"。因此，梁启超还是视这种方法为"增长国民爱国心之一法门"[2]。

---

1 《墨经·经上》，《墨经·经说上》。

2 梁启超：《子墨子学说》。

4. 梁启超、章太炎对西方逻辑、印度因明、墨家逻辑三大逻辑思想体系的比较研究

前述孙诒让曾提出三大逻辑体系之间有相通之处，但他并没有展开具体的研究。明确进行研究的是梁启超、章太炎等。

如梁启超提出：[1]

印度因明：	《墨经》：
宗：声，无常。（非常住不变）	知，材也。
因：何以故，所作故。（行为造成）	何以故，“所以知”故。
喻：凡所作皆无常，譬如瓶。	凡材皆可以知，若目。

《墨经》：

宗：损而不害。

因：说在余。

喻：若饱者去余。若疟病之人于疟也。

西方逻辑：	《墨经》：
大前提：凡人必有死。	假必非也而后假。（喻体）
小前提：墨子，人也。	狗，假虎也。（因）
结　论：墨子必死。	狗，非虎也。（宗）

1 梁启超：《墨子学案》，《中国逻辑史资料选》（现代卷下），按第 9—11 页整理。

而章太炎则借因明、西方逻辑的义理，以“校理墨经，观其同异”，以把握中国古代逻辑的“精义”，做《原名》。并自称“当不让鲁胜也”。因此，章太炎是中国近代第一位自觉通过对西方逻辑、印度因明、墨家逻辑进行对比研究，“观其同异”，以因明、逻辑的义理解释《墨经》的思想家。

章太炎三种逻辑体系的对比分析集中在他的《原名》中。他借因明、西方逻辑之理，以“校理墨经，观其同异”，以把握中国古代逻辑的“精义”。体现在他对三种逻辑体系的推理形式比较研究中，认为在“宗”“因”“喻”的次第推导排列上，三家各有不同。

> 辩说之道，先见其旨（先提出论题），次明其柢（列出论据），取譬相成（取譬设喻），物固可形（加强其立论）。因明所谓宗、因、喻也。印度之辩（指因明的三支论式）：初宗，次因，次喻；大秦之辩（指逻辑的三段论式）：初喻体，次因，次宗。其为三支比量一矣。《墨经》以因为故，其立量次第：初因，次喻体，次宗。悉异印度、大秦……与墨子者，其量皆先喻体，后宗。先喻体者，无所容喻依，斯其短于因明立量者，常则也。

亦即，印度因明是“宗、因、喻”的推导次序，西方逻辑是“喻、因、宗”的推导次序，《墨经》则是“因、喻、宗”的推导次序。我们整理如下：

因明论式为：

宗：声是无常。（结论）

因：所作性故。（小前提）

喻：凡诸所作，皆是无常。譬如瓶等。（大前提）

亚里士多德三段论式为：

大前提：凡所作皆无常。（喻体）

小前提：声是所作。　　　　　　　　　（因）

结　论：故声无常。　　　　　　　　　（宗）

《墨经》论式为：

因：小故，有之不必然，无之必不然。体也。若有端。

喻：大故，有之必然，若见之成见也。

宗：故所得而后成也。

尽管各家推导次序不同，但在“比量”[1] 上是一样的。[2] 虽如此，他还是认为因明三支论式是推理的理想论式。“大秦”“墨子”都“短于因明”。

章太炎对三种逻辑体系的比较分析，其意义与贡献在于：

第一，最自觉地对三种逻辑体系进行了总体对比分析。通过这种对比研究，章太炎肯定了三个逻辑体系在推理形式上有共同点，均是由“宗”“因”“喻”三支构成，“其为三支比量一矣”。并以此证明三个逻辑体系具有相互贯通的性质，从而说明了不同的民族总结出来的逻辑形式具有共同的规律性，具有全人类性质；从而也肯定了由《墨经》奠定基础的中国古代逻辑在人类思想史上也占有一定位置。由此也就肯定了不同文化中产生的推理形式有其工具效用的共同性。

第二，通过这种对比研究，章太炎也肯定了三个逻辑体系在推理形式结构上有明显的差别，各自具有自己的特点。这也有助于我们今天去认识和把握三个逻辑思想体系各自不同的特点；有助于我们借助比较，不断挖掘中国古代逻辑思想体系的逻辑原理。

第三，章太炎的比较分析避免了以西方逻辑体系为依归的比附。

第四，自觉引用因明、逻辑的原理，重新诂释中国先秦逻辑思想的原理，丰富了人类逻辑思维的宝库。

1　由推理而得出的知识。

2　参见章太炎《原名》。

5. 胡适对先秦逻辑思想的比较研究

胡适的《先秦名学史》不但是对“东亚向无逻辑学”之说的有力反驳，而且还如同他所希望的“找到移植西方哲学和科学最佳成果的土壤”，并如前所述，希冀通过比较研究，以新的研究方法，“以最有效的方式吸收现代文化，使它能和我们固有的文化相一致、协调和继续发展”，从而“使中国的哲学家和哲学研究在运用思考与研究的新方法与工具时感到心安理得”。从而为中国近代以来逻辑文化研究中的民族情怀找到一个心绪上的价值指归。“心安理得”即前述在既要学习西方逻辑，同时又不自愧弗如时的一种民族情怀表现。前述“在这一点上，我比过去的校勘者和训释者较为幸运，因为我从欧洲哲学史研究中得到了许多有益的启示。只有那些在比较研究中（如比较语言学中）有类似经验的人，才能真正领悟西方哲学在帮助我解释中国古代思想体系时的价值”，正是这种心绪的表述。

可以说，《先秦名学史》作为一部断代史，占据了自近现代以来先秦逻辑思想史研究的首位。其中对墨子推论方法的研究，认为“墨家的名学在世界名学史上，应该占有一个重要的位置”，虽然它由于时代所限，在思维形式方面远不如西方逻辑学和印度因明，但这些缺陷未必不是它的优点。故而又认为，墨家逻辑虽然不注重形式，“却能把推论的一切根本观念，如‘故’的观念、‘法’的观念、‘类’的观念、‘辩’的方法都说得很明白透彻，有学理的基本，却没有法式的累赘”[1]。胡适的看法，应该说是涉及中国先秦逻辑思想中特有的推类方法的特质了。

胡适对中国先秦逻辑思想研究有着很大贡献：

第一，证明中国古代有逻辑。他说：“所谓名学，就是逻辑。”[2] 胡适的

1　胡适：《中国哲学史大纲》卷上，商务印书馆，1987，第224—225页。

2　胡适：《先秦名学史》，学林出版社，1983，第41页。

这个逻辑观，在今天看来，应当是大逻辑观。

第二，要弄清楚中国哲学史的发展历程，就必须首先要研究逻辑方法发展的历程。即“哲学的发展是受它的方法制约的。也就是说，哲学的发展是决定于逻辑方法的发展的”[1]。

第三，对中国先秦逻辑思想的研究方法，采用了西方哲学史的体例来编写，按学说和思想形成的先后来写，强于清代以来的“学案”研究方法。

第四，运用中西比较方法进行研究。即他所认为的，他“幸运”地领悟了西方哲学在帮助他解释中国古代思想体系时的价值。这也说明，对两种不同思维方式的研究，必须要借助于一定的比较工具。

但这种比较研究在我们今天看来，仍然有一个比较方法尺度的把握问题。如把握不好，有时就会使比较研究有些不伦不类。如胡适把亚里士多德的“形式因”等同于《周易》的“象”（意象）、孔子的“正名”。因此温公颐先生1983年在给胡适《先秦名学史》中文版作序时就指出：“东西哲学的比较，原为使人易于理解。但若就表面语词的类似，不问其根本思想的差别，就会使人发生误解，而失去比较研究的意义。”[2]

第五，促进了对中国古代逻辑思想家和学派的系统研究。如胡适认为中国古代的系统逻辑思想产生之前有一个“辩者”的酝酿阶段，主要代表是邓析、老子。而古代系统逻辑思想的产生始于孔子。正名，这是一个“思想重建的任务”，其目的就是“思以其道易天下”，从而使“正名在于使真正的关系、义务和制度尽可能符合他们的理想中的涵义”。[3] 把“正名”首先看作是一个“社会的和政治的改革的核心”。由此胡适着力对非儒学派进行研究，尤其是对墨家辩学的意义和目的进行了系统研究，结束了儒家对哲学和逻辑思想的垄断，探索

1 胡适：《先秦名学史》，第4页。
2 胡适：《先秦名学史》，温公颐“序”。
3 胡适：《先秦名学史》，第29页。

了墨家作为现代科学方法的先驱角色，为移植和吸收西方科学方法找到合适的基础；肯定了墨家辩学在中国逻辑史、世界逻辑史上的地位。[1]

第六，提出了中国逻辑思想中特有推理方法的特质。在通过两个逻辑思想体系的对比分析中，胡适认为，从形式结构上讲，墨家辩学不如印度因明和西方逻辑那样明晰，但未必不是长处。如前述，“能把推论的一切根本观念，如‘故’的观念、‘法’的观念、‘类’的观念、‘辩’的方法都说得很明白透彻，有学理的基本，却没有法式的累赘”。故而他认为墨家辩学是演绎、归纳并重，优于印度因明和西方逻辑。

6. 章士钊的中西逻辑比较研究

章士钊是在留学期间完成逻辑学学习的。学成归国后，他分别于北京大学和东北大学开设课程，“讲授名理，以墨辩与逻辑杂为之”[2]。其间他更注重进行中西逻辑比较研究，1917 年即已完成的《逻辑指要》，就是他苦心孤诣“以欧洲逻辑为经，本邦名理为纬”的实践结晶。在这部书中，章士钊第一次以系统讲述西方逻辑基本内容的方式，就西方逻辑学中的所有问题进行了中西逻辑思想的对比分析和对照解释。而这种对比研究，也以他承认逻辑并非为西方独有，也为中国古代固有为前提。这部书中的许多研究成果，被以后国内其他逻辑论著所采用，如“逻辑”的译名，“三段论式”的译名等。但这部书的缺点在于，章士钊以中国先秦逻辑思想和逻辑实例去说明、解释西方逻辑体系的基本思想，将中国先秦逻辑思想和事例纳入了西方逻辑框架中了，应该说有比附、牵强之处。

或如，他将《墨经》“推也者，以其所不取，同于其所取者予之也”中的“所取”“所不取”，解释为三段论的两个端词和中词。故而他认为：“欧

---

1 参见彭漪涟《中国近代逻辑思想史》，上海人民出版社，1991，第 195—211 页。

2 章士钊：《逻辑指要·自序》，生活·读书·新知三联书店，1961。

洲逻辑之三段，印度因明之三支，吾国墨辩之三物，同一理也。”[1]

不过这也说明，在当时比较逻辑研究的氛围下，把西方逻辑的知识体系分解为一个个“分拣格子”，将所分析的中国古代的一些文献材料装进去，这应该就是当时具有一定普遍意义的比较研究的方法论情状。

故而，用今天的眼光审视，章士钊的比较研究有数点不足：其一，“以西为经、以中为纬”的做法，抹杀了中国先秦逻辑思想的特点，把那些不为西方逻辑所包含的具有中国古代特色的逻辑思想和理论忽略掉了。如《墨经》中的一些推论形式：或、假、辞、辟、侔、援、推等。[2] 其二，“分拣格子”的对比选择研究有比附、牵强之嫌。其三，杂糅而无范。“本邦为纬”必须以所能提供的多少为转移。以西方逻辑为范？以名理为范？似也说不清。

这种当时具有一定普遍意义的研究方法上的缺陷，直接影响到中外逻辑思想的对比分析，以找出本邦特点。更重要的是，这种缺陷在其研究过程中也必然要受到比较对象背后的文化支撑的不断考问。这在中国近代的语言学研究中也有显现，《马氏文通》即如是。

《马氏文通》为语法书，清代马建忠撰，1898 年开始陆续出版。分正名、实字、虚字、句读四部分。从经、史、子、集中遴选例句，参考拉丁语法，求其所同所不同者，写成此书，成为中国第一部较全面系统的古汉语语法专著，开中国现代语言学先河。作为一部划时代著作，《马氏文通》在西学东渐、中国的传统语文学开始吸收西方语言学中先进理念及内容之时，断然为传统语文学标注了一个中国古代并不存在的句号，开创了中国语言学的新篇章。自此中国有了自己的语言学。虽然为探索汉语特点，《马氏文通》多有创见，但也有以拉丁语法强解汉语之处。这也说明，中国语言学研究的发展历程同中国逻辑思想研究的发展历程一样，最初都是在“坚船利炮”的“优

1 章士钊：《逻辑指要》，第 276 页。

2 参见彭漪涟《中国近代逻辑思想史》，上海人民出版社，1991，第 241—242 页。

势文化”袭击下开始的，它们在研究方法和研究体系上，无疑均存在着以西方理论的范畴、体系为摹本，因而从一开始就接受了西方近代科学的形式化理路，把形式化作为语言分析、逻辑分析的终极目标。从而使语言学及逻辑学的研究脱离了它本身固有的传统人文性，追求以某种理想化的形式为目的。这样的研究在其发展中，必然要经受着不同文化心理的矛盾冲突与困惑。

当然，章士钊对西方逻辑学传入中国的最大贡献是对“logic”的汉语译名厘定。这一点前已论及，此不赘述。

第四节　现代研究方法的意义与影响

正是由于近代逻辑文化的研究，有识之士们仍然存在着古代泱泱大国的余绪，因此在介绍西方逻辑以“转变吾人之心习，而挽救吾数千年学界之流弊”[1]的过程中，急欲振弱却也或多或少地掺杂着一种民族情怀。但是其一，没有这种情怀，西方逻辑学也就不可能在中国大地上生根、发展，得到普及；其二，没有这种情怀，中国古代逻辑思想也就不可能重光，也就没有日后延续了百多年的中国逻辑思想史研究。因此，在近代逻辑文化研究中，这种民族情怀在怎样认识西方逻辑、怎样认识中国古代逻辑思想以及如何给其定位、能否对不同的逻辑思想体系进行比较研究等方面，其意义、作用与影响是巨大的。

一　促进了西方逻辑的普及

在发现了能转变中国传统思维方式的利器是西方逻辑后，一时间内，“开名学会，讲名学，一时风靡，学者闻所未闻，吾国政论之根柢名学理论者，

1　严复:《穆勒名学》按语。

自此始也”[1]。即蔡元培所说，“严复觉得名学是革新中国学术最重要的关键”，“论理学始风行海内，一方学校设为课程，一方学者为治学方法”。在20世纪最初几十年内，我国学者译介或自著的西方逻辑学著作就有五六十种。尽管其后也有过对西方逻辑学的否定性批判，但西方逻辑学经过系统引进和全面研究，已植根于中国文化的土壤。又经过20世纪50年代的逻辑大讨论，西方逻辑科学的地位在中国大地上得到了确立。至如今，“逻辑”一词对任何一个求知者已不再陌生，逻辑学已在中国获得前所未有的认识。

当然，“知道”是一回事，真正广泛普及、掌握并使之在现实生活中发挥作用是另一回事。当代中国的逻辑学教育与研究仍然任重而道远，逻辑学工作者不可以不弘毅。

二 促进了对先秦逻辑思想的阐发

首先，是使先秦逻辑思想研究摆脱了以往经学附庸的地位。在译介西方逻辑学的同时，近现代学者为了在中国传统文化中找到移植的最佳依托和合适土壤，同时证明逻辑思想中国“古已有之”，很自然地比对西方逻辑学和印度因明理论来重新考察先秦逻辑思想，以获得对其思想和理论的新发掘和新认识。其结果便是使先秦诸子学尤其是使墨家辩学摆脱了以往经学附庸的地位，转换了乾嘉时期的经学研究，以校勘训诂为主的指导研究观念，从而以新的视野为中国古代诸子学研究开辟了一条全新的道路。

其次，是进行专史性研究。以往的“学案”研究基本是考证、训诂、诠释，主要是针对一个人物、一句话甚至一个字，缺少对一篇文章或一个人物整体思想的分析评价和理解把握。虽然这也为后人的研究奠定了基础，如孙

---

1 王蘧常：《严几道年谱》。

诒让的《墨子间诂》解决了许多问题；毕沅的《墨子校注》“读此行旁行”等，使得艰涩难读的《墨经》变得能读了。但这仍然不是专史性研究。而近现代以来的中国逻辑史研究就有了专史性研究的意义了。通过对一个人物或诸子对名、辩思想的研究，梳理了先秦诸子对名、辩思想的发展脉络。这种专史性研究，不但使诸子逻辑思想的研究变得相对独立，而且注重中国逻辑思想的系统阐发和整理，引导了以后对中国逻辑史的大规模研究。

事实上，已逾百年直至现在还在进行的中国古代逻辑思想研究，许多研究依据仍然是近现代以来训诂方法和诠释方法研究的结果。从近代“墨辩”复兴到如今“中国逻辑史”研究成果的蔚为大观，百年来的努力已使今天的中国古代逻辑思想的多元化研究，早已不是当初“民族情怀”一词所能涵盖的了。

三　促进了中西比较逻辑的研究

促进西方逻辑的普及以及促进中国古代逻辑思想的阐发，其目的仍然是为了最终获得对世界三大逻辑思想体系或传统的贯通性理解。在这一过程中，比较研究的方法须臾不可阙如。

或如，对公孙龙的《白马论》的研究，一经运用了西方逻辑内涵、外延的理论，以及种、属概念之间关系加以研究，就大体理解了公孙龙的原意。当然，在这种解释中也包含有对字的训诂，如对“非”的解释，有学者将之解释为“异于”。

或如，公孙龙的《指物论》，胡适稍解“指”，未能对整篇文章进行分析，冯友兰在20世纪二三十年代也是浅尝辄止。近几十年来才真正进行了研究。

或如，章士钊解条件句“有之不必然”等为假言推理。

或如，谭戒甫对《墨经》的校释，也运用了一些西方逻辑术语。高亨、沈有鼎的《墨经》研究也大量使用了西方逻辑的研究方法。

或如，……

应该说，中国逻辑史研究虽已逾百年，但无一不是在运用比较研究的方法，具体揭示了中西逻辑思想体系之间的同异，表明不同地域、不同民族在运用不同民族语言所表达和概括出来的逻辑思想传统中，不但具有指导人类思维有效进行的普遍共性，而且也必然具有一定的民族历史文化特点和个性。这也言之有据、言之成理地说明了比较研究在中西逻辑研究中的重要性。

但是，这种中西逻辑比较研究最初的20世纪初及后来的20世纪末，基本上是以承认中国古代逻辑思想“古已有之”的情怀下开始，基本上是在逻辑一元化的“取同”前提下进行比较研究。因此，无论是在作为前提的逻辑观上抑或逻辑方法上，它所显现的一些问题和所引起的一些争论也毋庸讳言地一直存在。需要回答的追问仍然避无可避。

第五节　对新时期的启示

一　存在的问题与争论

通过以上的回顾，可以大致了解，虽然近现代思想家们在中西逻辑比较研究中，提出了许多珠辉玉映的真知灼见，解决了许多前人未解决的问题，但他们在进行这种比较研究中，也真的存在一些不合时宜的“商量”做法。其结果实际上也就是张东荪所说的“比附”而非“比较”。按理，“比较”总是通过两个对象的对比研究以见同异，虽然“比较以见其相同近于比附法”，但张东荪认为，“比较”才是研究的方法。“比附法不是比较法。因为比较法是研究法，而比附法是推论法。”之所以如此，是因为“比附法总须从一二个同点来做根据以推定其他，而比较法则不必从相同来着手，虽无相同亦未尝不可比较”。正是由于“普通比较法是将二个或二个以上的对象比较起来以见其异同。但往往用这个方法的人们，一不小心便会偏于专在指出其相同的一方面而忽视其相异的一方面”，故而相较之下，“比较以见其相异更为重要”。似乎当时的情景是，“国人研究国学近来虽日见进步，然而我总嫌其多用比附法而少用比较法”，因此张东荪认为比较法“以相反的异点而明其差别上的特性”更为重要，“惟有用比较法可以从所比较的东西中揭示出其特性来”。[1]

谭戒甫也曾认为，其时的研究者只是架构了一个西方逻辑的形式框架，然后把先秦诸子文献中查找到的“名家言”拼凑进去，因此，研究方法也就有了问题。“周秦《诸子》里面多有名家言，自来不少学者利用西方逻辑三段论法的形式，把来一模一样地支配，因说东方有逻辑了。及仔细查考，只是摆着西方逻辑的架子，再把我们东方的文句拼凑上去做一个面子。这不是我们自己的东西，虽然有些处于自然比附，但总没有独立性。”[2]

但是，这种“商量”做法，在当时还十分流行。如解《墨经》一些经条为三段论式、三物逻辑（类、故、理）；解因明论式为三段论；解名、辞、说、辩为概念论、判断论、推理论和思维规律论等。甚至有学者说，中国古代逻辑就是形式逻辑。形式逻辑所有的，中国古代逻辑中也全部具有。例如，内涵、外延、变项、周延，等等。[3]

这种方法，曾经被称为“据西释中”[4] 的方法。无论这种说法是否恰当，“据西释中”的研究方法在当时甚或现在，仍然从感情上解决了中国古代有

1　张东荪：《从中国言语构造看中国哲学》，张汝伦编《理性与良知——张东荪文选》，上海远东出版社，1995，第 332 页。

2　谭戒甫：《墨辩发微》，中华书局，1964，第 3 页。

3　参见詹剑峰《墨家的形式逻辑》，湖北人民出版社，1979。

4　笔者在第一章第三节已经认为应该给予“比附”以积极的肯定。因此，在比较研究中“据西释中”的方法也必须给予正面的积极评价。这种积极的肯定性评价，在孙中原编著的《墨学大辞典》（商务印书馆，2016）中有相关的词条。

无“逻辑”的疑惑。梁启超在当时就说，这种方法为“增长国民爱国心之一法门”。如今，我们可以说世界的古代逻辑传统，是“三足鼎立”了。

但是，这种“据西释中”的研究方法，也带来一些问题。

其一，对于西方逻辑与中国古代逻辑思想在目的、对象、性质、内容上究竟有什么不同，没有弄得十分明白。有使二者混同为一的迹象。而这也是招致许多人反对以及争论至今的一个主要原因。

其二，的确存在着一些牵强附会或强解痕迹。不少研究者按照自己的需要随意校勘，或如，对“历物十意”“辩者二十一事”；对“白马非马”的三段论解释（金受申）；对《墨经》条文的解释，等等。

其三，忽视了对中国古代逻辑思想产生的文化背景和其本身的文化精神、文化意义的理解。这也就影响了对这两种逻辑思想特有内容与性质的认识。

其四，对“据西释中”方法如何认识评价的问题，也意味着对一代人甚至几代人的许多研究成果如何认识与评价。

二　继续更新的理念与方法

研究对象、研究观念与研究方法是统一的。体现在中国逻辑史研究中亦如是。20 世纪 90 年代以来，一些学者对以往中国逻辑史研究方法进行了认真反思，其反思结果就是：希望改变以往那种以西方逻辑体系为唯一参照模式范本，去剪裁、建构中国古代逻辑体系，以及为了适应西方逻辑体系的内容，强解中国古代逻辑思想史料的研究方法。

为此，崔清田先生主张，要对中国古代逻辑思想从“逻辑与文化”关系的观念视野进行全新的研究，就应该采用“历史分析的方法”与“文化诠释的方法”。前者是要把“名学、辩学置于它们得以产生和发展的具体历史环境中，对这一历史时代的政治生活、经济生活等方面的特点和提出的问题，以及这些因素对诸思想家提出和创建名学与辩学的影响等，做出具体的分析"；后者是指我们要把"名学""辩学"，"视为先秦文化的有机组成部分，并参照先秦时期的哲学、伦理学、语言学、数学和科学技术等方面的思想，以及先秦文化发展的脉络和基本特征，对名学、辩学的理论给出持之有故、言之成理的阐释"。[1]

这两种方法实际上涉及如何解读社会文本和文献文本的问题。关于逻辑与文化的关系问题，是由张东荪首先明确提出，后经崔清田先生发扬光大。我们将之称为"张东荪范式"或"崔清田范式"。

从20世纪60年代初即师从汪奠基、沈有鼎先生开始中国逻辑思想研究至今已六十年仍笔耕不辍的孙中原先生，认为要了解中国古代逻辑思想的特殊性和普遍性，就应该采用"形式逻辑与辩证逻辑"与"实事求是和具体分析"的方法，仔细分析中西逻辑的"特殊和普遍""同和异"，从而避免得出那种消极的"全盘否定"结论。[2] 一段时间内，元逻辑的研究方法成为孙中原先生的一个重要研究方法。[3] 如今，"E考据"[4] 方法已成为他充分占有、考据、分析评价历史文献的得心应手之工具。这也是他至今仍笔耕不辍、不断文献创新、新作迭出的原因所在。2019年孙先生还以81岁高龄申请并获得了"国家社科基金冷门'绝学'和国别史研究专项项目"的"《墨经》绝学的E考据和元研究"。由于"特殊和普遍""同和异"的"讲逻辑"与"用逻辑"相结合方法，由孙先生概括，我们将之称为"孙中原范式"。

刘培育先生对于中国逻辑思想的研究及关注也几近六十年，他是从研究

1　崔清田主编：《名学与辩学》"绪论"，山西教育出版社，1997，第11页。

2　孙中原：《中国逻辑研究》，商务印书馆，2006，第32—36、44—45页。

3　参见孙中原《逻辑哲学讲演录》，广西师范大学出版社，2009。

4　E考据方法就是充分利用电子资源对古籍加以整理、校勘、注疏、辑佚等的考据方法，是传统考据学在网络时代的升级版。其特点是（1）多，即所检索的电子版的文献资料多；（2）快，即检索文献快；（3）杂，即只有具有了扎实的史学功底，才可能在庞杂的信息中获得最直接、最有效的信息；（4）巧，即善于使用电子资源，可以使学者提高学术研究的效能。

方法、工具的角度思考如何研究名辩学和名辩学史。认为其中的选择可以有许多，但要研究先秦名辩学中的逻辑问题，却离不开逻辑，特别是现代逻辑这种工具。因为没有透彻的现代逻辑眼光，要发现、评价古代逻辑思想的成就与局限、得与失，是无可能。[1] 这是从可以鸟瞰逻辑史研究的一个可靠立足点角度谈研究方法的。这些年来，刘先生为抢救因明绝学仍然在努力付出着，“百年中国因明研究”就是以刘先生为首席专家获批的国家社科基金重大项目。而因明研究仍然是在中国逻辑史研究的范畴之内。

台湾大学的李贤中教授在研究中国古代逻辑思想的过程中，将他对于中国哲学方法论的体会融贯其中，创造出“思想单位”这一概念。所谓“思想单位”是指一个有意义的思维情境，其中包含有思想内容所构成的理路。思想包含着思维情境中的各种内容，如情境构作、情境处理、情境融合等；而理路则是隐含在思想中具有因果关联性的道理路径。“思想单位”从情境处理的理由分析来看，可以转换为“问题与答案”。[2]

翟锦程教授在《用逻辑的观念审视中国逻辑研究》[3] 和《从〈逻辑史手册〉看逻辑史研究与逻辑学发展的新趋势》[4] 两篇论文中，从对《逻辑史手册》的介绍和解读角度，分析了逻辑史研究与逻辑学发展的新趋势，指出逻辑史研究已进入全面、精深研究的新阶段，提供了一种新的认识逻辑的观念和研究方法。亦即，不是局限在某一种类型或范围内进行研究，而是把逻辑作为一个整体来进行研究，注重逻辑与相关领域的关联研究。他用逻辑的观念审视中国逻辑研究，详细论述了逻辑史研究中关于研究范围、逻辑发展阶

---

1 参见刘培育《名辩学与中国古代逻辑》，《哲学研究》1998 年增刊。

2 参见李贤中 2013 年在南开大学的学术演讲《中国哲学方法论探析》；李贤中《中国哲学的方法问题——论“推理”的思想单位》，2004 年澳门两岸四地中青年哲学家学术论坛论文；李贤中《中国哲学中“推理”思维的特性》，《哲学与文化》2003 年 12 月第 355 期，中国逻辑专题。

3 参见翟锦程《用逻辑的观念审视中国逻辑研究》，《南开学报》2007 年第 4 期。

4 参见翟锦程《从〈逻辑史手册〉看逻辑史研究与逻辑学发展的新趋势》，《东南大学学报》2007 年第 4 期。

段以及研究方法等问题。说明了中国逻辑史的三个研究范围："一是中国本土的逻辑思想，二是本土化的逻辑思想，三是关于中国逻辑思想的研究。"关于中国逻辑思想研究，将中国逻辑思想的发生、发展过程初步划分为八个不同阶段，强调了"中国逻辑研究的方法主要有：逻辑解读方法、文化解读方法、动态分析的方法和比较研究的方法"。

鞠实儿教授提出了类似于张东荪的观点。即不同的文明可以具有不同的逻辑。即逻辑的合理性"相对于它所隶属的文化，不存在超越文化差别的普遍合理的逻辑"[1]。而不同文化孕育的不同逻辑类型，都以其自在的应用领域，彰显着它们各自的合理性。由此出发，他认为，"根据已有的逻辑类型，我们无法给出一个相应且相称的'逻辑'定义，使'逻辑'一词指且仅指这些逻辑类型"，进一步从事实和理论的角度论证了逻辑的文化相对性，提出了通过功能而非论证结构来刻画的广义论证理念。其基本的特征是"主体性、社会文化性、规则性、目的性、语境依赖性"。[2] 因此，论证主体、论证目的、论证规则，就应该成为不同历史文化背景下各自逻辑说理方式的评价标准。基于此，这个评价标准也与亚里士多德逻辑、莱布尼茨逻辑意义下的"形式逻辑"的形式有效性有别，并以其生效性，涉及说服力的问题、如何交际成功的问题，以及信仰、价值观和习俗等要素。广义论证理念的意义在于它促使我们思考两个问题：其一，论证就是借助符号进行的具有说理功能的社会互动过程，而逻辑是构造这种论证的规则集合。其二，逻辑的合理性相对于它所隶属的文化，不存在超越文化差别的普遍合理的逻辑。

用广义论证理论回溯中国古代逻辑思想，笔者认为，既然"逻辑就是广义论证的规则，逻辑学就是关于广义论证的规则的理论"[3]，那么，在对先秦

1　鞠实儿：《逻辑学的问题与未来》，《中国社会科学》2006年第6期。

2　鞠实儿：《论逻辑的文化相对性——从民族志和历史学的观点看》，《中国社会科学》2010年第1期。

3　鞠实儿：《简明逻辑学》序言，见〔英〕格雷厄姆·普里斯特《简明逻辑学》，史正永、韩守利译，译林出版社，2013。

逻辑思想中论辩理论研究与论辩实践研究的统一下，广义论证就既是研究理念也是研究方法了。看这几年一些研究逻辑史或民族思维方式的博士论文，采用这种研究理念及方法的不在少数。我们可将之称为“鞠实儿范式”。

对指号学颇有研究的李先焜先生，通过另一种视野提出了自己的论断。他结合这些年来已经在西方得到很大发展的非形式逻辑，用来比较中国古代逻辑思想，得出“中国古代逻辑史是非形式逻辑的发展史”的结论。其基本论证思路是：先对非形式逻辑的基本内容作出概括介绍，“（1）语词的意义问题；（2）语词与语句的含混与歧义问题；（3）定义与分类；（4）语言的使用：从目的上看它包括讨论、说服、批判与评价；从方式上看包括命令式、评价式（伦理性评价、美学性评价、使用性评价）、表情式（表达感觉、情绪、态度）与信息式等；（5）论证（包括演绎论证和归纳论证）与反驳；（6）谬误与诡辩；（7）类比与例证；等等”。然后将此溯源到亚里士多德的《工具论》以及《修辞学》《诗学》等诸多篇章中，认为“为人所忽视的”“亚里士多德的论辩的逻辑”，其“逻辑实质就是非形式逻辑”。继而通过具体的比较论证，认为“我国古代有着丰富的这种与亚里士多德论辩逻辑极其近似的逻辑，即我们所谓的‘名辩学’”。这种比较研究的结果，“丝毫不会贬低中国逻辑史的价值”，因为，“有些逻辑史专家特别强调中国逻辑史是‘形式逻辑’的发展史，用意是很好的，是为了取得中国逻辑史的生存权，但是强调‘形式逻辑’却找不出相应的‘形式’，终究是有欠缺的，不如实事求是地承认其非形式逻辑的性质更具有说服力”。[1] 按此，结合当代非形式逻辑研究的观念与方法，研究中国古代逻辑思想，也不失为一种新的途径。至少在语义、语用问题上，可发掘、遴选、增添许多古代的文本文献。这种非形式逻辑的研究理念与方法，我们可将之称为“李先焜范式”。

1　李先焜：《中国古代逻辑史是非形式逻辑的发展史》，《李先焜文集》，长江出版社，2018，第426—427、432页。

笔者认为，前辈和同道所提出的这些颇具借鉴性的方法或研究范式，应该就是“比较研究”方法在新时期中国逻辑史研究中的实际探讨及运用，否则任何“普遍性”和“特殊性”都无从分析。由此，我们今天的研究就可以从比较研究方法的视角出发，更好地考量“肯定”与“否定”的问题。

三 对新启示下重新定名的分析

我们在本章第一节之三中已述，对于“中国古代逻辑”的称谓，在对20世纪初以来中国逻辑史研究的回顾与反思后，有学者尝试进行了新的定名。但这种“比较”以往中国逻辑史研究得失后重新厘定的定名，实际上并没有完全消弭中国逻辑史研究领域的一些纷争。为此，笔者认为有必要对产生这些争论的问题进行一些粗略梳理，以帮助自己在新时期运用“比较研究”探讨先秦推类思想与方法辩证的过程中，明确自己的逻辑观与研究方法。

1. 名学

关于“名学”，崔清田先生认为是以“名为对象，以名实关系为基本问题，以正名为核心内容的学问”；“名学涉及了名的界说、功用、形成、名与实、名的分类、正名、名的谬误、名与辩说等诸多问题”。[1]

2. 辩学

关于“辩学”，崔清田先生认为是以“对象是谈说辩论；辩学的基本问题是谈说论辩的性质界定与功用分析。辩学的内容包括：谈辩的种类、原则、方法，以及谈说辩论的语言形式及其应用的分析，言与意的关系等”[2]。

---

1 崔清田主编：《名学与辩学》“绪论”，山西教育出版社，1997，第21—22页。

2 崔清田主编：《名学与辩学》“绪论”，第23页。

按上，崔先生主张“名学”与“辩学”应分开。因为“辩学”论“名”是结合谈说论辩中的语言形式运用，对“名”加以考察；而“名学”谈“辩”的实践也不等同于对谈辩进行专门研究的辩学。因此二者不可替代，混同为一。虽可合称为“名辩学”，但不存在一种既非“名学”也非“辩学”的“名辩学”。[1]

对于这种分开定名是否有必要，仍然会给人留有一种疑虑。因为人们可以对此有所追问。

第一，既然“名学”所涉问题也涉及“辩”（名与辩说），“辩学”所涉问题也涉及“名”（辩的语言形式及运用）的问题，如果二者不可替代，混同为一，那么，这样分开定名则会有中国古代可能存在两种不同体系的思维工具系统，其结果就是中国古代逻辑思想有两种传统了。

第二，“名学”与“辩学”之间相互联系、相互区别的关系，是否与古希腊逻辑中词项理论、命题理论、推理理论之间的关系一样？

笔者认为是一样的。即“辩学”的内容是对“名学”内容的深化。没有对“名”之“正名—用名”的研究，也就没有对“辩”之“谈辩—用辩”的研究。对“谈辩—用辩”之研究是对“正名—用名”之研究的进一步展开。因为，从先秦时代的论辩思想与方法上看，增强说服力的语谓功能始终是最重要的目的，而如何增强说服力的语谓功能也是一个始终注意的关节点。“论辩是意在通过提出打算在理性裁判面前辩护（或反驳）一个观点的命题群，来增强（或削弱）这个对听者或读者有争议的可接受性的言语和社会的理性活动”[2]；“一个好论证是理性说服他人接受结论的论证”[3]。先秦诸子各自

1　参见崔清田主编《名学与辩学》“绪论”，第 26 页。

2　Frans H. van Eemeren, Rob Grootendorst & Francisca Snoeck Henkemans. *Fundamentals of Argumentation Theory: A Handbook of Historical Backgrounds and Contemporary Developments*. Mahwah, NJ: Lawrence Erlbaum Associaates. Inc. 1996. Page 5.

3　Ralph H. Johnson. *Manifest Rationality: A Pragmatic Theory of Argument*. Mahwah, NJ: Lawrence Erlbaum Associaates. Inc. 2000. Page 5.

“思以其道易天下”的过程，就是一个论证、推销自己观点、主张的过程，就是一个与论敌訾应对诤的过程。这就是“辩”。之所以要“辩”，实在是因为当时天下“名实之相怨，久矣”[1] 而造成的是非混淆。故而正名问题就成为先秦逻辑思想的首要问题，“辩”就需要首先从正名开始：

> 子路曰：“卫君待子而为政，子将奚先？”子曰：“必也正名乎！”……“名不正，则言不顺；言不顺，则事不成；事不成，则礼乐不兴；礼乐不兴，则刑罚不中；刑罚不中，则民无所措手足。故君子名之必可言也，言之必可行也。君子于其言，无所苟而已矣。”[2]
>
> 名诚，始于受，中于想，终于思。领纳之谓受，受非爱憎不著；取象之谓想，想非呼召不征；造作之谓思，思非动变不形。[3]

又按刘勰所言：“夫人之立言，因字而生句，积句而为章，积章而成篇。篇之彪炳，章无疵也；章之明靡，句无玷也；句之清英，字不妄也。振本而末从，知一而万毕矣。”[4] 在先秦诸子那里，名、辞、说、辩的问题从来就没有分开过。

故而有《墨经·小取》的：以名举实，以辞抒意，以说出故。

有《荀子·正名》的：名也者，所以期累实也。辞也者，兼异实之名以论一意也。辨说也者，不异实名以喻动静之道也。期命也者，辨说之用也。辨说也者，心之象道也。心也者，道之工宰也。道也者，治之经理也。心合于道，说合于心，辞合于说，正名而期，质请而喻。辨异而不过，推类而不悖，听则合文，辨则尽故。

在《孟子·滕文公下》和《公孙丑上》中，曾自嘲“予岂好辩哉？予不

---

1 《管子·宙合》。
2 《论语·子路》。
3 章太炎：《原名》。
4 （南朝）刘勰：《文心雕龙·章句》。

得已也”的孟子，之所以面对学生“敢问夫子恶乎长”，敢说“我知言，我善养吾浩然之气”，就在于自己“诐辞知其所蔽，淫辞知其所陷，邪辞知其所离，遁辞知其所穷”。而所谓“知言”，就是要求在论辩中，使用概念（名）要有确定性，对事物下判断（辞）要有明确性。

因此，有关“名”的问题与有关“辩”的问题，在章太炎《原名》所说的“辩说之道，先见其旨，次明其柢，取譬相成，物固可形”的整个论辩实践过程中，从来都是为增强说服力而融贯为一。即冯友兰所说：“哲学乃理智之产物；哲学家欲成立道理，必以论证证明其所成立。荀子所谓‘其持之有故，其言之成理’是也。孟子曰：‘余岂好辩哉？余不得已也。’辩即以论证攻击他人之非，证明自己之是；因明家所谓显正摧邪是也。非惟孟子好辩，即欲超过辩之《齐物论》作者，亦须大辩以示不辩之是……盖欲立一哲学的道理，谓不辩为是，则非大辩不可；既辩则未有不依逻辑之方法者。”[1]

第三，西方现代对于指称论的专名问题，有两条进路。一是弗雷格、罗素、维特根斯坦的摹状词理论，命名时取决于命名对象所具有的一组特性；一是克里普克、普特南的历史、因果的命名理论，命名时基于对某些历史事件及其因果影响的了解。而从《论语》中孔子在对各种“名”的语义揭示中，如对“仁”“政”的不同对象不同解释等[2]，其所涉及的“名”

1 冯友兰：《中国哲学史》（上册），华东师范大学出版社，2000，第6页。

2 （1）如对“仁”的不同解释：“孝悌也者，其为仁之本与”（《学而》）；“唯仁者能好人，能恶人”（《里仁》）；“夫仁者，己欲立而立人，己欲达而达人”（《雍也》）；“樊迟问仁。……曰：‘仁者先难而后获，可谓仁矣’”（《雍也》）；“克己复礼为仁”（《颜渊》）；“仲弓问仁。子曰：‘……己所不欲，勿施于人’”（《颜渊》）；“樊迟问仁。子曰：‘爱人’”（《颜渊》）；“司马牛问仁。子曰：‘仁者，其言也讱’”（《颜渊》）；“子曰：刚、毅、木、讷，近仁”（《子路》）；“樊迟问仁。子曰：‘居处恭，执事敬，与人忠’”（《子路》）；“子张问仁于孔子。孔子曰：‘能行王者于天下，为仁矣。’请问之。曰：‘恭、宽、信、敏、惠’”（《阳货》）。（2）如对“政”的不同解释：“子贡问政。子曰：‘足食，足兵，民信之矣’”（《颜渊》）；“齐景公问政于孔子。孔子对曰：‘君君、臣臣、父父、子子’”（《颜渊》）；“子张问政。子曰：‘居之无倦，行之以忠’”（《颜渊》）；“季康子问政于孔子。孔子对曰：‘政者，正也’”（《颜渊》）；“子路问政。子曰：‘先之，劳之。……无倦’”（《子路》）；“仲弓……问政。子曰：‘先有司，赦小过，举贤才’”（《子路》）；“叶公问政。子曰：‘近者说，远者来’”（《子路》）；“子夏……问政。子曰：‘无欲速，无见小利’”（《子路》）。

的实际指称，上述两种理路似乎都具有，但后者成分较浓。即如何正名是需要对历史事件及其因果影响做归纳总结的，而这也是一个论辩的过程。其目的就在于正名是对以往制名与正名问题对于人际思想交流和国家治乱的重要影响的总结，其所要达到的社会效果，从将正名纳入使语义确定统一的过程之中，作为确定统一语义的方法与标准这一方法论角度讲，孔子的正名蕴含着求真精神；而从孔子正名是以名匡正实的方法上讲，孔子的正名学说显然也蕴含着求治精神，有着鲜明的政治伦理目的。这应该说是孔子正名理论的特色。

东汉王逸在注解《离骚》中屈原自述出生后父亲赐给他名字“名余曰正则兮，字余曰灵均”时，评介道，“正，平也。则，法也。灵，神也。均，调也”；“名者，所以正形体、定志意也，字者，所以崇仁义、序长幼也。夫人非名不荣，非字不彰，故子生，父思善应而名字之，以表其德、观其志意也”。[1] 这种语义、语用统一下的“辨物之理，以正其名”[2] 之观念，与孔子“无所苟而已”的“正名以正政”精神，亦一脉相承、一以贯之。

从先秦名辩思潮的开创者、《汉书·艺文志》称为名家第一人邓析[3]的“两可之论”，以及由“两可之论”发展和娴熟运用的一些“治怪说，玩琦辞”的辩题[4]来看，《荀子·非十二子》认为他“专决于名而失人情”，但“其持之有故，其言之有理，足以欺惑愚众，是惠施、邓析也”；《史记·太史公自序》认为“其正名实，不可不察也”。而我们所“察”的结果，是邓析为先秦历史上第一个对“辩”的基本原则、目的、方法、分类以及“辩”

1　（东汉）王逸：《楚辞章句》。

2　（西汉）董仲舒：《春秋繁露·深察名号》。

3　关于邓析的史料，《汉书·艺文志》记载有《邓析》两篇。晋朝鲁胜在其《墨辩注叙》中说：“自邓析至秦时，名家者世有篇籍……遂亡绝。”今本《邓析子》包括《无厚》《转辞》两篇，有学者认为是后人抄缀的伪书，但也有学者认为此两篇确是邓析思想的中心，非全属伪造，可以作为研究邓析思想的参考。除此之外，我们还可从《荀子》《韩非子》《吕氏春秋》等书中找到有关邓析的思想及其评论。

4　《荀子·不苟》：山渊平，天地比，齐秦袭，入乎耳，出乎口，妪有须，卵有毛，是说之难持也，而惠施、邓析能之。

的对策、态度进行分析评价[1]的思想家，并形成了先秦历史上初步的“论辩”理论，对先秦逻辑思想的产生有着积极的刺激和促进作用。

因此我们可以认为，先秦逻辑思想实际上是从对“名”的认识开始的。从“名”与“辩”的关系看，“正名—用名”讲的是语义学的问题，“谈辩—用辩”讲的是语用学的问题。自邓析、孔子开始，先秦思想家就把“正名—用名”与“谈辩—用辩”的问题紧密联系在一起了。语义学的说明针对的是如何“正名—用名”，其最终目的是在语用学的运作下，更好地在明了“正名—用名”的基础上“谈辩—用辩”。国家的治理、真假是非的认识、人伦道德的善恶等，就都在这两者的统一中完善了。与古希腊亚里士多德逻辑的求真精神相比，这些辩治、辩真、辩善，实在是中国古代思维工具系统发展史上的一大特色，并因此具有了实实在在的时代精神。

基于上，我们认为不一定非要将有关“名”的问题与有关“辩”的问题以两个不同思想传统分开来“定名”研究。否则，有时会搞不清两者的区别与界限。同时，分开定名所决定的分开研究，势必也会对研究先秦逻辑思想产生困难。即将先秦文献中有关“名学”的思想梳理一遍，再将有关“辩学”的思想梳理一遍。这样也会将先秦时期整体的逻辑思想割裂。而结合起来则会消除这种困惑。即在对先秦逻辑思想进行整体研究时，先研究先秦时期在“正名—用名”论述中的思想贡献，再研究在“谈辩—用辩”论述中的思想贡献，从而得出先秦逻辑思想史上的总的贡献。

3. 名辩学

有学者经过对近现代以来关于“名辩”的研究，提出当代中国逻辑史研究中的“名辩”有“三义”：一是指学派，二是指思潮，三是指理论。[2] 作为

1　参见张晓芒《先秦诸子的论辩思想与方法》，人民出版社，2011，第24—27页。

2　参见晋荣东《“名辩”三义》，《西南大学学报》（社会科学版）2013年第5期。

理论“名辩学”就体现在重新厘定的定名中。

这是因为，基于分开定名所产生的问题。

第一章已述，有前辈学者认为：用“名学”称谓先秦逻辑思想，一是过窄，没有把先秦时代对于“辞”“说”“辩”等思维方法概括进去；二是又过宽，把许多不属于逻辑的内容也包括进去了，如先秦时代对名理、名法、名守、名分研究的内容。而用“辩学”称谓先秦逻辑思想，一是过窄，没有把先秦时代对于“名”的思维方法概括进去；二是又过宽，把不属于“辩”的内容如政治伦理方面的内容也包括进去了。因此，主张用“名辩学”来称谓先秦逻辑思想好，亦即，“名辩学是中国古代主要研究正名、立辞、明说、辩当的方法、原则和规则的一门学问”。[1]

而在《先秦名辩逻辑指要》[2]、《名辩学论》[3]中，作者认为，“正名学”（名学）体系由荀子建立，“论辩学”（辩学）体系由后期墨家建立，而两个体系又都把“名”“辞”“说”“辩”看作一个统一的理论体系。所以，应当把“正名学”（名学）和“论辩学”（辩学）有机结合为全面研究“名”“辞”“说”“辩”的“名辩学”。这个定名的核心是逻辑学，但也包括认识论和论辩术等内容，与政治和伦理也有十分密切的关系。这样，“名辩学”作为正名学和论辩学的有机结合，它们应当包括先秦诸子各家有关正名和论辩的有关思想。因此，“名辩学”可视为中国古代逻辑的代表。

也有学者认为“名辩学”是一个统称，既包括以“名”为研究对象的“名学”，又包括以“辩”为研究对象的“辩学”。由于“名学”与“辩学”二者既有联系又有区别，故而这个统称可以“泛指中国本土产生的名辩思想”[4]。

---

1 参见刘培育《名辩学与中国古代逻辑》，《哲学研究》1998年逻辑学增刊。

2 周云之著，辽宁教育出版社，1993。

3 周云之著，辽宁教育出版社，1996。

4 林铭均、曾祥云：《名辩学新探》，中山大学出版社，2000，第17页。

4. 名辩逻辑

20 世纪 90 年代以后，有学者为了使中国古代逻辑与西方逻辑既有同也有异，主张将中国古代逻辑称为“名辩逻辑”。但从“小逻辑观”上讲，既然逻辑已经认定为是建立在形式语言基础上的亚里士多德意义下的逻辑和莱布尼茨意义上的逻辑，这种名称似乎不被主张小逻辑观的学者认可，似吃力不讨好。如从“大逻辑观”上看，既然“名辩”与“逻辑”在大逻辑观的观照下本质是“同”，那么这个名称就有叠床架屋之嫌。否则会被继续追问，“名辩”与“逻辑”这两个概念之间的关系究竟是什么？其合称反映的是两个概念之间交集的交叉关系？还是大概念与小概念之间的属种关系？又何者为大，何者为小？因此，这个名称招致的合理怀疑与追问也不好回答。有学者还有专文批评了这个“定名”[1]。

虽然中国逻辑史研究已逾百年，但因研究观念及方法的分歧而引发的争议，随着研究观念及方法的多元化，恐怕还难以在短时间内倏然消失。为此，如何在前人研究的基础上，在新的研究理念及方法不断涌现的当下，思考、选择、确定自己的逻辑观及研究方法，也真真确确应该慎重琢磨思索。

第六节　我的中国逻辑史观

按传统逻辑学的传统定义，“逻辑是研究思维形式及其规律的科学”。先秦逻辑思想在形式上、内容上、标准上、产生的缘由以及目的上，是否与西方逻辑有别？用“名学”“辩学”“名辩学”等概念来概括这种学说，仍然会引起争论。亦即，它们的主要内容或核心内容是不是研究思维形式及其规律

1　参见曾祥云《20 世纪中国逻辑史研究的反思——拒斥名辩逻辑》，《江海学刊》2006 年第 6 期。

的？这涉及一个判别的标准：是否能够形式化。而“名学”“辩学”“名辩学”不是形式化的逻辑应是确定的。但就由此判定它们不是“逻辑”？如果强认为它们是，则新的定名是要反映先秦时代思维工具有什么样的传统特质？如果不是，那这些古人对思维工具进行论说的内容究竟“是什么”？哲学？政治学？伦理学？“逻辑”不肯接收的东西，人家凭什么接收？

20世纪90年代初，笔者曾有这样的想法，如果从辩学在各种因素的比较下思考，对于中国古代逻辑思想的定名问题还是以“辩学”较为合适。“辩学是先秦时代关于在辨别、辩论的思维过程中，以怎样的思维方法和准则，以‘明是非之分，审治乱之纪，明同异之处，察名实之理，处利害，决嫌疑’的学说”[1]。这种认识是源于从历史文化层面对中西逻辑的比较分析之上的。

一 历史文化层面的中西逻辑传统

我们在本章第五节之三已述，先秦逻辑思想是从对“名”的认识开始，而后拓展至“辩”的。从“名”与“辩”的关系看，语义学问题可以针对如何“正名—用名”问题而获得对先秦逻辑研究的新方法下的理解，在此基础上的语用学问题则可以针对如何“谈辩—用辩”问题也获得对先秦逻辑研究的新方法下的理解。亦即，“正名—用名”所讲为语义学问题，“谈辩—用辩”所讲为语用学问题。所以，“名”与“辩”是先秦逻辑的一物之两面。

又，笔者曾一度认可“辩学”的定名，因为按牟宗三所说，“先秦名家之形名、名实，除其政治礼法上之作用外，有其本质之意义。其意义相当于今日之逻辑与知识论。此有本质意义之名家之形名学可规定为：‘积极地论名

1 张晓芒：《先秦辩学界定之探讨》，《哲学动态》1994年逻辑学专辑。

实之本身以及名与其所指之实之关系。’此即中国名家原初之意义，亦即典型之意义”[1]。这种意义扩而展之，各家注重对“名”的分析及名实观的考察，是为了“名实之辩”“白黑之辩”“甘苦之辩”“义利之辩”等从不同事物中认识、反映、选择之“辩”。它们体现在《墨子·兼爱》所谓“识其利，辩其故”，鲁胜《墨辩注叙》所谓“名必有形，察形莫如别色。故有坚白之辩”等中。而作为辩论、争论之意的“辩”，有“名实之辩”“白马之辩”“坚白之辩”“同异之辩”“形名之辩”“是非之辩”等。

前者之辩，是作为思维主体的个体“辩”的思维论证活动；后者之辩，是思维主体之间的“辩”的思维论辩活动。这两种“辩”的含义，都反映了思维主体对事物进行认识、区别、论证、选择的过程。在百家争鸣中，就是“辩什么”“为什么辩”“怎样辩”的过程。“辩什么”？“辩”礼义之名，辩制度之名；“为什么辩”？“思以其道易天下”的社会政治伦理需要。出于不同目的（求治、求真、求胜、求当、求善），为了在时代的“交际场”中有效论证自己，克敌制胜，诸子们不能不对“辩”本身的问题，如对如何辩察，如何辩论，也进行了由自发而自觉的反省、研究，从而形成了在社会政治伦理传播活动中“怎样辩”的问题。亦即，如何探寻、规定增强说服力的“正名—用名”“谈辩—用辩”的规则。

因此，才有了《墨子·耕柱》中“为义大务”的“能谈辩者谈辩”。“谈”指分析、研究，“辩”应是指将“辩”的辨别、认识、论辩含义经分析研究概括而成，由论辩的观念与方法组成的一门学问。以便对辨别、辩察、辩论的思维过程，如何给予理论上的方法论指导，如《墨辩注叙》所说“取辩于一物而原极天下之污隆”。只是在“辩学”发展的过程中，“‘辩’的‘辨别’之意逐渐淡化，成为一个专指‘辩论’含义的逻辑范

1 牟宗三：《才性与玄理》，广西师范大学出版社，2006，第219页。

畴”[1]。

如果将这种“辩学”与亚里士多德以来的传统逻辑比较，我们可以在不同方面给出一个概括性的大致理路。

1. 两者的目的、对象、性质、内容有所不同

(1) 亚里士多德以来的传统逻辑。

目的：寻找正确的方法和正确的思维形式以指导有效认识世界。

对象：以正确的思维形式及其规律为对象。

内容：以有效推理的形式及规则为内容。

性质：证明正确认识的工具（求真的工具）。[2]

这有西方传统逻辑的奠基者亚里士多德的文献为证：

“我们必须说明我们所探讨的主题以及它所属的学科。它的主题是证明，对它进行研究的证明的学科。”[3]

“所谓证明，我所指的是能产生科学知识的三段论。也就是说……所证明的知识的前提必须是真实的、原始的、直接的，比结论被知道的更清楚，先于结论而存在的，而且结论同它们的关系就像结果同原因的关系一样……可能会有不具备这些条件的三段论，但这样的三段论，由于不足以产生科学知识，不会是证明。”[4]

“三段论就是议论，其中若干事物被陈述，被陈述的事物以外的某些事物必然因而产生……也就是说要使推理成为必然。”[5]

因此，西方传统逻辑是证明的学科，其基本方法就是亚里士多德所分类

1　参见张晓芒《先秦辩学界定之探讨》，《哲学动态》1994 年逻辑学专辑。

2　参见崔清田《墨家辩学研究的回顾与思考》，《南开学报》1995 年第 1 期。

3　亚里士多德：《工具论》，广东人民出版社，1984，第 92 页。

4　亚里士多德：《工具论》，第 159—160 页。

5　亚里士多德：《工具论》，第 92 页。

的“证明的推理”之“三段论”，“必然蕴涵”的有效性规则就是这种推理形式的不二法门。

（2）先秦“辩学”。

先秦“辩学”以墨家为例，是《墨子·耕柱》所言的“为义孰为大务？……能谈辩者谈辩，能说书者说书，能从事者从事。然后义事成也”。因此墨家逻辑思想中“谈辩”就有两个目的。

一是阐述墨家十个政治伦理学说的基本观点，即《墨子·鲁问》所言的“凡入国，必择务而从事焉。国家昏乱，则语之尚贤、尚同；国家贫，则语之节用、节葬；国家喜音沉湎，则语之非命、非乐；国家淫僻无礼，则语之尊天、事鬼；国家务夺侵凌，则语之兼爱、非攻。故曰：择务而从事焉”。

二是探讨“辩”的目的、意义、作用、方法，即《墨子·小取》所言的“夫辩者，将以明是非之分，审治乱之纪，明同异之处，察名实之理，处利害，决嫌疑”。

前一个目的所反映的是墨家逻辑思想的时代精神（人文理性），亦即要以自己的理想“思以其道易天下”。后一个目的所反映的是墨家“说辩”之工具理性。是墨家用来详察晓谕其治国纲纪的手段和参政治国以实现理想社会的必备条件。即《墨子·尚贤上》所说，“况又有贤良之士，原乎德行，辩乎言谈，博乎道术者乎。此固国家之珍，而社稷之佐也”。这个目的所要追求的是在社会政治伦理传播活动中寻找、提供一个如何正确有效言谈论辩的工具。因此，墨家“说辩”的基本内容就是正确言谈论辩的方法；而墨家“说辩”的目的性，在先秦诸子身上都反映得比较明显；由此体现的先秦“辩学”的时代精神，反映在研究对象、性质、内容上，也就有别于西方传统逻辑。它在先秦时代“名辩思潮”的推动下，注重讨论名实问题、论辩的原则，是求治、求善的工具，论辩是非的工具。

2. 二者产生的历史文化条件、所体现的文化精神不同

我们在第一章第一节已前述，在张东荪的认识中，“逻辑是由文化的需要逼迫出来的”。此即，文化上某一方面的需要逼迫人们的思想不得不另有一种联结，所以，逻辑的联结是为其背后的文化与概念所左右，或者说，逻辑跟着文化走。作为此论断的前提，是“逻辑不是普遍的与根本的，并且没有唯一的逻辑，而只有各种不同的逻辑”。由此张东荪将人类社会存在的逻辑系统分为四种。我们再简列如下：

其一是西方传统形式逻辑（逻辑甲），其特性在于整理语言，是因社会对于辩论术不仅注重于修辞，而且还须注重于条理所“逼迫”出来的。其二是数理逻辑（逻辑乙），其特性在于表明数理思想，是表示人类文化中的数理思想的一方面。其三是形而上学的逻辑（逻辑丙），其特性在于满足人们的神秘经验，是人类文化中宗教的神秘经验所“逼迫”出来的。其四是社会政治思想的逻辑（逻辑丁），这种逻辑是专用以说明社会政治现象，是为了从事社会政治运动的实际需要所“逼迫”出来的。

按此分析，我们来比较一下张东荪所说的“不同的逻辑”赖以产生的时代背景、过程和所体现的文化精神。

（1）古希腊时代的逻辑发展。

古希腊时代，是奴隶民主制形成与繁盛时期。这一时期，古希腊的哲学发达，对于本体论的形而上学探索丰富而深刻；同时自然科学也很发达，尤其是数学、几何学发达。这种对于哲学和科学的探索，必须要注重于概念的条分缕析，必须要注重于证明，必须要求真。或如，几何学的发展决定着古希腊逻辑的面貌。泰勒斯开了命题证明的先河；毕达哥拉斯学派建立了根据公设用演绎推理进行证明的证明法；柏拉图对于演绎推理的公理系统已有预见；亚里士多德则将其系统化，并由此而成为迄今为止逻辑学庞大体系的滥

觞。而古希腊数学的发展也使亚里士多德对于词项变元、命题变元的运用，形式结构的分析，初步公理化思想等，都有启发。如果说，“至少逻辑的梗概是来自于亚里士多德的”[1]，那也表明他仍然受着时代的影响。他的三段论关于类与类之间的关系，也得益于他对动物学分类研究；他对于几何学的认可使得三段论接近了几何学的表述；使得三段论这种“证明的推理”，在“希腊人在搞出正确的数学推理规律时就已经奠立了逻辑的基础，等到亚里士多德这样的学者把这些规律典范化和系统化，使之形成一门独立学科”[2]。

在毕其一生的教学和科学研究上，亚里士多德大大发扬了古希腊爱智慧、尚思辨、求知识、探索真理的精神。在这种求真精神鼓舞下产生的逻辑体系，必然熔铸着一种希腊精神——演绎精神。这也就是为何罗素所说：“埃及和巴比伦人已经有了算术和几何学了。但主要的是凭经验从一般的前提来进行演绎的推理，这是希腊人的贡献”；“几何学对于哲学与科学方法的影响一直是深远的。希腊人所建立的几何学是自明的，或者被认为是从自明的公理出发，根据演绎的推理前进，而达到那些远不是自明的定理”，“这样，首先注意到自明的方面，然后再运用演绎法，就好像是可能发现实际世界中一切事物了。这种观点影响了柏拉图和康德以及他们两人间的大部分哲学家”。[3]

（2）先秦时代的辩学发展。

而在春秋战国时代，奴隶制向封建制转变，礼崩乐坏，社会大动荡，名实背离的现象严重，传统的政治伦理秩序和观念被无情打破。因此，先秦时代的哲学主导思想，非古希腊时代对于本体论的形而上学探究，而是政治伦理性强的政治哲学、历史哲学。故而诸子关注的是如何论证世道的安危治乱，自然科学的问题也就基本不在他们的关注视野之内。尽管在关于世道安危治

---

1 〔德〕肖尔兹：《简明逻辑史》，商务印书馆，1977，第 7 页。

2 〔美〕克莱因：《古今数学思想》第 1 册，上海科学技术出版社，2009，第 62 页。

3 〔英〕罗素：《西方哲学史》上卷，商务印书馆，1963，第 24、63—64 页。

乱的论证中，他们大量运用了归纳、推类的方法，但这种分别以上世“三代圣王”和“三代暴王”的经验教训来推类规范现世君主的行为，其所体现的是求治、求善的精神。即使在所涉及的自然科学研究中，也大多只是经验的归纳（如《墨经》），或者是思辨的结果（如“历物十意”与“辩者二十一事”）。这种现实的时代追求，培养不出纯粹求真的“希腊精神”来。加之，先秦时代没有一个“思以其道易天下”的思想家毕生进行科学研究。即使是名家对“名”的讨论，其一是成果太少，仅公孙龙有系统的几篇文章；其二是他们研究中所体现的研究“名”的求治的时代精神，也是《公孙龙子·迹府》所言“正名实以化天下”，充其量也就是三晋法家的侧翼[1]。

而处于《孟子·滕文公下》所言“圣王不作，诸侯放恣，处士横议，杨朱、墨翟之言盈天下，天下之言，不归杨即归墨”时代的孟子，以“杨墨之道不息，孔子之道不著，是邪说诬民，充塞仁义也。仁义充塞，则率兽食人，人将相食。吾为此惧，闲先王之道，距杨墨”的悲壮气概，带着“予岂好辩哉？予不得已也”的自嘲，以“后车数十乘，从者数百人，以传食于诸侯”的赫赫声威，大张旗鼓希冀通过论辩去“正人心，息邪说，距诐行，放淫辞，以承三圣”。其雄辩气势“若决江河，沛然莫之能御”[2]，其作文之法“首尾照应，血脉贯通，语意反复，明白峻法，无一字闲入”[3]，却又“语约而意尽，不为巉刻斩决之言，而其锋不可犯”[4]。虽然孟子“辩得都很巧妙，足见他对论辩术也很有研究”[5]，但在孟子之辩中，逻辑之求真与伦理之求善却能够得到统一。

在《孟子·尽心上》中：或曰，“舜为天子，皋陶为士，瞽瞍杀人，则

---

1 参见张晓芒《奇谈怪论说名家》，湖北人民出版社，2011，第3—7页。

2 （唐）韩愈：《答李翊书》。

3 （南宋）朱熹：《朱子语类》卷十九。

4 （北宋）苏洵：《上欧阳内翰书》。

5 郭沫若：《十批判书》，人民出版社，1954，第230页。

如之何？”孟子回答说，“执之而已矣”。“然则舜不禁与？”孟子又回答说，“夫舜恶得而禁之？夫有所受之也”。“然则舜如之何？”再回答说，“舜视弃天下，犹弃敝屣也。窃负而逃，遵海滨而处，终身欣然，乐而忘天下”。在孟子看来，瞽瞍杀人应受到制裁，舜因有孝道却可免。

虽然温公颐先生认为，孟子要求言而有实，但其“实”不是事实判断，而是伦理、道德的价值判断，所以“孟子所讲的法都在伦理范围，思维的目的在于成圣，而不在于求真。成器以规矩为法，为善以圣人为法”[1]。但笔者认为，在先秦时代政治哲学、历史哲学的映射下，“正名—用名”之“正名以正政”的过程及目的，“谈辩—用辩”之“将以明是非之分，审治乱之纪”的过程及目的，表明先秦辩学的求善功能是求真功能的自然延伸，在从逻辑的事实真向伦理的道德真迈进过程中，先秦逻辑思想有了伦理化倾向[2]。

3. 不同时代背景、不同文化精神铸造的逻辑思想体系有所不同

（1）在形式上。

西方传统逻辑一直发展到今天，都以形式化著称。所以现在对“逻辑”一词的理解，一般是在思维“形式”的意义上理解的。其逻辑范畴之概念、判断、推理、思维规律，也主要是以事物之间确定的思维过程中的外延关系所规范。这种外延关系的规范，以符号语言作为逻辑的表述语言确定了其思维运作的唯一性，使这种“证明科学的工具”在实际思维进程中，可暂时“蒸发”掉思维的具体内容，仅就符号形式之间的确定真假关系，引入变项的形式符号推演，来证明推理论证的有效性和可行性。

而先秦逻辑思想，其“名”“辞”“说”“辩”“法则”等范畴间的联系，是以自然语言表述，是以事物之间如何“正名—用名”的内涵关系为规范。

1　温公颐：《先秦逻辑史》，上海人民出版社，1983，第215页。

2　这个问题将在下编第十章详述。

这种规范由于中国古代语言文字的表意性特点局限，很难将其形式化。即使按现在的一些分析评价，认为其有“形式结构”的端倪，但有端倪也并不等于形式化本身。因此，这种在“论辩”的母体中诞生，又为“辩”本身的性质和特点所决定的“辩学”，作为一种“论辩是非的工具”，作为一种如何“正名”“谈辩”的自然语言行为，在“用名”“用辩”实际运用中，就很难撇开思维的具体内容去专注于思维形式结构的考察研究。就算有对归纳、推类方法的理论总结，与其说是形式化的方法，毋宁说是模式化的方法。[1]

张纯一在评价中国古代“辩学”的高峰《墨经》时曾说：“墨辩不重形式，注重义理分析，可谓知辩本矣。”[2] 这个认识表明了先秦逻辑思想具有明显的内涵倾向。在这种倾向下，先秦诸子对如何“正名—用名”“谈辩—用辩”的讨论，就不可能像亚里士多德那样，纯粹地研究思维的形式化问题，即使是在研究“辩”的方法时，其形式的东西也仅仅能归为法则式的东西。或如，《墨经·小取》中对“效”“辟”“侔”“援”“推”的总结：

> 效者，为之法也。所效者，所以为之法也。故中效，则是也；不中效，则非也。此效也。
>
> 辟也者，举他物而以明之也。
>
> 侔也者，比辞而俱行也。
>
> 援也者，子然，我奚独不可以然也？
>
> 推也者，以其所不取之同于其所取者，予之也。

或如，《公孙龙子·名实论》在研究“正名”的方法时，也是仅仅将其归结为法则式的东西。

---

1 在下编中有专章论述。

2 张纯一：《墨子集解》，上海人文书局，1932，第552页。

彼彼止于彼，此此止于此。

同时，在研究“论辩”的思维工具过程中，先秦诸子也往往比照于自然、社会，将价值的标准杂糅于真实的标准之中，因此，先秦逻辑思想所讨论的论辩，重要的就不仅是西方传统逻辑所研究的推理形式的有效性和可行性的问题，还包括了论辩内容的可接受问题。

尽管在推理形式的有效性和可行性问题上，以不出现逻辑矛盾的重言式为可行性标志；在论辩内容的可接受问题上，也是以可以定是非为可接受标志。但是，传统意义下，逻辑形式的“有效性”所规定的“必然推出”有其严格的语义规定，形式推演的可行性标准也是客观事物之间确定的外延关系，是客观的；而决定论辩内容的可接受标准却有着许多认识论上的不同，掺杂着许多主观因素。而在形式推演中，价值世界与事实世界不等同，价值判断与事实判断也不能相互置换。因此，先秦辩学不等同于西方传统逻辑学。

（2）在内容上。

逻辑学按传统定义的理解，是“研究思维形式及其规律的科学”，这一般是指传统形式逻辑。这种逻辑学所研究的内容一般是客观事物确定性标志下的规范的、静态的外延关系，以保证其推演过程的稳定性、必然性和正确性。所以，传统意义理解下的“逻辑”并不涉及辩证思维的领域，作为亚里士多德逻辑主体的“证明的推理”就是如此。亚里士多德逻辑的主要内容表现在其《前分析篇》和《后分析篇》中。他把推理分析为三段论的格，把三段论分析为命题，把命题分析为词项。这些分析只涉及了演绎推理中的直言命题范围，并没有涉及演绎推理的全部内容，更不用说对辩证思维展开全面的研究了。[1] 以后虽经斯多葛派对亚里士多德逻辑的发展，培根提出归纳逻辑，

1　令人感兴趣的是，亚里士多德也没有使用“逻辑”一词，而是使用了“分析”一词。

穆勒进一步提出归纳五法，演变为今天主要作为逻辑学基础教学使用的“普通逻辑”。虽然在20世纪80年代末以前，这种“普通逻辑”还是被称作“形式逻辑”，而且至今仍然有许多人所说的“形式逻辑”就是指“普通逻辑”，但这种被称为“形式的”逻辑仍然主要是对思维形式的分析结果。

而先秦辩学，其研究内容由于受研究者本身政治伦理目的的影响，往往将论辩本身的问题同自然、社会、政治、伦理等问题缠绕在一起，同哲学认识论缠绕在一起。而自然、社会、政治伦理等问题往往是变易的、不确定的，哲学认识论也会因人而异。因此，其论辩的是非结果就既有其确定的一面，或如，《墨经》的“或谓之牛，或谓之非牛，当者胜也”；也有其不确定的一面，或如，《尚书》“天命弗僭”与《诗经》“天命靡常”的对立，《墨经》的“白马，马也”与《公孙龙子》“白马非马”的对立，《墨经》“同：异而俱于之一也”与“同异交得放有无”的对立。这也表明，先秦逻辑思想的内容，不但包含有对事物类同类异的规范性认识问题，同时也包含有对事物类同类异的变易性认识问题。在这种研究内容广泛丰富的情况下，出于论辩需要，先秦辩学在如何“正名—用名”的前提下，将其视点主要投入“谈辩—用辩”中所应遵循的思维法则研究上，并且这种思维法则的思想，具体体现在对自然、社会、政治伦理等辩题的认识中。这也是先秦辩学不能等同于西方传统逻辑的原因之一。

郭湛波曾经指出：“哲学思想共有三支：一、印度；二、西洋；三、中国。各支的哲学思想，有各支的哲学方法。印度的哲学方法是‘因明’，西洋的方法是‘逻辑’，中国的方法是‘辩学’……所谓中国方法，就是专指古代的‘辩学’。”[1] 郭湛波在此所强调的“中国方法”，正好表明了具有中国古代特有文化精神的逻辑思想的独立性，其言肯綮。

---

1 郭湛波：《先秦辩学史》，中华书局，1932，第1页。

（3）在辩说的标准上。

关于辩说的标准，先秦诸子各自提出了自己的一些看法。除了耳熟能详的孔子之由“名不正”连锁到“民无措手足”，以及如今在韩非的“不可同世而立”“为名不可两立”意义下使用的名词“矛盾”外，还有诸多先秦诸子的文献中谈到辩说标准的问题，此不一一列举。

在这些辩说的标准中，有以历史经验为基准的感性标准，或如，墨子的“言有三表”；有以客观事物为基准的理性标准，或如，《墨经》、荀子、韩非；有以政治伦理标准为基准的价值标准，或如，孔子、荀子；有以主观思辨为基准的辩证标准，或如，庄子、老子、名家等。有了这些是非标准的不同，先秦逻辑思想的是非问题就立足于辩说实践的功用性坐标上了。

难怪《庄子·齐物论》中要痛楚地疾呼：“仁义之端，是非之途，樊然殽乱，吾恶能知其辩？”认为当时社会之仁义的头绪、是非的途径，都杂乱无章，根本无法区别。在这种辩说标准不一的情况下，我们也无法像理解古希腊亚里士多德所说那样，称“每一真实的事物，必定完全与它自身同一”[1]；矛盾律则是“一切原理中最无可争辩的本原”[2]；从而对先秦的辩说标准做出一个唯一的评估。

（4）在产生的缘由和辩说的目的上。

当其时，面对事实上的礼崩乐坏、名实散乱、是非相淆的当下局面，需要“正名”、需要“辩说”的态势十分明显。先秦诸子文献中也有许多相关的论说。

这种由社会动荡变化所造成的“名实散乱”“名实相悖”“贵贱无序”的社会政治伦理秩序的变化，激起了先秦诸子以调整社会政治伦理秩序为己任

1　〔古希腊〕亚里士多德：《前分析篇》47a3，亚里士多德《工具论》上，中国人民大学出版社，2003，第161页。

2　〔古希腊〕亚里士多德：《形而上学》，商务印书馆，1959，1005b6—22。

的抱负，均“思以其道易天下”。在这种政治抱负下所产生的先秦逻辑思想，就不能不深深打上历史文化时代的政治功用烙印。体现在逻辑思想的目的上，就既有“明是非”“明同异”“察名实”“决嫌疑”，以及“辩说也者，不异实名以喻动静之道也”的求真目的；也有了“可与不可曰变”“以反人为实，而欲以胜人为名”等的求胜目的；更有了“为政”要“必先正名”“辩则尽故，以正道而辨奸，犹引绳以持曲直。是故邪说不能乱，百家无所窜”“审治乱”“处利害”等，“为义大务”之“能谈辩者谈辩”，“然后义事成也”的求治求善目的。

在这种“谈辩—用辩”目的不一的情况下，其本身的结果就出现了几种不同情况，有“正白黑以广论，释微妙而通之”的“理胜者”；也有“破正理以求异，求异则正失矣”的“辞胜者”。[1] 这些，均使得中国古代逻辑思想的发展道路艰难而曲折。

（5）在结果上。

古希腊逻辑作为“证明科学的工具”，它在推动科学发展的过程中，自古至今，它自身也在一直不断发展着、完善着。发展至今，成为一门庞大的逻辑体系。

我们曾前引，爱因斯坦曾就中西逻辑传统分析评价了西方科学发展的两个基础，古希腊亚里士多德形式逻辑体系以及求因果联系的方法，“用不着惊奇”地在中国都做出来了。这里的“用不着惊奇”，我们似可以认为表明的是先秦文化并不刻意注重逻辑。而这也决定了先秦逻辑思想的发展结果。

其一，中国古代封建文化的主体核心是伦理纲常，其文化的基本特征是经验性、直观性。反映在思维方式上，其意象性特点与整体性特点，就成为中国传统思维方式的主要特点。

---

1 （三国·魏）刘邵：《人物志》。

其二，浓厚的务实功利主义决定了先秦逻辑思想的“名实”问题、“是非”问题等，只有在辨察政治伦理是非的政治传播中，才有它存在的意义。而“名辩之学”在政治伦理领域中，荀子认为“上不足以顺明王，下不足以和齐百姓”，“君子不知，无害为治；王公好之则乱法，百姓好之则乱事”，“甚察而不惠，辩而无用，多事而寡功”。因此，这种“论证是非的工具”，其发展结果却是自身的被弱化，可能还会加强封建专制的“独断论”。即《管子·霸言》所言：“夫权者，神圣之所资也；独明者，天下之利器也；独断者，微密之营垒也。此三者，圣人之所则也”；《韩非子·外储说右上》所言：“独视者谓明，独听者谓聪，能独断者，故可以为天下主。”而在历史文化的流变中，随着儒学制度化，更加强了这种政治伦理标准的不变性。于此，政治伦理的实践要求，形成了一种统治中国两千多年的精神力量，把先秦时期好容易发展起来的逻辑思想理论长期摒弃在学术文化圈之外。“三代之学，皆所以明人伦也，外此，便是世俗之学……尧、舜、禹、汤、文、武、周、孔、颜、曾、思、孟、周、程、张、朱，正学也，不学此者，即非正学也”[1]。

这种“儒学制度化”的结果，反而使先秦逻辑思想在很长一段历史时间内成了“绝学”。要不是近代以来几代学者的不懈挖掘、整理、研究，它可能还将“绝学”下去。殊为可惜。

二　历史文化层面比较中西逻辑传统

虽然亚里士多德逻辑发展至现代，其强大的辐射力，无论对现代文明中什么民族都有着重要影响，但它的产生发展仍然与一定的民族文化经验结合

1　（明）薛瑄：《薛文清公读书录·论学》，《古今图书集成》，人民中国出版社，1998，第1455页。

为一体。这就如同对莎士比亚的十四行诗应放在英国文化背景中来认识，中国的唐诗宋词应放在中国文化背景中认识，离开了它们赖以产生的文化背景，其美学价值也就不能得以彰明。同样，研究先秦逻辑思想，也应将其放在先秦时代的历史文化背景框架中加以梳理、评价，才能使我们在比较研究中，都是既以有效推理论证之工具的"求同"为研究出发点，否则不能说明先秦逻辑思想"是什么"；又在历史文化的框架意义下以"求异"为研究的目的，否则不能说明先秦逻辑思想的"为什么"。[1] 从而在这种比较研究中，同质共构、异质互补，见出一些新意来。

其一，它可以使我们对于多元文化共生条件下思维方式的建构，将目光真正放大到一个全新的逻辑观上，加大对不同逻辑传统之共性的认识应多有益处。同时，使中西比较逻辑研究得以深化，在此基础上，引入新的研究观念与研究方法，加强对不同逻辑思想的共性与个性问题的研究，探讨文化的整体性及逻辑思想在诸文化要素中的特殊意义，逻辑思想多元发展的道路，先秦逻辑思想的特质与历史文化发展的关系。从而厘清中西逻辑文化之间，既存在有异质文化间的共性，又存在有异质文化间的个性。

其二，可以对先秦时代传统文化中的各种思想文化因素，就逻辑思想的影响给出新的解释，在"逻辑与文化"大题目下，继续挖掘可以进一步研究的问题，为继续深化先秦逻辑思想研究提供一条认识论、方法论的线索。

其三，对于先秦逻辑思想的现代转换，以不同文化特色的思维工具的反差来反向调解选择机会，加强不同文化间思维方式的沟通理解，在回应"李约瑟难题"以及"杨振宁质疑"的同时，思考全球化过程中不同文化间的沟通中，思维方式的差异所带来的影响。并且通过这种研究，在充分解析中国传统思维方式的特色基础上，以持之有故的关于中国传统思维方式的解释，

1　关于这一点，我们将在第三章详述。

提出我们的关于中国思维方式的学理性研究成果，为文化的交流与沟通提供具有中国传统文化特点的思维方式的资源，而这恰是这种研究的现实意义。

从文化的镜头看历史，一个文化传统包含有许多“形态”，它们各具预定性。[1] 这个“预定性”理应包括了不同的逻辑思想与不同的思维方式。基于此，我们在这里也可以在一个“大逻辑观”的指导下“照着讲”与“接着讲”：先秦时代乃至中国古代有无逻辑思想？如果有，那么这个“逻辑”它“是什么”？又“为什么”？

三 我的中国逻辑史观

王路教授曾多次撰文或接受采访时阐述自己“逻辑的观念与理论”，他认为，“逻辑的观念就是推理的有效性，即保证从真的前提一定得到真的结论，而逻辑的理论就是以一阶逻辑为基础的一系列逻辑系统群”[2]。他强调在进行中西逻辑比较之前，首先要确立一种统一的逻辑观念，这是逻辑理论得以形成的基础，也是逻辑史研究至关重要的一个因素。

不管这种论断的“预设”[3] 是什么，倒是给我们一种启示，既然“逻辑”是研究推理论证有效性的，我们似可弱化逻辑观的争论，强化逻辑方法的探讨。我们如今恐怕不会再去争论“中国古代逻辑”是否是“千古冤案”了。如同20世纪上半叶说“名学”“辩学”“名理学”“理则学”“论理学”时，大家都知道是在说“逻辑”；当我们今天说“中国古代逻辑”时，似乎也没有人认为所

---

1 参见庄孔韶主编《人类学通论》，山西教育出版社，2002，第456—458页。

2 参见张立娜《王路逻辑的观念与逻辑教学——访清华大学王路教授》，《学术研究》2013年第12期。

3 “预设”（Presupposition）又称作“前提假设”。是指在交际过程中，隐含在沟通交际双方所共有的知识背景语境中，被双方共同接受的事实或命题。因此，预设最基本的特征就是共知性。或如，在逻辑观的讨论中，预设就是“存在着逻辑”。预设规则是人际沟通中普遍遵守的语用规则。运用这条语用规则的批判性追问是：前提假设有无共知性？前提假设成立不成立？但笔者这里所讲的“预设”，是在讨论问题时“潜存的认识或知识根据，或观点立场”意义上使用的。它往往只是一方的看法，未必是双方所共同具有或接受的，因此才会产生争论。特作说明。

说不是中国古代的“名学”“辩学”“名辩学”。或如，当我们现在读田立刚教授的《先秦逻辑范畴研究》时，读曾昭式教授的《先秦逻辑新论》时，或者参与翟锦程教授主持的国家社科重大项目“中国逻辑史八卷本”时，我们恐怕已经不会先在名词上纠结或再纠缠什么了。只要我们将其放置在一个“大逻辑观”的背景上，认识到它同样是关于正确思维的工具系统，无论它是什么名称，都无碍我们对它进行针对性的研究。虽然在理据性原则上，不同文化产生的思维工具的“概念”会有所不同，但从通用性原则上，既然大家对这些“概念”的认识有了交集，其间的差异，显然不是“空穴来风”这一词义变化中理据性原则与通用性原则之间的冲突所能比拟的了。[1]

李泽厚说：“实用理性便是中国传统思想在自身性格上所具有的特色。”[2]梁漱溟也将中国的学问称为“人生实践之学”，张东荪则称为“文化哲学”或“生命哲学”。这反映了中国古代哲学的实践理性取向。将此映射到先秦逻辑思想乃至中国古代逻辑思想及其方法的研究上，我们理应在“逻辑”是研究推理论证有效性的这一“大逻辑观”映射下，沿着“逻辑与文化”的道路，内证、外证地观照先秦时代乃至中国古代的历史哲学、政治哲学，是如何按照历史因果因素影响着中国古代“逻辑”的“思想路数”。

这一体会是笔者回首一百多年来中国逻辑史研究的来时路后反思出来的。

---

1 关于“空穴来风”，按战国时期楚国宋玉的《风赋》，“枳勾来巢，空穴来风。其所托然者，则风气殊焉”，意谓因为枳树枝弯曲，常招引鸟儿筑巢；由于有空的洞穴，才引来了风。亦即，“空穴来风”指有空洞就有风进来。因此，按理据性原则，“空穴来风”指的是有根据。唐代白居易的《初病风》中就予以准确使用：“朽株难免蠹，空穴易来风”；梁启超在其《续论市民与银行》中也进行了解释：“空穴来风，理有固然”；2005 年以前版的《现代汉语词典》解释为：比喻消息和传说不是完全没有原因的；《辞海》解释为：比喻流言乘隙而入。这些解释都反映了“空穴来风”的理据性，也是这个成语产生历史的确定性。但现在人们使用“空穴来风”这一成语时，一般是在“无根据”的意义下理解和使用的。这就使得“空穴来风”的词义在理据性原则和通用性原则上有了冲突。按《荀子·正名》，“名无固宜，约定俗成谓之宜”，在照顾“空穴来风”的通用性原则的同时，为了不使这个成语丧失了它的理据性原则，不割断它与历史文化的联系，2005 年第 5 版的《现代汉语词典》在原有的解释基础上，又补充了“现多用来比喻消息和传说毫无根据”。这就是“空穴来风”这一成语的新的确定性。而这种词义的变化，也反映了概念内涵与外延的确定性与灵活性是辩证统一的。

2 李泽厚：《中国古代思想史论》，人民出版社，1986，第 304 页。

当年章士钊译介西方的“逻辑”时，认为“‘论理’与‘名’与‘辩’皆不可用。……愚意不如直截以音译之，可以省却无数葛藤”。在百多年后的今天，研究先秦时代的名辩思想、推类方法、论证型式时，只要我们认可“逻辑”是研究推理论证有效性的“思维工具”这一观念，我们就可以用“先秦逻辑思想”来表述先秦时代对思维工具研究的成果；一如当年章士钊主张用“逻辑”翻译西方逻辑学一样，也可以“省却无数葛藤”，只需在先秦“逻辑”史研究中，思考如何纵向上比较中国古代不同时期的文化特质和思维特点，如何横向上比较中西方同一时期逻辑思维的相似点和不同点，从而力争多视角、多层面地回答先秦时期乃至中国古代“逻辑”思想的“是什么”和“为什么”；从而从文化和逻辑关系的角度，从发生学角度分析评价文化与逻辑的发生究竟有着什么样的内在关联，它们的发生为何是特定文化群体内的人们自由自觉的类本质的体现；从而在比较研究中，大可采取中国古代论辩理论与论辩实践相统一（即“正名—用名”与“谈辩—用辩”的“讲逻辑”与“用逻辑”的统一）、逻辑思维与辩证思维相统一、逻辑与文化相统一的理念，小心求证多元文化如何影响不同的逻辑思维传统，特定的时代精神如何决定特定的思维模式，时代精神与逻辑思想又有着什么样的多样性统一和相互观照的特点。这就是我的中国逻辑史观。

定义对于论证，譬之犹决议对于行动。比之于无休止地讨论“如何打井”，还不如在确定的理念与方法指导下，确确实实地“打井”。亦即，我们似不必再纠结或纠缠于究竟是在亚里士多德逻辑意义上还是在先秦逻辑传统意义上探讨中国古代的“逻辑”思想，我们理应以“温情与敬意的态度”“时代意见与历史意见的统一”“决定论与互动论的融贯”[1]，弱化争论“如何打井”，并在前人的基础上，在“逻辑”这条“思维工具”的可能水脉上，

1　第四章详述这个问题。

谨慎认真地不断发掘、遴选、诠释、把握新的历史意见，细致肯綮地思考新的时代意见，继续往深里接着打起中国古代“逻辑”这口井来！

而在这个过程中，即如我们曾反复论及的，比较研究的方法论问题也是须臾不可阙如且先需讨论的。

第三章
比较研究的方法论问题

我们在上一章认为，中国逻辑史研究的前辈和同道提出了许多可资思考与借鉴的方法。如何“肯定”与“否定”？仍然有一些问题需要厘清。至少有两个问题：中西逻辑的普遍性和特殊性问题，产生不同思维方式的历史文化背景和其本身的历史文化精神、历史文化意义等。基于此，在中西逻辑的比较研究中，怎样进行比较研究？比较研究的目的是什么？即如何运用比较研究的方法？也始终是我们应该关注的问题。这对于其他学科（如哲学、语言学等）的中西比较研究也应具有方法论的意义。

第一节　问题的提出

第二章第二节已述，民族的焦虑感引发西方逻辑的传入，继而民族情怀又引发对“中国逻辑的研究”，于是又产生了中国古代“无逻辑”与“有逻辑”的意见纷争。基于此，只要对中国古代逻辑思想进行研究，就势必要或隐或显地以比较逻辑的眼光来看待“中国的逻辑”。无论中西逻辑中有多少“可翻译”与“不可翻译”之处，有多少“可通约”与“不可通约之处”，比较逻辑研究就是“中国逻辑”的宿命。因此，只要进行中西逻辑比较，就必然要涉及比较研究的方法论问题。

近现代以来中国古代逻辑思想的研究，在怎样认识中西逻辑尤其是在怎样给中国古代逻辑思想定位，能否对不同的逻辑思想传统进行比较研究等方面，其意义、作用与影响是巨大的。百多年的中西逻辑比较研究，在不断揭示中西逻辑思想体系之间相同点和相异点的过程中，不断表明在不同的历史文化背景下，运用不同的民族语言表达和概括的逻辑思想传统，在历史的长河中，使具有人类思维普遍共性同时也具有一定民族特点和个性的不同逻辑思想传统瓜瓞唪唪、瓜瓞连绵。

但亦如第二章第五节所述，在这种比较研究中，也存在一些具有时代特点的“商量”做法，其结果就是前述张东荪所说的“比附”而非“比较”。在张东荪看来，比附重同，比较重异。两相比较，“比较以见其相异更为重要”，因为可以“以相反的异点而明其差别上的特性”，“惟有用比较法可以从所比较的东西中揭示出其特性来”。

但这里可商榷的是，张东荪似有些“重异”“轻同”的结论有其偏颇之处。因为在中西逻辑思想的比较研究中，“见其同”与“见其异”同样重要。不“见其同”，无以说明为什么中国古代的这种思维工具是“逻辑”；不“见其异”，也无以说明这种“逻辑”为什么是“中国古代的逻辑”。第一个“同”的问题不首先解决，第二个“异”的问题争论就毫无意义。不过张东荪的批评也能够说明一点，即方法不同，致思趋向也会有所不同。

从历史上看，当A文化与B文化需要比较时，一定历史时期内势力的强弱和文化的强弱，总要影响着比较的态度。故而这种“商量”的做法似也无可厚非。至少，在近代以来即已进行的中西逻辑比较研究中，既然西方传来的逻辑是一门成熟的学科体系，而比较逻辑又是“中国逻辑”的宿命，那么，对照彼来研究此，就是绕不过去的方法了。当然，由“商量”而“据西释中”是否恰当以及它所带来的问题，也有待“商量”与思考。因为，随着中国逻辑史研究的一步步展开，“商量”方法所引发的问题及其争论，必须要认真回应，否则质疑与追问就一直存在。

此即，怎样进行比较研究？比较研究的目的是什么？

第二节 怎样进行比较研究

应该说，在A文化与B文化的比较研究之初，“求同存异”现象总是或多或少地存在着，处于弱势文化的一方尤其如此。

20世纪初开始的“中国哲学”研究即如是。刘师培在《国粹学报》连发数期文章[1]，认为中国古代的哲学与欧洲哲学完全相同。但他“完全没有注意到，他是在用西方的一些预设概念来解释中国文本，所以最后的结果其实人们预先已放入了。这种做法及其目的本身就不是哲学的。然而这种做法又是完全可以理解的。在一个普遍将西方学术与科学真理等量齐观的时代，无视中西传统的重大不同也含有向西方看齐方能赶上西方的潜意识，因此，有意无意无视区别而非正视区别，以及将中西文化加以粗率比附是中西文化大规模交流接触后相当一段时间内的普遍现象”[2]。

20世纪初开始的“中国的逻辑”研究亦如是。

栾调甫在谈到近代墨学研究中存在着从古籍中寻找与外国的新东西共有的证据倾向时，就曾说：“盖其始也[3]，当国家极盛之日，又值经学极盛之时，学人以子通经，原为经学附庸。逮至国势日衰，外侮日乘，学人埋首穷经之余，转有经世致用之慨。自知所业无以应对时世之岌变，思采西学之长辅所弗逮，而又耻于步武后尘，不得不谬其辞，以为斯皆古先所尝有，西学盖得其传而未绝。故其言曰：海外几何传自冉有，泰西工艺出于墨子。斯以足为墨子张目，一洗异端害道之诬，而愤激之徒又以《孝经》退贼羌无故

1 刘师培：《中国哲学起源考》，《国粹学报》第16、23、25期。

2 张汝伦：《中国现代哲学史上的张东荪》，《理性与良知——张东荪文选》，上海远东出版社，1995，代编选者序，第3页。

3 应指《名理探》传入之时。笔者注。

实，墨子备守足以御强。遂至隆崇墨子而有东方救世主之号。敷畅兼爱而有耶稣之教源出于墨子之说。此非所谓因果相生而由于时世之变者乎？”[1] 栾调甫这种对研究西方逻辑历史过程的描述，实际上触及了研究者在不同研究环境中所必然存在的研究心态问题，抑或研究心理问题。

金岳霖在20世纪30年代对冯友兰的《中国哲学史》所作的《审查报告二》中也指出：“现在的趋势，是把欧洲的哲学问题当作普遍的哲学问题。……如果先秦诸子所讨论的问题与欧洲哲学问题一致，那么他们所讨论的问题也就是哲学问题。……先秦诸子所讨论的问题或者整个的是，或者整个的不是哲学问题。或者部分的是，或者部分的不是哲学问题。这是写中国哲学史的先决条件。现在的趋势是把欧洲的论理当作普遍的论理。如果先秦诸子有论理，这种论理是普遍的呢？还是特别的呢？这也是写中国哲学史的先决条件。”[2] 金岳霖的这种分析，其所涉及的就是在学理问题上如何正确对待中西逻辑的比较研究了。这是比较研究中必然存在的学理问题。

郭沫若则在其《十批评书》说：“近时学者多张皇其说，求之过深。俨若近世缜密之逻辑术，于《墨辩》中已具备。”

这些批评表明在中西逻辑比较研究中的问题存在。虽然我们不会因当时的确存在这种倾向就否认近现代以来中西逻辑比较研究的诸多成果，我们今天仍然由衷赞叹百年来前辈们锲而不舍研究出的中国古代逻辑思想之“精义”。但是，在中西文化比较研究乃至在中西逻辑思想比较研究中，比较方法的意义不容置疑，不如此，我们就不能说明中国古代的思维方法及其思维原则究竟是什么，它与西方传统逻辑思想有无共同之处？有无差别所在？可是比较方法运用尺度的把握的确是一个值得注意的问题。这就是只是在“求同”的前提下进行比较研究？还是在“辨其同异”的前提下进行“有哪些

1　栾调甫：《墨子研究论文集》，人民出版社，1957，第141页。

2　金岳霖：《审查报告二》，转引自冯友兰《中国哲学史》下册，中华书局，1961。

同”“为什么同”，“有哪些异”“为什么异”的比较研究？

尽管对于中西逻辑思想的比较研究无论如何离不开对照参证，但如果件件以西方逻辑相附会，则恐在比较研究中有削足适履之虞。反倒如前述温公颐在其给胡适的《先秦名学史》中文版作序时曾指出的：“东西哲学的比较，原为使人易于理解，但若仅就表面语辞的类似，不问其根本思想的差别，就会使人发生误解，而失去比较研究的意义了。”

关于这一点，近代以来的思想家们也早已有明察。如梁启超在将墨家辩学同西方逻辑学相印证并用后者来解释前者的过程中，虽然有些印证和解释似有些牵强，如将《墨经》的“或”解释为“特称命题”，将“效”解释为“三段论法之格”等，认为三种逻辑体系在推理形式上“相同之处亦甚多”，但梁启超仍然认为在进行比较研究时，要“免于牵合附会之诮”，并“勉求忠实，不诬古人，不自欺”[1]。这实际上是提出了一条比较研究中重要的方法论原则，亦即“凡天下事，必比较然后见其真。无比较则非惟不能知己之所短，亦不知己之所长”，因此可以并且应当将中外逻辑传统进行对照参证；同时也应避免彼此简单比附，“若事事与因明、逻辑相附会，或反有削足适履之虞”。[2] 这可以看作梁启超时代关于比较研究的历史意见。

余英时在谈到中国人文研究中所存在的问题时也认为：“在西方，从希腊罗马到今天的这个美国的社会变化，都有连续不断的传统，这个传统也在更新。这都是根据西方人文的经验得出来的结论、进步。而中国恐怕不能照抄这种形式，可是我们现在最大的问题就在这里。我们不能光关起门来自说自话，研究自己的问题，同时也还要进一步地参考西方的经验。但是，重要的是参考西方经验是一回事，又不能把西方人文研究方面得出来的结论，无论是社会学的、经济学的、政治学的或者是文化哲学的，拿来当成绝对的真理照抄，把中国情

1　梁启超：《墨子之论理学》，《中国逻辑史资料选》（近代卷），第 302 页。

2　梁启超：《墨经通解叙》，《饮冰室合集》第 8 册，中华书局，1988，第 86 页。

况填到西方的公式里面，这是我们最要避免的。我们100多年来都没有摆脱这样一个困境，自己还没有独立，只是跟随西方。所以说，我们必须要了解中国的特殊性，这个特殊性是从经验材料里面得来的，不是靠西方的理论所提供的。”[1] 这可以看作今天关于比较研究的时代意见。

应该说，在任何比较研究中，都应有一个比较研究的原则问题。上述论述所提出的比较研究的原则，既是比较研究中的方法论原则，同时也是消解民族情怀负面影响的伦理原则。亦即章太炎在对中外逻辑体系进行研究过程中所认为的，要“不以深信比附，惟取真相契当之文为之证解，其异者亦明着之”[2]。这无疑有助于我们今天去认识和把握中西逻辑体系的各自不同的特点，从而借助比较的方法，在领会西方传统逻辑如何帮助我们在解释中国先秦逻辑思想体系时的价值过程中，不断挖掘它原本的“思想路数”，考察它产生的历史文化背景，有着什么样的时代烙印和时代精神，将关注点放在先秦逻辑思想与文化的关系问题上，探讨它除了具有人类思维工具的普遍性之外，是否还具有它本身的特质，这些特质又是什么？为什么这种特质能够“范围我国形名诸家，究之吾形名之质，与西方逻辑有殊”[3]？为什么它会产生这些特质？它对传统文化发展的影响有哪些？以及如何使中国传统的思维方法仍然在今天的人际沟通中发挥作用？从而在进行中西逻辑思想的对比研究中，在注重“同”的同时，也不把那些不为西方逻辑所包含的具有先秦时代特色的思维方法及其理论忽略掉。

其实，关于比较方法运用尺度的把握，张东荪即已提出了解决的方法。即我们前述的，与寻找“同”的“比附”方法相比较，“以相反的异点而明其差别上的特性”的比较法更为重要，“惟有用比较法可以从所比较的东西

---

1 余英时：《中国人文研究的困境》，www. phoenixtv. com/home/hews/review/2003/09/10/106491. html.

2 参见汤志钧《章太炎年谱长编》上，中华书局，1979，第307页。

3 章士钊：《逻辑指要》，生活·读书·新知三联书店，1961，第3页。

中揭示出其特性来”。

上述前辈思想家们提出了比较研究方法如何使用，标示着怎样进行比较研究和比较尺度的准确把握。尤其在今天，中西比较逻辑的研究又引入了许多新的比较方法，这条方法论原则就更需要我们在多元化方法研究中去认真把握并正确使用了。亦即，在怎样进行比较研究以发掘不同的“思想路数”过程中，如何不受研究心态的影响，真正进行同异比较，既要有积极的肯定，又要有积极的否定。

第三节　比较研究的目的

关于比较研究的目的，这个问题所涉就是我们前已论及的探讨中国古代“逻辑”究竟“是什么”和“为什么”？以及如何使中国传统的思维方法仍然在今天的人际沟通中发挥作用。

一　“是什么”的问题

自古至今，人类的一切观念、思想，都是由现实的、从事具体社会活动的人所创造的。它有其历史定位，并且也为现实的历史所制约。因此，当我们聆听中国古代逻辑思想产生时期的历史回声时，当应在脑海中展现那历史的图景，考察其所产生的思想意识，有着什么样的时代烙印和时代精神。

基于此，“是什么”所探讨的就是历史上存在的中国古代逻辑思想除了它具有人类思维工具的普遍性之外，是否还具有它本身的特质？这些特质又是什么？目的在于真实、合理地把握和描述中国古代逻辑思想的内在本质和规律。

亦即梁漱溟在比较东西文化及其哲学时所指出的“随便持调和论的不

对”：“假使中国的东西仅只同西方化一样便算可贵，则仍是不及人家，毫无可贵！中国文化如有可贵，必在其特别之点，必须有特别之点才能见长。”[1]《墨经》有言，“一法者相与”。中西古代逻辑思想的真理价值在于它们指导正确思维的共同功效上，但这种真理价值之“同”，未必就是它们在“是什么”上完全相同的依据。在科学研究中，真理本身是一回事，真理的逻辑标准则是另一回事。我们不能因为先秦逻辑思想与西方古代逻辑思想有契合之处，就以它们之间的共性消解了它们之间的差异，从而以推理的真理取代了事实的真理。中国古代逻辑思想的“应当是什么”和“实际是什么”之所以存在着激烈的争论，不是没有原因的。

应该说，刻有政治伦理时代烙印的先秦时代的思维方法，注重于经验直觉式的归纳、推类，其除求真之外的求治、求善精神显然与科学精神熏陶下的希腊演绎精神有别。因此，在进行中西逻辑比较研究中，我们就应该抱以“理智和事物的符合”之态度，在探讨两者共同具有的求真精神的同时，也要探讨由时代演绎出来的先秦逻辑思想的求治、求善精神的伦理本质，从而使这种研究既符合真理的价值标准，又符合事实的价值标准；从而在探“同”求“异”的研究中，不一味地以“同”来寻同，同时还要在人类思维方法及其规律的共同基础上寻求它们之间的不同之处，亦即培根所说：“决不能给理智加上翅膀，而毋宁给它挂上重的东西，使它不会跳跃和飞翔。”[2]

二　“为什么”的问题

如果说对先秦逻辑思想的内在本质和规律的把握及描述，解决的是它究竟“是什么”的问题，那么，对先秦逻辑思想产生的历史文化背景及其所体

1　梁漱溟：《东西文化及其哲学》，上海人民出版社，2006，第21页。

2　〔英〕培根：《新工具》，《十六—十八世纪西欧各国哲学》，商务印书馆，1975，第334—335页。

现的时代精神的研究，解决的则是“为什么”的问题。

诚如狄德罗所说：“‘如何’是从事物中取出来的，而‘为何’则是从我们的智力中取出来的。”[1] 因此，先秦逻辑思想的“是什么”，是历史上存在的那种东西；而先秦逻辑思想的“为什么”，则是我们对那个时代为什么产生这个“是什么”的研究结果。它所探讨的是先秦逻辑思想是在什么样的时代背景和文化氛围内产生？亦即要把其产生的逻辑轨迹放在具体的历史范围内，进行具体分析，以其产生的具体历史环境和文化背景为评说先秦逻辑思想个性的依据。这样就可以使我们在分析评价时，不但要注意中西逻辑思想的共同点和普遍性，同时也要“自己讲自己的道理”，注重研究先秦逻辑思想为什么会有有别于西方古代逻辑的个性和特质。因此，这种研究既是历史意见与时代意见的统一，同时也体现了逻辑与文化的关系。它所反映的问题就是，先秦时代的“思维样法”和为什么会产生这种“思维样法”，就是它的“是什么”和“为什么”的关系问题。

于此，我们就需要在研究方法上比前人有所突破，将历史上的思想产生之环境、背景作为评论其学说的根据，在“自己讲自己的道理”的同时，避免那种“然若加以联贯综合之搜集，及统系条理之整理，则著作有意无意之间，往往依其自身所遭际之时代，所居处之环境，所熏染之学说，以推测解释古人之意志。由此之故，今日之谈古代哲学者，大抵即谈其今日自身之哲学者也。所著之中国哲学史者，即今日之哲学史者也。其言论愈有条理统系，则去古人学说之真相愈远。此弊至今日之谈墨学而极矣。今日之墨学者，任何古书古字，绝无依据，亦可随其一时偶然兴会，而为之改移，几若善博者能呼庐成庐，喝雉成雉之比。此近日中国号称整理国故之普遍状况。诚可为长叹息者也”[2] 之现象，从而探讨出为什么张东荪说“逻辑是由文化的需要

---

1 〔法〕狄德罗：《对自然的解释》，《狄德罗哲学选集》，生活·读书·新知三联书店，1956，第63页。

2 陈寅恪：《审查报告一》，转引自冯友兰《中国哲学史》下册，中华书局，1961。

逼迫出来的……逻辑不是普通的与根本的。并且没有唯一的逻辑，而只有各种不同的逻辑”。并对这种“逻辑”与传统文化中的哲学思想、政治伦理思想乃至科学技术思想等的相互影响给出新的诠释。

三 “是什么”与“为什么”的现代认识

至于如何使中国传统的思维方法实现现代认识，它所涉仍然是对“逻辑观”与“逻辑方法”的认识。我们认为，这有必要在“通意后对”前提下探讨逻辑思想的文化内涵，探讨中西逻辑文化之间，既存在有异质文化间的共性，又存在有异质文化间的个性。共性是它们相互沟通、同构的基础，而个性则是它们相互吸引、互补的结合点，从而建立一种中西逻辑文化之间沟通、交流、对话、会通的学理机制，以同质共构和异质互补的形式为当代社会所了解，从而挖掘、整理中国古代传统思维方式的资源，推动当代逻辑学科研和教学的发展。否则，我们很难摆脱一方面在讲认识、论证逻辑方法和人际沟通的方法时，不时引用中国古代的逻辑思想与方法、原则，一方面又说那根本不是“逻辑”的两难境地。如是，我们就后退至章士钊之前了。

因此，对于先秦逻辑思想的研究，虽然比较研究的方法必不可少，不如此，中西古代逻辑思想之“同”就无从谈起，两者之“异”也将失去根基。而一旦失去一定的参照系，任何比较研究都将失去意义。故而一定的参照系对于“是什么”和“为什么”的研究须臾不可阙如。研究的语言和研究的背景必须是研究的根据，即把问题提到一定的历史范围之内来具体分析评价。在此过程中，对于先秦时代的“逻辑”究竟是什么，我们也可如前所述，在“大逻辑观”的背景下，不纠缠于它究竟应该“叫什么”，在“正确认识的思维工具系统”这一“共性”下，我们仍然可以通过比较研究，努力从本质上和发展规律上，尽可能接近历史意见地在逻辑与文化的关系上，把先秦逻辑思想的“是什么”和“为什么”探讨仔细。如是，我们才尽可能有把握地说，中西古代逻辑思想“各有各的长处，各有各的短处，都还他一个本来面目”[1]，从而在中国古代逻辑思想的现代转换中，真正“在今日建设社会主义文化的新时代，必须做到思维方式的现代化。既要发挥辩证思维的优良传统，更要学会缜密分析、进行实验的科学方法。中国新文化的灿烂未来，有待于思维方式的更新”[2]。

四　如何“肯定”与“否定”

如上，“是什么”和“为什么”的比较研究方法问题，所涉不仅仅是一种逻辑思想本身的理论问题，它还涉及一种逻辑思想的文化内涵问题。前述“崔清田范式”“孙中原范式”“李先焜范式”“鞠实儿范式”，抑或加上20世纪上半叶的“梁启超范式”“张东荪范式”，它们在中西逻辑的比较研究中，都应该是“比较研究”方法的实际运用，都应有许多可通约之处。

问题只是在于一，我们当下及未来一段可知的时间内，可否将它们融贯在一起，从而在前人的研究成果上继续我们的探索？因为在当今时代，多元化发展已是不争的事实。多元文化、多元观念、多元方法的视角，使得很难有一种理论或方法能够解释所有的现象，解决所有的问题。只要某种理论或方法能够对研究对象给出其他理论或方法无法给出的合理解释，它就有存在的意义与价值，我们就不应该仰息无视甚或轻易否定它具有的探索精神。

问题只是在于二，在运用比较研究方法的过程中，我们应该怎样“肯定”与“否定”？在科学研究中，“积极的肯定”与“积极的否定”同样重要。因

1　蔡元培：《胡适“中国哲学史”序》，载《胡适学术文集·中国哲学史》，中华书局，1991，第2页。

2　张岱年：《试论价值观与思维方式的变革》，载张岱年《文化与哲学》，教育科学出版社，1988，第208页。

为，一个“积极的肯定”有助于我们认真细致地探索某一思想的来龙去脉；而有时一个“积极的否定”也许比“消极的肯定”更接近于真实，其重要性就在于它可能成为我们开辟新思路的契机或出发点，体现了我们在科学研究道路上所必须具备的批判精神。

将这些探索精神与批判精神用在中西逻辑思想的比较研究中，实际上仍然是“关于怎样进行比较研究”与“关于比较研究的目的”的问题。这些问题的探讨，能够帮助我们以“正的方法”梳理、分析、评价“是什么”和“为什么”，同时也可以帮助我们以“负的方法”消融“不是什么”。从而在学理层面解决“中国逻辑”的“合法性”和“合理性”问题，不断探索不同文化下各自逻辑思想的特殊性、民族性和传承性，其所具有超越时代的不变的价值永恒性，以及伴随时代变化而变化的价值时代性。以文化生态学中非平衡的互动[1]，消除理解误区，进行文化补阙，从多元化的独立的文明体系是价值判断标准的无形依托这一原则出发，解决文化间对话、沟通与理解过程中的公理冲突问题[2]，解决相互理解上的差异问题，消弭理解赤字。

而“正的方法”与“负的方法”的结合，在本书中则蕴含在如何对待先秦逻辑思想研究的认识之中。

---

1 美国人类学家斯图尔德认为，在一个文化系统中，有一组较其他文化特征有更大功能的文化特征是文化系统的决定因素。为此他用“文化核心”（cultural core）和“次极特质”（secondary features）的概念进行了区分。参见庄孔韶主编《人类学通论》，山西教育出版社，2004，第136页。

2 参见张晓芒《文化交往中的公理问题》，《南开学报》2005年第3期。

第四章
如何对待先秦逻辑思想研究

在从何对待先秦逻辑思想研究的过程中，如何做到既要求同，更贵夫尚异？笔者认为有三："温情与敬意"的态度，"时代意见"与"历史意见"的统一，"决定论"与"互动论"的融贯。如是，我们就可以通过尽可能严谨而认真的比较研究，从"逻辑与文化"的关系，从广义论证的角度，以"讲逻辑"与"用逻辑"的统一，以"正的方法"与"负的方法"的结合，增强我们对先秦逻辑思想背后的逻辑原则、文化传统、人文精神的了解，增强我们对传统思维方法论意义、文化认同意义的感受。从而更加深刻地理解先秦逻辑思想与方法何以能够从最原初的个人体验，在时代的淘洗下，在历史化、伦理化的进路上"嘉乃丕绩"，一路前行，成为思想，成为文化，成为民族思维方式。

第一节　温情与敬意的态度

陈寅恪在《冯友兰〈中国哲学史〉上册审查报告》中曾提出："凡著中国古代哲学史者，其对于古人之学说，应具了解之同情，方可下笔。"[1]

1969年钱穆在谈到如何研究中国历史时也认为："近人治学，都知注重

1　陈寅恪：《陈寅恪集·金明馆丛稿二编》，生活·读书·新知三联书店，2001，第279页。

材料与方法。但做学问，当知先应有一番意义。意义不同，则所采用之材料与其运用材料之方法，亦将随而不同。……研究历史，所最应注意者，乃为在此历史背后所蕴藏而完成之文化。历史乃其外表，文化则是其内容。”[1] 为此，他在其所著《中国历史研究法》第一讲“如何研究通史”中，要求首先要注意历史必然具备的三种特性：特殊性、变异性、传统性。“没有特殊性，就不成为历史”，“战国以后有秦汉，决不能和西方之希腊以后有罗马相比”；“历史个性不同，亦即是其民族精神之不同，也可说是文化传统的不同”；“没有变，不成为历史”，“历史之前后相异处即是变”，只有“经历了历史上的长时期演变，自能见出所谓各自的历史个性，亦可说即是在历史背后之国民性或民族性之表现”；“特殊性和变异性加在一起，就成为历史之传统性”，“所谓历史传统，乃指其在历史演进中有其如希腊的一番精神，一股力量。亦可说是各自历史之生命，或说是各自历史的个性。这一股力量与个性，亦可谓是他们的历史精神。能使历史在无形中，在不知不觉中，各循其自己的路线而前进”，因此应该“自历史演变中，寻出其动向与趋势”。由此钱穆要求研究历史，“贵能从异求变，从变见性。从外到内，期有深入的了解”。

在这一意义上，他在《国史大纲》开篇即如是说：“对其本国已往历史略有所知者，尤必附随一种对其本国已往历史之温情与敬意。……对其本国已往历史有一种温情与敬意者，至少不会对其本国历史抱一种偏激的虚无主义，即视本国已往历史为无一点有价值，亦无一处足以使彼满意。”[2]

将此“了解之同情”“温情与敬意”的态度作为一种“镜像”，映射到中国逻辑史研究上，近代启蒙思想家也具有。如第二章分别描述的清末孙诒让在给梁启超的一封信中对《墨经》的称赞；严复所认为的有关逻辑的学问与方法在先秦时代就已存在；梁启超所认为的重视先秦逻辑思想为“增长国民

---

1 钱穆：《中国历史研究法》，生活·读书·新知三联书店，2005，序言。

2 钱穆：《国史大纲》（修订本，全两册），商务印书馆，1994，第1页。

爱国心之一法门”；章士钊所认为的“逻辑之名起于欧洲，逻辑之理，存乎天壤”，因此“先秦名学与欧洲逻辑，信如车之双轮，相辅而行”；等等。

当然，如前所述，这种“了解之同情”“温情与敬意”的态度，其最初有某种民族情怀掺杂其中，如胡适所希望的，通过研究先秦逻辑思想，“找到移植西方哲学和科学最佳成果的土壤”，“以最有效的方式吸收现代文化，使它能和我们固有的文化相一致、协调和继续发展”，从而“使中国的哲学家和哲学研究在运用思考与研究的新方法与工具时感到心安理得”。这种情绪无疑也符合当时既要学习西方逻辑，同时又不自愧弗如，从而为中国近代逻辑文化研究中的民族情怀找到一个心绪上的价值旨归。

也如前述，这种民族情怀的确促进了近现代思想家在介绍西方逻辑学的同时，借用其知识体系，开始挖掘中国古代思维方法中的合理内容，注重了对先秦逻辑思想的研究。其意义与影响在于，在对自己历史的温情与敬意的态度下，他们的研究促进了西方逻辑在中国的普及，促进了对先秦逻辑思想的义理阐发，促进了中西比较逻辑的研究，表明了不同地域、不同民族在运用不同民族语言所表达和概括出来的逻辑思想传统中，不但具有指导人类思维有效进行的普遍共性，而且也必然具有一定的民族特点和个性。时至今日，尽管逻辑学界对于“中国的逻辑”究竟“是什么”和“为什么”仍然存在争论，但有一点却基本得到了共识，即中国古代有逻辑思想，尽管它并没有形成西方亚里士多德式的逻辑体系。这一点就连最激烈地解构“中国逻辑学”的学者也释怀肯认。[1]

因此，撇开感情上的纠葛，仅从学术研究的层面考虑，这种“了解之同情”“温情与敬意”的态度仍然促使我们思考，如果没有某种民族情怀的掺杂，“了解之同情”“温情与敬意”仍然是我们对待悠久历史文化并倾心研究

1 参见程仲棠《“中国古代逻辑学”解构》，中国社会科学出版社，2009，第159页。

它的恒久的正确态度。否则就如章士钊论近代中国政治民主时所说："政治之演进，其机括存在于自身而非由外烁……若夫脱离政治而取他人政演最深之成果，以外制为模型，以求应之，如造车合辙者然，愚则未必之闻也。"[1]

当然，对待历史"了解之同情""温情与敬意"的态度，仍然不能代替认真严肃的"小心求证"，"中国逻辑史"的成立不是建立在谁的善意默契上，解决它存在的合法性与合理性问题，仍需要老老实实的费心研磨。但笔者认为，在如何对待中国逻辑史研究上，提出"了解之同情""温情与敬意"的态度还是有意义的。

首先，我们今天所处的环境已远非近现代启蒙思想家所处的环境，我们所需要解决的问题，已不是严复将学习西方逻辑学作为"更革心思"以"逾愚"的图强保种，而是如何在全球文化多元化的共同发展中，思考不同文化之间的沟通，思维方式的差异所带来的影响；如何克服不同逻辑文化交流、沟通、融会过程中的不同文化心理的矛盾冲突与困惑；如何能够在充分解析中国传统思维方式的特色基础上，以持之有故的关于中国传统思维方式的解释，提出我们的关于中国思维方式的学理性研究成果，为全球化过程中文化的交流与沟通提供"中国"的资源，从而以不同文化理念背后的文化支撑所体现的集体性思维方式，在不同文化的沟通过程中相互理解、和而不同。"了解之同情""温情与敬意"的态度能够使我们在修正了的逻辑观、逻辑方法的启发下，继续梳理尽可能多的历史文献，继续在比较研究中，从思维方法上不断品察自己、体味古人，在逻辑思维方法论的层面上，在浓浓的祖传血脉浸染下，继续探析传统思维方法的族谱。

其次，我们今天所掌握的逻辑知识与研究工具，也不同于胡适所庆幸的自己借助于西方的方法来领悟理解先秦逻辑思想的价值。西方逻辑的传入、

---

1 章士钊：《政治与社会》，《甲寅》1卷6期，1915年6月。

普及、提高已逾百年，中国逻辑史研究也已逾百年，其间的成果洋洋大观，今天的中青年学者已经携手站在了诸多前辈肩上，新的知识、方法、理念，也可以使我们在“了解之同情”“温情与敬意”的态度下，不断努力，不断探索，不断向上攀登。

再次，“了解之同情”“温情与敬意”的态度还可以促使我们对于前辈的研究成果，既不绝对地完全肯定，也不绝对地完全否定，而是积极地肯定必须要肯定的，积极地否定应该否定的。“积极的肯定”与“积极的否定”都有它们现实存在的价值与意义。问题只是在于，我们应该怎样、拿什么来“肯定”与“否定”。

第二节　时代意见与历史意见的统一

由于“论衡历史文化的得失，必然要涉及一个评价态度的问题”[1]，而“了解之同情”“温情与敬意”的态度，并不是一种复古主义者的感情用事，而是“会通与此制度相关的一切事实来研究”[2]，从客观史实出发，力图还历史以真相。因为，凡具有本历史文化特色的逻辑思想之演进，其机括也一定存在于自身而非由外烁。如果脱离一定的历史文化背景而取他人影响最深刻的成果，并以外制为模型，以求应对，就会在预设逻辑文化观的基础上，使正确理解的逻辑方法论发生偏差。在中西逻辑思想的比较研究中，采用西方逻辑的机理作参照系本应毋庸置疑，但一旦这种比较研究在预设的逻辑文化观上，“演变为一方是进化的高级阶段（西方），另一方停留在较低层次（中国），许多历史和文化的歪曲便随之发生”[3]。如果是一方对另一方的绝对否

1　郭晓东：《对历史的温情与敬意——读钱穆“中国历代政治得失”》，《读书》2003年第10期。
2　钱穆：《中国历史研究法》，生活·读书·新知三联书店，2005，第33页。
3　余英时：《一生为故国招魂》，《钱穆与中国文化》，上海远东出版社，1994，第22页。

定，则恐将是一种历史虚无主义的态度，只会使自己从所属的当下时代文化出发，跨越时空地做历史的评价，以自己时代文化的判断来消弭历史的判断，以后人单凭自己所处的文化环境和需要来评价历史的“时代意见”，忽略了产生任一逻辑思想背后的其时代的观念与理论的“历史意见”。但“时代意见”与“历史意见”应是辩证统一、“精义相通”[1] 的，如能通过研究正确反映当时的“时代意见”，它才会以我们今天认真考据、分析研究的充足理由，以其历史真实存在的合理性，成为一种真正的“历史意见”。

因此，所谓“历史意见”是指，历史上的人物对于自己所处时代文化的认定与评价；所谓“时代意见”是指，我们在今天采用历史积淀而成的所有合理观念、方法，或“采铜于山”[2] 地发掘、品鉴那“历史意见”的丰富宝藏，或捕捉、评析那“历史意见”的遥远回声，并形成我们自己在今天的“时代意见”。至于“时代意见”与“历史意见”如何统一，仍然涉及第三章已述的关于“如何进行比较研究”以及“比较研究的目的”。亦即，就是在辨析、厘清“是什么”所表明的“历史意见”，以及我们分析评价“为什么”时所表明的“时代意见”。

这些问题探讨所追求的仍然是如何厘清先秦逻辑思想产生的历史文化背景，以及先秦逻辑思想所体现的时代精神。如果说对“是什么”的研究，是分析研究历史上存在的那种东西；对“为什么”的研究，就是探讨为什么那个时代会产生这样的思想内容。这样就可以在运用比较方法进行分析时，不但要注意中西逻辑思想的共同点和普遍性，同时也要在“自己讲自己的道理”的导引下，注重研究先秦逻辑思想为什么会有有别于西方逻辑的个性和

1　钱穆：《中国历代政治得失》，生活·读书·新知三联书店，2005，前言，第7页。

2　明末清初思想家顾炎武曾把自己创作《日知录》的过程比作“采铜于山”。他曾经认为，这时代的人写书，就像这时代的人铸钱；古人采铜于山，今人则买旧钱作废铜铸钱。这样铸出的钱，不仅粗恶，还把古人的传世之宝毁坏，两边都没好处。所以顾炎武注重收集第一手资料，《日知录》就是他经年累月、积金琢玉所撰成的大型学术札记。有意思的是，顾炎武的这种工作理念，也是以推类模式引征谕证出来的。

特质。这就是“时代意见”与“历史意见”的统一。

因此，我们对人类逻辑思维工具系统演进进行研究，去探讨那些尚未探讨清楚的一系列问题，所当追求的就不应是唯一理想化的“正统逻辑”，而应是与具体民族、时代的实际社会生活相适应的“别样逻辑”。不同“逻辑”的优劣比较，也必须和具体时代的民族文化生活相联系。于此才可能既求中西逻辑思想彼此之会通，又求中西逻辑思想彼此之特殊。

当然，在此研究过程中，我们仍然不能不以包括西方逻辑的方法在内，来研究中西逻辑的同异之处，而不是以相异之处来拒绝使用西方逻辑的方法而自处世界逻辑之外。示之同者何在，其所以异者又处于什么样的历史文化背景亦可随之大明。亦即：既要求同，否则不足以说明先秦逻辑思想及其主导推理类型的“推类”也是“逻辑”[1]；更贵夫尚异，否则先秦逻辑思想及其“推类”方法就成为可牛可马—非驴非马—不中不西的东西了。

第三节　决定论与互动论的融贯

马克思曾经说：“每个原理都有其出现的世纪。”[2] 意谓，都有其存在的必然性和合理性。因为，它们本来就是为了满足人的现实需要而创生出来的。当每一个民族文化场域中的人们试图理解它们的文化价值及意义时，其独特的“文化的历史”便提供了意义框架，并在历史的长久实践中，以其不证自明或无须言说的公理意识，充当了整个民族行动的“文化三段论”的大前提。借由它在时空中延续的道义规范，使得这个民族的“必须”“应该”的价值模态判断不断得以扩充，并恒久地长存于社群之中而不断得以复制。

因此，在梳理并分析先秦逻辑思想的发展演进轨迹的过程中，就存在两

1　本书下编将系统探讨。

2　《马克思恩格斯选集》第 1 卷，人民出版社，1995，第 146 页。

种迥异的理论指导："互动论"与"决定论"。学术研究中的"决定论"，无论是制度决定论，还是文化决定论，都是比较绝对化的态度。"互动论"则更多地倾向于强调事物因素之间相互关系、相互作用，并重视偶然性与特殊性。因此，强调先秦逻辑思想的历史文化背景，更多的应是一种分析的态度，而不是一种纯粹的思想决定论。又由于先秦逻辑思想有伦理化倾向，它的发生发展轨迹与先秦时代政治伦理思想的发生发展轨迹有着什么样的交集？又如何相互影响？这些也注定了对先秦逻辑思想的研究必然要涉及"逻辑与文化"一般关系的讨论，从而使得我们在研究中，既要对传统文化的研究给予逻辑的关注，同时也要对逻辑的研究给予文化的诠释。这些都注定了我们的研究所应采用的理论指导理应是"决定论"与"互动论"的融贯。

一　思维方式是历史文化的主观性和客观性的辩证统一

首先，第一章第三节已前述，思维方式是思维主体总结和概括出来的思考问题的规则、程序、步骤和手段等，它们必须通过思维主体的实际运用才能得到实现。所以，思维方式是属于主体而非客体的精神行为。可以说，不同的思维方式是不同文化氛围内的人们通过思维实践"共许"的东西，是他们一切言行的共同的思维"接口"。

其次，任何思维方式都是在一定历史实践基础上形成和发展的，其基础和源泉具有历史客观性。它体现在不同文化体的人们如何认识客观事物之间的相互关系和规律上，是他们依据客观规律和关系所形成的思维规则、程序、步骤、手段和工具。也正是由于不同思维方式的发展受到客观历史条件的制约，具有一定历史时代的特征，所以对它的选择和评价也有其客观性，即任何思维方式的运用有其一定的适用范围和领域。如果超出了这个范围和领域，"历史意见"与"时代意见"就可能相互混淆了。也正是由于不同思维方式受到社会实践规模和水平的制约，并随着社会实践活动方式的发展而发展，所以恩格斯才说，“每一个时代的理论思维，从而我们时代的理论思维，都是一种历史的产物，它在不同的时代具有完全不同的形式，同时具有完全不同的内容。因此，关于思维的科学，也和其他各门科学一样，是一种历史的科学，是关于人的思维的历史发展的科学”[1]。

或如，自先秦诸子以来，中国历代许多思想家在谈到一种思维方法时，都要强调“类”的概念。为此我们需要对从“类”概念到“类”的推导法式的发生发展演进过程的历史文化轨迹进行系统梳理。[2] 在梳理过程中我们也毋庸讳言，建立在意象性思维方式与整体性思维方式基础上的先秦逻辑思想及其主导推理类型“推类”，缺乏对推论形式的抽象和对推论规则的系统理论说明，而且它在形成过程中的伦理化倾向，使得这种认知方式对思维主体认知态度及预设的依赖，比对严密有效的思维规则的依赖更大，推类过程大多是借物取譬的说明过程，诉诸的是方法的可行性和结论的可接受性，其工作机理更加重视意象性思维方式之联想机制的直觉顿悟、推类方法的简单规则，以及整体性思维方式的综合辩证思考。

而这恰与古希腊求真精神导引下的三段论有别：不预设任何结论性的前提，一切结论的真实性都必须依赖于形式方法的有效性。因此，先秦时代没有发展出依赖于几何学发展的严密的亚里士多德式的逻辑学体系。

二　逻辑与文化的融贯与互动

前述中已屡次强调，所谓历史文化理应是人类一切现实活动所刻画的文明成果的总和。作为文化中的一部分，“逻辑”也是历史文化的产物，也可

1　《马克思恩格斯选集》第4卷，人民出版社，1995，第284页。
2　这部分内容将在下编第七章详述。

以因历史文化的不同而有了不同“思想路数”的发展道路，才可能产生“文化背景不同而形成的逻辑的特殊性的一面”[1]。

基于此，“决定论”与“互动论”的融贯，可以使我们在先秦逻辑思想的比较研究中，面对不同的历史文化，不断思考、探寻为什么不同的“逻辑”会有它特定的历史文化印记，而恰是这个印记，在它们所具有的共性下显露着各自有别的个性。这样我们就应该思考如何将先秦逻辑思想放在先秦时代的历史文化背景框架中加以梳理，从而加强对逻辑思想的共性与个性问题的研究，探讨文化的整体性及逻辑思想在诸文化要素中的特殊意义，逻辑思想多元发展的道路，先秦逻辑思想的特质与历史文化发展的关系。从而厘清、评价中西逻辑文化之间，既存在有异质文化间的共性，又存在有异质文化间的个性。以都是有效推理论证的工具的“求同”为研究出发点，说明先秦逻辑思想“是什么”；以“求异”为研究的目的，说明先秦逻辑思想的“为什么”；从而在这种同质共构、异质互补中，见出一些新意来。

三　决定论与互动论的融贯在本书中的指导意义

采用“决定论”与“互动论”的融贯作先秦逻辑思想研究的理论指导，还因为，一般意义理解下的“逻辑”，是帮助人们有效认识世界、有效沟通交际的具有基础性、工具性、全人类性的学科，而作为一把普普通通的“思维的斧子”[2]，由于它所面对的世界是全部可以认识的世界以及将要开辟的未知世界，因此它的全部论证功能除了最基本的有效性外，理应包含批判性、人文性、创新性。只要能够帮助我们有效地做到这一点，这种基础性、工具性学科所涉及的基本内容就理应都在我们视阈之内。将此映射至先秦逻辑思

1　崔清田：《墨家逻辑与亚里士多德逻辑的比较研究》，《南开学报》2002 年第 6 期。

2　张晓芒编著：《逻辑是把斧子——日常说理的工具》，企业管理出版社，2010，前言，第 1 页。

想研究中，这种“决定论”与“互动论”的融贯所希望探明的主要内容，就是我们将在下编第七至十六章所要详细论述的内容。亦即，本书的主体内容。

综上，在这三种认识的观照下，从文化的镜头看历史，先秦逻辑思想研究中的一种新的理念也开始进入我们的思考范围。亦即，先秦逻辑思想除其“逻辑”本质的“求真”功能之外，还有其“求治”“求善”的历史文化功能。

第五章
先秦逻辑思想研究中的“求善”理念支撑

逻辑学是研究推理有效性或论证有效性的工具性思维科学。它除具有最本质的、毋庸置疑的、彰显科学精神的求真功能外，同时还具有因只是在人文世界中运用从而延伸出来的提高人文精神的求善功能。提出并论证逻辑的求善功能，有着现实的逻辑应用的价值与意义，同时对于研究先秦逻辑思想也可以提供一种新的理念支撑。

第一节　有效论证中的“逻辑真”与“伦理真”

说到“逻辑”，人们想到的一定是“求真”的思维工具。在判定事实判断的真假制约关系时，这是它毫不动摇的“主业”。但先秦逻辑思想是在传统政治哲学、历史哲学氛围下产生、发展的，它的存在价值在于它是一种政治伦理传播活动中的说服工具，它在作为“说理工具”的“应用”过程中总要涉及价值判断，在评判价值判断的“是非”中，总要以“涉及自身的心智”之意义框架，审慎思考“正名—用名”过程中“无所苟而已”的如何“正名以正政”，以及“谈辩—用辩”过程中“审则宜类”规范下“类故理”相统一的如何“当”的问题。先秦逻辑思想的求真功能与求善功能就融贯在它的历史化过程中了。

一　逻辑的真与伦理的真

逻辑学是求真的工具系统是毋庸置疑的。学习和运用逻辑学可以培养我们认识世界的方法，在自觉运用逻辑的论证实践中，体会逻辑的“现实性在它的开展中表明它自己是必然性”[1]；可以提高沟通交际的能力，提高批判性思维的能力。逻辑的求真过程就是一个追求有效论证的思维建构或解构的过程，是一个不断提高“逻辑”意识、理念与方法能力的过程。

由于人类的认识活动，总是在历史实践与现实需求的基础上，由已知领域向未知领域探索。表现这种探索的思维活动，便是认识活动中已知同未知连接点的“问题”，它总是处在一切探索活动的最前方，其所引起的探索印证或改变着以往的游戏规则，而变动的历史文化环境也要求不断提高提出理念与方法的能力。因此，解决问题的任何有效论证，都在求真的过程中有一个如何保持“逻辑真”和“伦理真”的问题。

所谓逻辑的真，指符合客观实际的“真”。在本体论意义上，它表现的是事实的真，即当客观存在的事物通过人的感官进入人的大脑时，无论人能正确认识与否，它总是不以人的意志为转移，客观存在着。在逻辑学意义上，它表现的是思维的真，即当人的大脑接收到客观事物存在的信息时，能够正确地将其反映出来。它的总体表现就是一种逻辑的求真态度与精神。

所谓伦理的真，指符合人文伦理的“真”。从社会历史发展的角度看，它遵从着人类自古以来的趋利避害、选善弃恶的思维选择观念，表露了对“害”与“恶”的恒常否定，对于人伦秩序合理正常的向往和追求，以欲发现人伦秩序的最初原因和最终结果，以人的世界所必然要求的道德规范，以

1 〔德〕黑格尔：《法哲学原理》，商务印书馆，1961，第280页。

及为什么要如此规范的符合社会心理的理性要求，论证为什么“人伦的世界”理应如此。故而，它表现的是一种道德的真，亦即《礼记·乐记》所云“礼仪立则贵贱等矣”。从社会现世治理的角度看，它表现的是一种“法”的真，亦即《礼记·礼运》所云“礼达而分定”。它的总体表现就是一种逻辑的求善的振世精神和人文关怀。

将它们总括在逻辑的求真过程中，就是一个追求有效论证的思维建构或解构的过程，是一个不断对合理的怀疑进行追问的过程，表明或要求我们所面对的事实世界与价值世界不但应该是真的，而且还应该是善的。

二　对“德”“善”的解析

《礼记·大学》开篇即为：“大学之道，在明明德，在亲民，在止于至善。”由是，“逻辑真”和“伦理真”的有机联系还可从对“德”“善”的解字中得到相关印证。

“德”（𢔶、𢛳、德）为会意字，第一个甲骨文左边符号“彳”（chi）在古文字中表示小步、行动，右边是只眼睛，眼睛之上是一条直线，表示目光直射。寓意行为要中正，目不斜视。第二个金文又在目下加心，目正心正为德。第三个小篆右边上方变成了“直”，直心为德。[1]

“德”之所以在金文中又加上了“心”，原因似在于古代的人们往往把思维与人的灵魂联系在一起，认为心是人的思维器官，心与人的灵魂同生同灭。古希腊亚里士多德就曾经认为，心脏是灵魂和智慧的中心。先秦孟子也曾说，“心之官则思”[2]；荀子则说，“心者，形之君也，而神明之主也”[3]，“心居中

1　参见左安民《汉字例话》，中国青年出版社，1984，第138页。

2　《孟子·告子上》。

3　《荀子·解蔽》。

虚，以治五官，夫是之谓天君”[1]。

如果单从“心”的思维认知功能看，充其量也只是“逻辑真”的“心有征知。征知则缘耳而知声可也，缘目而知形可也，然而征知必将待天官之当簿其类然后可也”；“所以知之在人者谓之知，知有所合谓之智”。[2] 但“心”（、、）的认知功能一旦与“德”（）之“目正心正”相联系，就有了异常直观的“伦理真”的“道德”之意象性思维的联想路径，有了理想的人格框架或社会图景“道”，有了立身的根据和行为准则“德”：

“志于道，据于德”[3]；“万物莫不遵道而贵德”[4]；“尊德乐道”[5]；“道德仁义，非礼不成”[6]；“德者道之功”[7]；“仁与义为定名，道与德为虚位”[8]；“德，其体，道，其用，一于气而已”[9]；等等。

又按“善”的金文（），由“羊”和“誩”（jing）组成，为会意字。按会意字解字途径，“会意者，比类合谊，以见指㧑”[10]，“比”为“并”，“谊”为“义”，“见”为显现，“㧑”意发挥，亦即拼合意义上可能发生联系的两个或以上的字，从而在旧字之意的意象比较中产生出新字之意，所以“善”为“吉也，从誩，从羊。此与义、美同意”[11]。按“美”，“甘也。从羊，从大。羊在六畜主给膳也。美与善同意”[12]。

为什么“羊大为美”，有学者认为，“上古汉民族认为常见动物中最为和

---

1 《荀子·天论》。
2 《荀子·正名》。
3 《论语·述而》。
4 《老子·五十一章》。
5 《孟子·公孙丑下》。
6 《礼记·曲礼上》。
7 《韩非子·解老》。
8 （唐）韩愈：《原道》。
9 （北宋）张载：《正蒙·神化》。
10 （东汉）许慎：《说文解字·叙》。《说文解字》是中国古代第一部系统分析汉字字形和考究字源的字书。
11 《说文解字·誩部》。
12 《说文解字·羊部》。

善美好的大概要算‘羊’。在当时汉民族的畜牧生活中，羊是最主要的生产对象，并经常作为财产的具体体现物，又是人们的主要肉食来源。羊以其性格温顺而易于相处，故古代民族在羊的身上凝聚着许多美好情感，羊渐渐成为吉祥物”[1]。故而“羊，祥也”[2]。大概正是因为“羊者顺从之畜”，且容易繁殖，故而在“古者包牺氏之王天下也，仰则观象于天，俯则观法于地，观鸟兽之文与地之宜，近取诸身，远取诸物，于是始作八卦。以通神明之德，以类万物之情”[3]，以及“是故《易》有太极，是生两仪，两仪生四象，四象生八卦。八卦定吉凶，吉凶生大业”[4]的过程中，以“兑为羊”，而“兑”代表了喜悦，“兑，说（悦）也”。[5]因此，“兑”卦为吉卦：“亨。利贞。”[6]《彖》曰：“兑，说也。刚中而柔外，说以‘利贞’，是以顺乎天而应乎人。”这与古器物铭文中的“吉羊”一词可互为印证。[7]“吉羊”者，吉祥也。

又按“羊大为美”之“大”（𠀘、大、大），从左至右的甲骨文、金文、篆体字都乃人正面之形。由于“惟人万物之灵”[8]，所以“天大，地大，人亦大。故大像人形。古文大也。凡大之属皆从大”[9]，如“夫”“夭”“夹”“奔”“奚”“爽”[10]等。“故美者，字源乃为人于头上装饰羊头、牛角、羽饰之形，此正伏羲时代渔猎生活之孑余，更为合乎人按照美的规律而创造之意蕴。”[11]如是，则2010年上海世博会震旦[12]馆顶上的红山玉神人：头顶一个羊

1　苏新春：《汉语语义学》，外语教学与研究出版社，2008，第266页。

2　《说文解字·羊部》。

3　《周易·系辞下》。

4　《周易·系辞上》。

5　《周易·说卦》。

6　《周易·兑》。

7　按清代小学家徐灏的《说文解字注笺》判定，“古无祥字，假羊为之。钟鼎款识多有‘大吉羊’之文”。又，《说文解字注笺》即《段注笺》，是对清代段玉裁《说文解字注》的进一步注释。

8　《尚书·泰誓上》。《尚书》是中国第一部上古历史文献和部分追述古代事迹著作的汇编。

9　《说文解字·大部》。

10　参见《说文解字·大部》，汤可敬《说文解字今释》，岳麓书社，2001，第1407—1412页。

11　此乃与贵州大学哲学院张连顺教授交换意见时连顺教授的意见，本书采纳。在此感谢连顺教授。

12　震旦，古代印度对中国的一种称呼，音译自梵文的“Ci^na”。

或牛的头饰，就是一个大写的“美”字。

此外，我们还有另一种思考。据神话传说，皋陶为尧帝手下的一个大法官，善判是非，公正无私，处理每件事都公平如水。有一次，西番向尧帝敬献了一头兽叫“廌”，为“一角之羊也，性知有罪。皋陶治狱，其罪疑者，令羊触之。有罪则触，无罪则不触。斯盖天生一角圣兽，助狱为验。故皋陶敬羊，起坐事之”[1]。后来依据这个传说，创造了“灋”字。《说文解字·廌部》即云：“灋，刑也。平之如水，从水；廌，所以触不直者，去之，从去”；段玉裁注曰：“法之正人，如廌之去恶也。”[2] 故五代宋初徐锴《说文解字系传》说：“羊，美物也。故于文誩、羊为譱。……俗为善。”

再考“誩”，《说文解字·誩部》：“竞言也。从二言。”即为用言语竞争。清末饶炯《说文解字部首订》云：“言之通义为直言。誩，犹二人直持其说，各不相让，盖争言也。”由此，两人争讼不已，显然是一个“辩”的过程。

而“辩”，《说文解字·辡部》：“治也，从言在辡之间”；“辡”（bian），“辠人相与讼也”。清代徐灏《段注笺》：“讼必有两造（打官司的双方），……两造则必有一是非，因之为辩论之义。”这显然是一个逻辑的求真过程，而“羊”介于其中进行评判，也是一个“礼之所去，刑之所取，出礼则入刑”的逻辑判断过程，而这个判断过程不仅是求真的，同时也是一个判断是非善恶曲直的求善过程了。其目的就在于“治国有二机，刑德是也。王者尚其德而布其刑，霸者刑德并凑，强国先其刑而后其德。夫刑德者，化之所由兴也。德者，养善而进阙者也；刑者，惩恶而禁后果也”[3]。

由此解字，笔者认为，解决问题的任何有效论证，都在求真过程中有一个如何保持“逻辑真”和“伦理真”的问题。亦即，既保有逻辑的求真态度

1　见（东汉）王充《论衡·是应》，（西汉）刘向《说苑·君道》及刘安《淮南子·修务训》。

2　“灋”现在已经简化为“法”。有一种说法，认为是为了纪念“廌”的协助办案功绩，就把公平办案叫作“廌法”，久而久之，演变为现代汉语中的“执法”。

3　（西汉）刘向：《说苑》。

与精神，又保有逻辑的求善的振世精神和人文关怀。

第二节 逻辑的求善功能

一 逻辑是人的世界的逻辑

“天行有常，不为尧存，不为桀亡。”[1] 自然界所具有的是规律，而作为万事皆有规矩，“百工为方以矩，为圆以规，直以绳，正以悬，平以水，无巧工不巧工，皆以此五者为法”，所以“天下从事者，不可以无法仪，无法仪而能成事者，无有也”，[2] 所以必须“言必立仪”，从而使得“凡出言谈、由文学之道也，则不可而不先立仪法。若言而无仪，譬犹立朝夕于运钧之上也。则虽有巧工，必不能得正焉”的“逻辑”[3]，成为人的世界的逻辑。而人“之所以为人者，非特以二足而无毛也，以其有辨也”[4]，从而使得人成为“有理性的动物”[5]，并以“人能群，彼不能群”[6] 的态势，展现着“惟人万物之灵”的风采，体现着在现实性上，人“是一切社会关系的总和”[7]。这至少表明两点：

---

1 《荀子·天论》。

2 《墨子·法仪》。

3 梁启超在《墨子之论理学》中谈到《墨子·非命中》的这段论述，以及接下来提出的“然今天下之情伪，未可得而识也。故使言有三法。三法者何也？有本之者，有原之者，有用之者”时，特意注解，“此墨子书中言论理学最明显之处也。其所谓先立仪法，仪法者，‘即西文 Logic 也’”。中国逻辑史研究会资料编选组编：《中国逻辑史资料选》（近代卷），甘肃人民出版社，1991，第 313 页。

4 《荀子·非相》。

5 “人是理性的动物”，一般认为是亚里士多德首先提出来的。但有学者认为，这是对亚里士多德原话的误译。亚里士多德的原话本为：“人，在所有的动物中，是唯一用语言交流的动物。”不过，梁漱溟在其《出世入世》中即说：“人是理性的动物，但在两人互殴时，只见所谓动物，不见所谓理性。”而在梁漱溟所著的《中国文化要义》第七章，题目就是“理性——人类的特征”。在梁漱溟看来，“理性实为人类的特征，同时亦是中国文化特征之所寄”。参见梁漱溟《中国文化要义》，上海人民出版社，2005，第 109 页。

6 《荀子·王制》。

7 《马克思恩格斯选集》第 1 卷，人民出版社，1995，第 56 页。

1. “辩明礼义，人之所长”[1]

自从“人猿相揖别”以后，人类就以特有的“人能思能群”，在“对死亡现象恒常与固执的否定”[2] 中，历史地肩负着发展人类文明的艰难任务，生活在一个意义世界之中，但每个人都是作为独立的个体存在于这个“社会”群体中，不同的环境赋予了每个人不同的心理要求和价值追求。就又总迫使每一个“精神健全”的人，都必须在“能思能群”的“社群”思考中，按照符合公序良俗的意义设定，以逻辑的科学精神，要求自己的任何行为，必须要符合准确定义下的任何一种社会伦理道德规范，这是逻辑的求真功能使然；同时还要以逻辑的人文精神，要求自己的任何自觉认识，必须要符合公共道德评价的观念基础，使个人行为与群体的道德信念之间维持均衡，这是逻辑的求善功能使然。内省的“红绿灯”意识必须要自觉自愿自由自在地与外烁的“红绿灯”规范统一在每一个个体的精神世界中。在聆听古老的历史文化回声中，通过此表明“辩明礼义，人之所长”，并由此如《荀子·修身》明晰：

> 见善，修然必以自存也；见不善，愀然必以自省也。善在身，介然必以自好也；不善在身，菑然必以自恶也。故非我而当者，吾师也；是我而当者，吾友也；谄谀我者，吾贼也。故君子隆师而亲友，以致恶其贼。好善无厌，受谏而能诫，虽欲无进，得乎哉！
>
> 小人反是，致乱而恶人之非己也，致不肖而欲人之贤己也，心如虎狼、行如禽兽而又恶人之贼己也。谄谀者亲，谏争者疏，修正为笑，至忠为贼，虽欲无灭亡，得乎哉！《诗》曰：“噏噏呰呰，亦孔之哀。谋之

1　《管子·形势解》。

2　〔德〕卡西尔：《人论》，上海译文出版社，1985，第 86 页。

其臧，则具是违；谋之不臧，则具是依。”[1] 此之谓也。……

道虽迩，不行不至；事虽小，不为不成。其为人也多暇日者，其出入不远矣。好法而行，士也；笃志而体，君子也；齐明而不竭，圣人也。人无法，则伥伥然；有法而无志其义，则渠渠然；依乎法而又深其类[2]，然后温温然。

或者如《荀子·劝学》：

物类之起，必有所始。荣辱之来，必象其德。……施薪若一，火就燥也；平地若一，水就湿也。草木畴生，禽兽群焉，物各从其类也。……学恶乎始？恶乎终？曰：其数则始乎诵经，终乎读礼；其义则始乎为士，终乎为圣人。真积力久则入，学至乎没而后止也。故学数有终，若其义则不可须臾舍也。为之，人也；舍之，禽兽也。故《书》者，政事之纪也；《诗》者，中声之所止也；《礼》者，法之大分，类之纲纪也，故学至乎《礼》而止矣。夫是之谓道德之极。《礼》之敬文也，《乐》之中和也，《诗》《书》之博也，《春秋》之微也，在天地之间者毕矣。……百发失一，不足谓善射；千里跬步不至，不足谓善御；伦类不通，仁义不一，不足谓善学。

《修身》叙述了人们对善与不善应采取的态度，指出君子尊师亲友，好善不厌，因而能取得成功。小人则正好相反。《劝学》则以引征生活经验及历史经验中的各种标准，评析了善学与不善学的区别。这种联导论证的正反对

---

1 《诗经·小雅·小旻》。噏噏，附和的样子；呰呰（zi），诋毁、诽谤的样子，同“訾”。孔，很，十分。臧，好，善。具，俱，都。

2 此处的“类”应指推论意义上的。

比，只有在人的世界中的“逻辑”标准、规范意识下才能进行。

2.“交际场”中“他者”的存在

既然自古至今，人所存在的现实世界是一个道义可能世界，人就必须遵守其中必然要建立的各种思维的、法律的、道德的规范体系。而这一切思维认识，需要通过人的相互之间进行沟通交际、表达各自的思想来实现。亦即，人的沟通世界实际上就是一个“逻辑”规约下的“交际场”，必然涉及诸多他者的存在。在这个交际场中，对待同一个问题，不同的知识水平、思想观点、认知程度、社会经历，会给予人们不同的认识角度和主观态度。因此，在这个人生交际场中，由于每个人的知识和信念都处于一种各自独立平衡的状态，故而每个人都具有一个相对稳定的知识场域与信念场域。也正是因为这种不一致，人们才需要沟通。有效、合理的思维判定能够使不同的知识场域与信念场域在思维认知发展的过程中融会贯通，从而在合作原则的基础上，允许和而不同，但每个人都应为有效、合理的沟通交际作出自己的贡献，使原有的各自独立平衡状态不断被修正，不断被提升。而固化的思维只会不受规约地一犟到底，每个人就都不打算改变自己的知识场域与信念场域了，都只是坚定地坚持着自己的“一方面”，拒斥着他人的“另一方面”。

或如，《孟子·滕文公下》中对主张“贵生”与“重己”的杨朱、主张“兼爱”与“非攻”的墨子大加挞伐：“杨氏为我，是无君也；墨子兼爱，是无父也。无君无父，是禽兽也。”这种“稻草人”[1]式的攻击，如何能够令人信服？

古希腊智者学派普罗泰戈拉曾断言，每个人的感觉都是可靠的，人们对一切事物都根据各自的感觉作出不同判断，无所谓真假是非之分。因此提出

1　稻草人谬误：指在论证过程中，通过把某种对方并不存在的极端事实强加给对方，以此来丑化对方。这就像自己先树立一个稻草人，并自欺欺人地认为，打倒了稻草人就打倒了对方。

“人是万物的尺度”的著名命题。同于先秦的“惟人万物之灵”。当我们今天再说这些命题时，在“交际场”中的每一个“他者”，都具有“人”的本质属性[1]；也正是因为能思维，才成为“人能群”的“类集合”中思想意识千差万别的独立个体。即便是“庄周梦蝴蝶，蝴蝶为庄周。一体更变易，万事良悠悠”[2]，虽也是一种人生境界，但也不会是无所沟通的自得其乐。否则庄子也不会以《庄子·天下》中“无端崖之辞，时恣纵而不傥”的思维方法向“他者”论说着自己的精神快乐主义。

因此，在现实生活的交际场中，为了更完美地促进沟通与交流，就必须在正确有效的思维过程中体验、遵守大家“共许”的逻辑思维规则，否则，别人就要对你说“Game over”了。因为，这种“遵守”有时未必是自觉的或自愿的，但却是现实的。其现实性就在于它是在现实的社会关系中，规范人们有效思维论证的“强约束”。这种强约束不但体现了有效论证中的“逻辑真”，同时也体现了有效论证中的“伦理真”。

二 逻辑的科学精神、批判精神和人文精神

既然在现实的人的沟通世界里，“言必立仪”之“共许”的逻辑思维规则是规范人们有效思维论证的“强约束”，体现着有效论证中的“逻辑真”与“伦理真”，那么，逻辑的发生发展就必须符合人类文明发展对逻辑的要求。

同逻辑学三段论公理的形成不一样的是，当人们千百万次地重复认识对

---

1 在人类学上，“人”被定义为能够思维、使用语言、具有复杂的社会组织与科技发展的高级动物。尤其是“人”能够建立团体与机构来达到互相支持与协助的目的。

2 李白：《古风五十九首》第九首。全诗为：“庄周梦蝴蝶，蝴蝶为庄周。一体更变易，万事良悠悠，乃知蓬莱水，复作清浅流。青门种瓜人，旧日东陵侯。富贵固如此。营营何所求。”通过引征“庄周梦蝶”的寓言故事，李白大致表达了一种消极的人生态度：人生世事，变幻无常；苦苦追索，妄叹徒劳。

一类事物的全部有所断定，那么对该类中任一事物也必须有所断定时，这种三段论公理决定了“观乎天文，以察时变”所形成的是事实判断，它所具有的逻辑特征只是“有断定”和“有真假”，体现了人们对事实世界的认识，有客观标准，只要与客观事物无违，它就是逻辑的真；而在人类“观乎人文，以化成天下”[1] 的过程中，总要伴随着各种不同的思想意识、观点立场或情绪，反映出一定的心理状态，以对自己所处的“实践世界”的价值知识，形成价值判断，它所具有的特征则是“意义”，体现了估价意识（主体）和被估价对象之间的关系，而这种“意义”取决于认识主体的观点、意志和感情，没有客观标准，只要与“某一社群为了维持自身生存与延续，为了在社会生活中不断完善自身与社会，通过长期的历史发展，在人和人之间形成维护相互间关系的习俗与规范”[2] 无违，或者说在一定的语境内与“中国伦理本位的社会”[3] 无违，它就是伦理的真。在此意义上，伦理真也可称为价值真，在历史文化的流变中，积淀、延续、内化为潜存的群体意识，时刻生活在“言中法，则辩之；行中法，则高之；事中法，则为之”[4] 的“文化三段论”的潜意识下，就是这种历史的集体思维方式思考的结果：

M——P（具备 M 构成要件者应适用于 P 文化规范）

S——M（某待决行为符合 M 构成要件）

S——P（所以，该待决行为适用于 P 文化规范）

但无论哪种“真”都相对于“假”而言。“假”是指与客观世界不符或与价值世界相悖的认识。它既有可能是由论证主体本身认识不足或无意违反“共许”规则造成的谬误，也可能是故意违反“共许”规则造成的诡辩。尤其是当某种“价值真”成为论说者的一种先在预设时，其“理所

---

1 《周易·彖辞上·贲卦》。

2 黄楠森、杨寿堪主编：《新编哲学大辞典》，山西教育出版社，1993，第 467 页。

3 梁漱溟：《中国文化要义》，上海人民出版社，2005，第 121 页。

4 《商君书·君臣》。

当然”与另一种预设下的“理所不当然”的对立，就会因各自所认定的“终极公理”，成为一笔难以算清的糊涂账了。从某种意义上说“公理杀人”也毫不为过。[1]

相对于“逻辑真”：第一，逻辑的求真功能在于培养平等交流的精神。因为批判的功能是科学讨论，需要平等的交流。而“共许”的规则向来是平等的基本条件；反过来，平等则成为规则的必然目标。在此基础上，有效沟通交际的逻辑精神与普遍良知的和谐达致统一。第二，逻辑的求真功能在于培养理性分析、探索的精神。因为，理性意欲的首要目标就是刻画并指向真。第三，逻辑的求真功能在于培养宽容的精神，否则就没有真正的批判。而理性意欲的最终目标则是指向真、善的统一。一种符合理性秩序的善。

相对于“伦理真”，逻辑在探询认识诡辩、破斥诡辩的思维方法的过程中，则以认识并消除这些诡辩，作为自己义不容辞的任务。它的科学精神要求它必须认识并破斥诡辩，以保证沟通交际的有效性，这是逻辑的求真任务；而它的人文精神要求它必须认识并破斥诡辩，以保证沟通交际的真诚性，这是逻辑的求善任务。因为，在现实的人际沟通中，破斥诡辩比纠正谬误更重要，原因即在于诡辩之人“懂逻辑”[2]。如果不把诡辩“破”掉，逻辑的普遍适用性的科学性质就会被怀疑。因此，逻辑的求善功能是求真功能的自然延伸，借以它来真诚保证人的世界的有效沟通的伦理意义。逻辑的求善过程就是一个体现沟通交际的人文性过程。即人的世界的有效沟通不仅需要强调逻辑本身的“共许”标准，同时也需要强调逻辑的伦理意义；在体味逻辑思维方法论意义的同时，也要追寻逻辑之“法的意识”下的人文价值。

1　参见张晓芒《文化交往中的公理问题》，《南开学报》2005 年第 3 期。

2　黑格尔曾给“诡辩”下了一个定义：“诡辩这个词通常意味着以任意的方式，凭借虚假的根据，或者将一个真的道理否定了，弄得动摇了；或者将一个虚假的道理弄得非常动听，好像真的一样。”黑格尔：《哲学史讲演录》第 2 卷，商务印书馆，1957，第 7 页。

至于相对于价值预设对立所形成的争论，同样需要我们从逻辑方法论上探讨其不同价值理念背后的文化传统支撑，它们是如何在集体思考中，在历史的积淀下，以什么样的历史情怀抒发着自己对社会、人生的不同感悟，描述着自己的理想社会，并将之熔铸在自己的思维方式中，以稳固的思维方式，形成了自己的“文化三段论”的大前提，以指导其社会实践。亦即，从逻辑学有助于提高人的批判性思维能力的层面看，科学的批判精神决定了逻辑思维的基本价值，历史的批判精神体现了逻辑思维的发展地位，人文的批判精神形成了逻辑思维的内在动力。唯有如此，我们才能通过“逻辑的”真诚沟通交际，“选择合理可行的途径”，以平等交流的精神、理性分析与探索的精神、宽容的精神，在事实世界与价值世界的统一中，“逻辑”地拒绝那种师心自是的思维方式。

第三节　逻辑求善功能的作用

我们之所以提出并强调“逻辑的求善功能”，是论证实践中人文精神的需要。这是因为，人类的各种交际行为就是一个各自论证的实践过程，要通过沟通交际来共同建设。而沟通只能是思维的沟通，逻辑的求善功能可以帮助我们识别错误的认识或破斥诡辩。

一　通过识别认识错误提高沟通交际中的人文精神

我们曾前述，解决问题的任何论证都在求真过程中有一个如何保持“逻辑真”和“伦理真”的问题。这种保持，体现在识别认识错误以提高沟通交际中的人文精神的过程中，其意义就在于，“逻辑真”体现了逻辑的求真精神，“伦理真”体现了逻辑的求善精神。

对此，我们还可以用笛卡尔所制定的理性主义认识论和方法论的原则来诠释或评价。即追求知识的四条原则：决不把任何没有明确认识其为真的东西当作真的加以接受；要用逐步分析的方法有系统地解决问题；思考时要由简而繁；把一切情形尽量完全地列举出来，尽量普遍地加以审视，确信毫无遗漏。[1] 由此反观，对于错误论证的分析、评价，需要人文精神。因为，在逻辑思维活动中，任何一个人都要受到周围环境的影响，尤其是人文环境的影响。人文环境就是人文传统与时代精神相互交融而形成的氛围。如果说，人的内在生命力提供了逻辑思维的能量，人文环境则提供了逻辑思维的方向，即思维什么、怎样思维和为什么思维的问题。这样，我们就可以在展现逻辑思维所具有的扩散价值的同时，不但真正认识我们面前的这个现实世界，同时还要一代一代地“观乎人文以化成天下”。这仍然是如何理解批判是求真、求善的“逻辑的批判”，而逻辑的批判需要求真、求善的“批判的逻辑”。或即如前述，逻辑的科学精神要求它必须准确定义任何一种突破社会伦理道德规范要求的行为，这是逻辑的求真任务；而逻辑的人文精神要求它必须以公共道德评价为观念基础，使任一思维的判定与群体的道德信念之间维持均衡，这是逻辑的求善任务。

据《论语·乡党》记载：“厩焚，子退朝，曰：‘伤人乎？’不问马。”其所传递的“人本”理念，至今可为典范。因为，只有在这个预设前提下，我们才好理解，面对古希腊哲学家塞内加曾说的“无论我们认为自己已变得多么高明和安全，自然灾难与人为灾难始终是我们生命的一部分”的时候，我们能否如恩格斯所说，“从灾难和错误中学到比平时更多的东西”？而这是需要逻辑论证的。其意图与方法，当然都是在保持论证“真”的同时锻造我们的善良意志。

---

1 参见〔法〕笛卡尔《方法谈》，《十六—十八世纪西欧各国哲学》，商务印书馆，1975，第114页。

肇始于苏格拉底的道德理智主义认为，符合理性的行为是善的，而出于激情的行为往往是恶的。所以，有德之人必定时时处处用理性规范自己的行为。理性是道德的最高法则。[1] 但在休谟看来，理性的作用仅限于就道德事实和关系作出判断、推理。理性的判断和推理是冷静的、中立的：“一切道德思辨的目的都是教给我们以我们的义务，并通过对于恶行的丑和德性的美的适当描绘而培养我们的相应的习惯，使我们规避前者，接受后者。但是这难道可能期望通过知性的那些自身并不能控制这些感情或不能驱动人们的活动力量的推理和推论来达到吗？推理和推论发现真理，但是在它们所发现的真理是冷漠的、引不起任何欲望或反思的地方，它们就不可能对任何行为和举动发挥任何影响。”[2] 这涉及了“是”与“应该”的问题。“是”是事实层面的判断，“应该”是价值层面的判断。休谟认为这两者之间存在着难以跨越的鸿沟。[3] 从狭义模态逻辑的扩大方阵图与道义逻辑的方阵图之比较上，可以证明这一点。

按此可进一步认为，我们所面对的人的世界，总是一个事实世界和价值世界的统一。应该说，在人类文明史上，价值世界高于事实世界，使以价值观念为根据的价值知识高于事实知识。因为，“作为价值判断的具有普遍适用性的价值准则，是现实社会生活的需要，是‘集体思维’的结果”[4]。因此从“应该”很难推出“是”来。此即狭义模态逻辑方阵图可以补充实然判断（性质判断）成扩大方阵图，而道义逻辑方阵图却不能的原因。但理性意欲的最终目标还是迫使我们希望找到一条由真趋向于善的途径。

1　参见李国山、王建军编著《欧美哲学通史》（古代哲学卷），南开大学出版社，2006，第41—43页。

2　〔英〕休谟：《道德原则研究》，商务印书馆，2006，第23页。

3　参见王建军、李国山、贾江鸿编著《欧美哲学通史》（近代哲学卷），南开大学出版社，2007，第76页。

4　王晓德、张晓芒主编：《历史与现实——世界文化多元化研究》，天津人民出版社，2007，第317—318页。

二　通过破斥诡辩提高沟通交际中的人文精神

按上一节注释引述黑格尔给诡辩下的经典定义，实际上涉及诡辩论的三个要素：第一，论题虚假，事实上并不存在。第二，论据虚假，不合乎事实和真理。第三，论证方式错误，即采用的推理形式无效。这三个要素体现在诡辩中，就是相容选言判断的析取（∨）形式，只要故意违反其中之一，它就是诡辩。由此，对于诡辩的反驳，也就有了针对性：或者反驳论题，或者反驳论据，或者反驳论证方式，或者兼而有之。

对于诡辩的破斥也体现了逻辑的人文精神。仍如前述，逻辑的科学精神要求它必须准确定义任何一种突破社会伦理道德规范要求的行为，这是逻辑的求真任务；而逻辑的人文精神要求它必须在准确定义任何一种突破社会伦理道德规范要求的行为基础上，以公共道德评价为观念基础，使任一思维的判定与群体的道德信念之间维持均衡，这是逻辑的求善任务。或如，当一个人借了别人的钱不想还时，那就应该问一问自己，"借钱不还"能不能成为一条普遍原则。在康德看来，只要这么一问，就会发现"借钱不还"不应成为普遍的规律，因为"借钱不还"的意志不是善良的。康德把这种所谓的先天道德规律叫作理性的"绝对命令"。即是无条件的，不受任何经验、感性欲望、利害关系等条件的制约。在康德看来，一个人如果不是从不计利害的先天道德规律出发，而是从"好借好还，再借不难"的出发点去还钱，那么这种意志也算不上善良。因为，"好借好还，再借不难"的出发点，是建立在个人利害的基础上的，因而是有条件的。[1]

因此在任何逻辑论证过程中，论证意图实际是论证者的思考结果，有其

1　参见冒从虎等《欧洲哲学通史》下，南开大学出版社，2000，第161页。

主观的一面，“主观的理念，就其为独立自决的和单纯的自身一致的内容而言，就是善”[1]。其“‘善’是‘对外部现实性的要求’，这就是说，‘善’被理解为人的实践=要求和外部现实性”。在指导、规范人们的现实行为中，“‘行动的推理’……对黑格尔说来，行动、实践是逻辑的‘推理’，逻辑的格。这是对的。当然，这并不是说逻辑的格把人的实践当作它自己的异在，相反地，人的实践经过千百万次的重复，它在人的意识中以逻辑的格固定下来。这些格正是（而且只是）由于千百万次的重复才有着先入之见的巩固性和公理的性质。第一个前提：善的目的（主观的目的）对现实（‘外部现实’）的关系；第二个前提：外部的手段（工具），（客观的东西）；第三个前提就是结论：主体和客体的一致，对主观观念的检验，客观真理的标准”。[2]

有鉴于此，任何逻辑论证既是社会理性的需要，也是社会理性的结果，表明了逻辑作为正确有效思维的工具，既是求真的工具，也是求善的工具。用孔子的话讲，是“正名以正政”，“名不正则言不顺，言不顺则事不成，事不成则礼乐不兴，礼乐不兴则刑罚不中，刑罚不中则百姓无措手足”；用公孙龙的话讲，是“正名实而化天下”；用荀子的话讲，是“以正道而辨奸，犹引绳墨以持曲直。是故邪说不能乱，百家无所窜”；用黑格尔的话讲，是“‘普遍的神圣的理性’不是一个单纯的抽象观念，而是一个强有力的、能够实现它自己的原则”，并使“世界历史因此是一种合理的过程”。[3]

因此，逻辑的求真功能与求善功能，就是针对随着社会的发展，已经出现或预见可能会出现的新问题，如何以一种理性的集体性思考，对新问题给予新的确定性要求，并以新的确定性的逻辑方法论规定，消解本能的反驳，体现规范者所代表的一定历史阶段的规范意图。

1　〔德〕黑格尔：《小逻辑》，商务印书馆，1981，第418页。

2　列宁：《黑格尔〈逻辑学〉一书摘要》，人民出版社，1972，第150、153—154页。

3　〔德〕黑格尔：《历史哲学》，生活·读书·新知三联书店，1956，第76、47页。

三　先秦逻辑思想研究的新理念支撑

基于上，先秦逻辑思想的发生、发展也概莫能外。先秦诸子的论辩思想及方法是用来论证他们自己的政治主张的，因此，从论辩的求真、求治、求善的相互关系看，只有明了了“是非之分”才可以审核“治乱之纪”，这两者逻辑地联系着。故而先秦诸子在政治传播活动中所娴熟运用的推类方法，无论在方法上，还是在理念上，其求真、求善、求治的思路是为一致。此即西汉司马谈论述先秦诸子名辩思想时所言：尊卑无别，兼是别非，然世异时移，事业不必同，但“天下一致而百虑，同归而殊途”，均“务为治”。[1] 其区别只在于预设在各自论证前提中的理念不同，因而推类结果也有所不同。

应该说，“务为治”所希冀的求善精神要求以及方法论的“意义”指导，其合理性与合法性的证明，只能从人类道德理想的论证实践中寻找。体现在先秦推类思想必然受时代历史文化背景的限制问题上，道德共识就赋予了先秦逻辑思想的求善合理性。

其实，在先秦时代，“务为治”历来就是求知、求治的认识作用与政治伦理作用的统一。“四书五经”第一书之《大学》，开篇就明确指出：“古之欲明明德于天下者，先治其国；欲治其国者，先齐其家；欲齐其家者，先修其身；欲修其身者，先正其心；欲正其心者，先诚其意；欲诚其意者，先致其知，致知在格物。”宋代大儒朱熹更对此做了阐发：“致知在格物，物格而后知至，知至而后意诚，意诚而后心正，心正而后身修，身修而后家齐，家齐而后国治，国治而后天下平。”[2] 由此我们也可以认为，先秦逻辑思想乃至中国古代逻辑思想的发生发展，所走的是一条不同于西方古希腊逻辑的发展道

---

1 （西汉）司马谈：《论六家要旨》。
2 （南宋）朱熹：《大学章句》。

路，它在其发生发展过程中受当时历史文化因素的影响，有着伦理化倾向。故而我们强调逻辑的求善功能，希望能为研究先秦逻辑思想及方法再提供一种新的理念支撑，新的研究视野，新的进入点。

或许，这种新视野会使我们在先秦逻辑思想及方法的研究中，通过中西古代逻辑思想的比较研究，既求同，更尚异，从而加深体会，进而诠释先秦逻辑思想及方法的特质，这种特质又怎样有着历史文化因素的影响。从而在文化全球化过程中，对中国传统逻辑思想的特质研究，作出我们自己的学理贡献。

下　编

第六章

汉字造字过程中逻辑—认知结构的意象性思维样式[1]

从某种意义上说，汉字可以说是现今世界仍然在大群体、大范围内普遍使用的一种独一无二的表意性文字[2]，它的产生、发展，受着传统意象性思维的规范，使得它的形体结构在“象”的意义诠释中，表达形式与表达内容统一在一起，一直贯穿于汉字造字过程的始终，并形成了稳定的汉字造字、认字、用字的“逻辑—认知结构”。意象性思维能够在汉字造字过程中起着重要的规范导引作用，也有着它的历史根据、工作机理根据与文化根据，为先秦推类思想的产生、发展奠定了坚实的文字学基础；意象性思维的联想机制，也为推类思想奠定了工作机理的基础。以汉字语义与语用统一下的正名精神，也反映了先秦推类思想的特质。作为一种中国古代历史文化的产物，在今天的现代社会里，汉字需要不需要改革，如何改革，如何在改革过程中仍然保留它自身的文化特色，仍然是值得我们思考的一个问题。

1　本章的有关内容曾与新疆警察学院的贾磊教授进行过讨论，特此感谢。

2　应该说，彝族文字也可以说是一种至今仍使用的表意文字。彝文合体字少，不似汉字采取形声结构来多产字，而是采用字体结构易位、增添笔画等方法来多产字。结构易位有上下易位、左右易位；增添笔画则指在已具独立形、音、义的独体字不同部位增添不同的笔画，形成另具形、音、义的字。只是从它的起源、造字能力、规范能力、发展趋势来看，远远不及汉字。有关彝族文字的特点、历史、现状，请教了贵州民族大学的张学立（彝族）教授。在此感谢学立教授。

第一节　意象与意象性思维方式

有学者认为："中国逻辑的起源与中华汉字的起源实质上是一个问题，亦即中国逻辑体系的确立就是中华汉字体系的确立，两者共同构成了中华文明得以确立的最重要的条件之一。"[1] 如果两者同源的话，其同源的根本又是什么？按此回溯，任何一个稳定的文化传统，必定包含了这个民族的思维方式。先秦时期在如何认识世界、社会的过程中，经过古代先人历史积淀的认知实践及粗浅的理论概括，形成了建立在"类"概念基础上的由"言事"而"论道"的推类方法，其基础是意象性思维方式，它以两类不同的事物、现象在"类"属性或"类"事理上具有某种同一性或相似性，从而可以类推的规范作用，以粗浅的自发意识形式，在古代汉字的造字过程中就有所体现。也正是在这个意义上，笔者才认为，汉字在其造字过程中，意象性思维的规约作用为先秦推类方法的产生、发展奠定了坚实的文字学基础。

一　意象

所谓"意象"，最初可能只是一种经验的直觉。其中之"象"是在对事物直接反映基础上对感觉、知觉之"象"有取有舍而形成，有其简约的概括性。[2]《周易》的"观物取象"[3]"立象以尽意"[4] 应该就是这种经验直觉的注脚。

1　张连顺：《中华汉字起源新探》，科学出版社，2019，第 1 页。

2　参见刘文英《漫长的历史源头——原始思维与原始文化新探》，中国社会科学出版社，1996，第 142—144 页。

3　《周易·系辞下》："古者包牺氏之王天下也，仰则观象于天，俯则观法于地，观鸟兽之文与地之宜，近取诸身，远取诸物，于是始作八卦，以通神明之德，以类万物之情。"

4　《周易·系辞上》："子曰：'书不尽言，言不尽意。'然则圣人之意其不可见乎？子曰：'圣人立象以尽意。'"

作为一种经验直觉，以心灵中呈现某种简约概括的“象”来表达某种意愿，可能在原始思维中都具有。“原始民族的语言‘永远是精确地按照事物和行动呈现在眼睛里和耳朵里的那种形式来表现关于它们的观念’。这些语言有个共同的倾向：它们不去描写感知着的主体所获得的印象，而是描写客体在空间中的形状、轮廓、位置、运动、动作方式，一句话，描写那种能够感知和描绘的东西。”[1] 而“意象”作为一个合成词的最早使用，似为汉代王充的《论衡·乱龙》：

> 天子射熊，诸侯射麋，卿大夫射虎豹，士射鹿豕，示服猛也。名布为侯，示射无道诸侯也。夫画布为熊麋之象，名布为侯，礼贵意象，示义取名也。

意谓，射不同动物的箭靶，表示要征服凶猛的东西。把这些布靶子取名为“侯”，取射杀暴虐诸侯之意。这说明了礼制注重富有含义的形象，取寓意而名。而这种“象”与“意”的连接，显然浸染着浓厚的情感因素。

“意象”作为古代文论术语，始于南朝刘勰的《文心雕龙·神思》：

> 积学以储宝，酌理以富才，研阅以穷照，驯致以绎辞。然后使玄解之宰，寻声律而定墨；独照之匠，窥意象而运斤。此盖驭文之首术，谋篇之大端。

“运斤”之“斤”本指斧子这种工具，甲骨文为“”“”，金文为“”，《说文解字·斤部》中的篆体字为“”，解为“斫木也”。《段注》：

1　〔法〕列维-布留尔：《原始思维》，商务印书馆，1981，第161页。

“横者像斧头，直者像柄，其下像所斫木。”“运斤”即运用工具的“意象”，来自先秦《庄子·徐无鬼》中的一段文字：

> 庄子送葬，过惠子之墓，顾谓从者曰：“郢人垩慢其鼻端若蝇翼，使匠石斫之。匠石运斤成风，听而斫之，尽垩而鼻不伤，郢人立不失容。宋元君闻之，召匠石曰：‘尝试为寡人为之。’匠石曰：‘臣则尝能斫之。虽然，臣之质死久矣。’自夫子之死也，吾无以为质矣，吾无与言之矣。”

在庄子那里，“斤”指“斧子”一类的工具，而在《文心雕龙》中则指谋篇布局的思维方法，也有着思维工具的方法论作用。明清之后，“意象”专指借助具体外物，用比兴手法表达的作者情思。

基于上，所谓“意象”，就是指主观情愿与外在物象相融合的“心象”。

二　意象性思维方式

这种主观情愿与外在物象相融合的“心象”之产生，是一个“实象”虚化的过程。它对生活经验重新加工并赋予了客观之“象”与主观之“言”以新的意义连接，以一种“爽借清风明借月，动观流水静观山”的认知途径，以“登山则情满于山，观海则意溢于海”[1] 的情绪渲染，以“法同”的认知规则，展现了一定的思维流程，这就是“意象性思维方式”。

按目前学界所基本认同的中西思维方式的差别，“中国思维方式以‘象思维’为主导，而西方思维方式则以‘概念思维’为主导”[2]。“概念思维”思考的是两个概念之间外延的相互关系，而“象思维”思考的是两种事物之间

1　（南朝）刘勰：《文心雕龙·神思》。

2　王南湜：《中西思维方式的差异及其意蕴析论》，《天津社会科学》2011 年第 5 期。

的本质规定性或伦理规定性（内涵）的对比联想。再按刘家河先生以历史学家的眼光看，“古代西方的理性结构包括逻辑理性、自然理性、实践理性、道德理性、审美理性，但缺少历史理性，其理性结构以纯粹理性为主导，逻辑理性居于统治地位。中国的理性结构包括历史理性、自然理性、道德理性，有逻辑思想，但却未发展出逻辑理性，其中历史理性占有支配地位。逻辑理性主宰了西方的思维，历史理性引领了中国的思维。这种理性结构的不同是中西思维不同的根本原因所在”[1]。故而笔者在分析评价汉字造字过程中的规范作用时，更愿意用“意象性思维方式”从历史文化的角度来分析。这是因为，按梁漱溟在比较中西哲学方法时所认为的，中国哲学方法的本质特征是“直觉”[2]，而直觉的结果应该是“象”中之“意”。相较于“象思维”，“意象性思维”在直观上补足了这一点。再按刘家河所述，中西文明之理性结构的不同，逻辑理性与历史理性主导的区别，根本在于二分法的不同，其部分原因可溯源至语言的不同，作为文化的源头，“语言的特点在很大的程度上导致了逻辑的特点。语言和逻辑是紧密相关的，中西皆同”。这也是我们为什么更愿意用“意象性思维方式”来研究的原因。

第二节　意象性思维在汉字造字过程中的规范作用

自古亦然的意象性思维方式，在中国古代文字的造字过程中也有所体现。与其他文字相比，汉字说到底是一种自源性文字，它每一字的字形、字义都可发掘出丰富的意义内涵，在文字学意义上展现着一个民族的文化底蕴。故

1　刘家河：《理性的结构：比较中西思维的根本异同》，《北京师范大学学报》2020 年第 3 期。
2　参见梁漱溟《东西文化及其哲学》，上海人民出版社，2006，第 112—113 页。

而陈寅恪就曾断言：“凡解释一字，即是做一部文化史。”[1]

应该说，文字的产生、发展过程是一个造字的过程。史传黄帝史官仓颉“见鸟兽蹄迒之迹，知分理之可相别异也。初造书契，百工以乂，万品以察”[2]。这也间接反映了文字产生的轨迹，即黑格尔所说，“依照时间的次序，人的意识，对于对象总是先形成表象，后才形成概念，而且唯有通过表象，人的能思的心灵才进而达到对于事物的思维地认识和把握”[3]。按此，我们尝试对中国文字造字过程中，先人是以何种思维方式在由“实象”至“心象”的演变过程中，以一定的“类化意识”，以及由此延伸出来的“公理意识”，规范、制约着不同汉字之间是如何相互“别”与“察”的。

又，汉字是表意文字，它的形体结构和意义有密切关系。古人称为“六书”：象形、指事、会意、形声、转注、假借。但实际上汉字的形体结构只有前四种，且更能体现实质意义上的造字法并更能说明文字发展的历史进程，所以我们只简单按字形与字义的关系分析前四种。

一　象形字

象形字是指描摹实物形状的文字，它保留了最原始文字的形体和面貌，每个字都有固定读法，和没有固定读法的图画文字相比，已经是真正意义上的文字了。“象形者，画成其物，随体诘诎，日月是也。”[4] 即将事物轮廓或具有特征的部分，在“实象”虚化的过程中，以意象性思维方式“有感知”地描画出来，体现了意象性思维方式的基本原则，就是主观情愿与外在物象相融合的心象。而按《说文解字》段注，“有独体之象形，有合体之象形”。

1　转引自“百个‘最中国’汉字在京选出，‘和’字备受推崇”，2010 年 10 月 15 日新华网。

2　（东汉）许慎：《说文解字·叙》。

3　〔德〕黑格尔：《小逻辑》，商务印书馆，1980，第 37 页。

4　（东汉）许慎：《说文解字·叙》。

象形字分为两类。

1. 独体象形字

独体象形字是通过简单描摹刻画某一物的轮廓来指称该物。在描摹该物的过程中，它是一个不可解构、不可拆分的整体象形表意。

或如：日（）、月（）、山（）、水（）、火（）、木（）。它们的甲骨文写法，就以“像”日之形、月之状、山之雄、水之态、火之炎、树之貌之形状，来意象性地描摹指称这些事物。

应该说，独体象形字对于事物的简单描摹既是形象的也是抽象的。它的构成元素或者字素置向无论如何变化，在表现所描摹事物的本来情景上，是形象的，所“像”之形非常明显；在以所描摹事物功能以构形表义以及构形之美的“实象”虚化上，它又是抽象的，其直观意义在以物的形体进行象形表意过程中，有了思维意象性映射的因素。故而它是超越的“虚化”解析，在“象”的意义诠释中，表达形式与表达内容统一在一起，一直贯穿于汉字造字过程的始终，成为一以贯之的“术”。也正是基于此，这种不可拆解的最简单的形象与抽象，以无须且不能解构拆分的字形字义，构成了汉字的源头。当我们今天细细品察汉字繁茂宗谱树的字根时，也就是在探源这种独体象形字所代表的“类”。

2. 合体象形字

合体象形字必须由两部分的字素构件组成，之间形成一幅依附与烘托的复合形之“象”，从而使之既具有了形体上的联系，又有了意义上的连接，即《说文解字》段注，“从某而又象其形”。故而它虽然也简单描摹了事物的轮廓，但其建立在依附与烘托基础上的复合意义，就还需要依附事物借助于主体事物来帮助表意了。

或如："眉"（、），是在已有的独体象形字"目"（）上增加眉毛象形符号，整体表达"眉"义，"目上毛也。从目，象眉之形"。[1] 否则不知所"象"之云。

或如："果"（），是在已有的独体象形字"木"（）上增加果实象形符号，"果，木实也。从木，象果形，在木之上"。[2] 其基本构成原理同上。

文字的产生也应有一个历史化的过程。因此，最初的象形字肯定不会是仓颉一人所为，在由图画文字向契刻文字演化的过程中，会有一个不同个体有不同感受的随意性过程。这种形式语言的"实验性"是汉字造字阶段必然要经历的一个重要环节。但文字的符号指称统一是沟通交际的需要，在上古初民艰辛生存的过程中更是生命的需要，必定需要某些人甚或某个人将最早的文字统筹起来，按"缘天官，凡同类同情者，其天官之意物也同"[3] 的"实象"感知，自发形成或制定一些"共许"规则，使最初的汉字造字在意象性思维引导下，在"经历"与"认可"中逐步发展，让"为何展现"与"如何展现"成为一种"前人所以垂后，后人所以识古"[4] 的恒久文化行为。

虽然这种文化行为最初仍然以视觉上的真实为"画成其物，随体诘诎"的最基本目的，成为象形字的根本观念之"道"与技术方法之"术"，但这种尊重自然客体的精神，却为日后汉字的庞大体系构筑了最坚实的思维方法论基础，使今天的我们仍然在汉字的表意性中，不断体验着融贯客观真实与科学方法为一体的意象性思维方式的表达欲望。

应该说，象形字从艺术原理、"实象"虚化的审美，到形式语言的表达技巧，是古代先民不断探索的结果，代表汉字初创时期的一种文化认知能力。虽然自然界永远没有一种反射率能够为 1 的镜子，但作为一种实物"镜像"

1 《说文解字·眉部》。
2 《说文解字·木部》。
3 《荀子·正名》。
4 （东汉）许慎：《说文解字·叙》。

的“映射”表达，在象形字的造字过程中，意象性思维方式仍然规范着所造字和所画之物的“能指”（signifier）与“所指”（signified）的同一，规范着所造字的自我说明的语义与语用的同一。这种“随体诘诎”应该属于思维与存在的同一，其表意性质中的审美情趣与旨意，正是意象性思维方式使然，“实象”虚化的过程熔铸并符合了以往的审美经验，也符合了建立在经验逻辑归纳基础上的逻辑—认知结构。否则，造字的初衷便失去通过“实象”虚化以记载并沟通交际的符号指称作用了。

从造字方法看，象形字最能反映字的本义，是以后所有造字方法的根本和基础。只是因为世界万物林林总总，不可能都意象性地“随体诘诎”，因此《说文解字》中收字9353个，象形字为364个，只占5%弱。针对曾经的造字方法，形式语言的“实验性”要求，“对不足以支撑文化发展的各种现象有着‘破坏’和‘建立’的本质意义。这是因为，艺术的发展总是以众多与过去方式不同体验为前提，从‘实验’到‘结果’的自然发展过程及趋势”；“既然有‘实验’的性质，那么必然会产生一种打破惯例模式的思维方式，这种思维方式首先表现在对新的形式语言的直接体验上”。[1] 于是在意象性思维导引下，新的形式语言的“实验性”继续向前发展着。

二　指事字

在能指与所指的统一认知过程中，表达概念之“名”的“字”，有具体的，有抽象的。抽象概念无法按照客观之“物”的形体实象“随体诘诎”，所以指事字成为一种以抽象符号（点、画）来表示较抽象意义的汉字造字法，它通过看和细察才能领会所造字的本义，“指事者，视而可识，察而见

1　张骅骝：《形式语言的“实验性”思维特征》，《南京艺术学院学报》（美术与设计）2012年第3期。

意，上下是也”[1]。即借助客观之“物”的本质特性，以意象性思维从“事”的意向进行抽象表意，指出某事物的特点，已经具有了进一步抽象的意义。

1. 纯符号构成的指事字

或如：“上”“下”：甲骨文为“”“”；小篆为“”“”。这里的指示符号抽象表示位置，之上为“上”，之下为“下”。

2. 合体指事字

在象形字基础上增加指示性符号以表明造字意图的是合体指事字。

或如：“本”（、）、“末”（），是在象形字“木”的上面或下面加一些指示符号，表示树梢或树根的所在。

或如：“刃”（），是在“刀”（）口处加一点以指示“刀刃”所在。

或如：“亦”（）（“腋”的本字），是在人的正面形象的两旁各加一点以指示腋窝部位。“人之臂亦也。从大，像两亦之形。”[2]

指事字的造字法及意象性规范原则，是在象形造字法及意象性规范原则的基础上产生的。[3] 此过程不但熔铸了意象性思维方式，还熔铸了整体性思维方式。不能“上下颠倒”“本末倒置”。有学者认定的汉字造字过程中的阴性意象、阳性意象、阴阳交合意象、阴阳互根意象等，[4] 这种整体性的意象性思维方式同体现在医学中的阴阳对立统一的哲学思想，“阴根于阳，阳根于

1　（东汉）许慎：《说文解字・叙》。

2　《说文解字・亦部》。按“大”（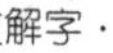），从左至右为甲骨文、金文、篆体字，呈现的都是人的正面之形。按前述，由于“惟人万物之灵”，所以“天大，地大，人亦大。故大像人形。古文大也。凡大之属皆从大”。如“夫”“天”“夹”“奔”“奚”“爽”等（《说文解字・大部》）。

3　在抽象的意义上，有学者认为，合体象形字是只有一个表意符号，再为其提供背景烘托，而指事字也只有一个表意符号，并在这个表意符号上指明其部位。因此，不能将象形字和指事字分成完全独立的两种造字方法，应该将指事字归属于合体象形字的范围内。（参见李学俊、李元甲《独体象形字解析》，中国言实出版社，2015。）由于我们在这里思考的是汉字造字过程中意象性思维样式的规范作用，所以对这些文字学的研究不做过多的讨论。

4　参见段石羽《汉字中的中国古代哲学思想》，新疆人民出版社，2006，第一至第四章。

阴，阴阳相合，万物乃生……阴阳之理，原自互根，彼此相须，缺一不可。无阳则阴无以生，无阴则阳无以化”，[1] 一样体现在汉字的造字过程中。

按现代符号学理论，“概念思维”所讨论的是语言记号或句子结构之间关系的语法学，“象思维”讨论的应是莫里斯所划分的语言记号与它们所谈论的对象之间关系的语义学。[2] 虽然“意象和概念的功能有很大的不同，概念之‘所指’十分清晰和确定，而意象之‘所指’则相当模糊和不确定”，但意象的“‘所指’又不能不相对地具有某种程度的明晰性和确定性。……意象是反映客观世界的，不能不受客观对象的制约，不能不同对象具有某种一致性；意象是在实践中形成的，不能不受到实践的制约，不能不受到生活经验不同程度的修正”。[3] 故而，生活实践中产生的“意象”，肯定会因人而异地有其模糊性和不确定性。它就不得不继续在生活实践中不断修正自己，在扩大了的视野下追寻一种既保证扩大沟通交际范围，又增加意象含义稳定下的确定性。所以，尽管指事字在意象性思维导引下“视而可识，察而见意”，但能够抽象的指事范围毕竟很小，这也就是为什么《说文解字》中只有129个指事字。发展卜去就是进一步的实验性形式语言的继续抽象了。

三　会意字

会意字是以两个或两个以上的独体字组合起来“会合成意”。所谓“会意者，比类合谊，以见指㧑，武信是也”[4]。比：并；谊：义；见：显现；㧑：发挥。即把意义上可能发生联系的两个或两个以上的字拼合在一起，从旧字

1　（明）张介宾：《类经》。

2　参见〔美〕莫里斯《指号、语言和行为》，上海人民出版社，2011。

3　刘文英：《漫长的历史源头——原始思维与原始文化新探》，中国社会科学出版社，1996，第268、274页。

4　《说文解字·叙》。

比较中产生出新的字义来。抽象的意义进一步发展。

或如，武（）：下止（脚趾）上戈（中国古代一种武器）。按现代古文字学家于省吾《甲骨文释林·释武》，意谓人扛着武器。[1]“止”本义是脚，在汉字的“类化意象”[2]意识中，凡是由“止”做部首的字大都与“脚”有关，或如，出、此、步、陟等。又由于“脚不前行”为“止”，所以“止”又引申为“停止”义，“令行禁止”。加之文武相对，“夫文，止戈为武”[3]，所以《说文解字》将之解为：“楚庄王曰：‘夫武，定功戢兵，故止戈为武’。”[4]而按前述关于汉字的阴性意象说明：“止部意象”属于“阴性意象”，“动为阳，静为阴；行进为阳，留止为阴。故而说‘停’字有阴性特征。止原本为一只脚的形象，即‘趾’的初文。脚的作用一是要走、行进，二是要站住、停止，……这也反映了汉字同根相反的特点”[5]。

信（）：“诚也。从人，从言。”[6]由于“人，天地之性最贵者也”，[7]“惟人万物之灵”；言（甲骨文，金文），《说文解字·言部》：“直言曰言，论难曰语”；二者的结合，“言”就有了伦理的含义：人言为信。本义为言语真实，《老子·八十一章》“信言不美，美言不信”；《墨子·修身》“言不信者行不果”。引申为泛指对人真诚，《论语·述而》“与朋友交，而不信乎？”守信，《荀子·富国》“已诺不信则兵弱”。从真实、守信又引申出相信，《论语·公冶长》“始吾于人也，听其言而信其行”，《孟子·尽心下》“尽信书则

1　参见汤可敬《说文解字今释》，岳麓书社，1997，第1807页。

2　按刘文英先生所说，“类化意象是个别意象的类化，它是反映某一类或某一系列个别对象的意象”；“类化意象在语言中的具体表现，就是那些表示对象、属性或关系的共名或总名”；“类化意象比个别意象具有更大的概括性和抽象性。……类化意象既然突破了个别对象的限制，而能把握某一类或某一系列对象，原始人就能够把此时此地此物上所形成的意象而转移到彼时彼地彼物之上。这样，原始人尽管没有抽象概念，仍能进行某种概括性的思考”。参见刘文英《漫长的历史源头——原始思维与原始文化新探》，第176—177页。

3　《左传·宣公十二年》。

4　《说文解字·戈部》。

5　段石羽：《汉字中的中国古代哲学思想》，新疆人民出版社，2006，第21页。

6　《说文解字·言部》。

7　《说文解字·人部》。

不如无书”。还可引申出信约、盟约，《左传·襄公元年》“以继好结信”。又引申为书信，虚化为副词，的确，《韩非子·难一》“舜其信仁乎?”等。这均显现着“比类合谊，以见指㧑”的意义所在。

会意字可分为三种。

1. 同体会意字

或如，从（），《说文解字·从部》：“相听也，从二人。”像两人前后相随。

或如，林（），《林部》：“平土有丛林曰林，从二木。”

或如，轰（），《车部》：“群车声也，从三车。”

2. 异体会意字

或如，休（），《木部》：“息止也。从人依木。”其基本义及引申义大抵为“停止”之义。[1]

或如，益（），《皿部》：为水漫出皿上，“皿益之意也”（溢为以后的转注字）。引申为水涨，《吕氏春秋·察今》“荆人欲袭秦，使人先表澭水。澭水暴益，荆人弗知，循表而夜涉，溺死者千有余人”。引申为增益，《尚书·大禹谟》“满招损，谦受益”，《周易·杂卦传》“损、益，盛衰之始也”；由增益引申为利益、好处，《论语·卫灵公》“吾尝终日不食，终夜不寝，以思，无益，不如学也”。

或如，戍（），《戈部》：“守边也，从人执戈。”意谓保卫边疆。

或如，料（），《斗部》：“量也，从斗，米在其中。”“斗”为象形字，“十升也，有柄”。本来是容量十升的酌酒器，使得“米在斗中”之“料”的

1　参见《辞源》修订本一，商务印书馆，1990，第176页。

原意为估计数量多少，后引申为忖度、估量，照料、整理等。

上述两种会意字仍然融贯着意象性思维方式的方法论意义，以主观情愿与外在物象相融合，体现了思维与客观事物的同一，以及字本身含义的同一。其会意的根据和意义在于接近联想或关系联想。

所谓接近联想，是“在相关事物中，从一事物想到另一事物。它的根据是相关事物在时间或空间上的彼此接近或具有某种相关联系”；所谓关系联想，是“根据事物之间所存在的因果联系而引起的联想”，它之所以能够成立，在于客观事物是无穷多的，事物的属性也是无穷多的，而事物属性之间的联系更是变化无穷，“人的思维可以把其中任何一个属性或事物作为媒介，去反映与其周围发生联系的其他事物及属性，进而揭示出这些事物之间的必然联系，反映出事物的本质及规律”。[1]

按此分析，会意字“法”的繁体字“灋”，其意就是，“廌”一去，法平如水。[2] 所以《说文解字・廌部》即云：“灋，刑也，平之如水，从水；廌，所以触不直者，去之，从去。”段玉裁注曰：“法之正人，如廌之去恶也。”

3. 词义对立的会意字

此会意字是以相反的字形熔铸了汉字造字过程中的意象性思维方式。

或如，杲（杲），《木部》：“明也，从日在木上。”表示太阳出来挂在树梢，光辉明亮，或高高在上，《诗经・卫风・伯兮》“其雨其雨，杲杲出日”。而如日在木下之“杳”（杳），就表示太阳将落，万物归于幽暗、沉寂之“冥也，从日在木下”。又因将一夜不见太阳，引申为极遥远：杳无音信。

或如，旦（旦），《旦部》：“明也，从日见一上。一，地也。”为天亮，早晨。通宵达旦、枕戈待旦。而暮（暮），《茻部》：日落草丛中为“莫”（暮之

1 张晓芒：《创新思维方法概论》，中央编译出版社，2008，第 86、88 页。

2 参见本书上编第五章第一节之二“对‘德’‘善’的解析”的相关内容。

古字），为傍晚，“日且冥也”，暮色苍茫。

或如，即（），《皀部》：“即食也”。左为食器，右为人。像人靠近盛了食物的器皿，本义是就食，林义光《文源》：“即，就也，像人就食之形”。后词义扩大，泛指一般走进、靠近，《诗经・卫风・氓》“来即我谋”。用于抽象意义，为接触，《论语・子路》“善人教民七年，亦可以即戎矣”。故而有成语“即景生情”“若即若离”“可望不可即”。再抽象就有了“就在”之意，虚化为副词为“就”“就是”；虚化为连词则表假设，《孟子・梁惠王上》“即不忍其觳觫，若无罪而就死地，故以羊易之也”；或表转折，《史记・项羽本纪》“先即制人，后则为人所制”。

而既（），《皀部》：表示人吃罢掉头而去，有“已经”“完毕”之意。“小食也”。“小食易尽，故引申为尽也，已也”；“像人食已，顾左右而将去之也。引申之义为尽”。[1]

对于“鲫”（鲫鱼）、“唧”（细小杂碎的声音）、“暨”（旭日略微呈现，到，至；虚化为连词和、及、与）、“蔇”（草多的样子）、“塈”（涂屋顶）、“穊”（稠密，深耕概作）、“鱀”（白鳍豚）等，则已是取“即”或“既”为声旁的形声字了。

上述这些词义对立的会意字，均由相反字形不但熔铸了造字过程中的意象性思维方式，还以其鲜明的对立意义也熔铸着整体性思维方式。或如，《管子・内业》“杲乎如登于天，杳乎如入于渊”。或如，词语“旦暮”；成语“朝三暮四”“晨钟暮鼓”；《木兰诗》“旦辞爷娘去，暮宿黄河边”等。

其所引发或得到的启示是在相反事物之间进行的对比联想，“它的根据是事物之间所具有的相反性质或特点。对比联想以客观事物之间的对立统一关

1　（清）徐灏：《段注笺》；李孝定：《甲骨文字集释》。参见汤可敬《说文解字今释》，岳麓书社，2001，第687页。

系为基础，体现了事物之间的对立、转化及统一性”[1]。

应该说，合体象形字和会意字之区别在于，其一，合体象形字中至少有一个象形性符号，其认知过程是直观性（画成其物）地意象性映射（随体诘诎），而会意字则要求每一构字部件都是独体字，其认知过程是经过两字的相互联系（比类合谊）来意象性映射（以见指㧑）；其二，合体象形字的两个构字字素之间，往往是以一个构字字素为主体，以另一个构字字素为参考物，而会意字的构字字素之间是相互融合、相互作用的关系，并无以哪个为主体的问题；其三，在表征意义上，象形字表征象物，会意字则表征象事、象意。

由此，这种由象形、指事、会意的一步步发展演进，其所表明的是，通过“形式语言”的种种“实验”性尝试，竭力去把封闭的汉字造字艺术变成开放的艺术，汉字造字艺术发展的每一步，都是以实验的方式作为起点，然后由实验的成果展现一种新的发展趋势。这种发展趋势在“缘天官，凡同类同情者，其天官之意物也同”[2]之“摹略万物之然”[3]的大观念下，仍然能够以古老的旨溢画外的神妙，在临物用情的悉心考量中，充满不断对超越物象拘制、扩展思想意境的执着追求，以“呈于心而见于物”的全新审美体验，不断开辟“处身于境，视境于心”[4]的全新的批判性思维路径。这是因为，汉字造字艺术的力量源泉，在汉字造字观念与方法的统一下，已经不只是“缘天官”的对自然描摹，而是更多地追求对自然的独特认知表现，体现着意象性思维方式的创造性扩散价值。而这种“实验性”的体验一旦走出传统视野，就在“反者道之动”的扬弃下，以开放的态度悖论式地从根本上动摇了一向单纯以“缘天官”的视觉真实为全部目的的造字理念。在能指与所指的不断验证中，使生动的直观性和具体性，以类化意象的“能指”之“象”

1 张晓芒：《创新思维方法概论》，中央编译出版社，2008，第 87 页。

2 《荀子 · 正名》。

3 《墨经 · 小取》。

4 （唐）王昌龄：《诗格》。

去“意象思维”地指称更多“所指”之“象”。虽然《说文解字》中会意字有1267个，但仍然不敷为用，现实的需要注定要开辟更加广阔的“实验性”领域，形声字在意象性思维方式规范下，在不断抽象的类化意象的道路上前行，自然登上了历史舞台。

四　形声字

形声字由表意的形旁和表音的声旁组合而成，造字能力最强。按《说文解字·叙》：“形声者，以事为名，取譬相成，江河是也。”即《水部》“江，从水，工声。古双切（jiang）”；“河，从水，可声，乎哥切（he）”。《说文解字》收字9353个，形声字占80%以上。一切抽象概念和现代语言中的新词汇均可以用意符和声符组合成新字。或如，化学元素周期表中的字，金属元素除“汞”外，都用“金”字旁；非金属元素都用“石”字旁；气体元素除“溴”外，都用“气”字旁。这至少表明以下几点。

1. 意象性思维方式体现在通过意符的“察意”上

汉字字典都把部首作为查字、解字的一个重要手段。其主要功能就是按字的偏旁分类，把同一部首的字归为一类，意符相同的形声字，在意义上大都和意符所标示的事物或行为有关。因此，凡是作为部首的某字，《说文解字》均要标明“凡某之属皆从某”；凡是从属于某个属的形声字，《说文解字》也均要标明“从某”。这样就从某一类字的意符上巩固了类化意识，从而以规范性的规则要求，提示了通过“察意”规定认知途径中的类似联想。其根据就是事物之间在形态或性质上的某些相似，即在类事理（物理之属性、物象之情状、物事之因果）上具有同一性或相似性。这也就是俗话所说的“认字不认字，先认半个字”，即指先从偏旁辨别其“类”的意义所在。

虽然在汉字发展中，形声字的意符并不完全等于本义，但本义与意符之间仍然有密切关系，这也为我们今天学汉字、解汉字，从本义而引申义，导出了意象性思维方法论的逻辑—认知途径。

或如，“赴趋赶越超”一组字，虽然读音不同，但我们可以从共同的偏旁“走”（）[1] 中，体会出它们均与人的走、跑行为有关。

或如，“阈域蜮棫罭惐淢琙緎𩣡”一组字，虽然读音相同[2]，但我们仍然可以从不同偏旁中，体会出“阈”与“门”有关（门槛，后泛指界限或范围，视阈，听阈）；“域”与土地有关（指一定的疆界、范围，地域，区域，音域，论域）；“蜮”与虫子有关（传说中一种含沙射人或人的影子以使人害病的怪物，鬼蜮，含沙射影）；“棫”与木有关（古书中的一种木本植物，柞树、栎树的通称，在《诗经・大雅・棫朴》中为有刺的丛生小树，“芃芃棫朴”，在《诗经・大雅・旱麓》《诗经・大雅・皇矣》中连用，“瑟彼柞棫”，“柞棫斯拔，松柏斯兑”）；“罭”与网（）有关（捕捉小鱼的细网，或是附有小囊的渔网）；“惐”与心（）有关（悲伤之意）；“淢”与水有关（激流）；“琙”为人名，以玉石为形旁，为美好之意；“緎”与丝线（）有关（古代计算丝的单位，二十缕丝线为一緎，又指衣缝）；“𩣡”为疾速貌，“有”（）有复加、更加之意，但不知有没有联系。此外还有“缶”字旁的“或”为“瓦器也”，即陶罐子；“黑”字旁的“或”为“羔裘之缝”，想必是对比羔裘之白，其缝就是黑的了。

虽然在形声字的造字过程中，意义范畴是一个较为宽泛的概念，它并不等同于词义本身。意符相同也并不意味着词义相同，“如以‘言’或‘贝’为意符的形声字并不都是等义词。……但是只要我们已经知道了某一形声字的几个意思，则可以根据意符来辨认哪一个是本义或比较原始的意义，哪些

1　“趋也，从夭止。夭止者，屈也。凡走之属皆从走。”《说文解字・走部》。徐锴曰：“走则足曲故从夭。”

2　“或”（）为“域”的本字，“邦也，从口，从戈，以守一，一，地也”。《说文解字・戈部》。

则是引申义或假借义”[1]。这里的辨认根据就是按照意象性思维方式，在类化意识下，以“类”事理的同一性或相似性，根据意符来联想推导、辨认的。

2. 意象性思维方式体现在通过声符的“辨音”上

《说文解字》中凡形声字均在标明“从某”后再标明“某声”。这也从声符上巩固了类化意识，以规范性的规则要求，提示了通过“辨音”规定逻辑—认知途径中的类似联想。俗话所说的“认字不认字，先认半个字”，也包括了以“类”事理的同一性或相似性，根据声符（某字）大致揣度地读出这个字的音来。学汉字、读汉字，也导出了意象性思维方法论的逻辑—认知途径。

或如，“決決訣抉觖玦砄鴃駃蚗趹”一组字，偏旁不同，但我们只要认识其中的一个字，就可以大致读出这一组字中其他字的字音来。“決”与水有关（除去壅塞或打开缺口，引水导流）；“决”同“決”；“诀”与言语有关（口诀，诀别，话别，秘诀，诀历：声音激越清澈）；“抉”与手有关（挑出，挖，引申为抉择）；“觖”同“抉”；“玦”与玉石有关（有缺口的玉环，古代常用来赠送给人表示决断、决裂）；“砄”为一种石头；“鴃”为古书中一种叫伯劳的鸟；“駃”为古书中说的一种骏马，又指驴骡：駃騠；“蚗”是蟪蛄，蝉的一种；“趹”与足有关（马飞奔时，后蹄踢地的腾空貌）[2]。

有意思的是，在形声字的正确辨音上，《说文解字》采用的是注音方法——反切法。这是用两个字拼合成另一个字的读音，反切上字与所切之字声母相同，反切下字与所切之字韵母和声调相同。即上字取声，下字取韵和调。大部分的形声字均可如此反切，而所切的无论声母或韵母，在《现代汉

1　参见王力主编《古代汉语》修订本第一册，中华书局，1985，第二单元，“古汉语通论”（五）。

2　1969 年出土于甘肃省武威市雷台汉墓的东汉青铜器，自出土以来一直被视为中国古代高超铸造业的象征，1983 年被国家旅游局确定为中国旅游标志，1983 年又以“马超龙雀”的名称被国家旅游局确定为中国旅游业的图形标志，1986 年被定为国宝级文物的“马踏飞燕”，之态状就是“趹”。

语词典》中均可用汉语拼音来替代表达。而现代汉语拼音又来自西方的拉丁文字母。在20世纪80年代因电子计算机网络时代的到来，曾经有人宣称中国将因文字的原因永远落后于时代，但这种危言耸听却因各种智能化拼音输入法的出现，以电脑显示技术弥合了汉字与拼音文字的分歧。恐怕古人在造字过程中也没有想到，与他们相隔十万八千里的西方的表音字母，在多少年之后，居然和他们所造的表意文字走到了一起，并解决了中国人持续走向新的科技文明的一个大问题。这真是一件难以名状的奇妙事情。

3. 察意、辨音过程中的类意识

应该说，没有抽象的意识，就没有概括的思维。形声字的“凡某之属皆从某”“某声”的认字途径，展现了极具创造性、抽象性的分类思想。故而上述意象性思维方式在形声字“察意”“辨音”上的两点体现，在汉字不断孳乳、发展、壮大的过程中，类化意识极其明显且在新的形声字的不断产生中得以强化，进一步巩固了汉字庞大造字功能的表意性。陈寅恪所说的“凡解释一字，即是做一部文化史”，在先秦逻辑思想研究的意义上也可以得到加强，因为汉字造字、解字、认字的过程，为日后产生的推类思想与方法奠定了坚实的文字学基础；其造字过程中的联想机制作用，[1] 也为日后的推类思想与方法奠定了坚实的工作机理[2]基础。

亦即，“类事理”相同是推类法式成立的根本依据，如《荀子·非相》“类不悖，虽久同理，故乡乎邪曲而不迷，观乎杂物而不惑，以此度之”；《荀子·正名》“辨异而不过，推类而不悖，听则合文，辨则尽故”。

这是一种来自生活实践中的规范，是集体思考的归纳结果。甚至可以说，

1 机制是指各要素之间的结构关系和运行方式。

2 机理是指为实现某一特定功能，一定系统结构中各要素在一定条件下相互联系、相互作用的运行规则和原理。

遵循这种规范，就是汉字在造字、解字、认字过程中遵守规则的强约束，它以“遵守规则是一种实践”，形成了一种恒久的生活经验。而“经验”作为一个合成词，包含有两个重要义项：一是表明一种观念来自实际的经历；二是表明这种观念在以往的经历中有它的真实效验。由是，作为“以往的经历有效验”，在汉字的造字、解字、认字的“逻辑—认知”实践中积累起来的经验，其思维特征就是实象的虚化。“它们虽未揭示和理解事物的本质和规律，却已经包含着事物的本质规律，已经触及到了事物的本质和规律”[1]，不断强化着意象性思维的习惯，使得“习惯就是人生的最大指导。只有这条原则可以使我们的经验有益于我们，并且使我们期待将来有类似过去的一串事情发生”，因此，“因果之被人发现不是凭借于理性，而是凭借于经验”。[2]

这种因实象虚化不断强化的意象性思维习惯，使得形声字继续巩固着汉字的表意性。虽然随着汉字宗谱树的不断发展、壮大，形声字的表意功能一部分保存了，一部分分化了，一部分减弱了，一部分消失了，或如，“肝胆腑脏”不同于“朦胧朗胜”。但对于大多数形声字，只要知道了某一形声字的几个意思，我们还是可以按照意象性思维方式，以“类”事理的同一性或相似性，根据意符来推导、辨认。黑格尔所说的辨认表音文字具有的现象，“假如一个人能看出当前即显而易见的差别，譬如，能区别一支笔与一头骆驼，我们不会说这人有了不起的聪明。同样，另一方面，一个人能比较两个近似的东西，如橡树与槐树，或寺院与教堂，而知其相似，我们也不能说他有很高的比较能力。我们所要求的，是要能看出异中之同和同中之异。但在经验科学领域内对于这两个范畴，时常是注重其一便忘记其他，这种情形在自然科学里特别显著”[3]，对于表意文字来讲，似乎没有这样大的思维障碍。

1　刘文英：《漫长的历史源头——原始思维与原始文化新探》，中国社会科学出版社，1996，第616页。

2　〔英〕休谟：《人类理智研究》，商务印书馆，1957，第43、28页。

3　〔德〕黑格尔：《小逻辑》，商务印书馆，1980，第253—254页。

不过，随着汉字简化，有些字的“类”归属出现歧义。或如，最简单的“云”“电”二字，在其未简化之前为“雲”“電”，其部首的“类指向”均在“雨”部：

雲（），《雨部》：“山川气也。从雨（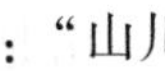），云（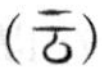）像雲回转形。”

電（），《雨部》：“阴阳激耀也。从雨，从申（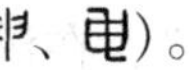）。”（即由雨、由申会意。）

但简化之后，由于它们的“类”属被简化掉了，使得意象性思维的判定失去了“辨形察意”之类意识的确定性导引根据。

对于“云”字[1]，《现代汉语词典》（2005）将其归为“一”部、“厶”部；《新华字典》（2004）将其归为“二部”；《辞海》（1999）将其归为“厶”部；《古代汉语词典》（2005）将其归到“二”部；《现代汉语规范词典》（2004）将其归为“一”部。

对于“电”字，《现代汉语词典》与《古代汉语词典》均将其归为“田”部；《新华字典》将其归为“乙部”；《辞海》将其归为“曰”部；《现代汉语规范词典》则仍将其归为“雨”部，但查字时却只能查“電”了。

尽管如此，对于大部分形声字，我们仍然可以按照汉字造字的逻辑—认知结构，从其基本字的字形中，分析出一定的认字判定规律来。察意、辨音的类意识仍然没有弱化，这种恒久的生活经验，就算是因汉字的形变、音变、义变而认错字也应该是常有的事。或可能“强寻偏旁推点画，时得一二遗八九”[2]。

或如，据说唐代武则天曾经断定，从造字法的根据看，在字形、字义上，古代对于“射”和“矮”的解字正好是解反了。想必武则天没有工夫专门研究《说文解字》，按《矢部》，“矮”（）为“短人也，从矢委声”；

1　按《说文解字》，“云”早已简化，“云（），古文省雨”。

2　（北宋）苏轼：《石鼓歌》。《石鼓歌》是苏轼创作的一首七言古诗。前半部分叙述了石鼓的原委以及辨认石鼓文的艰难，后半部分则因石鼓引而伸之出社会思考，由探讨事物的道理阐发了朝代兴亡的缘由。全诗多处运用比喻，状难状之物，仍然是意象性思维导引下中国传统推类方法的运用。

“射”（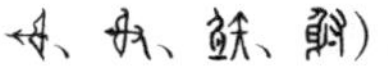）为“弓弩发于身而中于远也。从矢，从身。篆文射，从寸；寸，法度也，亦手也”。否则，不会如此按经验想当然地看到“一寸小人儿”就必定是“矮”；看到“委矢”就“射”而无疑了。

话虽如此，仅从认错字的思维途径这一点上，也可从反面印证中国古人在造字过程中意象性思维方式的规范作用。中国文字的发展变化与传统意象性思维方式的冲突并不十分明显。

五　关于“右文”学说

体现在汉字中“音”与“义”相结合的意象性思维方式，最集中地体现在“会意兼形声”字中。这种字的音符也兼表相同或相近的意义。在宋代甚至相对于“左文”[1]说，形成了类在左、义在右，字从某声即具某义的从声符求字义的“右文”学说。下举两例。

1. 戋

“戋”（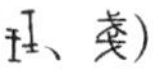）原为两戈相对，为残害、残杀格斗之义。《戈部》“贼也，从二戈。《周书》曰：‘戋戋巧言’”，音“cán”。

但“戋”的另一读音“jiān”就有了“小”的意思。源于《周易·贲》：“贲于丘园，束帛戋戋。吝，终吉。”唐代孔颖达疏为“众多貌”，而南宋朱熹注解为“浅少之意”。笔者认可朱熹的看法，或如唐代白居易的《秦中吟·买衣》：“灼灼百朵红，戋戋五束素。”按修辞手法互文的两相对照，正好是多与少、红与白的“互文见义”。

按《梦溪笔谈》：“所谓右文者，如戋，水之小者曰浅，金之小者曰钱，

1　“古之字书，皆从左文。凡字，其类在左。……如木类，其左皆从木。”（北宋）沈括：《梦溪笔谈》卷十四。

餐之小者曰残，贝之小者曰贱，如此之类，‘戋’为义也。”

按此说法，以意象性思维方式类推，还可有：小丝为“线”；小皿为“盏”；小玉杯为“琖”（同盏，玉做的小杯子）；小竹为“笺”（小幅而华贵的纸张）；小食为“饯”；小木为“栈”（zhàn，简单的木栏，木棚；zhǎn，小钟，大者谓之镛，小者谓之栈）；小土山为“陜”等。

此外还有“刬”（小铲子）；“俴”（jiàn，浅，单衣无甲的人）；“帴”（jiān，垫席；jiǎn，狭窄）；“牋”（jiān，同笺，稀少而精美的纸张）；“諓”（jiàn，巧言善辩，谓之小善，谓之浅薄之谝言）[1]；“醆”（zhǎn，同琖）等。

2. 乔

与“戋”之“小”义相对应的有会意字“喬”（乔），金文为“𩫖”，《夭部》“高而曲也。从夭，从高省。诗曰：‘南有乔木’”。为高大的树木。以“乔”为声符所组成的一类字如：骄挢矫峤蹻，均有高义。[2]

又考，音“qiao”的“桥”显然有“高”义，《史记·河渠书》“陆行载车，水行载舟，泥性蹈毳，山行即桥”。

“侨”，“高，通乔”，为装高跷的人：“侨人”。

“荞”，药草名，大戟的别称。

“蹻”，踮起脚跟，蹻足；轻捷壮武，蹻捷、蹻勇、蹻蹻。

“趫”，善走，同蹻，《文选·七启》“趫捷若飞”；壮盛，武健，《吕氏春秋·悔过》“……皆以其气之趫与力之盛至”。

“繑”，套裤上的带子，应长。

“盉”，碗类器皿，形似钵，当比碗大。

“鐈”，《金部》“似鼎而长足”。

---

1 《尚书·秦誓》：“惟截截善谝言，俾君子易辞。”《春秋公羊传》将“截截”引作“諓諓”。

2 参见王力《同源字典》，商务印书馆，1982，第204—205页。

音“jiao”的“挢”，《手部》“举手也”。

“敿”，《攴部》“系连也”，不长不会系连。

“憍”，骄傲，骄矜，《大戴礼记・武王践阼》“觞豆之铭曰：……戒之憍，憍则逃”。

“譑”，按南朝顾野王仿《说文解字》体例所撰字书《玉篇》为“多言”。“鷮”，长尾雉，《诗经・小雅・车舝》“依彼平林，有集维鷮”。“觿”为“角高貌”。

虽然按清人朱骏声《说文通训定声》，以“戋”及“乔”为声符的一组字并非均有“小”或“高”义，如“娇轿鞒硚勪燆犞蟜墧嶠穚鱎敽簥”等未必都“高大”，但虽有例外，这种被称作同源字的“形声兼会意”字却是公认的。在王力编写的《同源字典》中，类似这样的字还有许多。

右文学说扩大、丰富了“会意兼形声”字的语形兼语义内涵，在“象”的基础上，进一步精确了能指的意义所在以及所指对象的范围，从而使得指号学理论所讨论的语言记号与它们所谈论对象之间关系的语义学以及语言记号与适用它们的方式之间关系的语用学[1]，更加紧密地联系在一起。同时也在不断印证着类化意象是如何在生活实践的规约下不断修正，在反映客观世界的同时，不断累积着自身的明晰性和确定性。

我们之所以不厌其烦地举出这些例子，是想说明一点：意象性思维方式在汉字的造字过程中对其“逻辑—认知”结构的规范作用。即《荀子・正名》的“缘天官，凡同类同情者，其天官之意物也同”。在这种“类化意识”的经验直觉下，汉字在自己庞大的宗谱树上，“字者，言孳乳而浸多也”[2]，不断发展出许许多多新字来。不同家族在其肖像上总是分别有其基因的酷似之处。而这正是中国文字表意性及多产性的奥妙所在。

1　参见〔美〕莫里斯《指号、语言和行为》，上海人民出版社，2011。

2　《说文解字・叙》。

第三节　意象性思维规范作用的根据

意象性思维之所以能够在汉字的造字过程中起着重要的规范导引作用，有着它的历史根据、工作机理根据与文化根据。

一　历史的互动

按理，“艺术是文化的精灵，是最不守常规者”[1]。但定法无，大法有，在不同形式语言从实验到结果的自然发展过程中，其发展趋势的背后应该始终有一种恒常稳定的思维方法论导引，它作为一种传统的保留与积淀，是集体思考的历史的、实践的结果，以“逻辑的格”固定了下来，成为一种文化三段论的先在预设，被作为历史文化主体的大众潜存在“无意识”中，形成了一定历史文化条件下的逻辑—认知结构。因此，在汉字的造字艺术中，古代先民始终恪守着一个原则，即如何通过形音义的变化，始终如一地表达着心灵的认知自由、意志自由。这种自由“不在于幻想中摆脱自然规律而独立，而在于认识这些规律，从而能够有计划地使自然规律为一定的目的服务……因此，意志自由只是借助于对事物的认识来作出决定的能力”[2]，是“精神的自由的本性与法的本质”[3] 相一致的现实自由。它必定要被一些必然性所制约。表现在汉字发生、发展过程中的指导观念上，即为，古人不会是先定出一个所谓“六书”原则再来造字，但造字的逻辑过程和逻辑结果仍然需要体现与意象性思维的互动。从汉字与事物的能指与所指关系讲，是思维与存在

1　方天渊：《一个心理场的闪失》，《美学论文集》，大百科全书出版社，2002，第 89 页。
2　《马克思恩格斯选集》第 3 卷，人民出版社，1995，第 455 页。
3　〔德〕黑格尔：《法哲学原理》，商务印书馆，1961，第 55 页。

的同一；从字所表现的对事物的能指与所指功能讲，是思维主体认识上的同一；从字的形音义统一的稳定性讲，是字的自我说明的语义与语用的统一。

在汉字造字的初始阶段，这种互动往往是“跟着感觉走”的实用主义经验归纳的灵性直觉。作为一种发现的方法，它在生活实践经验的语义与语用统一的积淀基础上，提高了汉字的造字功能；它在意象性思维的方法论基础上，基于“类事理”同一或相似的联想认知途径，为以后不断的“知分理之可相别异”“百工以乂，万品以察”，铺展开至今仍存的道路。

从思维主体的逻辑—认知结构上看，这种互动既是对以往经验的灵活发挥，又是对已有经验的灵活连接，对已有知识的灵活运用，体现了汉字造字过程中“自由意志”“一瞬间”的“豁然贯通”。从发现的方法开始，以发明的方法创新。这也为以后的认字、解字、用字提供了一条如何认知的意象性途径。《说文解字》对篆文的形体构造加以分析和归类，概括出540个部首来，以“凡某之属皆从某”为不同字的分类归属，分别标示了划分的确定性标准。这种“分别部居，不相杂厕”[1]的认知手段，无疑也是先秦以来建立在意象性思维基础上的“推类”思维方法的取同别异使然，并相互促动。

同时，汉语在解字、用字过程中由本义向引申义的不断发挥，也是一个由“言事”而“论道”的逻辑推类过程。使得我们今天在认字、解字、用字的过程中，可以按照意象性思维方式的引导，不断提取其基因库中的遗传因子，从而保证了“辨音”“察义”的选择与稳定，缩短了“辨音”“察义”的分化过程；使得汉字在意象性思维规范下，以“拼义理论”的思维方法论指导，成为世界上延续、保存、使用至今的“独一无二的视觉文字”[2]。

1　《说文解字·叙》。

2　参见张学新《汉字拼义理论：心理学对汉字本质的新定性》，《华南师范大学学报》（社会科学版）2011年第4期。

二　思维运作的机制

这种“精神的自由的本性与法的本质”相一致的现实自由，体现在汉字发生、发展过程中，就是按照“具象—抽象”的认知路径，在“实象”虚化的演变中，始终发挥着基于“象”基础之上的类事理联想作用。无论一些汉字的引申义走得多远，仍然可以回溯至原初的“象”；汉语词汇发展过程中的“双声”“叠韵”，如回溯至原点，也仍然尊崇着“象”基础之上的类事理联想作用。这种联想作用甚至在朱熹总结如何记忆最抽象的形式符号“八卦”的口诀中，也是可以从“象”语言的类思维中得到说明：乾（☰）三连，坤（☷）六断，震（☳）仰盂，艮（☶）覆碗，离（☲）中虚，坎（☵）中满，兑（☱）上缺，巽（☴）下断。

按前述联想的基本含义“是通过某一事物的现象而想到具有某种联系的另一事物的现象，从而启发出创新发想的思维方法”，在汉字造字过程中：

其一，联想是一个由此及彼的过渡过程。它总是对一种事物的选择或重组，显现着认知方式的灵活转换。

其二，联想是自由的。客观事物的联系方式多种多样，反映到人的认知中会形成辐射状的发散元，使人们可以通过自由选择，由对一事物的认识，选择、迁移、重组到对另一事物的认识中。

其三，联想是跳跃的。在辐射状的发散元中，怎样选择、重组，并无定法，只要事物之间具有某种联系，就可以自由地进行联想，并在倏忽之间自然转换认识对象。此即《文心雕龙・比兴》所言引征前提的“取类不常”。

其四，联想可以整理出一个逻辑的因果顺序来。在汉字造字之初，怎样选择、重组可能并无定法，但要使映射后的重组，真正做到《说文解字・叙》所言“前人所以垂后，后人所以识古”，却一定需要基本的大法，从而使任一汉字在造字之始就得到合理的解释。此即《文心雕龙·比兴》所言引征前提选择的“以切至为贵”。亦即前述，最初的文字肯定不会是仓颉一人所为，在由图画文字向契刻文字演化中，应会有一个不同个体有不同感受的随意性过程，但沟通交际的需要又必定需要某些人甚或某个人在统筹、收集过程中，形成一些“共许”规则，一以贯之地使汉字“前人所以垂后，后人所以识古”的恒久文化行为流传至今。[1]

前述造字过程中所论及的接近联想、关系联想、对比联想、类似联想等，均符合联想的这些基本特点，均以恒常稳定的思维方法论导引体现在汉字造字的工作机理上。因此笔者才认为，如果说意象性思维在汉字造字过程中的规范导引作用，为日后传统推类方法的产生、发展奠定了坚实的文字学基础，那么，意象性思维在汉字造字过程中联想机制的作用，也为日后的推类方法奠定了坚实的工作机理基础。

三　生产对象与生产主体的相互映照

直至今天，汉字的形体结构仍然未超出表意字阶段。如随着网络的发展，一些新的网络语言也在不断出现。

或如“雷”：甲骨文作“”“”，金文作“”“”，本是个名词，《雨部》“阴阳薄（迫）动靁雨，生物者也。从雨，畾像回转形”。但在网络语言中它却意象性地具有了动词或形容词的功能和特点，表示由某种意想不到的人或事带来强烈冲击或受到巨大震撼：被“雷”了一下。至于“超雷着装”

1　有学者认为，汉字的统一有四个时代最为重要。第一个是作为黄帝史官的仓颉时代，他在之前各个不同地域的刻画符号系统的基础上，制定出统一汉字的一般规则，成就仓颉文字体系。第二个是统一整理汉字的周宣王时代，史官史籀统一的是大篆。第三个是要把汉字规范化的秦始皇时代，李斯统一的是小篆。第四个是东汉许慎对汉字做了一次真正的理论梳理，终结性地统一了汉字体系。参见张连顺《中华汉字起源新探》，科学出版社，2019，第 7—10 页。

则意谓“很震撼的服装”。

或如“囧”：音窘，古同“冏”。《囧部》本义为“窗牖丽廔闿明。象形”。意谓窗牖格格交错而敞亮。但如今在网络语言中却借其字形、字音，“冏”被赋予了郁闷、忧伤、无奈之意。并且同“雷”字由网络媒体辐射到其他媒体，成为 2008 年的流行语词。[1] 按《穴部》“窘，迫也，从穴，君声”，《说文解字系传》“入于穴，窘迫也”。之所以窘迫，是因洞穴局促狭隘的缘故。按象形字“穴”（）的本义就是岩洞，描摹的是人类未有房屋前的生活状态，《墨子·辞过》“古之民未知为宫室时，……穴而处”，《周易·系辞下》“穴居而野处”。所以在解字过程中，“窘”以其部首本义的理据性原则为意象性思维进入点，而对网络词“冏”则直截了当以某一群体的通用性原则，由实象而“意象”了它的字形构图：看他那副倒霉相。

2009 年 10 月，日本有只猫在网络流传，人气大升，原因就是它的脸长得像个“囧”字，堪称世界上一副最倒霉相的“囧”猫咪。

图 3

1　参见《重大社会事件催生新词汇，“囧”入选 2008 流行语》，2009 年 10 月 30 日，凤凰资讯网—《北京日报》。

或如“槑”：音梅，由两个“呆”组成，在网络语言中被用来形容人很天真，很傻，傻到家了，“呆毙了”。但事实上“槑”的部首为木，为古文“某”字，是“梅”的异体字[1]。由两个“𣎴”组成。“酸果也。从木，从甘。槑，古文某从口。”又有，《诗经·陈风·墓门》中有“墓门有棘”“墓门有梅”，东汉王逸《楚辞章句》中注引“梅”作“棘”，清人马瑞辰《毛诗传笺通释》认为，“棘、梅二木，美恶大小不相类，非诗取兴之旨。古梅杏之梅，古文作槑。与棘形相近，盖棘讹作槑”。如今，这个字也由网络媒体辐射到其他媒体，也曾成为2008年的流行语词。

不仅意如此，音也有类似现象。或如“𰻝”，音 biang，是陕西关中一带传统风味美食。此字读音汉语普通话中是没有的，乃象声词，似意指用力扯面过程中面条击打案板的声音？也未可知。

甚至还曾出现网络词汇“omg”，意谓“无奈”，是对英语“oh my god”（哦，我的天！天哪！）所进行的生活行为之“实象”的模拟和变形。按意象解释，“o”像头，“m”像腰，“g”像一个人跪着。整个构成意象性地看，一个人的无奈、无助之情状恍若在目。如今在网络小说中，“偶买个”（音）似也成为一个并不生僻的词汇了。

2010年更有一篇题为《16汉字之错：既不尊重女性，又误导儿童人生观》的文章出现于多家网站的讨论区，引起热议。作者认为应该对“娱、耍、婪、嫉、妒、嫌、佞、妄、妖、奴、妓、娼、奸、姘、婊、嫖”分别加以改造。因为这些字“均具有一定的贬义，让儿童在学习过程中，让普通人在书写或阅读过程中，从视觉上觉得这16个字与女性性别有根本的联系，无形中降低了他们对女性的评价”。如“嫖”，会将“女”人和钞“票”放在一起理解。因此建议将“嫖”改为“伓”，即两个人做了社会不允许、不认可

1　《说文解字·木部》。清徐灏《段注笺》：“某即今酸果‘梅’字。”《康熙字典》：“槑，古文梅字。”

的事。基于同样道理，“奸”应改为“犴”，表明是一种兽行。同时认为有理由相信“更改这个字可以减少20%的强奸犯罪”。[1]

2013年10月，中央电视台举办了汉字听写大赛，其中有一场考出了“xǐ床”一词，词义解释为“一种机械”。选手听后便写下了“硃床”。其思维路径可能是：以往所考的词汇大多为古代词汇，这个词汇也应如此，而古代机械基本以“石”为偏旁，这个字也应如此。如果词义解释修正为“一种现代机床”，恐怕就是另一种思维路径而正确写出“铣”了。

2017年12月《咬文嚼字》评出了2017年度十大流行语，“怼”字位列其中。[2] 按“怼”字是一个会意字，对，相持，意为互相对峙，底下加“心”，表示心里抵触，对抗，引申为怨恨，故而《心部》“怼，怨也，从心，对声”。故古代文献中有“怨怼”“怼恨”“怼憾”“怼怨”等词汇，均有怨恨之意；而“怼怒”为怨怒之意，“怼笔”为出于怨恨的记载。但在今天的网络语言中，“怼”的使用则使訾应对诤中那种发自内心的毫不客气、针锋相对的豪迈与愤慨情状跃然纸上。同样是一种直观的心态意象表达，但“怨”的本义似乎没了踪影。

我们暂且不讨论这些网络字的产生首先是因为特定的网络群体需要，是他们追求新鲜、时尚和另类的产物；也无意分析评价这些旧字新用、按义造字，会不会对现代汉语教育形成冲击；更不从逻辑的确定性角度分析在改造既有字的过程中，其用意或论证意图是否思考过“如何理解概念的确定性和灵活性的关系”“如何理解概念形成的历史文化特点”“方法可行不可行”等批判性问题；单就改造既有字的意义理解来讲，这也是“望文生义”的一种意象性思维方式的结果吧。仍然浸透着意象性思维方式的浓浓祖传血脉，其审美经验的“最不守常规”的任意发挥，背后仍然有着恒常稳定的传统思维

---

1 参见《律师称16个汉字歧视女性》，2010年1月21日，新民网—《新民晚报》。

2 参见《2017年十大流行语》，2017年12月20日，央广网。

方法论的导引。这似乎也印证着马克思的名言："艺术对象创造出懂得艺术和具有审美能力的大众，——任何其他产品也都是这样。因此，生产不仅为主体生产对象，而且也为对象生产主体。"[1]

值得注意的是，2012 年 7 月正式发行的《现代汉语词典》第六版，就收入了"雷人""宅男"等一些网络热词。

至于如今在外来词语不断增多的现实情况下，如何信、达、雅地音译外来词语，仍然时时处处地体现着传统意象性思维导引下的合情推理[2]过程，仍然考验着这种传统思维方式的智慧。或如，将德国汽车"Benz"、美国饮料"Coca-Cola"翻译成"奔驰""可口可乐"，其意象性的由音至意的联想就很贴切，符合中国人理解概念时意象性联想的美学标准，是洋名汉化的成功典范。而当美国的"Viagra"进入中国市场时，早有一些"聪明人"在前抢注了"威尔刚""伟哥"，因此"Viagra"进入中国市场后被迫改名"万艾可"，只成为几个单纯音节。如果非要勉强进行"象"的联想，也只能意会为"万爱客"，这叫什么名字？

又据十多年前的报载，有一家德国广告公司就从日益扩大的经济交往中看出了商机，专为德国产品提供中文名字，其根据恐怕就是相知有素地仍然要契合中国人在理解某一概念时的意象性思维方式了。据说收入还不菲。[3]而在世界经济一体化过程中，如何让更多的中国产品名称叫外国人愉快接受，也是诸多中国企业必须思考的问题。否则，以自己的传统思维方式思考，可能就会在文化不同、风俗习惯不同、语言习惯不同的异域他乡，也悲伤地成为"老外"式的"牛头不对马嘴"了。

1　《马克思恩格斯选集》第 2 卷，人民出版社，1995，第 10 页。

2　合情推理是基于一定事实基础上，在已有的知识经验、一定的条件下，运用观察、实验、归纳、类比、推广、限定、联想、直觉等非演绎的思维形式，进行的合情合理的猜想和推断。合情推理具有似真性、主观性、创新性的特征，其结论具有或然性，在这个意义上，它属于广义的归纳推理。再参见本书第十一章第一节之五，"广义有效性的工具效用及没有走向形式化道路的原因"。

3　参见《在华做生意，起名有讲究》，《环球时报》2006 年 7 月 28 日第 6 版。

第四节 汉字语义、语用的统一与推理意识

即如前述汉字表意的生动性、直观性和具体性，以类化意象的“能指”之“象”去“象思维”地指称“所指”之“象”，在能指与所指的不断验证中，在生产对象与生产主体不断的相互映照下，水到渠成地为日后产生的推类思想与方法奠定了坚实的文字学基础和工作机理基础，表达了“汉字最深刻、最全面的、最典型、最概括、最细微地反映了中国古代文化方方面面的内容，特别是反映了中国古代的思想观念及思维方式”[1]。

一 语义与语用统一下的正名精神

汉字的表意性特征决定了汉字构造的目的就是确定汉字的字义。先秦把文字称作“名”，把汉字字义的合理确定（语义）和恰当使用（语用）的统一称作“正名”。按前述莫里斯指号学理论，语言记号与它们所谈论对象之间关系的是语义学，语言记号与适用它们的方式之间关系的是语用学。由此反观汉字的正名过程，就既包括了《周易·系辞上》“夫象，圣人有以见天下之赜，而拟诸其形容，象其物宜，是故谓之象”、《系辞下》“象也者，像也”的合理语义说明；也包括了在这种语义说明的规约下，《系辞下》的“多识于鸟兽草木之名”，“其称名也，杂而不越”的恰当语用，这样才可以在“彰往而察来，而微显阐幽。开而当名辨物，正言断辞，则备矣。其称名也小，其取类也大，其旨远，其辞文，其言曲而中，其事肆而隐”的政治伦理理念的传播中，真正做到“知类通达”“知事义之比”[2]，从而“天地睽而

1 段石羽：《汉字中的中国古代哲学思想》，新疆人民出版社，2006，第2页。
2 《礼记·学记》。

其事同也，男女睽而其志通也，万物睽而其事类也”[1]。

1. 从汉字发生的源流看语义、语用统一下的正名精神

从《说文解字·叙》所说汉字发生的源流看，“古者包牺氏之王天下也，仰则观象于天，俯则观法于地，视鸟兽之文与地之宜，近取诸身，远取诸物，于是始作《易》八卦，以垂宪象。及神农氏结绳为治而统其事，庶业其繁，饰伪萌生。黄帝之史仓颉，见鸟兽蹄迒之迹，知分理之可相别异也，初造书契。……以迄五帝三王之世，改易殊体。封于泰山者，七十有二代，靡有同焉”，文字的起源大致可以归结为四个阶段。

一是包牺氏作八卦阶段。八卦与文字的相关性在于，它们都是一种表达意义的书面符号系统。八卦演变下去，在西汉《焦氏易林》中，演变出4096卦，其实便可看作4096个“文字符号”。二是神农结绳阶段。人类学资料和其他考古证据表明，在文字出现之前，结绳是人们用来记录的普遍方法。三是仓颉造字阶段。四是三王五帝阶段。应该指黄帝初造书契到周宣王大篆、左氏古文，中间必定有一个过程，就是三王五帝的过程。

在初始阶段，表现了图画和汉字的同体性：“是时也，书画同体而未分，象制肇创而犹略，无以传其意，故有书；无以见其形，故有画。天地圣人之意也。……颜光禄云：‘图载之意有三：一曰图理，卦象是也；二曰图识，字学是也；三曰图形，绘画是也。’又《周官》教国子以六书，其三曰象形，则画之意也。是故知书画异名而同体也。”[2] 著名现代文字学家唐兰也认为：“文字的产生，本是很自然的。几万年前，旧石器时代的人类，已经有很好的绘画，这些画大抵是动物跟人像，这是文字的前驱。但是绘画只能描写印象，表现自然，不能完全表现出作者的思想和感情，所以不是文字。经过很长的

1 《周易·彖辞下·睽》。

2 （唐）张彦远：《历代名画记》。

时期，……人与人之间的关系也密切起来，许多歧异语言混合起来，有了较普遍较广泛的语言。在这个时候，有人画出一只老虎，任何人见了都会叫做‘虎’，画出一只象，任何人见了都会说‘象’，有了图画，加上统一的语言，如其那时的文化已经发展到那种需要，就立刻有了文字。”[1]

从《口部》“名（𠮷），自命也。从口，从夕。夕者冥也。冥不相見，故以口自名”开始，到《礼记·祭法》所言“黄帝正名百物，以明民共财”，“禹敷土，随山刊木，奠高山大川”[2]，“告于皇天后土，所过名山大川”[3]，这是一个由自命到他命的阶段。其所产生的名，应该就是《荀子·正名》篇中所说的描述、规定万物的“散名”。应该说，在“散名”形成之初，应该会有因认识主体的不同，存在一定的“名无固宜”“名无固实”的随意性，但正名的问题又显然需要以名的确定性来巩固认识的结果，为了“散名之加于万物者，则从诸夏之成俗曲期，远方异俗之乡则因之而为通”，就需要以“集体思考”的公众认识来进行规约，从而保证信息传播过程中的有效性，于是就有了“名无固宜，约之以命。约定俗成谓之宜，异于约则谓之不宜。名无固实，约之以命实，约定俗成谓之实名”的“约定俗成”原则。约定“共识”并遵守之。意象性思维的标准、规范意识应该是在这一制造“散名”的过程中产生的。

随着社会的发展，差别的产生，尤其是在政治转播过程中，人伦秩序也需要用“名”来标示。因此，先秦之名，有许多是礼仪、制度、伦理之名，而这些名的制定权力在王者手中，于是又有了王者制名阶段。虽然在这一阶段约定俗成原则仍然起着规约的作用，即《荀子·正名》所言“刑名从商，爵名从周，文名从礼”，但这种制名的权力却不可随便给予别人：“惟器与名不可以假

1 唐兰：《中国文字学》，上海古籍出版社，2001，第55页。
2 《尚书·禹贡》。段玉裁《说文解字注》：“奠高山大川之奠，定也。”即命名。奠：定；划分。
3 《尚书·武成》。孔颖达疏：“山川大乃有名。名、大，互言之耳。”

人，君之所司也。……若以假人，与人政也。政亡，则国家从之，弗止也与。”[1] 这实在是因为祭奠之器与人伦名分、名号联系在一起，如《孟子·滕文公上》言“使契为司徒，教以人伦：父子有亲，君臣有义，夫妇有别，长幼有序，朋友有信”，《庄子·天下》言“《易》以道阴阳，《春秋》以道名分”，《管子·幼官》言“定府官，明名分”，董仲舒《春秋繁露·深察名号》言“名也者，名其别离分散也”。《尚书·洪范》更以“九畴”的形式，详细记载了对自然、社会、语言思维分别制名以指实：五行[2]、五事[3]、八政[4]、五纪[5]、皇极[6]、三德[7]、稽疑[8]、庶征[9]、五福[10]、六极[11]。对于符合“礼”的“名”，“人主不可以不审名分也，不审名分，是恶壅而愈塞也”[12]。

当然，在王者制名阶段，约定俗成的原则仍然有着标杆的作用，即《荀子·正名》所言“善”。“名有固善，径易而不拂，谓之善名。”“善名”的要求更多地蕴含了正名过程中的社会文化因素。这是因为，从正名的目的上看，这实在是因为“王者之制名，名定而实辨，道行而志通，则慎率民而一焉。故析辞擅作名以乱正名，使民疑惑，人多辩讼，则谓之大奸；其罪犹为符节、度量之罪也。故其民莫敢托为奇辞以乱正名，故其民悫，悫则易使，易使则公。其民莫敢托为奇辞以乱正名，故壹于道法而谨于循令矣。如是，则其迹长矣。迹长功成，治之极也，是谨与守名约之功也”。为了消除“今圣王没，名守慢，奇辞起，名实乱，是非之形不明，则虽守法之吏，诵数之儒，亦皆

1　《左传·成公二年》。
2　水，火，木，金，土。
3　貌，言，视，听，思。貌曰恭，言曰从，视曰明，听曰聪，思曰睿。
4　政务官员。食，货，祀，司空（工程），司徒（教育），司寇（司法），宾（朝觐），师（军事）。
5　岁，月，日，星辰，历数。记时方法。
6　建立君主的法则。
7　正直，刚克，柔克。治民的三种德行。
8　稽考疑难的方法。
9　经常思虑用各种征兆。
10　寿，富，康宁，攸（由）好德，考（老）终命。
11　凶、短、折（均为短命），疾，忧，贫，恶（邪恶），弱（懦弱）。
12　《吕氏春秋·审分》。（东汉）高诱《吕氏春秋注》：“名，虚实爵号之名也；分，杀生予夺之分也。”

乱也”的现象，也必定要“若有王者起，必将有循于旧名，有作于新名。然则所为有名，与所缘以同异，与制名之枢要，不可不察也”。亦即，“只有当一个名称以被社会认为合理的方式指称对象时，该名称才会被社会所接受，并成为整个社会的习惯和传统”[1]。先秦逻辑思想发生、发展中的伦理化倾向也应该是在这一王者制名过程中产生的。

概言之，汉字发生的源流就是一个保证社会普遍“名余曰正则兮”[2] 的“自命—他命—王者制名”“人名—物名—人伦之名”的过程。中国最早的词典《尔雅·序》描述了这一过程：“夫尔雅者，所以通训诂之指归，叙诗人之兴泳，总绝代之离骚，辩同实而殊号……若乃可以博物不惑，多识于鸟兽草木之名者，莫近于尔雅。”[3]

如上，“对于任何一个肯定的真理来说，都是有某种充足理由的。也就是说，都有使它成为真理的某种根据。简言之，关于一切事物的存在，都有某种为人所知或不为人所知的解释”[4]。在汉字不断孳乳的历史过程中，“名诚，始于受，中于想，终于思。领纳之谓受，受非爱憎不著；取象之谓想，想非呼召不征；造作之谓思，思非动变不形”[5]，意象性思维的标准意识、规范意识与先秦逻辑思想发生、发展中的伦理化倾向，在汉字语义解释及语用运作的统一中，自有它割不断且恒久不衰的历史文化根据。

自孔子始，先秦时期的诸子百家争鸣，无一不讨论正名问题，就是因为当时“礼崩乐坏”的局面，以“名实是非相淆”的表现形式，造成了社会风俗不正、刑罚不清，“名实之相怨，久矣”[6]。因此，“正名实而化天下”是他们共同的意愿。先秦尹文子将他论证正名问题的文章篇名取之为《大道》，

---

1 陈波：《荀子的名称理论：诠释与比较》，《社会科学战线》2008 年第 12 期。

2 （战国）屈原：《离骚》。

3 “尔”为“近”意，“雅”为“正”意。亦即在语音、词汇等方面合乎规范的标准语。

4 〔美〕理查德·泰勒：《形而上学》，上海译文出版社，1984，第 141 页。

5 章太炎：《原名》。

6 《管子·宙合》。

有其历史文化的原因。迄今为止，严肃对待正名的问题始终是中国人的一种人生态度，通过正名达致“信仰第一条款就是名分大义”[1]，并以“名分大义”的言语行为的意义理论，规定了每个人在社会中的政治、伦理地位与角色，并使这种伦理精神融化在中国传统文化中，被认为是“中国人的精神”。

或如“《春秋》五十凡例”的正名精神，之所以被评价为“《春秋》辨物之理，以正其名。名物如其真，不失秋毫之末……圣人之谨于正名如此”[2]，实在是因为在孔子编修《春秋》的过程中，“笔则笔，削则削”[3]，且以“一字为褒贬”[4]，含有“微言大意”[5]。即如“郑伯克段于鄢”之“伯”“克”“段”，其褒贬含义深刻。[6] 这种“辨物之理，以正其名”，在《左传》中已然形成为一种成型论式——“凡……曰”。都是《传》中在“类属性”相同意义下，为《经》中所用“某字”进行“为什么这样使用”的精准语义说明或语义规定，从而保证“用名”的正确语用运作。这种从“语义”的精确说明到“语用”的正确运作，也是一个如何“名分大义”“义者宜也”的辩证思考过程。

这种“春秋笔法”也使得“《左传》凡例，无论就《左传》自身的内容，还是其与《春秋》经文的关系，都以其解释性作用成为密不可分的一体文字”[7]。亦即以《春秋》之《经》在某时记载某事时所用某字为小前提，然后在《传》中就这一“字”展开一个全称式的大前提，从而或者推出在一类事物中符合什么情况用某字，否则不能用某字；或者说明为什么在一类事物中表述这样的行事都是符合礼仪的；或者说明在一类事物（A）中符合“情况 A1”时

1　辜鸿铭：《中国人的精神》，海南出版社，2007，第 43 页。
2　（西汉）董仲舒：《春秋繁露·深察名号》。
3　（西汉）司马迁：《史记·孔子世家》。
4　（西晋）杜预：《春秋左传集解·序》。
5　《汉书·艺文志》。
6　《左传·隐公元年》：“段不弟，故不言弟；如二君，故曰‘克’；称郑伯，讥失教也。”
7　葛志毅：《〈春秋〉义例的形成及其影响》，《中华文化论坛》2006 年第 2 期。

用某字，符合“情况 A2”时用某字，符合“情况 A3”时用某字……，从而将类似于三段论公理的礼仪规则意识辩证地应用在了“正名”问题上，使得“用名”的语义准确性、语用正确性的问题，在“辨物之理，以正其名”的全面辩证思考中，以其不同的“条件性”采取不同的用法（即使用不断累加前提因素的联导论证）而得到了解决。亦即《左传》“凡例”中“名”的确定性是在具体的政治伦理意义下有“条件性”地进行规定的。

基于此，《春秋》之所以有其“微言大义”，之所以“孔子成《春秋》，而乱臣贼子惧”[1]，之所以“拨乱世，反之正，莫近于《春秋》”[2]，归根结底还是在于这种“正名”精神的历史功效是显著的，“《春秋》之称微而显，婉而辨。上之人能使昭明，善人劝焉，淫人惧焉，是以君子贵之”[3]。这种历史功效正是“正名”思想的伦理化倾向及过程中，通过“名分大义”“义者宜也”的辩证思考，在“条件性”的名辩语义、语用的统一中达成。要之，“正名”精神之所以被认为是“中国人的精神”，是有其历史的辩证思考的根据的。

2. 国外汉学家对正名精神的评价

对这种中国人语义与语用统一的严肃正名精神，国外汉学家也有着一些独到理解：

其一，名实相符的理解公式：一名一实。

美国汉学家陈汉生认为，自孔子开始的“正名”要求，跟公孙龙思想中“一名一实”[4] 的公式，在实质上是一致的。[5] 或如，如果用“人”来指称一

1 《孟子·滕文公下》。

2 （西汉）司马迁：《史记·太史公自序》。

3 《左传·昭公三十一年》。

4 指《公孙龙子·名实论》中的“其名正，则唯乎其彼此焉。……故彼彼当乎彼，则唯乎彼，其谓行彼；此此当乎此，则唯乎此，其谓行此。其以当而当也，以当而当，正也”。

5 Hansen，Chad，*Language and Logic in Ancient China*，The University of Michigan Press，1983，p. 76.

个盗贼[1]，或者用“人”来指称一个任其嫂子淹死的人[2]，都是不恰当的。反之，如果用“盗”来指称某一个具体个人，那么这个人就不再适用诸如“人”“君”“君子”等的指称词了。

其二，正名是对人们道德、政治行为的规范。

陈汉生认为，按正名思想的基本预设，语言的主要功能是帮助人们进行选择并加以行动；语言是社会控制的工具。按此预设，道德规则通过“名”作出伦理辨别，影响和控制人们的行为。[3] 于是，所谓正名，就是“名”被恰当地表示事物和事件，一旦名正，人们就不容易违反规则了。[4]

德国汉学家何莫邪也认为，正名思想更多的是关注名和行为之间的关系，而不是名和对象之间的关系。所以正名思想对于诸如父、子、兄、弟、君、臣、夫、妻等社会角色的“名”更感兴趣。因为这些“名”自身就包含有该角色的人所应履行的道德和价值要求。或如，“父”应具有慈父般的关怀，“子”应该行孝，“君”应该能使政府有效率运转等。这样的正名就使“名”成为指导人们社会行为的标准或理想。理解了这些名的社会角色含义，也就理解了如何实现恰当行为的原则。所以，所谓正名就是要利用语言的这种作用指导人们的思想和行为，并使这些思想和行为归于正统。[5]

其三，正名是对伦理道德规则冲突的消除。

对于《论语·子路》中的“父为子隐，子为父隐，直在其中矣”，以及《春秋公羊传·闵公元年》中的“为尊者讳，为亲者讳，为贤者讳”，陈汉生

1　指《尹文子·大道下》：“庄里丈人字长子曰‘盗’，少子曰‘殴’。盗出行，其父在后追，呼之曰‘盗，盗’。吏闻因缚之。其父呼‘殴’喻吏，遽而声不转，但言‘殴，殴’，吏因殴之，几殪。”

2　指《孟子·离娄上》：“淳于髡曰：‘男女授受不亲，礼与？’孟子曰：‘礼也。’曰：‘嫂溺则援之以手乎？’曰：‘嫂溺不援是豺狼也。男女授受不亲，礼也；嫂溺援之以手者，权也。’”

3　Hansen，Chad，*Language and Logic in Ancient China*，The University of Michigan Press，1983，p. 77.

4　Hansen，Chad，*Philosophy of Language and Logic in Ancient China*，The University of Michigan，Ph. D.，1972 Philosophy，p. 52.

5　Christoph Harbsmeier，*Logic and Language in Traditional China*，Cambridge University Press，1998，pp. 52-53.

认为，儒家“礼”文化面对这些伦理道德规则的冲突，并没有发展出一种更基本的道德规范机制，也没有发展一类用以解决特殊规则或例外的谅解条件，而是求助于正名的解决。因此正名就是要求把礼教的道德判断组合到它的名称中去，从而使语言的规范功能更能精确反映道德区别。[1]

二　社会功用下隐含的推理意识

1. 汉字是具有社会功用的“有意味的形式”语言

我们已前述，汉字产生的初始阶段，表现了图画和契刻文字的同体性。而不管是图画还是最初的汉字，都以“线条色彩以某种特殊方式组成某种形式或形式的关系，激发我们的审美感情。这种线、色的关系和组合，这些审美的感人的形式，我视之为‘有意味的形式’。‘有意味的形式’，就是一切艺术的共同本质”[2]。这种“有意味的形式”并不仅仅是简单的形式，而是具有社会功用及意义的。在人们的现实生活交流中，“这永恒的艺术创造，体现了人类传承下来的社会性的共同心理结构，它们既不是永恒不变，也不是倏忽即逝，不可捉摸，它是沉淀了内容的形式，是有意味的形式”。因为它“不只是感官愉快，而是其中参与了、存储了特定的观念意义。在对象一方，自然形式（装饰品、色彩）中已经积淀了社会内容；在主体一方，官能感受（对某种色彩感觉愉快）中已经积淀了观念性的想象、理解”。[3]

这里需要追问的是，这种积淀了社会内容的观念性想象为什么得以可能？为什么得以理解？这需要得到一定的合理论证的解释。

表意性的汉字构造当然是一种“有意味的形式”。它发展到今天，已经几

1　参见〔美〕陈汉生《中国古代的语言和逻辑》，社会科学文献出版社，1998，第92—94页。
2　〔英〕克莱夫·贝尔：《艺术》，中国文联出版公司，1984，第4页。
3　李泽厚：《美的历程》，天津社会科学院出版社，2001，第10、350页。

千年了，但它仍然是一门体现书法美的艺术。它在对自然界万事万物的不断抽象、综合的过程中，以构字元素“形式化”的表达方式，在语义、语用的统一中，不断双向地蒸发且又积淀着人类复杂的情感、观念和想象。可以说，汉字在所指“形式化”的抽象过程中，同样以“思维内容的再现”，包含着思维主体的自我理解，准确再现着人类的思维内容，并以逻辑的求真、求善功能，在其语义、语用的统一中，蕴含着人类的情感、观念、想象、意味等精神因素。因此，从汉字产生那一天起，为了社会沟通交际的需要，在有效传播信息的过程中，尤其在政治伦理的传播活动中，它就在语义的合理解释及语用的恰当使用中潜存着论证意识。而这种论证从今天的逻辑观点看，就是一个广义有效性的综合推理过程。

或如，无论是“名，自命也。从口，从夕。夕者冥也。冥不相見，故以口自名”所引发的事实的语义、语用的统一，还是“许君云自命者，谓自呼其名也。古者严男女之防，《礼记·内则》所云‘夜行以烛，无烛则止’。盖所以闲（间）内外者为至密，故禁冥行。冥行则必自呼其名，使人知之，所以厚别远嫌也。此篆说解，足补古代礼制之遗，最为可据”[1] 所引发的价值的语义、语用的统一，都论证、表达着初民的情感、观念、想象、意味等精神因素。

2. 汉字造字过程中的联想因素

按上一节所述联想对汉字造字过程中的运作机制作用，从汉字造字顺序看，汉字在不断繁衍孳乳的过程中，象形字的“画成其物，随体诘诎，日月是也”，指事字的“视而可识，察而见意，上下是也”，会意字的“比类合谊，以见指撝，武信是也”，形声字的“以事为名，取譬相成，江河是也”，

1　（清）张舜徽：《说文解字约注》，参见汤可敬《说文解字今释》，岳麓书社，2001，第187—188页。

都有一种意象性联想的机理存在，使得汉字在其不断创生发展过程中，有如创造学联想学派的迈德尼克在其著名的远程联想理论中所认为的，“在创造性过程中，大脑中已经存在的思想以不寻常的、创造的和有用的组合方式联系在一起。我们已有的每一个映象或概念与其他映象或概念联系在一起”[1]。这个能够展开并得到整理的“由此及彼”的联想因果顺序，也就成为一个可以展开的“由此及彼”的有效逻辑论证过程。亦即，要求汉字这种“有意味的形式”所能生发的“意义”连接，应该在联想的“由此及彼”的“察意”“辨音”过程中，以符合语义与语用统一下的原始正名精神得以成立。

我们这里所关心的是，汉字在其产生发展的过程中，为什么会在“具象—抽象”的实象虚化演变中，始终发挥与实现着基于“象”基础之上的类事理联想作用，这仍然需要一个有效的语义解释和语用运作的逻辑论证过程。

3. 推理语义学与规范语用学的分析

在语言哲学与分析哲学中，有关“意义”的问题是一个核心且复杂的问题。其代表性研究，分别有从指称、观念、使用、语义、行为的角度所形成的意义指称论、意义观念论、意义使用论、真值条件语义学以及意义行为论等。当代美国语言哲学、分析哲学的代表人物布兰顿，则是从推理角度切入对意义进行分析，推理语义学是其推理论的核心内容。[2] 其基本观点有二，其一，语言的意义来自概念的使用即推理；其二，概念的内容在推理中担任角色。因此，布兰顿强调“时间优先”的原则，即“做”先于“说”，“知道如何”先于“知道什么”。他接受了“遵守规则是一种实践”的实用主义对于规范的理解，认为关于概念的推理论并非一个独立体系，它依赖于关于隐

---

1 转引自尹鑫《逻辑抽象思维与创造性思维》，《求知与创新》2000 年 5 月 30 日第 2 版。

2 布兰顿的《清晰阐释》（Making It Explicit）（1994）曾被哈贝马斯誉为“理论哲学中的里程碑”。Habermas, J, Form Kant to Hegel: On Robert Brandom's Pragmatic Philosophy of Language. M. Cooke (trans), *European Journal of Philosophy*, 2000, p. 322.

含着规范的规范语用学。语义理论中未经解释的初始概念必须置于语用学的环境中才能加以解释和说明。因此，布兰顿认为“语义学必须符合语用学”。他的推理语义学就建立在其规范语用学基础之上，语言表达式的意义或意向状态的内容，只有在它的实际使用中才能得到最终说明。[1]

如果我们采用布兰顿的推理语义学与规范语用学的理论，对作为“有意味的形式”的表意性汉字进行分析，仍然可以探讨信息传播过程中尤其是先秦政治伦理传播中正名问题的社会性问题。这是因为，语言的规范来自社会实践，只有在现实的使用语言过程中，我们才能够更好地理解隐含规范和清晰规范的关系。亦即，推理语义学是如何与规范语用学相互联系在一起的。

或如，从先秦至今都在争论的“杀盗非杀人”，是后期墨家用来佐证侔式推论“是而不然”的情况时所举的一个例证。[2] 按前述解字，“天大，地大，人亦大。故大像人形”，故有“人，天地之性最贵者也”，“惟人万物之灵”。而按照传统意象性思维的特点，与此相对应的“盗”，在甲骨文中为“”，《说文解字·次部》中的篆体字为“”，意谓“私利物也，从次，次欲皿者”。又按“次”，意谓“慕欲口液也。从欠，从水”。按林义光《文源》：“欠像人张口形。从人，口出水。”由是，“盗”的本义就是对别人的器皿（之物）羡慕得流口水，想要窃为己有。又因“民有耻心，何盗之为”[3]，“盗”之名也因其丧失羞耻之心、丢弃人伦道德的负面影响，在其使用过程中内含了“不是人”的否定性评价。在此高下立判之思维预设下，才因之有了“（孔子）过于盗泉，渴而不饮，恶其名也”[4]，“水名盗泉，尼父不漱”[5]，

1　Brandom, *ReMaking It Explicit*. Cambridge, Mass. Harvard University Press, 1994, pp. 135-136, 13-14.

2　《墨经·小取》：“盗，人也；多盗，非多人也；无盗，非无人也。奚以明之？恶多盗，非恶多人也；爱盗，非爱人也；不爱盗，非不爱人也；杀盗，非杀人也，无难矣。”

3　（战国）列子：《列子·说符》。

4　（战国）尸佼：《尸子》卷下。

5　（北齐）刘昼：《刘子新论·鄙名》。

“曾子立廉，不饮盗泉”[1]。更有，按“春秋笔法”，鲁哀公四年春季，“盗杀蔡侯申”，重在阐释《春秋》“微言大义”的《公羊传》评判其为“弑君贱者穷诸人，此其称盗以弑何？贱乎贱者也。贱乎贱者孰谓？谓罪人也”[2]；而强调维护君权的《谷梁传》更将“盗”之行扩而展之，“春秋有三盗：微杀大夫谓之盗，非所取而取之谓之盗，辟中国之正道以袭利谓之盗”[3]。故而“盗”之名与“人”之名，就毫无疑问的是“牛鸣而马不应，非不闻牛声也，异类故也”[4]。

在这种“知道如何”下，孔子强调“正名”过程中要“无所苟而已”，就使得如何定名、解名、用名有了一个谨慎体现人伦性的问题。“春秋五十凡例”即为“无所苟而已”的应用实践。不尊重这一点的随意使用，将会造成不“知道什么”的严重后果，即如上一小节注释中所引《尹文子·大道下》中所说的“庄里丈人”。

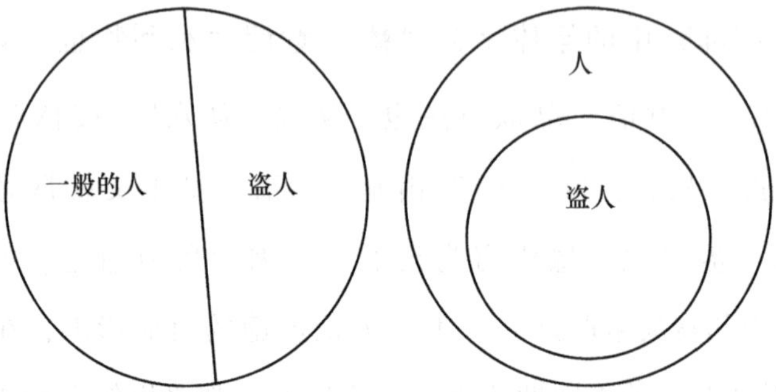

图4

因此按上图示，在墨家的伦理判断中，墨家舍弃了人的生理学意义上的

1　（西汉）刘安：《淮南子·说林训》。
2　《公羊传·哀公四年》。
3　《谷梁传·哀公四年》。
4　（西汉）刘向：《列女传·辩通传》。

标准，只从伦理角度上把“人”区分为一般的人和非伦理的“盗人”，他们之间的关系是以“异”为基础的，因此“杀盗非杀人”，显示了墨家论辩的历史真实性和生动性。[1] 但《荀子·正名》将墨家的“杀盗非杀人”认定为是“用名以乱名”的“三惑”谬误之一。他那“此惑于用名以乱名者也。验之以所以为有名而观其孰行，则能禁之矣”的逻辑批判，是从名的一般词语角度认为“盗”与“人”之间只是共名“人”与别名“盗”的关系，他们之间是以“同”为基础的。应该说，荀子的批判，只是先“知道什么”地抓住人的生理意义上的标准，不“知道如何”地舍弃了墨家以道义上的标准来作为划分根据，并没有反映出墨家认识的全貌。

可以说，以布兰顿的推理语义学与规范语用学的理论作为分析的工具，我们就必须在汉字的使用过程中考虑具体语境[2]了。按从语用学角度提出的语境包括三方面内容：上下文语境，情境语境和民族文化传统语境。[3] 由是，对“盗”的语义解释，一定会影响到它的合理语用。“杀盗非杀人”命题的合理性，就是建立在对中国传统“尊德性”价值观的分析、理解、认同基础上的。这种汉字的语义与语用统一下的正名精神，使得梁启超、胡适、沈有鼎等人，都极力为这个命题辩护。[4]

如果认为“价值观是与时俱进的，我们应该引入现代的价值观念，特别是人权观念，作为评论‘杀盗非杀人’的价值理据。人权是每一个人凭其为

1　又按《吕氏春秋·离谓》载：“齐有事人者，所事有难而弗死也。遇故人于涂，故人曰：‘固不死乎?’对曰：‘然。凡事人，以为利也。死不利，固不死。’故人曰：‘子尚可以见人乎?’对曰：‘子以死为顾可以见人乎?’”这是一种偷换概念的诡辩。前者指的是伦理意义的“见人”（无颜见人），后者的“见人”是生理意义的“见人”（看见人）。诡辩者正是利用了这种字面上的相同为自己的行为辩护。故而《吕氏春秋·离谓》评价说：“不死于其君长，大不义也，其辞犹不可服，辞之不足以断事也明矣。夫辞者，意之表也。鉴其表而弃其意，悖。故古之人，得其意则舍其言矣。听言者以观意也。听言而意不可知，其与桥言无择。”

2　语境指人们在沟通交际过程中表达思想感情的语言环境。它包括说话者、听话者、说话的时间、说话的地点，以及沟通交际双方共同具有的知识等因素。语境可以分为狭义的和广义的两种。狭义的语境通常指当下运用语言的前言后语，广义的语境还包括表达思想时的社会历史文化环境。

3　参见索振羽《语用学教程》，北京大学出版社，2000，第 23 页。

4　参见程仲棠《“中国古代逻辑学”解构》，中国社会科学出版社，2009，第 81—84 页。

人就应该享有的权利。盗应该依法惩办，但也有人权——此二者并行不悖”，“从人权的观点看，‘杀盗非杀人’没有价值的合法性，其价值要害在于否认‘盗’具有‘人’的身份，从而剥夺盗凭其为人就应该享有的权利”。[1] 这样的评价似乎是以当下的“时代意见”来评价“盗”的语义与语用统一的“历史意见”，忽视了自先秦时代就一以贯之的“中国人的正名精神”，从而也就忽视了“每个原理都有其出现的世纪”。

再举一现代例证。有家长对孩子小学一年级语文课文有“林阴道”一词产生极大困惑：记得自己一直学的是“林荫道”，查字典也是“林荫道”，究竟应该以哪个为准？[2] 本来“荫”的形旁义可以使人联想到树木，“林阴道”上无“林荫”，无疑丧失了“荫”字意象性的美感与情调。而若把“荫”本来具有的名词义给了“阴”，对于那些有着历史文化积淀的词汇如“绿树成荫”“荫庇”“荫凉”“封妻荫子”等，其“荫”是否意味着将与“张袂成阴”中的“阴”意同？

正是因为在“正名”思想的逻辑学意义上，“实用理性便是中国传统思想在自身性格上所具有的特色”[3]，使得在语言符号（名）与其所代表的事物（实）的关系上，公众有共同的认可。而统一的语义显然是社会能够组织起来并加以良好管理的首要前提。这种把“正名”限定在语言学范围内，从认识论角度讨论“名”与“实”的关系，它所体现的是“正名”思想的求真精神。而在“正名”思想的伦理学和社会学意义上，从“名”的社会功用及意义出发，如何通过“正名”以恢复和维护以往的伦理秩序和等级制度[4]，最终完成“社会的和政治的改革的核心”[5] 任务，即“君君、臣臣、父父、子子”的“政者，正也”，就使得“正名”精神除了关注语言的确定性问题外，

---

1 程仲棠：《“中国古代逻辑学”解构》，第 88 页。

2 参见孙曼均《“林阴道”的舆情启示》，《中国社会科学报》2012 年 9 月 24 日第 360 期。

3 李泽厚：《中国古代思想史论》，人民出版社，1986，第 304 页。

4 参见冯友兰《中国哲学史新编》第一册，第 140 页；任继愈主编《中国哲学发展史》，第 174 页。

5 胡适：《先秦名学史》，学林出版社，1983，第 29 页。

更蕴含着浓厚的政治伦理目的，体现着“正名”思想的求善精神。积淀了中国人深厚的文化传统、民族心理和审美情趣的汉字，它的语义与语用就自然而然地在梁漱溟之“人生实践之学”、张东荪之“文化哲学”或“生命哲学”的“中国学问”中统一了起来。

因此，在历史文化的“正名”精神影响下，“名”对人们行为的影响，无论是《尹文子》中的“庄里丈人”给大儿子起名叫“盗”，还是墨家的“杀盗非杀人”，还是如何选择“林荫道”，都历史地应和着现代语言学家的观点：“能指对它所表示的观念来说，看来是自由选择的，相反，对使用它的语言社会来说，却不是自由的，而是强制的。语言并不同社会大众商量，它所选择的能指不能用另一个来代替。这一事实，似乎包含着一种矛盾，我们可以通俗地叫做‘强制的牌’。人们对语言说：‘你选择罢！’但是随即加上一句：‘你必须选择这个符号，不能选择别的。’已经选定的东西，不但个人即使想改变也不能丝毫有所改变，就是大众也不能对任何一个词行使它的主权；不管语言是什么样子，大众都得同它捆绑在一起。”[1] 而在先秦时代即如前引，“只有当一个名称以被社会认为合理的方式指称对象时，该名称才会被社会所接受，并成为整个社会的习惯和传统”。这也契合了王力的论断：“语言自身有它的约束性。全社会都这样说，你就不得不这样说。这种社会约束性就是天然的规范。”[2] 汉语言的这种现象，至今如此，将来还会如此。因为“传统是保存的原则”，“在早期它并非瞬间兴起。它综合了个体成就的复杂性，这种综合的过程仍然延续至今，而且将保持到不可预见的未来”。[3]

1　〔瑞士〕索绪尔：《普通语言学教程》，外语教学与研究出版社，2011，第 107 页。

2　转引自王则柯《勿忘字母名称汉语化的前车之鉴》，南方网 2010 年 4 月 14 日。

3　〔德〕蓝德曼：《哲学人类学》，工人出版社，1988，第 281、282 页。

第五节　意象性思维的规范作用在汉字发展中的恒久性

汉字作为表意性的"独一无二的视觉文字"，是中国古代历史文化的产物。在历史发展到今天，它需要不需要改革，如何改革，如何在改革过程中仍然保留它自身的文化特色？这是自近代以来就一直在争论的问题。

一　汉字的文化本质与文字的改革

有学者认为，"汉字与中国文化是全息相关的，甚至可以说，汉字系统的整体意象就是中国文化整体意象的微缩，汉字系统的整体意象就是中国文化整体思维的意象"[1]；甚至"文字崇拜是中国文化的特色之一"[2]。从这个意义上说，汉字的文化本质就是意象性思维导引下"象"语言基础上的表意性。

"汉字在华夏文明的继承、传播和发展中扮演着关键角色。长期以来，对汉字本质和发展方向的认识，成为世界性学术问题。"[3] 作为从古至今不断孳乳壮大的汉字宗谱树，随着网络时代的开启，世界经济一体化时代的到来，对外沟通交际的日益频繁，汉字能否拼音化？需要不需要拼音化，成为一个曾长时间争论的问题。虽然说为了沟通交际的方便，汉字的改革势在必行。但如何改，却不能不考虑传统的传承。

应该说，汉字的文字改革运动在清朝末年就开始了。[4] "五四"时期，汉

1　段石羽：《汉字中的中国古代哲学思想》，新疆人民出版社，2006，第 2 页。

2　李宗陶：《传统文字崇拜是中国文化的特色》，《南方人物周刊》2008 年 6 月 11 日。

3　霍文琦：《汉字拼义理论提出汉字是独一无二的视觉文字》，《中国社会科学报》2012 年 2 月 24 日第 271 期。

4　参见高玉《清末汉字汉语变革方案及其对国语建设的影响》，《学术月刊》2015 年第 7 期。

字被认为是中国文化落后的原因，人们进行了很多汉字拼音化的尝试。1918年北洋政府制订了注音字母方案，注音字母是从古代汉字里面简化后整理出来的。其后也有不同的版本，但仍然摆脱不了古代汉字的笔画问题，只不过是有“音”无“意”了。现在的《现代汉语词典》中仍然有它的身影，我国台湾地区也还在使用。

20世纪初新文化运动的兴起，一些文化精英对传统的反思曾有极端之时。或如，对于千年延续下来的汉字，1918年钱玄同在《新青年》杂志4月号发表文章《中国今后之文字问题》认为，“中国文字论其字形，则非拼音而为象形文字之末流，不便于识，不便于写；论其字义，则意义含糊，文法极不精密……此种文字，断断不能适用于20世纪之新时代”；鲁迅更是提出了“汉字不灭，中国必亡”；就连素称稳健的胡适也坚信汉字必须废除。[1]

1929年瞿秋白借鉴在他之前的其他方案，拟订了一份《中国拉丁式字母草案》，获得通过并定名为《中国拉丁化的字母》。30年代还曾按此方案编写有如下图的《拉丁化课本》。笔者甚至在80年代见过“拉丁化报纸”。

图5　拉丁化课本

1　参见陈晓萍《周有光：汉字是个无底洞，简化汉字只能减不能增》，中国新闻网2010年1月20日。

至20世纪50年代，毛泽东也曾经说："文字必须改革，要走世界文字共同的拼音方向。"[1] 但自1955年10月就参加全国文字改革会议，会后担任中国文字改革委员会和国家语言文字工作委员会研究员，参加制订汉语拼音方案的周有光在当时就认为："我们提出，可以制订一种汉语拼音方案，但它是用来帮助汉字，不是用来代替汉字的。为什么呢，汉字用了几千年了，根深蒂固。许多人不了解，文字的发展是很漫长的一个过程，所以我们提出制订汉语拼音方案是来帮助汉字，不是代替汉字。要代替汉字，不是几天工夫，一百年都不行。他们问我要几百年，我说过了五百年再说吧。"[2] 1957年11月1日国务院全体会议第60次会议通过、1958年2月11日第一届全国人民代表大会第五次会议批准的《汉语拼音方案》，还是将拉丁字母与注音字母一一对应。至如今，拼音还是人们检索字的手段，仍然没有取代汉字。究其原因，盖因若将汉语拼音化，就会割断中国文字造字过程中的意象性思维方式的引导作用，违背了传统的约定俗成的"类化意识"，颠覆了中国古人在汉字造字过程中的审美观念与方法；崩塌了"象"语言的基础，也就崩塌了汉字造字中的逻辑—认知结构。其鲜活的例证就是，如果说，汉语拉丁化的争论与实践，曾经仅是文化精英圈内的昙花一现，那么20世纪70年代末的《第二次汉字简化方案（草案）》之所以招致广泛批评而失败，其原因就在于这个《方案》中的许多简化字，割断了汉字认知过程中的逻辑—认知结构的导引，违背了汉字系统中的传统原则及审美观念与方法。[3]

如今，反其道而行之的一些人，又从传承中华文化传统的意义上，提出了恢复繁体字。其用意之一应该是让使用者能从识字、用字的过程中体会汉字的文化本质。但随着时代的发展，我们无须也不可能再回到繁体字的时代

1 转引自陈晓萍《周有光：汉字是个无底洞，简化汉字只能减不能增》。

2 参见陈晓萍《周有光：汉字是个无底洞，简化汉字只能减不能增》。

3 据2022年6月27日山东济南日报报业集团官方账号报道，为迎接大运会，成都某一条路的店铺招牌改汉字为汉语拼音，结果引来争议。接到舆情后，当地街道办回应：已换回。

了，近年来一些专家所提倡的“识繁用简”，从思维方法论的传承性上讲，倒是有着深刻的文化意义。这是因为，汉字系统是个开放的系统，在其孳乳的过程中，无论古代与现代，其意象性思维一以贯之地起着导引作用。认真说来，从《说文解字》到《现代汉语词典》，汉字一直都在改革的路上，随着时代的发展，汉字的继续改革仍有必要，但如何改，朝哪个方向改，却不能不考虑传统的传承与现代的实际需要。

至于本章第一节之四前述的，20 世纪 80 年代因电子计算机网络时代的到来，有人宣称中国将因文字的原因永远落后于时代的危言耸听，至今并没有出现，反而因各种智能化输入法的出现，以电脑显示技术弥合了汉字与拼音的分歧。看来，自清末以来的汉字拼音化尝试恐将寿终正寝。当然，汉字简化是否需要继续下去，也要看如何在方便、理据性、通用性统一的前提下，不再生硬割裂汉字造字过程中的文化传承了。

“语言是从劳动中并和劳动一起产生出来的”[1]，作为记录语言的符号体系，文字只有依附于语言才能存在，才能使之成为人类文明时代的一个标志[2]。作为华夏文明的主要载体之一，汉字是当今世界各文明体系中唯一一种沿用至今的视觉文字，它之所以能够成为一种文字中的“活化石”，归根结底是作为历史主体的华夏民族大众的历史选择，渗透着华夏民族在历史选择中逻辑理性的睿智，在华夏民族历史发展的长河中显现着自己的地位与价值，并通过不同时代的人在历史实践中予以肯定。如果贸然断裂了这种在历史实践中得到长久证实与肯定的传统，其结果可能就是在丧失自信的过程中也丧失了他信。基于此，随着时代的发展，虽然汉字对文化大一统的稳定器作用毋庸置疑，但汉字的改革仍然是一个需要继续讨论的问题，仍然是一个

1　〔德〕恩格斯：《劳动在从猿到人转变过程中的作用》，《马克思恩格斯选集》第 4 卷，人民出版社，1995，第 376 页。

2　恩格斯《家庭、私有制和国家的起源》：“从铁矿石的冶炼开始，并由于拼音文字的发明及其应用于文献记录而过渡到文明时代。”《马克思恩格斯选集》第 4 卷，第 22 页。

重新认识自己并对本文化进行辩证扬弃的过程，仍然是一个增加自信与他信的过程。这对于当今世界不断增强的文化交流也是有意义的。

二 汉语言文字在文化交往中的作用及意义

从当今时代日益强化的文化交往意义上讲，虽然汉字在意象性思维的规范下，以其“拼义理论”的思维指导，成为世界上延续、保存、使用至今的“独一无二的视觉文字”，说它是“孤立语”也不算为过。但在当今世界文化多元化的时代，是否有一种理论能解释所有现象？对于文字、语言现象而言，只要一种理论和方法能够对其给出别的理论和方法无法给出的合理解释，我们就不能无视它存在的价值，尤其是当这种价值承载着几千年文明的集体思考时，承载着语言文字背后的思想文化时。此似因根而固。

哈贝马斯在其《交往行为理论》一书前言中开宗明义指出：“（交往行为理论）首先涉及交往理性概念，我在对它进行阐述时虽然充满重重疑虑，但交往理性概念还是顶住了认知工具理性的短见行为；接着是两个层次的社会概念，它用一种并非只是修辞学的方法，把生活世界和系统这两个范式联系了起来；最后是现代性理论，它对当今越来越清楚可见的社会病理类型进行解释，认为现代病就病在具有交往结构的生活领域听任具有形式结构的独立的系统摆布。因此，交往行为理论要尽可能地勾画出现代发生悖论的社会生活关系。”[1] 由此，我们如何在文化交往过程中，如陈寅恪所说“凡解释一字，即是做一部文化史”，从对语言文字的认知上，向世界展示我们“一个群体的全部社会遗产”？“世界文化之创兴，首在现有各地各体系之各别文化，能相互承认各自之地位。先把此人类历史上多彩多姿各别创造的文化传

---

1 〔德〕哈贝马斯：《交往行为理论》，生活·读书·新知三联书店，2000，前言，第1页。

统，平等地各自尊重其存在。然后能异中求同，同中见异，又能集异建同，采纳现世界各民族相异文化优点，来会通混合建造出一理想的世界文化。此该是一条正路。若定要标举某一文化体系，奉为共同圭臬，硬说惟此是最优秀者，而强人必从。窃恐此路难通。文化自大，固是一种病。文化自卑，亦非正常心理。我们能发扬自己文化传统，正可对将来世界文化贡献。我能堂堂地做一个中国人，才有资格参加做世界人。毁灭了各民族，何来有世界人？毁灭了各民族文化，又何来有世界文化？”[1]

虽然“价值观和世界观的差异，仍然将使组织间的差异在未来相当长的时间内存在”[2]，涉及语言文字就是，对一种文字的价值判断也会因文化的差别而异。但我们不能因为西方的拼音语言文字是当今世界无可置疑的强势语言文字，就在文化多元化过程中弱化汉语言文字的文化价值，甚或使汉语言文字在组织间的体现因程序标准的趋同而消弭。文化的意义是一个对话，如果意义不被片面地理解，它就是一种平等的交换。因为，“在文化交往、对话、沟通的平台上放置的是‘搅拌机’而不是‘粉碎机’，‘文化的冲突碰撞’不是一个‘粉碎的过程’，而是一个‘搅拌的过程’”[3]。在这种搅拌中，我们至少可以在语言文字上、在传统思维方法上，努力寻找一种中国现代新儒家方东美所希冀的不同文化互融互补的“互相摄爱”的“共命慧”[4]。

而在“思维样式”的比较中，在语言文字后，就是中西古代逻辑思想的比较研究了。由是，中国古代“思维样式”的“共命慧”，又当推先秦时代的“推类”思想及方法了。

1　钱穆：《中国历史研究法》，台北：东大图书公司 1988，第 126 页。

2　〔英〕刘易斯：《文化的冲突与共融》，新华出版社，2002，第 68 页。

3　王晓德、张晓芒主编：《历史与现实——世界文化多元化研究》，天津人民出版社，2007，第 350 页。

4　参见方东美《哲学三思》，胡晓明、傅杰主编：《释中国》第 1 卷，上海文艺出版社，1998，第 286—307 页。

第七章
先秦推类思想从“类”范畴到“类”法式的演进历程

“推类”[1] 方法即援类而推的方法，是中国古代社会特有的并广泛使用的一种推理方法[2]，它是按照两种不同事物、现象在“类属性”或“类事理（物理之属性、物象之情状、物事之因果）”上具有某种同一性或相似性，因此可以由此达彼、由“言事”而“论道”的一种推理论说方式，它经由“假物取譬”、引喻察类的过程，通过论说者由“言事”之“所然”，进到“论道”之“未然”的认知形式，描述、说明、论证了一个思想主张的是非曲直。这种方法的特质是建立在“类”概念基础之上的，其发展演变为中国古代重要的推类“法式”也有其历史的成因。

按前述马克思所言，“每个原理都有其出现的世纪”；恩格斯所言，“每

1　中国古代逻辑史的文献中关于推理的概念有许多，如“推类”“类推”“以类而推”“推故”“推步”“例推”“数推”等。按它们“推导”意义下基本一致的本质规定性，本书统一为“推类”。

2　如先秦时期《周易》的“类族辨物”（《周易·同人》），孔子的“能近取譬”（《论语·雍也》），墨家的“推类之难，说在之大小”（《墨经·经下》），荀子的“推类而不悖”（《荀子·正名》），《吕氏春秋》中的“类固不必，可推知也?”（《吕氏春秋·别类》）；西汉刘安《淮南子》的“类可推”“类不可必推”（《淮南子·说山训》），《黄帝内经》中的“五脏之象，可以类推”（《素问·五脏生成论》）；东汉王充的“揆端推类，原始见终”（《论衡·实知》）；三国曹魏时期嵇康的“推类辨物，当先求自然之理”（《声无哀乐论》）；魏晋刘徽的“事类相推”（《九章算术》）；宋明时期张载的“据闻见上推类”（《张子语录·语录下》），邵雍的“推类必本乎生，观体者必由乎象”（《观物外篇中之上》），朱熹的“以类而推”（《朱子语类卷四十九》），王阳明的“推类以求，众病非一”（《语录三·答吕伯恭》）；明末清初王夫之的“比类相观”（《张子正蒙注卷三·动物篇》）；清代胡煦的“识其真而推其类”（《周易函书》），等等。其方法使用涉及领域极其广泛。又，本书中有关《黄帝内经》以及宋明与清时期的一些推类文献梳理、讨论，得到了河南中医药大学孙可兴教授与南开大学哲学院郎需瑞助理研究员的帮助，特此感谢。

一个时代的理论思维，从而我们时代的理论思维，都是一种历史的产物，它在不同的时代具有完全不同的形式，同时具有完全不同的内容。因此，关于思维的科学，也和其他各门科学一样，是一种历史的科学，是关于人的思维的历史发展的科学”。当我们今天从“经验的直觉”到“理论的自觉”来探讨“推类”的特质时，我们不能不将目光上溯至产生它的那个历史文化时代，寻问它的“为什么”会有一个不同含义交互融合的发生、发展过程。

第一节　兽名及特点

在甲骨文、金文中尚无“类”字的出现，它是在先秦时期最接近于原始形态神话的文献中出现的：

> 亶爰之山，多水无草木，不可以上。有兽焉，其状如狸而有髦，其名曰类。自为牝牡。[1]

它的特点即为：

> 亶爰之兽，自孕而生，曰类。[2]

亦即，“类”这种动物的生长特点有似于现代克隆的意味。

---

1 《山海经·南山经》。《山海经》是记载远古神话最多的一部奇书。有前人认为是夏朝开国君王大禹和帮助大禹治水的伯益所作，后经西汉刘向、刘歆父子编校形成。

2 （战国）列子：《列子·天瑞》。《列子》中记载有一百多个民间故事、寓言和神话传说。被认为可能是后人根据古代资料编著而成。

第二节 由兽名引申出来的“祭”名

从红山文化的玉猪龙等揆度，在远古狩猎时代，“类”可能与某个地区初民群体的生活息息相关，也可能曾作为某个部落祭祀活动的祭品，体现了一种自然神崇拜。这种意识的发展，被演变为一种祭祀形式的代名。或者，至少从“类”的字体结构“類”（𩔁）的解释，其由米、犬、猪首（或可包括成为俘虏的人首）构成，也可以分析出“类”与祭祀的联系。[1]

又按《说文解字·示部》，类，通禷。“禷，以事类祭天神。从示，类声。”按清代朱骏声《说文通训定声》解“禷”，“非常（不按常规）而祭，以事类告，皆曰禷”；按清代王筠《说文句读》解“禷”，“说义已见类字。此不言从类，声义互相备也”；“类”与祭祀的关系应该是确定的。

在先秦时代，“类”作为祭名的语言形式已经确立，在先秦文献以及思想最接近于先秦史实的文献中大量出现：

“是类是祃[2]，是致是附，四方以无侮。”[3] 晋代郭璞注：“师出征伐，类于上帝，祃于所征之地。”《尔雅·释天》解：“是类是祃，师祭也。”

“正月上日，受终于文祖，在[4]璇玑玉衡，以齐七政，肆类于上帝，禋于六宗，望于山川，遍于群神。”[5] 唐代经学家孔颖达疏：“类，祭于上帝。”

“掌六祈以同鬼神示，一曰类，二曰造，三曰禬，四曰禜，五曰攻，六曰说”；“凡师甸，用牲于社宗则为位，类造上帝，封于大神，祭兵于山川亦如之”；“凡天地之大灾，类社稷宗庙则为位”；“大师，宜于社，造于祖，设军

1 参见吴建国《中国逻辑思想史上类概念的发生、发展与逻辑科学的形成》，《中国社会科学》1980年第2期。

2 古代军队驻扎的地方举行的祭礼。

3 《诗经·大雅·皇矣》。

4 《尔雅·释诂》：“在，察也。”

5 《尚书·舜典》。

社，类上帝”。[1]

对于“类上帝”之“类”，朱熹在诠释“天子将出，类乎上帝”[2]时也认为，“类者，以事类告天，若以摄位事类告天亦谓之为类，若以巡守事类告天亦谓之为类。故《异义》：夏侯、欧阳说，以类祭天者，以事类祭之。古《尚书》说，非时祭天谓之类。许慎谨按：《周礼》郊天无言类者，知类非常祭”[3]。故经他考证认为，“类”作为祭祀的专有名词，其礼已不存在，只能得知“类非常祭”。

这里需要说明的是，“类”作为祭名，没有丝毫的分类意识，只要是可用来祭祀并与初民生活息息相关的动植物，就应该全属于“祭”一类。

第三节　由特点引申出的相似、相像

“自孕而生”的“类”显然会在形貌、形象上酷似，而相似就可以进行比较：如《尔雅·释兽》“猰貐，类貙，虎爪，食人，迅走”；《礼记·月令》“（中秋之月）是月也，乃命宰祝循行牺牲，视全具，案刍豢，瞻肥瘠，察物色，必比类”。因此，在“类”名的使用上也就引申出相似、相像的含义。

> 公问名于申繻，对曰：“名有五，有信，有义，有象，有假，有类。以名生为信，以德命为义，以类命为象，取于物为假，取于父为类。”[4]

1　《周礼·春官宗伯上、下》。《周礼》亦称《周官》或《周官经》。收集周王室官制和战国时期的各国制度，添附了儒家政治思想。《周礼》原有周公所著之说，但近人从先秦铜器铭文所记载的官制，参证《周礼》中政治、经济制度和学术思想，认为是战国时期的作品。但我们认为，即使是战国时期的作品，其思想也最接近于商周时期古人的思想。

2　《礼记·王制》。《礼记》，战国至西汉初的儒家各种礼仪著作选集，大抵为孔子弟子及再传、三传弟子等所记，其所述事实也应最能反映商周时期古人的思想。

3　（南宋）朱熹：《仪礼经传通解续》。

4　《左传·桓公六年》。

“以类命为象”指由与某物相似而命名；“取于父为类”指儿子与父亲在面貌上相像而归为一类。因此“类”也意味着像。古代诸侯死后，继位的世子行过葬礼后朝见天子，称为“类见”，意谓代父受国之礼；为父请谥也称为“类”。并形成《礼记·曲礼下》所言礼名，“既葬见天子，曰类见，言谥曰类”。反之，“不类”则意味着不像、不同、不合。

或如，《逸周书·官人》的“言行不类，终始相悖”。

或如，《左传·庄公八年》：“遂入，杀孟阳于床，曰：‘非君也，不类。’”

或如，《左传·僖公二十四年》：“召穆公思周德之不类，故纠合宗族于成周，而作诗曰：‘常棣之华，鄂不韡韡。凡今之人，莫如兄弟。’”[1]

“类”的这种在形貌、形象上相似的特点，在问题历史化过程中进一步扩展、外溢至对各种相似物种的认识中。

或如，《左传·昭公二十五年》“为刑罚、威狱，使民畏忌，以类其震曜杀戮”，以刑罚牢狱震慑百姓，就像是雷霆外物的威力。

或如，《楚辞·九章·橘颂》“精色内白，类任道兮”，意指橘外表皮色明亮，内部瓤肉色泽洁白。如同肩负重任的君子。汉代王逸注：“类，犹貌也。”[2] 应该就是在这个“像”“貌”的意义上，王逸评价道，“以言贤者亦然，外有精明之貌，内有洁白之志，故可任以道而事用之也”，“屈原自喻才德如橘树，亦异与众也”。

此后历代的“字书”“辞书”也分别将这种认识固化了。或如：“类，像也”[3]；

---

1 指《诗经·小雅·常棣》。此诗写兄弟宴饮之乐。西周初年，出现过周公的兄弟管叔和蔡叔的叛乱，所以《毛诗序》认为此诗为成王时周公所作，“《常棣》，燕兄弟也。闵管、蔡之失道，故作《常棣》也”。清人方玉润的《诗经原始》说：“良朋、妻孥未尝无助于己，然终不若兄弟之情深而相爱也。故曰‘凡今之人，莫如兄弟。’”

2 （东汉）王逸：《楚辞章句》。又，王逸的《楚辞章句》被认为是《楚辞》中最早的完整注本，原书早已佚，至宋代洪兴祖的《楚辞补注》篇章内容上承《楚辞章句》，公认为较为全面保留了原貌。现通行的版本的篇目结构，基本是以《楚辞章句》为主的《楚辞补注》等为据，历来为后世研究《楚辞》的学者所重。

3 《尔雅·释诂》。

“类，种类相似，惟犬为甚”[1]；“类似也”[2]；“类，肖似也”。[3] 而在历代的使用中，都能在事物之间在物象（情状）、物理（属性）、物事（因果联系）上“像”“似”“同”的意义上，找到“类”的身影。

或如，《史记·货殖列传》，“郑、卫俗与赵相类”。

或如，东汉初期的伏波将军马援写《诫兄子严敦书》，告诫侄子马严和马敦要向“敦厚周慎，口无择言，谦约节俭，廉公有威”的龙伯高学习，即使学习不到家，还是一个谨慎勤勉的人，“所谓刻鹄不成尚类鹜者也”；而向好人坏人都合得来的杜季良学习，学不成就不伦不类，“所谓画虎不成反类狗者也”。[4] 这里的“类”都是在“像”的意义上使用的。

现代汉语则以“类同”“类似”，将“类”与“像”“似”之间的联系固定成为现代词语。

作为一个集中的个案分析，后人在对《诗经》的分析评价中，也常在不同事物之物理、物象、物事的“像”“似”意义上使用“类”字，简列如下。

或如，对于《周南·关雎》中的“关关雎鸠，在河之洲。窈窕淑女，君子好逑”，宋代朱熹评价道，“雎鸠，小鸟，状类凫鹭，今江、淮间有之。生有定偶，而不相乱；偶常并游，而不相狎”[5]。

又有，《曹风·鸤鸠》有，“鸤鸠在桑，其子在梅”“鸤鸠在桑，其子在棘”“鸤鸠在桑，其子在榛”。清人马瑞辰《毛诗传笺通释》释“梅”：“梅当为梅杏之梅，以下‘在棘’‘在榛’类之，知皆小树，不得为梅柑也。”

上述两例中，“类”的使用，含义简洁明快。

1　《说文解字·犬部》。
2　《集韵·术部》。《集韵》是宋代编纂的按汉字字音分韵编排的音韵学著作。
3　《正字通》。《正字通》是明代张自烈编纂的一部按汉字形体分部编排的字书。
4　（南朝宋）范晔：《后汉书·马援传》。
5　（南宋）朱熹：《诗集传》。

或如，对于《邶风·燕燕》，《毛诗序》[1] 记载是，“《燕燕》，卫庄姜送归妾也”，是卫庄姜于卫桓公死后送桓公之妇大归于薛地的诗；《郑笺》[2] 认为，归妾就是陈女戴妫；清代著名辨伪学者崔述《读风偶识》则认为，“余按此篇之文，但有惜别之意，绝无感时悲遇之情。而诗称‘之子于归’者，皆指女子之嫁者言之，未闻有称大归为‘于归’者，恐系卫女嫁于南国而其兄送之之诗，绝不类庄姜、戴妫事也”。

又有，对于《王风·中谷有蓷》[3]，清代姚际恒《诗经通论》中评价，“闵妇人遭饥馑而作：故云‘有女’。集传谓‘妇人自作’，绝不类。……因以‘仳离’为‘别离’，故以为夫弃其妻；其实不然。愚意，此或闵嫠妇之诗，犹杜诗所谓‘无食无儿一妇人’也。先言‘艰难’，夫贫也。再言‘不淑’，夫死也。礼‘问死曰“如何不淑”’。末更无可言，故变文曰‘何嗟及矣’。‘乾’‘脩’‘湿’，由浅及深；‘叹’‘啸’‘泣’亦然”。

我们在此关心的是，上述两例中，“绝不类”之“类”，是在类事理是不是一回事的意义下使用的。

或如，对于《邶风·柏舟》，西汉刘向的《列女传》认为是卫宣夫人所作，而朱熹在其《诗集传》中则辩驳说，“《列女传》以此为妇人之诗，今考其辞气，卑顺柔弱，且居变风之首，而与下篇相类，岂亦庄姜之诗与？”[4]

又有，《召南·野有死麕》中有“林有朴樕”，清人陈启源《毛诗稽古编》释解认为，朴樕又名槲樕，而“槲樕与栎相类”。

---

1 （汉）《毛诗序》是中国古代有关诗歌理论的文献。其作者有争议，有说是孔子弟子子夏所作；有说是汉代卫宏为《诗经》所作的序，分为大序和小序。大序为《关雎》题解之后作者所作的全部《诗经》的总的序言，小序是《诗经》三百零五篇中每一篇的序言。

2 东汉郑玄对《毛诗》所做的解释。

3 “中谷有蓷，暵其乾矣。有女仳离，嘅其叹矣。嘅其叹矣，遇人之艰难矣！中谷有蓷，暵其脩矣。有女仳离，条其啸矣。条其啸矣，遇人之不淑！中谷有蓷，暵其湿矣。有女仳离，啜其泣矣。啜其泣矣，何嗟及矣！”古今学者一般认为这是一首被离弃妇女自哀自悼的怨歌，从益母草干枯起兴，抒发弃妇内心的苦楚和慨叹。

4 指下一篇的《邶风·绿衣》。唐代孔颖达《毛诗正义》认为是庄姜夫人因失位而伤己之作，朱熹的《诗集传》认可这种说法。

又有，对于《秦风·蒹葭》，清人方玉润的《诗经原始》认为，“此诗在《秦风》中气味绝不相类，以好战乐斗之邦，忽遇高超远举之作，可谓鹤立鸡群，翛然自异者矣”[1]。

又有，对于《陈风·泽陂》，宋代朱熹的《诗集传》认为，“兴也。此诗之旨，与《陈风·月出》相类”。

上述几例中，在“类”的物象、物理、物事之相同、相像、相似意义上，“相类”已然固定为一个古汉语中的合成词了。为什么会合成，在于它是方法论意义上的不同事物之间的“取以为比”。其例证为，《毛诗序》认为《曹风·蜉蝣》为刺诗，“《蜉蝣》，刺奢也。昭公国小而迫，无法以自守，好奢而任小人，将无所依焉”；而清人方玉润《诗经原始》反驳道，“盖蜉蝣为物，其细已甚，何奢之有？取以为比，大不相类。天下刺奢之物甚多，诗人岂独有取于掘土而出、朝生暮死之微虫耶？”其根据在于“取以为比”之间事物的类事理相同、相像、相似，否则无以贯得通。即所谓“同音者相和兮，同类者相似。飞鸟号其群兮，鹿鸣求其友。……音声之相和兮，言物类之相感也。夫方圆之异形兮，势不可以相错”[2]。对于“类”的这种相同、相似、相像意义上的用字，中国古代甚至有“类钞”“类书”“类说”“类篇”[3]等具有一定普遍意义的用作书名的词语。

当然，“类”作为“祭”名，也还丝毫没有逻辑的含义，但它作为祭祀的一种形式：其一，已经具有了人伦的同类、同等、相同身份的含义，《礼记·曲礼下》“拟人必于其伦”，东汉郑玄注，“伦，犹类也”。其二，同时也有了条理的含义，《尚书·舜典》“八音克谐，无相夺伦，神人以和”；《论语·微子》“言中伦”等。这就为先秦时期宗族社会的伦理精神准备了心理

1　一般认为，秦地崇尚气力，以射猎为先。所以在秦风中，有一种在别的风诗中少见的尚武精神和悲壮慷慨的情调。

2　（西汉）东方朔：《楚辞·七谬·谬谏》。

3　参见《辞源》修订本四，商务印书馆，1990，第3399页。

条件。其三，“类”名的相似性特点，也有了朴素分类思想萌芽状态下的“标准”意识，这也就为宗族社会伦理性的逻辑论证过程乃至先秦逻辑思想“法”“则”等标准规约下的求真精神和求治、求善精神，打开了大门。

第四节 善名

张东荪曾说：“中国人论到政治的好坏问题无不把天视为标准。”[1] 在他看来，在古代社会，天、治者、人民三者之间是一种互动关系。治者统治着人民，却又时时被天所指示；人民一方面要被治者所统治，却又时时以民意折射于天意。于是在人民与统治者之间，又插进了一个第三者——天，形成了一个相互贯通、相互联系与互动的三角图形。[2]

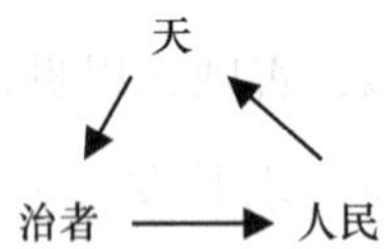

图 6

之所以要在这里插入一个第三者，实在是因为“夫天者，人之始也。父母者，人之本也。人穷则反本，故劳苦倦极，未尝不呼天也。疾痛惨怛，未尝不呼父母也”[3]。而按张东荪之意，在这个三角图形中，作为第三者的“天”，实际上起着一种取法标准的作用。治者承天命而治民，民又自祈望着天意。按此图索骥，我们可以在此再次聆听历史的回声：

---

1 张东荪：《知识与文化》，张汝伦编选《理性与良知——张东荪文选》，上海远东出版社，1995，第 290—291 页。

2 张东荪：《知识与文化》，《理性与良知——张东荪文选》，第 290—291 页。

3 （西汉）司马迁：《史记・屈原贾生列传》。

> 师旷侍于晋侯。晋侯曰：“卫人出其君，不亦甚乎?”对曰：“或者其君实甚。良君将赏善而刑淫，养民如子，盖之如天，容之如地。民奉其君，爱之如父母，仰之如日月，敬之如神明，畏之如雷霆，其可出乎?夫君，神之主而民之望也。若困民之主[1]，匮神乏祀，百姓绝望，社稷无主，将安用之?弗去何为?天生民而立之君，使司牧之，勿使失性。有君而为之贰，使师保之，勿使过度。是故……善则赏之，过则匡之，患则救之，失则革之。……天之爱民甚矣。岂其使一人肆于民上，以从其淫，而弃天地之性?必不然矣。”[2]

《诗经》对此早有深刻的警醒。《小雅·十月之交》从“日有食之”的引征异象开始，谕证的是“四国无政，不用其良”，警示的是君主“高岸为谷，深谷为陵”，故而君主必须要“民莫不逸，我独不敢休。天命不彻，我不敢效我友自逸”。因为按《商颂·玄鸟》，虽然有殷商的受命于天，“殷受命咸宜，百禄是何”，虽然有周文王的受命于天，“有命自天，命此文王”[3]，但如子孙不修其德，还是会如《大雅·荡》一样“靡不有初，鲜克有终”。故而效法先民“敬天修德”的目的在于保佑子孙，显现的是历史经验的重要性。

基于此，一个世道的好坏、治乱，无不以反映民意的天意为标准。治者顺天意而治民，是谓治世；治者逆天意而治民，是谓乱世。故而有“天聪明，自我民聪明；天明畏，自我民明威”[4]；“天视自我民视，天听自我民听”[5]。因此，在“殷人尊神，率民以事神”[6] 的祭祀过程中，在《诗经·商颂·那》所言“自古在昔，先民有作。温恭朝夕，执事有恪，顾予烝尝，汤

1　“主”在此当作“性”解。西汉刘向的《新序》《说苑》均引作“困民之性”。

2　《左传·襄公十四年》。

3　《诗经·大雅·大明》。

4　《尚书·皋陶谟》。

5　《尚书·泰誓中》。

6　《礼记·表记》。

孙之将”的昭示下，出于历史经验的成败教训，在“天道福善祸淫”[1]“天道赏善而罚淫”[2]的告诫或威慑下，统治者由道德责任的自觉进而到思维的自觉，“我不可不监于有夏，亦不可不监于有殷……惟不敬阙德，乃早坠阙命”，所以《尚书》之《召诰》警示，“王敬作所，不可不敬德”。只有德政于民，才可如《皋陶谟》所言“安民则惠，黎民怀之”，《召诰》所言“祈天永命”。

这个“祈天永命”的祭祀活动，就是一个体现善、治以求保佑的过程。在先民尊神、事神的祭祀活动中，先民的取法标准是由神至帝至天至德至人，显示了以德配天命、天唯德是择的结果，求善成为永保王权的根本。[3] 因此，“类”的这种“祭名”在先秦文献中又被赋予了道德伦理的含义——“善”。

其一，能够明察是非、分清善恶的称为“类”。

对于《诗经・大雅・皇矣》中的“其德克明，克明克类，克长克君”。郑玄笺，“类，善也，勤施无私曰类”；朱熹《诗集传》注，“克明，能察是非也。克类，能分善恶也”。同时，在注《大雅・既醉》的“孝子不匮，永锡尔类”时，朱熹也认为“类，善也”。

对于《诗经・大雅・荡》中的“文王曰咨，咨女殷商。而秉义类，彊御多怼”，郑玄笺注，“义之言宜也。类，善”；清人马瑞辰《毛诗传笺通释》言，“按，类为善，义亦善”。

其二，能够勤施无私的也称为“类”。

按《左传・昭公二十八年》：“心能制义曰度，德正应和曰莫，照临四方曰明，勤施无私曰类，教诲不倦曰长，赏庆刑威曰君，慈和遍服曰顺，择善而从之曰比，经纬天地曰文。”所谓“无私曰类”，按《韩非子・五蠹》：“古

---

1 《尚书・汤诰》。

2 《国语・周语中》。《国语》是中国古代第一部国别体史书。相传是春秋时期的左丘明所撰。

3 这个发展过程将在第十章第一节详述。

者仓颉之作书也，自环者谓之厶，背厶谓之公。”又按“厶”字写法像画一个螺旋形，是从外向内画的，所以“自环谓之私”；而“公”字写法也如螺旋形，要在外面点上两点，与“私”字相反，所以“背厶谓之公”。韩非子之言，形象地把仓颉造字的根据道出。所以《说文解字·八部》将“公”概括为“平分也，从八，从厶。八犹背也。韩非曰：背厶为公”。

从解字的意象性思维方法或样式来看，“公”“私”显然成为人伦世界中高下立判的对立两极，所以说“无私曰类”。

其三，反之就是“不善”之“不类”。

“不吊不祥，威仪不类”[1]，《毛传》，“类，善”；唐孔颖达疏，“威仪有不善”。

“王庸作书以诰曰：‘以台正于四方，惟恐德弗类，兹故弗言。’”[2]

“予小子不明于德，自厎不类。”[3] 孔传：“类，善也。”

“召穆公思周德之不类，故纠合宗族于成周而作诗。”[4]

“余恐德之不类，兹故不言。”[5] 韦昭注：“类，善也。”或《尔雅·释诂》：“类，善也。”

其四，或者是“丑类”或“败类”。

按《左传·文公十八年》：“昔帝鸿氏有不才子，掩义隐贼，好行凶德，丑类恶物，顽嚚不友，是与比周，天下之民谓之浑敦。”杨伯峻注解，“丑，类也。丑类，同义词连用，此作动词，恶物为其宾语，言与恶物相比类也”。如今“丑类恶物”已成为喻指坏人的一个成语。

“大风有隧，贪人败类。听言则对，诵言如醉。匪用其良，覆俾我悖。”[6]

---

1 《诗经·大雅·瞻卬》。
2 《尚书·商书·说命上》。
3 《尚书·太甲中》。“厎”同“砥”。
4 《左传·僖公二十四年》。
5 《国语·楚语上》。
6 《诗经·大雅·桑柔》。

其五，对比的结果。

在这种《大雅·荡》之“义类”与《大雅·桑柔》之“败类”的对比中，人伦世界中“类”之善名含义拟人化、道德化了。“类”与“不类”就有了拟人性、道德性的善恶“类化”分野：“齐类同皆有合，故尧为善而众善至，桀为非而众非来。”[1] 由是，在对“类”之善与不善的疑惑、追问与解答中，则使祭祀以求保佑的信用状，落实在祭祀活动的过程与结果中：

> 威仪孔时，君子有孝子。孝子不匮，永锡尔类。其类维何，室家之壸[2]。君子万年，永锡祚胤。[3]

于是有了《左传·隐公元年》的推类：

> 君子曰：“颍考叔，纯孝也，爱其母，施及庄公。《诗》曰：‘孝子不匮，永锡尔类。’其是之谓乎！”

有了《国语·周语下》的评价：

> （叔向曰：）“《诗》曰：‘其类维何？室家之壸。君子万年，永锡祚胤。’类也者，不忝前哲之谓也。壸也者，广裕民人之谓也。万年也者，令闻不忘之谓也。胤也者，子孙蕃育之谓也。单子朝夕不忘成王之德，可谓不忝前哲矣。膺保明德，以佐王室，可谓广裕民人矣。若能类善物，以混厚民人者，必有章誉蕃育之祚，则单子必当之矣。单若有阙，必兹

---

1 《吕氏春秋·应同》。

2 壸（kǔn），古代宫中的道路，借指宫内：壸政。

3 《诗经·大雅·既醉》。

君之子孙实续之，不出于他矣。”

由是，“类也者，不忝前哲之谓也”，即谓，孝子奋勉不废坠，祖先就会长久地赐予他以不辱没先人的善道。

由是，《尚书》中的许多篇章就不厌其烦地叙述了《咸有一德》所谓“德无常师，主善为师”的道理。或如，《皋陶谟》中顺从天意、遵循尊卑等级制度、搞好道德伦常关系的经验教训；《酒诰》中对“酒”的正反两方面经验教训；《无逸》中对“逸”的正反两方面经验教训；《君奭》中对于天命与事在人为两方面的经验教训；以及《皋陶谟》中“天叙有典……天秩有礼……天命有德……天讨有罪”的警诫；《汤诰》中“天道福善祸淫”的警诫；《伊训》中“惟上帝不常，作善降之百祥，作不善降之百殃”的警诫；《盘庚》中“用罪伐阙死，用德彰阙善”的警诫；等等。在这种《蔡仲之命》所言“为善不同，同归于治；为恶不同，同归于乱”的历史经验总结与告诫中，使拟人化、道德化的“类”之善名含义，在“还轸诸侯，不敢淫逸，心类德音，以德有国”[1] 的遵循、比类、昭示下，以其“无私曰类”的伦理精神，为先秦推类思想的求治、求善精神奠定了伦理思想的基础。

第五节　族类

从另一个意义上讲，祭祀活动总是一个集体参加或为集体谋利益的活动，“类”的“祭”名形式与相似性特点，在求善、求治的祭祀活动中，就有了一种共同性的特点，并具体体现在宗法社会中。

宗法制度是先秦时代维护贵族世袭统治的一种制度，由父系家长制演变

1　《国语 · 楚语上》。

而成，到周代逐渐完备。周王自称天子，王位由嫡长子继承，称天下的大宗，是同姓贵族的最高家长；天子的庶子有的分封为诸侯，对天子为小宗，其职位由嫡长子继承，并以国名为氏；诸侯的庶子有的分封为卿大夫，对诸侯为小宗，在本家为大宗，其职位由嫡长子继承。由此而分别系统。

按“宗，尊祖庙也”[1]。顾名思义，“宗族”是指拥有共同祖庙且有明确父系祖先的家族；在组织结构上具有多极性，并且随着私有制的发展与宗族内部维持政治秩序的需要，进一步发展为严格的政治等级关系，成为一种具有宗法性质的以血缘关系为纽带的团体。[2] 这种严格的政治等级社会，就是人伦味道极其浓厚的“中国伦理本位的社会”[3]。

由于中国古代宗法制度因以血缘关系为纽带，因严格的政治等级关系而伦理秩序严密，因此在漫漫的历史发展中，形成一种“家国同构”的社会政治经济结构，国家是放大了的家庭，其政治经济制度与宗法制度有着密切的联系。这些联系必然要反映在思维语言上。或如，有关“宗”的一些词语：

“宗主”“宗子”“宗女”“宗兄”“宗弟”“宗叔”“宗亲”“宗臣”“宗相”“宗官”“宗公”“宗老”“宗生”“宗人”“宗门”“宗支”“宗家”“宗室”“宗族”“宗姓”“宗国”“宗类”“宗庙”“宗社”“宗祀”“宗器”“宗派”“宗风”“宗师”，等等。这些词语也可以将“宗”改为“族”，其意义基本相同。基本上都反映了同宗同族的人，有一个以血缘关系为纽带的共同精神。宗族的荣辱盛衰决定了这个相互之间有联系的整体宗族中每一个人的命运。即《红楼梦》所说的：“这四家皆连络有亲，一损皆损，一荣皆荣，扶持遮饰，俱有照应的。”[4]

1　宗：甲骨文作“”，《说文解字·宀部》：“从宀，从示。”“宀”（mian）的本义就是房屋；“示”的本义为“灵石”，在灵石上放置祭品。这就是《说文解字》所谓的“宗，尊祖庙也”。在汉字中，凡是以“示”为偏旁的字往往与精神、祭祀有关。

2　参见朱凤翰《商周家族形态研究》，天津古籍出版社，1990，第16—18页。

3　梁漱溟：《中国文化要义》，上海人民出版社，2005，第121页。

4　（清）曹雪芹：《红楼梦》第四回“薄命女偏逢薄命郎，葫芦僧乱判葫芦案”。

又由于宗族中的每一个成员有了“父之党为宗族”[1] 的共同标示，同族为宗，同宗共祭一祖，在“肆类于上帝，禋于六宗”[2] 的祭祀过程中，“克明克类，克长克君”[3] 就成为同族共同的事情，其“宗族”意义就因“尊祖敬宗”的相同性，与用作“祭”名的具有相似性的“类”名联系在了一起：

> 神不歆[4]非类，民不祀非族。[5]
>
> 鬼神非其族类，不歆其祀。[6]

由是，祭祀活动的同一性，决定了属于同一氏族便是同类，否则便是异类。在这种“同姓同德，异姓异德”[7]“非我族类，其心必异”[8] 的历史伦理价值判断下，表明了同一氏族内的理想目标一致，同时也赋予了“类”的“祭”名、“善”名、具有同一性的“族”名在使用时的同步性或交融性，强调了“类”在求善、求治过程中伦理精神的同一性质的普遍性，以及“法则”的思维方法论意义的端倪。由此也就有了“以先王观之，则尚德也。昔武王克商，成王定之，选建明德，以蕃屏周。……使帅其宗氏，辑其分族，将其类丑，以法则周公，用即命于周”[9] 的历史发展途径。

---

1 《尔雅·释亲》。
2 《尚书·舜典》。
3 《诗经·大雅·皇矣》。
4 保佑。
5 《左传·僖公十年》。
6 《左传·僖公三十一年》。
7 《国语·晋语》。
8 《左传·成公四年》。
9 《左传·定公四年》。

从这个意义上讲，类（）、族（、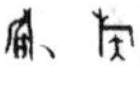）[1]、德（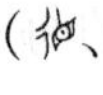、、）[2] 在求善、求治的过程中，也自然而然地具有了极具先秦时代宗族社会特色的伦理精神的同一性与普遍性。或如，朱熹《诗集传》在评价《诗经·召南·驺虞》时，借助引征物“驺虞”[3] 评价说：

> 南国诸侯承文王之化，修身齐家以治其国，而其仁民之余恩，又有以及于庶类。故其春田之际，草木之茂，禽兽之多，至于如此，而诗人述其事以美之，且叹之曰：此其仁心自然，不由勉强，是即真所谓驺虞矣！

此处的“庶类”之“类”，即指谕证“文王之化”下同心同德的族类。

20世纪上半叶的法学家王伯琦在比较了中西法律与大众意识发生的距离后，认为在西方是个人权利到社会利益间的距离，在中国却是义务到权利再到社会利益的距离。[4] 按这种观点分析，类、族、德的这种伦理精神的同一性与普遍性，保证了在一个社会族群中个体与总体间的同一与平衡。

也许就是在这个意义上，侯外庐先生认为：“在古文字中，‘类’字和‘族’字同义。……即类别是族别，也即是与古代地域区别相对待的氏族血缘区别，绝无逻辑意味。”[5] 在这里，侯外庐是用“族类”的同一血缘性与以

---

1 “族，聚也。言君子法此同人，以类而聚也”。见唐代孔颖达疏《周易·象传上·同人》。第一个为甲骨文，是一杆大旗下两支箭（矢），表示很多箭同时射向大旗，所以“族”的本义是聚集；第二个为金文，仅留一支箭，后引申为同一家族的人聚集在一起的“族类”。参见左安民《汉字例话》，中国青年出版社，1984，第376页。

2 见第五章第一节之二，对“德”“善”的解析。

3 相传驺虞是中国古代神话中的仁兽。《山海经·海内北经》：“林氏国有珍兽，大若虎，五彩毕具，尾长于身，名曰驺虞，乘之日行千里”；《说文解字·虍部》：“驺虞也，白虎黑文，尾长于身。仁兽，食自死之肉”。（清）段玉裁有解二，《毛诗故训传》解：“驺虞，义兽也，白虎黑文，不食生物，有至信之德则应之”；《说文解字注》解“仁兽”，“以其不食生物，食自死之肉也”。

4 参见王伯琦《近代法律思潮与中国固有文化》，清华大学出版社，2005，第76页。

5 侯外庐：《中国思想通史》第1卷，人民出版社，1980，第239页。

后墨子“类”概念属性同一的逻辑思想性质做比较，故而有“绝无逻辑意味”的论断。但笔者认为，如果从“族类”之名所反映的同一氏族、同一理想目标、同一伦理精神的普遍性上讲，“族类”之名应该说是已经具有了逻辑学“确定性”意义下标准确定同一的端倪，它由此也为先秦推类思想之求真精神奠定了逻辑思想基础。

第六节　种类

在宗族社会通过祭祀以表明心志以求善、求治的过程中，认识自然、社会显然于治理国家是极为有益的。[1] 那种仅仅囿于不能放弃教命，危害族人的认识：“咈哉，方命圮族”[2]；那种仅仅囿于分别姓氏种族进行治理的认识：“帝厘下土方，设居方，别姓分类”[3]；显然已不足为训。为了使对“族类”的事理说明对于认识自然也具有说理性，于是，“同姓同德”在事理上的同一性，融贯在“君子以类族辨物”[4] 的过程中，先人将社会领域的“类”意识与自然领域、一般思维领域的“类”意识统一起来，并在“象物天地，比类百则。仪之于民，而度之于群生”[5]，“方以类聚，物以群分，吉凶生矣”[6]，以及“有教无类”[7] 等的认识过程中，赋予了“类”以相同事物属性相同或因果联系相同其事理相同的更广泛意义。

1　先秦时期由孔子提出、由庄子发展的“天人合一”思想，其基本思维框架是人类的生理、伦理、政治等社会现象是自然的直接反映。这种反映应该说是对先人将“天”与“人”类比的朴素思考的历史概括，表明了认识自然对于认识人类社会一样重要。如惠施的“泛爱万物，天地一体”，就从“名辩”角度总结了这种认识。只不过惠施走了一条“逐万物而不返”的道路，回不来了；而孟子能够回来，“学问之道无它，求其放心而已”。

2　《尚书·尧典》。

3　《尚书·舜典》。

4　《周易·象传上·同人》。

5　《国语·周语下》。

6　《周易·系辞上》。

7　《论语·卫灵公》。

"象物天地，比类百则"以及"方以类聚，物以群分"之"类"，指天下万事万物都以类别相同而聚合，以群体相异而区分，因此要对天地万物比象而分类；"有教无类"之"类"指可以接受教育之人所具有的普遍属性。

这些"类"指"物类""性类""比类""事类"，其对"类"属性的同一性认识更加明显、明晰。君子之所以能够"以类族辨物"来分类认识人类之群体，辨析宇宙之万物，以识异求同，就在于唐代孔颖达所注疏的，"族，聚也。言君子法此同人，以类而聚也。辨物谓分辨事物各同其党，使自相同不间杂也"；现代大师高亨所注解的，"君子观此卦象及卦名，从而运用其明察，分析事物之种类，辨别事物之情况"。

一　"种类"的意蕴与划分

于是"类"的含义便顺理成章具有了许多相似或相同事物的综合之"种类"意蕴：如《说文解字·犬部》之"类，种类相似，惟犬为甚"；《玉篇》之"类，种类也"。并在对"同声相应，同气相求。水流湿，火就燥。云从龙，风从虎。圣人作而万物睹。本乎天者亲上，本乎地者亲下。则各从其类也"[1] 的逐渐明晰中，形成了"事物之类"和"认识之类"。

其一，"事物之类"反映的是概念的客观性，涉及的是物性本身的同异："非类既去，而嘉谷茂盛焉。"[2] 其"物类""性类""比类""事类"等的"类"属性的同一性不断明朗，其逻辑范畴的意义也日见显著。诸如：

> 抱薪加火，燥者必先燃；平地注水，湿者必先濡。故曰：动之以其类，安有不应者……必以其类也。[3]

1　《周易·乾·文言》。

2　（明）宋应星：《天工开物·乃粒·稻工》。

3　《邓析子·转辞》。

虚以待之兮，无为之先；庶类以成兮，此德之门。[1]

云龙相应，龙乘云雨而行。物类相致，非有为也。[2]

音声之相和兮，言物类之相感也。[3]

鱼与鸟同类，故鸟蜚鱼亦蜚，鸟卵鱼亦卵，蝮蛇、蜂、虿皆卵。同性类也。[4]

龙与凤凰为比类。[5]

其二，“认识之类”反映的是概念的主观性，是古人对物性同异认识的思维中的同异，是从不同事物及其因果联系中抽取某些共性，是异中求同。它以客观事物的同异差别为思维认识中是非分立的基础，客观事物在确定条件下的同一性，决定了思维认识在反映这种同一性时也要保持确定性；矛盾着的客观事物在确定条件下韩非所言的“不可同世而立”，决定了思维认识在反映这种同一性时也不能有自相矛盾，亦即“为名不可两立”。否则如《邓析子·转辞》所言，“进退无类，智不能察是非，明不能审去就，斯谓虚妄”。这种“认识之类”的实际运用，就推动产生了先秦诸子在“思以其道易天下”的争鸣过程中惯用的“推类证明”和“推类反驳”的方法。[6]

而按《周易·系辞下》所说，“古者包牺氏之王天下也，仰则观象于天，俯则观法于地，观鸟兽之文与地之宜，近取诸身，远取诸物，于是始作八卦，以通神明之德，以类万物之情”，《周易》的“据辞而推”与“据象而推”就应当说是中国古代自觉的“推类”方法的滥觞，它在实际操作中就是按照事物的同一性而推的。如果没有思维中的“认识之类”对客观存在的“事物之

1　（战国）屈原：《楚辞·远游》。庶类，众类万物。
2　（东汉）王充：《论衡·感虚》。
3　（东汉）东方朔：《七谏·谬谏》。
4　（东汉）王充：《论衡·言毒》。
5　（东汉）王充：《论衡·讲瑞》。
6　参见张晓芒《先秦诸子的论辩思想与方法》，人民出版社，2011。

类”的同异反映，这种“据辞而推”与“据象而推”恐难以为继。

虽然“事物之类”表现的是概念的客观性，“认识之类”表现的是概念的主观性，但二者的辩证统一，就体现了在认知与被认知的过程中，逻辑思维抽象概括共性的特点。我们仍以一个集中的个案分析，看看后人在对《诗经》《楚辞》的分析评价中，如何以认识之类反映事物之类的。

对于《诗经》。或如，《豳风·伐柯》的“伐柯如何？匪斧不克。取妻如何？匪媒不得”，《郑笺》，“伐柯之道，唯斧乃能之。此以类求其类也”。对于《鄘风·蝃蝀》的“蝃蝀[1]在东，莫之敢指。女子有行，远父母兄弟”，朱熹《诗集传》评价道，“虹也，日与雨交，倏然成，质似有血气之类，乃阴阳之气不当交而生者，盖天地之淫气也。在东者，暮虹也，虹随日所映，故朝西而暮东也”。《诗经》中的这些“类”，就是在种类事理的意义下使用的。

对于《楚辞》。或如，《大招》的“三圭重侯，听类神只”，王逸《楚辞章句》评价道，“言楚国所包，中有公、侯、伯、子、男执玉圭之君，明于知人，听愚闲之类，别其善恶，昭然若神，能荐连贤人也”。对于《招隐士》“状貌崟崟兮峨峨，凄凄兮漇漇。猕猴兮熊罴，慕类兮以悲”中的“类”，王逸认为，“昔淮南王安博雅好古，招怀天下俊伟之士。自八公之徒，成慕其德，而归其仁，各竭才智，著作篇章，分造辞赋，以类相从”；明末清初王夫之的《楚辞通释》认为是，“其可以类附《离骚》之后者，以音节局度，浏漓昂激”。对于《渔父》[2]，王夫之评价道，“江汉之间，古多高蹈之士，隐于耕钓，若接舆、庄周之流，皆以全身远害为道，渔父盖其类也”。《楚辞》中的这几处“类”，也都是在种类事理相同的意义上使用的，也都应是如何以

---

1 蝃蝀即彩虹，雨气被太阳返照而成。古人以为婚姻错乱会出现彩虹。

2 《渔父》以问答体的形式，表现了两种不同的人生态度和思想品格。渔父是一位钓鱼江滨的隐士，他劝屈原与世俗同流，不必独醒高举，而屈原则强调自己“宁赴湘流，葬于江鱼腹中”，也要保持清白节操的精神。这种精神与屈原在《离骚》中表达的“虽体解吾犹未变”一脉相承。而渔父的“不凝滞于物，而能与世推移”的思想也对后世道家产生影响。

“认识之类”来反映“事物之类”。

二　事物之类与认识之类的统一及作用

应该说，在先秦时代，是名家第一人邓析把“类”概念引入了论辩，他的“依类辩故”所依据的也正是“认识之类”如何反映“事物之类”。

> 谈辩者，别殊类使不相害，序异端使不相乱，谕志通意，非务相乖。若饰词以相乱，匿词以相移，非古之辩也。[1]

邓析在这里强调了“别殊类”在思维认识及论辩中的作用与意义，体现了“事物之类”与“认识之类”的联系。亦即前述思维认识中的是非分立，恰恰是以客观事物的同异差别为基础的；客观事物在确定条件下的同一性，决定了思维认识在反映这种同一性时也要保持确定性；相反的客观事物在确定的同一条件下的“不可同世而立”，决定了思维认识在反映这种同一性时也不能自相矛盾——“为名不可两立”。而二者的辩证统一，在认知与被认知的过程中，开启了以自觉的逻辑思维抽象概括共性的大门。

因此也就有了《论语》之《学而》篇的思维认识要同一的认识：“告诸往而知来者”；《述而》篇的“举一隅不以三隅反，则不复也”。有了《墨子·公输盘》的“知类”认识：“义不杀少而杀众，不可谓知类。”有了《孟子·告子上》的“知类”认识：“指不若人，则知恶之；心不若人，则不知恶。此之谓不知类。”有了《荀子·解蔽》《韩非子·难一》的思维不能自相矛盾的认识：“类不可两”“夫不可陷之盾与无不陷之矛，不可同世而立……

1　《邓析子·无厚》。

矛盾之说也”。

这种对“类”的具有一定高度的抽象认识，使得“类”概念的形成，已经极大地超越了感性的具体，属于思维中的具体了。这对于中国古代科学发展中分类思想的发挥，起着极其重要的促进作用。或如，《黄帝内经》之修成过程：

> 臣闻安不忘危，存不忘亡者，往圣之先务；求民之瘼，恤民之隐者，上主之深仁。在昔黄帝之御极也，以理身绪余治天下，坐于明堂之上，临观八极，考建五常。以谓人之生也，负阴而抱阳，食味而被色，外有寒暑之相荡，内有喜怒之交侵，夭昏札瘥，国家代有。将欲敛时五福，以敷锡厥庶民，乃与岐伯上穷天纪，下极地理，远取诸物，近取诸身，更相问难，垂法以福万世。于是雷公之伦，授业传之，而《内经》作矣。[1]

其“远取诸物，近取诸身，更相问难，垂法以福万世”的结果，就是体现在其卷一中“五脏应四时”之“其类某”的分类原则：

> 帝曰：五脏应四时，各有收受乎？岐伯曰：有。东方青色，入通于肝，开窍于目，藏精于肝，其病发惊骇，其味酸，其类草木，其畜鸡，其谷麦，其应四时，上为岁星，是以春气在头也，其音角，其数八，是以知病之在筋也，其臭臊。南方赤色，入通于心，开窍于耳，藏精于心，故病在五脏，其味苦，其类火，其畜羊，其谷黍，其应四时，上为荧惑星，是以知病之在脉也，其音徵，其数七，其臭焦。中央黄色，入通于脾，开窍于口，藏精于脾，故病在舌本，其味甘，其类土，其畜牛，其

1 《〈重广补注黄帝内经素问〉序》。

谷稷。其应四时，上为镇星，是以知病之在肉也，其音宫，其数五，其臭香。西方白色，入通于肺，开窍于鼻，藏精于肺，故病在背，其味辛，其类金，其畜马，其谷稻，其应四时，上为太白星，是以知病之在皮毛也，其音商，其数九，其臭腥。北方黑色，入通于肾，开窍于二阴，藏精于肾，故病在溪，其味咸，其类水，其畜彘。其谷豆，其应四时，上为辰星，是以知病之在骨也，其音羽，其数六，其臭腐。故善为脉者，谨察五脏六腑，一逆一从，阴阳、表里、雌雄之纪，藏之心意，合心于精，非其人勿教，非其真勿授，是谓得道。[1]

有了这种“其类某”的分类原则及其类的归属作用，才可以为进一步的“五脏之象，可以类推”[2] 奠定方法论基础，从而建构起“取象比类”与《内经》“藏象说”之间的逻辑桥梁。或如，《内经》将人体五脏六腑与形体官窍、气血运行、精神情志等生理心理活动，以及天地之四时五行等自然物象联系了起来，通过对诸多“象”的推类构成了藏象系统。在《素问·阴阳应象大论》中，就将人体的五脏[3]与人体的五官[4]、五体[5]、五声[6]、五志[7]、病变[8]等，和自然界的五行[9]、五方[10]、气候[11]、五味[12]、五色[13]、五音[14]等，一

1 《素问·金匮真言论》。
2 《素问·五脏生成论》。
3 肝、心、脾、肺、肾。
4 目、舌、口、鼻、耳。
5 筋、脉、肉、皮毛、骨。
6 呼、笑、歌、哭、呻。
7 怒、喜、思、忧、恐。
8 握、嚘、哕、咳、慄。
9 木、火、土、金、水。
10 东、南、中、西、北。
11 风、热、湿、燥、寒。
12 酸、苦、甘、辛、咸。
13 青、赤、黄、白、黑。
14 宫、商、角、徵、羽。

一比应，以论述五脏的藏象。此即该篇所谓：

> 东方生风，风生木，木生酸，酸生肝，肝生筋，筋生心，肝主目。其在天为玄，在人为道，在地为化；化生五味，道生智，玄生神。神在天为风，在地为木，在体为筋，在脏为肝，在色为苍，在音为角，在声为呼，在变动为握，在窍为目，在味为酸，在志为怒。怒伤肝，悲胜怒；风伤筋，燥胜风；酸伤筋，辛胜酸。

《黄帝内经》以此模式依次推演出了肝、心、脾、肺、肾五脏的不同征象。

又如，中国第一部系统的分析字形和考究字源的字书《说文解字》，按文字形体及偏旁构造加以分析和归类，从中概括出从“一”到“亥”的540个部，首创部首排检法。凡是同部首的字最后都标明“凡某之属皆从某”，这就为不同字的分类归属，分别标示了划分的确定性标准。这种“分别部居，不相杂厕”的认知手段，没有先秦以来强烈的“种类”意识、观念、方法，以及类的归属作用，应是难以成立。至今，我们仍然可以随时从这种独一无二的视觉文字中，品咂着汉字的拼义理论，思考着汉字的本质。

又如，以“取象比类”而言，明代医药家李时珍的《本草纲目》，将1892种药物按无机界的水、火、土、金石，植物界的草、谷、菜、果、木、服器，动物界的虫、鳞、介、禽、兽，最后到人，以“会意从类”[1]、“析族区类”[2] 的取象比类方法，分为16部60类，其先后次序包含由低向高的进化程序。这种程序无疑也体现了逻辑学中普遍概念与单独概念之间层级性的逻辑特点。据说达尔文曾经称此书为“1596年出版的中国百科全书”。可以说，

---

1 （明）李时珍：《本草纲目》卷四十三，鳞部，蛇蜕。

2 （明）李时珍：《本草纲目》卷十二上，草部。

李时珍的分类法应比18世纪瑞典博物学家林耐的分类法[1]还要早且精细，故而《本草纲目》应是中国科技刚刚踏入近代科技门槛的代表作，此其中，先秦以来对“种类”的认识及运用功不可没。

当然，对于先秦逻辑思想的发展来讲，这种对“类”的高度抽象的“种类”认识，其“类”概念的形成，更大的意义还在于它为先秦推类思想特有的“法式”形成，奠定了逻辑方法论的基础。

第七节　法式、法则

为什么能如《左传·定公四年》所言，“以先王观之，则尚德也。昔武王克商，成王定之，选建明德，以蕃屏周。……使帅其宗氏，辑其分族，将其类丑，以法则周公，用即命于周”？“法则”的思维方法论意义从何而来？如上“认识之类”的实际运用，就一步步催化出了具有先秦逻辑思想特质的“推类”方法。因为，“类”的同一属性含义在发展演变中与“族”相连，但其相连的意义还在于《国语·楚语上》所言“教之训典，使知族类，行比义焉”。于是，在同宗共德的认识自然、认识社会以求善、求治的过程中，“类”又具有了求真思维方法论意义下所能概括出来的“法式”含义：

天有显道，厥类惟彰。[2]

“厥类惟彰”即以类相推而使之隐含的道理彰显。即《尚书孔氏传》[3]：“言天

1　林耐在其1758年出版的《植物种志》中，初步建立了“双名命名制”（又称“二名法”），即用两个拉丁字构成植物某一物种的名称。第一个字是属名，第二个字是种加词，两者构成一个学名。将以往紊乱的植物名称归于统一，对植物分类研究的进展影响很大，为西方研究分类学创造了最基本的条件。其植物分类的“林氏二十四纲”，至19世纪才被自然分类法取代。

2　《尚书·泰誓下》。

3　即《孔安国尚书传》，魏晋时期人所作。

有明道，其义类惟明，言王所宜法则。”“法则”在此就是一个具有确定性的标准，或是一个推断的思维有效“样式”。这种思维“样式”在《左传》中还有着正反例证，表明遵守与否的不同结果：

> 晋君类能而使之，举不失选，官不易方。[1]
>
> 六物不同，民心不一，事序不类，官职不则，同始异终，胡可常也？[2]

而明确指出“类”之“法式”含义的有《楚辞・九章・怀沙》：“明告君子，吾将以为类兮”；东汉王逸注，“类，法也”。

其他字书也如是。《方言》与《广雅・释诂》均有：“类，法也。”

按古代文献的“历史意见”，“法”有几种不同的含义，其中有刑法、法令、法律、规章、制度、准则、标准、规范、方法、效法、常理、规律、思维程式等，而在其本义上，多表示为一种强制的规范。[3] 其中也包括了对于思维的规范，一般以“法”“则”“法则”称之。或如：

> 喜怒以类者鲜，易者实多。《诗》曰：“君子如怒，乱庶遄沮；君子如祉，乱庶遄已。”君子之喜怒，以已乱也。[4]

此处的“类”即作礼法、规则讲。而言“则”也就是可“度”、可“法”、可“象”，且有“文”、有“章”地具有了方法论意义的遵循：

---

1 《左传・襄公九年》。
2 《左传・昭公七年》。
3 参见张晓芒《先秦辩学法则史论》，中国人民大学出版社，1996，第15—17页。
4 《左传・宣公十七年》。

《诗》云：“不识不知，顺帝之则。”言则而象之也。……文王之功，天下诵而歌舞之，可谓则之；文王之行，至今为法，可谓象之。有威仪也。故君子在位可畏，施舍可爱，进退可度，周旋可则，容止可观，作事可法，德行可象，声气可乐，动作有文，言语有章，以临其下，谓之有威仪也。[1]

虽然这种作为推导有效“样式”的思维法则最初显然认定为上天所赋予，但无论如何已使人们在比较善恶以求是非的过程中，有了一个指导正确思维的具有普遍适用性的逻辑思维方法论意义的格式，从而可以按照一个确定的比较标准，明确自己的行为取舍了：

若以不孝令于诸侯，其无乃非德类也乎？[2]

下之事上也，身不正，言不信，则义不壹，行无类也。[3]

由是，“类”的同一、相似属性含义一旦作为一种比照的方法，超出了“族类”的狭小范围，进入“种类”的广阔眼界后，人们的思维认识为之一振，“九年知类通达，强立而不反，谓之大成”[4]，东汉郑玄注为“知类，知事义之比也”。

由此进一步发展下去，先秦时代“自觉的”推类意识就在先秦诸子一点一滴的论辩思想与方法的探讨（讲逻辑）、实践积累（用逻辑）下，形成了建立在“类”概念基础上的极具先秦特色的“引征谕证”推理类型——“譬”式推类方法。即东汉王逸《楚辞章句》在评价《诗经》《离骚》的方

1 《左传·襄公三十一年》。
2 《左传·成公二年》。
3 《礼记·缁衣》。
4 《礼记·学记》。

法时，将“类”之引征与“譬”之谕证紧密地联系在一起：“《离骚》之文，依《诗》取兴，引类譬喻，故善鸟香草，以配忠贞；恶禽臭物，以比谗佞；灵修美人，以媲于君；宓妃佚女，以譬贤臣；虬龙鸾凤，以托君子；飘风云霓，以为小人。”它的认知途径及功能价值，就是前述郑玄对于《诗经·豳风·伐柯》的注解，“伐柯之道，唯斧乃能之。此以类求其类也”。此亦即，在如何“正名—用名”“谈辩—用辩”的过程中，“以类求其类”就以其功能效用，发挥着“中国的逻辑”的“斧子”作用。笔者的“逻辑是把斧子”之理念，此也为来源之一。

而“类”的这种与时代发展且恒久不变的扩散价值，亦借一种“模式”的形式一直瓜瓞连绵地延续至今。

第八章
先秦推类方法的模式构造及工作机理

虽然引征谕证论型的“譬”式推类方法，是先秦时代特有并广泛使用的一种思维方法，但古代先贤也只是给出了一系列的语义说明，由于汉字的特点以及缺乏形而上的传统，没有而且也不可能给出一个形式语言的语形说明。如借助现象对事物的状态和功能及其所具有的规律进行描述的科学认识方法，我们今天还是可以尝试着给它从“类事理（物理之属性、物象之情状、物事之因果）角度”，构造一个推理模式，以期更好地帮着我们理解它的本质及其作用。

第一节　对“类”法式的认识

一　“类”法式是一个“可推出”的过程

应该说，对于“譬”的功用诠释在《诗经·大雅·抑》中即已开始：

取譬不远，昊天不忒。回遹其德，俾民大棘。

在这里，卫武公借此自警以刺周平王，认为如要就近打比方，则上天赏罚公平恰当。如果违背上天之德，黎民百姓就要遭殃。在这里，德标准的确立有了“法则”意识的意味。

孔子则是最先从方法论角度，提出存在有“譬”的思维方法。如《论语》之《为政》《雍也》：

> 为政以德，譬如北辰，居其所，而众星共之。
>
> 己欲立而立人，己欲达而达人。能近取譬，可谓仁之方也。

“近”就是人之为一类，“性相近”之近，以承认类本质相同为前提；“譬”也是以人之为一类，可以相互比较，是以类认识相同为前提。按朱熹的解释，“以己所欲譬之他人，知其所欲亦犹是也，然后推其所欲以及于人，则恕之事而仁之术也”[1]。故而“忠恕之道”就是“如，比也；比自家心推将去。仁之与恕，只争些子，自然底是仁，比而推之便是恕”。亦即，“才推，便有比较之意”。[2]

又按《说文解字·方部》（㐄）：“并船也。像两舟省，緫头形。”段玉裁注：“下像两舟并为一，上像两船头总（缆）于一处也。”按现代古文字学家于省吾《耒耜考》：“方像耒之形制”；“古者耦耕，故方有并意”。[3]

因此，此处的孔子之“方”并无现代汉语中“方法”的含义，所表达的应是求“仁”过程中寻找一个标准进行比较的过程。在这个过程中，孔子把“能近取譬”推论的思维主体（己），与他人在“仁者爱人”[4] 的“能近”基础上，归之为一类（人）。欲望相同，可相互类推。这个“推己以及人”的

---

1 （南宋）朱熹：《论语或问》。

2 （南宋）朱熹：《朱子语类》卷二十七。

3 参见汤可敬《说文解字今释》，岳麓书社，2001，第1166页。又，《诗经·邶风·谷风》：“就其深矣，方之舟之。”汉郑玄《〈毛诗传〉笺》：“方，泭也。”《说文解字·水部》：“泭，编木以渡也。”亦即竹木并排编成的竹筏。故有现代高亨注：“方，以筏渡；舟，以船渡。”

4 《论语·颜渊》。

过程，其正面要求是“己欲立而立人，己欲达而达人”[1]；其反面要求则是“己所不欲，勿施于人”[2]。

尽管“方”在此从字面的语义解释中，并无现代汉语中“方法”的含义，但在其求仁得道的“类”比较过程中，由于“一法者之相与也尽类，若方之相合也，说在方”[3] 的因素[4]，却因在求治、求善过程中有了求真的标准意识，带有了初步意义上的思维形式的朴素方法论含义[5]。这才有了“己欲立而立人，己欲达而达人”与“己所不欲，勿施于人”的正反对照：

> 楚王张繁弱之弓，载忘归之矢，以射蛟、兕于云梦之圃，而丧其弓。左右请求之，王曰：“止。楚人遗弓，楚人得之，又何求乎?”仲尼闻之曰：“楚王仁义而未遂也。亦曰人亡弓，人得之而已，何必楚?”[6]
>
> 人而不仁，如礼何?[7]

按第二章第六节之三引述，“实用理性便是中国传统思想在自身性格上所具有的特色”（李泽厚），因此中国的学问是“人生实践之学”（梁漱溟）、“文化哲学”或“生命哲学”（张东荪）。将这种实践理性的取向映射至先秦推类方法的研究上，我们似乎应该从先哲们主要是围绕道德的完善、政治的改良、人生的境界，来展开对先秦逻辑思想及方法的论述。除了“求真”这一逻辑的根本宗旨外，还有着“求善”的人格修养。“能近取譬，可谓仁之

---

1 《论语·雍也》。

2 《论语·颜渊》。

3 《墨经·经下》。

4 即把合乎一个法则的事物都归为一类。如所有方物都是与圆相对，这是一般。或如，《公羊传·昭公二十五年》：“国子执壶浆。”东汉经学家何休《春秋公羊解诂》注：“壶，礼器。腹方口圆曰壶。”

5 《墨经·经说下》：“方尽类，俱有法而异，或木或石，不害其方之相合也。尽类犹方也，物俱然。”

6 《公孙龙子·疾府》。

7 《论语·八佾》。

方也”，既可是“做人”（为仁）的方法，也当是推论（己→[1]人）的方法。这实在是因为在孔子那里，如何认理与如何践行是统一的。《荀子・臣道》的“推类接誉，以待无方，曲成制象，是圣臣者也”所述道理也与孔子一致。

二　“类”法式是一个“可推出新知”的过程

孔子对“能近取譬”的方法没有再多说什么，对“譬”式方法进行语义、功能等解释的是后人。诸如：《孟子・告子上》的解说：“故凡同类者，举相似也”；西汉刘向《说苑・善说》引惠施的解说：“以其所知谕其所不知而使人知之”；《墨经・小取》的解说：“辟也者，举他物而以明之也”；《史记・屈原贾生列传》在评价《离骚》中使用“比”的方法时的功用性分析：“其称文小而其指极大，举类迩而见义远。……推此志也”；东汉王符《潜夫论・释难》对“譬”的功用性分析：“夫譬喻也者，生于直告之不明，故假物之然否以彰之。物之有然否，非以其文也，必以其真也”；南朝钟嵘《诗品・总论》的语义解释：“因物喻志，比也”；南朝刘勰《文心雕龙・事类》对这种方法的伦理意义评价：“事类者，盖文章之外，据事以类义，援古以证今者也。……举人事，以征义者也”；南宋朱熹《诗集传》对这种方法思维路径的概括：“比者，以彼物比此物也”；等等。

又由于《诗集传》认为“兴者，先言他物以引起所咏之辞也”，在比、兴两种手法中，本质区别并不明显，兴中许多发端起兴之辞多含有比喻义，故后人常将比、兴合称。

东汉王充《论衡・自纪》则从认知途径上点出了“譬”式方法的特点：“何以为辩，喻深以浅；何以为智，喻难以易”。可以说，这种评价，既是认

1　可读作“由己推人”。“→”在此只表达推论意义上的“可推出”，是借用了现代逻辑的蕴涵词，并非指现代逻辑意义上的真值蕴涵。我们姑且可以把它叫作“类事理联结词”。本章第三节将专做说明。

知途径上的，也应是在方法论上点出了这种方法的特点。

西晋鲁胜则在我国历史上最早的逻辑史《墨辩注叙》中，从认识论上点出了这种方法的特点："取辩于一物而原极天下之污隆。"污，犹降；隆，犹高。"污隆"意指高低，又喻指为天下的盛衰、兴废，再喻指为论辩过程中的是非。即《尚书·泰誓下》的"天有显道，厥类惟彰"。

所谓的"原极"之"原"，在这里做动词用，指要"推究""探究"事物的根源、结果。或如，"式美以相应，比缀以书，原本穷末"[1]；"《易》之为书也，原始要终，以为质也"[2]；"原始反终，故知死生之说"[3]。王充甚至将"原"与"推类"相连在了一起，"凡圣人见祸福也，亦揆端推类，原始见终；从闾巷论朝堂，由昭昭察冥冥"[4]。所谓的"原极"之"极"，在这里做形容词用，指"穷尽""遍及"之"至""终"。或如，"悠悠苍天，曷其有极"[5]；"崧高维岳，骏极于天"[6]；"圣人所独见，众人焉知其极"[7]。

综合鲁胜的这句评价，至少表明一点，从一种认识能够推究出另一种认识。即东汉郑玄评价《诗经·豳风·伐柯》时的注解，"以类求其类"。可以说，鲁胜的这句评价，本身就是一次"譬"式方法的使用。这种同样是借"譬"的认识论评价，可谓言简意赅，一语中的。

三　"可推知"过程需要机理规约

按《文心雕龙·比兴》的看法，"取辩于一物"是个极具个人色彩的、

1 《管子·小匡》。
2 《周易·系辞下》。
3 《周易·系辞上》。
4 （东汉）王充：《论衡·实知》。
5 《诗经·唐风·鸨羽》。
6 《诗经·大雅·崧高》。
7 《吕氏春秋·制乐》。

随机选择的“取”之一物，其如何选择事例具有偶然的、临时的个人因素。“‘比’之为义，取类不常：或喻于声，或方于貌，或拟于心，或譬于事”；或如侯外庐评价庄子论辩时总是采用的推类方法时所说的，“总是拿人和木石鱼鸟等量齐观。这个类推的大前提是他一切辩说的依据”[1]。但有一点是可以肯定的，那就是既然接下来要以“原极”来说明“为何”能够“揆端推类，原始见终”，那么这种看似偶然随意的所“取”之一物，就一定是符合“可推知”机理要求的。即《比兴》篇“故‘比’类虽繁，以切至为贵；若刻鹄类鹜，则无所取焉”。两者的结合虽为刘勰提出，但他毕竟是在分析“类法式”实际肇始阶段，《诗经》“善假于物”[2]之“主文谲谏”[3]的基础上进行评价的。而在《左传・昭公二十五年》那里，则是以“审则宜类”来表达的。

在先秦时代，作为作“譬”前提的所“取”一物，一般是在或生活经验、或历史经验的基础上，以其特定的意涵，形成一定的“公共知识”。但这种所“取”的公共知识在“原极”过程中，是否“切至为贵”了？却影响着对“污隆”的最终判定。具体的例证分析将在第十一章第一节进行。

按上，“类”法式同样需要机理规约，这样它才能在“取辩于一物”与“天下污隆”之间，搭建一座由此及彼的“切至为贵”的“原极”桥梁。故而“取类不常”看似“随心所欲，即景生情，没有定准”[4]，但它仍然是通过“智的直觉”检索以往的生活经验或历史经验，“切至为贵”地“脱离了原始创作情境和文本空间而服务于具体言说语境”[5]。在论证主体、论证目的、论证规则的统一中，“切至为贵”成为规约“取类不常”之选择途径的重要认知规则。

1　侯外庐：《中国思想通史》第1卷，人民出版社，1980，第312页。

2　《荀子・劝学》。

3　（汉）《毛诗序》。主文：不直说而用譬喻。谲谏：用委婉讽刺来劝谏。通过诗歌的比兴形式，用曲折委婉或譬喻启发的方式达到批评劝阻的目的。

4　朱自清：《诗言志辨》，岳麓书社，2011，第19页。

5　赵晓阳：《先秦“以诗为谏”研究》，硕士学位论文，陕西师范大学，2018，第40页。

四　“类”法式的用语及方法论意义

在先秦推类法式的意义上，“方”与下一章（第九章）第一节将要细分析的“比”具有类似含义，能够继续强化我们对“能近取譬，可谓仁之方也”的方法论意义上的理解。

“比”从其本义“并人”引申为“比喻”，继而成为文学形式上如《诗经》的“比类”型思维方式，继而成为一种纯粹逻辑推导的有效论说模式，是一个历史的过程。如果说“方”是“并船”，“比”是“并人”，按《墨经·经上》“法同则观其同”，《经说上》“法取同”，“方”有适宜、等同之意。如《左传·闵公二年》：

> 敬教劝学，授方任能。注：“方，百事之宜也。”

还有度量方形之法之意。如《墨子·天志中》：

> 中吾矩者，谓之方；不中吾矩者，谓之不方。是以方与不方，皆可得而知之。此其故何？则方法明也。

更有比拟之意。如《汉书·卫青霍去病传》：

> 骠骑亦方此意，为将如此。

因此，在古汉语中，“方”与“比”可连用，“方比”“比方”的词均有[1]，而现

1 《辞源》修订本二，商务印书馆，1990，第1380、1694页；《古代汉语词典》，商务印书馆，2005，第71、388页。

代汉语中只有“比方”一词而无“方比”[1]。

为了强化对“譬”式推类方法的理解，《墨经·小取》中还提出了“说”：

> 以说出故。

对于什么是“说”，《墨经·经下》曾对其实质与特点有过说明：

> 闻所不知若所知，则两知之，说在告。
>
> （闻）在外者，所不知也。或曰：“在室者之色若是其色。”是所不知若所知也。……外，亲知也。室中，说知也。

显然，所谓的“说”就是一个由已知之“此”到未知之“彼”的推导过程，其所要达到的“闻所不知若所知，则两知之”的最终目的，正是逻辑推理的要求。其实质是要通过“说”来达到顺利沟通，其特点则是能够为“之若是”找到一个合理沟通的晓谕方法。因此，《经下》的“说”就是推导的过程，它甚至可以直接表述为“推”：

> 在诸其所然未然者，说在于是推之。

按《尔雅·释诂》，“在，察也”，“所然”指已经存在的事物情况“所知”，“未然”指尚未知道的事物情况“所不知”。它们之间能够由此及彼，原因仍然是能够为“所然”与“未然”之间找到一个合理沟通的晓谕方法。

---

1 《现代汉语词典》，商务印书馆，2005，第69、383页。

由于具有“方法”之“共相”的“推”与“说”，其由“所知”至“所不知”之间、“所然”至“未然”之间的根据都是“察”之“若”之“是”，因此，它们的取舍在《墨经·小取》那里就是“以类取，以类予”了。如果进一步追问“若”之逻辑根据的支撑，那就是《经下》《经上》《经说上》所说的同类者必同法：

> 一法之相与也尽类，若方之相合也，说在方。
>
> 法同则观其同。
>
> 法取同。

由此才可能有《经说上》的“有以同，类同也”，才有了《大取》的“大圆与小圆同”“长人与短人同”“同类之同”“同名之同”“同根之同”的众多同类相取、相推。此后《荀子·非相》将这种“类同法同”的原则根据，一语中的地概括为“类不悖，虽久同理”。

又按我们在上编第一章第一节给“引征谕证”做一语义说明时所述，王力认为，在用“譬”的“推知”过程中，寓说理于譬喻之中的“喻”“谕”本无分别，直到汉代还相互混用，后来才有了分工。于单纯“比喻”意义的用“喻”不用“谕”，在“晓得”或“使人知道”的推论意义上，则用“谕”不用“喻”。[1] 这可以《说文解字·言部》为证：“譬，谕也”；“谕，告也”。《段注》：“晓之曰谕，其人因言而晓亦曰谕。”由之，“譬”一定是要借助于其他的事情来说明谕证某一事理。即《文心雕龙·比兴》篇在给“兴”做语义解释，“‘兴’则环譬以记讽”，之后又进一步解说其功用，“观夫‘兴’之托谕，婉而成章；称名也小，取类也大”。此处的“谕”即为晓告。

1　参见王力主编《古代汉语》第一册，中华书局，1985，第324页。

基于上，我们再从张东荪《理智与条理》中所认为的，“逻辑发展之史迹正是文化上理性发展之史迹”，以他所言“中国传统思想亦是把理与善认为同一的”，来评价孔子“能近取譬，可谓仁之方也”的方法论意义，以及“切至为贵”成为规约“取类不常”之选择途径的认知规则意义。正是因为孔子时代“既不把理只认作条理与道理来解，亦不把条理只当做既成的来解，乃同时把理认为是理智与条理之合一”，理智的工作与实用的结果是统一的，因此它们之间在“理上说得通，而在西方则是合乎逻辑”。之所以能做到这一点，在于“在方式上逻辑的演算只限于‘内的贯通’。……所谓内的贯通，亦就是‘方式的贯通’；而外的贯通则是所谓实际的贯通。故常有‘实际逻辑’（material logic）一个名词，实则即指此而言。……凡实际的贯通无不为外的贯通。故外的贯通在我们言论思想上实居最重要的地位。……所谓外的贯通即是指一个意思（或一个主张）必须与其他已经为大家所公认的道理不相违反，尤其是与这个意思有关系的诸点更必须协合”。为此，张东荪在评价《墨子·非攻上》“今小为非则知而非之；大为非则不知非，此可谓知义与不义之别乎”时，就认为“非攻”的道理之所以“说得通”，就是以“外的贯通”为标准。[1]

按此评价孔子的“能近取譬，可谓仁之方也”，以及如何以“切至为贵”规约“取类不常”，也应该如此。

第二节 存在的问题

对于“譬”式方法，古人只是给出了上述一系列的语义说明，但由于汉字表意的特点，以及先秦诸思想家对于方法的探讨是注重政治伦理实践而缺

---

1 张东荪：《理智与条理》，张汝伦编选《理性与良知——张东荪文选》，上海远东出版社，1995，第509、499、491、508页。

乏形而上学传统，除了概括出了“法式”这一概念外，他们并没有而且也不可能给出一个形式语言的语形说明。也许在他们那里，这大概是一个大家都在谈“类”、用“类”的“法式”，因而“无须再说”的问题。现代学者的评价也往往对之言之肯綮。或如张岱年认为：“古人常常把形象相似、情景相关的事物，通过比喻、象征、联想、推类等办法，使之成为可以理喻的东西。我们称这种方法叫取象比类的思维方法。”[1] 但仅凭大家都“如是而为”故“无须再说”的理解并会经验地使用这种方法，就认定“譬”式方法是一种可以语形化的推理方式，显然不能令今天的逻辑学学者满意。这也是先秦逻辑思想与方法屡屡被质问“是逻辑吗”的原因所在。

一　思维方法发展的两条道路

马克思在《政治经济学导言》中曾对科学研究的思维方法做过系统表述，认为有两条思维道路：“在第一条道路上，完整的表象蒸发为抽象的规定；在第二条道路上，抽象的规定在思维进程中导致具体的再现。”[2]

笔者只从逻辑的工具效用上讲，形式化应属第一条道路，这样我们就可以如莱布尼茨所认为的，建立一种普遍的、没有歧义的语言，通过这种语言就可以把推理转变为演算。一旦发生争论，我们只要坐下来拿出纸和笔算一算就行了。即如上编第一章第一节之一（5）引述的，“它能这样地形成和排列符号，使得它能表达一些思想，或者说使得它们之间具有和这些思想之间的关系相同的关系。一个表达式是一些符号的组合，这些符号能表象被表示

1　张岱年、成中英等：《中国思维偏向》，中国社会科学出版社，1991，第 83 页。

2　《马克思恩格斯选集》第 2 卷，人民出版社，1995，第 18 页。马克思继而又说：“后一种方法显然是科学上正确的方法。具体之所以是具体，因为它是许多规定的综合，因而是多样性的统一。因此它在思维中表现为综合的过程，表现为结果，而不是表现为起点，虽然它是现实的起点，因而也是直观和表象的起点。”大概正是在这个意义上，之后的恩格斯在《反杜林论》中，把形式逻辑与辩证逻辑的关系比作初等数学和高等数学的关系。

的事物，表达式的规律如下：如果被表示的那个事物的观念是由一些事物的一些观念组成的，那么那个事物的表达式也是由这些事物的符号组成的”。

但这第一条道路显然指的是亚里士多德意义或莱布尼茨意义上的逻辑，这种意义上的逻辑推理显然是对“推理的一般”的理解[1]。我们仍然是从逻辑的工具效用上讲，先秦推类“法式”显然没有走向亚里士多德意义或莱布尼茨意义上的形式化道路，它引征的随意性和偶然性，它对“类事理”理解的个人性，它从引征至谕证之推导过程及其规则的简单性；以及更重要的是，它在推导过程中事实判断与价值判断的不断交互，使得它也难以一以贯之地仅从客观上划定、解释前提至结论的“外延”论域之“真假”区分，更多的还是基于认知主体内心尺度的要求，省思、慎察、评判前提至结论的“内涵”通道“是非”之“当否”意义[2]。这也使得它不可能如莱布尼茨所认为的，建立一种普遍的、没有歧义的语言，通过这种语言，就可以把推理转变为演算。我们只是在想，与西方逻辑那种“推理的一般”相对照，先秦推类“法式”能不能以它的现实存在性，以“推理的特殊”之特质来展现它曾经有并且一直延续至今的“逻辑”思维工具性的历史价值与作用？

二 “推理的一般”与“推理的特殊”

针对西方逻辑中的“推理的一般”，胡适认为先秦逻辑思想虽然不注重形式，“却能把推论的一切根本观念，如‘故’的观念、‘法’的观念、‘类’

---

1 应该是康德第一次在他的《纯粹理性批判》中把以亚里士多德逻辑为基础的逻辑学称为“形式逻辑”：“普通逻辑史建立在一种与高级认识能力的划分完全精确吻合的规划之上的……所讨论的就是概念、判断和推理。既然上述单纯形式的逻辑抽掉了一切认识的内容……”（康德著：《纯粹理性批判》，邓晓芒译，人民出版社，2004，第 134 页）。此后，“形式逻辑”一词就被广泛地使用开来。20 世纪 80 年代之前，我国逻辑学教材基本上都命名为“形式逻辑”，以后有的教材改为“普通逻辑”，现又基本上回归“逻辑学”。但作为研究者，还是把亚里士多德意义上的逻辑称为传统形式逻辑，莱布尼茨意义上的逻辑称为现代形式逻辑。

2 这个问题将在第九章第二节第四小节“先秦推类模式思维进程中前提与结论范围的广狭问题”中详述。

的观念、‘辩’的方法都说得很明白透彻，有学理的基本，却没有法式的累赘”[1]；金岳霖也言，“中国哲学没有打扮出理智的款式，也没有受到这种款式的累赘和闷气”，“中国哲学非常简洁，很不分明，观念彼此联结，因此它的暗示性几乎无边无涯。结果是千百年来人们不断地加以注解，加以诠释……这些古代哲学是从来没有被击破……也从来没有得到全盘接受的”；[2]但“公孙龙的名学重内容不重形式”[3]，“中国逻辑不纠缠于形式，而注重思维的实质性的研究，所以它可以避免西方或印度逻辑的繁琐之处。……这样的逻辑，我们也可称之为‘内涵的逻辑’”[4]；等等。这些前辈所指的“形式”“法式”当属亚氏、莱氏意义上的逻辑的“推理的一般”。

这里还需要说明的是，对于吾师温公颐先生所说“内涵的逻辑”之“内涵”的理解，似乎中西方逻辑学界不同。西方指的是“非经典逻辑”，如模态逻辑等，而中国是包括思想内容的。诚如他在其《〈先秦逻辑史〉编写中的几个问题》之六“中国逻辑有无自己的特点”中所说：“从逻辑的总的性质来看，西方推论以类属为依据，可以说是外延的逻辑，这与中国的三物逻辑有所不同，我国古代的三物逻辑重在内涵，‘类不可必推’‘推类之难，说在之大小’。‘类’，既应作为推论的依据，又不能完全依靠。公孙龙曾注重内涵的分析，我姑且名为内涵的逻辑，这是中国逻辑的一个特点。”[5]应该说，这种“内涵逻辑”的断言，是他在对公孙龙的逻辑思想以及墨辩逻辑思想的分析评价中得出的。“公孙龙的推论不基于类，而基于指，这即我们所说的，不是基于外延关系的逻辑推论，而是以内涵关系为推论基础。公孙龙从概念、判断到推理都以内涵为基础，企图建立他的内涵的逻辑，这是公孙龙

1　胡适：《中国哲学史大纲》卷上，商务印书馆，1987，第224—225页。

2　金岳霖：《中国哲学》，胡军编《金岳霖选集》，吉林人民出版社，2005，第68、69页。

3　《杜国庠文集》，人民出版社，1962，第116页。

4　温公颐：《先秦逻辑史》，上海人民出版社，1983，第48页。

5　温公颐：《〈先秦逻辑史〉编写中的几个问题》，《温公颐文集》，山西高校联合出版社，1996，第264页。

对中国逻辑科学发展的一点贡献”[1]；“只有墨辩的‘三物逻辑’，才能真正称作‘内涵的逻辑’”，亦即按“三物逻辑”之“故理类”，“客观事物的所以然之故，故所由成的规律联系，以及同故的必同类的依据，就是整个辞的实质”，“‘三物逻辑’这样注重于实质问题的研究，既摆脱了公孙龙概念分析的形而上学的片面性，又不纠缠于形式逻辑的烦琐形式。墨辩的‘三物逻辑’在内涵逻辑的建设上确是取得了一定的科学成果的”。[2]

先秦推类思想及方法显然没有走向这种“推理的一般”的形式化道路。或以墨家逻辑为例，“墨家逻辑由于需要更多地为实际论证服务，需要解释和解决实际社会政治伦理中的各种具体问题，因此，它不能完全像西方逻辑那样，偏重于考虑外延关系，而是必须着重从内涵上来分析和把握逻辑关系”[3]。但是，“如果逻辑对我们所在的世界做出某种反应，那么它仅仅表明那种能够使我们关于世界的思想联系起来形成一个可理解的全体的方式。它与我们的思想方向几乎没有任何联系。迄今它没有为我们提供选择前提的标准”[4]，自汉字造字、《诗经》以来的意象性思维传统，应使先秦思想家在百家争鸣的訾应对诤且均“思以其道易天下”的过程中，既然人人谈“类”、用“类”，当应体会到了论辩“形式力量”的规范作用。如《荀子·臣道》的“伦类以为理，喘而言，臑而动，而一可以为法则。《诗》曰：‘不僭不贼，鲜不为则。’[5] 此之谓也”，应是表明了这种素朴的“法式”意识。而孔子的“己欲立而立人，己欲达而达人。能近取譬，可谓仁之方也”[6]，《荀子·臣道》的“推类接誉，以待无方，曲成制象，是圣臣者也”，也使得取象比类之过程因“法”的标准意识，具有了一定的思维模式的方法论意义。

1 温公颐：《惠施、公孙龙的逻辑思想》，《温公颐文集》，第160页。
2 温公颐：《先秦逻辑史》，第131、117页。
3 杨武金：《墨家逻辑的科学地位和当代价值》，《武汉大学学报》2013年第5期。
4 金岳霖：《金岳霖学术论文选》，中国社会科学出版社，1990，第442页。
5 《诗经·大雅·抑》。
6 《论语·雍也》。

从前述诸子对“譬”式推类的一系列语义说明，也表明了这一点。

再对比亚里士多德逻辑。明末历法家李天经在给李之藻译介的《名理探》作序时曾认为，西方人的名理探，是希望人明白真实的道理，“于明悟为用，推论为梯”。亚氏逻辑就是以“探索求知的方法”为任务，以“推理”为手段，以求知为目的。对于亚里士多德在《工具论》中提出四种推理之一并最认可的“证明的推理”，《工具论》的《前分析篇》开篇即指出：“我们首先要说明我们研究的对象以及这种研究属于什么科学：它所研究的对象是证明，它归属于证明的科学。”[1] 显然，亚里士多德的“证明的推理”，是指产生科学认识的三段论。这种“证明的推理”在过去科学认识的过程中，所起的作用既不是感觉效用，也不是信念效用，而是一种客观、普遍、有效的方法论效用。

先秦的推类“法式”显然做不到如此客观。按第六章第一节前引，“中国思维方式以‘象思维’为主导，而西方思维方式则以‘概念思维’为主导”，概念思维思考的是两个概念之间外延的相互关系，而象思维思考的是两种事物之间本质规定性或伦理规定性（内涵）的对比联想；以及“逻辑理性主宰了西方的思维，历史理性引领了中国的思维”[2]；推类“法式”所依赖的意象性思维导引下的这种问题情景化、问题历史化下的对比联想，极具主观性、预设性、随意性。

尽管如此，在先秦政治伦理的历史文化中，在具有先秦传统的知识论中，先秦推类“法式”却是作为一种“得到辩护的真实信念”的“知识”存在。它以历史的经验、生活的经验，“历史地”“生活地”告诉历史中、生活中的论辩双方，无论是作为前提引征的生活经验或历史经验，还是作为由前提联想谕证到当下政治伦理是非的认知途径，均是“S 知道 P，当且仅当：S 相信

1　〔古希腊〕亚里士多德：《工具论》上，中国人民大学出版社，2003，第 83 页。

2　刘家河：《理性的结构：比较中西思维的根本异同》，《北京师范大学学报》2020 年第 3 期。

P，S之相信P得到了确证，并且P是真的”[1]；进而通过历史的不断拷贝、复制、放大，成为一种百家争鸣中特定意涵下的公共知识，并使在人人谈“类”、用“类”以訾应对诤的政治伦理信念传播过程中所概括出来的“推类”之“法式”，历史文化地成为一种舒适、自然、方便的由“言事”而“论道”的思维推导方式。

虽然这种推类法式不如亚里士多德意义上“推理的一般”精确，却也顺应着先秦历史文化的要求，成为“使知族类，行比义焉”[2]之“人生实践之学”“文化哲学”“生命哲学”意义上先秦时代的“推理的特殊”。胡塞尔现象学关于“回到生活世界”的主张，在“实用理性”的规导下，在两千多年前的先秦时代就得到了印证。这种舒适、自然、方便的推类方法本来就是在生活中因袭传统而历史地、逻辑地、“心之官则思”[3]地自然选择出来的。我们能否除了古人的语义说明外，还可否通过构造一个模式以支持它就是“逻辑”？

波普尔在其对方法论本质主义和方法论唯名论的比较批判分析中有过论述，“方法论本质主义认为科学的目的在于揭示本质并且用定义加以描述”，而“方法论唯名论的目的不是要发现事物确实是什么，不是要给事物的真正本性下定义；它的目的在于描述事物在各种情况下的状态……是‘解释’这些事件，即借助一些普遍规律来描述它们”。[4]亦即，借助现象对事物的状态和功能及其所具有的规律进行描述，也是一种科学的认识方法。

基于此，我们完全可以根据发掘梳理出来的文献中的“历史意见”，并借助于今天各种分析评价的“时代意见”，对先秦推类“法式”的各种构成因素，进行尽可能合理合情合法的描述，给“大家都在用”而“无须再说”的这种方法构造一个模式，并通过对它的推导、论证有效性的分析，通过简单化的描述

1 这是一个称为柏拉图式的有关“知识”的经典定义。
2 《国语·楚语上》。
3 《孟子·告子上》。
4 〔英〕波普尔：《开放社会及其敌人》，中国社会科学出版社，1999，第67、68页。

刻画，彰显它历史的思维张力。因为，按《说文解字·木部》，“模，法也”；《段注》：“以木曰莫，以金曰熔，以土曰型，以竹曰范，皆法也。”

第三节　“类”法式的引征谕证论型与“类事理联结词”

本书使用的“引征谕证”一词实际上来源于鲁胜的“取辩于一物而原极天下之污隆”。而在“譬”式方法中，鲁胜的这句话可做两段式分析：

（1）“取辩于一物”为“引征”一个前提，一般是引征生活经验、历史经验的历史现实，是一个“取类不常”的“言事”过程；

（2）“极天下之污隆”为“谕证”一个结果，一般是要论证一个政治伦理是非的历史现实，是一个“切至为贵”的“论道”过程。

由此，“譬”式推类的论型结构，就是一个“言事”而“论道”的“引征谕证”的两段式结构。

（3）“而原”可视作连接前提与结论的“类事理”联结词。

我们在本章第一节分析孔子的“己欲立而立人，己欲达而达人。能近取譬，可谓仁之方也”后，提出一个“己→人”推理形式。并提出这个推理形式可读作“由己推人”。“→”在此只表达推论意义上的“可推出”，是借用了现代逻辑的蕴涵词，并非指现代逻辑意义上的真值蕴涵。

“而”在古代汉语中本来就有“因而”“所以”“如果……那么”的连词意义。[1] 或如，《荀子·劝学》“玉在山而草木润，渊生珠而崖不枯”。

这个“类事理联结词”在先秦引征谕证论型中，许多情况下并不需要特意列出，其推导关系是需要意会的，如《诗经》《楚辞》等；有时采用的是

1　参见《辞源》修订本三，商务印书馆，1990，第2522页。

“之谓”“此之谓”等，如《左传》《荀子》等[1]，简而为“之谓”；有时采用的是“譬犹”“譬之犹”“譬彼犹”，如《墨子》《荀子》等，简而为“譬犹”，而《墨子》中甚至还以“譬犹……之谓”的形式将二者连用，更强化了这种“类事理联结词”的论型结构[2]；有时采用的是“喻”，如《孟子·梁惠王上》的“王好战，请以战喻”等。

还需值得注意的是，《左传》用“类”处32见，按其对“类”的整体理解，以及《襄公十六年》引征后的“歌诗必类”，《襄公三年》引征后的“故能举其类”，尤其是《宣公十二年》引征后的“谓是类也”，《宣公六年》引征后的“此类之谓也”，作为“类事理联结词”的“此之谓”，就是“此之类”。

“而”在现代汉语中的主要语法功能就是连词作用，其中就有一个为“连接事理上前后相因的成分”[3]。本书中有时也会将先秦推类方法称作“言事而论道”。

基于上，本书中把“→”视作“引征谕证”论型的“类事理联结词”。

第四节 推类模式的构造

综合上述先贤们对“譬”式推类方法的各种“历史意见”及今人的“时代意见”，我们按推类“其结构通常由言事与言道两个部分组成。言事与言道的关系是言事为言道服务，推类的最终目的是言道：证明或反驳他人”[4]，浅陋地尝试构造如下的推类模式。在此还需说明的是，我们是在“推类方法的论证型式”意义上使用“推类模式”一词的。

---

1 在《左传》中，这样的类事理联结词不胜可数，而《荀子》32篇，有26篇用到“此之谓”的类事理联结词，共91见。

2 参见《墨子·鲁问》等。

3 参见《现代汉语词典》，商务印书馆，2005，第359页。

4 董志铁：《言道、言事与援类、引譬》，《信阳师范学院学报》2003年第2期。

一　推类模式（或格式）

按推类方法固有的“譬”式引征型：

言事　（引征：日常生活中具有某种属性、事理的小例证；或历史的经验事实）

（引征前提事例是“取辩于一物”的随机选择，是现实生活中极为普通、人所共知的“近”“浅”“易”的“亲知”小道理；或共知的历史经验事实。是“于是推之”的由“这个”推“那个”的这个“是”，同传统逻辑中推理的前提。类似于修辞格比喻的喻体。）

→　（推论：“之谓”“譬”“譬犹”“譬之犹”的“原”“说”“告”“推”“谕”过程，根据是所“言事”与所“论道”的两种不同事物、现象在“类”属性或“类”事理上具有某种同一性或相似性，可以“何以为辩，喻深以浅；何以为智，喻难以易”地“于是推之”。是推类论型的类事理联结词。）

论道　（谕证：与“言事”具有相似或相同属性或事理的现实存在的大问题。）

（谕证结论是论者希望通过“因物谕志”说明的“天下之污隆”的“远”“深”“难”的“说知”大道理，本是需要大幅论证的或不便直接论证的。在推类过程中，往往采取隐含义的形式出现。是“于是推之”的由“这个”推“那个”的那个“之”，是传统逻辑中推理的结论。是推类论型的论题。类似于修辞格比喻的本体。）

二　推类模式的认知途径

按上，引征谕证型式，就是“推类”之应用，亦曰“援引故事”论型。

言事	→	论道
根据（某事物状态或因果关系）	援类而推	主张（具有相同类事理的当下事物道理）

之所以能够将“言事→论道”（言事而论道）论型认作一种模式化（或格式化）的方法，是因为：

其一，这种推类模式之“类”，按我们在第七章所述，是一个由普通物名发展到推理方法的过程。

其二，按《说文解字・手部》，推（推），“排也，从手佳声”。其本义为用手排物（使移动）。如《左传・襄公十四年》“夫二子者，或挽之，或推之，欲无入，得乎？”《庄子・渔父》“孔子推琴而起”。按此，又有了迁移、移动之意，如《周易・系辞下》“寒暑相推而岁成焉”。排去之意，如《诗经・大雅・云汉》“旱既大甚，则不可推”。以及辞让，拒绝；举荐，尊崇；推算，追问；推托；等等。

至于作为逻辑方法“推类”之推导之意，则因其能够通过“推”使“移动”后对事物的认知扩大，汉语有关“推”的词汇大都可以表明这一点[1]。故而有了在先秦时代即已产生的“以同类相推，犹言类推”之“推类”[2]，如《墨经・经下》的“推类之难，说在之大小”。

其三，意象性思维的传统。

这种意象性思维的传统，应该上溯至第六章所讲的中国文字造字过程中，

1　参见《辞源》修订本二，商务印书馆，1990，第 1281—1283 页。

2　《辞源》修订本二，第 1282 页。

“黄帝之史官仓颉，见鸟兽蹄迒之迹，知分理之可相别异也。初造书契，百工以乂，万品以察”[1]；以及将在第十三章讲述的，在《周易》的产生过程中，“古者包牺氏之王天下也，仰则观象于天，俯则观法于地，观鸟兽之文与地之宜，近取诸身，远取诸物，于是始作八卦。以通神明之德，以类万物之情”[2]。这种传统之所以能够成立，就在于它是通过“意象”思维去直观形象地理解、体会熔铸在认识对象中的认识主体的“主观情愿与外在物象相融合的心象”，“关关雎鸠，在河之洲，窈窕淑女，君子好逑”[3]。

这是一种内在的逻辑思维将不同形象联系起来，以“清风徐来，水波不兴”之“不言之喻”的“意象”映射过程，实现了由“言事”而“论道”的隐喻手法的意义转移、扩大，并以它“说古道今”的不断复制，使之具有了一定的论证型式的稳定性与合理性。否则，接受这种意象性思维传统的我们，在今天分别吟咏“今宵酒醒何处？杨柳岸，晓风残月”[4] 与“大江东去，浪淘尽，千古风流人物”[5] 时，就很难通过形象的感性思维，知性地推断为什么柳永的词“只合十七八女郎，执红牙板”，而苏轼的词则必须是“关西大汉，铜琵琶，铁绰板”；[6] 也难以在吟咏“枯藤老树昏鸦，小桥流水人家，古道西风瘦马。夕阳西下，断肠人在天涯”[7] 时，领悟为什么逻辑学所认为的概念，只是揭示了对象的本质属性，无所谓意义上的断定，但在马致远的这首小令中，这些概念简单的排列，却已经通过“并列式意象组合”，实然

---

1 （东汉）许慎：《说文解字·叙》。

2 《周易·系辞下》。

3 《诗经·国风·周南·关雎》。是《诗经》第一篇。《论语》中曾多次提到《诗》，但具体做出评价的只有此篇：“《关雎》，乐而不淫，哀而不伤。”（《论语·八佾》）汉儒的《毛诗序》也评价《关雎》说：“《风》之始也，所以风天下而正夫妇也。故用之乡人焉，用之邦国焉。”这些评价均显现着能够扩大认知范围的“推”的意象功用。

4 （北宋）柳永：《雨霖铃·寒蝉凄切》。

5 （北宋）苏轼：《念奴娇·赤壁怀古》。

6 （南宋）俞文豹《吹剑录》：东坡在玉堂，有幕士善歌，因问“我词何如柳七？”对曰：“柳郎中词，只合十七八女郎，执红牙板，歌‘杨柳岸，残风晓月’。学士词，须关东大汉，铜琵琶，铁绰板，唱‘大江东去’。”东坡为之绝倒。幕士评价虽“善讴”，却也意象性地说明柳永之词娇婉细腻，苏轼之词壮怀激越。

7 （元）马致远：《天净沙·秋思》。

地表达了一种凄苦悲凉的意境，有了“逻辑的”断定。只不过这些概念之间的联结是隐含的，需要意会。通过这种意会，意境感发了心情，契合了心境，而“感发”和“契合”就是一个心灵映射与逻辑联系的过程，使得这些“并列式意象组合”更加具现化，并继而转化为一种更具感染力的情绪。难怪王国维在其《人间词话删稿》中评价说：“一切景语皆情语也。”[1]

三　推类模式的工作机理

对于“言事→论道”（言事而论道）的“推类”模式的工作机理，我们大致可以如下表示。

言事（基础情景的特征或因果关系，属于历史、生活知识经验的实然）

→（历史、生活经验的直觉，能够映射使问题情景成为基础情景的镜像）

论道（问题情景的特征或因果关系，属于当下政治伦理问题的应然）

在推类模式中，第一，基础情景是认知双方共同熟悉的事物，问题情景是谕证者希望说明的事物，并且它们在映射的类属性上具有相似性；第二，已知基础情景的前提与结论具有真实的相关联系，因此，问题情景也应该具有相关的联系。在发现基础情景与问题情景之间存在相关联系的过程中，推类模式是一个启发思维、激活思维与思维比较的过程，是一个以完整经验的知觉材料为基础，整合多重信息源，经过选择映射，重新建构知识，并创造

1　有意思的是，小学一年级语文课本上有首儿歌，“弯弯的月儿小小的船，小小的船儿两头尖。我在小小的船里坐，只看见闪闪的星星蓝蓝的天”。有位一年级小学生提出了质疑：闪闪的星星与蓝蓝的天不可能同时出现。对于这种质疑，老师认为是“善于观察，值得赞扬”；天文学家认为是“幼童质疑，有科学依据”。但作家认为是“文学作品，重在意境”。（参见天津《每日新报》2002年1月20日第2版）从文学作品角度讲，作家的说法应该更有道理。意境应是意象性思维基础上的生活图景与思想情怀交融的境界，是一个心灵映射与逻辑联系的过程。这也就是为什么中国诗论中有“滋味说”：“使味之者无极，闻之者动心。”（钟嵘《诗品》）否则，许多脍炙人口的古代诗词作品就没法读了。或如，“黄河之水天上来”（意境的渲染）；“飞流直下三千尺”（夸张）。至于“我是一条天狗呀，我把日来吞了，我把月来吞了，我把一切的星球来吞了！”（比喻，郭沫若《天狗》）这真是疯啦。

当下形象的心理过程。

在这个过程中，思维主体在已有知识、经验的基础上，经过有目的的检索，将自己熟悉的基础范围的特征或因果关系，作为“镜像”映射到当下的问题情景中，从它们在具有相同因果关系这一类属性上具有相似点的“好像”“仿佛”中得到启发，激活了生活、历史经验基础上的联想与想象，把基础情景与问题情景的特征或因果关系，纳入一个深层次的上位范畴中，把已经掌握的事物关系，转用于本来是非常高深的“道”的事物关系中，在“镜像”式的比较中，进行因果关系的重新组合。以“突出—映射—再表征—组合的差异—重构”的两段式结构形式，使认识从熟悉的“原来如此”的基础情景，向当下应当怎么做的“理应如此”的问题情景映射了。

在这个过程中，如何在先前知识经验基础上再认识当下之应然事物，使基础情景成为问题情景的镜像，有一个心理认定的问题，它决定了如何进行选择性检索的联想；而如何通过联想把已有的表象结合起来，进行镜像迁移，创造性地再造类似的当下之应然形象，也有一个心理接受的问题，它决定了如何进行迁移式的映射，以新的问题表征，预设了对问题解决的思路。

这种思路似乎对应了《墨经·小取》“夫辩者，将以明是非之分，审治乱之纪，明同异之处，察名实之理，处利害，决嫌疑。焉摹略万物之然，论求群言之比”中的“摹略万物之然，论求群言之比”。

按此处“辩者”之“辩”，归纳先秦推类方法产生过程中的“讲逻辑”“用逻辑”之历史事实，应该就是研究、知晓、运用“推类”方法之“辩”。

按《说文解字·手部》“摹”（𢹬），“规也，从手，莫声”。《段注》：“规，有法度也。”用此解句，“摹略万物之然”就应是思维认识对外界事物加以知性的模拟、概括；而“论求群言之比”则是把“摹略万物之然”所模拟、概括的事物究竟“是什么”和“为什么”，通过对比来判断。

如墨子从《法仪》篇开始到《非命》篇强调的“言必立仪”，并为此归纳总结的“三表法”。

> 有本之者，有原之者，有用之者。于何本之？上本之于古者圣王之事；于何原之？下原察百姓耳目之实；于何用之？发以为刑政，观其中国家百姓人民之利。此所谓言有三表。

在《天志》篇中墨子更明确了三表法的“方法明也”的方法论意义。“有本之者”是考察历史、求证于古事，属于经验范畴；“有原之者”是揣度民情、了解现实，属于知觉范畴；“有用之者”是指《大取》所谓的“志功为辩”，属于效用范畴。如是，“三表法”实际上就是一个经验归纳的结果，它通过经验、知觉、效用三种方式的融贯，希望给谈说论辩过程确立一个判断是非曲直的标准，也形成了墨子论证其十个政治伦理主张时要“明是非利害之辩”的一种“三表法”论型。而将这种论型展开，其实就是“言事→论道”推类方法（模式）的实际应用。

> 凡言凡动，利于天、鬼、百姓者为之；凡言凡动，害于天、鬼、百姓者舍之。凡言凡动，合于三代圣王尧、舜、禹、汤、文、武者为之；凡言凡动，合于三代暴王桀、纣、幽、厉者舍之。[1]
>
> 上将以度天下之王公大人为刑政也，下将以量天下之万民为文学、出言谈也。观其行：顺天之意，谓之善意行；反天之意，谓之不善意行。观其言谈：顺天之意，谓之善言谈；反天之意，谓之不善言谈。观其刑政：顺天之意，谓之善刑政；反天之意，谓之不善刑政。故置此以为法，立此以为仪，将以量度天下之王公大人卿大夫之仁与不仁，譬之犹分黑

1 《墨子·贵义》。

白也。[1]

观之先秦诸子在百家争鸣中，为了谕证自己的治国之道，在谕证过程中无不各自使用援例法或例证法，或对比或移植地进行“言事”的事例引征。其实施的操作过程，就以“摹略”显现了直观的对比，以及意象性思维的路径；以“万物之然”显现了一种经验的因果联系归纳的镜像。以“思前想后”“说古道今”的经验直觉，以《说文解字·叙》所言“《书》曰：予欲观古人之象。……盖文字者，经艺之本，王政之始，前人所以垂后，后人所以识古。故曰：本立而道生，知天下之至啧而不可乱也”，以及“古者庖牺氏之王天下也，仰则观象于天，俯则观法于地，观鸟兽之文与地之宜，近取诸身，远取诸物；于是始作易八卦，以垂宪象”的历史经验，表达着“不言之喻”的“以铜为鉴，可以正衣冠，以人为鉴，可以知得失，以史为鉴，可以知兴替”[2] 的深刻道理。难怪梁启超在论及墨子的三表法时，要特意注解：“此墨子书中言论理学最明显之处也。其所谓先立仪法，仪法者，即西文Logic之义也。”[3]

如是，先秦推类模式，或者是先秦逻辑论证方法的型式问题，就是“言事→论道”的“引征谕证”论型。其加强版的则是在“言事”中以“《诗》曰”“《书》曰”“子曰”“子墨子曰”……，强化着所论说的主张。

这种“援引事例”论型还可以分为谕证推类法和援例推类法。

谕证推类法引征的事例可以是现实生活中实际存在的，也可以是不存在的；而援例推类法之援引的事例一般是现实生活中实际存在的，一般是通过历史事件的描述，分析评价历史事件的因果联系。如《尚书·序》所言：

1　《墨子·天志中》。

2　《新唐书·魏征传》。

3　梁启超：《墨子之论理学》，中国逻辑史研究会资料编选组编《中国逻辑史资料选》（近代卷），甘肃人民出版社，1991，第313页。

“讨论坟典，断自唐虞，以下迄于周。……芟夷烦乱，剪截浮辞，举其宏纲，撮其机要，足以垂世立教，典、谟、训、诰、誓、命之文，凡百篇，所以恢弘至道，示人主以轨范也。”

“诰”，“告也”，有晓喻的意思；“训”是指说教、训诫的言辞，类似于现代的建议书、倡议书；“谟”，就是谋议、计划之意，君臣一起谋划事情；“誓”是君主誓众之词；“命”即命令，是国君对臣下颁布的命令；“典”，就是常法、常典之意，记载了重要史事经过或某项专题史实。在各种诰辞、誓词中，《尚书》都在通过不同历史事件因果关系的对比描述，以直观的《蔡仲之命》之“为善不同，同归于治，为恶不同，同归于乱”的经验归纳，阐述着《召诰》所言为什么“我不可不监于有夏，亦不可不监于有殷”的治国道理。监者，“镜鉴”是了。

如是，这种“言事”的事例引征所要映射的“论道”，就以人们相信了事例引征所预设的情景存在，并与问题情景具有相同或相似的因果关系，可以通过观象取类，以具有特定意涵之公共知识的历史经验或生活经验，以“理上贯得通”来悟出治理天下的道理，达到究天人之际、通古今之变的目的。在此思维跳跃中，我们足以体会品咂到传统意象性诗意逻辑的意境。

例证（1），《左传·成公二年》：

国君的地位必须要谨慎维护。(论题)

君子曰：“位其不可不慎也乎！”(论道)

蔡、许之君，一失其位，不得列于诸侯，况其下乎？(被映射的当下场景：蔡、许两国国君一旦失去国君之位，便不能并列诸侯，更何况他们的属下。)

《诗》曰：“不解于位，民之攸塈。”（引征《诗经·大雅·假乐》：君王勤于政事不懈怠，百姓就能得到修整。）

其是之谓矣。(类事理联结词：按类事理相同推出)

例证（2)，《左传·成公七年》:

国家需要善君。(隐含，需要意会的论道)

季文子曰：中国不振旅，蛮夷入伐，而莫之或恤，无吊者也夫！(被映射的当下场景：中原各国缺乏有权威的能人善君，致使遭到入侵也无人忧虑。)

《诗》曰：“不吊昊天，乱靡有定。”(引征《诗经·小雅·节南山》：上天不仁，动乱不休。)

其此之谓乎！(类事理联结词：按类事理相同反证推出)

例证（3)，《墨子·耕柱》:

为义孰为大务？(论题)

子墨子曰：“譬若筑墙然，能筑者筑，能实壤者实壤，能欣者欣，然后墙成也。”(随机“言事”引征，符合墨家手工业团体的特色)

为义犹是也：(类事理联结词：按类事理推出)

能谈辩者谈辩，能说书者说书，能从事者从事，然后义事成也。(论道)

例证（4)，《孟子·梁惠王上》:

梁惠王曰：“寡人之于国也，尽心焉耳矣。河内凶，则移其民于河东，移其粟于河内。河东凶亦然。察邻国之政，无如寡人之用心者。邻国之民不加少，寡人之民不加多，何也？”(论题，追问原因)

孟子对曰："王好战，请以战喻（准备以类事理推出）。填然鼓之，兵刃既接，弃甲曳兵而走。或百步而后止，或五十步而后止。以五十步笑百步，则何如?"（按"好战"引征，言事）

曰："不可，直不百步耳，是亦走也。"（可以明白的小事理）

曰："王如知此，则无望民之多于邻国也。不违农时，……是使民养生丧死无憾也……王道之始也。……然而不王者，未之有也。"（促使领悟的"论道"）

在先秦诸子文献中，这样的推类模式应用比比皆是[1]，均属于与"说逻辑"思想相互促动的"用逻辑"之"例题"。而理论的总结，往往是从直观的例题中得到启发的。

当然，先秦推类模式之所以能够成立，除了这些可行的认知途径和可操作的工作机理外，其具体展现的推类模式的根据、过程、推导原则、违反推导原则所犯的错误、推类模式的特点、推类模式能够成立的有效性或生效性、推类模式的普遍适用性等，也均有先秦时代的"历史意见"可陈。

四　推类模式的根据

《孟子·告子上》："故凡同类者，举相似也。"

《墨经·小取》："以类取，以类予。"

《墨经·经说》："法同则观其同。"

《荀子·非相》："类不悖，虽久同理。"

1　参见张晓芒《先秦诸子的论辩思想与方法》，人民出版社，2011。

五　推类模式的思维进程

《说苑·善说》载惠施语："以其所知谕其所不知而使人知之。"

《墨经·小取》："辟也者，举他物而以明之也。"

六　推类模式的推导原则[1]

《左传·昭公二十五年》："审则宜类。"

《墨经·经下》："异类不比。"

七　违反推导原则所犯的错误

《荀子·非十二子》："僻违而无类。"

八　推类模式的特点

以引征的"言事"小道理或经验事实（前提）一步到位地"推出"当下要谕证的"论道"大道理（结论），让对方从人所共知的生活小道理或历史经验事实中，领悟出当下所要说明的大道理。即王充《论衡·自纪》所谓的"何以为辩，喻深以浅；何以为智，喻难以易"；王符《潜夫论·释难》所谓的"夫譬喻也者，生于直告之不明，故假物之然否以彰之。物之有然否，非以其文也，必以其真也"；司马迁《史记·屈原贾生列传》所谓的"其称文

1　此处最初使用的是"规则"一词，经与华东师范大学哲学系晋荣东教授商讨，为避免歧义，建议改为"推导原则"。采纳他的意见，在此感谢晋荣东教授。

小而其指极大，举类迩而见义远。……推此志也”。

故此，先秦推类模式能够按照两种不同事物、现象在“类”属性或“类”事理上具有某种同一性或相似性，引征以“假物取譬”，谕证可“察类辩故”，以“所然”进到“未然”的认知形式，描述、说明、论证了一个思想主张的是非曲直。才会有《吕氏春秋》的“同类相召”；《淮南子》的“以类之推也”；《论衡》的“凡圣人见祸福也，亦揆端推类，原始见终，从闾巷论朝堂，由昭昭察冥冥。……放象[1]事类以见祸，推原往验以处来事，贤者亦能，非独圣也”；以及张载的“据闻见上推类”，朱熹的“以类而推”等。

一般而言，逻辑学是研究推理及其有效性的。推理有效性关注的焦点是从形式方面，确保从真的前提出发，必然推出真结论来。亦即，一个有效的推理规则是指，如果前提是真的，则由该规则得出的结论必然是真的。按亚氏逻辑的形式化特点，我们可以基于其形式系统，研究形式化的推理有效性。且随着现代逻辑的发展，演绎推理的形式有效性被更多的人视为“逻辑”的标准，即前提真而结论假是不可能的。先秦推类模式能够做到这一点吗？

1 仿效。

第九章

先秦推类模式工作机理的评价

尽管我们尝试浅陋构造了先秦时期特有的引征谕证论型的“譬”式推类模式，并且提出了有关这种模式的根据、思维进程、推导原则等工作机理的“历史意见”，但为了论证先秦推类模式的有效性问题，我们还需从评价先秦推类模式的工作机理来入手。

第一节　先秦推类模式的依据评价

根据我们在构造推类模式时所举出的“历史意见”：“故凡同类者，举相似也”“以类取，以类予”“法同则观其同”“类不悖，虽久同理”等。先秦推类模式之所以能够成立的依据有着历史文化的原因。

一　类属性、类事理的相似性或同一性

我们已前述，中国传统思维方式以“意象性思维”为主导。在历史文化的发展中，无论是《周易·系辞下》所谓的“近取诸身，远取诸物，于是始作八卦，以通神明之德，以类万物之情”，还是《系辞上》所谓的“夫象，圣人有以见天下之赜，而拟诸其形容，象其物宜，是故谓之象”，在这里，如何取之于“身”与“物”，抑或如何模拟形态而设卦分类，并分别采用合宜

的形象表达出来，其依据只能是具有相似性的《系辞下》之“象”：“是故《易》者，象也；象也者，像也。”也正是由于有了这种相似的“象”，所以天地上下虽相违逆，但化育万物的事理却是相同的；男女阴阳虽相违逆，但交感求合的心志却是相通的；天下万物形态虽相违逆，情志隔膜，但禀受天地阴阳之气的情状却是相似的：“天地睽而其事同也，男女睽而其志通也，万物睽而其事类也。”[1] 正是有了这种以“意象性思维”为主导的思维方式，在思维认识表达这种相似性或同一性时，就按《系辞下》“其称名也小，其取类也大，其旨远，其辞文，其言曲而中，其事肆而隐”；感性形象的同一性或相似性与抽象思维的同一性或相似性，在“彰往而察来，而微显阐幽。开而当名辨物，正言断辞，则备矣”的过程中统一了起来。

故而有了《左传·宣公十二年》的经验断定，“君子曰：‘史佚所谓毋怙乱者，谓是类也’”；有了孟子的语义解说，“故凡同类者，举相似也”；惠施的语义解说，“以其所知谕其所不知而使人知之”。而这种“举相似”的“使人知之”，在《左传·襄公三年》那里就是以“举其类”的“似之”联系。

> 祁奚请老，晋侯问嗣焉。称解狐，其仇也，将立之而卒。又问焉，对曰：“午也可。”于是羊舌职死矣，晋侯曰：“孰可以代之?”对曰：“赤也可。”于是使祁午为中军尉，羊舌赤佐之。君子谓：“祁奚于是能举善矣。称其仇，不为谄。立其子，不为比。举其偏，不为党。《商书》曰：‘无偏无党，王道荡荡。’其祁奚之谓矣！解狐得举，祁午得位，伯华得官，建一官而三物成，能举善也夫！唯善，故能举其类。《诗》云：‘惟其有之，是以似之。’祁奚有焉。”

---

1 《周易·彖辞下·睽》。

在这则记载中，晋国大夫祈奚荐人唯贤，一心为国，其“外举不避仇，内举不避亲”的高尚品质，我们是从《商书》和《诗经》的引征中以“是以似之”且“举其类”地谕证出来的，“其祁奚之谓矣”就肯定了这种推类过程中类事理相似的同一性。

《左传》对这种引征谕证的推类模式，虽没有太多的理论性总结，但在其“用逻辑”的过程中，也点点滴滴以经验的感性，肯定着这种引征与谕证之间类事理相似或同一的稳定联系。如《文公三年》：

> 秦穆公之为君也，举人之周也，与人之壹也；孟明之臣也，其不解也，能惧思也；子桑之忠也，其知人也，能举善也。《诗》曰：“于以采蘩，于沼于沚，于以用之公侯之事”，秦穆有焉；“夙夜匪解，以事一人”，孟明有焉；“诒阙孙谋，以燕翼子”，子桑有焉。

这实在是因为，在引征与谕证之间，要想做到《襄公十六年》所言“歌诗必类”，就必须要做到《昭公二十五年》所言“审则宜类”。如是，即便对于同一类事物，对于引征谕证的方向或程度也会有所不同。

或如，鲁成公夫人齐姜去世。当初，成公的母亲穆姜选择上等櫝木，为自己做好了棺木，现在大夫季文子却拿来安葬了齐姜。对于这件事情，《襄公二年》引征《大雅·抑》，谕证了季文子不智；又因穆姜是襄公的祖母，也引征《周颂·丰年》，谕证了合乎礼仪的尊长，神灵也会普降福禄。

> 夏，齐姜薨。初，穆姜使择美櫝，以自为榇与颂琴。季文子取以葬。君子曰：“非礼也。礼无所逆，妇，养姑者也，亏姑以成妇，逆莫大焉。《诗》曰：‘其惟哲人，告之话言，顺德之行。’季孙于是为不哲矣。且姜氏，君之妣也。《诗》曰：‘为酒为醴，烝畀祖妣，以洽百礼，降福

孔偕。'"

事情还远不止此。又过了两年，鲁成公之妾（襄公之母）定姒也去世了。当初，季文子也为自己种植了六棵槚树。匠庆请求使用这些树给定姒做棺木，季文子说“还是不要了吧”。但匠庆还是砍伐了这些树。于是《襄公四年》又引征了《志》，谕证了“自作自受”说的就是季文子这样的人。其谕证讽刺的程度也超于上。“其是之谓乎！”

> 初，季孙为己树六槚于蒲圃东门之外。匠庆请木，季孙曰：“略。”匠庆用蒲圃之槚，季孙不御。君子曰：“《志》所谓‘多行无礼，必自及也’，其是之谓乎！”

理论的总结，往往是从例题开始的。对于事物属性、事理的相似性或同一性，《礼记》的总结是，闻一知十，触类旁通。故此才可以“知类通达”，“知事义之比也”。但这些同《周易》的“万物睽而其事类也”等，还只是一些经验的总结，只是注意到了事物“以类聚”“以群分”的普遍性。

先秦名家邓析的“动之以其类”，儒家孔子的“有教无类”等，则是开始从经验的基点上振翅欲飞了。到了墨子，就更多地强调了“类”的同一性质的普遍性，认为凡是同类者，不管其量上有多少差别，只要它们在质上相同，即为同类。如《墨子·公输》中所讲，在“亏不足而损有余”的本质规定性上，窃取邻国所不足的国君与窃取邻居所不足的小偷，在有“窃疾”这一点上，“为与此同类”。而“义不杀少而杀众”，也“不可谓知类”。而孟子直截了当的解说，“故凡同类者，举相似也”，则对“类”的含义做了理论上的语义规定，强调了“类”概念的抽象性，揭示出是否具有共同属性或类事理是否相同，是确定、划分同类与异类的基本依据，如《公孙丑上》之“麒麟之于走兽，凤凰之于飞鸟，泰山之于丘垤，河海之于行潦，类也，圣人之于民，亦类也”。

《墨经》之《经上》《经说上》继承并发展了前期诸子尤其是墨子关于“类”的思想，把“类名”作为名的一种，明确了它所反映的是一类事物的共同性：“名，达、类、私”；“马，类也，若实也者必以是名也命之”。而类同与类异则是以事物是否具有相同属性而划分：“有以同，类同也”；“不有同，不类也”。至于什么叫“类同”？“类同”就是“法同”。《经下》《经说下》对此进一步阐释道：“法，所若而然也”；“一法者之相与也尽类，若方之相合也，说在方”；“方尽类，俱有法而异，或木或石，不害其方之相合也。尽类犹方也，物俱然”。这种认识就将事物或现象之所以是同类的根据，套在了相同的模式——“法”中了。并且这种“法”所表明的就是思维对于事物属性、事理同一性或相似性的认识，它具有了法则的一般规律意义。《大取》就强调了“辞以类生”，认为“立辞而不明于其类，则必困矣”。

此后《荀子·非相》也认为“类”的本质在于同理，“类不悖，虽久同理”。《吕氏春秋·察今》则注意到了“类固相召”，认为事物因某些属性相同而可以各归其类。明白了这个事理，就可以“察己则可以知人，察今则可以知古。古今一也，人与我同耳。有道之士，贵以近知远，以今知古，以所见知所不见。故审堂下之阴，而知日月之行，阴阳之变。见瓶水之冰，而知天下之寒，鱼鳖之藏也。尝一脟肉，而知一镬之味，一鼎之调”；反之，如果不明白这个事理，则如《达郁》篇所言，“人皆知说镜之明己也，而恶士之明己也。镜之明己也功细，士之明己也功大。得其细，失其大，不知类耳”。

由上，作为先秦推类模式由“言事而论道”的推论结构，“言事”的随机选择与“论道”的晓谕目的，注定了“言事与言道的核心是‘谕’。其理论根据是：所言事与道之间共同存在的‘义’。找到事与道之间共同的

'义'，便可以'扶义而动，推理而行'。由'事'理过渡到'道'理"[1] 了。这就又牵涉一个问题：这种建立在事物类属性、类事理相似性或同一性基础上的推类模式依据，是假以引征的"比"来得以实现的。"比"必须是两个事物（已知、未知）之间由此达彼的"比"。或如，"不胜丧，乃比于不慈不孝"[2]。否则，"独有一物，不见比类，乃可疑也"[3]。因此，《周易・系辞下》所谓"是故《易》者，象也；象也者，像也"；《周易・彖辞下・睽》所谓"天地睽而其事同也，男女睽而其志通也，万物睽而其事类也"；无一不是"假象取耦，以相譬谕"[4] 的过程，仍然是在说明着一个"审则宜类"[5]、"比类合谊"[6] 的依据问题。如是，先秦推类模式的依据就是事物属性、事理的同一性。这也为人们正确认识"类同"与"类异"确定了起始的标准。

二　对"比"的逻辑方法论的认识

1. 比

按"比"（𠤎）的甲骨文，是两个人紧挨在一起，本义是靠近、并列。由此才有了比较的可能，并产生了"比较"之意，继而引申为"比喻"之意。亦即，既要"比"就总是有两件事物在做"比"，就必然要将两个事物由某种可比的情况联系在一起。如《左传・僖公五年》：

> 晋侯复假道于虞以伐虢。宫之奇谏曰："虢，虞之表也。虢亡，虞必

1　董志铁：《扶义而动，推理而行》，周山主编《中国传统思维方法研究》，学林出版社，2010，第49—50页。

2　《礼记・曲礼上》。

3　（东汉）王充：《论衡・四讳》。

4　（西汉）刘安：《淮南子・要略》。

5　《左传・昭公二十五年》。

6　（东汉）许慎：《说文解字・叙》。

从之。……谚所谓‘辅车相依，唇亡齿寒’者，其虞、虢之谓也。”

这种引征做“比”的认识，在先秦推类模式的不断发展中，也就在不断的“引征谕证”中积累着朴素逻辑方法论的价值。如《左传·文公七年》：

> 昭公将去群公子，乐豫曰：“不可。公族，公室之枝叶也，若去之则本根无所庇荫矣。葛藟犹能庇其本根，故君子以为比，况国君乎？此谚所谓庇焉而纵寻斧焉者也。必不可，君其图之。”

从“谚”之民间到“君子”到“君”，其均“以为比”，无疑也增添着这种朴素逻辑方法论的历史文化价值。

或如，先秦时期的“比德”说，就是“将自然现象与人的精神品质联系起来，从自然景物的特征上体验到属于人的道德含义，将自然物拟人化”[1]，从而形成一种格式化的“比德”说。于是“比山”“比水”“比石”“比松”者有之，而其中最为经典的，当属“君子比德于玉”了。[2]

而在诸子说明何以“君子比德于玉”时，总要引征“《诗》曰”，这实在是因为在我国最早一部用文字记载的诗歌总集《诗经》中，社会生活内容丰富，比喻的思维技巧比比皆是，成为《诗经》赋、比、兴的三大艺术形式之一。无论从内容的《风》《雅》《颂》还是从表现手法的赋、比、兴上，都使《诗经》成为“具有固定体系、具有稳定权威的文字文本”[3] 的公共知识。

按“赋”是直接陈述的“直言”表现手法，“比”“兴”则是委婉曲折的“譬”式表现手法。亦即，“赋之言铺，直铺陈今之政教善恶”；而“比，

1　胡家祥：《审美学》，北京大学出版社，2000，第 32 页。

2　关于“比德”说，我们将在第十四章“先秦推类模式‘用逻辑’的历史践行”的第二节中详述。

3　陈来：《古代思想文化的世界——春秋时代的宗教、伦理与社会思想》，生活·读书·新知三联书店，2002，第 186 页。

见今之失，不敢斥言，取比类以言之”，“兴，见今之美，嫌于媚谀，取善事以喻劝之”。[1] 按其工作机理，应是二程认为的，“古之诗人，比兴以类也，是以香草譬君子，恶鸟譬小人”[2]；朱熹的解释，“解诗，多是类推得之”。故朱熹重新为赋、比、兴定义：“赋者，敷陈其事而直言之”；“比者，以彼物比此物也”；“兴者，先言他物以引起所咏之辞也”。[3]

出于我们研究的问题所在，且在比、兴两种手法中，本质区别并不明显，兴中许多发端起兴之辞多含有比喻义，故后人常将比、兴合称，所以这里只考察比、兴手法。可以认为，自《诗经》始，“善假于物”[4] 的“比类”型思维方式，就以典型的古代诗词创作手法进入了古代文论史中。或如《文心雕龙·比兴》的评价：“观夫兴之托谕，婉而成章，称名也小，取类也大。关雎有别，故后妃方德；尸鸠贞一，故夫人象义。义取其贞，无从于夷禽；德贵其别，不嫌于鸷鸟；明而未融，故发注而后见也。且何谓为比？盖写物以附意，扬言以切事者也。故金锡以谕明德，珪璋以譬秀民，螟蛉以类教海，蜩螗以写号呼，浣衣以拟心忧，卷席以方志固，凡斯切象，皆比义也。至如麻衣如雪，两骖如舞，若斯之类，皆比类者也”；及至以后的《离骚》也是“楚襄信谗，而三闾[5]忠烈，依《诗》制《骚》，讽兼‘比’‘兴’”。

为什么由“称名也小，取类也大”会牵系出“若斯之类，皆比类者也”？显然，这里的“比类者”已经具有了一定的“模式”方法论意义。

2. 比类

应该说，“比类”这一合成概念并非刘勰首创，在《礼记·月令》篇即

1 （东汉）郑玄：《毛诗正义》。
2 （北宋）程颢、程颐：《二程集·河南程氏经说卷第三》。
3 （南宋）朱熹：《诗集传》。
4 《荀子·劝学》。
5 战国时期古地名，位于湖北秭归县三闾乐平里。屈原被贬后曾任三闾大夫，后世用该名词指代屈原。

有。不过那是在“合乎旧例”的意义下使用的：“（仲秋之月），是月也，乃命宰祝循行牺牲，视全具，案刍豢，瞻肥瘠，察物色，必比类。”

在古代文献中，“比类”的第二个含义是“比照类推”，或如《汉书·文帝纪》，“它不在令中者，皆以此比类从事”。

“比类”的第三个含义是“相类的事例”，或如《论衡·四讳》，“独有一物，不见比类，乃可疑也”。

这三种用法，还不能算是严格意义上的逻辑思维方法。作为一种纯粹的逻辑推导方法，《礼记·学记》的“古之学者，比物丑类”，应该为“比类”逻辑概念的合成与《黄帝内经》互相提供了注脚。因为在《黄帝内经》中，“比类”已然成为辨别不同症状、注意相同情况进行比较的一种重要方法，频繁使用着。[1] 或如，“善为脉者，必以比类奇恒，从容知之”[2]，“夫圣人之治病，循法守度，援物比类，化之冥冥”[3]，“不知比类，足以自乱，不足以自明”[4]。至《文心雕龙·颂赞》，以“比类”作文的逻辑思维方法论意义被明确提了出来，“及三闾橘颂，情采芬芳，比类寓意，又覃及细物矣”。

“比类”与“寓意”相连，表明“比类”有一种更深刻的意义需要表达；“寓意”则表明在这种方法下的“意义转移”现象；“覃及细物”则表明在这种作文方法下，要深思意义转移之后所论证的道理。这样，“比类”思维方式的逻辑理论意义就十分明显了。亦即《文心雕龙·比兴》所言，“物虽胡越，合则肝胆。拟容取心，断辞必敢”。就是说，比喻的两样事物虽然像北方胡人和南方越人那样绝不相关，但只要有一点相合就近如肝胆。按此，就会起兴模拟外形，采取含义，措辞一定果敢了。这样就可以“攒杂咏歌，如川

1　《礼记》是西汉礼学家戴圣根据战国至秦汉年间儒家学者解释《仪礼》的文章选集编纂而成，《黄帝内经》一般认为最终成型于西汉。在一些词语的使用上，应该互为观照。

2　《素问·疏五过论》。

3　《素问·示从容论》。

4　《素问·征四失论》。

之澮"，聚集各种比兴的事物在歌咏里，使文辞像河水流动般生动。

由此才有了《文心雕龙·辨骚》评价《楚辞》对以往诸经典的方法继承，"将核其论，必征言焉。故其陈尧、舜之耿介，称禹、汤之祗敬，典诰之体也；讥桀、纣之猖披，伤羿、浇[1]之颠陨，规讽之旨也；虬龙以喻君子，云蜺以譬谗邪，比兴之义也；每一顾而掩涕，叹君门之九重，忠怨之辞也；观兹四事，同于《风》《雅》者也"。

这种比照事例而分类的语义解释，在"意象的本质是象征，意象的认知功能即在于通过联想将此意象包含的'意'推举和运用到其他的事物"[2] 的思维过程中，经由"比"的联想，以"类事理"经验性的同一，以"类化意象"倏忽之间的迁移，使先秦推类模式的逻辑方法效用越来越明显。或如，孔子的"己欲立而立人，己欲达而达人。能近取譬，可谓仁之方也"，就反映了这种"为仁由己"的"思维方法"。这也就是为什么《论语·为政》在"告诸往而知来者"后，能够"殷因于夏礼，所损益，可知也；周因于殷礼，所损益，可知也；其或继周者，虽百世，可知也"的缘故。

同时，也使先秦推类模式的"意象"艺术性连接越来越强烈。或如，《楚辞》之浪漫主义对《诗经》之现实主义的超越。"是以诗人感物，联类不穷。流连万象之际，沉吟视听之区。写气图貌，既随物以宛转；属采附声，亦与心而徘徊。故'灼灼'状桃花之鲜，'依依'尽杨柳之貌，'杲杲'为出日之容，'瀌瀌'拟雨雪之状，'喈喈'逐黄鸟之声，'喓喓'学草虫之韵。'皎日''嘒星'，一言穷理；'参差''沃若'，两字连形；并以少总多，情貌无遗矣。虽复思经千载，将何易夺？及《离骚》代兴，触类而长，物貌难尽，故重沓舒状，于是'嵯峨'之类聚，'葳蕤'之群积矣。"[3]

1　均为上古传说中的勇士。

2　胡伟希：《意象理论与中国思维方式之变迁》，《复旦大学学报》1986 年第 3 期。

3　（南朝）刘勰：《文心雕龙·物色》。

当然，先秦时代对于“推类”方法的最重要的语义解释，还要算是惠施的“夫说者，以其所知谕其所不知而使人知之”。在此方法下，由感性而知性的“取辩于一物而原及天下之污隆”，充当了引征谕证的有效说理模式。

每个民族的传统思维方式，熔铸着他们历史化的生活经验与历史经验，构成了这个民族共同的心理特征、道德观念乃至生活习惯，其具有永久价值的文化内容，成为这个民族得以存在、延续、繁荣、昌盛的精神支柱。先秦推类模式就是为了满足中国古代人的思维论辩需要而“逼迫”出来的，在历史的长河中，它以其意象性的思维方式，反映了中国人在生活态度上更偏重于精神感受；表现在认知与行动的关系上，它就在“取辩于一物而原及天下之污隆”的引征谕证活动中，不断通过传递而得以自我复制，展现着它的逻辑思维方法论的价值、作用及意义。

在此还需说的是，深受中国传统文化影响的日本文字，“类比”一词在作为名词使用时，是同音同义的“類”（たぐい）、“比”（たぐい）；作为动词使用时，是同音同义的“類う”（たぐう）、“比う”（たぐう）。[1]“类”就是“比”，“比”就是“类”。两个字互文、互音、互训，居然不分彼此了。

如是，先秦推类模式的依据就是事物属性、事理的同一性。这也为人们正确认识、辨别“类”之同异，确定了起始的标准。

第二节　先秦推类模式的思维进程评价

根据我们在构造推类模式时所举出的“历史意见”：“以其所知谕其所不知而使人知之”；“辟也者，举他物而以明之也”。在这个推类过程中，引征

1　《国语大辞典》，日本小学馆，1982，第1542页。

的“所知”与需要论证或说明的“所不知”之间，引征之“他物”与所要明“之”之间所以能够沟通谕证，是以“凡同类者，举相似也”“以类取，以类予”“法同则观其同”“类不悖，虽久同理”等进行联系的。因此，先秦推类模式的思维进程是通过比照事例而分类，进而援类而推。

一　比照事例而分类

由于“类”的特点，所以“类”事物各自依从跟它具有某种属性联系或事理联系的事物出现，即《荀子·劝学》以丰富的例证所引征的：“物类之起，必有所始；荣辱之来，必象其德。肉腐出虫，鱼枯生蠹；怠慢忘身，祸灾乃作。强自取柱，柔自取束；邪秽在身，怨之所构。施薪若一，火就燥也；平地若一，水就湿也。草木畴生，禽兽群焉。物各从其类也”；此后的《大戴礼记·劝学》所概括的，“物类之从，必有所由……物各从其类也”。因此，人们就可以比照事例来进行分类：如《左传·襄公九年》“晋君类能而使之，举不失选，官不易方”；孔颖达疏前述《礼记·月令》之“宰祝循行牺牲，视全具，案刍豢，瞻肥瘠，察物色，必比类”之语，“已行故事曰比，品物相随曰类”。抑或《史记·律书》所言：“形理如类有可类。或未形而未类，或同形而同类。类而可班，类而可识。”

至于比照事例而分类的目的，在先秦古人那里，受时代历史文化的影响，是为善恶利害的取舍服务的。他们将自古以来历史发展的成败教训，按其盛衰的内在规定性，经验归纳地二分为有德而治与无德而乱，并以此作为比照框子，衡量现世君主的是非善恶。只要他们相似就可以比较，如《礼记·曲礼上》“不胜丧，乃比于不慈不孝”。更可以拿此比较的结果作为自己讨伐的信用状，如《尚书·泰誓上》中周武王站在道德至高点上的伐商誓词：“今商王受，弗敬上天，降灾下民，沉湎冒色，敢行暴虐，罪人以族，官人以世……以残害于尔百姓。……皇天震怒，命我文考，肃将天威”；并且这种信用状在前述的古代社会“天、治者、民”的三角互动关系中，还是民意的折射于天，“民之所欲，天必从之”。翻开《尚书》，这样的分类例子比比皆是。而墨子的“三表法”，则更明确地先立一个“有本之者，有用之者，有原之者”的分拣筛子，然后将上古至今的帝王将相、大夫士卿统统放在这个分拣筛子里筛选一遍，其“治”之所由起、“乱”之所由起，自是泾渭分明；其现世的人应该怎样做、不应该怎样做，也就一目了然了。

当然，在一定的条件下，“类”和“类”之间还具有一定的相对性，这涉及分类的标准以及事物的变化。或如，先秦时代特有的“牛马之辩”。就有角、无角来说，牛和马不属于一类；就都是四足兽来说，牛和马又属于同类。《墨经·经下》充分认识到了这一点，认为“推类之难，说在之大小”；以及《吕氏春秋·别类》的“类固不必可推知”，《淮南子·说山训》的“类不可必推”。

又如，《孟子·告子上》中孟子与告子的辩“性”：

> 告子曰：“生之谓性。”孟子曰：“生之谓性也，犹白之谓白与？”曰：“然。”“白羽之白也，犹白雪之白；白雪之白，犹白玉之白与？”曰：“然。”“然则犬之性犹牛之性，牛之性犹人之性与？”

孟子进而把人性的问题区分为“大体”“小体”：

> 体有贵贱，有小大。无以小害大，无以贱害贵。养其小者为小人，养其大者为大人。今有场师，舍其梧檟，状其樲棘，则为贱场师焉。养其一指而失其肩背，而不知也，则为狼疾人也。饮食之人，则人贱之矣，为其养小以失大也。饮食之人无有失也，则口腹岂适为尺寸之肤哉？

“大体”指人之异于禽兽的根本，即所谓道德；“小体”指人之本能。

> 口之于味也，目之于色也，耳之于声也，鼻之于臭也，四肢之于安佚也，性也，有命焉，君子不谓性也。仁之于父子也，义之于君臣也，礼之于宾主也，知之于贤者也，圣人之于天道也，命也，有性焉，君子不谓命也。

亦即，在《尽心下》那里，人之所以为人，就是因为他既有对生理欲望的追求，又有对道德的追求。在《公孙丑上》的“无恻隐之心，非人也；无羞恶之心，非人也；无辞让之心，非人也；无是非之心，非人也”之论断下，归于《尽心上》的“君子所性，仁义礼智根于心”。

对于孟子论“性”之“类”根据，张岱年评价为：“此由于孟子所谓性者，实有其特殊意谓。孟子所谓性者，正指人之所以异于禽兽之特殊性征。人之所同于禽兽者，不可谓为人之性；所谓人之性，乃专指人之所以为人者，实即是人之‘特性’……所以孟子讲性，最注重物类之不同。”[1]

但是，条件一旦确定，分类的标准仍然可以确定，这是因为事物在确定的时间、空间内，仍然有其质的规定性。因此，在确定的分类标准及时空条件下，“类”与“类”之间的区别还是确定的，这也就为人们认识“类”的同异并对之进行是非断定奠定了逻辑思想的基础。

另外，即要做“比”，做比的度量标准就必须相同，不同的度量标准不能用来做比，即《墨经·经下》的“异类不比，说在量”。如果只从分类标准的确定性看，它所反映的仍然是比照事例而分类的逻辑标准，但从比照事例而分类的求真、求治、求善的所有目的来看，它就不仅仅只具有逻辑性了。

1　张岱年：《中国哲学大纲》，中国社会科学出版社，1982，第184—185页。

二　援类而推

比照事例而分类的目的，在于为善恶利害的取舍服务，而思维中善恶利害的取舍过程就是援类而推。故而它就是按照一类事物之间在“类”属性或“类”事理上具有相同性或相似性，可以以此为中介相互类推。《周易》的“据辞而推”“据象而推”是这一方法的滥觞。如《易》卦的推演占筮之数，经过四个步骤，就筮得一个《易》卦卦形，其中每十八变形成一卦；而每九变出现的八卦则为《易》道的小成之象。如此引申推演，构成六十四卦，遇到相应的事类则发挥三百八十四爻的象征意义；而有了六十四卦、三百八十四爻。《系辞上》认为经过这种推演，天下所能取法的事理就包括无遗了：“引而伸之，触类而长之，天下之能事毕矣。”这种“取象比类”的方法表明了，“取象”是在具有相似性或相同性的一类事物中，选择个别事物做典型，“比类”则是根据这种特点，运用象征或联想的方式进行推演。这仍然是整体性思维和意象性思维的体现，其意象的象征本质与意象的认知功能，将意象之“意”通过联想顺利推导到了其他类事理相同的事物上了。

这种意象性思维的进一步发展，其逻辑性也越来越明显，其相推事物之间的同一性也越来越显著。孔子的“能近取譬”，惠施的“夫说者，以其所知谕其所不知而使人知之”所以能够成立，也在于所引征的“譬”与所要说明的被“譬”之间，可以用同一类事理来沟通。

高度抽象的学理可以令人一通百通，但使用者往往是从“例题”开始学起的。虽然先秦“推类”法式并没有什么太多严格意义上的学理证明，但对其“例题”举一反三式的实际运用过程，就是一个不断思维训练的过程。其结果就是造就了先秦诸子中的诸多好手，其中尤以孟子、墨子、惠施、庄子、韩非等为著。他们各自在论证社会政治伦理是非的论辩中，都广譬博谕，充分利用了日常生活中的浅显道理与治国、治世中的深刻道理在某一属性或事理中的同一性或相似性，淋漓尽致地发挥了推类模式的引征谕证能量，以实际的运作具体体现了他们的推类证明或推类反驳技巧，从而在“思以其道易天下”的百家争鸣中，成为推类论辩的好手。

或如，实在是把“论辩”当作了一件“正人心，息邪说，距诐[1]行，放淫辞，以承三圣”[2] 的孟子，虽在《滕文公下》中自嘲“予岂好辩哉？予不得已也”，但在方法方面“孟子非墨子，其辩言正辞则与墨同”[3]，且“一人之辩，重于九鼎之宝；三寸之舌，强于百万之师”[4]。似强于《贵义》篇中自诩“吾言[5]足用矣”的墨子。

至于《文心雕龙》盛赞“述道以翱翔”的庄子以及“著博喻之富”[6]的韩非，则是以寓言说理的形式固化了先秦推类模式的方法论作用。

《墨经》进一步在理论上解决了援类而推的问题，认为援类而推必须限定在同类事物上：“止，类以行之，说在同。”只有在类属性、类事理上相同或相似，人们才可以“在诸其所然未然者，说在于是推之”。后期墨家把这种思维进程称作“以类取，以类予”。

荀子在“明贵贱，辩同异”的“以辩止辩”论辩中，也明确要求《儒效》之“其言有类”、《王制》之“听断以类”。认为凡是同类的事物必定有相同或相似的状况和道理，“类不悖，虽久同理”，如果掌握了这种同情、同理的同一性，人们就可以《儒效》之“举统类而应之”，以《不苟》的“五寸之矩，尽天下之方”。这样，就可以在《非相》之“以情度情，以类度类”的过程中，从一般推出个别：《王制》之“以类行杂，以一行万”；《非相》之从个别推出

---

1 “诐”，偏颇。
2 “三圣”，大禹、周公、孔子。
3 （晋）鲁胜：《墨辩注叙》。
4 （南朝）刘勰：《文心雕龙·论说》。
5 指墨子“知类”“明故”的思维方法。
6 （南朝）刘勰：《文心雕龙·诸子》。

一般："以近知远，以一知万"以及从个别推出个别："譬称以喻之"。在先秦诸子中，荀子并算不上是"推类"的大家，但粗略统计《荀子》32篇，有19篇讲到了"类"，凡62见，其中用于论辩是非的推论方法论意义上的就达34回次。表明荀子也很重视这种推类模式，其《劝学》篇从头到尾充盈着"援类而推"的引征谕证。

三　先秦推类模式的思维进程所表明的问题

于此，"类"的思维认知的法式，一旦定型，就成为古代人们谈说论辩中一个极为有用的工具，在按相同、相似之类属性或类事理以引征谕证是非治乱的过程中从容"夫明暗之征，上乱飞鸟，下动渊鱼。各以类推"[1]，"格物穷理，非是要穷尽天下之物，但于一事上穷尽，其他可以类推"[2] 了。

又按前引《说文解字》"譬，谕也"；"谕，告也""晓之曰谕，其人因言而晓亦曰谕"，先秦推类模式的思维进程一定要表明：

第一，"譬"是说服谕证的思维方法。这是它在谈说论辩中尤其是在政治伦理传播活动中工具作用。

第二，"譬"的思维方法的成立根据，是在引征之"譬"与待谕证"被譬"的两种事物之间，一定要在类事理上一致，形成由已知到未知的桥梁。这种自洽内在的一致性，是"譬"的思维方法成立的合理性。

第三，"譬"的语用功能是隐涵。即"譬"包含着丰富的隐涵意义，从字面意义到隐涵意义是一个比喻式类推的过程。即在引征之"譬"的字面意义外，总有意谓比它的字面意义更多的东西，而这更多的隐涵意义，才是推类模式通过引征谕证扩大知识内容之后的理性说服内容。

1　《汉书·终军传》。
2　《二程语录》卷九。

第四，“譬”的语效功能是特定语境下的意义转移。

正是由于“譬”有如上思维进程的特点，才使“譬”在由“已知”谕“未知”的过程中，以情感和理性的说服力量，令人信服地通过“譬”来“使人知”其“所不知”的。这也充分体现了“譬”在先秦特定历史文化的大场景下，在政治伦理理念传播的活动中，作为证明、反驳、说服人的思维方法的工具效用。因此，作为先秦推类模式的“譬”的形成及其定名，是一个历史发展的过程，其作用及价值得到了先秦时代无数“例题”的充分证明。虽然在这种“取辩于一物而原及天下之污隆”的援类而推中，“取辩于”什么，有其随意性，但由于这种由随意推类发展而来的推理方法，以思维规范的知性与言事、论道的说理感性，充当了理性谕证的有效论型，对于古人论辩各种政治伦理问题时“取辩于一物”有着非常积极的意义，表明了现世应该怎样做和为什么这样做的伦理精神，从而以这种思维方法最好地表达了它那个时代的理想诉求，熔铸了它那个时代的求真的态度与精神，以及求善、求治的振世精神和人文关怀。

四　先秦推类模式思维进程中前提与结论范围的广狭问题

西方传统逻辑的演绎推理，是从一般推出个别，其结论范围没有超出前提所蕴涵的范围；归纳推理是从个别推出一般，其结论范围超出了前提范围；类比推理是从个别推出个别，其结论所揭示的或然属性，也在前提中有所标示。而先秦推类模式思维进程中前提与结论范围的广狭问题却有点复杂。

1. “格”的形成与标准、规则意识

按前述，《诗经》的“比”“兴”是委婉曲折的“譬”式表现手法，即前述《毛诗正义》所言，“比，见今之失，不敢斥言，取比类以言之”，“兴，

见今之美，嫌于媚谀，取善事以喻劝之”。故而比兴过程往往是引征一个生活经验谕证自己当下的情绪，即前述二程所言“古之诗人，比兴以类也，是以香草譬君子，恶鸟譬小人”。但由于这种生活经验只是随意而发，还没有形成一种特定的公共认识，所以这种引征谕证的思维进程多是从个别到个别，即前述朱熹所言，“比者，以彼物比此物也”，“兴者，先言他物以引起所咏之辞也”，因此“解诗，多是类推得之”。尽管如此，其比兴后的结论范围，毕竟也如《文心雕龙·比兴》所评价的，“观夫兴之托谕，婉而成章，称名也小，取类也大”，其思考问题的视野已是“故金锡以谕明德，珪璋以譬秀民，螟蛉以类教海，蜩螗以写号呼，浣衣以拟心忧，卷席以方志固，凡斯切象，皆比义也”。这种“写物以附意，扬言以切事者也”的结论范围尽管还是需要意会，但显然已在标示着前提的隐含意义。尽管这种“言事而论道”的推类模式之价值层次框架还形而下地直观朴素，但“言事而论道”的推类模式的方法论意义框架已然构成。

但是，这种“以彼物比此物也”，“先言他物以引起所咏之辞也”的“称名也小，取类也大”，其结论性的“事理”在先秦逻辑思想历史化、伦理化的过程中，如《文心雕龙·颂赞》所言，“比类寓意，又覃及细物”，总要深思意义转移之后所谕证的道理，经年累月，也在逐渐积淀成为一种“公理化”的公共知识，形成了第一章第一节所引的列宁称谓的“格”。如《左传·僖公九年》“臣闻之，唯则定国。《诗》曰：‘不识不知，顺帝之则。’文王之谓也。又曰：‘不僭不贼，鲜不为则。’无好无恶，不忌不克之谓也”；《成公十六年》“《周书》曰：‘唯命不于常。’有德之谓”。其所表明的就是这种“由个别推导一般”的历史化、伦理化过程。

对于为何能成为这种“格”，《襄公三十一年》与《昭公六年》有着基于经验的“法则式”理论考辨。

卫侯在楚，北宫文子见令尹围之威仪，言于卫侯曰："令尹似君矣！将有他志，虽获其志，不能终也。《诗》云：'靡不有初，鲜克有终。'终之实难，令尹其将不免？"公曰："子何以知之？"对曰："《诗》云：'敬慎威仪，惟民之则。'令尹无威仪，民无则焉。民所不则，以在民上，不可以终。"公曰："善哉！何谓威仪？"对曰："有威而可畏谓之威，有仪而可像谓之仪。君有君之威仪，其臣畏而爱之，则而象之，故能有其国家，令闻长世。臣有臣之威仪，其下畏而爱之，故能守其官职，保族宜家。顺是以下皆如是，是以上下能相固也。《卫诗》曰：'威仪棣棣，不可选也。'言君臣、上下、父子、兄弟、内外、大小皆有威仪也。《周诗》曰：'朋友攸摄，摄以威仪。'言朋友之道，必相教训以威仪也。《周书》数文王之德，曰：'大国畏其力，小国怀其德。'言畏而爱之也。《诗》云：'不识不知，顺帝之则。'言则而象之也。纣囚文王七年，诸侯皆从之囚。纣于是乎惧而归之，可谓爱之。文王伐崇，再驾而降为臣，蛮夷帅服，可谓畏之。文王之功，天下诵而歌舞之，可谓则之，文王之行，至今为法，可谓象之。有威仪也。故君子在位可畏，施舍可爱，进退可度，周旋可则，容止可观，作事可法，德行可像，声气可乐，动作有文，言语有章，以临其下，谓之有威仪也。"

韩宣子之适楚也，楚人弗逆。公子弃疾及晋竟，晋侯将亦弗逆。叔向曰："楚辟我衷，若何效辟？《诗》曰：'尔之教矣，民胥效矣。'从我而已，焉用效人之辟？《书》曰：'圣作则。'无宁以善人为则，而则人之辟乎？匹夫为善，民犹则之，况国君乎？"晋侯说，乃逆之。

于是，在这种自我警觉的考辨中，标准性的认识，规则性的认识，反映在思维认知中，就不但要如《诗经·大雅·皇矣》的"帝谓文王……顺帝之则”，同时也要做到《大雅 · 卷阿》的“有孝有德……四方为则”，“如圭如璋……四方为纲”了。由是，这种“格”往往就成为后人众多引征谕证时具有普遍意义的全称判断式的前提。

2. 从一般推导个别

这种从一般推导个别的思维进程，在《左传》中最为明显。《左传》在臧否人物、事情时，往往在引征《诗经》《尚书》时将体现在其中具有一定公共知识的生活经验或历史经验作为“诗以言志”[1]，“诗言志，歌永言”[2]的普遍意义的前提，以评判谕证当下的事情与人物。在这种全称判断式的引征前提下，其引征谕证的思维进程更多的是从一般推个别的演绎式推类。

如《庄公十四年》“君子曰：《商书》所谓‘恶之易也，如火之燎于原，不可乡迩，其犹可扑灭’者，其如蔡哀侯乎”。《僖公五年》“谚所谓‘辅车相依，唇亡齿寒’者，其虞、虢之谓也”。这里所引征的，已是具有一定普遍公共知识的生活经验。

如《隐公元年》“君子曰：颍考叔，纯孝也，爱其母，施及庄公。《诗》曰‘孝子不匮，永锡尔类。’其是之谓乎！”《僖公二十八年》“君子谓：文公其能刑矣，三罪而民服。《诗》云：‘惠此中国，以绥四方。’不失赏刑之谓也”。《成公二年》“《诗》曰：‘孝子不匮，永锡尔类。’若以不孝令于诸侯，其无乃非德类也乎？”这里所引征的，已是具有一定普遍公共知识的历史经验。

3. 从个别推导一般

相较于后人引征“《诗》曰”“《书》曰”“《易》曰”“子曰”等从一般

1　《左传 · 襄公二十七年》。
2　《尚书 · 舜典》。

到个别的演绎式的引征谕证外，先秦推类模式更多的则是从个别到一般的归纳式的思维进程，以及从个别到个别的类比式的思维进程。前者往往是将以往的生活经验或历史经验的不断累加引征，以增强谕证的说服力。

如《僖公二十八年》“言道”的“无从晋师……天之所置，其可废乎?”就是由“《军志》曰：‘允当则归。’又曰：‘知难而退。’又曰：‘有德不可敌。’此三志者，晋之谓矣”，就是归纳式推类得出的。

如《老子·六十四章、六十三章》以“合抱之木，生于毫末；九层之台，起于累土；千里之行，始于足下”，归纳式推类得出“天下大事，必作于细”。

而墨子为了说明为什么“言必立仪”，为什么需要“三表法”，过程就复杂了点。《墨子·法仪》先是进行归纳式推类，“百工为方以矩，为圆以规，直以绳，正以悬，‘平以水’，无巧工，不巧工，皆以此五者为法”；然后再正反联导推类“天下从事者必有法仪”（“天下从事者，不可以无法仪，无法仪而其事能成者，无有也”）；然后再演绎式推类得出“言必立仪”，而“言必立仪”的具体标准就是《非命上》中再行演绎式的推类——“三表法”。从而为墨子引征谕证其十个政治命题的推类工作机理找到了一个全称判断式的大前提。[1]

在《墨子》《孟子》中，这种“以小知大”的归纳式推类还有许多。

或如，为了谕证“故染不可不慎也”，《墨子·所染》从引征“染丝”开始，继而归纳正反联导引征“国亦有染”“士亦有染”的“当”与“不当”，最后还要以“《诗》曰‘必择所堪，必谨所堪’者，此之谓也”演绎式推类结束。整个论证过程前提结论反复映射，循循善诱之情态令人动容。故而这个引征谕证后的道理几千年来一直影响着中国人的交友原则，即所

---

1 参见第八章第四节第三小节的相关论述。

谓的“与善人居，如入芝兰之室，久而不闻其香；即与之化矣；与不善人居，如入鲍鱼之肆，久而不闻其臭，亦与之化矣。丹之所藏者赤，漆之所藏者黑，是以君子必慎其所处者焉”[1]；“故近朱者赤，近墨者黑；声和则响清，形正则影直”[2]。

或如，为了谕证“故凡同类者，举相似也”，《孟子・告子上》从引征种地开始，“今夫麰麦，播种而耰之，其地同，树之时又同，浡然而生，至于日至之时，皆孰矣。虽有不同，则地有肥硗、雨露之养、人事之不齐也”；再由做鞋推类到人的生理欲望、人的理想追求，“何独至于人而疑之？圣人，与我同类者。故龙子曰：‘不知足而为屦，我知其不为蒉也。’屦之相似，天下之足同也。口之于味，有同嗜也；易牙[3]先得我口之所嗜者也。如使口之于味也，其性与人殊，若犬马之与我不同类也，则天下何嗜皆从易牙之于味也？至于味，天下期于易牙，是天下之口相似也。惟耳亦然。至于声，天下期于师旷[4]，是天下之耳相似也。惟目亦然。至于子都[5]，天下莫不知其姣也。不知子都之姣者，无目者也。故曰，口之于味也，有同嗜焉；耳之于声也，有同听焉；目之于色也，有同美焉。至于心，独无所同然乎？心之所同然者何也？谓理也，义也。圣人先得我心之所同然耳。故理义之悦我心，犹刍豢之悦我口”；“白羽之白也，犹白雪之白；白雪之白也，犹白玉之白……白马之白也，无以异于白人之白也”。

4. 从个别推导个别

当然，在先秦推类模式“谈辩—用辩”的历史化过程中，大量使用的还

---

1 《孔子家语・六本》。
2 （晋）傅玄：《太子少傅箴》。
3 齐桓公的宠臣，善于烹调。
4 晋平公的乐师，著名的音乐家。
5 郑庄公时的美男子。

是两段式的从个别到个别的引征谕证，皆是“以小知大”的“比类寓意，又覃及细物”。这实在是因为引征的生活经验太浅显易懂，因其不言而喻，大家都无须再多说什么了。

或如，《墨子·鲁问》中“世俗之君子，皆知小物而不知大物。今有人于此，窃一犬一彘，则谓之不仁；窃一国一都，则以为义。譬犹小视白谓之白，大视白则谓之黑。是故世俗之君子，知小物而不知大物者，此若言之谓也”。此谓“不知仁义”的“以小谕大”。《耕柱》中的“大国之攻小国，譬犹童子之为马也。童子之为马，足用而劳。今大国之攻小国也，攻者，农夫不得耕，妇人不得织，以守为事。攻人者，亦农夫不得耕，妇人不得织，以攻为事。故大国之攻小国也，譬犹童子之为马也”。此谓“以浅谕深”。

或如，《孟子·告子上》中的“仁之胜不仁也，犹水胜火。今之为仁者，犹以一杯水救一车薪之火也。不熄，则谓之水不胜火。此又与于不仁之甚者也，亦终必亡而已矣”。此谓“小仁德不可能胜过不仁德”的“以小谕大”。至于《公孙丑上》的“揠苗助长”，《梁惠王上》的“五十步笑百步”，《梁惠王下》中的“王顾左右而言他”，《告子下》的“礼与食孰重”，《告子上》的“学问之道无他，求其放心而已”，《滕文公下》的“月攘一鸡”，《离娄上》的“嫂溺援之以手”，无论怎样广征博引，连锁逼问，拦头喝断，将错就错，权正致中，也均为“以浅谕深”的只此一例，不再废话。似乎有了“奥卡姆剃刀”的意味，“如无必要，勿增实体”。

而《韩非子》之《难一》《难势》中的“矛盾之说”，更是从一个简单的不可“同世两存”的“不可陷之矛”与“无不陷之盾”之个案，推出了一个似为个别却又旷世永存的一般思维规则的矛盾律思想，“为名不可两立”。

5. 推导进程的相互映照

在先秦推类模式的实际应用中，还经常有不同推导进程的重叠使用、相互映照。这种交互使用，无疑也在增强着引征谕证的可信度。

或如，《昭公二十年》中著名的“和同之辨”。“公曰：‘和与同异乎？’对曰：‘异。和如羹焉……君臣亦然。……故《诗》曰：‘亦有和羹，既戒既平。鬷嘏无言，时靡有争。’……故《诗》曰：‘德音不瑕。’”《宣公十二年》的“是役也，郑石制实入楚师，将以分郑而立公子鱼臣。辛未，郑杀仆叔及子服。君子曰：‘史佚所谓毋怙乱’者，谓是类也。《诗》曰：‘乱离瘼矣，爰其适归？’归于怙乱者也夫”。均是从个别推导个别，一般以辅之。

或如，《墨子·所染》中的“故染不可不慎”；《荀子·臣道》中的“伦类以为理，喘而言，臑而动，而一可以为法则。《诗》曰：‘不僭不贼，鲜不为则。’此之谓也”，也均是这种交互映照的思维进程形式。

6. 先秦推类模式前提与结论范围之广狭所标示的问题

诚如上编第五章第二节“逻辑的求善功能”以及第三节“逻辑求善功能的作用”中所前述的，在人类文明发展史上，“观乎天文以察时变”所形成的是事实判断，具有“有断定”和“有真假”的实然判断特征，以“逻辑的真”体现了人们对事实世界的认识，有客观标准；而在人类“观乎人文以化成天下”的过程中，总要伴随着认知主体的不同思想意识、观点立场或情绪，反映着一定历史文化时代具体愿望渴求下的心理状态，以对自己所处“实践世界”的“涉及自身”的价值认知，形成价值判断，其“应然”的特征则是“意义”，虽没有客观标准，却在历史文化的流变中，积淀、延续、内化为潜存的群体意识。这种群体意识在人所面临的事实世界与价值世界的统一中，为着社会的不断稳定、中和、发展，使得价值世界高于事实世界，使以价值观念为根据的价值知识高于事实知识。从这一点出发，先秦推类模式的引征谕证过程，无论它的前提与结论之间的意义转移怎样组合，或者由事实层面向事实层面映射，或者由事实层面向价值层面映射，或者由价值层面向价值层面映射，或者由价值层面向事实层面映射，其广狭的程度如何，总在标示着一个它所以长存的充足理由。

亦即，“比类寓意，又覃及细物”的作用是什么？目的是什么？特点是什么？概言之，是政治伦理传播活动中的一个方便、适宜的“正名—用名”“谈辩—用辩”的思维工具；是为了更好地“说类”“说故”“说理”地思考如何由“实然”而“应然”地求真、求善、求治——“大学之道，在明明德，在亲民，在止于至善”[1]。在这个过程中，由于它注重的视点与视野有其历史文化的特点，所以它的各种组合情况决定了它无法刻意追求形式化的东西，它“是什么”的“言事”之前提范围量的多少，并不影响它在认知主体内心尺度的要求上，在“要干什么”的意象性思维导引下对“论道”之结论质的把握。

这里显然也存在着一个可比较的问题。亦即，作为证明的工具，西方逻辑推理形式的主业是要“发现”真理，故而不允许论证主体将任何结论性的预设潜存在前提中；而先秦推类模式作为它那个时代的政治伦理传播活动中的“说理”工具，其主业是要“说明”伦理，故而论证主体一定要将“论道”的预设潜存在“言事”中，否则它也就没有了存在的价值，我们今天也就没有了“这一个”研究对象。

基于上，由于“言事而论道”的思维进程，总体方向上总是由事实层面向价值层面的跃进，所以它的结论范围之意义框架，也很难以“外延”论域之“真假”来得到划定、解释，只能从“内涵”通道“是非”之“当否”深意上省思、慎察、评判它得以长存的意义。并使它得以从最原初的个人体验，在历史化、伦理化的进路上“嘉乃丕绩”[2]，一路前行，成为思想，成为文化，成为民族思维方式。

1　《礼记・大学》。

2　《尚书・大禹谟》。

当然，为了能够更恰当地比较中西传统推理方式的同异，我们还是按先秦推类模式的思维进程或推导过程，主要是从“言事”的初始个别出发，结论既有“论道”的个别（当下的“道”），也有“论道”的一般（具有普遍性的“道”），但从它两段论型的“比类寓意，又覃及细物”来看，它的意义转移现象总是一个联想机制下由前提向结论的映射过程，故而在直观上似与西方类比推理更可比较，故而也将按推导的从弱原则，取从个别到个别的思维进程进行比较分析。[1]

第三节　先秦推类模式的推导原则评价

我们在第八章第四节提出了有关先秦推类模式指导原则的历史意见：“审则宜类”“异类不比”。前者是按分类标准以合宜效法的一个要求，后者则是明确针对“类，举相似也”的推类模式依据而提出的。它们的正反统一，如果只从分类标准的确定性来看，所反映的是比照事例而分类的逻辑标准，但在《文心雕龙·比兴》之“取类不常”“以切至为贵”的审视选择中，它们都是保证推类模式的引征谕证过程，为了增强说明力度，就必须关注这种模式的有效性或生效性问题，以及推出结论的可信度和可接受性的何以可能和如何实现。从而保证整个推类模式的应用过程，不仅是合理描述性的，同时也是合法规范性的。

为此《文心雕龙·熔裁》还专门提出三个标准：“凡思绪初发，辞采苦杂，心非权衡，势必轻重。是以草创鸿笔，先标三准：履端于始，则设情以位体；举正于中，则酌事以取类；归余于终，则撮辞以举要。”尽管这是后来就如何作文而谈的，但其中的“酌事以取类”“撮辞以举要”，应也涉及了推

1　这部分内容将在第十二章第三节“先秦推类模式与类比推理的同异比较”中详述。

类模式产生之后就已思考的有效性何以可能的指导原则问题。

这是一种“标准意识”“规则意识”与“论证意识”的表现。这种表现在《左传》中以“……之则”“……为则”随处可见，而这种“则”在《左传》臧否人物、事件的论证中显然充当着问题历史化、问题情景化下前提预设的角色，使得这种“标准意识”“规则意识”也在《左传》的正反引征谕证中，不断强调“思维原则”的重要性，进而保证推类模式有效性的不断生成与修正。

有效性或生效性问题是在推类模式的普遍适用性过程中得以体现的。但在这个过程中，“类事理”或“类属性”的“举相似”，从而按类似图尔敏模式可以证明的工作机理“以类度类”[1]“类同相召”[2]、“以类而取之”[3]，可能也仅是引征谕证者自己的判断，极有可能在引征谕证过程中造成“僻违而无类”[4]的“无类比附”[5]，才有了《吕氏春秋·疑似》由此相关谬误而发的担忧：

> 使人大迷惑者，必物之相似也。玉人之所患，患石之似玉者；相剑者之所患，患剑之似吴干者；贤主之所患，患人之博闻辩言而似通者。亡国之主似智，亡国之臣似忠。相似之物，此愚者之所大惑，而圣人之所加虑也，故墨子见歧道而哭之。

或者是随着推类的链条越长越远，其“类事理”或“类属性”的相同或相似会因不断弱化而越发失真，出现相似谬误：

---

1 《荀子·非相》。
2 《吕氏春秋·召类》。
3 （西汉）刘安：《淮南子·说山训》。
4 《荀子·非十二子》。
5 参见侯外庐《中国思想通史》第1卷，人民出版社，1980，第402页。

> 夫得言不可以不察，数传而白为黑，黑为白。狗似玃，玃似母猴，母猴似人。人之与狗则远矣，此愚者之所以大过也。[1]

> 世人传言，皆以小成大，以非为是，传弥广而理逾乖，名弥假而实逾反……今指犬似人，转白成黑，则不类矣。专以类推，以此像彼。谓犬似玃，玃似狙[2]，狙似人，则犬似人矣。谓白似緗[3]，緗似黄，黄似朱，朱似紫，紫似绀[4]，绀似黑，则白成黑矣。[5]

或者干脆就是一些挟私的诡辩。如《韩非子·内储说下》：

> 如似类之事，人主之所以失诛，而大臣之所以成私也。

黑格尔曾经说："类推可说是理性的本能。"他同时又认为，"但须知类推可能很肤浅，也可能很深澈"，对于那些忽视事物的相异性，只依据表面现象就做出推论的"很坏的类推"，实际上却只是徒有类推形式的"无聊的把戏"。[6] 先秦时代显然也注意到了这一点，为了"言必立仪"的规范，他们提出了一些必要的推导原则，期许规范推类模式的引征谕证进程。

一　审则宜类

关于"审则宜类"，《左传》并没有什么理论的说明，只是按《昭公二十五年》记载，晋国赵简子（赵鞅）与郑国子太叔（游吉）在晋国黄父会面

1　《吕氏春秋·察传》。
2　古书里指一种猴子。
3　浅黄色。
4　稍微带红的黑色。
5　（北齐）刘昼：《刘子新论·审名》。
6　〔德〕黑格尔：《小逻辑》，商务印书馆，1980，第394、395页。

时，赵简子征询什么是“礼”，子太叔以一大通对生活经验的伦理化归纳、概括、抽象予以了解答，其中提出了“审则宜类”的原则。

> 子大叔见赵简子，简子问揖让周旋之礼焉。
>
> 对曰：“是仪也，非礼也。”
>
> 简子曰：“敢问何谓礼?”
>
> 对曰：“吉也闻诸先大夫子产曰：‘夫礼，天之经也。地之义也，民之行也。’天地之经，而民实则之。则天之明，因地之性，生其六气[1]，用其五行[2]。气为五味[3]，发为五色[4]，章为五声[5]，淫则昏乱，民失其性。是故为礼以奉之：为六畜[6]、五牲[7]、三牺[8]，以奉五味；为九文[9]、六采[10]、五章[11]，以奉五色；为九歌[12]、八风[13]、七音[14]、六律[15]，以奉五

1　阴、阳、风、雨、晦、明。

2　金、木、水、火、土。

3　甜、酸、苦、辣、咸，泛指各种味道。又，为《黄帝内经·灵枢》的篇名，指酸、苦、甘、辛、咸，与五脏的关系为酸味入肝、苦味入心、辛味入肺、甘味入脾、咸味入肾。

4　青、黄、赤、白、黑，也泛指各种色彩。《老子·十二章》：“五色令人目盲，五音令人耳聋，五味令人口爽。”古代以此五色为正色。又，为《黄帝内经·灵枢》的篇名，指赤、白、黄、青、黑，为五脏反映在面部的色泽变化。《史记·扁鹊仓公列传》：“更悉以禁方予之（仓公），传黄帝、扁鹊之脉书，五色诊病，知人死生，决嫌疑，定可治。”

5　古代音律，宫、商、角、徵、羽。

6　马、牛、羊、鸡、犬、豕。

7　牛、羊、豕、犬、鸡。

8　牛、羊、豕，用以祭天、地、宗庙者。凡始养为畜，将用为牲，毛羽完具曰牺。

9　九种文彩。指龙、山、花虫、火、宗彝（虎与长尾猴）、藻、米、黼、黻。前五种绘于衣上，后四种绘于裳上。

10　谓天地四方之色，即青、白、赤、黑、玄、黄六色。魏晋杜预《春秋左氏传集解》注：“画缋之事，杂用天地四方之色，青与白，赤与黑，玄与黄，皆相次，谓之六色。”

11　杜预注：“青与赤谓之文，赤与白谓之章，白与黑谓之黼，黑与青谓之黻，五色备谓之绣。”

12　杜预注：“九功之德皆可歌也。六府三事谓之九功。”原为中国神话传说中的一种远古歌曲的名称，后有战国时期楚国人屈原在楚地民间祭神乐歌的基础上改作加工而成的《楚辞·九歌》。

13　有两种讲法，一是八个风向（东南西北加四个角），二是古代八种乐器，依材质分为金、石、丝、竹、匏、土、革、木。杜预注：“八方之音。”

14　有两种讲法，一是指发声方式，二是指古代音乐中“宫、商、角、徵、羽”五音加上变宫、变徵两音组成的音阶。

15　中国传统音律“十二律”中的一部分，又称“阳律”。杜预注：“黄钟、大簇、姑洗、蕤宾、夷则、无射也。阳声为律，阴声为吕。”

声；为君臣、上下，以则地义；为夫妇、外内，以经二物[1]；为父子、兄弟、姑姊、甥舅、昏媾、姻亚，以象天明，为政事、庸力、行务，以从四时[2]；为刑罚、威狱，使民畏忌，以类其震曜杀戮；为温慈、惠和，以效天之生殖长育。民有好、恶、喜、怒、哀、乐，生于六气。是故审则宜类，以制六志[3]。哀有哭泣，乐有歌舞，喜有施舍，怒有战斗；喜生于好，怒生于恶。是故审行信令，祸福赏罚，以制死生。生，好物也；死，恶物也；好物，乐也；恶物，哀也。哀乐不失，乃能协于天地之性，是以长久。"

简子曰："甚哉，礼之大也！"

对曰："礼，上下之纪，天地之经纬也，民之所以生也，是以先王尚之。故人之能自曲直以赴礼者，谓之成人。大，不亦宜乎？"

简子曰："鞅也请终身守此言也。"

从整体内容看，当时的贵族是在"礼崩乐坏"的时代讨论新的礼制，表明"'礼'在社会生活中仍具有不可或缺的重要价值和作用，于是去探求一种新的礼制，使其更好地为统治阶级服务"[4]。我们再结合《昭公二十九年》中的又一段史料。晋顷公十三年（前513年）：

冬，晋赵鞅、荀寅帅师城汝滨，遂赋晋国一鼓铁，以铸刑鼎，着范宣子所为刑书焉。仲尼曰："晋其亡乎！失其度矣。夫晋国将守唐叔之所受法度，以经纬其民，卿大夫以序守之。民是以能尊其贵，贵是以能守

1　经：法；二物：阴阳。

2　杜预注："在君在政，在臣为事，在君为政，在臣为事，民功曰庸，治功曰力，行其德教，务其时要，礼之本也。"

3　好、恶、喜、怒、哀、乐。

4　徐聪：《〈左传〉与周礼文化》，《群文天地》2011年第6期。

其业。贵贱不愆，所谓度也。文公是以作执秩之官，为被庐之法，以为盟主。今弃是度也，而为刑鼎，民在鼎矣，何以尊贵？贵何业之守？贵贱无序，何以为国？且夫宣子之刑，夷之蒐[1]也，晋国之乱制也，若之何以为法？”

按“夷之蒐”是既定国策，却因一个大夫改变，晋国从此卿权大于君权，尊卑由此失调。从个案看，是“夷之蒐也，晋国之乱制也”；从历史进程看，则是“晋其亡乎，失其度矣”。无怪乎后人对此时的评价是：“夫今日之患，正在夫名实是非之未辩，公私爱恶之未明。其极至于君子小人之分犹未定也……名实是非当日以淆，而公私爱恶未知所定，何望夫风俗之正而刑法之清哉？”[2] 其实，此时的“正名”还有一个更为重要的目的，“孔子谓卫政当正名。是时父子不正而人道失序，则孔子所欲正之者，亦其事而已。名不正故事乱，名正则事从矣”[3]。从“正名—正事—正政”的思维流程看“审则宜类”，其时的标准、规则意识应是政治伦理的社会现实要求所催发、逼迫出来的。故而，尽管在《昭公二十五年》中并无对此有什么明确针对推类方法的理论分析，但在公元前517年就能在对生活经验的归纳基础上，以标准、规则的意识，提出“审则宜类”之审慎效法标准、合宜选择类同的理念，此当应成为先秦推类模式“类事理”相同之推导原则的肇始揭橥者。

1　蒐（sōu），本意指茜草，也指春天的田猎活动。大蒐礼是晋国借用田猎活动来组织军队、任命将帅、训练士卒的重要军事活动，又是推行政策、加强统治、准备战争的重要手段。“夷之蒐”指晋襄公七年（公元前621年）春，晋在夷地举行军事阅兵与演习，晋襄公废弃晋文公在“清原之蒐”中组建的新上军和新下军，恢复晋文公四年所创的三军六卿建制。亦即改变以往的规章制度了。

2　（南宋）陈亮：《陈亮集·策·廷对》，中国逻辑史研究会资料编选组《中国逻辑史资料选》（汉至明卷），甘肃人民出版社，1991，第353页。

3　（南宋）叶适：《习学记言序目·春秋》，《中国逻辑史资料选》（汉至明卷），甘肃人民出版社，1991，第361页。

二　异类不比

关于“异类不比”，《墨经・经下》认为，事物相比较或推论，必须在同类事物中进行，并且作比的度量标准必须相同，不同的度量标准不能用来作比。为此提出，“异类不比，说在量”。

总括上述两种的正反推导原则，按先秦诸子的文献以及笔者的分析，又可分为以下几种情况。

1. “类属性”是否同一

对于“异类不比”，《墨经・经说下》提出了一个经验性的论证：

> 木与夜孰长，智与粟孰多？

量总是确定质的量，不同质的量无法进行比较或推论。这就好比木材与黑夜都有长短属性，但前者是空间度量，而后者是时间度量，两者不同质，无法确定孰长孰短。同样，智慧属于精神范畴，为无形物；谷子属于实体范畴，为有形物，两者也无法在量上比较孰少孰多。“异类不比”是从反面强调了“以类为推”的确定性。《墨经》是从事物的质量关系上提出这一原则的。但在“原极天下之污隆”的推类论辩中，实际情况远比这复杂。

2. “类事理”是否同一

我们这里把“类属性”与“类事理”分开分析，是因为在推类模式的引征谕证中，“类属性”可能只涉及事实判断，而“类事理”可能就涉及价值判断了。出于百家争鸣中“取辩于一物而原极天下之污隆”的目的，在推类过程中所引征的前提与被论证的结论往往所属事物不一，“类事理”是否同一的问题就更为重要了。其中又包括两种情况。

(1) 内在价值尺度上是否具有可比性。

《墨子·兼爱中》曾对类事理不相同的“非譬”做过引征论证的评价：

> 然而今天下士君子曰：“然，乃若兼则善矣。虽然，不可行之物也。譬若挈太山越河济也。”子墨子言：“是非其譬也。夫挈太山而越河济，可谓毕劫有力矣。自古及今，未有能行之者也。况乎兼相爱、交相利，则与此异。古者圣王行之。”

“是非其譬也”点出了问题的所在。在墨子看来，“挈太山而越河济”和“兼相爱、交相利”，一个是“不可为之”的事情，一个是“可以为之”的事情。它们之间是迥然有别的“不能”和“能之”，不存在“类同”的同一规定性。既然如此，它们之间也就不存在可比的关系。所以《耕柱》篇中当有儒者问墨子说：“君子有斗乎？”墨子说：“君子无斗。”儒者反问道：“狗豨犹有斗，恶有士而无斗矣？”墨子对这种将人的价值混淆于猪狗的诘问叹息道：“伤矣哉！言则称于汤文，行则譬于狗豨。伤矣哉！”

《孟子·梁惠王上》中也曾有过相似的引征论证，认为“挟泰山以超北海”与“为长者折枝”两者之间不具有同一性，一个是“不能也”；一个是“能之而不为也”。所以不能将“挟泰山以超北海”与“为长者折枝”混为一谈。只不过所言之“事”是一样的，而所论之“道”，孟子引征论证的是“仁义”，墨子引征论证的是“兼爱”。而在《告子下》的另一则引征论证中，孟子也以学理语言指出了“礼与食孰重”与“色与礼孰重”的问题所在：

> 任人有问屋庐子曰：“礼与食孰重？”曰：“礼重。”“色与礼孰重？”

> 曰："礼重。"曰："以礼食，则饥而死；不以礼食，则得食，必以礼乎？亲迎，则不得妻；不亲迎，则得妻，必亲迎乎？"屋庐子不能对。明日之邹，以告孟子。孟子曰："于答是也，何有？不揣其本，而齐其末。方寸之木可使高于岑楼。金重于羽者，岂谓一钩金与一舆羽之谓哉？取食之重者与礼之轻者而比之，奚翅食重？取色之重者与礼之轻者而比之，奚翅色重？往应之曰：纱兄之臂而夺之食，则得食；不纱，则不得食，则将纱之乎？逾东家墙而搂其处子，则得妻；不搂，则不得妻，则将搂之乎？"

"不揣其本，而齐其末"，正是以公正的、符合"礼"的是非标准，拦头喝断了对方的单纯利益标准，批评了任国人在其引征谕证中没有以同一标准推论，而是将非本质的"相似"作为引征谕证的根据。按今天的"时代意见"，这是犯有机械类推或不伦类推的错误。正是由于强调了推类过程中要"揣其本"的"知类"，《告子上》中还将"指不若人"与"心不若人"同归属为"不若人"一类，并对此"不知类"进行了反驳：

> 仁，人心也；义，人路也。舍其路而弗由，放其心而不知求，哀哉！人有鸡犬放，则知求之；有放心而不知求。学问之道无他，求其放心而已矣。……今有无名之指屈而不信，非疾痛害事也，如有能信之者，则不远秦、楚之路，为指之不若人也。指不若人，则知而恶之；心不若人，则不知恶，此之谓不知类也。

"此之谓不知类"的自相矛盾在于，按人之趋利避害的本能，丢失了自家的鸡犬就要去寻找，但丢失了自家的道德却不去寻找，这是观念与行为上的"知小不知大"。按此，嫌弃自己的手指不如他人，却不嫌弃自己的道德不如他人。显然，通过自己内心的尺度，强行比附，把自认为具有同一性的事理作为引征谕证中的先验预设，就会犯“不知类”的错误。用今天评价一个类比是否合理、贴切的“时代意见”，其批判性评价就是：有无可比性？

郭沫若曾对孟子极强的论辩能力有过一个评价：“孟子在当时是以好辩而受非难的人，据现存的七篇来看，他真有点名不虚传。他不断地在和别人辩……辩得都很巧妙，足见他对论辩术也很有研究。”[1] 但自诩“知言”“知类”，“长于比喻，辞不迫切，而意已独至”[2]，曾在引征谕证中逼使“王顾左右而言他”的孟子，其推类的引征谕证却也常是“僻违而无类”[3]，“御人以口给”[4]，是“无类比附”[5]，是“混淆了逻辑与伦理的不同要求，因而造成了逻辑的混乱”[6]。孟子“受此非难”的原因就在于他在引征谕证中，也经常把两个貌似实非的事物，通过自己内心的尺度强行比附，先验预设了自我认同的类事理。如《告子上》中有一场关于人性善恶的论辩：

> 告子曰：“性犹杞柳也；义犹桮棬也。以人性为仁义，犹以杞柳为桮棬。”孟子曰：“子能顺杞柳之性而以为桮棬乎？将戕贼杞柳而后以为桮棬也。如将戕贼杞柳而以为桮棬，则亦将戕贼人以为仁义与？率天下之人而祸仁义者，必子之言夫。”
>
> 告子曰：“性犹湍水也，决诸东方则东流，决诸西方则西流。人性之无分于善不善也，犹水之无分于东西也。”孟子曰：“水信无分于东西。无分于上下乎？人性之善也，犹水之就下也。人无有不善，水无有不下。今夫水，搏而跃之，可使过颡；激而行之，可使在山。是岂水之性哉？

1 郭沫若：《十批判书》，人民出版社，1954，第230页。
2 （东汉）赵岐：《孟子题词》。
3 《荀子·非十二子》。
4 （汉）王充：《论衡·刺孟》。
5 参见侯外庐《中国思想通史》第1卷，人民出版社，1980，第402页。
6 参见温公颐《先秦逻辑史》，上海人民出版社，1983，第237页。

其势则然也。人之可使不善，其性亦犹是也。”

我们在上一节孟子与告子有关“性”的论辩中，分析评价了孟子正确认识到了在区别人之“性”的“类”根据时，“最注重物类之不同”。但他与告子在人性有无“善”“恶”问题的引征谕证中，虽然两人使用的都是推类模式，但各自的类事理预设却是有疑问的。告子预设“性无善恶论”，他在引征前提时就没有追问：“有无其他因素影响推理”。亦即，杯盘毕竟是杞柳加工而成。孟子敏锐地察觉到了告子前提预设中出现的“其他因素”。只是孟子主张“性善论”，在此观念预设下，他的推类模式运用也并非无懈可击。首先，“性”“是否天生”与“怎样具备”不是一个话题。孟子至少将其混淆了。其次，“将戕贼杞柳而以为桮棬”与“亦将戕贼人以为仁义”之间“相似”的类事理，是他观念预设下的内心先验尺度。由于他预设了共同因果联系的类事理，也犯了“不知类”的错误。

由之，两人辩题的冲突，实际就是预设观念冲突使然。这也就是为什么告子在其前提预设下，断言“文武兴，则民好善；幽厉兴，则民好暴”；而孟子则在他自己的前提预设下，以《滕文公下》所言“道性善”的先验尺度，断定人性本善同于水性就下。所以人生而就如《告子上》所言具有四心：“恻隐之心，人皆有之；羞恶之心，人皆有之；恭敬之心，人皆有之；是非之心，人皆有之。”

按这种先验预设观念的引导，主张“性恶论”的荀子同样可以参与到这个引征谕证的论辩中来。其方法步骤同孟子是一样的，引征水性就下，类推人性本恶。这也表明，其一，引征水性，推类谕证人性，其类事理是否相通是有疑问的；其二，以自己的内心尺度认定的类事理作为引征谕证的先验预设，强行比附，就无法避免“不知类”。用今天评价一个类比是否合理、贴切的“时代意见”，其批判性评价还是：有无可比性？

（2）外在的伦理要求是否一致。

我们已经数次提到，在“取辩于一物而原及天下之污隆”的援类而推中，“取辩于”什么，有其随意性，这种随意性有时会在整合多重信息源以重新建构的过程中，一味注意两类事物的“相似”，有可能遗漏了它们之间相异的属性，而这些相异性也许就是它们之间不能进行推类的根据；或使一些推类非常勉强，或使之成为情绪化的“强比”。其中，伦理因素的影响也是需要注意的。在非常注重伦理秩序的先秦时代，这一点也尤为需要引起注意。

伦理，作为处理人们相互关系时所应遵循的道理和准则，从来都是与一个民族、一个社会的现实生活和传统观念紧密联系在一起的。而一定时期的历史文化也影响着同时期的思维方式，先秦伦理思想强调以人为本的人本主义精神，因此“己欲立而立人，己欲达而达人”，“己所不欲，勿施于人”，在“将心比心”“推己及人”的意义上，一定程度上影响着推类模式的是否有效。上述墨子所叹息的“君子”与“狗豨”之比，也意味着不能将伦理判断与事实判断混为一谈。曾经提出了一个比孟子更学理化的有关“譬”的定义，并且自诩“譬”式推类论辩能力“天地其壮乎”[1]，且“无譬不能言”[2]的惠施，也认识到了这一点。据《吕氏春秋·不屈》记载：

> 匡章谓惠子于魏王之前曰：“蝗螟，农夫得而杀之。奚故？为其害稼也。今公行，多者数百乘，步者数百人；少者数十乘，步者数十人。此无耕而食者，其害稼亦甚矣。”惠王曰：“惠子施也难以辞与公相应。虽然，请言其志。”惠子曰：“今之城者，或者操大筑乎城上，或负畚而赴乎城下，或操表掇以善睎望。若施者，其操表掇者也。使工女化而为丝，不能治丝；使大匠化而为木，不能治木；使圣人化而为农夫，不能治农

1 见《庄子·天下》。

2 见（西汉）刘向：《说苑·善说》。

> 夫。施而治农夫者也，公何事比施于蝗螟乎?”

匡章“无食而耕”的引征根据，其类事理基本同于农家观点，惠施却不认同这种类事理。其“无譬不能言”的个性，也让他连续引征数“譬”，以所谕证的社会分工的必要性，批驳了匡章以害虫谕证自己失当，丧失了论辩时的伦理合理性。从“譬”的方法论讲，与《孟子·滕文公上》引征批驳农家许行的“君民并耕说”时，其方法同。这也表明在先秦的历史文化背景下，如何理解运用推类模式，至少在具有普遍的思维方法论意义上大家是相同的。对于惠施的诘问，我们仍然可以用今天评价一个类比是否合理、贴切的“时代意见”，其批判性的问题就是：有无相异性？有无其他因素影响推理？

尽管从今天的“时代意见”看，在日常生活中，引征谕证之“譬”，需要留存伦理底线，但《不屈》篇记载的惠施的一些引征谕证也使人困惑。

> 白圭新与惠子相见也，惠子说之以强，白圭无以应。惠子出，白圭告人曰：“人有新取妇者，妇至，宜安矜烟视媚行。竖子操蕉火而钜，新妇曰：‘蕉火大钜。’入于门，门中有坎陷，新妇曰：‘塞之，将伤人之足。’此非不便之家氏也，然而有大甚者。今惠子之遇我尚新，其说我有大甚者。”惠子闻之，曰：“不然。《诗》曰：‘恺悌君子，民之父母。’[1]恺者大也，悌者长也。君子之德，长且大者，则为民父母。父母之教子也，岂待久哉？何事比我于新妇乎?《诗》岂曰‘恺悌新妇’哉?”

在这则推类论辩中，白圭的“新媳妇”之“譬”，对于日常生活经验来

1　《诗经·大雅·泂酌》。

讲总有些不妥，但惠施的自比“老子”之“譬”，在极其讲究人伦秩序的历史文化氛围下，恐怕就更为过分了。难怪记载之后的评者认为，“诽污因污，诽辟因辟，是诽者与所非同也。白圭曰：惠子之遇我尚新，其说我有大甚者。惠子闻而诽之，因自以为为之父母，其非有甚于白圭亦有大甚者”。

惯以“无端崖之辞”而“述道以翱翔”的庄子，在与一些慕名利者的推类论辩时亦如是。据《庄子·列御寇》记载：

> 人有见宋王者，赐车十乘，以其十乘骄稚庄子。庄子曰：“河上有家贫恃纬萧而食者，其子没于渊，得千金之珠。其父谓其子曰：‘取石来锻之！夫千金之珠，必在九重之渊而骊龙颔下，子能得珠者，必遭其睡也。使骊龙而寤，子尚奚微之有哉！’今宋国之深，非直九重之渊也；宋王之猛，非直骊龙也。子能得车者，必遭其睡也。使宋王而寤，子为齑粉夫！”

对于这则引征谕证，我们总感觉庄子的心态有问题。但同篇还有更甚者。

> 宋人有曹商者，为宋王使秦。其往也，得车数乘；王悦之，益车百乘。反于宋，见庄子曰：“夫处穷闾厄巷，困窘织屦，槁项黄馘者，商之所短也；一悟万乘之主，而从车百乘者，商之所长也。”庄子曰：“秦王有病召医，破痈溃痤者得车一乘，舐痔者得车五乘。所治愈下，得车愈多。子岂治其痔邪？何得车之多也？子行矣！”

面对炫耀功名利禄者曹商的奚落，其时困顿于“穷闾厄巷”的庄子，其一番应答，虽然从引征谕证的角度，以类事理上的同一性，展示了推类模式的力量；从人生观角度，生动表现了他对名利的淡泊、对权势的憎恶。其蔑视的斥责掷地有声，其鄙夷的情色恍若在目。但为了体现对个性精神自由的特殊理解和追求，在论辩的遣词造句上不惜用“舔痔疮”做“譬”，庄子的引征谕证似有些“不说理”了。用今天的“时代意见”，其批判性的问题就是：是否为“诉诸他恶”？只是对于惠施的一些引征谕证评价是“诽污因污，诽辟因辟”，对于庄子类似于此的“齷齪遇齷齪，腌臜对腌臜”的引征谕证，却不见有历史的批评。想必庄子本来就“类与不类，相与为类”[1] 的。奈何之。

三　察类大小

在引征事物相比较或推论的过程中，除了要注意两者在本质规定性上的“类属性”或“类事理”是否相同、相似外，有时还应注意事物类的大小关系，否则，有时也可能出现推类错误。因此，《墨经》在《经下》《经说下》中又提出了如下推导原则：

> 推类之难，说在之大小。
>
> 谓四足兽，牛与，马与，物不尽与，大小也。此然是必然，则误。

用今天的“时代意见”分析，即前述的在一定的条件下，“类”和“类”之间具有一定的相对性，这涉及分类的标准以及事物的变化。比如，就有角、无角来说，牛和马不属于一类；就都是四足兽来说，牛和马又属于同类。但从类属关系上讲，“四足兽”毕竟是外延大的属概念，牛、马是外延小的种概念。属包含种，种不包含属，所以不能以牛、马为四足兽推出四足者都是

1　《庄子·齐物论》。

兽。如强推，就混淆了物类大小的关系，也会出现推论错误。

四 流而失，远而失本

《墨经·小取》中曾提出了数种论辩方法，其中最重要的是四种。

> 辟也者，举他物而以明之也。

“辟”通“譬”，是“推类”论辩的谕证方法。

> 侔也者，比辞而俱行也。

所谓“侔”式推论，是比照着某种语言形式进行的直接推论。似乎类似于传统逻辑中的附性法。[1] 亦即，是在作为前提与结论的两个辞义相等的情况下，推论附加性质的结论与前提同真。这是对附加性质的确定性要求。

> 援也者，曰子然，我奚独不可以然也。

所谓“援”式推论，是指援引对方所肯定的观点，谕证自己所肯定的观点同样成立。“援”式推论实质上是指出了对方违反了类事理的同一性原则，这也涉及了论辩过程中的道德要求。在这一点上，《小取》中所说的“有诸

---

1 性质判断附性法推理是通过在前提的主项和谓项上附加同一个性质概念，从而推出一个新的判断的直接推理。例如，所有的知识分子（S）都是劳动者（P），所以，所有的青年知识分子（QS）都是青年劳动者。（Q表示一种性质）其规则是：附性后，不得改变主、谓项之间的外延关系。即附加的性质必须是同一的，这样才能保证结论中主谓项之间的关系与前提中主谓项之间的关系相同。否则会犯附加性质错误。如《吕氏春秋·别类》所言，“小方，大方之类也；小马，大马之类也；小智，非大智之类也”。

己不非诸人，无诸己不求诸人”，也有似于孔子的“己所不欲，勿施于人”，或者就是孔子的道德要求在推类论辩中的延伸与发挥亦可。

> 推也者，以其所不取之，同于其所取者，予之也。

“推”式推论应是归谬式推类论证。其“例题”如《墨子·公输》“止楚攻宋”中的“义不杀少而杀众，不可谓知类”；《孟子·滕文公下》的“月攘一鸡”；《庄子·外物》的“涸辙之鲋”等。可以说，在先秦诸子的论辩中，这种以谬制谬的归谬论证不胜枚举。

《小取》篇在列举了各种论辩方法后，又具针对性地指出：

> 夫物有以同而不率遂同。辞之侔也，有所止而正。其然也，有所以然也。其然也同，其所以然也不必同。其取之也，有所以取之。其取之也同，其所以取之不必同。是故辟、侔、援、推之辞，行而异，转而危，远而失，流而失本，则不可不审也，不可常用也。故言多方、殊类、异故，则不可偏观也。

这段论述表明了由于客观事物和语言的多样性、复杂性，“辟”“侔”“援”“推”四种论式经常会在实际运用中产生差异。如词义稍有转换就有可能成为诡辩；而且推之越远，就越失原意；如果任其自流，必然会背离所推论的本题。所以，对这几种论式是不能不审察的，也是不可随意使用的。这是因为言（词）常常有多义，类则有同异和大小的区别，“故”（论据、原因、条件）也有大小（充分、不充分）的差异等缘故，所以不可不分条件地片面来看待。而其后的法家集大成者韩非更在其《内储说下》中将那些似是而非的“似类”当作亡国的“六微”之一，并以《内储说上》所言“主之所用也七术，所察也六微”一道，构成韩非“法、术、势”的操作要点。至于如何“所察”，则是《八经》所言“似类则合其参”。

这些认识都正确认识到了推类模式的有效推导原则之度，因其语义解释的内涵性，或因谕证预设的价值分立，并不是好把握的，因此为其工作机制的有效运作提出了谨慎原则。以后《吕氏春秋·别类》的“类固不必可推知”;《论衡·物势》的“比不应事，不可谓谕；文不称实，未可谓是”;《淮南子·说山训》的“类不可必推”；以及《黄帝内经》之《素问·示从容论》虽也认为“不引比类，是知不明也”，但《素问·疏五过》又同时认为“别异比类，犹未能十全”等，实在是《墨经》所提醒的这种谨慎原则的继续强调。否则，自邓析就已经提出的“谈辩者，别殊类使不相害，序异端使不相乱，谕志通意，非务相乖。若饰词以相乱，匿词以相移，非古之辩也”;“进退无类，智不能察是非，明不能审去就，斯谓虚妄”；继而在诸子均“思以其道易天下”的过程中，达到“正名实而化天下”的目的就很难实现。

第四节 对于同异、是非的辩证认识

先秦推类模式的“言事”引征，常常为历史的、生活的经验教训。而对于历史、生活经验与当下事理的同、异理解，也有一个如何正确诠释、认识的问题。这就涉及如何对同异、是非进行辩证认识的问题。

一 《诗经》《周易》《尚书》的辩证认识

1.《诗经》的辩证认识

《吕氏春秋·行论》曾引《诗经》逸诗中的一段，“将欲毁之，必重累之；将欲踣之，必高举之”，以论君主的进退应根据“义”的准则行事，而不应以“快志”为能事。表明毁与累、踣与高这一矛盾对立面，在一定的条件下可以相互转化。虽然只此逸诗，我们无从断定它的全貌指何、为何，但这段逸诗中的辩证意识在《诗经》中还是可以窥探一二的。

（1）或如，《小雅·十月之交》中的“高岸为谷，深谷为陵”。

对于“高岸为谷，深谷为陵”，我们可以将之视为一个命题或判断。结合全篇来看，起始就将日食、月食、强烈地震同朝廷用人不善联系起来，抒发了自己深沉的悲痛与忧虑，认为这些灾难是上天对人类的警告。

> 十月之交，朔月辛卯。日有食之，亦孔之丑。彼月而微，此日而微；今此下民，亦孔之哀。
>
> 日月告凶，不用其行。四国无政，不用其良。彼月而食，则维其常；此日而食，于何不臧。
>
> 烨烨震电，不宁不令。百川沸腾，山冢崒崩。高岸为谷，深谷为陵。哀今之人，胡憯莫惩？

以此怨刺周幽王任用小人，滥用民力，政失常规，定会同自然界的变化一样造成社会各阶层贫富、权力的变化。正是在这种变化下，“高岸为谷，深谷为陵”形象地揭示了世上万物变动不居、互相转化的朴素辩证法的认识。由此也不能不重新在变化的场景中，重新以辩证分析的眼光认识世界。正是在这种问题情景化、问题历史化的意义上，《小雅·十月之交》最后一句以“天命不彻，我不敢效我友自逸”，提出了对天命不循常道的怀疑与自省。日后的《左传》更是将“高岸为谷，深谷为陵”引征做了“社稷无常奉，君臣无常位”的注脚。[1] 此也进一步发展了《诗经》中辩证思维的认知方式，体

---

1 《左传·昭公三十二年》：“社稷无常奉，君臣无常位，自古以然。故《诗》曰：‘高岸为谷，深谷为陵’。三后之姓，于今为庶，王所知也。”

现了认识的全面性与条件性。

（2）或如，《大雅·文王》中的“天命靡长”。

侯服于周，天命靡常。殷士肤敏，祼将于京。

意谓：殷商的子孙臣服周朝，可见天命无常会改变。归顺的殷商贵族服役勤敏，在京师祭飨作陪伴。

对于“天命”的认识，《诗经》时代有一个发展变化的过程。

按，商人笃信鬼神、上帝，周人代商而为天下主，也延续了这种基本观念，只是赋予了上帝以人格，是人格化的上帝——天，并成为周人的至上神。

天生烝民，有物有则。民之秉彝，好是懿德。天监有周，昭假于下。保兹天子，生仲山甫。[1]

在这里，天不仅成为事实上的最高权威，而且在思维认知的前提预设上也成为不二的取法标准。天命成为王权在思维认知过程中的信用状。

但至周厉王、周幽王时期，民不聊生，贵贱易位，不仅旧贵族，连普遍民众也对天产生了怀疑。《诗经》中的变风、变雅[2]正是这种时移世易之变化了的问题情景化的真实写照。最初是《大雅·板》中怀疑“天”的脾气：

上帝板板，下民卒瘅。出话不然，为犹不远。靡圣管管。不实于亶。

1 《诗经·大雅·烝民》。仲山甫，一作仲山父。周太王古公亶父的后裔，虽家世显赫，但本人却是一介平民。周宣王元年（前827年），受举荐入王室，任卿士（相当于后世的宰相），位居百官之首。

2 指《国风》、大小《雅》的部分内容，与“正风”“正雅”相对，是作于周王朝政治衰乱时期的作品。即《毛诗序》所言，“至于王道衰，礼仪废，政教失，国异政，家殊俗，而变风变雅作矣”。按清代马瑞辰《毛诗传笺·风雅正变说》，认为《风》《雅》正、变的区分标准不以时间为界，而是以“政教得失”来区分，凡是讥刺时政的《诗》都属于变风、变雅。

犹之未远，是用大谏。

“上帝”昏聩违背常道，“下民”劳累多灾多难，因果关系一目了然。继而对“天”的善恶本性也产生了怀疑，如《大雅·荡》：

荡荡上帝，下民之辟。疾威上帝，其命多辟。

全篇以“荡”之放荡不守法规为纲领，其后各章均以“文王曰咨，咨女殷商”开头，假托周文王慨叹殷纣王无道，借古讽今，警告周厉王“殷鉴不远，在夏后之世”。

至周幽王时代，对“天”的态度就不仅是怀疑，简直就是咒骂了。上天不明，降下大祸乱；上天不慧，降下大灾难；上天太不公平。如《小雅·节南山》：

昊天不佣，降此鞠讻。昊天不惠，降此大戾。……

昊天不平，我王不宁。

这种对“天”的怀疑和不满，在《诗经·小雅》其他篇中也可找到。如《小雅·雨无正》《小雅·小旻》《小雅·巧言》等。

浩浩昊天，不骏其德。降丧饥馑，斩伐四国。旻天疾威，弗虑弗图。舍彼有罪，既伏其辜。若此无罪，沦胥以铺。……如何昊天，辟言不信。

意谓，苍天浩荡，却不美其德，降此死亡和饥荒，残害天下四方。苍天暴虐，不虑不谋，藏匿有罪，却使无辜痛苦。……如此苍天，法度之言不听？

旻天疾威，敷于下土。

意谓，苍天暴虐，下降灾难。

悠悠昊天，曰父母且。无罪无辜，乱如此幠。昊天已威，予慎无罪。昊天泰幠，予慎无辜。

意谓，高远苍天，如同父母，无罪无过，却遇大祸。苍天发威，但我无过，苍天糊涂，我确无辜。

如上这些对“天”的无望空喊，宣泄着一种思维认知上的感性直觉，而“天命靡常”就是概括总结了这种对“天”的怀疑和不满。并以命题的形式，反映了由事物的变化所决定的思维认知上判断的条件性，以及取法标准的变化性；而“德”标准的确立，就是如此在问题情景化与问题历史化的过程中完成的；其命题的形式突破了那种绝对同一天命以决定思维取舍的法则观念，将“德”与“天”相配，反映了一种同一天命的条件性。这种条件性告诫君主在接受天命的同时，也要尽人事，尊崇德与善。如《大雅·文王》：

无念尔祖，聿修厥德。永言配命，自求多福。殷之未丧师，克配上帝。宜鉴于殷，骏命不易。

命之不易，无遏尔躬。宣昭义问，有虞殷自天。上天之载，无声无臭。仪刑文王，万邦作孚。

这就在“天命靡常”的警觉中，时刻要以殷为鉴，敬天修德，才能匹配天的意志而不变，永保多福。如是，才能效法周文王的德行和勤勉，得天福佑，长治久安。在这种自我警觉中，全面性的认识，条件性的认识，反映在思维认知中，就不但要如《大雅·皇矣》所言“帝谓文王……顺帝之则”，同时也要做到《大雅·卷阿》所言的“有孝有德……四方为则”“如圭如璋……四方为纲”了。

（3）或如，《商颂·长发》中的“不竞不绒，不刚不柔”。

观念与方法的统一才是现实的。在殷商后王祭祀成汤等先祖“帝命不违，至于汤齐”，为了保证长久地“昭假迟迟，上帝是祇，帝命式于九围”，同篇也从方法论的角度咏颂出“不竞不绒，不刚不柔。敷政优优，百禄是遒”。意谓，我殷商不违天命，在治理九州社稷的时候，既不争竞也不过于松弛，既不过于刚硬也不过于柔和，这种施政理念的从容宽裕，就是福禄来降之结果的前提条件了。在道理上，这也与《尚书》的“无偏无党，王道荡荡”[1] 是一回事了。

按宋代朱熹所说，“中者，不偏不倚，无过不及之名”[2]，“不刚不柔”“无偏无党”都应是“中”之符合、恰当、适中的含义。在先秦政治伦理文化的大背景下，也成为一种执政理念及做人做事的应然态度或适宜标准，抑或也可以说成合乎法度的准则，即“中和”[3]。从而也以一种为政的根本，“中和者，听（政）之绳也”[4]，辩证思考地滥觞着之后儒家的重要伦理思想，“喜怒哀乐之未发，谓之中；发而皆中节，谓之和。中也者，天下之大本也；和也者，天下之达道也。致中和，天地位焉，万物育焉”[5]；从而也以人生处世的态度，成就了中国传统哲学的人文精神。

《诗经》的这些辩证命题，都反映了由事物的变化所决定的认识的全面性、判断的条件性、取法标准的变化性，以及按度操作的方法性。表明德性的内在作用与外在影响应相得益彰，为锻造一种“诚者天之道也，诚之者人

1　《尚书·洪范》。“洪”是“大”的意思，“范”是“法”的意思。“洪范”即统治大法。

2　（南宋）朱熹：《四书章句集注·中庸章句》。

3　按东汉许慎原著，南唐徐锴注释的《说文解字》小徐本，“中”作“和”。

4　《荀子·王制》。

5　《礼记·中庸》。

之道也”[1] 的道德自觉，为日后先秦诸子对于同异、是非的辩证理解，提供了一条合理的思维依据和理论前提。恩格斯曾经指出：“第一次把自然界、社会和思维发展的一般规律以普遍适用性的形式表达出来，这始终是具有世界历史意义的勋业。”[2]《诗经》的辩证命题当得起这一赞誉。

2.《周易》的辩证认识

《周易》作为一部占辞汇编，它以卦和爻来占卜与象征自然、社会变化的休咎吉凶。按东汉魏伯阳《周易参同契》所标“日月之谓易”，“易”取上“日”下“月”之象形，是说明天地之间、日月系统以内人生与事物变化的根本法则，并以此来指导卜筮以辨吉凶。按此，在卜筮以辨吉凶的思维过程中，一定的思维法则观念就应当成为有效辨别吉凶变化的思维认知坐标了。由是，我们就不难理解，“《易》之为书不可远，为道也屡迁，变动不居，周流六虚，上下无常，刚柔相济，不可为典要，唯变所适”，而理解了此者，也就实现了“知变化之道者，其知神之所为乎？”[3]

（1）“唯变所适”的前提，是卦象的语形对立及卦爻辞说明的语义对立所标示的阴阳语用对立[4]。而“唯变所适”之“变”“动”，应该是《系辞下》“易者，象也，象也者，像也”之卦象中“阴”“阳”的“变”“动”，以及由此引发出来的事物吉凶变化。在第八章第二节马克思所讲的“第一条道路”的意义上，我们有理由也将其视作“当名辨物”[5] 过程中的“有意味的形式”语言。

应该说，《周易》所涉的矛盾现象非常广泛。

---

1 《礼记·中庸》。

2 《马克思恩格斯全集》第20卷，人民出版社，1971，第407页。

3 《周易·系辞下》。神，指自然造化。

4 这部分内容将在第十三章分析讨论。

5 《周易·系辞下》：“夫《易》，彰往而察来，而微显阐幽，开而当名辨物，正言断辞，则备矣。其称名也小，其取类也大，其旨远，其辞文，其言曲而中，其事肆而隐。因贰以济民行，以明失得之报。”

首先，自然界存在着大量的矛盾对立现象。

> 不明晦；初登于天，后入于地。[1]（明晦、初后、天地对立）
>
> 枯杨生华，老妇得其士夫。[2]（枯杨、士夫对立）
>
> 无平不陂，无往不复。[3]（平往、陂复对立）
>
> 利西南，不利东北。[4]（西南、东北对立）
>
> 潜龙勿用，见龙在田。[5]（潜、见对立）

其次，社会领域也存在着大量的矛盾对立现象。

> 过其祖，遇其妣；不及其君，遇其臣，无咎。[6]（君臣对立）
>
> 大君有命，开国承家，小人勿用。[7]（大君、小人对立）
>
> 君子吉，小人否。[8]（君子、小人对立）
>
> 小人吉，大人否。[9]（小人、大人对立）
>
> 长子帅师，弟子舆尸。[10]（长子、弟子对立）
>
> 舆脱辐，夫妻反目。[11]（夫妻反目对立）

最后，人们的认知行为上也大量存在着对立现象。

---

1 《周易·明夷·上六》。
2 《周易·大过·九五》。
3 《周易·泰·九三》。
4 《周易·蹇》卦辞。
5 《周易·乾·初九、九二》。
6 《周易·小过·六二》。
7 《周易·师·上六》。
8 《周易·遁·九四》。
9 《周易·否·六二》。
10 《周易·师·六五》。
11 《周易·小畜·九三》。

弗损益之，无咎。[1]（损益对立）

君子有攸往，先迷后得主，利；西南得朋，东北丧朋，安贞吉。[2]（先后、得丧对立）

观我生，进退。[3]（进退对立）

出入无疾，朋来无咎。[4]（出入对立）

小往大来，吉，亨。[5]（小大对立）

亨，利贞；可小事，不可大事；飞鸟遗之音，不宜上，宜下，大吉。[6]（小事大事、上下对立）

倾否，先否后喜。[7]（否定喜欢对立）

整个世界都存在的这些矛盾现象最终均将反映在思维认知辨别中，并最终归结为吉凶的对立。体现在《周易》中，吉凶的对立就贯穿始终，并从事物的对立中，完成了辨别吉凶分化的认知工作。这种吉凶对立且相互依存的意识观念，就为《周易》“唯变所适”的吉凶转化认知准备了前提条件。

（2）“唯变所适”的过程及结果是阴阳转化。《周易》认为事物的变化是一个发展过程。或如，《周易》首卦《乾》即表明了这一点。

初九：潜龙勿用。

九二：见龙在田，利见大人。

九三：君子终日乾乾，夕惕若厉，无咎。

---

1 《周易·损·上九》。
2 《周易·坤》卦辞。
3 《周易·观·六三》。
4 《周易·复》卦辞。
5 《周易·复》卦辞。
6 《周易·小过》卦辞。
7 《周易·否·上九》。

九四：或跃在渊，无咎。

九五：飞龙在天，利见大人。

上九：亢龙有悔。

《乾》卦以龙的潜伏、出现、跳跃、飞天，象征事物的变化发展过程，事物发展至一定阶段，就会向其相反方面转化。而这种事物的变化是一种渐进过程。或如，《渐》卦表明了这一点。

初六：鸿渐于干，小子厉；有言，无咎。

六二，鸿渐于磐，饮食衎衎，吉。

九三，鸿渐于陆，夫征不复，妇孕不育，凶；利御寇。

六四，鸿渐于木，或得其桷，无咎。

九五，鸿渐于陵，妇三岁不孕；终莫之胜，吉。

上九，鸿渐于陆，其羽可用为仪，吉。

按《渐》卦（䷴），下艮上巽相叠。艮为山，巽为木。山上有木，逐渐成长，山也随之增高。这是逐渐进步的过程，所以称渐，渐即进，故而《渐》卦以鸿由干（河干）、磐（稍高于河干）、陆、木、陵、阿（上九之陆应为阿，大陵曰阿）的上升发展过程，象征事物由低向高的前进运动。在此渐进过程中，有其不同的情况，不同的变化，但总的趋势是在不断上升，渐渐前进而不急速。而当境况不佳时要耐心等待，切莫操之过急，对此用“妇三岁不孕，终莫之胜”作了说明。这种“渐进蓄德”之趋势或“循序渐进之利”，恰与下一卦《归妹》（䷵）卦之谈“急于求成之弊”的意义相反。

（3）矛盾现象的对立、发展、转化以《泰·九三》“无平不陂，无往不复”的革命性辩证命题，表现在对吉凶、是非的认知中。

首先，具体吉凶有其条件性。或如：

《屯·九五》：“屯其膏，小贞吉，大贞凶。”意谓，囤积油脂，不食用又不施舍，小搞还可以，大搞必定凶险。

《蒙·上九》：“击蒙，不利为寇，利御寇。”意谓，打击昏暗无道的国家，要区分两种情况，如是为了掠夺，就不利；如是为了自卫，则有利。

《否·六二》：“包承，小人吉，大人否。”意谓，祭祀所用的肉，本应放在鼎俎里，小人用茅草包祭祀之肉，虽无鼎俎，还有祭祀之肉，仍不失为小裕；而大人也如此行事则虽有祭祀之肉，却已无鼎俎，是大贫的象征了。

《观·初六》：“童观，小人无咎，君子吝。”意谓，童稚般的观察、认知，出于小人还无碍，出于大人则难以为事。

其次，具体的吉凶在一定条件下可以相互转化。或如：

《履·九四》：“履虎尾，愬愬。终吉。”意谓，踩到老虎尾巴，本是一件危险的事，但如果履险而有所戒惧，就可以化险为夷。

《谦·六五》：“不富以其邻，利用侵伐，无不利。”意谓，受到邻国的掠夺，本来是一件坏事，但如能借此激发卧薪尝胆的抗争决心，仍然三千越甲可吞吴。

《家人·九三》：“家人嗃嗃，悔厉，吉；妇子嘻嘻，终吝。”意谓，处于危难之境，家人嗷嗷哀鸣，大家均存戒惧之心，报奋勉之志，事情终会有反复而顺利；反之，在顺境情况下，嘻嘻而忘危忧，仍然会招致困难的结局。

最后，认知结果的变化。

一种是坏事变成好事。或如，《大过·九二》：“枯杨生稊，老夫得其女妻，无不利”；《大过·九五》：“枯杨生华，老妇得其士夫；无咎无誉”。“枯稊”（嫩叶）、“枯华”本是对立矛盾，但也可以相互转化。与此相对应的老夫、老妇已到了不娶不嫁的枯槁之年，但“老”之“枯”仍然可以向“少”

之“华”转化，竟以娶嫁少妇、少夫。《周易》认为这种转化是吉利的。故而爻辞以上述两句进行了谕证。

另一种是好事变成坏事。或如，《井·九二》：“井谷射鲋，瓮敝漏。”是说向井中射鱼不着，反将汲水器皿射穿，结果是好事变成坏事。

正是因为《周易》的这种根据具体的条件性以辨吉凶的思维认知方式，使得对立概念的辩证本性在判断中得以展开，实现了《系辞上》所言的“知变化之道者，其知神之所为乎？”从这个意义上看，《周易》的思维方式同样具有中国传统意象性思维的那种只注重内容、不注重形式的特色。

黑格尔曾给予西方辩证法之父的赫拉克利特哲学以很高评价，认为赫氏的“第一个真理只是变，这是认识方面所得到的一个伟大洞见”[1]。我们也完全可以在此用这个评价移证《周易》。因为“生生之谓易”中的“不可为典要，唯变为适”，既是上古以来对于同异、是非辩证认知的进一步自觉，也一直影响至今。

3.《尚书》的辩证认识

在“成汤革夏”的历史演变中，也有一个选善弃恶的取法标准演变的历史化过程。[2] 一方面如《尚书·君奭》言“天不可信”，《诗经·大雅·文王》言“天命靡常”，《小雅·十月之交》言“天命不彻”；另一方面，“天”仅授命于有德者如《康诰》：“惟乃丕显考文王，克明德慎罚……闻于上帝，帝休，天乃大命文王”。在这种《多方》所言“惟我周王，灵承于旅，克堪用德……简畀殷命”的现实中，在“德”成为一种“法则”式的规范标准下，指导行为的思维认识如何判定善恶、是非，以中正地保证《召诰》所言的“祈天永命”？

---

1 〔德〕黑格尔：《哲学史讲演录》第1卷，上海人民出版社，2013，第299页。

2 这部分内容将在第十章第一节详论。

（1）允执厥中。

按《大禹谟》所载，舜即提出了“允执厥中”的思想：“人心惟危，道心惟微，惟精惟一，允执厥中。”这是舜告诫禹：人心危险难安，道心幽微难明，只有精心一意，诚恳地秉执其中正之道，才能治理好国家。其目的在于“刑期于无刑，民协于中”。此虽存疑[1]，但“中和”思想在《盘庚中》中却以“各设中于乃心”，告诫反对迁都的人不要违法不慕，要把中道放在心上。

> 呜呼！今予告汝：不易！永敬大恤，无胥绝远！汝分猷念以相从，各设中于乃心。乃有不吉不迪，颠越不恭，暂遇奸宄，我乃劓殄灭之，无遗育，无俾易种于兹新邑。
>
> 往哉！生生！今予将试以汝迁，永建乃家。

亦即，《盘庚》在极言迁都的好处，不迁都的坏处时，要求按一定的标准（同心同德按王的意见）行事，“汝分猷念以相从”，以寻求对立双方的连接点，使对立双方平衡，给迁都的行为划定界限和目标，从而保证殷商旧质的稳定。从这一点来看，“各设中于乃心”就是要让不愿迁都的人从迁都之事中看到迁都之后的好处，从而在新地重建家园，谋求新的幸福生活。

（2）作稽中德。

“作稽中德”是在《酒诰》中提出来的。《酒诰》可以说是中国最早的禁酒令，由西周统治者在推翻商代的统治之后发布。周公旦封小弟康叔为卫君，令其驻守故商墟，以管理那里的商朝遗民。他告诫年幼的康叔，商朝之所以灭亡，是由于纣王酗于酒，淫于妇，以至于朝纲混乱，诸侯举义。其中，《酒诰》从历史的经验教训出发，提出“作稽中德”，要求言行举止要符合中正的美德。

---

1 《尚书》有今文、古文之别。据史学界考订，古文《尚书》为后世晚出之作，而《大禹谟》为古文《尚书》，故存疑。

从全篇所看，目前的限制行乐饮酒，正是为了真正的酒足饭饱，“尔乃饮食醉饱”。而且按“作稽中德”，只要不饮酒乱德，并非绝对禁酒。如在农事毕、侍敬父母、宗庙祭祀等一定场合中，一定的“致用酒”还是可以的。如是，“中”仍然是在思维选择中寻求一种是非对立双方的连接“度”，以规范饮酒行为的不偏不倚，给饮酒行为划定一个符合德的界限。“饮惟祀，德将无醉”。

（3）咸庶中正。

“中”作为一个合理认识的“度”的意识，在《吕刑》中得到彻底发挥。《吕刑》规定了刑罚内容和适用的原则和制度等，认为，“其审克之”“有伦有要”是“慎罚”的辨察思维过程，“咸庶中正”就是这个思维过程的原则规范。

> 上下比罪，无僭乱辞，勿用不行，惟察惟法，其审克之！上刑适轻，下服；下刑适重，上服。轻重诸罚有权。刑罚世轻世重，惟齐非齐，有伦有要。罚惩非死，人极于病。非佞折狱，惟良折狱，罔非在中。察辞于差，非从惟从。哀敬折狱，明启刑书胥占，咸庶中正。其刑其罚，其审克之。狱成而孚，输而孚。其刑上备，有并两刑。

在这种“咸庶中正”原则的规范下，“轻重诸罚有权”之“权”，就有了它的“当用”之地，刑罚就不再是绝对的，而是具有了一定权衡比较下的灵活性。凡是用五刑[1]定罪而感到有疑的，可以从轻处以五罚[2]；凡是以五罚处置而感到有疑的，可以从轻处以五过，“五刑之疑有赦，五罚之疑有赦，其审克之”。另外，罪情虽重，本应处以重刑，但仅为偶一为之，非一贯不法，便

1　五刑：墨（脸上刺字）、劓（yì，割鼻子）、膑（bìn，砍掉双脚）、宫（阉掉生殖器）、大辟（死刑）。五刑是由五行相克而产生的，“火能变金色，故墨以变其肉；金能克木，故刖以去其骨节；木能克土，故劓以去其鼻；土能塞水，故宫以断其淫；水能灭火，故大辟以绝其生命”（《逸周书逸文》）。

2　五罚：对罪不当五刑者处以相应的五种赎金。凡不足墨刑者罚百锾；依次劓，二百锾；膑，五百锾；宫，六百锾；大辟，千锾。

可以从轻发落；罪情较轻，本应从轻发落，但因是一贯不法，或故意犯罪，也要从重处罚。总之，刑罚轻重有一定权衡比较下的灵活性与适宜性，要根据社会的具体情况而确定。“上刑适轻，下服；下刑适重，上服。轻重诸罚有权。刑罚世亲世重，惟齐非齐，有伦有要”。

于是，在这种“轻重诸罚有权”的是非辩证理解诠释下，不但保证了“其审克之”之后“有伦有要”之结论的有效性问题，同时也具有了“咸庶中正”之结论的适宜性问题，以及由此产生的可接受性问题。难怪《吕刑》将这种按“权”“度”灵活、合理、适宜的“慎罚”称作“祥刑”。清代曾运乾《尚书正读》中注《吕刑》时也说，“中字为全篇主旨”，“凡八用中字，得此中道，守而弗失，庶几祥刑也”。这一评价言之肯綮。

二　先秦诸子的辩证认识

1. 名家邓析的辩证认识

按《吕氏春秋·离谓》记载，邓析有千古奇谈“两可之论”：

> 洧水甚大，郑之富人有溺者。人得其死者。富人请赎之。其人求金甚多，以告邓析。邓析曰：“安之。人必莫之卖矣。”得死者患之，以告邓析。邓析又答之曰：“安之。此必无所更买矣。”

邓析的“两可”回答，是他从相反的角度认识到对立双方的着急与不着急都是有条件的、相对的，所以邓析能从着急中发现有所不着急，从不着急中发现有所着急。于是，邓析在肯定每一方的“不着急”（安之）时，都是以另一方的“着急”为条件的。这样，邓析就把相对的“着急”与“不着急”从事物本身的静态是非判断中抽取出来，放到了一个动态的是非判断中，使得对立双方的矛盾性质在事物的发展变化中具有了一定的同一性。这种从肯定中看出否定，肯定包含着否定，从否定中看出肯定，否定有助于肯定的认识方法，也是一种对是非对立的辩证态度。也就是反对绝对地肯定一切或否定一切。故而“两可之论”自有它一定的合理性。“老话”的“漫天要价，就地还钱”是也。

邓析曾是先秦历史上第一个对“辩”有系统分析的人。《邓析子·无厚》中有“大辩”“小辩”的分类：

> 所谓大辩者，别天下之行，具天下之物，选善退恶，时措其宜，而功立德至矣。小辩则不然。别言异道，以言相射，以行相伐，使民不知其要。无他故焉，故浅知也。

而且关于“辩”的对策，《邓析子·转辞》中主张应该按照辩论对象的不同，灵活采用。这也以一定的辩证理解，阐明了不同对策的不同条件性。

> 夫言之术：与智者言，依于博；与博者言，依于辩；与辩者言，依于安；与贵者言，依于势；与富者言，依于豪；与贫者言，依于利；与勇者言，依于敢；与愚者言，依于说。

这叫作“因人施辩”“依类辩故”。亦即，针对不同的论辩对象，采用不同的论辩策略，是现实生活所需。这也就是《老子·三十三章》所说的：“知人者智，自知者明。”

《转辞》还就“辩”的正确态度提出了要求：

> 非所宜言，勿言；……非所宜争，勿争。……一声而非，驷马勿追；

一言而急，驷马不及。故恶言不出口，苟语不留耳，此谓君子也。

这个论辩要求，实际上是指出了正确的论辩，应该有个伦理底线。这也可以看作正确有效论辩的条件之一。

2. 儒家孔子的辩证认识

作为一代教育家，孔子非常注重教学中的方法，其中，答问法和对话法是那个时代所产生的特有教学方法，要求对于问题要进行分析、思考。《论语·子罕》中的“叩其两端”即为这种教学方法的体现：

吾有知乎哉？无知也。有鄙夫问于我，空空如也。我叩其两端而竭焉。

类似命题在《为政》篇中还有一条：

攻乎异端，斯害也已。

清代戴震曾释解：“端，头也。凡事有两头，谓之异端。”[1]

清代焦循也曾对“两端”有如是解：“凡事皆有两端。如杨朱为我，无君也；……墨子兼爱，无父也。……一旌善也，行之，则诈伪之风起；不行，又无以使民知劝。一伸枉也，行之，则刁诉之俗甚；不行，又无以使民知惩。一理财也，行之，则头会箕敛之流出；不行，则度支或不足。一议兵也，行之，则无事无功之说进；不行，则国威将不振。凡若是皆两端也。”[2]

---

1 （清）戴震：《皇清经解续编》卷九十。
2 （清）焦循：《论语补疏》。

这些解释均揭示了任何事物都存在矛盾的两方面，思维认识也要符合事物发展的辩证法。对于这种矛盾，孔子以“允执其中”[1] 和“执其两端，用其中于民”[2]，提出了解决方法。这种方法《论语》中用得很多。

在对待人的态度上，《里仁》有“君子之于天下也，无适也，无莫也，义之于比”。

在做人的态度上，《雍也》有“质胜文则野，文胜质则史，文质彬彬，然后君子”。

在思想感情上，《八佾》有“乐而不淫，哀而不伤”。

在伦理行为上，《宪问》有“以直报怨，以德报德”。

亦即，“两端”论法是以承认差异、保持对立为前提，设法使对立双方互相补充，从而对认识事物的质的稳定性做了范围、尺度的规定，以此来避免《先进》所言的“过犹不及”。所以，《子路》以“君子和而不同”，要求不要使两端崩溃，要使两端归诸中正，否则，便会是“不得中行而与之，必也狂狷乎！狂者进取，狷者有所不为”。

“执两用中”是“叩其两端”的继续，它在全面看待问题的基础上，以承认矛盾的存在，承认矛盾自身有否定的因素并向其反面转化为前提，希望在矛盾两端之间，寻找连接点与中介尺度，以保持事物的平衡，维持事物的稳定。仍然是对矛盾双方既不绝对完全肯定也不绝对完全否定它们的永久必然性，而是肯定双方正确的东西，否定双方偏执的东西，并以此消除思维认知中的矛盾。对于这种辩证的认识态度，清焦循的《论语补疏》也作了诠释：“有两端则异，执其两端，用其中于民，则有以摩之而不异。刚、柔，两端之异者也，刚柔相摩，则相观而善……凡执一皆为贼道，不必杨朱也。执一而不能攻，贼道之害不可止……攻之则不执一，而能易地

1 《论语·尧曰》。
2 《中庸》。

皆然矣。"

孔子的相关辩证命题还有《微子》的"无可无不可"。这是他在列举评价古代逸民伯夷[1]、叔齐[2]、虞仲[3]、柳下惠[4]等人，有的逃避乱世，隐居不仕；有的不做官辱身，为国让贤；有的不动摇意志等之后说：

> 我则异于是，无可无不可。

"无可无不可"仍然强调了一切分析评价要从具体实际出发，根据不同情况作出不同处理的思维方法。或如，孔子离开宋国时，因追兵在后，米还没有淘洗干净就急急忙忙带上走了；当他离开鲁国时，却说"我们慢慢走吧"。对于不同的情况，孔子采取了不同的行为方式。对于这种"可以速而速，可以久而久，可以处而处，可以仕而仕"行为方式，《孟子·万章下》评价"孔子圣之时者也"。孟子所提之"时"，正是孔子"无可无不可"的特点，即清焦循所谓"道于中时而已"，也就是"老话"所说的"识时务者为俊杰"。

3. 老子的辩证认识

老子辩证判断的最大亮点是"正言若反"的语言表达形式。一般是通过联结对立的概念，构成一个似乎是违反常识的有似于悖论的语句，并用以表达事物的对立统一。《老子·七十八章》：

---

1 商末孤竹君的长子。孤竹君原封次子叔齐为继承人，孤竹君死后，叔齐要让位给伯夷，伯夷不接受。周武王灭商后，二人隐居首阳山，不食周粟而死。

2 伯夷之弟。

3 按《史记·周本纪》记载，虞仲是陕西岐山周族首领古公亶父的第二子，为了让父王实现灭商的愿望，"古公曰：'我世当有兴者，其在昌乎?'"，与其兄太伯主动把王位继承权让给了弟弟季历，一块"亡如荆蛮，文身断发"。季历的儿子姬昌就是后来灭商建周的周文王。

4 春秋时鲁国大夫，以善于讲究贵族礼节"坐怀不乱"著称。

是以圣人云："受国之垢，是谓社稷主；受国不祥，是为天下王。"正言若反。

这种正话好像反话一样的命题形式，是在正面的、肯定性的言辞中包含着反面的、否定性的因素。在《老子·六十五章》中称为"知此两者亦稽式"。所谓"稽式"就是认知事物时稽考事物矛盾双方以便下辩证判断的认识方式。

据统计，"稽式"的语言表述，在《老子》"五千言"中多达七十余条，又可按其判断形式所包含的不同连接词可以大致分为四类。[1] 列举了诸多相反相成的概念，或如，美恶、有无、长短、巧拙、动静、盈冲、曲全、枉直、洼盈、少多、敝新、雌雄、白辱、轻重、静噪、歙张、弱强、废兴、取与、贵贱、明昧、进退、成缺、辩讷、寒热、祸福、损益、正奇、柔刚、虚实、开阖、清浊、存亡、亲疏、主客、终始、成败、有为无为，等等。这些对立双方都是相比较而存在的，失去了一方就等于失去了双方。

其中又有许多"正言若反"，业已成为中国人耳熟能详的成语在今天还在使用并继续讲述着古老的道理。或如，明道若昧（光明的道路好像很暗昧），进道若退，夷道若颣（平坦的道路好像很崎岖），上德若谷，大成若缺，大巧若拙，大器晚成，大智若愚，信言不美、美言不信，轻诺必寡信，多易必多难，无为而无不为，木强则折，千里之行、始于足下，等等。

4. 孟子的辩证认识

自诩"知言"[2]"知类"[3] 的孟子，在是非的辩证认识中，也涉及了是非

1　参见孙中原《中国逻辑史》（先秦），中国人民大学出版社，1987，第7—9页。
2　《孟子·公孙丑上》。
3　《孟子·告子上》。

的具体性问题。亦即，是非不是绝对的是非，是非的确定性是由具体的条件性所决定。因此，确定的是非取决于确定的具体条件。如《公孙丑下》：

> （孟子弟子）陈臻问曰："前日于齐，王馈兼金一百而不受；于宋，馈七十镒而受；于薛，馈五十镒而受。前日之不受是，则今日之受非也；今日之受是，则前日之不受非也。夫子必居一于此矣。"孟子曰："皆是也。当在宋时，予将有远行。行者必以赆，辞曰：'馈赆。'予何为不受？当在薛也，予有戒心。辞曰：'闻戒。故为兵馈之。'予何为不受？若于齐，则未有处也。无处而馈之，是货之也。焉有君子而可以货取乎？"

面对弟子"前日之不受是，则今日之受非也；今日之受是，则前日之不受非也"的两难诘问，孟子似乎要难堪于"必居一于此"的是非对立了。这是逻辑思维规律排中律的明确性的必然要求。

但排中律的作用也有其条件性。首先，它并不否认客观事物在发展过程中有中间状态，它只在事物情况只有两种可能——"非此即彼，两者必有一真而不能同假"——时，才起作用。即要有自己选择的明确态度。所谓"排中"，就是排除了"明确的"是非之间的"居中可能性"——是就是，非就非，除此之外全是鬼话。其次，由于排中律所要求的是判定态度的明晰性，所以在现实的情况中，如果对事物情况的是非界限还不是很清楚，这时回避选择性表态也是允许的。至少，当对一些是非选择不好明说的情况下，排中律的作用也会立即让人们知道你的确有难言之苦。如《梁惠王下》中齐宣王面对孟子的推类谕证时，"王顾左右而言他"。

> 孟子谓齐宣王曰："王之臣有托于妻子于其友而之楚游者。比其反也，则冻馁其妻子，则如之何？"王曰："弃之。"曰："士师不能治士，

则如之何？”王曰：“已之。”曰：“四境之内不治，则如之何？”王顾左右而言他。

从上述论辩中面对“夫子必居一于此”的回答“皆是也”的理解认识看，孟子没有把是非绝对化，而是在对是非根据的认定中，把不同语境下的各种因素（如此时的时间、地点、情景等[1]）都放在了考察范围内，从而在具体的语境中重新分析、断定是非的确定性。反映在《公孙丑上》中评价后天的职业对人性的影响和作用时，对各种工匠的是非辩证认定就是如此：

矢人岂不仁于函人哉？矢人惟恐不伤人，函人惟恐伤人。巫匠亦然。故术不可不慎也……人役而耻为役，犹弓人而耻为弓，矢人而耻为矢也。如耻之，莫如为仁。仁者如箭，射者正己而后发；发而不中，不怨胜己者，反求诸己而已矣。

至于从决定“具体是非”的条件性中寻找新的是非确定性问题，孟子有自己的解决方法。即《离娄上》中“事急从权”“反经行权”之“权”：

淳于髡曰：“男女授受不亲，礼与？”孟子曰：“礼也。”曰：“嫂溺则援之以手乎？”曰：“嫂溺不援是豺狼也。男女授受不亲，礼也；嫂溺援之以手者，权也。”曰：“今天下溺矣，夫子之不援，何也？”曰：“天下溺，援之以道；嫂溺，援之以手。子欲手援天下乎？”

所谓“权”，是将对事物判定的原则性与变通性辩证地统一起来进行

1　亦可看作第二章第五节所述的“思想单位”。

“称量”或“掂量”。这里孟子的所谓“权”，就是符合礼义的灵活性的“权变”。孟子以此当头棒喝了淳于髡对“礼”的固化理解。

为什么“反经行权”就可以？这就需要用另一条成语“反经合义”来对照解释。“经者，道之常也；权者，道之变也”，意指原则性是常态，变通性则是特殊情况下的灵活性，故而才有了“经是万世常行之道，权是不得已而用之”[1] 的辩证认识。两者的辩证统一要符合当下具体实际中新的确定道理，才可能有“权者，反于经然后有善者也”[2]。孟子对此的理解可谓深刻。

5. 惠施的辩证认识

如果说，先秦推理模式可以从理论形态上进行分析评价的话，前述名家惠施对“譬”的语义解释，“以其所知谕其所不知而使人知之”，其所能达到的义理高度应为先秦第一人。惠施虽然“善譬”，号称“无譬不能言”，但他彰显于世的却是《庄子·天下》中所记载的一系列悖论式的怪论：“历物十意”和“辩者二十一事”。这些辩题贯穿着用整体论观点来观察万物的认识，展现了概念的灵活性，揭示了判断的矛盾性。

> 惠施多方，其书五车，其道舛驳，其言也不中。历物之意曰：至大无外，谓之大一；至小无内，谓之小一。无厚不可积也，其大千里。天与地卑，山与泽平。日方中方睨；物方生方死。大同而与小同异，此之谓小同异；万物毕同毕异，此之谓大同异。南方无穷而有穷。今日适越而昔来。连环可解也。我知天下之中央，燕之北、越之南是也。泛爱万物，天地一体也。惠施以此为大观于天下，而晓辩者。天下之辩者相与乐之。

---

1 （南宋）朱熹：《朱子语类》卷三七。

2 《春秋公羊传·桓公十一年》。

“历物十意”所涉及内容，大致可分为三类。一是表明时间概念是相对的，可以相互转化的辩题；二是表明空间概念是相对的，可以相互转化的辩题；三是关于事物之间相互联系的辩题。“辩者二十一事”大体也如此。

> 卵有毛。鸡三足。郢有天下。犬可以为羊。马有卵。丁子有尾。火不热。山出口。轮不碾地。目不见。指不至，至不绝。龟长于蛇。矩不方，规不可以为圆。凿不围枘。飞鸟之影未尝动也。镞矢之疾而有不行不止之时。狗非犬。黄马骊牛三。白狗黑。孤驹未尝有母。一尺之棰，日取其半，万世不竭。辩者以此与惠施相应，终身无穷。
>
> 桓团、公孙龙，辩者之徒，饰人之心，易人之意，能胜人之口，不能服人之心，辩者之囿也。惠施日以其知与之辩，特与天下之辩者为怪，此其柢也。然惠施之口谈，自以为最贤，曰：“天地其壮乎！”施存雄而无术。

应该说，它们仍然是惠施对邓析“两可”方法的继承发展和娴熟运用。从思维认识和论辩的角度看，它们所展现的概念的灵活性、判断的矛盾性、不同的同异观，最终所贯穿的仍然是用整体的观点来观察万物的大同异观，是对传统整体性思维方式的发展。

只是由于这些“悖论”[1] 式的辩题多有过分强调了事物的某一方面，历来被当作“琦辞怪说”[2]，“益之以怪，以反人为实”，“与众不适”[3]，“专决于名而失人情”[4]，“食饱饭，没事干，专御人以口给的”[5]，遭到历代思想家

1　此处的“悖论”指广义悖论。本书在第十六章第一节做了有关广义悖论的解释。

2　《荀子·非十二子》。

3　《庄子·天下》。

4　（西汉）司马迁：《史记·太史公自序》。

5　傅斯年：《战国子家叙论》。

的批判。但荀子说“其持之有故，其言之有理”，司马迁说“其正名实，不可不察也”。我们今天还是可以从辩证思维与语言哲学的不同角度来进行分析评价，或许可以从中发现一些虽违反常识，却也有其合理性的一面。

黑格尔曾经说，常识是一个时代的思维方式，“其中包含着这个时代的一切偏见”[1]。对“历物十意”和“辩者二十一事”中违反常识的辩题也可如是观。难怪惠施又被后人尊称为“先秦诸子中的一位巨匠”，“在先秦诸子中最有科学素质的人恐怕就要数他”[2]；是“一个科学的哲学家”[3]。只是惠施的这些具有点滴科学精神的思维方法，在注重求治、求善，注重人伦教化的先秦时代，被认作“异类”诡辩也一笔抹杀了，殊为可惜。

6. 庄子的辩证认识

秉承“类与不类，相与为类”的庄子，从泯灭一切事物对立的“齐物”，到泯灭是非对立的“齐论”，在《庄子·齐物论》中以完全归纳的方法顺理成章地唱出了“辩无胜”的“名辩”反调：

> 既使我与若辩矣，若胜我，我不若胜，若果是也，我果非也邪？我胜若，若不吾胜，我果是也，而果非也邪？其或是也，其或非也邪？其俱是也，其俱非也邪？我与若不能相知也，则人固受其黮暗，吾谁使正之？使同乎若者正之，既与若同矣，恶能正之？使同乎我者正之，既同乎我矣，恶能正之？使异乎我与若者正之，既异乎我与若矣，恶能正之？使同乎我与若者正之，既同乎我与若矣，恶能正之？然则我与若与人俱不能相知也，而待彼也邪？……是若果是也，则是之异乎不是也，亦无

---

1 〔德〕黑格尔：《哲学史讲演录》第2卷，商务印书馆，1983，第33页。

2 郭沫若：《十批判书》，人民出版社，1954，第267页。

3 《胡适文集》第3册，北京燕山出版社，2019，第888页。

辩；然若果然也，则然之异乎不然也，亦无辩。

无论庄子的完全归纳如何有缺陷，但这个反调仍然给我们以思考。其一，世界上有没有一个确定的“是非”，以及“是非”判定的标准是什么？其二，对于是非判断有无一个规范认知的思维原则？其三，为什么对事物属性的同异比较是思维中是非对立的客观源头？虽然庄子的“辩无胜”间接地提出了这些值得思考的问题，但他并不会在“类与不类，相与为类”的立场下解决问题。解决这个问题的是后期墨家的《墨经》。

7.《墨经》的辩证认识

《墨经·小取》开篇即提出“谈辩”的六大目的之一，是“明同异之处”。但在对同、异理解的过程中，有两种同一性。一种是抽象的同一性，一种是具体的同一性。抽象的同一性表现为事物质的稳定性和思维认识的确定性，《墨经》以有关“辩”的经条，解决了确定事物中的同异、是非问题。而具体的同一性则于自身包含了变化和差异性。《墨经》也要求在对同、异的理解、认识、论辩中，不但要辩明同、异在确定条件下的稳定性，从而达到认识中的确定性；它还要求认识、论辩清楚同、异之间的相互渗透、相互转化，即为什么同中有异，异中有同。因此《经上》《经说上》引征谕证说：

> 同异交得放有无。
>
> 同异交得：于富家良知，有无也；比度，多少也；蛇引旋圆，去就也；鸟折用桐，坚柔也；剑尤甲，死生也；处室子母，长少也；两绝胜，白黑也；中央，旁也；论行、行行、学实，是非也；鸡宿，成未也；兄弟，俱适也；身处志往，存亡也；霍，为姓故也；贾宜，贵贱也；长短，先后，轻重援。

“放”借为“仿”。意即：同（同一性）和异（差别性、矛盾性）的相互渗透就好比如下“有”和“无”的例子：

一个出身富家的人未必就有良好的知识，有良好知识的人也可以出身于贫穷之家，因此，同一个人可以有“富家”而无“良知”，或有“良知”而无“富家”；一个数量与其他不同的数量相比较，可以既“多”又“少”；蛇与蚯蚓的运动状态，可以既“去”又“就”（来）；鸟用来构建巢穴的树枝，可以既“坚”又“柔”；剑的作用在于杀死敌人，但杀死敌人的最终目的还在于保存自己（生），所以剑也有与防护被杀死的“盔甲”一样的作用；一个人既可以做母亲，又可以做女儿，所以她既“长”又“少”；某物的颜色，与其他颜色对比，可以既“黑”又“白”；某地的中心，如相对于更大的范围，也可能是属于边缘；一个人的言论和行为、学识和实践之间，可以既有“是”又有“非”；一个事物在生长过程中，可以既“成”又“未成”；一个人可以既是“兄”，又是“弟”；一个人可以活着但志气已经消亡；姓霍的人可以既是“霍”（作为姓）又不是“霍”（一种水鸟）；适当的物价，可以既“贵”（对买者）又“贱”（对卖者）。

这种对同异相互渗透、相互转化的辩证认识，其所关注的是推类中对立事物及其判断，是否也有着一定的语境条件性？按此，《大取》也就有了在义理上更甚于孟子的“权”。

于所体中而权轻重之谓权。权非为是也，亦非为非也。权，正也。

所谓“权，正也”，就是《经说上》所说的：

权者两而勿偏。

之所以《墨经》对“权”的认识在义理上更善于孟子，就在于《墨经》之“权”，不但以其在权衡是非寻找新的确定性之“正”，同时也以认识的全面性之“两”，以否定认识的片面性之“勿偏”，使事物间的差异、对立在相互作用的因素下，包含于同一性中了。使得事物的两极只是由于它们的相互作用，由于差异性包含在同一性中，才具有真理性。因为，“真理总是具体的”。

或如，在通过论辩以“处利害”的过程中，对于利害的取舍，不但要认识清楚它们之间具有矛盾的一面，《经上》之“利，所得而喜也”与“害，所得而恶也”的“义，利；不义，害”之区别；还要认识到它们之间具有一致的一面。其生活经验的知性说明与引征谕证的具体例证为《大取》：

断指以存腕，利之中取大，害之中取小也。害之中取小，非取害也，取利也……遇盗人而断指以免身，利也。其遇盗人，害也。

因此《墨经》在对于利害的取舍选择时，还要求有一种权衡取舍利害的辩证认识。而这种“同异交得”的认识，在惯于引征历史经验推类谕证的时代，对于历史事实的判定，同样有着“例题”式的范式作用。如《经说下》：

在尧善治，自今在诸古也。自古在之今，则尧不能治也。

“尧善治”之“是”本无须怀疑，这是它的确定性。但这个确定性是有条件的，其判定（察）的前提是以今天的眼光来回溯古之圣王时代。假若判定的前提及视角改变，站在古代看今天，可能“尧善治”的肯定之“是”就变成否定之“非”了。之所以如此，就在于如何在特定的历史坐标下，以“权”来寻求特定条件下的“正”。相关的“例题”在《墨经》中还有许多。

第五节 先秦推类模式的取法标准评价

先秦推类模式的取法标准有二，一是伦理的标准，二是逻辑的标准。但这都是从“言必立仪”为始的。

一 “言必立仪”的重要性

先秦墨家是一个手工业者者群体，《墨子·法仪》认为各种工匠在具体工作中，都要依照一定的法度和标准：

> 百工为方以矩，为圆以规，直以绳，正以悬，“平以水”，无巧工不巧工，皆以此五者为法。

由此引征“言事”从生活经验出发，则“论道”的普遍规律可谕证为：

> 天下从事者，不可以无法仪，无法仪而能成事者，无有也。

如继续“论道”，还可由引征之“言事”生活经验的理论说明，进一步谕证出墨家“为义首务”之“辩”的规则要求。如《非命上》《非命中》：

> 凡出言谈、由文学之道也，则不可而不先立仪法。若言而无仪，譬犹立朝夕于运钧之上也。则虽有巧工，必不能得正焉。
>
> 言而无仪，譬犹运钧之上而立朝夕者也，是非利害之辩，不可得而明知也。

为此，墨子将“法”引入了引征论证论辩领域，提出了“言必立仪”，并为此提出了“三表法”。此作用仍然是生活经验的论证说明，只不过这种论证之“论道”需要意义联想。如《天志中》：

匠人亦操其矩，将以量度天下之方与不方也。曰：中吾矩者，谓之方；不中吾矩者，谓之不方。是以方与不方，皆可得而知之。此其故何？则方法明也。

由此，“言必立仪”即以一个团体的群体体验，成为一个时代逻辑思维模式要想具有普遍有效性或生效性以及普遍适用性，就必须具有取法标准的“立法原则”。难怪如前述，梁启超将其称为“即西文 Logic 也”。

在先秦时代，这种“立法原则”由于引征论证者的观点立场不同，也会影响到他们的前提预设。故而，先秦逻辑思想在其发展过程中有了伦理化倾向，作为推类模式的取法标准有二，一是伦理的标准，二是逻辑的标准。

二　关于伦理的标准

先秦逻辑思想在其产生过程中受宗法社会的映射，知“族”就是知“类”。这种知类意义下做出的既有事实判断，“同姓同德，异姓异德”[1]，“非我族类，其心必异”[2]；也有价值判断，“神不歆非类，民不祀非族”[3]，“鬼神非其族类，不歆其祀”[4]。这种事实判断和价值判断的统一，自然影响到其时教育的理念。如《国语·晋语》载晋国大夫共叔的教育理念：

1　《国语·晋语》。
2　《左传·成公四年》。
3　《左传·僖公十年》。
4　《左传·僖公三十一年》。

> 民生于三，事之如一。父生之，师教之，君食之。非父不生，非食不长，非教不知生之族也。

这种知“族”而知“类”，不仅有经验性的训练，而且有传授性的意义解释。按《国语·楚语上》载楚国大夫申叔时提出的教育太子的内容：

> 教之春秋，而为之耸善而抑恶焉，以戒劝其心；教之世，而为之昭明德而废幽昏焉，以休惧其动；教之诗，而为之导广显德，以耀明其志；教之礼，使知上下之则；教之乐，以疏其秽而镇其浮；教之令，使访物官；教之语，使明其德，而知先王之务用明德于民也；教之故志，使之废兴者而戒惧焉；教之训典，使知族类，行比义焉。

从其教育的内容来看，“春秋”是当时史官所写的以惩恶扬善为宗旨的史书；“世”是先王的世系；“礼”是礼仪制度之类；“令”是先王的官法、时令；“语”是治国的善言；“故志”是记载前世盛衰成败的史书；“训典”大约是先王的重要讲话记录等。这种传授性的意义解释以及全面施教的思想内容，在知“族生”“族类”的教育科目及其价值取向上，所确定的“类”法式的伦理学意义昭然若揭。即如何知？以类知，古代先王的九个方面的史实为范本；做什么？行比义，比照式的取法标准必然是上古以来盛衰治乱的经验教训。即同篇的“还轸诸侯，不敢淫逸，心类德音，以德有国”。

而墨子的“三表法”当是“类”法式的伦理意义呼应。它以经验、知觉、效用的统一，以“法”的范式形式，希望给言说论辩过程确立一个判断是非曲直的标准。第一表“有本之者”，是要求推类时，思想认识的真实性要和历史上已经肯定的经验一致，这是要求在引征立论时，首先要考察历史，求证于古事；第二表“有原之者”，是要求推类时，思想认识的真实性要和众人耳目感觉的真实知觉一致，这是要求在引征立论时，要揣度民情，了解现实；第三表“有用之者”，是要求推类时，思想认识的真实性要和实际行为所取得的效果一致，这是要求在引征立论时，要检验效果，观察实际的应用，即《大取》所言的“志功为辩”。

第一表和第三表相互规定，凡是与古代圣王言行一致的，必定符合国家百姓的利益，反之亦然；第二表可谓第一表和第三表的经验证明，凡是合乎古代圣王言行的，符合国家百姓利益的行为，都有所见所闻的根据。于是，“三表法”就在历史经验的归纳基础上，自发自为自洽地溢出了一种经验直觉的、朴素的三段论公理意识，为引征谕证的思维取舍提供了一套标准，并因此而形成了《贵义》篇所言“凡言凡动……为之/舍之”的思维定式：

> 凡言凡动，利于天、鬼、百姓者为之；凡言凡动，害于天、鬼、百姓者舍之。凡言凡动，合于三代圣王尧、舜、禹、汤、文、武者为之；凡言凡动，合于三代暴王桀、纣、幽、厉者舍之。

这种思维定式，同前述墨家工匠集团百工从事各种工作均有“方法明也”的法度或标准一样，也成为度量天下君主是非曲直的一套具有“公理化意识”的标准化的正反比照。如《天志中》：

> 上将以度天下之王公大人为刑政也，下将以量天下之万民为文学、出言谈也。观其行：顺天之意，谓之善意行；反天之意，谓之不善意行。观其言谈：顺天之意，谓之善言谈；反天之意，谓之不善言谈。观其刑政：顺天之意，谓之善刑政；反天之意，谓之不善刑政。故置此以为法，立此以为仪，将以量度天下之王公大人卿大夫之仁与不仁，譬之犹分黑白也。

按此正反比照，墨子所宣扬并且为之身体力行的“非攻”“兼爱”等十个政治伦理主张，无一不是按“三表法”的标准为立、破根据。在这种“格式化”的论证中，先归纳引征“古者”圣王如何上、中、下，结局又如何；“古者”暴王如何上、中、下，结局又如何；然后两相比照，再推类映射，提出墨子自己当下的政治主张：“今者”君王应该如何。这几乎成为墨子论证其十个政治伦理主张时的一个思维分拣格子。作为贴在这个分拣格子上标签的取法标准，只能是伦理的标准，其引征历史经验以谕证当下的“论道”，也只能是“应该如何”的道义判断了。而这种“应该怎么做”的行为价值指导，以其意象性的推类认知方法，几乎体现在先秦时代各家的伦理观念中，只不过墨子给予了义理性的概括。限于篇幅，其他诸子略。

三　关于逻辑的标准

先秦推类模式的逻辑标准，实际上是客观事物的确定性反映在思维中的确定性，它要求在“类族辨物”的过程中，思维认识对于事物属性、事理上的相同性或相似性的反映，必须要有同一的确定性，不能自相矛盾，也不能模棱两可，以及对于事物“类同”“类异”的断定必须要有充足理由，等等。或如《墨经》之《经上》《经说上》，“若实也者，必以是名也命之”；“有以同，类同也”；“法同则观其同”，“法异则观其异”；“法取同”，“法，取彼择此，问故观宜”；等等。这种取法的逻辑标准，是基于事物属性、事理同一性或相似性的“类”法式的依据基础之上的。

如前述，有了对事物属性、事理的同异比较，才会有思维中的是非对立；才会在认识过程中，思维按认识对象的相同属性、事理取同进行归纳，按不同属性、事理取异进行划分，进而形成思维认识中的同异判断。而思维判断的是非真假是靠所判定的客观事物的同异联系是否符合实际情况所决定的，思维的是非矛盾根源于客观事物的同异矛盾。

但两者还是有所不同，客观世界的同异矛盾无时不在，却从来不存在是非矛盾，是非矛盾只存在于主观思维判断以是非矛盾认识事物的同异矛盾的过程中，它始终受思维法则的规范。因此，在同一个思维过程中，不允许无条件地让思维中的是非矛盾调和及同一。亦即，“无不陷”之矛与“不可陷”之盾之客观事物在确定条件下的“不可同世而立”，映射并决定了思维认识中也“为名不可两立”。这就是思维遵循这种逻辑标准的具体体现。

应该说，先秦逻辑思想在其发展过程中有伦理化倾向，其伦理标准所决定的求善精神的要求，不是人类思维工具系统自然演进的结果，而是人类伦理道德对逻辑法则“要求”下的补充或修正。因为，从思维工具系统内部无法找到在预设的价值前提下为何能由此达彼的合法性证明，它的合法性只能从人类的道德理想领域寻找。“己欲立而立人，己欲达而达人”及“己所不欲，勿施于人”等的善良理念，虽然“在理想上越出了等级的藩篱，具有个性解放的因素”，但这种“克己”的道德修养，对克服先秦社会大量存在的“不义”来讲，仍然只是一种非强制约束的弱约束，故而它“对社会政治种种之恶似乎也构不成真正的抵御力量”。[1]

因此，体现在先秦推类思想必然受时代背景的限制问题上，道德共识就赋予了推类模式之求善的时代合理性。而引征谕证过程必然要涉及的“类”“族”“德”的伦理精神的同一性与普遍性所赋予的公共理性，则在保证一个社会族群中的个体与总体间的同一与平衡过程中，赋予了推类模式之求真的合法则性。这就使得，“类”法式的伦理标准和逻辑标准并非截然对立或并行不悖，它们作为先秦推类模式的两种“精气”，互为表里地水乳交融在一起。伦理标准所体现的是先秦推类模式的求善、求治的时代精神，逻辑标准

1　刘泽华、葛荃主编：《中国古代政治思想史》，南开大学出版社，2001，第35—36页。

所体现的是先秦推类模式的求真的时代精神。这两种“精气”在“取辩于一物而原极天下之污隆”以引征谕证政治伦理是非的百家争鸣中，建立在“类”概念基础上的先秦推类模式，就历史性地成为其时政治伦理传播活动中，在引征谕证社会治乱时，以《邓析子·转辞》所言“动之以其类，安有不应者”的一个根本方法，在强调社会政治秩序的伦理要求和政治行为的道德自觉中，将宗族社会祭祀活动的“礼”，归结到了内心尺度的“仁”上。

他们或者归纳引征上古圣王、暴王的治乱为善恶比照；或者引征以相同事理以小谕大、以浅谕深，以推类谕证自己的治世思想主张。其推类谕证的目的，即在于在“言事”的引征前提中就已经有了预设之“标准”。

这种预设的取法标准，自上古以来有着一个发展演变的历史化过程。

第十章
先秦推类模式取法标准的历史化与伦理化

应该说，先秦推类模式是一种融“思想单位”于自身的广义论证模式，在“言事→论道”的过程中，其结论所论之“道”，实际上往往预设在论证主体的前提中，其论证目的无非是在说明所论之“道”的合理性，其论证规则也是通过“言事→论道”的模式方法论意义，表达着这个“类同”过程的有效性或生效性。所以，预设前提的可接受性就是问题的关键所在。而这种可接受性是经过历史检验的经验归纳，并使之成为一种法则式的“信念”。

梁漱溟曾说，“中国之所尚，在圣贤”[1]。其实，这种“所尚在圣贤”的法则式“信念”，是一个历史化的演变结果。此其一。

牟宗三曾认为，逻辑的绝对性的关键在于逻辑二分法的绝对性，它是“思想作用的二分”，而且“它自然就是矛盾的”；“所以二分法的认识乃成了逻辑中的急务”。[2] 这种二分法的认识，在先秦推类模式取法标准的历史演变过程中也是一以贯之的。此其二。

春秋战国时期，是一个社会关系的大变革时期。“高岸为谷，深谷为陵”的社会激荡，使得对于现存的一切都迫切要求思想家们重新认识，并对社会的发展作出令人信服的回答。百家争鸣中的均“思以其道易天下”，诸思想家不能不自觉地对争鸣所固有的“名辩”本身进行积极探索。上古以来以正

1 梁漱溟：《中国文化要义》，上海人民出版社，2005，第121页。

2 牟宗三：《逻辑典范》，香港商务印书馆，1941，台北：台湾师范大学影印，第108—111页。

确辨别、辨察事物利害、善恶、吉凶、治乱的二分法式的直觉、意识及观念，无疑为诸思想家引征谕证自己的观点提供了素材和启示。在“名辩”的“明是非之分，审治乱之纪”之求真、求善、求治目的的刺激下，从上古神话阶段即已开始的从本能的直觉、到朦胧的意识、到知性的反思、到精神的自觉，古代“天人关系”的理论一步步确立，反映了思维判断中的取法标准之民本思想及其政治伦理精神。基于此，先秦推类模式取法标准的历史化过程同时也是一个伦理化的过程。

第一节　上古至西周思维取法标准的演变

一　趋利避害的二分直觉基线

笔者已在第七章第四节前述，张东荪对于古代社会天、治者、人民三者相互贯通、相互联系的互动关系，并以一种三角图形进行了图形描述。同时我们也认为作为第三者的“天”，标杆式地起着取法标准的作用。治者承天命而治民，民又自代表着天意。三者不同的互动分别显现着治世与乱世。但是，这种“取法于天”标准的确定，是从什么时候开始形成的？它有无一个发生、发展、变化的历史化过程？我们也应该将眼光上溯至产生“天”的人伦意识的上古神话阶段。

在上古时期，自然环境恶劣，生产力极其低下，上古初民尽管已经“人猿相揖别”，但远未真正从自然界脱离出来。他们的生存条件无时无刻地受制于自然的现实存在。对自然环境无可奈何的顺应，以及渴望对之施加改造以期使之顺应自己的矛盾心情，理应在上古初民的思维中激起二分式的情感，即对自然的恐惧与崇拜，并不自觉地规定了他们下意识的趋利避害的取舍态度。希冀安定的“有序”，排斥不安的“无序”。无论是创世神话、洪水神话，还是英雄神话，无不显现着这一基线。

在比较接近于原始形态的上古神话如“女娲补天”“盘古开天地”中，其所描述的情景，就是自然界从无序到有序、再至无序、再至有序的变化：

> 天地混沌如鸡子，盘古生其中，万八千岁，天地开辟，阳清为天，阴浊为地。……天日高一丈，……盘古日长一丈。如是万八千岁，天数极高，地数极深，盘古极长。后乃有三皇，数起于一，立于三，成于五，盛于七，处于九。故天去地九万里。[1]

一切从无序开始。然后接着发展。

> 首生盘古，垂死化身，气成风云，声为雷霆，左眼为日，右眼为月，四肢五体，为四极五岳，血液为江河，筋脉为地理，肌肉为田土，发髭为星辰，皮毛为草木，齿骨为金石，精髓为珠玉，汗流为雨泽，身之诸虫，因风所感，化为黎氓。[2]

这种从无序到有序的发展描述，表明了初民对自然正常秩序的渴望。但在某种意义框架下，这种描述可能并非是上古初民的理性理解，而是上古神话在口传笔录的历史化过程中，掺杂了后人的思想意识。或如《庄子·应帝王》：

> 南海之帝为倏，北海之帝为忽，中央之帝为混沌。倏与忽相遇于混

---

1 （汉末）徐整：《三王历纪》。《三王历纪》提出盘古说，被认为是所有古史传说前最早的天地开辟的神话，并使“自从盘古开天地，三皇五帝到如今”成为中国古史的定型。后世学者对此也有不少争论。

2 （汉末）徐整：《五运历年纪》。

沌之地，混沌待之甚善。倏与忽报混沌之德，曰："人皆有七窍，以视听食息，此独无有，尝试凿之。"日凿一窍，七日而混沌死。

显然，这种对自然无序状态的一种自然无为的态度，应该是后人的意识，或者就是庄子自己的意识。但在这种"无为"到"有为"发展过程中，以人之所有，比附于自然状态，却鲜明地表现了初民从人之有序的"实然"，联想到自然也应如此的"应然"。这种心境应是初民对所处社会生活状态的一种无可奈何的折射。在生产力极其低下的原始生活中，初民对于自然界是无能为力的，但出于安定生存的愿望，他们又时刻热盼着一种稳定秩序的永存。面对着恶劣的自然环境，经历着洪水猛兽的欺凌，现实的存在使他们不能不采取一种现实的态度，但在现实的生存中，他们又不甘心消极地忍受。于是在类如"女娲补天"的神话中，寄托了他们再生秩序的情思。

天地亦物也。物有不足，故昔者女娲氏炼五色石以补其阙；断鳌之足以立四极。[1]

往古之时，四极废，九州裂，天不兼覆，地不周载，火滥炎而不灭，水浩洋而不息，猛兽食颛民，鸷鸟攫老弱。于是女娲炼五色石以补苍天，断鳌足以立四极，杀黑龙以济冀州，积芦灰以止淫水。苍天补，四极正，淫水涸，冀州平，狡虫死，颛民生。[2]

在这些神话故事中，无序表明的是一种自然界的无常，而有序则是安定生存的保障，因此，初民面对这种现实存在和现实理想，采取了一种"对死

1 （战国）列子：《列子 · 汤问》。
2 （西汉）刘安：《淮南子 · 览冥训》。

亡现象恒常与固执的否定”[1] 态度，出于趋利避害的直观感受和直觉意识，必然要产生一种选择意识。但在现实存在中，初民所直接面对的是自然之天，其间还并无第三者插足，因此，初民别无选择地将自然之天定为利害的标准，人与天之间是一种非常简单的二元关系。自然之天的好坏，决定了初民现实存在的利害，现实的存在取法于自然之天。远古的“创世神话”和“洪水神话”鲜明地表明了这一点。

虽然初民具有了选择意识和选择标准，但这种选择应该是极为被动的。因为他们本身并不具有这种选择的自主权，只能在自然的无序状态中无奈地仰望苍穹，期盼着自然的有序。这应该就是最原始的体现在神话中的“秩序”意识。而按法国文化人类学家认为，没有了“秩序”，就没有了神话的活力。这种“秩序”体现为“一再于全世界重复出现”的秩序化的故事或相对稳定的“结构”。因此神话是埋藏着“原逻辑”的原始思维的最好标本。[2]

这种对于利害的被动选择的“标本”，显现了初民们不甘心这种“安之若命”的等待和翘望，因此在“英雄神话”中，初民的利害选择权力从自然转移到重整自然秩序、救民于水火的神话英雄那里。崇拜的对象也随之转移。虽然这种对神话英雄的崇拜，其明确的动机与内涵仍然是趋利避害，但在初民无力自助而用幻想来控制自然的思维中，神话英雄的好坏，决定了初民现实生存的利害。神话英雄如不好，则民不聊生。或如《淮南子》之《天文训》《本经训》记载的古代神话中的水神共工：

> 昔者共工与颛顼争为帝，怒而触不周之山，天柱折，地维绝，天倾西北，故日月星辰移焉；地不满东南，故水潦尘埃归焉。
>
> 舜之时，共工振滔洪水，以薄空桑，龙门未开，吕梁未发，江淮通

1　〔德〕卡西尔：《人论》，上海译文出版社，1985，第 86 页。

2　参见〔法〕列维 · 斯特劳斯《野性的思维》第一章，商务印书馆，1987。

流，四海溟涬，民皆上丘陵，赴树木。

神话英雄如好，则救民于水火，或如《兵略训》《本经训》记载的：

> 共工为水害，故颛顼诛之。
>
> 舜乃使禹疏三江五湖，辟伊阙，导廛涧，平通沟陆，流注东海。鸿水漏，九州干，万民皆宁其性，是以称尧舜以为圣。
>
> 尧乃使羿诛凿齿于畴华之野，杀九婴于凶水之上，缴大风于青丘之泽，上射十日而下杀猰貐，断修蛇于洞庭，擒封豨于桑林，万民皆喜，置尧以为天子。

在这种神话故事结构中，英雄人物承担起一种了“灾难—救灾—再生”的责任，其结果就是“女娲补天”之后的“颛民生”与“羿射十日”之后的“万民皆喜”。这样，在人与自然之天的二元关系中，初民就根据现实生存的需要安排了一个第三者——神话英雄。神话英雄人物历史地充当了利害的取法标准，初民虽仍然受制于自然之“天”，但神话英雄却代表了民意。神话历史化的过程，使人类社会开始从想象中从自然界脱离出来了。

二 选善弃恶的二分自觉

随着历史的发展以及神话历史化的倾向，英雄人物与始祖神趋于统一，并由此产生了“帝”的概念。“帝”的甲骨文为“[illegible]、[illegible]”，《说文解字·上部》：“諦也，王天下之号也。从上，朿声”；《尔雅·释诂》：“帝，君也”。南宋史学家郑樵的《尔雅注》以为像花蒂之形，假借为帝王字。又有传说炎黄二帝为头戴黄花与红花的部族首领，而黄红二花即是部族首领的标记。[1]

---

1 关于“帝”即“花蒂”的问题，又曾向山西省博物馆古文字学家张颔先生探讨过，深受启发，采用了他的看法。在此深切缅怀已故去的张颔先生。

无论怎样解字，“帝”总意味着至高无上。由是，随着“帝”概念的产生并与始祖神联系在一起，作为崇拜中的对象，英雄、祖先、上帝似乎趋于一体化了。

“帝”概念的产生以及其在神话中的体现，表明了社会关系中善恶对立二分之观念的出现。这从“牛郎织女”与“颛顼绝地天通”中可见一斑。

“牛郎织女”的神话故事在其形成初期还并无善恶的二分对立，只是一种《诗经·小雅·大东》描述的人间男耕女织的图景在天上的折射：

> 维天有汉，监亦有光，跂彼织女，终日七襄。虽则七襄，不成报章，睆彼牵牛，不以服箱。

其基本情节中人与上帝的善恶二分，是在经年累月的神话历史化的过程中才形成的。[1]

关于“绝地天通”的神话故事与《尚书·吕刑》中记载的“黄帝与蚩尤之战”相联系。

> 若古有训，蚩尤惟始作乱，延及于平民，……黄帝哀矜庶戮之不辜，报虐以威，遏绝苗民，无世于下，乃命重、黎绝地天通。

这种善恶对立的“报虐以威”，以及“绝地天通”的弃恶从善的二分观点，应是神话历史化的结果。这在《国语·楚语下》中得到了进一步的发挥：

> 古者民神不杂，……各司其序，不相乱也。民是以能有忠信，神是

1　参见王孝廉《中国的神话故事》第五章，作家出版社，1991。

> 以能有明德。民神异业，敬而不渎，故神降之嘉生，民以物享，祸灾不至，求用不匮。及少皞之衰也，九黎乱德，民神杂糅，不可方物。……颛顼受之，乃命南正重司天以属神，命火正黎司地以属民，使复旧常，无使侵渎，是谓绝地天通。

《国语》中所讲，已然不是自然秩序的紊乱，而是社会秩序的紊乱了，它将《尚书·吕刑》中由恶造成的社会秩序的紊乱，以及“绝地天通”重复“善”及重整社会秩序的行为，进一步明确化了。初民现实生存的利害取舍被善恶取舍的伦理道德观念所取代，促进了“帝”与“德”的相配，使人们趋利避害的思维二分向择善弃恶的思维二分转化。这种思维规范在《史记·五帝本纪》的记载中进一步固定下来：

> 蚩尤作乱，不用帝命，于是黄帝乃征师诸侯……遂擒杀蚩尤。

至殷商时期，《礼记·表记》所言的“殷人尊神，率民以事神”的历史事实延续了上帝崇拜，使得上帝无所不能地统管着一切自然现象，也主管着人间的一切事物，如征伐、田猎、生产、救灾等。

> 贞，帝令雨弗造年。[1]
>
> 贞，帝令雨造年。[2]
>
> 羽癸卯帝其令风。[3]
>
> 羽癸卯帝不令风。[4]

---

1 罗振玉编：《殷墟书契前编》1.50.1，1932年。

2 罗振玉编：《殷墟书契前编》1.50.1，1932年。

3 董作宾编：《殷墟文字乙编》2542，中央研究院历史语言研究所1948。

4 董作宾编：《殷墟文字乙编》2542。

> 我伐马方，帝受我右。[1]

在这种尊神、事神的行为过程中，人们的思维取舍选择只能以上帝的意志是从，故一切行为、思想莫不同一于上帝。据《尚书·尧典》，尧的儿子丹朱就因侮慢上帝而不为上帝所重用："吁，静言庸违，象恭滔天。"《尚书·汤誓》中商汤征伐夏桀也是遵从上帝的意志："夏氏有罪，予畏上帝，不敢不正。"这样，随着时移世易，善恶观念的出现以及"帝"所具有的"善"，人们将取法标准从幻想的神又转移到具体的"帝"身上。思维取舍已从面对自然秩序的趋利避害的二分法，演变到面对社会秩序的择善弃恶的二分法了。

但历史发展的问题并不如此简单，按《左传·昭公六年》"夏有乱政而作《禹刑》，商有乱政而作《汤刑》，周有乱政而作《九刑》"的过程中，先民的取法标准又开始由"帝"历史化地回归转化为"天"了。

卜辞中虽无"天"字，但卜辞中"上""帝"连用，表明"帝"在天。[2]

又，金文"帝"（[illegible]）进一步演化为架木祭天之形[3]，表明"天"是"帝"的进一步抽象化结果，"天者，百神之君也"[4]。这种观念应是先民在由多元崇拜向一元崇拜的过渡中产生的。"天"表现为一个有意志、有人格的最高主宰，它能发布命令，赏善罚恶，密切注视着臣民的行为，以决定其祸福寿夭。或如，《尚书·汤诰》有"天道福善祸淫"；《国语·周语中》有"天道赏善而罚淫"；《尚书·高宗肜日》有"惟天监下民，典厥义，降年有

1　董作宾编：《殷墟文字乙编》5408。

2　在《诗经》的大、小《雅》及《颂》中，就有多篇有"上帝"连用。或如，在《诗经·小雅·正月》中，既讲"天"，也讲"上帝"。"瞻彼中林，侯薪侯蒸。民今方殆，视天梦梦。既克有定，靡人弗胜。有皇上帝，伊谁云憎？"而在《诗经·大雅·大明》中，"天"出现7处，也有"上帝"连用。"维此文王，小心翼翼。昭事上帝，聿怀多福。厥德不回，以受方国。"有意思的是，在这两篇中，对"天"或"上帝"的评价截然相反，表达了对"天""上帝"作为取法标准认识的朴素辩证态度。

3　参见徐中舒主编《甲骨文字典》卷一，四川辞书出版社，1988，第7页。

4　（西汉）董仲舒：《春秋繁露·效义》。

永有不永，非天夭民，民中绝命”；等等。

由于“帝”的进一步抽象化结果是“天”，因此代“帝”伐罪就是代“天”伐罪。如《尚书》之《汤誓》“有夏多罪，天命殛之”；《甘誓》“今予惟恭行天之罚”。因此《左传·宣公三年》中“商纣暴虐，鼎迁于周”的合理性解释，就是先民取法标准进一步抽象化转变的结果。其路径即《尚书·盘庚》所言由“予畏上帝”到“恪谨天命”再到“乃命于天”。这样，天道与人道、自然与社会，这两个不同的领域进一步疏离，人类终于在思想上从自然界彻底分离了出来，表现了人类自我人格的独立与人的自觉。

虽然《诗经·商颂·玄鸟》言“天命玄鸟，降而生商”，但随着“鼎迁于周”的王权转移，必然还会产生一个疑问，既然同样是王者受命于“天”，已然有的商为何要被周所取代？《尚书·西伯戡黎》中很是不服气的殷纣王就声称：“我生不有命在天？”面对不肯轻易就范的殷民，为了确保自己辛辛苦苦夺到的王权，周人就需要有一个合理的解释来纾解这个矛盾。亦即，同样是王者受命于“天”，但获得“天”之佑是有条件的。如是，联系的、发展的观点，就能从多视角来全面看待王权的转移。

夏被天抛弃，是不听天命故天不保佑的咎由自取。《尚书·多士》：

上帝引逸，有夏不适逸……降致罚，乃命尔先祖成汤革夏；……在今后嗣王诞罔显于天……罔顾于天显民祇，惟时上帝不保，降若兹大丧。

同篇中所述商纣王不被天保佑同样也是不听天命的咎由自取。

尔殷遗多士，弗吊旻天，大降丧于殷。我有周佑命，将明天威，致王罚，敕殷命终于帝。

《诗经·大雅·皇矣》更直截了当地指出："皇矣上帝，临下有赫。监观四方，求民之莫。维此二国，其政不获。"于是，夏、商的王权失德，故失去"天"的保佑，其王权的失落就理有固然了；而周人则反是。于是，一方面，历史的经验告诉人们"天不可信"[1]，"天命靡常"[2]，"天命不彻"[3]；另一方面，《尚书·康诰》又标示了"天"仅授命于有德者的启示：

> 惟乃丕显考文王，克明德慎罚……闻于上帝，帝休，天乃大命文王。

在这种《尚书·多方》所言"惟我周王，灵承于旅，克堪用德……简畀殷命"的现实中，虽然有"天不可信"的历史经验，但只要保持美德并加以推广，"天"还是不会废弃他所给予的福命。周文王即如是。《尚书·君奭》：

> 我道惟宁王德延，天不庸释于文王受命。

这就表明了，天仍然可以信赖的基础条件是有德。这种有德、无德的警诫及稳定社会的作用一直在历史地延续着：

《诗经·小雅·雨无正》："胡不相畏，不畏于天？"

《诗经·周颂·我将》："畏天之威，于时保之。"

《左传·宣公十二年》："今天或者大警晋也。"

《左传·宣公十五年》："天方授楚，未可与争，虽晋之强，能违天乎？"

《左传·文公十五年》："不畏于天，将何能保？"

---

1 《尚书·君奭》。

2 《诗经·大雅·文王》。

3 《诗经·小雅·十月之交》。

这种历史的延续，表现在中国的传统思维中，“天”始终是具有道德的“人伦之天”。

三 “德”标准的确立

天命标准的有条件性，使取法标准又形而上地落在了“德”的身上。

《诗经·大雅·假乐》：“威仪抑抑，德音秩秩。无怨无恶，率由群匹。受福无疆，四方之纲。”

《诗经·大雅·卷阿》：“有冯有翼，有孝有德，以引以翼。岂弟君子，四方为则。颙颙卬卬，如圭如璋，令闻令望。岂弟君子，四方为纲。”

《诗经·大雅·抑》：“有觉德行，四国顺之。……敬慎威仪，维民之则。”

这种取法标准的进一步转移，在《诗经·大雅·荡》中表明人们的一种“靡不有初，鲜克有终”的自我警觉，他们在“天命靡常”“天命不彻”“天命难保”之历史经验的自发归纳中，不能不“殷鉴不远”地自觉思考社会、人生的问题。伦理常道的人生问题就是这种思考中唯一关心的问题了。并且将这种思考以政治伦理的色彩，涂抹在对宇宙根源、自然法则的认识中。[1]

这种历史思考将《尚书》《诗经》中的“德”，以人们思维、行动的标准，提升到一个“祈天永命”的无上高度，并赋予“德”以不同的表现形式。或如，《诗经·大雅·下武》中“孝”就是“德”所明示的法则，“永言孝思，孝思为则”。在这种道德命令的规范下，才会有《尚书·康诰》“若德裕乃身，不废在王命”、《召诰》“王其疾敬德”等的自我警示与自我约束。

在这种警示下，“德”成为一种“法则”式的规范标准。《左传·文公十

---

1 参见本书第五章第一节对“德”的解析。

八年》："先君周公制《周礼》曰：'则以观德，德以处事，事以度功，功以食民。'作《誓命》曰：'毁则为贼……有常无赦，在《九刑》不忘'。"甚至在其后春秋时期诸侯国的各种事务中，"德"也高居首位。《宣公十二年》："德刑政事典礼不易，不可敌也。……德立，刑行，政成，事时，典从，礼顺，若之何敌之？"

按粗略统计：《诗经》中的"天"出现于140多段落，170多回次，分别表达着自然之天、意志之天、伦理之天，又以后者的意志之天、伦理之天居多。《诗经》中的"德"出现于60多段落，70多回次，而且，与"德"相关的"标准""法则"词语，诸如"则""法""度""规""律""表""方""式""纲""纪""章""刑""效""极""宪""师"等，也是诸多篇可觅。

由之，按"天、君、民"的三角互动关系，"天""德""标准"就历史化地结合在一起，成为这种三角关系的稳定器。如《诗经·大雅·烝民》：

> 天生烝民，有物有则。民之秉彝，好是懿德。天监有周，昭假于下。保兹天子，生仲山甫。

应该说，在问题情境化与问题历史化的追问中，遵"德"与"恪谨天命""乃命于天"并不矛盾，因为德性的养成过程就是在于畏"天"，它的养成可以是自在的，是符合"礼"的。这种观念一脉相承地一直延续到以后。或如《左传》之《宣公十五年》《文公十五年》：

> 晋侯欲救之[1]。伯宗曰："不可。古人有言曰：'虽鞭之长，不及马

1　指鲁宣公十五年（前594年）春，楚国入侵宋国，作为盟约国，晋景公想派兵救援。

腹。’天方授楚，未可与争。虽晋之强，能违天乎？谚曰：‘高下在心。’川泽纳污，山薮藏疾，瑾瑜匿瑕，国君含垢，天之道也，君其待之。”乃止。

齐侯其不免乎。己则无礼，而讨于有礼者……《诗》曰：“胡不相畏，不畏于天?”[1] 君子之不虐幼贱，畏于天也。在《周颂》曰：“畏天之威，于时保之。”[2] 不畏于天，将何能保？以乱取国，奉礼以守，犹惧不终；多行无礼，弗能在矣！

这两则文献均是正反引征谕证，既表明了对“天”仍然保持着一贯敬畏的态度，也表明了顺应天意的自我修养的重要性。对“天”的敬畏已然与君王的行事准则与自我修养有了相互映照的必然联系。在此之后的庄子看到了这种变化，《天下》篇中将此期称为“以天为宗，以德为本”。二者的结合，无疑也标示着在王权得失的历史成败教训中，“德”在政治伦理中的地位。又由于“德”本身在人伦世界中才能得以实现，成为一种全新的取法标准，因此，“德”在普遍思维中的实在性，也意味着上古神话阶段以来的取法标准复归于人。提高了“德”在事实标准和价值标准在普遍思维认知中假于推类模式的实在性和功用性。

这无疑是思维发展史上的一个全新进步。如前所述，在上古神话阶段，初民由于自己对自然界的势单力薄，在无望于自然之天后，将利害的选择权力拱手交予了英雄人物。这种权力的转移，实际上是对自身价值的否定，是人未脱离自然界的表现。但这种牺牲个体的代价，却换来了群体意识的集中。继而在持续不断的历史化过程中，初民一步步从自然界脱离，成为“社会关系的总和”，先秦思维法则也一步步由自发、自觉、抽象，使取法

1 《诗经·小雅·雨无正》。

2 《诗经·周颂·我将》。

标准由原初自然之天的具体实象，到虚幻的神话英雄，再到神、到帝、到人伦之天、到德，最终又复归于思维中的具体——人。无论是在取法标准的丰富内涵上，还是在取法标准实际应用的眼界上，都是以往取法标准所无以相比的。

历史的主体总是人民大众，所以历史的选择也总是人民大众的选择，每一选择都必然会在历史发展的长河中显现出自身的地位与价值，并通过当代人与后代人的实践来予以肯定或否定。从这一意义上看，张东荪所描绘的“天、君、民”的三角图形，“民”在历史的发展中，始终是衡量取法标准的标识坐标。这种演变实质上只是外在形式的演变，其内在的规定性却一直未在变。趋利避害也罢，择善弃恶也罢，从德舍怨也罢，无一不是以人为根本的。

其结果表现在《尚书》中，首先是在“念天威”以同一天命的同时，也要顾及人，如《君奭》的“罔尤违，惟人”。而“天、君、民”的三角图形中，天与民是矛盾的统一体。“天”虽然始终处于一种被敬畏的高度，但仍然要服从《泰誓上》所言“民之所欲，天必从之”的法则。由是也就有了《皋陶谟》的“天聪明，自我民聪明；天明畏，自我民明威”；《泰誓中》的“天视自我民视，天听自我民听”等一系列反向的对“天”的警诫。

其次，在“天、君、民”的三角互动中，以往的历史成败教训已然成为历史的经验，它也促使了要维护这种三角互动，其取法标准的作用就必须在由道德责任自觉到思维自觉中来实现。“君”为了达到《皋陶谟》的“安民则惠，黎民怀之”，进而《召诰》之“王其德之用，祈天永命”的目的，就不能不按《召诰》的警示，“我不可不监于有夏，亦不可不监于有殷……惟不敬阙德，乃早坠阙命”，所以，“王敬作所，不可不敬德”。

最后，在《泰誓上》“惟人万物之灵”的映射下，有《酒诰》言之的“人无于水监，当于民监”。这样就使得审视王德，按人自身的要求，二分式地取舍善恶。在“天、君、民”的三角互动中，无论其后推类谕证的引征前提预设如何不同，但在“天命有德……天讨有罪”，“用罪罚其死，用德彰其善”，“天喜善怨恶”，“天道福善祸淫”，“德无常师，主善为师”的一系列警诫中，不断历史化地稳定着先秦推类模式的方法论意义。

第二节 春秋战国时期思维取法标准的差异

至春秋战国时期，社会的大变革反映在上层建筑领域，就是以往社会的名分等级制的淆乱。以往的社会怎样评价？现实的存在怎样认识？思想家们不能不以历史的反思回顾与前瞻，“思以其道易天下”，义无反顾地担负起在思想上重整社会秩序的重任。在由此而所推动的百家争鸣中，上古以来的圣主、明王，因其有德而代表了天意，变成了纯粹政治与道德的境界。先王形式的理想化、符号化，在政治伦理传播的引征谕证过程中，成为衡量治乱之善恶、是非的标准。只是在对待“天”的态度上，诸子各家心境不一，由此造成的各自引征谕证的前提也就有所不同，其谕证的结论自然有了不同。百家争鸣的訾应对诤有其历史思维的原因。

一 从民意的范式到“礼”

按《左传·昭公十八年》，春秋时代的郑国子产就以“天道远，人道迩，非所及也”，强调了要以现实的态度重视人道。其他的诸如《桓公六年》“夫民，神之主也，是以圣王先成民而后致力于神”，《庄公三十二年》“神，聪明正直而一者也，依人而行”等，虽还没有直接否定“天”的权威与主宰地位，但在“天”与人的关系问题上，无疑是提高了人的地位与作用。这就显然在“天、君、民”的三角关系中，加强了“民”的权重，“天”之所以仍可作为取法的标准，只是增强了民意的信用状。至战国时期的荀子，更以其民本的态度，明天人之分，在其《天论》中认为“天行有常，不为尧存，不为桀亡”，反对“错人而思天”的消极思想，主张“制天命而用之”。天意直接成为民意的范式。

孔子虽在《颜渊》中言“死生有命，富贵在天”，却也在《季氏》中说，“君子有三畏，畏天命，畏大人，畏圣人之言”。天命从天上坠落至人间。表明了一种力图摆脱“天”的传统力量控制的思维方式。孔子对“天”的态度，反映了重人事而轻天事的态度。在孔子看来，在人事中“天”的作用已在逐渐弱化中，“天”主要还是《阳货》所言“天何言哉，四时行焉，百物生焉”的自然之天。故而孔子对“天”的总体态度是《雍也》篇的“敬鬼神而远之”，其要务主要还在于“务民之义”。虽然，孔子还并没有（恐怕也不敢）全盘否定“天”，“仁”就是“天”之德，人君须行“天”之德，自古亦然。《泰伯》：“大哉，尧之为君也。巍巍乎！唯天为大，唯尧则之。荡荡乎！民无能名焉。”但在人君地位日益飘摇的社会大变革时期，“名实相乱”已是不争的事实，为了恢复“上不得兼下，下不得僭上”的周礼，孔子提出了“正名以正政”，以期为社会思维提供一个规范的尺度。

在“正名以正政”的过程中，孔子把《礼记·乐记》之“礼者为异”的周礼作为取法的唯一标准。周礼的“氏所以别贵贱”，不但成为人们社会活动的尺度，如《季氏》言“不学礼，无以立”；而且成为人们辨别善恶、取舍是非的客观依据，如《颜渊》言“非礼勿视，非礼勿听，非礼勿言，非礼勿动”。这一点在儒家经典《礼记》之《礼运》《曲礼上》中尤为明确：“礼者，君之大柄也。所以别嫌明微，傧鬼神，考制度，别仁义，所以治政安君也”；“夫礼者，所以定亲疏，决嫌疑，别同异，明是非也”。在孔子看来，“名正”即是符合周礼；如乱了标准，其由“名不正”连锁推理到“民无所措手足”的后果是极其严重可怕的。

本来，“礼”作为一种认识对象，只是一种主观规定性，但自从它由“人格的物化转变为物化的人格”[1] 后，它即由一种认识的对象转化为形式与内容浑然一体的思维尺度。正是由于它要符合用以“别贵贱”的以氏族、血缘为纽带的宗法制度，从《左传·僖公十年》的“神不歆非类，民不祀非族”，到《论语·微子》的“长幼之节，不可废也，君臣之义，如之何其废也”，作为“思想重建者”[2] 的孔子，所提出的取法标准似乎就有了独断论意味。于是在孔子那里，“天、君、民”的三角互动关系，被“礼、君、民”的安于社会伦理秩序的关系所取代，统治者治理的好坏，完全凭靠了一种道德的意识、自觉、良心。

梁漱溟的《中国文化要义》第五章为“中国是伦理本位的社会”，而在伦理的社会组织中，意味着各种“名分”及其相互之间的关系，因此才会有“伦理本位者，关系本位也”。[3] 但这种以“礼”为准的法则观念，也似乎背离了上古以来取法标准的民本思想。

二　法自然与任自然

如果说孔子是以“礼”统摄了“天之德”，那么老庄则把理性归于自然。老子强调的是主体的自觉性，庄子则倾向于客体的自然性。因为在老庄看来，社会的秩序与和谐并非圣人的目的所致，而是自然界本身固有的因果性造成的。《老子·三十八章》认为：

> 上德不德，是以有德，下德不失德，是以无德。上德无为而无以为，

1　侯外庐：《中国思想通史》第1卷，人民出版社，1960，第15页。
2　胡适：《先秦名学史》，学林出版社，1983，第29页。
3　梁漱溟：《中国文化要义》，上海人民出版社，2005，第70、84页。

下德为之[1]而有以为。上仁为之而无以为，上义为之而有以为。上礼为之而莫之应，则攘臂而扔之。故失道而后德，失德而后仁，失仁而后义，失义而后礼。夫礼者，忠信之薄而乱之首。

如此社会一天不如一天地江河日下，使得《老子·一章》认定“无名，天地之始”的自然无为状态是最为合理的原始之道。《老子·三十二章》所言“民莫之令而自均”，使天地万物保持着均衡与稳定。这也就有了这种均衡与稳定的建立与破坏的区别。《老子·七十七章》：

天之道，其犹张弓与，高者抑之，下者举之，有余者损之，不足者补之。天之道，损有余而补不足。人之道则不然，损不足以奉有余。

亦即，“天之道”是无为的，“人之道”是有为的，人君行有为之道，无异于饮鸩止渴。因此，人君要想治世，就必须无为而治。要想“天长地久”，就应该按《老子·二十五章》“人法地，地法天，天法道，道法自然”。

“法自然”以自然无为状态为取法标准，这应当是针对《老子·十六章》所言“归根曰静，静曰复命，复命曰常，知常曰明”的过程而言的，其目的在于回归自然无为状态，以达到老子贵“柔”用“弱”以及无为而治的政治伦理的最终目的，让认识无所纷争，和于自然之道，即《老子·五十六章》：

知者不言，言者不知。塞其兑，闭其门，挫其锐，解其纷，和其光，同其尘，是谓玄同。

1　旧为“无为”，参王弼本校改。

在这里，老子的取法标准虽然仍体现了任“天”而治以保社会秩序均衡，从而使民所安的民本思想，但他的这种民本思想如用来指导社会实践，似只能返回至《老子·八十章》所描述的“小国寡民。使有什伯之器而不用，使民重死而不远徙。虽有舟舆，无所乘之，虽有甲兵，无所陈之。使民复结绳而用之。甘其食，美其服，安其君，乐其俗。邻国相望，鸡犬之声相闻，民至老死，不相往来”的理想社会。老子的这种把“经济生活的一般规律，不管是应用于现在或过去，都是一样的。……这样的抽象规律是不存在的……恰恰相反，每个历史时期都有它自己的规律。一旦生活经过了一定的发展时期，由一定阶段进入另一阶段时，就开始受另外的规律支配”[1]。

庄子则走得更远，他一方面在《庄子·齐物论》中认为“天”与人本来就是合一的，“天地与我并生，而万物与我为一”；另一方面，在《天运》中又认为天理就是自然法则，要求“顺之以天理”。因此，庄子不但追求人与自然的和合，即《天道》“与天和者，谓之天乐”；同时《齐物论》也以“天”为一种齐物我、齐是非的标准，“是以圣人和之以是非而休乎天钧”，“和之以天倪……是不是，然不然，是若果是也，则是之异乎不是也，亦无辩；然若果然也，则然之异乎不然也，亦无辩。……忘年忘义，振于无竟，故寓诸无竟”。庄子就是这样，通过“天钧”“天倪”终于解决了是非“樊然殽乱”的情况，并在《山木》中提出了“以和为量”即“和顺自然”的最高原则。

> 庄子行于山中，见大木，枝叶盛茂，伐木者止其旁而不取也。问其故，曰：“无所可用。”庄子曰：“此木以不材得终其天年。”
>
> 夫子出于山，舍于故人之家。故人喜，命竖子杀雁而烹之。竖子请

1 《马克思恩格斯选集》第2卷，人民出版社，1995，第111页。

曰："其一能鸣，其一不能鸣，请奚杀？"主人曰："杀不能鸣者。"

明日，弟子问于庄子曰："昨日山中之木，以不材得终其天年；今主人之雁，以不材死。先生将何处？"

庄子笑曰："周将处乎材与不材之间。材与不材之间，似之而非也，故未免乎累。若夫乘道德而浮游则不然。无誉无訾，一龙一蛇，与时俱化，而无肯专为；一上一下，以和为量，浮游乎万物之祖；物物而不物于物，则胡可得而累邪？此神农、黄帝之法则也。若夫万物之情，人伦之传，则不然。合则离，成则毁，廉则挫，尊则议，有为则亏，贤则谋，不肖则欺，胡可得而必乎哉？悲夫！弟子志之，其唯道德之乡乎！"

庄子甚至也以自己善用的推类模式，以《养生主》中的"庖丁解牛"、《人间世》中的大树、《逍遥游》中的大葫芦等寓言说理故事，诲人不倦地谕证着自己顺应自然的道理。或如，"庖丁解牛"的意喻之所以能够成立，就在于从"手之所触，肩之所倚，足之所履，膝之所踦，砉然响然，奏刀騞然，莫不中音，合于《桑林》之舞，乃中《经首》之会"的乐音流泻中，可以品咂出为什么"缘督以为经，可以保身，可从全生，可以养亲，可以尽年"。

尽管庄子这种怀疑主义的善恶、美丑无是非的宿命论，在其"剽剥儒墨"以否定以个人主观意志为取法标准的方面有着积极的意义，但他以此希望人们返回到那种没有认识的洪荒时代，却让老子的"小国寡民"社会望其项背。只有在社会中人的自然存在才能成为属人的存在，庄子所追求的那种重返自然界以民生安逸、心境恬淡的境界，毕竟与时代的发展有些背道而驰。

三　莫若法天

在先秦诸子中，墨子是在其《法仪》《尚贤中》最旗帜鲜明地打出了"莫若法天”“取法于天”之旗号的人。他要求“既以天为法，动作有为，必度于天。天之所欲则为之，天所不欲则止”。在墨子看来，“天”不仅是有意志、有人格的最高主宰者，《天志中》言“天为贵、天为知”；而且还是百姓的理所当然的不二保护神，《天志上》言“天之爱天下之百姓也”。因此，“天”与百姓是息息相通的，在同篇中，其一，“我为天之所欲，天亦为我所欲”；其二，“天亦何欲何恶?”“天欲义而恶不义，然则率天下之百姓，以从事于义”。

正是由于“天”是“爱利百姓”，《尚同中》言“为万民兴利除害，富贵贫寡，安危治乱”，《法仪》言“必欲人之相爱相利，而不欲人之相恶相贼”，因此，墨子的天意也就代表了民意。这是就“天”与人民的关系而言的，反映了墨子“兼爱”理想的一贯主张。

如果就“天”与统治者的关系而言，墨子假借天意来反映民意，无非是想借重自上古以来所形成的“天”的至高权威，并以上古以来的圣王、暴王是否顺从天意的成败教训，使“天”形成威慑之力，用以警诫其时的统治者，从而在《尚贤中》要求他们“其为政乎天下也，兼而爱之，从而利之，又率天下之万民，以尚尊天事鬼，爱利万民”，如是，才可以“天、鬼赏之，立为天子，以为民父母”。

至此可以看出，墨子的“取法于天”当然是针对统治者的，因为天子是《天志》的“未得次己而为政”，自有“天正之”。由于有了这个制约，天子不能不以天意是从，“天子为善，天能赏之；天子为暴，天能罚之”。于是，以民意为准的天意，就决定了统治者的命运，即《法仪》所言“爱人利人者，天必福之；恶人贼人者，天必祸之”。

在《兼爱》和《天志》篇中，墨子不厌其烦地论证了民意折射为天意，民又以“必先万民之身，后为其身，然后可以为明君于天下”的标准认定统治者；统治者则应以天意为准，“顺天意者，兼相爱，交相利，必得赏；反天意者，别相恶，交相贼，必得罚”。于是，在“天、君、民”的三角互动关系中，为了不至于“上不利乎天，中不利乎鬼，下不利乎人”，统治者就不能不“中实将欲遵道利民，本察仁义之本，天之意不可不慎也”。

甚至尊崇天之意的思维二分取舍规范，都可以形成一种前已述的经验直觉的、朴素的三段论式的公理意识：“凡言凡动……取之/舍之”。对此思维规范的二分法制约，墨子本人也是充满自信。《天志上》：

> 我有天志，譬若轮人之有规，匠人之有矩，轮匠执其规矩，以度天下之方圆，曰：“中者是也，不中者非也。”

由于在“天、君、民”的三角互动中，“天意”代表的是“民意”，因此，墨子“天志”中的民本思想昭然若揭了。它所具有的工具效用对于“凡言凡动……取之/舍之”来讲，更加具有了方法论意义。使得这种“中”而“为之”与“不中”而“舍之”的二分法规范，在后期墨家那里更加“法式”化了。《墨经·小取》：

> 效者，为之法也。所效者，所以为之法也。故中效，则是也；不中效，则非也。此效也。

按上，春秋战国时代思维取法标准的相异，是求善、求治的政治伦理精神甚于求真精神的结果。但也正是由于这种政治伦理精神体现在诸思想家那里的政治伦理主张上的相异性，导致他们在如何“思以其道易天下”的百家争鸣中，以各自的预设前提为基本立场而各自非难，如《淮南子·泛论训》：

> 夫弦歌鼓舞以为乐，盘旋揖让以修礼，厚葬久丧以送死。孔子之所立也，而墨子非之。兼爱、尚贤、右鬼、非命，墨子之所立也，而杨子

非之。全性、保真，不以物累形，杨子之所立也，而孟子非也。

如是，才招致了《庄子・徐无鬼》中“天下非有公是也，而各是其所是”的批评，并在《齐物论》中由“自我观之，仁义之端，是非之涂，樊然殽乱，吾恶能知其辩!”催发出了“辩无胜”的主张。

有学者认为，中国文化的认知取向为“以人观之”“以道观之”“以类观之”。“在中国文化中，事实的认知与价值的评价彼此交错，从道、礼和语言的层面观察，认知都展现出以人观之的向度，其过程不仅限定于狭义的对事实的把握，也同时指向价值的评价”；“这种认知取向既表现为以道观之，又呈现为以类观之。前者关注对象本身的关联性、整体性、过程性，内含辩证思维的趋向；后者从类的层面把握对象，并以类同为推论的出发点”。[1]

在这一立论下，笔者认为，在这个整体的认知过程中，所知的“以道观之”“以类观之”，总是因为有着能知的一定时代背景下的“以人观之”，也总要受着一定时代背景下取法标准的影响。其归根结底都要归结到一定具体时代的历史文化范围内。所以才有《荀子・非相》的“圣人者，以己度者也。故以人度人，以情度情，以类度类，以说度功，以道观尽，古今一度也”。这里“以己度者”之“以人观之”，是因为历史发展的主体是人；“以道观尽”之“以道观之”，是因为“人无法离开自身的存在对世界作抽象的思辨”；“以类度类”之“以类观之”，是因为“类的关注具体表现为重视察类，察类的侧重点在于从类的角度把握事物的不同性质，与以类论物相关”。[2]

由是，上古以来二分法式的思维取舍，是“能思”“能群”的人的历史的取舍，归而为一，则是《墨经・大取》中有关“辞”之所生与“故”

1 杨国荣：《以人观之、以道观之与以类观之——以先秦为中心看中国文化的认知取向》，《中国社会科学》2014 年第 3 期。

2 杨国荣：《以人观之、以道观之与以类观之——以先秦为中心看中国文化的认知取向》，《中国社会科学》2014 年第 3 期。

“理”“类”之间的关系。

> 夫辞，以故生，以理长，以类行者也。立辞而不明于其所生，妄也。今人非道无所行，虽有强股肱而不明于道，其困也，可立而待也。夫辞以类行者也，立辞而不明于其类，则必困矣。

其中，辞与“类”的关系尤为重要且关键，否则不会“立辞而不明于其类，则必困矣”了。由是观诸先秦推类模式，在“故”“理”“类”所标示的求善、求治之政治伦理精神熏陶下，为了说明当下之“应然”的历史“实然”，历史经验所标示的取法标准，就历史化地稳定在推类论证的预设前提下，即《荀子·礼论》：

> 礼有三本：天地者，生之本也；先祖者，类之本也；君师者，治之本也。无天地恶生？无先祖恶出？无君师恶治？三者偏亡，焉无安人。故礼，上事天，下事地，尊先祖而隆君师，是礼之三本也。

从问题历史化的认知角度看上古以来取法标准的历史演变，“辨其同异”“明其所宜”的历史过程是一个从感性直觉到知性自觉的过程。发展下去就是理性的理论自觉。我们从“辨名析理”的梳理中可以继续得到品察。

第三节　“辨名析理”与伦理化倾向的深化

荀子认为，人之为“人”是因其“能思”“能群”。“能思”之“思”（）[1]，

1 《说文解字》里的篆体字，“容也，从心，囟声，凡思之属皆从思”。

本没有伦理的意味，但“心”字偏旁的字在梁漱溟所言的“伦理本位的社会”中就有了伦理的含义；而“能群”之“群”[1]，当是在类本质上，“人是一切社会关系的总和”。

在先秦时代，这种“能思”“能群”体现在推类模式说明性的引征谕证的“辨其同异”“明其所宜”上，不但是一个历史过程，同时也是一个不断强化的伦理化过程。故而当我们再次品读《礼记·大学》开宗明义之“大学之道，在明明德，在亲民，在止于至善”时，应能感受到其认知途径既充溢着孔子希冀“正名以正政”过程中所要求的“无所苟而已”之求真精神，也析出了以“名正言顺”匡正社会政治伦理秩序之求善理想。而这一历史文化对逻辑的要求，逻辑对历史文化的观照，就是一个“当名辨物”[2]“循名责实”[3]“以类而推”[4]“辨名析理”[5]的过程。《吕氏春秋·离谓》所言“理也者，是非之宗也”在先秦文化发展的历史过程中，“观乎人文以化成天下”，一点一滴地不断加入着伦理的因素，使先秦逻辑思想与方法的发生、发展具有了浓厚的人文精神，并一以贯之。

一 “正名—用名”的伦理化倾向

在先秦逻辑思想的“名辩”问题中，正名问题是首要的问题，“谈说论

1 《说文解字·羊部》：“辈也，从羊，君声。”《段注》：“朋也，类也，此辈之通训也。”

2 《周易·系辞下》：“夫《易》，彰往而察来，而微显阐幽，开而当名辨物，正言断辞，则备矣。其称名也小，其取类也大，其旨远，其辞文，其言曲而中，其事肆而隐。因贰以济民行，以明失得之报。”

3 《邓析子·转辞》：“循名责实，实之极也；按实定名，名之极也。”

4 “以类而推”，简称为“推类”。是宋代朱熹对先秦以来主导推理方法的概括。《朱子语类卷四十九·论语三十一》。

5 “辨名析理”一词是晋代思想家郭象在注释《庄子·天下》时评价名家思想时提出的：“昔吾未览《庄子》，尝闻论者争夫尺棰连环之意，而皆云庄生之言，遂以庄生为辩者之流。案此篇较评诸子，至于此章，则曰其道舛驳，其言不中，乃知道听途说之伤实也。吾意亦谓无经国体致真，所谓无用之谈也。然膏粱之子，均之戏豫，或倦于典言，而能辨名析理，以宣其气，以系其思，流于后世，使性不邪淫，不犹贤于博弈者乎！”参见（晋）郭象《庄子注疏》，中华书局，2010，第575页。

辩”需要首先从正名开始。这是因为“名”的产生发展，在政治伦理社会中按《荀子·正名》所说，经历了一个由“自命”而“他命”继而“王者制名”的过程。对应的结果也有一个经历由“人名”而“物名”继而“人伦之名”的过程。这个过程中的任何语义解释以及语用运作，都会在理论上不断强化着如何“正名—用名”的伦理化倾向。孔子为肇始者。

《论语·先进》分“四科”来评价弟子们的各自能力：“德行：颜渊、闵子骞、冉伯牛、仲弓。言语：宰我、子贡。政事：冉有、季路。文学：子游、子夏。”“四科”中言语的能力仅次于孔子非常看重的德行，这种重视体现在《子路》篇中“无所苟而已”的言谈态度上。

> 子张曰：“卫君待子而为政，子将奚先?”子曰：“必也正名乎!”……“名不正，则言不顺；言不顺，则事不成；事不成，则礼乐不兴；礼乐不兴，则刑罚不中；刑罚不中，则民无所措手足。故君子名之必可言也，言之必可行也。君子于其言，无所苟而已矣。”

“无所苟而已”所要求的是“君子于其言”，要“辨物之理，以正其名”“言必有中”“言而有信”“慎于言”“礼以行之，矜而不争”“不失人，亦不失言”“情欲信，辞欲巧”。[1] 而这也是一个“辨名析理”的过程。

1.“春秋笔法”的“凡例”论式

“无所苟而已”的具体内容首要的是“辨物之理，以正其名”。这主要体现在孔子修《春秋》上。对此，《左传·成公十四年》中夸赞有加：

> 故君子曰：“《春秋》之称，微而显，志而晦，婉而成章，尽而不

1　参见崔清田主编《名学与辩学》，山西教育出版社，1997，第206—209页。

污，惩恶而劝善。非圣人谁能修之？”

对于此一点，汉代董仲舒在其《春秋繁露·深察名号》中的评价就有着“名辩逻辑”的“正名”意味了：

> 《春秋》辨物之理，以正其名。名物如其真，不失秋毫之末……圣人之谨于正名如此。

这些分析评价不但反映了孔子在言语谈说中，对于概念（名）的使用要求谨慎，不能有丝毫马虎的逻辑要求，同时也是孔子政治传播自己主张时的伦理要求。这实在是因为在孔子编修《春秋》的过程中，如前述“笔则笔，削则削”，以“一字为褒贬”，含有“微言大意”。这就是所谓的“春秋笔法”。

或如，《左传·隐公元年》中对于《春秋》之《经》的“郑伯克段于鄢”，《传》以“段不弟，故不言弟；如二君，故曰‘克’；称郑伯，讥失教也”，解释了《春秋》用“名”时所蕴含的深刻的褒贬含义。

从逻辑方法论角度看，这种“微言大义”的意义最突出地彰显在第一章第一节中曾举例说明《左传》的“凡……曰”论式中。表明当时人们已经在历史的经验归纳中积淀了具有一定稳定性的类似于三段论公理的礼仪规则意识。但毋庸置疑的是，在《左传》中，这种“凡……曰”的“凡例”论式，其基本的功能是在“类事理”相同的意义上，仍然是在为某一“名”的准确规定、正确使用而服务的。正是基于这一点，我们说“凡例”论式也具有了直观的、朦胧的三段论公理意识，似也不为过。

《左传》中“凡例”论式为50见。从《隐公》至《哀公》凡十二《公》中，除《闵公》《哀公》没有出现外，其他十《公》中都有出现，都是《传》中在“类事理”的相同意义下，为《经》中所用某字进行“为什么这样使用”的精准的语义说明或语义规定，从而保证了“名”的正确语用。

其一，基本句式。

（1）书曰“某”。凡……曰某。

这是先提出《经》中使用某“名”，然后将为什么要使用此“名”的大前提式的根据说出来，其语义说明或规定是什么。如《定公九年》：

> 夏，阳虎归宝玉、大弓。书曰“得”，器用也。凡获器用曰得，得用焉曰获。

这种“辨物之理，以正其名”，基本上就是在给一个“名”做语义说明。得到器物用“得”，得到人或其他动物用“获”。这也是在描述得到某物时规定如何用“名”。

有时，还会将此“名”与相关的彼“名”之间的属性差别进行语义说明。如《宣公四年》：

> 书曰：“郑公子归生弑其君夷。”……凡弑君，称君，君无道也；称臣，臣之罪也。

《僖公二十三年》还将此“名”与不用此“名”进行正反的语义说明。

> 杞成公卒。书曰“子”，杞，夷也。不书名，未同盟也。凡诸侯同盟，死则赴以名，礼也。赴以名，则亦书之，不然则否，辟不敏也。

（2）凡……曰某。

这是直接将《经》中记载的简单描述移至此，然后对其中某“名”进行语义说明。如《僖公二十六年》《文公三年》：

> 公以楚师伐齐，取谷。凡师能左右之曰以。
>
> 沈溃。凡民逃其上曰溃，在上曰逃。

(3) ……（书）故曰“某”。凡……曰某。

这是先将为什么《经》使用某“名”的原因进行解释后，再进行语义规定。如《僖公九年》《昭公四年》：

> ……故曰“子”。凡在丧，王曰小童，公侯曰子。
>
> ……故曰“取”。凡克邑不用师徒曰取。

(4) ……礼也。凡……曰某。

《春秋》始终是在强调一个“礼”字。故而这个基本句式就是先对《春秋》记载某时某事时所用的某字进行描述，表明它的使用是符合“礼”的，然后再语义说明，在一类事物中符合什么情况用某字。在这种属性的规定中，“礼”的“类事理”要求也潜存于内。这无疑也是历史文化对逻辑的要求以及逻辑对历史文化的影响所致。如《僖公元年》《僖公五年》：

> 救患也。凡侯伯救患分灾讨罪，礼也。
>
> 而书，礼也。凡分、至、启、闭，必书云物，为备故也。

而不符合“礼”的情况就不能用某字。如《僖公八年》：

> 秋，禘而致哀姜焉，非礼也。凡夫人不薨于寝，不殡于庙，不赴于

同，不祔于姑，则弗致也。

或是，某种行为不符合表述这种行为之“名”所具有的语义说明或语义规定。如《桓公三年》：

> 齐侯送姜氏于欢，非礼也。凡公女嫁于敌国，姊妹则上卿送之，以礼于先君，公子则下卿送之。于大国，虽公子亦上卿送之。于天子，则诸卿皆行，公不自送。于小国，则上大夫送之。

其二，基本特点。

（1）在“凡……曰某”的语义说明或语义规定中，既有事实判断，也有价值判断。

关于事实判断的语义说明如《隐公九年》《桓公元年》《文公十五年》《宣公七年》《宣公十六年》：

> 书，时失也。凡雨，自三日以往为霖。平地尺为大雪。
>
> 秋，大水。凡平原出水为大水。
>
> 入蔡，以城下之盟而还。凡胜国，曰灭之；获大城焉，曰入之。
>
> 公会齐侯伐莱，不与谋也。凡师出，与谋曰及，不与谋曰会。
>
> 成周宣榭火，人火之也。凡火，人火曰火，天火曰灾。

关于价值判断的语义说明如《文公元年》《文公二年》：

> 穆伯如齐，始聘焉，礼也。凡君即位，卿出并聘，践修旧好，要结外援，好事邻国，以卫社稷，忠信卑让之道也。

襄仲如齐纳币，礼也。凡君即位，好舅甥，修昏姻，娶元妃以奉粢盛，孝也。孝，礼之始也。

《文公十五年》还就为什么“书”与“不书”进行了一定的礼仪说明：

书曰：“诸侯盟于扈。”无能为故也。凡诸侯会，公不与，不书，讳君恶也。与而不书，后也。

而这也恰是礼仪的规定。如《隐公七年》：

七年春，滕侯卒。不书名，未同盟也。凡诸侯同盟，于是称名，故薨则赴以名，告终嗣也，以继好息民，谓之礼经。

（2）正反规定。

在“凡……曰某”的语义说明或语义规定中，有时是正面的规定性辅之以反面的规定性，以便更为精确地理解《经》之所“书名”与“不书名”之间的区别所在。如《隐公十一年》《宣公十八年》《成公八年》《成公十二年》《成公十五年》：

宋不告命，故不书。凡诸侯有命，告则书，不然则否。

秋，邾人戕鄫子于鄫。凡自虐其君曰弑，自外曰戕。

卫人来媵共姬，礼也。凡诸侯嫁女，同姓媵之，异姓则否。

书曰：“周公出奔晋。”凡自周无出，周公自出故也。

书曰：“晋侯执曹伯。”不及其民也。凡君不道于其民，诸侯讨而执之，则曰某人执某侯。不然，则否。

(3) 对“类”事物的粗浅划分。

在一些“凡……曰某”的语义说明或语义规定中，如果需要说明或者规定的“类”事物情况有两种以上，《左传》还要一一列出其差异所在，并且表明不同的事物情况要使用相关的不同的“名”来表达。这种说明差异所在有似于对“类”事物进行一定属性差别意义上的逻辑划分。如《庄公三年》《庄公十一年》《庄公二十七年》《成公十八年》《襄公元年》《襄公十二年》：

> 公次于滑，……凡师，一宿为舍，再宿为信，过信为次。
>
> 公御之，宋师未陈而薄之，败诸鄑。凡师，敌未陈曰败某师，皆陈曰战，大崩曰败绩，得人隽曰克，覆而败之曰取某师，京师败曰王师败绩于某。
>
> 冬，杞伯姬来，归宁也。凡诸侯之女，归宁曰来，出曰来归。夫人归宁曰如某，出曰归于某。
>
> 书曰：“复入。”凡去其国，国逆而立之，曰“入”；复其位，曰“复归”；诸侯纳之，曰“归”；以恶，曰“复入”。
>
> 冬，卫子叔、晋知武子来聘，礼也。凡诸侯即位，小国朝之，大国聘焉，以继好结信，谋事补阙，礼之大者也。
>
> 秋，吴子寿梦卒。临于周庙，礼也。凡诸侯之丧，异姓临于外，同姓于宗庙，同宗于祖庙，同族于祢庙。

这里还需指出的是，在“凡……曰某”逻辑意义下的划分中，既有一般事物中“类属性”意义上的根据，也有礼之规定意义上“类事理”的根据。

(4) 可以补足“凡……曰”句式的。

在《左传》中，有些在关于《经》的记述后，并没有出现“凡……曰”句式的。但按记述的文意，还是可以补足这种句式的。或如《文公七年》：

书曰："宋人杀其大夫。"（凡）不称名，（曰）众也，且言非其罪也。

按上，"凡……曰"句式，是在鲜明地体现了"类属性"或"类事理"相同意义下，"辨物之理，以正其名"的"春秋笔法"。"《左传》凡例，无论就《左传》自身的内容，还是其与《春秋》经文的关系，都以其解释性作用成为密不可分的一体文字。"[1] 亦即，《左传》之"传"对《春秋》之"经"的语义解释、语用运作的"凡……曰"句式，都是以《经》在某时记载某事时所用某字为小前提，然后在《传》中就这一字展开一个全称式的大前提，或者推出在一类事物中符合什么情况用某字，不符合这样的情况不能用某字；或者说明为什么在一类事物中表述这样的行事符合礼仪；或者说明在一类事物（A）中符合"情况 A1"时用某字，符合"情况 A2"时用某字，符合"情况 A3"时用某字，等等；从而联导论证式地将类似于三段论公理意识应用在了"正名—用名"的统一中，"正名"的准确性问题与"用名"的正确性问题，在"辨物之理，以正其名"的精神下得到了解决。

因此，"凡……曰"句式是语义与语用的统一。《春秋》所以有《孟子·滕文公下》所言"微言大义"，"孔子成《春秋》，而乱臣贼子惧"；所以有《史记·太史公自序》所言"拨乱世，反之正，莫近于《春秋》"；归根结底还在于这种"正名"精神的历史功效显著，即《昭公三十一年》所言"《春秋》之称微而显，婉而辨。上之人能使昭明，善人劝焉，淫人惧焉，是以君子贵之"。而这种历史功效正是在"正名"思想的伦理化倾向及过程中达致的。

1　葛志毅：《〈春秋〉义例的形成及其影响》，《中华文化论坛》2006 年第 2 期。

2. "正名—用名"的逻辑起点与逻辑终点

在上述"无所苟而已"的具体内容中，如果将之视作是孔子"正名—用名"过程中重要的语用原则，我们就可以尝试将之与美国学者格莱斯所提出的言语交际中的合作原则[1]进行比较了。

"辨物之理，以正其名"的"言必有中"[2]"言而有信"[3]等的真诚原则，相当于格莱斯的质的准则（不说假话或无根据的话）；孔子的"不失人，亦不失言"[4]，相当于格莱斯的量的准则（充分准则，提供的信息不多不少）；孔子的"慎于言"[5]，相当于格莱斯的表达准则（有序，清晰，简洁）；孔子的"礼以行之""矜而不争"[6]，相当于中国逻辑学家周礼全先生对格莱斯言语行为原则的补充——态度准则[7]；孔子的"情欲信，辞欲巧"[8]，相当于格莱斯的质的准则、表达准则。

按此比较，"无所苟而已"的语用学原则要求，表明受"名辩思潮"的影响，如何定名、解名、用名，就有一个如何体现人伦性的问题，蕴含着

1　参见周礼全主编《逻辑——正确思维和成功交际的理论》，人民出版社，1994，第440—442页。

2　《论语·先进》："夫人不言，言必有中。"这是言语谈说中的恰当性原则，要求言语谈说必须要符合道理。因此孔子反对花言巧语、快嘴利舌的言论，"巧言令色，鲜矣仁"（《论语·学而》）；"御人以口给，屡憎于人"（《论语·公冶长》）；"恶利口之覆邦家者"（《论语·阳货》）。

3　"言而有信"是真诚原则。孔子要求"言之必可行"（《论语·子路》），"信近于义，言可复也"（《论语·学而》），反对言过其行，"君子耻其言而过其行"（《论语·宪问》）。

4　《论语·卫灵公》："可与言而不与之言，失人；不可与言而与之言，失言。知者不失人，亦不失言。"这是言语谈说中的表达原则、充分原则、礼貌原则。

5　《论语·学而》："敏于事而慎于言，就有道而正焉，可谓好学也已。"这是言语谈说中的恰当性原则。其表现就是，"多闻阙疑，慎言其余，则寡尤；多见阙殆，慎行其余，则寡悔。言寡尤，行寡悔，禄在其中矣。"（《论语·为政》）

6　这是言语谈说中的礼貌原则。《论语·卫灵公》："君子义以为质，礼以行之，逊以出之，信以成之。"其表现为"食不语，寝不言"，"车中，不内顾，不疾言，不亲指"，"孔子于乡党，恂恂如也似不能言者。其在宗庙朝廷，便便（辩）言，唯谨尔。朝，与下大夫言，侃侃如也；与上大夫言，訚訚如也"（《论语·乡党》）。《论语·卫灵公》："君子矜而不争"；《论语·八佾》："君子无所争"。

7　参见周礼全主编《逻辑——正确思维和成功交际的理论》，人民出版社，1994，第443页。

8　《礼记·表记》："子曰：'情欲信，辞欲巧。'"这基本上同于孔子曾经说的"言以足志，文以足言"（《左传·襄公二十五年》）。

“正名以正政”的意涵。从求真角度讲，是要求以正确的思维保证沟通交际的有序性和有效性；从求治角度讲，则是要求通过正确的思维来变易违反礼制的当下政治形势。故而，“正名—用名”的“逻辑”意义在于对以往“制名”与“正名”问题对于人际思想交流和国家治乱的重要影响的总结，其社会效果就是要使语义确定、统一的目的；其伦理学和社会学意义，是要名实之间按《礼记·乐记》“礼者为异”的差异存在。《论语·颜渊》的“政者，正也”，“君君、臣臣、父父、子子”等，于此有了“正名”的落脚点“正政”。因此，孔子的“正名”思想，就既是逻辑的也是伦理的，是求真精神与求善精神的统一。而格莱斯言语交际的合作原则纯粹是逻辑的。

温公颐先生曾经认为，“孔丘正名的目的在于父子有亲，君臣有义，长幼有序，夫妇有别。总之，在孔子的眼光看来，逻辑的任务不在于求真，而在于求善。如何能‘止于至善’（Summum bonum），这是他的中心理想”。基于此，温先生批评“孔子不仅把政治伦理化，而且还把逻辑伦理化。伦理的目的在于求善，而逻辑的目的在于求真，他把两种任务不同的科学混在一起，就影响了他对逻辑本身的深入探索”。[1] 但从“逻辑”与“语言”的关系讲，笔者还是认为，在“正名”思想的“逻辑”意义上，显然孔子已经认识到在“名”与“实”的关系上，公众自有共同认可的具有确定意涵的公共知识。而语义与语用的统一，显然是社会组织能够正常有序运转的前提。因此，每一个伦理之“名”都应该符合公众的公共知识，并使之在实际语用中不至于越界或混淆不清。从将“正名”纳入使语义、语用确定与统一的过程之中的方法论角度讲，“正名”思想不仅关注了“名”和“言”的真假问题——是否符合事实，而且还关注了“名”和“言”的对错问题——名的用法是否一致，是否符合逻辑之“伦理”。

1　温公颐：《先秦逻辑史》，上海人民出版社，1983，第172、200页。

在先秦政治伦理的历史文化大背景下，“名”的对错问题所涉及的还只是“言不顺”“事不成”，而“名”的真假问题所涉及的就是“礼乐不兴，刑罚不中”了。所以，孔子厌恶那些乱了逻辑之“伦理”的“佞人”[1]。而《礼记·王制》所载礼仪更是明确地规定：“析言破律，乱名改作，执左道以乱政，杀。”这实在是因为“政者，正也”，无论孔子和儒家其他代表人物的政治立场如何，他们看到，一个国家要想由混乱达到有序，其所通行的语言必须要具有确定和统一的语义。而这种统一的前提则一定是政治伦理的。所以在伦理学和社会学意义上，“正名—用名”是以名匡正实为逻辑起点，以“正政”的政治伦理为逻辑终点。或者说，在“君子名之必可言也，言之必可行也”的“正名—用名”中，前者是“是什么”的语义规定，后者是“要干什么”的语用运作。

或如前述南宋叶适所评价的，孔子以来的“正名”思想，其“正名—正事—正政”的思维流程，不但在“逻辑”上关注着语言的确定性问题，而且在“文化”上蕴含了浓厚的政治伦理目的。二者的结合，体现着“正名—用名”中求真、求善、求治精神的融合。先秦逻辑思想的产生、发展，不但是基于历史文化对“逻辑”的要求之上，同时也体现在“逻辑”对历史文化的影响中。

二 “谈辩—用辩”的伦理化倾向

先秦“名辩”中，“正名”问题的同时也是“辨名”以“推类”的问题。同样是一个“辨名析理”的过程，体现在诸子“谈辩—用辩”的目的上，均如是。

---

1 《论语·卫灵公》：“放郑声，远佞人。郑声淫，佞人殆。”

1. 孔子的“崇德辨惑”

孔子一生汲汲于“克己复礼”，而在认识方法上则希望通过“正名”来消除变革社会中“名实背离”“名实散乱”的现象。而在其时，由“名”的对错问题所带来的社会问题极其严重。如《论语》之《八佾》《雍也》：

> 季氏八佾舞于庭，是可忍也，孰不可忍也？
>
> 觚不觚，觚哉觚哉？

本来，觚是上圆下方、腹部与足部有四条棱角的“君主享用的礼器”，但孔子所看到的“觚”却变成了圆桶形、没有棱角的一种“臣子享用的礼器”。而“八佾”是天子享用的宫廷舞蹈，八人一行为一佾；诸侯享用的为“六佾”；大夫享用的为“四佾”。鲁国大夫季平子的身份为大夫，却在家中享用“八佾”的舞蹈。辨名析理之下，在孔子“正名”以“正事”的分拣格子里，“礼”是千古不变的标签，任何思想的展现、行为的实施，都要符合这个标签。否则就是不符合代表着伦理道德之“礼”的“僭名乱上”。

这种“名”上的辩谬，表现了“正名”思想的政治伦理性——正名分；同时也反映了“正名”思想的逻辑性——思维不能产生矛盾。或如《颜渊》：

> 子张问崇德辨惑。子曰：“主忠信。徙义，崇德也。爱之欲其生，恶之欲其死。既欲其生，又欲其死，是惑也。”

“崇德辨惑”所分析的是思维中两个矛盾判断不能同真。所涉及的思维规律思想是矛盾律思想。亦即，一个正确的思想不允许出现言行不一、自相矛盾的现象。而从辨名析理的角度看，这种分析评价也当是伦理的。

2. 邓析的“谈辩”

名家邓析的论辩目的，首先是促进沟通交际的有序性和有效性；其次或最终目的则是此后名家《公孙龙子·迹府》所概括的“正名实而化天下”。所以，《邓析子》之《无厚》《转辞》要求：

> 谈辩者，别殊类使不相害，序异端使不相乱，谕志通意，非务相乖。若饰词以相乱，匿词以相移，非古之辩也。
>
> 进退无类，智不能察是非，明不能审去就，斯谓虚妄。

“别殊类”“序异端”的目的就是在论辩中“察是非，审去就”。

从求真的角度讲，按《转辞》所言“循名责实，实之极也；按实定名，名之极也”，在此观照下，“殊类”“异端”各有其类属性的同异差别，有着各自的规定性和隔离性，不能任意超越事物质的界限，即《无厚》所言“名不可外务”。而“序”“别”则是思维紧紧抓住事物之间的类同、类异，使名与实保持同一性的辨名析理过程。从求治的角度讲，“辨名析理”的要求，仍然是名与实的同一。从而达致“名实相符”。

《无厚》所言的正例是：“治世，位不可越，职不可乱，百官有司，各务其形，上循名以督实，下奉教而不违。”其反例有两种：一是“乱名”使“百姓无措手足”的，“别言异道，以言相射，以行相伐，使民不知其要”；二是“乱名”戕害国家的，“以名取士”之人，“受重赏而无功”，“居大位而不治”，“理官而不平”，“御军阵而奔北”。

因此，在邓析那里，不仅“正名”的逻辑意义重大，“正名”的伦理意义也得到彰显。《转辞》：

明君之督大臣，缘身而责名，缘名而责形，缘形而责实。臣惧其重诛之至，于是不敢行其私矣。

由是，正确的辨名、定名、使用名，就由逻辑目的展现了极强的政治伦理目的。在“正名实而化天下”的历史文化大背景下，邓析将“名辩”的思维认识目的与政治伦理目的紧密联系在一起，希冀以熔铸于一炉的求真与求善精神，达致《无厚》所言的“循名责实，案法立威，是明王也。夫明于形者分，不遇于事；察于动者用，不失则利。故明君审一，万物自定”。

3. 老子“正言若反”的“稽式”

对于谈说论辩的态度，《老子 · 八十一章》中是主张“不辩”的：“善者不辩，辩者不善。”这种认识与他的哲学认识论有密切的联系。由于“道”的宇宙本原性质，《老子 · 二十五章》“有物混成，先天地生，寂兮寥兮，独立而不改，周行而不殆，可以为天地母，吾不知其名，字之曰道”；无以名状的、恒常的、不可言说的特点，《老子 · 二十一章》“道之为物，惟恍惟惚”，《老子 · 一章》“道可道，非常道”；“道”具有多样性和统一性的性质，我们只能是通过静观来体悟。同时，也出于自然法则是利物无害而人间法则是施为不争的前提预设立场，《老子 · 八十一章》“信言不美，美言不信。善者不辩，辩者不善。知者不博，博者不知……天之道，利而不害；人之道，为而不争”，老子也势必要求“非辩”“不争”。虽如此，老子却又承认可以有“大辩”，《老子 · 四十五章》“大辩若讷”。按其“正言若反”的思维“稽式”，“大辩”仍然还是“不辩”，其实质仍然是认为自然规律是不争而善胜，不言而善谋。所以用不着人们在“大道”之外去争辩什么是非和真假。即《老子 · 七十三章》：

天之道，不争而善胜，不言而善应，不召而自来，坦然而善谋。

这仍然是“正言若反”式的“稽式”表达，故而“道”在老子那里，就不仅是自然法则，同时也是规范人们正确辨别、认识事物发展、变化的思维法则了。在保证自然无为状态上，其“不辩”与“大辩”的意义，仍然体现着“辩”的求真精神与求善精神的统一。

4. 墨子的“为义首务”

在先秦诸子百家争鸣中，墨子是最先旗帜鲜明以引征谕证倡导“辩”的人。我们已在前述“推类模式的工作机理”中以例题的形式说明了墨子是如何引征谕证“为义孰为大务”是“谈辩”。其“辩”的内容，是墨家的十个政治主张。至于“辩”的作用功能则有：

其一，有教诲的功能。如《鲁问》：

大下匹夫徒步之士少知义，而教天下以义者功亦多，何故弗言也？若得鼓而进于义，则吾义岂不益进哉？

其二，说服、劝告的功能。如《公孟》：

今求善者寡，不强说人，人莫之知也。……行说人者，其功善也多。

正是由于《非儒下》所言“仁人以取舍是非之理相告”，并且能够通过“辩说”使人们“无故从有故也，弗知从有知也。无辞必服，见善必迁”，因此，在“为义首务”之“辩说”的逻辑意义上，同样熔铸了墨子求真、求治、求善的精神。这种意识也全然体现在墨子具体的“辩”中。因为墨子的

“知类”在运用“三表法”之“凡……取/舍”的过程中，就是先按历史经验将上古圣王、暴王各自归类。他以推类模式“察类”“知类”的过程，就是一个“辨名析理”的过程。这体现在他辨析“义”与“不义”伦理区别基础上的一些引征谕证中。

例题（1）“察类”需“明故”的过程，就是一个“辨名析理”的过程。如《非攻下》：

> 今逮夫好攻伐之君，又饰其说以非子墨子曰：“以攻伐为不义，非利物与？昔者禹征有苗，汤伐桀，武王伐纣，此皆立为圣王，是何故也？”
>
> 子墨子曰：“子未察吾言之类，未明其故者也。彼非所谓‘攻’，谓‘诛’也。”

例题（2）引征谕证“察类”之前提“辨名”的重要性。如《非攻下》《贵义》：

> 有誉义之名而不察其实也。此譬犹盲者之与人同命白黑之名，而不能分其物也，则岂谓有别哉？
>
> 今瞽曰：“皑者白也，黔者黑也。”虽明目者无以易之。兼白黑，使瞽取焉，不能知也。故我曰：“瞽不知白黑者，非以其名也，以其取也。”

例题（3）引征谕证“察类”之前提“辨名”的重要性。如《贵义》：

> 今天下之君子之名仁也，虽禹、汤无以易之。兼仁与不仁，而使天下之君子取焉，不能知也。故我曰：“天下之君子不知仁者，非以其名也，亦以其取也。”

因此，有了“名”的确指性，才会有它反映一类事物的质的规定性。在《公输》记载的“止楚攻宋”中，对于从伦理道义上“义不杀少而杀众，不可谓知类”的公输盘，在“必有窃疾”上“为与此同类”的楚王，墨子的一连串引征谕证可谓论证力十足且犀利无比。逼得他们一个言“诺”，一个言“善哉”。显现了推类模式的语用功效。

5. 孟子“不得已”之辩

至孟子时代，按《孟子·滕文公下》所言，“圣王不作，诸侯放恣，处士横议，杨朱、墨翟之言盈天下”，孟子以“杨墨之道不息，孔子之道不著，是邪说诬民，充塞仁义也。仁义充塞，则率兽食人，人将相食。吾为此惧，闲先王之道，距杨墨”的悲壮气概，勇于担当地展开了他言锋犀利的“正人心，息邪说，距诐行，放淫辞，以承三圣”的“不得已”之辩。其中所希冀达致的，既保有《公孙丑上》“是非之心，智之端也”的求真精神，也蕴含着《万章上》《公孙丑上》的“不以文害辞，不以辞害志”，“诐辞知其所蔽，淫辞知其所陷，邪辞知其所离，遁辞知其所穷。生于其心，害于其政；发于其政，害于其事”之“知言”的“求善”精神。在这种“不得已之辩”中仍然可以窥见孟子论辩思想的伦理化倾向。

或如，号称“知言”“知类”的孟子，尊崇儒家传统，崇尚君臣之义、上下有别。《梁惠王下》中齐宣王似乎抓住了孟子的毛病，为此诘难：

> 齐宣王问曰：“汤放桀，武王伐纣，有诸?”孟子对曰：“于传有之。”曰：“臣弑其君可乎?”

孟子则从“辨名析理”的角度，从语义规定及语用动作上区别了“诛”“弑”的不同所指及所用。

贼仁者谓之贼，贼义者谓之残。残贼之人，谓之“一夫”。闻诛一夫纣矣，未闻弑君也。

孟子的这种“辨名析理”反映在“名”的语义规定及语用运作的条件性上，所显示的仍然是伦理的因素。

6. 庄子的“辩无胜”

在庄子所处的时代，他面对的社会是“仁义之端，是非之涂，樊然殽乱，吾恶能知其辩”。由是，他通过泯灭一切事物对立的“齐物”，泯灭是非对立的“齐论”，导出了我们在“对于同、异的辩证理解”中已述的“辩无胜”的结论，以及所提出的三个值得我们思考的问题。其一，有无是非及其判定标准是什么？其二，有无一个对是非的规范原则？其三，为什么对事物属性的同异比较是思维中是非对立的客观源头？但纵观《庄子》中一系列引征谕证“辩无胜”的过程，就是一个以推类模式证明自己“善属书离辞，指事类情，用剽剥儒墨”[1] 的过程，仍然有着浓厚的求真精神与求善精神的统一。

7. 公孙龙的“辞胜”

名家代表人物之一的公孙龙，也是战国末期的一位“辩士”。虽其辩题奇特怪异，辩才犀利灵通，但其“辩”的名声却不太好。《庄子·天下》说其“桓团、公孙龙，辩者之徒，饰人之心，易人之意，能胜人之口，不能服人之心，辩者之囿也”；《韩非子·问辩》说其“坚白无厚之词彰，而宪令之法息”。《荀子·非十二子》更痛斥名家之流玩“琦辞怪说”，是“乱世奸人之说”，但

1 （西汉）司马迁：《史记·老子韩非列传》。

对公孙龙“不可以为治纲纪”之论，也不得不有所肯定，“然而，其持之有故，其言之成理，足以欺惑愚众，是惠施、邓析也”。对于这一点，汉代司马谈也是肯认的，“名家使人俭而善失真。然其正名实，不可不察也”[1]。由是，似乎在公孙龙子的辩题中，其求真与求善是背离的。其原因大概就是在于：

> 齐使邹衍过赵，平原君见公孙龙及其徒綦毋子之属，论“白马非马”之辩，以问邹子。邹子曰：“不可。彼天下之辩有五胜三至，而辞正为下。辩者，别殊类使不相害，序异端使不相乱，抒意通指，明其所谓，使人与知焉，不务相迷也。故胜者不失其所守，不胜者得其所求。若是，故辩可为也。及至烦文以相假，饰辞以相惇，巧譬以相移，引人声使不得及其意。如此，害大道。”……坐皆称善。[2]

于是一代名流辨士，成也“辨”，毁也“辨”，“平原君厚待公孙龙。公孙龙善为坚白之辩，及邹衍过赵言至道，乃绌公孙龙”[3]。

虽然公孙龙历来的评价为“辞巧理拙”[4]，但我们认为，公孙龙之所以提出“白马非马”等的辩题，是因为“施、龙皆以形名显于世”[5]的名家之流，感慨当时的社会“名实散乱”“名实相怨”，所以他才在其《迹府》中“疾名实之散乱，因资材之所长，为守白论，假物取譬，以守白辩……欲推是辩，以正名实而化天下焉”。体现在“白马非马”等辩题中的，就不仅是公孙龙《名实论》中“唯乎其彼此”的“正名”理论的进一步论证以及实际运用，

---

1 （西汉）司马谈：《论六家要旨》，中国逻辑史研究会资料编选组《中国逻辑史资料选》（汉至明卷），甘肃人民出版社，1991，第41页。

2 《史记·平原君虞卿列传》《集解》引刘向《别录》，参见戴逸主编，吴顺东等译注《史记全译》，贵州人民出版社，1994，第2116页。

3 （西汉）司马迁：《史记·平原君虞卿列传》。

4 （南朝）刘勰：《文心雕龙·诸子》。

5 （晋）鲁胜：《墨辩注叙》。

同时也包含了他的“审其名实，慎其所谓。至矣哉，古之明王”的政治伦理旨趣。因此，公孙龙“白马非马”等辩题所容纳的意义，仍然体现的是自孔子以来“正名”思想中“求真”精神和“求治”“求善”精神相统一的实实在在的时代精神。

8.《墨经》的“谈辩”

作为《墨经》论纲的《小取》篇，开篇就提出了论辩的六个目的和两大原则以及论辩方法的两种基本思路，分析了具体的论辩方法及其使用的限度，讨论了论辩中应注意的道德要求和逻辑要求。

> 夫辩者，将以明是非之分，审治乱之纪，明同异之处，察名实之理，处利害，决嫌疑。焉摹略万物之然，论求群言之比。以名举实，以辞抒意，以说出故。以类取，以类予。有诸己不非诸人，无诸己不求诸人。

在“辩”的六个目的中，相较于首要的“明是非之分”所表现的求真目的，其次的“审治乱之纪”就是“辩”的政治伦理目的了。而总括《墨经》“辩学”的六个目的，强调认识目的和政治伦理目的就是先秦逻辑思想得以发展的最重要的动力，是逻辑之求真与伦理之求善、求治的统一。至于《墨经》中所强调的论辩中的道德要求，“有诸己不非诸人，无诸己不求诸人”，则表明了正确的论辩也具有道德性，也应该遵守一定的道德要求。这仍然还是孔子“己所不欲，勿施于人”的道德要求在论辩中的延伸与发挥，体现了论辩中论辩双方的主体平等性及公平“谈辩”的人伦精神。

西汉史学家司马迁的父亲司马谈在论述墨家名辩的政治态度时曾认为他们是：尊卑无别，兼是别非，然世异时移，事业不必同。但“天下一致而百虑，同归而殊途”，均“务为治”。[1] 其实，在先秦时代“务为治”历来就是求知、求治的认识作用与政治伦理作用的统一。先秦逻辑思想的发生发展，真真确确走的是一条与西方古希腊逻辑完全不同的道路。

9. 荀子的“君子必辩”

荀子是反对“辩”的。《大略》：“言无与小人处也。……多言而类，圣人也；少言而法，君子也；多言无法而流湎然，虽辩，小人也。”但荀子所处的时代，仍然是《非十二子》所说“今圣王没，天下乱，奸言起”，“辩说譬谕，齐给便利而不顺礼义，谓之奸说”。所以才需要《正名》所言“君子无说以临之，无刑以禁之，故辩说也”，希望能“以辩止辩”，“以正道而辨奸，犹引绳墨以持曲直。是故邪说不能乱，百家无所窜”。所以，《非相》中郑重其事地提出“君子必辩”的主张：

> 君子必辩。凡人莫不好言其所善，而君子为甚焉。是以小人辩，言险；而君子辩，言仁也。言而非仁之中也，则其辩不若其默也，其辩不若其呐也；言而仁之中也，则好言者上矣，不好言者下也……故君子之行仁也无厌，志好之，行安之，乐言之。故言君子必辩。

荀子的“君子必辩”，仍然是希冀通过《臣道》所言的“推类接誉，以待无方”之“辩”，以《正名》“上以明贵贱，下以辨同异”，达致求真与求善的统一，仍然是逻辑真与伦理真的统一。

10. 后人的评价

先秦之后历代的“辨名析理”，无一不是围绕“名辩”来展现中国古代

---

1 （西汉）司马谈：《论六家要旨》。

逻辑思想的求真与求善的统一，逻辑真与伦理真的统一。

应该说，实践的推类是一种意义转移，我们品味《诗经》，就不是在欣赏、评价自然，而是在分析、评价、臧否人的社会。因此《诗经》只能是社会的，如《论语 · 阳货》所言“可以兴，可以观，可以群，可以怨”，体察为何如《论语 · 为政》所言“一言以蔽之，曰思无邪”。在“比兴”方法之下，它是自然人格化的体现，是逻辑伦理化的体现。否则，《诗经》就不是“经”了。

与孔子同样的看法与体会，汉代王充写作《论衡》的目的，即《论衡 · 佚文》自述中所说：“《诗》三百，一言以蔽之，曰：‘思无邪。’《论衡》篇以十数，亦一言也，曰：‘疾虚妄’。”

而《淮南子》在其“方以类别，物以群分”的由“言事”而“言道”的论证中，也不厌其烦地大量用“譬”，以《诠言训》所言“公孙龙粲于辞而贸名，邓析巧辩而乱法，苏秦善说而亡国。由其道，则善无章；修其理，则巧无名。……故文胜则质掩，邪巧则正塞之也”的论述，说明了“道理通而人伪灭”，因此需要“为善则观，为不善则议”。

又或如，汉代董仲舒《春秋繁露 · 深察名号》的“名生于真，非其真弗以为名”；晋朝第一位中国逻辑史家鲁胜《墨辩注叙》的“名者，所以别同异，明是非；道义之门，政化之准绳也”；宋代程颢之“名分正则天下定”[1]，朱熹《论语或问》“使事物之名，各得其正而不紊”；及至现代，中国人“信仰第一条款就是名分大义”[2]，并被认为是“中国人的精神”。

应该就是在这个归纳历史文化背景的意义上，张东荪才就“理”与“善”的关系有自己的分析评价。认为，“逻辑发展之史迹正是文化上理性发展之史迹。……条理既随着理智的发展而开拓开来，则亦有增新与扩大，甚

1　（北宋）程颢：《二程集 · 遗书卷二十一下》。

2　辜鸿铭：《中国人的精神》，海南出版社，2007，第 43 页。

至于改变。这便是认理为‘发展的’。不过理之所以为发展的却有两方面：一是磨练理智，二是提高理想。说到理想，本来是在逻辑以外的，只能作逻辑推论的前提或假设，不能作逻辑推论的结论或证明。这是大家都知道的，似不必多说。但这样的理想虽在逻辑之外，却仍必藉助于逻辑方能发为论据与演证。所以西方文化上讲理的优点是以理想也改善条理，又以理智来窥测条理。遂致所谓理于一方面与‘善’相接轨，在他方面与‘智’相并进。这样的态度和中国固有的理学亦并不是完全不同。中国传统思想亦是把理与善认为同一的，断无合理而不好的，亦断无好而不合理的”[1]。

在《吕氏春秋·离谓》中的“理也者，是非之宗也”，如何包含了张东荪所评价的“理”与“善”的同一？在梁漱溟看来，“理性、理智为心思作用之两面：知的一面曰理智，情的一面曰理性，二者本来密切相联不离”。为此他在比较基础上，认为“西洋偏长于理智而短于理性，中国偏长于理性而短于理智”，这是因为“科学之理，是一些静的知识，知其‘如此如此’而止，没有立即发动什么行为的力量。而中国人所说的理，却就在指示人们行为动向”，所以在儒家的“理性至上主义”的引领下，“二千多年间，中国人养成一种社会风尚，或民族精神……约有两点：一为向上之心强，一为相与之情厚”，而所谓的“向上之心”，“即不甘于错误的心，即是非之心，好善服善的心，要求公平合理的心，拥护正义的心，知耻要强的心，嫌恶懒散而喜振作的心……在中国古人，则谓之‘义’，谓之‘理’”。[2]

由是，在先秦政治伦理的大背景下，张东荪所评价的“理”就是“善”之理，“善”也就是“理”之“善”。二者相辅相成，并在现实的政治伦理传播活动中，在不断积累的方法训练下，以它不断理解的知性概括，以它“为什么”要“明是非”“审治乱”的逻辑理念，以它“怎样”来“明是非”

1　张东荪：《理智与条理》，张汝伦编《理性与良知——张东荪文选》，第509页。

2　参见梁漱溟《中国文化要义》，上海人民出版社，2005，第111、113、117、118页。

"审治乱"的逻辑方法，共同催发着体现先秦逻辑思想特质的推类模式的成熟。虽然它的成熟并不意味着就必须要走形式化的道路，但在现实的历史应用中，仍然发挥着它"有意味的形式"的作用，构建着它的意义框架。因为，理念与方法的统一才是现实的。

第四节 儒墨的公私义利观对推类模式前提预设的影响

按鲁胜的《墨辩注叙》，"孟子非墨子，其辩言正辞则与墨同。荀卿、庄周等皆非毁名家，而不能易其论也"。看来，作为先秦推类模式的"方法作用"没有什么问题，问题出在什么地方呢？

第八章第二节前述了温公颐先生认为先秦逻辑的特点在于是一种"类故理"的"三物逻辑"，是一种注重"类事理"的"内涵的逻辑"。继而我们认为，这种"内涵逻辑"的主导推理方法就是把握"类事理"的"推类"，因此在现实的推类模式应用中，对于"类事理"的理解往往成为前提预设，规导着谕证的方向。这也就是为什么使用的方法相同，但也会出现"类不可必推""推类之难，说在之大小"的问题。究其原因，不同的观点、理念，决定了先秦时期在运用推类模式进行政治伦理传播活动中，也影响了不同的前提预设。

或如，第七章第四节也提到了，从汉字解字的意象性思维方法或样式来看，"公""私"是现实人伦世界中高下立判的对立两极，即所谓的"无私曰类"。这种对立的概念怎样影响着先秦诸子在应用推类模式时的前提预设[1]呢？我们仅分析《韩非子·显学》所言的"世之显学，儒墨也"的两家。

---

1 先秦推类模式所依据的类事理的同一或相似的合理性，谕证者往往将结论性的东西潜在地预设在前提中，所以谕证过程的主观性强、论证主体性强。这个问题将在第十二章第三节详述。

一　儒墨的公私观

1. 孔子的公私观

《论语》中除了君主称号外，“公”字凡五见，其中四见为国家朝廷意义上的“公”，而公平正直意义上的“公”仅一见。《尧曰》：“宽则得众，信则民任焉，敏则有功，公则悦。”意谓民众利益是公平标准，由此才会“因民所利而利之”，“惠而不费”。孔子弟子将这种公平与民众利益相联系的思想进一步发挥了。《颜渊》：“百姓足，君孰与不足？百姓不足，君孰与足？”

《论语》中作为“利己”意义上的“私”无见。

2. 孟子、荀子的公私观

其后的儒家孟子也寡言“公”“私”。

再后的儒家荀子使用“公”“私”近四十处，且多处“公”“私”对举，《修身》明确表明“公义胜私欲”。《君道》中“公道达而私门塞”“公义明而私事息”的态度是鲜明的，《赋》中“公正无私”“志爱公利”的选择也是明确的。

孔子所述“公则悦”的过程，其实就是一个如何将“公”归结为“公利”并进而约化为“义”的过程。只因《季氏》所言当时的社会“不患寡而患不均，不患贫而患不安。盖均无贫，和无寡，安无倾”。而荀子“公义明而私事息”的态度，与“公正无私”“志爱公利”的选择，也从他的公私问题向义利问题过渡。

3. 墨子的公私观

墨子所述的公平、公正意义上的“公”仅一见，且与“私”对举。《尚贤上》："举公义，辟私怨。"而"利己"意义上的"私"仅五见。

只是，墨子所倡导的"举公义，辟私怨"，体现的也是以私从公的思想。

按《吕氏春秋·贵公》言之以往的历史经验，"昔先圣王之治天下也，必先公，公则天下平矣。平得于公"。言必称"先王之治"的儒墨，虽并没有过多具体论述"公"与"私"，但这个问题也必定会成为他们不能不思考的问题。由是，儒墨理想的公私观就体现为具体的义利观了。

二　儒墨的义利观

1. 孔子的义利观

《论语》中讲"义"处凡二十多见，且常与"利"对举。

按《中庸》"义者，宜也"，以及《韩非子·解老》的细论，"义者，君臣上下之事，父子贵贱之差也，知交朋友之接也，亲疏内外之分也。臣事君宜，下怀上宜，子事父宜，贱敬贵宜，知交朋友之相助也宜，亲者内而疏者外宜。义者，谓其宜也，宜而为之"。所谓"义"，应是一切行为的应然态度或适宜标准。这也成为孔子所认定的人生要义、立身之本：《卫灵公》之"君子以义为质"，《阳货》之"君子义以为上"。

《论语》中讲"利"处不到十见，一见为《尧曰》中"公利"意义上的"因民之所利而利之"，其余的"利"基本上是"私利"意义上的。

应该说，孔子重义轻利。在他的义利观中有两种命题值得注意，一种将"公""私"对立，《里仁》的"君子喻于义，小人喻于利"；一种是"公""私"可以有一定交集，《阳货》的"义以为上"，《宪问》的"见利思义""义然后取"。前一种以君子和小人的人格对比说明义和利的价值地位，后一种则把"义"当作价值选择的最高目标或标准。故而孔子虽在《子罕》中"罕言利"，但他主张的是"无见"那种"欲而贪"的"小利"，并非完全去利和非利。《述而》中所言，就群体而言，“因民之所利而利之”，“修己以安百姓”，“博施于民而能济众”，是“义”约化后的“公利”；就个体而言，“富而可求也，虽执鞭之士，吾亦为之”，是“义然后取”的正确途径。

对于孔子的义利观，后人精辟地将其概括为“惟吾夫子‘先难后获’‘先事后得’‘敬事后食’三‘后’字无弊。盖正谊便谋利，明道便计功，是欲速，是助长；全不谋利计功，是空寂，是腐儒”[1]。

2. 孟子的义利观

其后的孟子虽寡言“公”“私”。但《孟子》中却几乎篇篇谈“义”“利”。并在义利对举中高扬了“义”的价值，以“舍生取义”承继了孔子的“杀身成仁”。如《告子上》：

> 生，亦我所欲也；义，亦我所欲也。二者不可得兼，舍生而取义者也。

虽然孟子在高扬“义”的价值时，又将义利截然对立起来，《梁惠王上》提出了“何必曰利？亦有仁义而已矣”的绝对观点，但这实在是由于他认为天下人人只顾追求利而忽视了义，故而要“天下溺，援之以道”，以“仁义”来导民向善。

3. 荀子的义利观

再后的荀子同样是以他的公私观体现了自己的义利观，《法行》以“君子苟能无以利害义”，把“义”看成道德的标准。又如《大略》：

1　（清）颜元：《颜元集 · 言行录》。

> 义与利者，人之所两有也。虽尧、舜不能去民之欲利，然而能使其欲利不克其好义也。虽桀、纣不能去民之好义，然而能使其好义不胜其欲利也。

不过同篇在“上重义则义克利，上重利则利克义”，从而“义胜利者为治世，利克义者为乱世”的过程中，荀子认为礼义是社会的最高原则。

4. 墨子的义利观

作为手工业者集团的墨家领军，墨子也寡言“公”“私”，但作为公私观具体体现为义利观，“义”“利”却在《墨子》中不可胜数地频频出现。

首先，可将墨子之“义”理解为“正”。如《天志下》：

> 义者，正也。何以知义之为正也？天下有义则治，无义则乱。我以此知义之为正也。

对此墨子还以《尚贤下》与《天志下》对比作了正反两方面的解释。

> 为贤之道将奈何？曰：有力者疾以助人，有财者勉以分人，有道者劝以教人。若此，则饥者得食，寒者得衣，乱者得治。
>
> 义正者何若？曰：大不攻小也，强不侮弱也，众不贼寡也，诈不欺愚也，贵不傲贱也，富不骄贫也，壮不夺老也。……故凡从事此者，圣知也，仁义也，忠惠也，慈孝也。是故聚敛天下之善名而加之。

由此正反解释，墨子之“义”的体现仍然是《尚贤中》所言的“无私”：

> 三圣人者，谨其言，慎其行，精其思虑，索天下隐事遗利。以上事天，则天享其德；下施之万民，万民被其利，终身无已。

其次，墨家所言的“利”，有养生所需之利、众人之利、为我之利、兵器锋利之利。前三种意义下的“利”尽管都是《墨经·经上》所言“所得而喜也”，但仍然有公利、私利之分，“交相利”之“利”是众人之利，“赖其力”的养生所需之“利”是合乎正道之利，均是“义”的体现，应该与“义”同义；而不合乎正道的“不与其劳获其实，已非其有所取之”的“亏人自利”之“利”则是“不义”。因此在墨子所言“利”中，公利与私利的义与不义界限泾渭分明。

墨家“贵义”，《天志上》有“有义则生，无义则死；有义则富，无义则贫；有义则治，无义则乱”，并以“爱无差等”将“兼爱”建立在人类的“互报”上，《兼爱中》“夫爱人者，人必从而爱之；利人者，人必从而利之；恶人者，人必从而恶之；害人者，人必从而害之”。故而在以“兼相爱”达致“交相利”的过程中，义利是统一的，《墨经·经下》“义，利也”。

其实，对于“兼相爱、交相利”的讨论，所映射的是《法仪》所言“天之行广而无私，其施厚而不德，其明久而不衰，故圣王法之”的公私理念，义利问题还是公私问题，只不过将“义”体现在对“天志”的认识与践行中。

三　儒墨的公私义利观对推类模式前提预设的影响

1. 孔子的前提预设

前已所述，孔子将“公”归结为“公利”，并进而约化为“义”，把“义”看成道德之价值选择的最高目标或标准。但定标准是一回事，如何使行为的主体自觉按照这个标准行事却是又一回事。为此，注重加强德化教育的道德建设，就成为孔子公私义利观走向的题中应有之义。《为政》：

> 道之以政，齐之以刑，民免而无耻；道之以德，齐之以礼，有耻且格。

为了达到这个目的，孔子从社会发展论的角度，在《子路》篇中首次系统地提出了“庶”“富”“教”的三部曲思想。其目的在于《雍也》的“务民之义”为“智”，“先难而后获”得“义”则为“仁”。《论语》中有关“仁”的解说有很多，但能够作为推导方法前提的指导观念有两条，《雍也》的“夫仁者，己欲立而立人，己欲达而达人，能近取譬，可谓仁之方也”；《颜渊》的“仲弓问仁。子曰：‘……己所不欲，勿施于人’”。看来在孔子那里，仁是义的内在本质，义是仁的外在表现，所以才会有《尧曰》的“欲而不贪”，“欲仁而得仁，又焉贪?”

而在“教之”的道德建设中，《为政》篇之“为政以德，譬如北辰，居其所而众星共之”，君主成为道德建设的主体。亦即《子路》之“上好礼，则民莫敢不敬；上好义，则民莫敢不服；上好信，则民莫敢不用情”。由是，在《颜渊》所希冀的“主忠信，徙义，崇德也”的道德建设中，在《里仁》言“君子之于天下也，无适也，无莫也，义之与比”的道德建设的取法思考中，由“公”由“义”而来的“仁”，也就成为孔子一切思考的前提预设了。尤其体现在他的“正名”精神上。

2. 孟子的前提预设

在《孟子》中，使用“义”之处有一百多见，其中“仁义”连用达三十多见，表明孟子对于“义”的理解，已经是要希冀通过《梁惠王上》所言

“谨庠序之教，申之以孝悌之义，颁白者不负戴于道路矣”的道德教育，能够使人人知晓《告子上》所言“仁，人心也；义，人路也。舍其路而弗知，放其心而不知求，哀哉！……学问之道无他，求其放心而已”。如是才可《告子下》之“人皆可以为尧舜”。按朱熹在其《孟子集注》中的评价，孟子对“亦有仁义而已矣”说得如此坚决，是因为当时的人唯利是图，不知世上有“仁义”二字，“所以拔本塞源而救其弊，此圣贤之心也”。这也表明，孔子“正名”精神的前提预设“仁”，发展到孟子，“仁义”就成为孟子一切思考的前提预设了。这也就是为什么他在与告子有关人性的论辩中，同样是引征“水性的问题”，但其谕证的结论却是大相径庭。

3. 荀子的前提预设

《荀子》中，“义”有近三百见，其中“礼义”连用多达一百多见。“礼义”更多地体现了《非相》中“人能群”的尚义社会中人文规定的意义，因此荀子的公私观、义利观不但延续了注重德化教育的儒家传统，而且进一步提出了通过礼义法度来引导人的自然本性。故而《性恶》中主张以“师法之化，礼义之道”去“化性而起伪”，如是，才可以“伪起而生礼义，礼义生而制法度”，才可以“出于辞让，合于文理，而归于治”。

主张“君子必辩”的荀子，就是以“言仁”为论辩内容，以符合“礼义之中”为论辩方法。这实在是因为《非十二子》中的一些人“不法先王，不是礼义，而好治怪说，玩琦辞。甚察而不惠，辩而无用，多事而寡功，不可以为治纲纪”，所以辩说也是一种教化人的方法——“兼术”[1]，是为了向人们正确地宣讲礼义，按《正名》所言“以正道而辨奸，犹引绳墨以持曲直。是故邪说不能乱，百家无所窜”。由是，孔子之“仁”，孟子之“仁义”，发

1 《荀子·非相》：“君子贤而能容罢，知而能容愚，博而能容浅，粹而能容杂，夫是之谓兼术。”

展到荀子，“礼义”就成为他一切思考的前提预设了。

4. 墨子的前提预设

墨子的义利观体现在他对“天志”的认识与践行中。

首先，墨子所倡导的“义”，是以“天志”为准则的。按《天志》《法仪》篇，墨子之“天”，一是具有大公无私的品格：“爱利百姓”，“为万民兴利除害，富贵贫寡，安危治乱”，却又“行广而无私，其施厚而不德，其明久而不衰”；二是具有善恶分明的态度：“欲义而恶不义”，“欲人相爱相利，而不欲人相恶相贼”，“不欲大国之攻小国”；三是具有法力无边的权威，“然则何以知天之欲义而恶不义？曰：天下有义则生，无义则死；有义则富，无义则贫；有义则治，无义则乱”。基于此，墨子的“天志”即为“义”，为“公利”。接续上古以来的传统，天意表达的还是民意，“顺天意者，兼相爱，交相利，必得赏；反天意者，别相恶，交相贼，必得罚”，所以墨子要求“动作有为，必度于天。天之所欲则为之，天所不欲则止”。概言之，在将天下之人都“鼓而进于义”的过程中，“莫若法天”，“取法于天”。

其次，墨子所实行的“义”，是按“天志”践行的。由于“天志”就是“义”，而《贵义》言“万事莫贵于义”，所以，“取法于天”的过程也是“鼓而进于义”的践行过程。按《天志下》，“若事：上利天，中利鬼，下利人。三利而无所不利，是谓天德。……是其何故也？则顺天之意也”。

为了达到这个目的，墨子是先秦时代最先旗帜鲜明地在《耕柱》中将“辩”提高到一个“为义首务”的高度：“为义孰为大务？……能谈辩者谈辩，能说书者说书，能从事者从事，然后义事成也。”并进而在“言必立仪”的理性认识下，在《非命上》中提出了著名的“三表法”，“言必立仪……言而无仪……是非利害之辩，不可得而明知也。故言有三表”。墨子的“三表法”也几乎成为他在对其十个政治伦理主张做论证时的一种思维框子，从而也使得“三表法”具有了一定意义上的公理意识。

由此，由“公”“义”“天”而来的“三表法”，就成为墨子一切思考的前提预设了，体现在其推类模式的“谈辩”实践中就是要“察类”“知类”，而这个过程也是一个“依类明故”的过程，是一个“明小以明大”的过程。在墨子“动之于其类”的推类模式运用中，“若”“是犹”“是譬犹”“此譬犹”等“类事理联结词”也就比比皆是，成为他论辩中运用最娴熟的一种方法，成为他政治伦理传播活动中一个得心应手的论辩工具。

第五节　延续出来的推类模式的有效性与普遍适用性问题

如上，先秦时期推类模式取法标准的二分法式的历史化过程，是求善、求治的时代精神甚于求真精神的结果。虽然它所反映的民本思想，仍然是以救世、治世、安民为准，但在其时的社会历史政治伦理的大背景下，这种“道德的准则”虽然自发自觉地使规范社会的“礼仪”制度化了，但其是否对统治者具有一种潜意识下的“强制”作用？并且即便有，能否行得通也是大有疑问的。在春秋战国时期，作为“天、君、民”三角形关系中反映民意的天意，实际上是一种指导思维取舍的道德约束，它作为“人们用来调节人对人的关系的简单原则”[1]，本质上是时代自为形成的。它的自发、自为性质决定了维系道德的手段不可能是强制的形式，只能是一定时期内善恶取舍标准基础上产生的社会舆情，以期用此给人们尤其是君主提供一个治世的准则，从而保持社会的稳定、百姓的安康。因此，道德规范只有内化为君主的“公理”意识，并努力践行后，它才是有实效的，才是有意义的。

1　《马克思恩格斯全集》第2卷，人民出版社，1957，第399页。

但是，在权力私化、君主假借天意号令天下的先秦时期，指望统治者的道德自觉，无疑是要求“季布一诺”了。此时非要在人民与统治者之间硬塞进一个第三者——“天”，并以“天”的性质决定君主的性质，以“天”的意志代表人民的意志，这种理想的愿望在权力私化的君主专制面前显得非常脆弱，其所设定的天意的强制命令也就弱不禁风了。先秦推类模式取法标准的政治伦理精神或伦理化倾向，就是在这样的历史长河中不断接受作为预设前提的历史化的取法标准的反复淘洗，一点一滴地积淀并不断得以强化。

这个过程仍然是遵循“历史文化对逻辑的要求”以及“逻辑对历史文化的观照”之思想路数，故而，先秦逻辑思想一以贯之地融贯“观乎天文以察时变”之科学精神与“观乎人文以化成天下”之人文精神的统一，就是一个求真精神与求善精神的统一，“正名—用名”与“谈辩—用辩”的统一，论辩理论与论辩实践的统一，“讲逻辑”与“用逻辑”的统一。

或者说，预设前提的历史化与伦理化取法标准的合理性与合法性，不能不在“讲逻辑”与“用逻辑”统一的名辩思潮中，考量着先秦推类模式的适宜性、有效性或生效性问题，以及它的普遍适用性问题。

第十一章
先秦推类模式的有效性与普遍适用性

先秦推类模式的有效性问题以及普遍适用性问题，是一个在“能知层面的以人观之与所知层面的以道观之、以类观之，同时指向知行过程的有效性、正当性、适宜性”问题，这种辨其同异、明其所宜的论证型式及其认知取向，在“讲逻辑”与“用逻辑”的统一中，“与特定情境的适合，既涉及理，又关乎事，在实践过程中融合了中国文化中的各种认知特点”[1]。

第一节　先秦推类模式的有效性或生效性问题

追根溯源，人们对于有效性的追求，是“由于对取得论证胜利的实际兴趣导致了一种对有效论证的理论兴趣”[2]。因此，从问题历史化出发，“有效性”从其产生之日起就包含了认识主体的主观目的性。先秦推类模式也是如此。它从“类同”“类异”的层面把握认识对象，以类同为推论的出发点，以类异为驳论的出发点，它的有效性即使做不到演绎推理的形式有效性，也不妨碍它在“内涵的逻辑”意义下，以及在广义论证的有效性下，对推类过程及结果有一个共同认可的评价标准。这种追求从古到今一直在做。

1　杨国荣：《以人观之、以道观之与以类观之——以先秦为中心看中国文化的认知取向》，《中国社会科学》2014年第3期。

2　〔英〕威廉·涅尔、玛莎·涅尔：《逻辑学的发展》，商务印书馆，1985，第44页。

按此，先秦推类模式主要用于在其时历史文化背景下的政治伦理传播中的论辩说理，其有效性就讲求了语用性原则，这种语用原则只有在它普遍适用性运作中得到检验，它所蕴含的有效性才能在实际的推类模式运用中得以体现并成为评价标准。亦即，没有推类模式中古人的人人谈“类”、用“类”的普遍适用性意见：

故凡同类者，举相似也。何独至于人而疑之？圣人与我同类者[1]；

能谈辩者谈辩[2]；

孟子非墨子，其辩言正辞则与墨同[3]；

古之学者，比物丑类[4]；

凡圣人见祸福也，亦揆端推类，原始见终，……贤者亦能，非独圣也[5]；

妇人之知，尚能推类以见方来，况圣人君子，才高智明者乎[6]；

也就没有他们认可结论有效性的认识：

先知之见，方来之事，无达视洞听之聪明，皆案兆察迹，推原事类[7]；

钩距者，设欲知马贾，则先问狗，已问羊，又问牛，然后及马，参伍其贾，以类相准，则知马之贵贱，不失实矣。[8]

---

1 《孟子·告子上》。
2 《墨子·耕柱》。
3 （西晋）鲁胜：《墨辩注叙》。
4 《礼记·学记》。
5 （东汉）王充：《论衡·实知》。
6 （东汉）王充：《论衡·实知》。
7 （东汉）王充：《论衡·实知》。
8 《汉书·赵广汉传》。

这是因为：

一　意象性思维导引下的广义有效性或生效性

第八章第一节已前述，尽管先秦推类模式在“取辩于一物而原极天下之污隆”的过程中，“取辩于一物”是个随机选择的思维过程，具有偶然的、临时的个人因素：“‘比’之为义，取类不常：或喻于声，或方于貌，或拟于心，或譬于事”，但这种具有个体性质的取象比类的经验，却在偶然性中隐含着必然性。亦即，看似偶然随意的引征中能够以类事理来“揆端推类，原始见终”，完成一个“引类譬喻，故善鸟香草，以配忠贞；恶禽臭物，以比谗佞；灵修美人，以媲于君”，“伐柯之道，唯斧乃能之。此以类求其类也”的完整过程，在于“‘比’类虽繁，以切至为贵”。如是，才能在“取辩于一物”之引征与“天下污隆”之谕证间，搭建一座由此及彼的“切至为贵”的类事理贯得通的桥梁。当然，“切至为贵”也须小心翼翼。

或如，在贯通“天道”与“人事”的关系时，如何取“类”？按《礼记·月令》，“凡举大事，毋逆大数，必顺其时，慎因其类”。所谓“必顺其时”指顺从四季的变化；所谓“慎因其类”指万物以类分，自然现象与社会现象有类同之处。如庆赏与阳气同类，刑罚与阴气同类。春夏属阳，秋冬属阴，所以春夏用庆赏，秋冬用刑罚。诸如此类，比附极多。[1] 如果不按照这种“类同”关系“切至为贵”，就会如《礼记·月令》“孟春行夏令，则雨水不时，草木早落，国时有恐。行秋令，则其民大疫，飙风暴雨总至，藜莠蓬蒿并兴。行冬令，则水潦为败，雪霜大挚，首种不入”。

1　参见刘泽华、葛荃主编《中国古代政治思想史》第2版，南开大学出版社，2001，第170—171页。

或如，王夫之在先秦《周易》基础上论说他的“易学”推论方法“取义而推其类”时，就要求在“天人之合用”前提下，通过“推其辞义以论理”“即象以见理”“爻外求义”“因时制义”等路径来“研几精义”，寻找“比类广引而拟之”[1]，“辞与象相应之理”，“以义类而推之”[2]，达致“原极天下之污隆”的“天道”与“人事”的沟通。

这种方法论意义上的类事理贯得通的桥梁，源于中国传统象思维的意象性特点，在其联想机制的导引下，它在形象的层面上展开无限自由的扩展能力，以由此及彼的跳跃性，可以整理出一个逻辑顺序的思维路程，在认识对象倏忽之间的自然转换中，仍以其所具有的主观能动性、自觉性、目的指向性、新颖独特性、综合创造性、极大的自由度和超现实性，既凸显了通过某一事物的现象而想到具有某种联系的另一事物现象的联想思维特点，也凸显了通过改造记忆表象并对过去已经形成的那些事物的联系方式进行新的综合的想象思维的特点，使得它既可以对记忆中的事物形象进行搜索、连接，又可以在外界刺激物的影响下对过去存储的若干感知表象进行加工改造。

虽然柏拉图认为，想象是对理念模仿的事物的模仿，是不真实的[3]，但我们认为，推类模式中“取辩于一物”的随机选择，仍然是知性的产物，而“知性一般来说可以被表现为一种作判断的能力”[4]，在预设结论于前提的推类模式中，以类属性或类事理相同的知性表达，使“我们有理由在每个人那里普遍地预设我们在自己这里所见到的判断力的这些主观条件；只是我们还要把给予的客体正确地归摄到这些条件之下而已。虽然现在后面这一点有不可避免的、不为逻辑的判断力所有的那些困难……但这却完全不取消判断力

---

1 （明末清初）王夫之：《张子正蒙注》（卷二）。

2 （明末清初）王夫之：《周易内传》（卷六上）。

3 〔古希腊〕柏拉图：《理想国》，参见北京大学外国哲学史教研室编译《古希腊罗马哲学》，商务印书馆，1962，第201页。

4 〔德〕康德：《纯粹理性批判》，人民出版社，2004，第69页。

指望普遍的同意这种要求的合法性，这个要求所导致的只是：判断由主观根据出发而对每个人都有效的这个原则的正确性”[1]，认可了在推类模式原则规约下这种直观随机选择的确定性，从而认可了“言事→论道”的引征前提为真且谕证结论有效的广义有效性。亦即，能够“切至为贵”地“原极”。

抑或也可以这样说，这种广义有效性，是建立在已被无数生活的、历史的事实或经验所证明的“相信”基础上的可接受性。亦即，它能够“生效”。

这也就是“言事→论道”之推类模式的广义有效性。虽然它最初还是一种经验性的直观，但在工具性质之价值的不断重复与扩散中，它就能在思维自身提供的类事理联想意义下，由于引征的经验性，结论的明证性，使得对它的工具意义理解在样本有效性的不断积累中知性化、理性化了。这也就是它的生效性，能够“相信”这种“切至为贵”的“原极”。

二　“相信”信念的基础是公共知识

先秦推类模式其谕证结论（论道）的广义有效性或生效性，应该来源于引征前提（言事）的意涵，无论是日常积累的生活经验，还是不断归纳的历史经验，以及记载这些经验的文献典籍，都是意象性思维意义下集体思考的具有确定意涵的公共知识。我们列举动辄引征《诗经》的几个《左传》中的例证来说明之。或如《文公四年》：

> 卫宁武子来聘，公与之宴，为赋《湛露》及《彤弓》。不辞，又不答赋。使行人私焉。对曰：“臣以为肄业及之也。昔诸侯朝正于王，王宴乐之，于是乎赋《湛露》，则天子当阳，诸侯用命也。诸侯敌王所忾而献

1　〔德〕康德：《判断力批判》，人民出版社，2002，第141页。

其功，王于是乎赐之彤弓一，彤矢百，玈弓矢千，以觉报宴。今陪臣来继旧好，君辱贶之，其敢干大礼以自取戾。”

对于鲁文公设宴款待自己的席间演奏的《小雅·湛露》和《小雅·彤弓》，来访的卫国宁武子既没有辞谢也没有吟诗作答。当文公派人私下探问原因时，他说出了理由：“我以为这是练习演奏呢。过去诸侯在正月里前往周王室朝见，周天子设宴款待时才演奏《湛露》，以表示犹如太阳当空，诸侯俯首听命。诸侯与周天子同仇敌忾，为了表彰他们，周天子也会赐给他们红色及黑色的弓箭，并设宴奏乐作答。如今我只是为了发展过去的友好关系而来，承蒙君王赐宴，哪里敢违背天子宴享诸侯的礼仪而自取罪过啊。”

按此，《诗经·小雅·湛露》和《诗经·小雅·彤弓》所表明的含义，在当时应该就是公共知识了，引征它的含义也应是确定的。难怪宁武子对这种违背礼仪的做法既不辞谢也不作答呢。只是鲁文公为什么这样安排，大概同“八佾舞于庭”一样，是当时“名实淆乱”的一种真实写照吧。

同样的理由，对于类事理相同与不相同的区别也表现在《襄公四年》中。

穆叔如晋，报知武子之聘也，晋侯享之。金奏《肆夏》之三，不拜。工歌《文王》之三，又不拜。歌《鹿鸣》之三，三拜。韩献子使行人子员问之，曰：“子以君命，辱于敝邑。先君之礼，藉之以乐，以辱吾子。吾子舍其大，而重拜其细，敢问何礼也？”对曰：“三《夏》，天子所以享元侯也，使臣弗敢与闻。《文王》，两君相见之乐也，使臣不敢及。《鹿鸣》，君所以嘉寡君也，敢不拜嘉？《四牡》，君所以劳使臣也，敢不重拜？《皇皇者华》，君教使臣曰：‘必咨于周。’臣闻之：‘访问于善为咨，咨亲为询，咨礼为度，咨事为诹，咨难为谋。’臣获五善，敢不重拜？”

对于晋悼公设宴款待自己的席间，以钟鼓乐章《肆夏》[1]，回访的鲁国大夫叔孙豹[2]并没有起身拜谢；乐工又唱了《诗·小雅》中的《文王》《大明》《绵》，穆叔还是没有起身拜谢；直到再唱了《诗·小雅》中的《鹿鸣》《四牡》《皇皇者华》后，穆叔才起身三次拜谢。当被问及原因时，叔孙豹回答说，“三《夏》是天子用来招待诸侯的，我不敢听；《文王》是两国国君相见时演奏的，我也不敢听；《鹿鸣》是君王用来颂扬我国国君的，我怎敢不拜谢？《四牡》是君王慰劳我的，我怎敢不再次拜谢？《皇皇者华》是君王教导小臣一定要请教忠信之人的，我已从中受惠了，怎敢不三次拜谢呢？”

如果没有其时事实上的公共知识，也就没有了宁武子和叔孙豹的如是回答。同样，如果没有其时的“名实淆乱”，也就无所谓先秦时期的“名辩思潮”了。当然，对于引征的公共知识“知道”或“不知道”，也影响着沟通交际的顺利进行，甚至其评价还是极其负面的。或如《昭公十二年》：

> 夏，宋华定来聘，通嗣君也。享之，为赋《蓼萧》，弗知，又不答赋。昭子曰：“必亡。宴语之不怀，宠光之不宣，令德之不知，同福之不受，将何以在？”

同样是设宴款待来宾并席间赋《诗经》，但宋国来使华定竟然听不懂，也不吟诗答谢。因此对他的评价自然是极其负面的，“将来必定要落个逃亡国外的下场”。原因在于，对于所引征的公共知识《小雅·蓼萧》中有“燕笑语兮，是以有誉处兮”，定华却不知道向往诗中所说的欢乐气氛；《蓼萧》中有

1　古乐章名。《周礼·春官·大司乐》有：“王出入则令奏《王夏》，尸出入则令奏《肆夏》，牲出入则令奏《昭夏》。”郑玄注为，“三夏，皆乐章名”。

2　叔孙豹（？—前538年），春秋时鲁国大夫，姬姓，叔孙氏，名豹，谥穆，又被称为穆叔、叔孙穆子。叔孙豹曾有著名的“三不朽”说：“大上有立德，其次有立功，其次有立言，虽久不废，此之谓不朽。”（见《左传·襄公二十四年》）

“为龙为光”，“龙光”即宠信，他却不知道答谢宣扬鲁国对他的热情款待；《蓼萧》中有“宜兄宜弟，令德寿岂（恺）”，这是对他的赞美，他却浑然不知；《蓼萧》中有“万福攸同”，这是对他的祝福，他却不接受。这样的人怎么能够长久呢？

上述例证只是为了说明一点，即先秦推类模式（言事→论道）的有效性或生效性，是建立在引征“言事”的公共知识基础上，并且从这种公共知识的意涵中所体会的“类事理”，引征者“相信”它能够迁移映射到当下需要论证的场景中，从而以“论道”来完成整个推类模式所要求的引征论证过程。

三　故、理、类基础上的贯得通

先秦推类模式的推导根据是否充分也影响着它的广义有效性或生效性问题。

诚然，“言事→论道”的随机选择是个别的、私人的直观，但两者之间类属性或类事理的根据源于意象性思维意义下的集体思考，具有了特定意涵下公共知识的性质，只要它能够在“察（类）意而明故”[1]“依类明故”[2]“伦类以为理……可以为法则”[3]的意义下，统摄先秦墨辩所总结、清代孙诒让及现代章士钊所赋名的“三物”（故理类）逻辑，就可以在自古以来的文化熏陶下显现普遍的、本质的、直观的“法则”例示功能，从而以“类不悖，虽久同理”[4]来解决它的充分性问题，并使历史中的个人体验，成为恒久的思维方法及文化行为。如《墨经・大取》中所说的“立辞”与“故”“理”“类”之关系的阐述，表明下判断要有根据：“辞以故生”（有所根据的断定），“辞以理长”（有道理的推导），“辞以类行”（前提与结论之辞的联系

1　《墨子・非攻下》。
2　《墨子・尚贤中》。
3　《荀子・臣道》。
4　《荀子・非相》。

为类同、类异)。故而清末孙诒让《墨子间诂》认为,“三物,即指故、理、类而言之,谓辞之所由生也”;现代章士钊则认为:“欧洲逻辑之三段,印度因明之三支,吾国墨辩之三物,同一理也。”[1] 章太炎更是以“常则”一词表明了先秦推类模式的有效性:“辩说之道,先见其旨[2],次明其柢[3],取譬相成[4],物故可形[5]。……大秦与墨子者,其量皆先喻体,后宗。先喻体者,无所容喻依,斯其短于因明立量者,常则也。”[6]

而《文心雕龙·事类》为了表明为何有这种“理得而义要矣”的故、理、类基础上的贯得通,采用了推类模式的引征论证,“事类者,盖文章之外,据事以类义,援古以证今者也。昔文王繇《易》,剖判爻位。《既济》九三,远引高宗之伐,《明夷》六五,近书箕子之贞:斯略举人事,以征义者也。至若《胤征》羲和,陈《政典》之训;《盘庚》诰民,叙迟任之言:此全引成辞以明理者也。然则明理引乎成辞,征义举乎人事,乃圣贤之鸿谟,经籍之通矩也”,“故事得其要,虽小成绩,譬寸辖制轮,尺枢运关也”。

笔者曾在尝试构造先秦推类模式时,提出古人只是给出了一系列的语义说明,在“谈类”“用类”的论辩实践中概括出了“法”“则”“法式”等概念,并没有而且也不可能给出一个形式语言的语形说明。但他们“谈类”“用类”的论辩实践,如前已曾述的胡适所说,“却能把推论的一切根本观念,如‘故’的观念、‘法’的观念、‘类’的观念、‘辩’的方法都说得很明白透彻,有学理的基本,却没有法式的累赘”;金岳霖所说,“没有打扮出理智的款式,也没有受到这种款式的累赘和闷气”;温公颐所说,“不纠缠于形式”。前辈所说的这些特点使我们认为,先秦推类模式可以算作一种“图

1 章士钊:《逻辑指要》,生活·读书·新知三联书店,1961,第276页。
2 先提出论题。
3 列出论据。
4 取譬设喻。
5 加强其立论。
6 章太炎:《原名》。

尔敏模式"[1] 意义下的"工作逻辑"或"操作逻辑"，或是张东荪所说的"实际逻辑"。至少在逻辑发展史上，类似这种分析论证的模式对于非形式逻辑、言语交际理论等曾产生过广泛影响。这种"工作逻辑"或"实际逻辑"的"哲学认识论"与"逻辑方法论"，其有效性之所以能够得到体现，应该就是牟宗三所概括的灵性主义的、"顿悟朗现"的"智的直觉"。其特点在于："一、一觉到是本心之不容已，便毫无隐曲地让其不容已；二、本心之纯，是一纯全纯，并不是一点一点地让它纯；三、本心只是一本心，并不是慢慢集成一个本心。合此三层而观之，便是顿悟之意。"[2]

或如张东荪《理智与条理》中所认定的"理上能说得通"，它以"'贯通'为标志，换言之，亦就是以'说得通'为据。所谓说得通，就是在甲范围内某种说法能成立，迨其扩张至乙范围，因为性质未变，则某种说法依然有效"。这种有效的贯通，即第八章第一节前述张东荪《理智与条理》中所说的"外的贯通"。"外的贯通则是所谓实际的贯通。故常有'实际逻辑'（material logic）一个名词，实则即指此而言。……凡实际的贯通无不为外的贯通。故外的贯通在我们言论思想上实居最重要的地位。……所谓外的贯通即是指一个意思（或一个主张）必须与其他已经为大家所公认的道理不相违反，尤其是与这个意思有关系的诸点更必须协合。"其例证之一，即如前述张东荪分析《墨子·非攻上》之"今小为非则知而非之；大为非则不知非，此可谓知义与不义之别乎"时，所分析评价的"非攻"之"信念"能够通过推类以"说得通"，其有效的根据即"外的贯通"。与此相对应的是"内的贯通"："在方式上逻辑的演算只限于'内的贯通'。……所谓内的贯通，亦就是'方式的贯通'。"两相对照，前者在

1 英国哲学家图尔敏在科学哲学方面，主张重心从逻辑形式方面移到科学活动方面，把握科学家在实际活动中采用的论据和方法，注意这些逻辑和方法与传统逻辑方法的异同，研究各种不同领域内实际论据的实用性。并在其《论证的用途》及《推理导论》中提出"图尔敏模式"。参见彭漪涟、马钦荣主编《逻辑学大辞典》，上海辞书出版社，2004，第593、705页。

2 牟宗三：《心体与性体》中，上海古籍出版社，1999，第197页。

“理上说得通”，而后者“在西方则是合乎逻辑”。

按此“理上说得通”之“外的贯通”，应似董仲舒在评价《春秋》推论方法时所认为的“理所当然”。即“《春秋》之道，举往以明来，是故天下有物，视《春秋》所举，与同比者，精微妙以存其意，通伦类以贯其理，天地之变，国家之事，粲然皆见，无可疑矣”。[1] 所谓“无可疑矣”即认定《春秋》能够“观往可以验来”，“察视其外，可以见其内也”。[2] 亦即，伦类贯理方法的根据就是在“物莫无邻”之下，可以相互进行推类。其“理所当然”应是日常生活中积累的生活经验和不断归纳的历史经验之认知“信念”使然。

又，先秦推类模式引征谕证的推导过程，有些是先“言事”而后“论道”，有些是先“论道”而后“言事”；有些有“类事理联结词”，有些则没有，其所论之“道”需要在“公共知识”的背景理解下意会隐含意。但无论哪种结构的应用，都是因为类事理的同一能够被理解而生效，都是在故、理、类基础上，“类事理”贯得通的意义下产生广义有效性的。

例证（1）。《左传·襄公十三年》：

> 君子曰：“让，礼之主也。范宣子让，其下皆让。栾□为汰，弗敢违也。晋国以平，数世赖之。刑善也夫！一人刑善，百姓休和，可不务乎？《书》曰：‘一人有庆，兆民赖之，其宁惟永。’其是之谓乎？周之兴也，其《诗》曰：‘仪刑文王，万邦作孚。’言刑善也。及其衰也，其《诗》曰：‘大夫不均，我从事独贤。’言不让也。世之治也，君子尚能而让其下，小人农力以事其上，是以上下有礼，而谗慝黜远，由不争也，谓之懿德。及其乱也，君子称其功以加小人，小人伐其技以冯[3]君子，是以上

1　《汉书·司马迁传》引董仲舒语。

2　（西汉）董仲舒：《春秋繁露·玉杯》。

3　欺凌。

下无礼，乱虐并生，由争善也，谓之昏德。国家之敝，恒必由之。”

按“言事→论道”的“推类”模式：

其一，主论。

君子曰：“让，礼之主也。”（论道：谦让是礼的主体。）

范宣子让，其下皆让。……可不务乎？（被映射的当下场景：范宣子谦让，他的下属全都谦让，就连骄侈的栾□也不敢违背。晋国以此平和，几代人受益。这是由于向好的榜样学习的缘故啊。一个人向好的榜样学习，百官各族因此而安定和平，这样的事能不努力去做吗？）

《书》曰：“一人有庆，兆民赖之，其宁惟永。”（引征《尚书·吕刑》：一个人有善行，亿万人得利，国家就会长治久安。）

其是之谓乎。（类事理联结词：按类事理相同推出）

在这个主论过程中，“言事”而“论道”二者在“谦让而得利”的类事理上是“贯得通”的。为了加强这种“说理”的可靠性和可接受性，《左传》还不吝笔墨地继续按类事理进行着辅论。

其二，辅论。为了说明主论“论道”的合理性与有效性，主论之后又进一步引征历史经验，联导论证式地从正反两方面加强着主论的合理性与有效性。

正面引征谕证。《诗》对周朝兴旺原因的评价：周之兴也，其《诗》曰：“仪刑文王，万邦作孚。”言刑善也。（《诗经·大雅·文王》对类事理的概括：“以文王作为榜样，万国诸侯都信而敬仰”，这是因为向好人学习的结果。）

反面引征谕证。《诗》对周朝衰亡原因的评价：及其衰也，其《诗》曰：“大夫不均，我从事独贤。”言不让也。（《诗经·小雅·北山》对类事理的概括：“对大夫做事不公正以待，分派给我做的事情很辛勤”，这是说不肯谦让。）

《左传》作者对于正反引征谕证的总结："世之治也，……由不争也，谓之懿德。及其乱也，……由争善也，谓之昏德。国家之敝，恒必由之。"而这个总结就是对"让"与"不让"的类事理正反联导论证式的总结，并使这种历史经验进一步在"类事理贯得通"上，说明着主论之"道"的"让，礼之主也"的合理性和有效性。而这种"类事理贯得通"只能是"理上说得通"之"外的贯通"。

例证（2）。《孟子·梁惠王下》：

> 孟子谓齐宣王曰："王之臣有托于妻子于其友而之楚游者。比其反也，则冻馁其妻子，则如之何？"王曰："弃之。"曰："士师不能治士，则如之何？"王曰："已之。"曰："四境之内不治，则如之何？"王顾左右而言他。

在这个引征谕证中，孟子的引征前提之"言事"，是日常的生活经验；谕证的语谓行为（说什么）之"论道"，是"要行仁政"；引征谕证的语效行为（在听话者身上所产生的效果），是"王顾左右而言他"。

从结果来看，齐宣王既然承认了引征生活经验中的类事理，则按在类事理上具有同一性的谕证之"道"：要尽责尽力地爱护自己的国民，治理自己的国家，否则，就应该让位。难怪齐宣王要难言之苦地"顾左右而言他"了。这也说明，在这个引征谕证中，推类模式的工作机理在"类事理贯得通"上生效了。这也就是它的广义有效性。

四　"理上贯得通"的解析形式

这种推类模式的有效性按南朝钟嵘《诗品·序》，总是因为在"言事→论道”的过程中，“专用比兴，患在意深”，总是因为“文已尽而意有余”。这种“意深”的评价虽是在论“诗之比兴”，但这“有余之意”，何尝不是类同“隐涵”问题一样，其“因物喻志，比也”之“味之者无极，闻之者动心”的“思深而意远”，是需要“贯得通”地意会的。即《史记·律书》：“形理如类有可类。……类而可班，类而可识。圣人知天地识之别……故莫贵焉。”

对此，我们还可以将这种“理上能贯得通”的“智的直觉”，再对比牟宗三对“逻辑”所进行的“形式的解析”和“超越的解析”（Formal Interpretation and Transcendental Interpretation），也算是一种二分式的分析评价，“所谓解析不是像对于‘代值学’（即逻辑代数）中的‘项’解为类或解为概念那样，而是想就整个系统予以‘反省的说明’。这种反省的说明可分两部分”，即“形式的解析”和“超越的解析”。“形式的解析”是内在一个系统中，以“说明这系统构成的成分”，“大体是技术性的说明”；“超越的解析”是外存于一个系统，以“说明它的‘意义’”，“是逻辑底‘必然性’与‘先验性’问题，说明它的意义就是问它有没有‘理性上的必然性’与‘先验性’问题，有没有理性上的‘先验根据’（A Priori ground）”。从“推理的一般”上看，形式的解析“可以确定逻辑为‘推理结构之学’”，使人明了逻辑学的特征。因此，理则学“只研究自己之结构”，“根本只是关于推理本身底结构’之形式”的“特征”。[1]

按此，作为“推理的特殊”，先秦推类模式的“理上贯得通”就肯定不是“形式的解析”而是“超越的解析”了。这种“超越的解析”，“它可以避免西方或印度逻辑的繁琐之处。……这样的逻辑，我们也可称之为‘内涵的逻辑’”[2]。或“中国古代逻辑是非形式逻辑”[3]。它以其生活实践中锻造出

---

1 牟宗三：《理则学》，台北：正中书局，1995年印行，第77—81、226页。

2 温公颐：《先秦逻辑史》，上海人民出版社，1983，第48页。

3 李先焜：《中国古代逻辑史是非形式逻辑的发展史》，《李先焜文集》，长江出版社，2018，第426—432页。

来的简洁、舒适，展现了“实用理性便是中国传统思想在自身性格上所具有的特色”[1]，鲜明地标示着先秦逻辑思想的实践理性取向。

五　广义有效性的工具效用及没有走向形式化道路的原因

我们在第八章第二节第一小节以及第九章第二节第四小节已有所论及，先秦推类模式没有走向形式化的道路，有它“涉及自身”的原因：引征的随意性和偶然性，对“类事理”理解的个人性，对推导过程及其规则要求的简单性；以及更重要的，在“言事而论道”以“取辩于一物而原极天下之污隆”的过程中，由于事实层面与价值层面不断交互，使它难以在客观上圈定自己的“外延”论域，更多的还是阐释认知主体内心尺度的“内涵”要求。为什么如此，这里再换一个视角分析。

作为一种“工作逻辑”“操作逻辑”“实际逻辑”“内涵逻辑”的先秦推类模式，与西方传统逻辑中的类比推理在形式结构、思维的依据、实际应用的功效、所分析的对象、认识的扩展、结论的性质、结论的预设、结论的目的、评价性问题等上，还是有差异的。[2] 按前述它的思维流程，毋宁说，它的两段式论型基本上还是统摄了演绎、归纳与类比的思维形式，似乎可以用“合情推理”来再加以说明。

合情推理的思想始创于欧拉，而使之臻于完善的是美籍匈牙利数学教育家乔治·波利亚（1887—1985）。它是人们根据已有的知识经验，在情感等非智力因素的影响下，运用观察、实验、归纳、类比、推广、限定、联想、直觉等非演绎的思维形式，构设出关于客体的合乎情理的认知过程；它虽有似真性、主观性的特征，但仍然可以刻画出一个推理模式来。

1　李泽厚：《中国古代思想史论》，人民出版社，1986，第 304 页。

2　这个问题将在第十二章第三节详述。

而先秦推类模式的工作机理，可以与合情推理相互映照。它在“能谈辩者谈辩”中，只要能够遵守推导原则，就能以“理上能贯得通”的“智的直觉”，在“言事→论道”过程中，以引征事物的公共知识性，以类事理的相通性，以符合“联言（∧）必同真”的逻辑性质，在情感的“应然性”上，满足了有效性的基本要求：前提真而结论假是不可能的。

因此，在为了追求“取辩于一物而原极天下之污隆”过程中，其“长于比喻，辞不迫切，而意已独至”“语约而意尽”的工具效用，不断强化、复制、延续了自然语言的推类模式，使之在比较逻辑研究中，无论是比较同异还是比较优劣，都是可以从广义有效性或生效性上得到说明的。而广义有效性同严格的形式有效性[1]的区别在于，它在思考论辩“形式的力量”的同时，也思考了前提的真假，与类事理联结是否相通。

图尔敏曾以追问的模式，加入了实用性原则，并与其论证模式的合情合理原则，提升了非形式逻辑在保证有效性问题上的作用。而布兰顿的让概念担任推理角色的语义推理学，同样也能感觉出维特根斯坦曾提出的“语言游戏”理论。在这里并没有多少“形式化”的东西，但其有效性问题却在现实的论证中，仍然可以通过“非形式逻辑”来得以保证。在这一点上，先秦推类模式的有效性问题解决，也是在现实的论证实践中，在历史化的演进中，以不断加强的“相信”信念来稳定固化着这种“法式”的工具效用。

沈有鼎曾说过，“人类思维的逻辑规律和逻辑形式是没有民族性也没有阶级性的。但作为思维的直接现实的有声语言则虽没有阶级性，却是有民族性的。中国语言的特性制约着人类共同具有的逻辑规律和形式在中国语言中所取得的表现方式的特质，这又不可避免地影响到逻辑学在中国的发展，使其在表达方面具有一定的民族形式”[2]；牟宗三也认为，“中国哲学特重‘主体

---

1 不管前提内容真假的形式语言的语形说明。

2 沈有鼎：《墨经的逻辑学》，中国社会科学出版社，1980，第 90 页。

性’与‘内在道德性’”[1]，它体现的是一种人的内在生命性。按此，先秦推类模式在其所凭借的“取辩于一物”的丰富想象力、联想力，与“原极天下之污隆”的道德判断力助动下，所谕证的一切道德判断及其价值，不是外在于生活世界的其他东西，而是以历史经验的成败教训，论说着对于伦理秩序的“法则”式规范承诺。在这一点上，倒有似于伦理学家麦凯的内在主义的价值观念，以及哈曼的“最佳说明推理”。[2]

因此，先秦推类模式没有走向亚氏逻辑那样的形式化的道路，除了汉语言文字的原因外，缺乏古希腊逻辑在发生、发展的过程中，受本体论哲学形而上学传统的影响，而是在政治哲学、历史哲学的观照下，取法标准的政治伦理精神所致，这也是原因之一。

这是因为，先秦时期，先王的道德境界成为坐标，人们习惯于向后看，以求现实存在的社会秩序的稳定、人民的安康，于是将民意折射于天意，再反求于后王。但是，上天作为思维的取法标准毕竟不是实在物，它所反映的民心所向，毕竟也缺乏一种强制的规定性，《论语·泰伯》所言“唯天为大，唯尧则之”的太平盛世，也只能是百姓所热盼的理想状态。因为在最现实的存在中，后王的道德自觉会因其地位的至高无上以及统治一切的权力，极可能将道德的自觉变成“形式的良心”。往好里说，取法标准中的民本思想执行得好，至多也只是宽猛相济、恩威并重的所谓德治。但任何形式的德治又以不能危害到统治者的地位为前提，孟子曾因《尽心上》的“民为贵，社稷次之，君为轻”而遭到历史上一些帝王的憎恨[3]，其原因盖出于此。

1　牟宗三：《中国哲学的特质》，上海古籍出版社，1997，第 4 页。

2　参见徐向东《道德知识与伦理客观性》，《云南大学学报》2013 年第 1 期。

3　在宋代以前，孟子的地位其实并不高。《汉书·艺文志》中《孟子》仅被视为“子书”被列于“诸子略”中，唐后五代十国的后蜀时才被列入“经书”系列，至北宋神宗年间，《孟子》才首次被列入科举考试科目中，并被朝廷追封为“邹国公”，批准配享孔庙（文庙）。南宋朱熹将《孟子》与《论语》《大学》《中庸》合为“四书”，实际地位在“五经”之上。元代中期，孟子被加封为“亚圣公”，此后在中国传统文化中的地位就以“亚圣”之称列于孔子之后了。即便如此，明太祖朱元璋因不满孟子的民本思想而命人辑有《孟子节文》，其中所删节内容中即有“民为贵”等句，孟子还差点被逐出文庙。

这样就使得在“正名—用名”“谈辩—用辩”的形式上，先秦逻辑思想始终在如何“正名”以及如何论证“正名”的必要性和合理性的道路上展开，对于事物之间的类事理关系的论证，始终缠绕在先王与后王的归纳、分类、比照上，在这种基础上发展的逻辑思想，只会不断强化对“类”的认识，以及“援类而推”的推类模式。

其实这也是一种“法”意识下的自由的实现。因袭传统而自然选择的先秦推类模式，作为先秦时代说明、论证的方法，依然在保证其有效性与普遍适用性的道路上，生生不息，不断复制，在“传统就是代代相传的事物”[1]的引导下，不断彰显着自己特有的思维张力，发挥着自己的历史作用，在中国传统逻辑思想前行的道路上，沧桑着诗意的生命力，成为一个“能走远路的人”。

第二节　先秦推类模式的普遍适用性

按上，先秦推类模式是先秦时代的政治伦理文化“逼迫”出来的推理论证方法，其所体现的传统思维方式是传统文化的一部分，体现了中国人注重实践的思维特点。这种实践理性取向决定了先秦推类模式的应用主体在推类模式的应用实践中，“中国人求学的动机是求善而不是求真。西方人底求知，志在发掘宇宙的秘密。……西方人所求的是知识，而东方人所求的是修养。换言之，即西方人把学问当作知识，而东方人把学问当作修养。这是一个很可注意的异点”[2]。这种求善、求治未必都是自愿的，但却是现实的、真实的，而这种现实的真实是在伦理生活世界即在现实的社会关系中实现的。并

1　〔美〕希尔斯:《论传统》，上海人民出版社，1991，第16页。

2　这是熊十力《答张东荪》中所引张东荪的一段话。熊十力对此评价道：“此段话是真见到中西文化和哲学根本不同处，非精思远识如吾兄者，何能道及此?”见熊十力《十力语要》，上海书店出版社，2007，第59页。

且通过不断地复制、再生产，从民间社会的散落，到诸子的个人归纳、总结，以集体思考的最终形式出现。从而展现着先秦推类模式的普遍适用性。

一　推类模式普遍适用性的历史意见

关于先秦推类模式普遍适用性的历史意见，自先秦以来，也有着一些粗浅的理论说明。大略遴选如下：

故君子以为比，况国君乎？此谚所谓……[1]

故凡同类者，举相似也。何独至于人而疑之？圣人与我同类者。[2]

能谈辩者谈辩。[3]

孟子非墨子，其辩言正辞则与墨同。[4]

古之学者，比物丑类。[5]

凡圣人见祸福也，亦揆端推类，原始见终，从闾巷论朝堂，由昭昭察冥冥。……放象事类以见祸，推原往验以处来事，贤者亦能，非独圣也。……妇人之知，尚能推类以见方来，况圣人君子，才高智明者乎！[6]

对于这种推类模式的自觉，应该说从《诗经》即已开始。《诗经·大雅·抑》“取譬不远，昊天不忒”。从《诗经》开始，“诗重比兴，比但以物相比，兴则因物感触，言在于此而意寄于彼，如《关雎》《桃夭》《兔罝》《樛木》。解此则言外有余味，而不尽于句中。又有兴而兼比者，亦终取兴而

1　《左传·文公七年》。
2　《孟子·告子上》。
3　《墨子·耕柱》。
4　（西晋）鲁胜：《墨辩注叙》。
5　《礼记·学记》。
6　（东汉）王充：《论衡·实知》。

不取比也。若夫兴在象外，则虽比而亦兴”[1]，及至其后的先秦诸子那里，抑或在《左传》《楚辞》等文献中，这种“用逻辑”的推类模式运用，比比皆是，无不显现了先秦推类模式的普遍适用性。

二 论辩中逼迫出来的东西在论辩中生辉

一个方法的“可传播性”，取决于该方法在“有用性”基础上的可扩展性，而这种可扩展性，往往是从“例题”开始的。虽然先秦推类模式并没有什么丰富的严格意义上的学理证明，但其“例题”举一反三式的实际运用，不断复制，先秦时代及至诸子百家都是好手，其中尤以孟子、墨子、惠施、庄子、韩非等为著。他们在论证社会是非的论辩中，都广譬博谕，充分利用了日常生活中的浅显道理或归纳得出的历史经验，与治国、治世中的深刻道理在某一属性或事理中的同一性或相似性，淋漓尽致地发挥了推类模式的引征谕证功能，其例证可以说是不胜枚举。这也表明，在先秦时代求真、求治、求善精神的促动下，在对待工具性的“名辩逻辑”的态度上，先哲们首先关注的并不是如何创造“逻辑”，而是如何正确使用“逻辑”的问题。由时代历史文化逼迫创发出来的“逻辑”，仍然要回到现实的历史文化中。

这是因为，其一，任何一个文化理念的产生，都必然要有一个背后的文化支撑，体现了一种集体性思考。而这样的文化支撑，也必然有其产生的历史背景，并在历史的积淀中，以稳固的具有本文化特质的思维方式，形成一种“文化三段论”。从而使不同的文化理念，通过旨趣大相径庭的情怀，各自抒发着自己对社会、对人生的不同感悟，也各自描述着自己的理想社会，并将之熔铸在自己的社会实践中。其二，思维方式是历史形成的，是历史文

---

1 （清）方东树:《昭昧詹言》卷十八。

化的主观性和客观性的辩证统一。

春秋战国时期，群雄并立、列国纷争，是中国历史上的一个大变革时代。以经济关系的变化为中介，社会关系也发生了剧烈的变化。在这新旧交替过程中，“名实是非相淆”，“名实之相怨，久矣”。

或如，《诗经·小雅·十月之交》引征灾异，谕证百姓苦难，世代不继：

日有食之，亦孔之丑。彼月而微，此日而微；今此下民，亦孔之哀。

日月告凶，不用其行。四国无政，不用其良。彼月而食，则维其常；此日而食，于何不臧。

烨烨震电，不宁不令。百川沸腾，山冢崒崩。高岸为谷，深谷为陵。哀今之人，胡憯莫惩？

按清人姚际恒的评价：“写得直是怕人。”[1]

或如，对于鲁国大夫季平子的“八佾舞于庭”，一生汲汲，为恢复周礼奔走四方的孔子，在《八佾》中认为这是僭越犯上，并大动肝火：“是可忍也，孰不可忍也？”而对于“觚”的名称未改，但其形状及其实际功用却背离了“觚”名所赋予的本来意义，由“君主享用的礼器”变成了“臣子享用的礼器”，《雍也》中孔子的怒火也就不言而喻了，“觚不觚，觚哉？觚哉？”

因此，如何平定天下，重新实现中国社会的有效管理与控制，始终是当时的政治家、军事家、思想家亟待解决的问题。现实的政治活动、军事活动、外交活动的需要，决定了这个时代也是一个需要论辩、产生论辩的时代。诸子为了政治、军事、外交、伦理等的需要，都在通过自己的谈说论辩来播其声（主张），扬其道（理想），释其理（理由）。中国历史上著名的“百家争

1　（清）姚际恒：《诗经通论》。

鸣”产生在这个时代，是具有非常深刻的政治、历史、文化背景的。

诸子围绕“名”的性质、内容、相互关系等问题，展开辩论进而深入到关于“名”“辩”的理论探讨中。在名辩思潮中，虽然先秦诸子都在通过论辩播其声、扬其道、释其理，但如何通过谈说论辩来传播自己的主张，弘扬自己的理想，辩明一定的道理，阐述一定的思想，并非只是说说而已。“思以其道易天下”的时代重任，不能不使“思想重建者”[1] 们在现实的历史文化中探寻一种释物扬理的工具。因此，是现实的政治伦理活动和历史的发展决定了论辩的产生，而论辩的产生又促进了思维科学的产生与发展。在这种不停的论辩中发展起来的，不仅是语言表达的艺术技巧，更重要的是思维的艺术技巧。在“正名—用名”“谈辩—用辩”的过程中总结出来的正确的论辩原则和方法，使人们的正常辩说有了一个规范化的思维工具，从而使人们的正确思维有章可循。这也就发展并体现了辨名析理基础上推类模式之“中国的逻辑”的力量。

在这种按模式推导的过程中，“取辩于一物”的“言事”并不重要，随机选择“能近取譬”而已，重要的是最后的结论，“原极天下之污隆”才是“论道”的根本目的——晓谕善恶、治乱、是非。先秦推类模式就这样以一种“有意味的形式”，在以类事理相互连接的相通上，展现了推类模式广义有效性的直观、形象、同一性意义下“理所当然”的魅力。其中许多结论性的论证成果所形成的众多成语，对于我们今天的中国人来讲，其言简意赅的评价、寓意深刻的效果可能往往胜过大篇幅的论证。论辩中逼迫出来的东西在论辩中熠熠生辉，并且在“世世传统”“代代相传”中延续着具有独特含义的关于“中国逻辑”思想与方法的信念或行为，一直流淌至今。

由于不同时代的“例题”不胜枚举，我们在第十四章择要讨论之。

---

1 胡适：《先秦名学史》，学林出版社，1983，第29页。

第十二章
先秦推类模式的历史必然性

借助对发生学的理解分析评价“逻辑与文化”的关系，如何在先秦逻辑思想与方法产生过程中有着它内在关联的历史痕迹。因为任何文化现象的发生，都是在一定的社会背景下产生的，都表征着生活在这个社会中的人们是如何以一个文化群体诉说着自己对其时历史文化的要求，进而展现这种要求所带来的这个文化群体的类本质特点。它们不仅是一种历史文化现象，同时也是一定的社会生活使然。对于先秦推类模式的产生、发展的缘由，就需要从历史和逻辑两个维度展开。

第一节　社会历史发展的必然

一　现实的历史背景

所谓社会历史发展的必然是指，要想治理好一个国家，仅靠虔诚的祭祀无济于事，还必须将这种愿望落实在具体的治理社会、治理自然的过程中。在这种治理中，以农耕经济为本的经济生产形态，以及上古以来趋利避害思想的余绪，必然要把自然人格化，赋予天地自然以意志与情感，以天地自然的变化规律，洞察社会变迁的规律，并以其比附王朝兴衰更迭的命运以及人生的旦夕祸福。于是“天、君、民”三角关系中取法标准的演变，必然要求对于社会“治”“乱”种类的同异认识。这种认识在生活经验化和历史经验化的观照中，不断地强化，在联想的自然发生中，自然的人格化赋予了推类模式之引征前提的广泛来源。否则如《韩非子·五蠹》所说，“今欲以先王之政，治当世之民，皆守株之类也”。

西方最早进入奴隶制社会的是古希腊人（公元前8至前6世纪）。古希腊城邦建立在奴隶制社会的基础上，将所有居民划分为两种身份，一种是公民身份，另一种是奴隶身份；前者在居民中只占极小的比例，而后者则占绝大多数。城邦作为一种政治组织实体，是一种“自由人的共同体”或“公民集团”的“自我统治的体制”，其所形成的政治形态就是一种奴隶主民主制度。其特征就是公民直接参与城邦的公共事务，所有的官员并非竞争性选举出来，而是抽签决定的。为了建设一个好的正义的城邦，以便更好地过城邦生活，实现公民的自我统治和人生意义，就成为其时人们所关心的根本政治问题。因此在城邦的公共领域即政治领域中，每个公民都可以通过行动和言论展现自我，其所进行的交往和集体活动，就成为公民活动的主要方式和主要内容。讲演术遂成为“任何城市里的人们本身的自由和对他人的统治的最大利益和原因”，因为，“言语能够说服法庭上的法官、议会的议员、会员以及一切集会上（不论是什么样的国民集会）所有的人”。[1] 于是雄辩家纷纷登场。雄辩名篇也不断展现。如苏格拉底的《在雅典五百公民法庭上的答辩》，德谟西尼的《斥腓力演说》等。在人人可为的状态下形成了古希腊逻辑产生的又一源头。在西方，“政治”（politics）一词就是从“城邦”（polis）演变而来的，所谓“民主”也意味着“容忍任何公民的一律参加”[2]。这一古老的定义至今仍然规定着人们对民主问题的思考，即“民主是一种社会管理体制，在该体制中，社会成员大体能

1 〔古希腊〕柏拉图：《高尔吉亚篇》，商务印书馆，1963，第452页。
2 〔古希腊〕亚里士多德：《政治论》，商务印书馆，1965，第194页。

直接或间接地参与或可以参与影响全体成员的决策”[1]。

而在中国的春秋战国时代，随着“世异则事异”的时代变化，群雄并立、列国纷争，《孟子·尽心下》“春秋无义战”所表达的此起彼伏的争霸拼争中，传统的政治秩序和伦理观念被无情打破，延续了几百年的周代典章及其礼仪标准，在“礼乐征伐自诸侯出”“陪臣执国命”的所谓“天下无道”“礼崩乐坏”之情状下，可谓“万事到头都是梦，休休，明日黄花蝶也愁”。

或如，晋国以“启以夏政，疆以戎索”的治国方针，开始轻视天命，重视法治，否定了周礼，“桐叶封弟”[2] 的神话不再出现，而代之以桓叔三代锲而不舍地“曲沃代翼”[3]，以及晋献公“诛灭公族”[4] 的血淋淋的拼杀。其惨烈的程度不仅在晋国历史上，即使在弑君僭越层出不穷的春秋列国中也是空前绝后的。因此，历史学家钱穆将春秋时期概括为“霸政时期”，认为这“是一个极混乱紧张的时期”；将战国时期概括为“军国斗争之新局面”，“浮现在上层政治的，只是些杀伐战争，诡谲欺骗，粗糙暴戾”。这种“从春秋以前之宗法封建，转移到战国时代之新军国，相应而起的，有政治、社会各方面急剧之变动”。[5]

1　〔美〕科恩：《论民主》，商务印书馆，1988，第10页。

2　据传，“成王与唐叔虞燕居，援梧叶以为珪，而授唐叔虞曰：‘余以此封女。’叔虞喜，以告周公。周公以请曰：‘天子其封虞邪？’成王曰：‘余一人与虞戏也。’周公对曰：‘臣闻之，天子无戏言。天子言，则史书之，工诵之，士称之。’于是遂封叔虞于晋。周公旦可谓善说矣，一称而令成王益重言，明爱弟之义，有辅王室之固”。（《吕氏春秋·重言》）《吕氏春秋》通过引征这个故事，是要谕证“人主之言，不可不慎”，“其重言如此，故言无遗者”。

3　又称作“曲沃代晋”。是春秋早期晋国发生的一起同宗相残。经过长达近七十年的拼争，被封于曲沃的小宗曲沃桓叔、曲沃庄伯，曲沃武公（晋武公）祖孙三代，共杀五逐一了大宗的六位国君，灭掉了占据翼城的晋国大宗，成为晋国的新主人。（见《左传·桓公二年》《左传·桓公三年》）这个小宗篡夺大宗的史实，使建立在血缘关系基础之上以嫡长子继承制为核心的宗法制度遭到了前所未有的打击，被认为是春秋时期“礼崩乐坏”的初始标志。

4　“曲沃代翼”之后，武公的儿子晋献公接替君权，他从“曲沃代翼”的政变中深知来自公室宗族内部的公族势力会危及王权，“晋桓、庄之族逼，献公患之”（《左传·庄公二十三年》），所以他为了强化君权，处心积虑地诛灭公族，“尽杀群公子”（《左传·庄公二十五年》），使当时的晋国成为春秋中期各国唯一没有公族的诸侯国，使以血缘关系为纽带的公族宗法体制被摧毁。

5　钱穆：《国史大纲》上册，商务印书馆，1996年修订第3版，第68、71、82页。

由于图强称霸一定是诸侯的首要目标，因此历史学家吕思勉也言，“春秋之世，诸侯只想争霸”，“至战国时，……兵甲亦益盛，战争遂更烈”，“大局的变迁，系于几个霸国手里”，“战争习惯了，就养成一种特别阶级，视战争为壮快、征服为荣誉的心理，与其出汗，毋宁出血了。此即孔子和其余的先秦诸子所身逢的乱世”。[1] 虽然此时期仍然是名义上的“礼治主义”，但“出于礼者入于刑，所以‘礼’就是‘法’”，“大概把用刑罚看做在上者一种特权，要他变化不测，才好叫手下的人惧怕”。[2] 对此《礼记·王制》言“析言破律，乱名改作，执左道以乱政，杀；作淫声、异服、奇技、奇器以疑众，杀；行伪而坚，言伪而辩，学而非博，顺非而泽以疑众，杀；假于鬼神、时日、卜筮以疑众，杀。此四诛者，不以听”。

这种礼崩乐坏所带来的直接结果是名实背离的事实，反映在思想领域，就是如何重整传统的秩序和观念，以重新实现中国社会的有效管理。于是政治伦理传播活动也成为历史的必然，百家争鸣，论辩成风，使之在这种政治斗争和学术争鸣中，具有了非常重要的作用及意义。与西方“政治”一词由“城邦”演变而来，表达的是“民主”不同，先秦时代“政治”概念所表达的则纯粹是政事得以治理。即《尚书·毕命》“道洽政治，泽润生民”，传曰：“道至普洽，政化治理，其德泽惠施，乃浸润生民”。孔子汲汲一生所追求的“正名以正政”即如是。无论这种希冀如《周礼·地官》之“掌其政治禁令”的行为是《论语·学而》所言“夫子至于是邦也，必闻其政，求之与？抑与之与？”其所表达的“民主”仍是“庶民之主宰”。

这种时代背景下的“谈辩”，一定需要一个合适的论辩方法。只是这种方法绝非古希腊城邦的直白讲演。这也是由先秦历史的发展状况使然。

---

1 吕思勉：《中国通史》，上海古籍出版社，2009，第321、320、330页。
2 吕思勉：《白话本国史》上，上海古籍出版社，2005，第122、125页。

二　王权的强化

按第十章第一节前述，按卜辞记载，殷商时人的观念中帝是最高的神，它与人间的王相对，具有至高无上的绝对权威。它既统管着一切自然现象，又主管着人间的一切事物，如征伐、田猎、生产、救灾等。因此，“帝的至上性是人间王的至上性在人们认识中的反映”，而“殷王还盛行祖先崇拜，而且这种崇拜比对上帝有过之而无不及……直到商代晚期，才出现帝、祖合二为一的现象”。[1] 这种合一现象造就了王权的专制思想。

甲骨文中“王”作“”“”，按《说文解字·三部》：“天下所归往也。董仲舒曰：‘古之造文者，三画而连其中谓之王。三者，天、地、人也，而参通之者王也。’[2] 孔子曰：‘一贯三为王。’”

又按吴其昌考证，“王”的早期写法为“”“”，金文为“”，像无柄斧钺，其头刃部朝下放置以象征权力，故而“王字之本意斧也”[3]。

这两种解释无论哪种，“⊥”一定象征至高无上的权力，即《尚书·盘庚》“予一人”之称。即《礼记·玉藻》所说，“凡自称，天子曰予一人”，《礼记·曲礼下》所说，“君天下曰天子，朝诸侯，分职授政任功，曰予一人”。

周代继承了商代的敬天和尊王的政治观念，虽然如前所述，周之初也强调了天“惟德是择”的民生性与王朝更迭的可变性，但“随着周王朝的巩固，统治者把这些思想扔在了一边，突出宣扬了天子地位的神圣性和权力的绝对性”[4]，“礼乐征伐自天子出”“普天之下莫非王土，率土之滨莫非王臣”

1　刘泽华、葛荃主编：《中国古代政治思想史》，南开大学出版社，2001，第2页。

2　按董仲舒《春秋繁露·王道通三篇》：“古之造文者，三画而连其中，谓之王。三画者，天地与人也。而连其中者，通其道也。取天地与人之中，以为贯而参通之，非王者孰能当是？”

3　吴其昌：《金文名象疏证兵器篇》，参见汤可敬《说文解字今释》，岳麓书社，2001，第27页。

4　刘泽华、葛荃主编：《中国古代政治思想史》，第9页。

成为当然。这自然也就强化了“天子独尊”的王权专制思想。由是，《左传·隐公元年》有“国不堪贰”。即《桓公十八年》“并后、匹嫡、两政、耦国，乱之本也”，《闵公二年》“内宠并后，外宠二政，嬖子配嫡，大都耦国，乱之本也”，《哀公六年》“君异于器，不可以二，器二不匮，君二多难”，等等。既然君主都到了《成公二年》所言“惟器与名不可以假人，君之所司也。……若以假人，与人政也。政亡，则国家从之，弗可止也与”的地步，“反映在君臣关系上，就必然强调对臣的绝对主宰”[1]，即《成公八年》所言的“君命无二”。由于按《僖公二十四年》的“君命无二，古之制也”，臣自然是《国语·晋语》的“事君不二是谓臣”。

由是，尽管百家争鸣，“思以其道易天下”，但“这个思想库主要是为统治者准备的，诸子提供的各式各样的治国方案和统治术，使他们有了选择的余地，以增强统治的应变能力”，而“从平面上看百家相争，很有点民主气氛，但是如果分析一下每家的思想实质，就会发现绝大多数人在政治上都鼓吹君主专制，思想上都要求罢黜他说，独尊己见，争着搞自己设计的君主专制主义。因此，百家争鸣的实际结果不可能促进政治走向民主、思想走向自由，只能是汇集成一股强大力量，促进君主专制主义的完善和强化”。[2]

在这种气氛下，君臣之间有着严格的“礼者为异”“礼也者理也”的伦理等级秩序，社会组织与秩序大部分存在于“礼”中。而按历史的经验，在很多情况下“天”都难以制约“君”，“君”的道德自觉又有何为？于是自然也就加剧了君主的“独断论”，即《管子·霸言》所言“夫权者，神圣之所资也；独明者，天下之利器也；独断者，微密之营垒也。此三者，圣人之所则也”；《韩非子·外储说右上》所言“独视者谓明，独听者谓聪，能独断者，故可以为天下主”。

---

1 刘泽华、葛荃主编：《中国古代政治思想史》，第 19 页。

2 刘泽华、葛荃主编：《中国古代政治思想史》，第 27—29 页。

三　寻找合适的政治伦理传播方式

虽然诸子百家面对如此“名实是非相淆”“名实相怨”刑罚不清的混乱局面，都在进行着自己的政治伦理传播活动，以不同的理念，不同的根据，宣扬着各自不同的主张。但“独断论”之下的戒惧慎惕，无疑也阻断了求真说理的正常论证途径。虽然情势所然使得“大凡物不得其平则鸣。……人之于言也亦然，有不得已者而后言，……其皆有弗平者乎？”[1] 这“不得已者而后言”者，即使其论说、游说、劝谏的目的是为君王好，但在传播、阐述、论说、诱导自己的政治伦理主张时，如何言说，自然会因“权力距离指数”[2]的增大而有所忌惮。必然也会寻求一种谈说论辩的技巧抑或一种合适的政治传播方式[3]。否则，不但不能收到预期的效果，有时还会招致杀身之祸。或如，《战国策·齐策四》所记载的一次齐国处士颜斶与齐宣王及其侍臣的一场论辩：

1　（唐）韩愈：《送孟东野序》。又，韩愈在此文中围绕孟郊其人其事，多用比兴手法，从“物不平则鸣”，写到先秦至唐的各种“人不平则鸣”，均为言在彼而意在此的引征谕证，也是先秦推类模式的一个“用逻辑”例证。见本书第十四章第四节。

2　荷兰心理学家霍夫斯泰德的文化维度理论是用来衡量不同国家文化差异的一个框架。他认为文化是在一个环境下人们共同拥有的心理程序，能将一群人与其他人区分开来。通过研究，他将不同文化间的差异归纳为六个基本的文化价值观维度。其中包括了“权力距离”（Power Distance）。“权力距离”是用来表示人们对组织中权力分配不平等情况的接受程度。权力距离有大小之分，它的大小可以用指数 PDI（power distance index）来表示。可以根据上级决策的方式（民主还是专制）、上下级发生冲突时下级的恐惧心理等因素来确定权力距离指数的概念。霍夫斯泰德计算出权力距离指数，据此确定一个国家中人们之间的依赖关系。霍夫斯泰德认为，古代中国采取“封建制”，因而权力距离指数大。又，关于这个问题曾与山西社会主义学院的张建群教授讨论过，在此感谢建群教授。

3　在诸子百家争鸣均“思以其道易天下”的过程中，他们的任何“说服”都是一种政治、伦理或对人生的观点或信念的扩散、接受、认同、内化的运行流动过程，应该说是一种政治传播活动。关于这一点，可从下列这段话得到启示：“要更准确地定义传播这个词，必须选取不同于空想家和诡辩论的角度，接受社会科学奠基人和继承者以不同方式发出的邀请，把传播看成一个我们永久居住的三维空间。……我个人赞同的表述是：传播现象是一个‘自然的’‘文化的’和‘创造性的’现象，三层意思的重要性逐层递增，分别对应的是与客观世界的关系、人与人的关系和社会政治秩序。”〔法〕埃里克·麦格雷：《传播理论史——一种社会学的视角》，中国传媒大学出版社，2009，第3页。

齐宣王见颜斶，曰："斶前！"斶亦曰："王前！"宣王不悦。

左右曰："王，人君也；斶，人臣也。王曰'斶前'，斶亦曰'王前'。可乎？"斶对曰："夫斶前为慕势，王前为趋士。与使斶为慕势，不如使王为趋士。"

王忿然作色曰："王者贵乎？士贵乎？"对曰："士贵耳，王者不贵。"

王曰："有说乎？"斶曰："有。昔者秦攻齐，令曰：'有敢去柳下季垄五十步而樵采者，死不赦。'令曰：'有能得齐王头者，封万户侯，赐金千镒。'由是观之，生王之头，曾不若死士之垄也。"

宣王默然不悦。

在其后与左右近臣的继续论辩中，颜斶引征了尧、舜、禹、汤、周文王的历史经验，以及《周易》中的话，谕证了"夫尧传舜，舜传禹，周成王任周公旦，而世世称曰明主，是以明乎士之贵也"。

虽然这场论辩的最终结果是齐宣王容忍了颜斶，但这种容忍所表明的是，"在多元的、动荡的、竞争的时代，抛弃知识才智就意味着毁掉自己"[1]。但更多的情况并非如此。如《晏子春秋·卷七外篇二十二》：

晏子相景公，其论人也，见贤而进之，不同君所欲；见不善则废之，不辟君所爱。行己而无私，直言而无讳。

按《说文解字·言部》"直言曰言"，五代徐锴《说文解字系传》言，"凡言者谓直言，无所指引借譬也"。即无须任何"取辩于一物"的引征"言

1　刘泽华、葛荃主编：《中国古代政治思想史》，第28页。

事”以谕证“论道”，而是以直截了当的陈述以论证是非，即《荀子·修身》所言“是谓是，非谓非，曰直”。但在“伦理本位即关系本位”的先秦时代，在“独断论”之“权力距离指数”影响下，文献记载的类如颜斶、晏子这样“直言无讳”之例多乎哉？即便在上述“颜斶说齐王”中，虽然最后齐宣王无奈地承认，“嗟乎！君子焉可侮哉，寡人自取病耳！”并要求“愿请受为弟子。且颜先生与寡人游”。但最终结果是，“尽忠直言者”的颜斶“再拜而辞去”，“斶知足矣，归反朴，则终身不辱也”。以至于“在齐太史简，在晋董狐笔”[1] 成为先秦时代的稀缺资源，似为绝唱。

而相反的“直言有讳”却屡见文献。或如，以《楚辞》作者为例。

按《史记·屈原贾生列传》，“正道直行”的屈原，其之所以作《离骚》，也是因为“疾王听之不聪也，谗谄之蔽明也，邪曲之害公也，方正之不容也，故忧愁幽思而作《离骚》。‘离骚’者，犹离忧也”，才有了“《国风》好色而不淫，《小雅》怨诽而不乱，若《离骚》者，可谓兼之矣。上称帝喾，下道齐桓，中述汤武，以刺世事。明道德之广崇，治乱之条贯，靡不毕见。其文约，其辞微，其志洁，其行廉，其称文小而其指极大，举类迩而见义远。……推此志也”。至于“屈原既死之后，楚有宋玉、唐勒、景差之徒者，皆好辞而以赋见称。然皆祖屈原之从容辞令，终莫敢直谏”。宋玉写《楚辞·九辩》，按王逸《楚辞章句》，也是“夫天制四时，春夏生长，人君则之，以养万物。秋杀冬藏，亦合其宜而行刑罚。故君贤臣忠，政合大中，则品庶安宁，万物丰茂。上暗下伪，用法残虐，则忠良被害，草木枯落。故宋玉援引天时，托譬草木。以茂美之树兴与仁贤，早遇霜露，怀德君子忠而被

1　（南宋）文天祥：《正气歌》。“在齐太史简”典出《左传·襄公二十五年》：“大史书曰：‘崔杼弑其君。’崔子杀之。其弟嗣书而死者，二人。其弟又书，乃舍之。南史氏闻大史尽死，执简以往。闻既书矣，乃还。”“在晋董狐笔”典出《左传·宣公二年》：“赵穿攻灵公于桃园。宣子（赵盾）未出山而复。大史（董狐）书曰：‘赵盾弑其君。’以示于朝。宣子曰：‘不然。’对曰：‘子为正卿，亡不越竟，反不讨贼，非子而谁？’……孔子曰：‘董狐，古之良史也，书法不隐。’”

害也”。又按《汉书·东方朔传》，总算有一个“朔虽诙笑，然时观察颜色，直言切谏”的东方朔，但还是被汉武帝当作俳优看待，政治上并不得志，其《楚辞·七谏》即为明证。

按《楚辞章句》“《离骚》之文，依《诗》取兴，引类譬喻，故善鸟香草，以配忠贞；恶禽臭物，以比谗佞；灵修美人，以媲于君”，我们回溯《诗经》。或如，对于《魏风·硕鼠》引征物的评价，朱熹《诗集传》“比也，民困于贪残之政，故托言大鼠害己而去之也”；对于《陈风·株林》刺陈灵公和夏姬淫乱的评价，清方玉润《诗经原始》则是“隐约其辞”。

按推类模式的工作机理是建立在联想机制上“比”的由此及彼的类事理贯通推导过程。其意义的连接是建立在公共知识（历史经验、生活经验）基础上的“隐性”意会。按《文心雕龙·谐隐》的说法，“讔者，隐也。通辞以隐意，谲譬以指事也”。亦即，有些不便直言的道理需要隐晦委婉地说。

于是，从《诗经》而来的“主文谲谏”，一点一点“逼迫”、催发出了先秦时代晓谕善恶、治乱、是非的最合适的政治伦理传播工具——推类模式：

> 赋之言铺，直铺陈今之政教善恶；比，见今之失，不敢斥言，取比类以言之；兴，见今之美，嫌于媚谀，取善事以谕劝之。[1]
>
> 主文而谲谏，言之者无罪，闻之者足以戒。[2]
>
> 故比者，附也；兴者，起也。附理者切类以指事，起情者依微以拟议。起情故兴体以立，附理故比例以生。比则畜愤以斥言，兴则环譬以记讽。盖随时之义不一，故诗人之志有二也。[3]
>
> 所谓连珠者，其文体辞丽而言约，不指说事情，必假谕以达其旨，

1 （东汉）郑玄：《毛诗正义》。

2 （汉）《毛诗序》。主文：不直说而用譬喻。谲谏：用委婉讽刺来劝谏。通过诗歌的比兴形式，用曲折委婉或譬喻启发的方式达到批评劝阻的目的。

3 （南朝）刘勰：《文心雕龙·比兴》。

而览者微悟，合于古诗讽兴之义，欲使历历如贯珠，易看而可悦。[1]

这就是为什么先秦时代在播其声、扬其道、释其理的政治伦理传播活动中，因不好“直言无讳”，因而要借助生活经验、历史经验来引征谕证了。

或如，《战国策·赵策四》中“触詟说赵太后”的劝谏辩说。面对赵太后“有复言令长安君为质者，老妇必唾其面”，左师触詟则引征身边小事说起，迂回曲折地指出赵太后在处理长安君的问题上的言行不一、自相矛盾，在恰当的时候才直陈利害，最终说服了赵太后。

或如，《战国策·齐策一》中“邹忌讽齐王纳谏”的劝谏辩说。面对齐王不能虚心纳谏的现实情况，相国邹忌以问自己的妻、妾、客“我与徐公孰美”的引征，先说完“臣之妻私臣，臣之妾畏臣，臣之客欲有求于臣，皆以美于徐公”的小道理，然后话锋一转：“今齐地方千里，百二十城，宫妇左右，莫不私王；朝廷之臣，莫不畏王；四境之内，莫不有求于王。由是观之，王之蔽甚矣。”齐王大悟，广招批评意见并重赏之，一时间“群臣进谏，门庭若市”。

或如，《战国策·楚策四》中“庄辛说楚襄王”的劝谏辩说。面对楚襄王在郢都失守，败逃城阳后，仍然不思进取，终日贪图享受，庄辛采用引征谕证，由蜻蜓至黄雀，由黄雀至天鹅，由天鹅至已经成为楚灵王阶下囚的蔡灵侯，由蔡灵侯至楚襄王。引谕由小到大，由物及人，步步逼近，层层剥笋，其类事理的同一性、论证性，终于使“襄王闻之，颜色变作，身体战栗”。

又按《庄子·天下》记载，惠施是先秦最著名的辩者且自傲其才：

惠施日以其知与之辩[2]，特与天下之辩者为怪，此其柢也。然惠施之口谈，自以为最贤，曰：“天地其壮乎！”

1　（魏晋）傅玄：《连珠序》。见《艺文类聚》五十七。

2　指辩论“辩者二十一事”。

这点连最善辩的庄子也表达了他对惠施的佩服。《庄子·徐无鬼》：

庄子送葬，过惠子之墓，顾谓从者曰："郢人垩慢其鼻端若蝇翼，使匠石斫之。匠石运斤成风，听而斫之，尽垩而鼻不伤，郢人立不失容。宋元君闻之，召匠石曰：'尝试为寡人为之。'匠石曰：'臣则尝能斫之。虽然，臣之质死久矣。'自夫子之死也，吾无以为质矣，吾无与言之矣。"

尽管如此，按西汉刘向《说苑·善说》载，当君主要求"无譬不能言"的惠施"直言"时，惠施有如下对话：

客谓梁王曰："惠子之言事也，善譬。王使无譬，则不能言矣。"王曰："诺。"明日见，谓惠子曰："愿先生言事则直言耳，无譬也。"惠子曰："今有人于此而不知弹者，曰：'弹之状何若？'应曰：'弹之状如弹。'谕乎？"王曰："未谕也。""于是更应曰：'弹之状如弓，而以竹为弦。'则知乎？"王曰："可知矣。"惠子曰："夫说者，固以其所知谕其所不知，而使人知之。今王曰：'无譬。'则不可矣。"王曰："善。"[1]

为什么惠施非要用"譬"？按《战国策·魏策二》《吕氏春秋·开春》：

魏惠王死，葬有日矣。天大雨雪，至于牛目。群臣多谏于太子者，曰："雪甚如此而行葬，民必甚疾之，官费又恐不给，请弛期更日。"太子曰："为人子者，以民劳与官费用之故，而不行先王之葬，不义也。子

---

1 有趣的是，以后的南朝宋释慧通也收录此异曲同工之"譬"："昔者有人未见麒麟。问尝见者曰：'麟何类乎？'答云：'麟如麟也。'问者曰：'若尝见麟则不问也。而云麟如麟何耶？'答云：'麟麏身牛尾鹿蹄马背。'问者乃晓然而悟。"见（南朝梁）僧祐《弘明集·慧通法师驳夷夏论》。从这个"譬"的最后结果看，也有着类似于惠施之"譬"的方法论功效意义。

勿复言。”群臣皆莫敢谏……

“直言有讳”的事情到此没完，才有了被请出山的惠施如下诱导劝服：

> 群臣皆莫敢谏，而以告犀首。犀首曰：“吾未有以言之。是其唯惠公乎！请告惠公。”惠公曰：“诺。”驾而见太子曰：“葬有日矣？”太子曰：“然。”惠公曰：“昔王季历葬于涡山之尾，灓水啮其墓，现棺之前和。文王曰：‘嘻！先君必欲一见群臣百姓也夫，故使灓水现之。’于是出而为之张朝，百姓皆见之。三日而后更葬。此文王之义也。今葬有日矣，而雪甚，及牛目，难以行。太子为及日之故，得无嫌于欲亟葬乎？愿太子易日。先王必欲少留而抚社稷安黔首也，故使雨雪甚。因弛期而更为日，此文王之义也。若此而不为，意者羞法文王也？”太子曰：“甚善。敬弛期，更择葬日。”

善“譬”的惠施一番推类辩说，无非是按类事理相通而引征，以历史经验的“文王之义”的合理性论证如今“弛期更日”的合理性。在以“孝”为“德”表现的时代[1]以及在所引征的历史经验告诫下[2]，对于所谕证之“道”，太子“甚善”之同意，在先秦重先祖[3]的时代氛围下也是情非得已。

从言语行为的三要素来分析，惠施这个推类模式的运用，在语谓行为（说什么）之“请弛期更日”、语旨行为（说的用意或目的）的劝说“抚社稷安黔首”之“义”、语效行为（在听话者身上所产生的效果）之“甚善”的

1　《诗经·大雅·下武》：“永言孝思，孝思维则”；《诗经·大雅·卷阿》：“有孝有德……四方为则。”

2　《诗经·大雅·既醉》：“威仪孔时，君子有孝子。孝子不匮，永锡尔类。其类维何，室家之壶。君子万年，永锡祚胤”；《左传·隐公元年》：“君子曰：颍考叔，纯孝也，爱其母，施及庄公。《诗》曰：‘孝子不匮，永锡尔类。’其是之谓乎！”

3　《诗经·鲁颂·泮水》：“穆穆鲁侯，敬明其德。敬慎威仪，维民之则。允文允武，昭假烈祖。靡有不孝，自求伊祜。”

统一上，在历史文化的语境内，在“超越的解析”的方法论意义框架下，完美地诠释了前述“类”“故”“理”统一下的“理上贯得通”。

对于先秦时代这种政治伦理传播活动中的思维工具，有学者认为，“比喻是人类的自卑”。因为，“比喻是什么？他以为他的意思是最了不起的意思，他以为他的意思是别人也能够理解的意思，他以为这个意思和那个意思加在一起，就构成了他们的生存原则和关系。实际上不是这样的，他为什么要使比喻，就是他的内心不确定，他要想在另外一个地方，另外一个物体，另外一个人，另外一件事，另外一个时间，另外一段环境中去寻找他们的相似性。你看你看，人家都这样做到，所以我这样做也是对的，这是绝对绝对的人类自卑”[1]。虽然说这位学者也看到了“比喻”是“按照一种传统的观念做起来的”，“更容易触动你神经的部分，就更能够触动你的神经系统，就包括身体的和精神的，都容易被触动，容易来电，这都是比喻”，并且在“逻辑上是行得通的”，但“比喻是人类的自卑”之论断，还是显得绝对化。对照先秦推类模式的历史化成因，毋宁说，在当时的历史文化时代，“比喻是主动的、无奈的选择”。言其“主动”，是因为意象性思维下“智的直觉”之推类模式使然；言其“无奈”，是“主文谲谏”下“直言有讳”之情势使然。

这是因为在当时的历史文化条件下，《礼记·学记》所言“君子既知教之所由兴，又知教之所由废，然后可以为人师也。故君子之教，喻也。道而弗牵，强而弗抑，开而弗达。道而弗牵则和，强而弗抑则易，开而弗达则思。和易以思，可谓善喻矣”，顺应了“取辩于一物而原极天下之污隆”的“伦理理念的现实”[2] 要求，展现了先秦推类模式得以成立的历史必然性。即政治传播是如此重要，先秦时期任何一个关心当下社会治乱的思想家、政治家都不可能忽略它，在“思以其道易天下”的论辩中，“也许社会科学研究者

1 《“废话诗人”杨黎对话凤凰网〈年代访〉文字实录》，见 2012 年 8 月 22 日《凤凰网文化》。
2 〔德〕黑格尔：《法哲学原理》，商务印书馆，1982，第 253 页。

与政治领域的观察家人士仍然无法把握政治传播影响的准确特征——对于行为或是态度，短期、中期或是长期，直接的还是间接的，社会层面的抑或心理层面的。然而政治行动者们——这些希望引导社会朝着利于他们政治前途的方向发展的人们却已经基于政治传播的确物有所值的假设行动了起来”[1]。

甚或我们还可以这样认为，在不断固化先秦推类模式的工具效用过程中，也许它更符合传统意象性思维的直观心理感受，甚或就“因为”它是一种舒适、方便、简单的“正名—用名”“谈辩—用辩”方法，是一种可相信、可满足、可接受的“信念”，“所以”先秦诸子人人谈“类”的重要性，人人用“类”来作为自己引征谕证的一个得心应手的工具了。

因为，在许多情况下，对理由是否充足的追问，远不如一个简单的“因为”更可解释，更可接受。

第二节　思维发展的必然

一　传统意象性思维是最大的“文化公约数”

在对先秦逻辑思想“有无”的争论中，有一个追问就是，先秦逻辑思想的形成是否是理性的结果？如要肯定回答，必然要由此延伸出先秦推类模式具有什么样的理性因素。

严格说来，“理性”是个很难界定的词。但这仍然无妨对它的使用。有学者在探讨中华民族集体精神世界一些深层次盲点时认为，这些盲点均来源于中华民族集体精神深处缺乏一种理性精神。[2] 该论断引起争论后，该学者又发文做了一些解释，并以概括评价中国现代化过程中的做事规律，认为“中

1　〔美〕麦克奈尔：《政治传播学引论》，新华出版社，2005，第47—48页。
2　参见邱震海《访与思——中国人成熟吗?》，东方出版社，2013。

国人精神盲点源于理性缺乏”，“理性精神的根基是逻辑学，以及通过逻辑来探究事物的基本思维方式。有了以逻辑见长的思维方式，人们就不再停留在事物的表象，而更为关注表象背后的逻辑；而一旦进入事物背后的逻辑层面，亦即摆脱了事物表象的纷扰，人们也就比较容易保持冷静，不太容易走向情绪，更不容易走向极端。理性与冷静往往是孪生兄弟，唯有理性才能冷静，也才有超越”。[1] 该学者所说的“逻辑”当是亚里士多德意义上的逻辑；所认为的“中华民族精神缺乏理性”的观点，当是黑格尔观点的延续。黑格尔就认为，孔子思想中“思辨的哲学是一点都没有的”，只有一些道德教训，将其扩展到整个中国人的思维，他认为中国人整体缺乏理性思维。

对于后一点（理性），又有学者质疑，认为“中国人的思维传统里包含了西方所谓理性思维，有人形象比喻中西文化的差别，如同青蛙和燕子比赛数数。燕子从一逐个数到十，而青蛙张口就是‘俩五俩五’。燕子代表西方文化，很理性很精细，青蛙代表中国文化，很简洁，却也体现了理性的一面。至于近当代中国人理性思维缺乏，思维肤浅，不是中国文化固有的表现，而是近代丧失了中国文化的深厚内涵所致”[2]。这种对于后一点（理性）的讨论，其实也涉及对于前一点（逻辑）的讨论，仍然回到了我们的问题原点，即中国古代逻辑思想的形成是否是理性的结果？先秦推类模式是否具有？又具有什么样的理性因素？

结合前述以及我们自己的看法，“中国思维方式以‘象思维’为主导”，它所思考的是两种事物之间内涵——既有事物之间的本质规定性也有事物之间的伦理规定性——的对比联想或连接；“西方思维方式则以‘概念思维’为主导”，它所思考的是两个概念之间外延的相互关系。按此，先秦推类模式得以成立的思维发展的必然是指，在自然人格化的过程中，宇宙、人生、自

1 邱震海：《中国人精神盲点源于理性缺乏》，《环球时报》2013 年 7 月 26 日第 15 版。
2 郑汉根：《说中国人缺乏理性是误解》，《环球时报》2013 年 8 月 15 日第 15 版。

然以一个整体的形态呈现在人们面前，自然成为人的无机的身体，人成为自然有机的部分。关心自然的和谐，也意味着关心人事的和谐，反之亦然。在认识这个整体形态的过程中，论证自然界的和谐与论证人与自然的和谐、人与人的和谐、人自我身心的和谐，有着一致的道理，有着相同的因果联系，因此可以通过“意象思维”来观象取类，由此及彼，得到济世安民的启示，悟出治理天下的道理，达到究天人之际、通古今之变的目的。

在这种政治伦理目的的历史文化要求下，意象性思维导引“取辩于一物而原极天下之污隆”为说明、论证政治伦理是非的方式，以百家争鸣“思以其道易天下”为中介，建立在“类”概念基础上的先秦推类模式就自然会因思维发展的必然应运而生了。

这种模式结构中，虽然“取辩于一物”是个“言事”的随机选择，但由于“取譬者用心或别，着眼因殊，指（denotatum）同而旨（significatum）则异；故一事物之象可以孑立应多，守常处变”，“一物之体，可面面观，立喻者各取所需，每举一而不及余”，因此，只要“心同理同，正缘由物同理同”，就能“思辨之当然，出于事物之必然，物格知至，斯所以百虑一致，殊途同归耳。斯宾诺莎论思想之伦次，系连与事物之伦次，系连相符，维果言思想之伦次当依随事物之伦次，皆言心之同然，本乎理之当然，而理之当然，本乎物之必然，亦即合乎物之本然也”。[1] 所以在“原极天下之污隆”以“论道”的晓谕是非过程中，推类模式可以通过类属性、类事理之间“最大公约数”所形成的事理共识，有效地控制着“制造同意”的说明、论证、诱导、劝服的传播过程：“揆端推类，原始见终。”在这个过程中，传统的意象性思维方式成为最大的“文化公约数”。

维特根斯坦曾在他的《逻辑哲学论》中说过，“凡是可以说的都可以说

1　钱锺书：《管锥编》第一册，中华书局，1986，第 39、40、50 页。

清楚，对于不可以说的就必须保持沉默”。按此，对于先秦时代这种“文化公约数”的规范强度有多大，可能是说不清楚的。亦即我们曾前述的，中国古代封建文化的主体核心是伦理纲常，其文化的基本特征是经验性、随意性、直观性、模糊性。反映在思维方式上，其意象性特点与整体性特点，就成为中国传统思维方式的主要特点。[1] 但意象性思想基础上的“智的直觉”仍然让我们因一个简单的“因为”，虽可能无法细致言说，却也大道至简地“相信”并接受了这种“文化公约数”的规范力，并在人人谈“类”、用“类”的历史文化氛围中，不断强化着这种法则式的“信念”。虽然这种“信念”产生之初的根由可能只是个人的“知性”使然，未必是十足理性的，但其瓜瓞连绵至今，以集体思考的最终形式出现的结果，以及先秦以来的“世代”应用，却使之有了“肯定”的淳朴历史理性因素。

二　人人谈“类”、用“类”的历史文化氛围

“推类”这一概念即原创于先秦时期。《墨经·经下》“推类之难，说在之大小”。而我们从此前对推类模式不同角度的论述中也可以体察到，先秦时期诸思想家都可谓谈“类”、用“类”的大家，展现着推类模式的广义有效性及普遍适用性的逻辑思维方法论的扩散价值。

甚至在使用“推类”方法论辩上远不如墨子、孟子、惠施、庄子、韩非那样名气大的荀子，其所著《荀子》32 篇中，有 19 篇就讲到“类”，凡 62 见。其中用于类似、同于、像的意义上的 3 回次；宗族意义上的 1 回次；“善”的意义上的 2 回次；事物之类的类事理相同、相似意义或标准意义上的 18 回次；条理意义上的 4 回次；推论方法论意义上的 27 回次；类事理

1　参见本书第二章第六节“我的中国逻辑史观”之一，历史文化层面的中西逻辑传统。

相同与推论方法论意义结合的7回次；与“论辩”之“法”或认知之“法”相提并论的8回次；与“法则”相提并论的1回次；与“比”相提并论的1回次；与“当”（适宜、恰当）相提并论的1回次；与“辩说譬谕”相提并论的1回次；直接使用“推类”一词的2回次。其《王制》与《大略》篇中的“有法者以法行，无法者以类举”，也应是《唐律疏议》所规定的“诸断罪而无正条，其应出罪者，则举重以明轻；其应入罪者，则举轻以明重”[1] 的推类判例方法的滥觞。使得“举重明轻或举轻明重不仅是逻辑问题，而且是一种具有目的性的法律论证方法。何者为重，何者为轻，应就法律要件与法律效果之间的关联为法律上衡量的判断”[2]。其推类模式思维方法论作用的代代流传可见一斑。而这种方法的自我复制及扩散价值在认识自然、社会的思维过程中，就不断地以“以小明大”“以近论远”的推类模式得到体现：

察己则可以知人，察今则可以知古。古今一也，人与我同耳。……故审堂下之阴，而知日月之行，阴阳之变；见瓶水之冰，而知天下之寒，鱼鳖之藏也；尝一脟肉，而知一镬之味，一鼎之调。[3]

见窾木浮而知为舟，见飞蓬转而知为车，见鸟迹而知著书，以类取之。[4]

尝一脟肉，知一镬之味；悬羽与炭，而知燥湿之气；以小见大，以近喻远。[5]

1　（唐）长孙无忌：《唐律疏议》，刘俊文点校，中华书局，1983，第134页。
2　王泽鉴：《民法学说与判例研究》第8册，中国政法大学出版社，1998，第12页。
3　《吕氏春秋·察今》。
4　（西汉）刘安：《淮南子·说山训》。
5　（西汉）刘安：《淮南子·说林训》。

亦即，它们能够“取辩于一物而原极天下之污隆”。如果不明白这个事理则：

世俗之君子，皆知小物而不知大物。今有人于此，窃一犬一彘，则谓之不仁；窃一国一都，则以为义。譬犹小视白谓之白，大视白则谓之黑。是故世俗之君子，知小物而不知大物者，此若言之谓也。[1]

杀一人谓之不义，必有一死罪矣。若以此说往，杀十人，十重不义，必有十死罪矣；杀百人，百重不义，必有百死罪矣。当此，天下之君子皆知而非之，谓之不义。今至大为不义攻国，则弗知非，从而誉之，谓之义，情不知其不义也。……今有人于此，少见黑曰黑，多见黑曰白，则必以此人为不知白黑之辩矣。少尝苦曰苦，多尝苦曰甘，则必以此人为不知甘苦之辩矣。今小为非则知而非之；大为非攻国，则不知非，从而誉之，谓之义。此可谓知义与不义之辩乎？是以知天下之君子也，辩义与不义之乱也。[2]

义不杀少而杀众，不可谓知类。[3]

夫物之不齐，物之情也。或相倍蓰，或相什百，或相千万。子比而同之，是乱天下也。巨屦、小屦同贾，人岂为之哉？从许子之道，相率而为伪者也，恶能治国家？[4]

人皆知说镜之明己也，而恶士之明己也。镜之明己也功细，士之明己也功大。得其细，失其大，不知类耳。[5]

尝被甲而免射者，被而入水；尝抱壶而度水者，抱而蒙火；可谓不

1 《墨子·鲁问》。
2 《墨子·非攻上》。
3 《墨子·公输》。
4 《孟子·滕文公上》。
5 《吕氏春秋·达郁》。

知类矣。[1]

两相比较，孰可孰不可，一目了然：

病者寝席，医之用针石，巫之用糈藉，所以救钧也。貍头愈鼠，鸡头已瘘，虻散积血，斫木愈龋，此类之推者也。膏之杀鳖，鹊矢中蝟，烂灰生蝇，漆见蟹而不干，此类之不推者也。推与不推，若非而是，若是而非，孰能通其微！[2]

按孙中原先生费时数年，使用检索方法，从总量达9亿字的《四库全书》《四部丛刊》两部特大型丛书的电子数据库全面搜索、穷尽归纳，逐个进行定性与定量的实证分析，其“推类”“类推”“推理”的出现频率分别为：

推类：《四库全书》509次，《四部丛刊》18次；

类推：《四库全书》1372次，《四部丛刊》26次；

推理：《四库全书》299次，《四部丛刊》54次。[3]

正是因为按《淮南子·要略》所言“言天地四时而不引譬援类，则不知精微”，“知大略而不知譬谕，则无以推明事”，所以，推类模式的工具效用使它能够“昭昭之通冥冥也，乃始揽物引类，览取挢掇，浸想宵类，物之可以谕意象形者，乃以穿通窘滞，决渎壅塞，引人之意，系之无极，乃以明物类之感，同气之应，阴阳之合，形埒之朕，所以令人远观博见者也”。也正是在这个工具的历史实践的效用价值上，自先秦诸子以来，中国古代许多思想家在谈到一种思维方法时都要强调“类”的概念，并使它在文化传承中不断

1　（西汉）刘安：《淮南子·说林训》。
2　（西汉）刘安：《淮南子·说山训》。
3　参见孙中原《传统推论范畴分析》，《重庆工学院学报》（社会科学版）2009年第5期。

地复制、再生产，从诸子的个人归纳、总结开始，以集体思考的最终形式出现。我们甚至可以说，不懂得先秦推类模式，也就无从了解中国传统中得到长久肯定的瓜瓞连绵的意象性思维。[1]

基于此，先秦推类模式作为一种思维法式，它不但需要经验的积累，而且需要理论的总结，从而使“熟知的东西”变成“认识的东西”“理解的东西”“应用的东西”。这不仅牵系能否为这一法式构造一个“逻辑”推理模式的问题，同时还应该通过与西方类比推理的比较，思考它们之间在推理依据、结构、结论性质、作用、评价性问题等方面的异同。

第三节　先秦推类模式与类比推理的同异比较

劳思光曾认为，“西方哲学以认知心为主，故所提问题皆属于‘是什么’的问题。中国哲学以道德心为主，故所提问题皆落在实践上，因此皆属于‘如何’的问题”[2]。“是什么”属于实然判断，“为何”则应属于应然判断。基于此，由于在先秦推类模式的引征谕证中，政治伦理几乎是恒久的话题，加之，笔者在第九章第二节第四小节论述了“先秦推类模式思维进程中前提与结论范围的广狭问题”，并认为先秦推理模式在引征谕证过程中无论“是什么”的前提到“要干什么”的结论怎样变换组合，它的两段论型的意义转移现象总是一个联想机制下由前提向结论的映射过程，在直观上它还是与西方类比推理更可比较，故而我们按推导的从弱原则，具体取此两者进行比较分析。

1　自从先秦时期的诸子百家开始对“譬”之推类进行探讨后，南朝刘勰的《文心雕龙》有专篇对比喻进行全面、精辟的论述，明清时期还出现了明代徐元太的《喻林》、清代吕佩芬的《经言明喻编》等汇编比喻现象的专书。至于古天竺僧伽斯那撰，南朝萧齐天竺三藏法师求那毗地译的《百喻经》，虽是佛家一部用寓言以申教诫的著作，但其两步式的结构（引征故事，谕证佛学义理），和先秦推类模式是一样的。或许这部著作也在佛教中国化过程中受到传统思维方式的影响。即“佛以一音随类受悟”。见（南朝梁）僧祐《弘明集・明僧绍正二教论》。又，有关《弘明集》推类模式的运用，将在第十四章第四节继续分析。

2　劳思光：《哲学问题源流》，香港中文大学出版社，2001，第 31 页。

一　类比推理的思维过程、形式结构、依据、结论性质、作用、评价性问题

1. 类比推理的思维过程

西方传统逻辑中的类比推理是根据两个或两类事物在某些属性上相同，推断它们在另外的属性上也相同的由个别到个别的一种推理。

2. 类比推理的形式结构

A 事物具有属性 a、b、c、d；（基础范围的特征或因果关系，属于知识经验）

B 事物具有属性 a、b、c；（问题范围的特征或因果关系，属于观察实验）

———————————————

所以，B 事物也可能具有属性 d。（映射推断：问题情景成为基础情景的镜像）

在类比推理的形式结构中，A 事物是我们熟悉的事物，B 事物是我们希望说明或深入了解的事物，并且它们在一些属性上具有相似性；已知 A 事物与其属性之间具有真实的属性事理联系，因此 B 事物与其属性之间也可能具有相关的属性事理联系。

或如，19 世纪末欧洲曾有一本著名的“大战火星人”的科幻小说《星际战争》[1]。之所以战争的对象明确为入侵的火星人，是因为人类曾经通过对地球的认识，认为火星上也可能有生命现象。

地球是太阳的行星，距离太阳的位置适中，绕轴自转，有昼夜，被大气包围，有水，存在生命；

1 〔英〕赫伯特 · 威尔斯著，首次出版于 1898 年。

火星是太阳的行星，距离太阳的位置适中，绕轴自转，有昼夜，被大气包围，有水（当时的天文观察认为）；

————————————————

所以，火星上也可能存在生命。

3. 类比推理的依据

两个或两类在某些属性上相似的事物，其中一个或一类事物有某种或某些属性，另一个或一类事物也可能有某种或某些属性（类同）。

4. 类比推理的结论性质

由于类比推理的思维进程是从个别到个别，它的前提与结论都是关于个别事物属性的是非断定，因此它的结论范围超出了前提所断定的范围，其结论并没有预设在前提中，而是从前提中扩大认知推出来的，其结论的性质是“相似性”（好像），因而可比性就是类比的生命所在，其结论是“可能如此”的模态命题，只具有或然性。

5. 类比推理的作用

在发现 A 事物与 B 事物之间存在相关的因果联系的过程中，类比推理是一个启发思维、激活思维与思维比较的过程，是对事物的认识重新组合的过程。黑格尔曾说过：“类比可说是理性的本能。”[1] 自古至今，类比推理在人们认识新事物、解决新问题的过程中，或者以简单的道理说明抽象事理的过程中，都发挥着重要的思维工具作用。

---

1 〔德〕黑格尔：《小逻辑》，商务印书馆，1980，第 372 页。

(1) 类比推理是科学研究[1]的方法，是探索真理的重要思维工具。类比推理的过程，是一个扩大知识成果的过程，在这个过程中，类比推理可以从所对比的两类事物中，使人将已知事物的认识推移到对未知事物的认识上，从而扩大人的认知范围，启发、促进爆发思想火花或灵感，提升人的创新能力。在科学发展史上，这样的例子不胜枚举。

(2) 类比推理是表达论证的重要方法之一，使表达思想、进行说服论证具有形象性、生动性。

6. 类比推理的评价性问题

由于类比推理主要是一种“证明”的方法，为了提高类比推理结论的可靠性，第一，类比对象之间相同的属性越多，推出结论的可靠程度就越高；第二，类比中相同属性越是接近本质，结论的可靠程度就越高；第三，类比对象的相同属性与类推的属性之间具有必然联系，结论的可靠程度就高。而这些要求无一不是围绕类属性而展开评价的，其所提出的批判性问题就是：类属性是否相同。主要涉及的是事实判断。

二 先秦推类模式的思维过程、结构、依据、结论性质、作用、评价性问题

1. 先秦推类模式的思维过程

推类谕证模式的思维过程是：

为了谕证自己的主张（论道），就凭借直觉、记忆随机寻找与自己主张在

1 需要说明的是，我们在这里所指的“科学研究”，既指科学发现的研究，也指科学发明的研究。所谓“发现”是指自然界本来就有的东西，但还未被人所知，需要通过科学研究将其揭示出来；所谓“发明”是指自然界本来就没有的东西，需要通过科学研究将其创造出来。

某一类事理、类属性相同或相似的生活经验或历史经验（言事）引征作比，而这个引征的事物道理作为已然是公共知识的历史经验或生活经验，已被所要谕证的对方所接受，所以对方也就容易理解并接受自己的谕证主张了。

推类归谬的思维过程是：

为了反驳论敌的主张（非道），仍然是随机寻找与对方主张在某一类事理、类属性相同或相似的生活经验或历史经验（言事）引征作比，而这个引征的事物道理，也已然被相反的作为公共知识的历史经验或生活经验所否定，其荒谬性是众所周知的，也被对方所认可但却无法接受，所以对方也就应该明白自己主张（非道）的荒谬性了。

即前述构造推类模式时所提出的“历史意见”：“以其所知谕其所不知而使人知之”；“辟也者，举他物而以明之也”。

2. 先秦推类模式的结构

言事→论道

“言事”是一个“取辩于一物”的随机选择，是现实生活中极为普通、人所共知的“近”“浅”“易”的“亲知”小道理或历史事实。是“于是推之”的由“这个”推“那个”的这个“是”，同于传统逻辑中推理的前提。是推类论型的论据，类似于修辞格比喻的喻体。

“→”即“可推论出”，即如前述“之谓”“譬”“譬犹”“譬之犹”的“原”“说”“告”“推”“谕”的推论过程，根据是所“言事”与所“论道”的引征事物与谕证事物，在“类属性”或“类事理”上相通，可以“何以为辩，喻深以浅；何以为智，喻难以易”地“于是推之”。是推类论型的类事理联结词。

“论道”是论者所希望通过“因物谕志”说明的“天下之污隆”的“远”“深”“难”的“说知”大道理，本是需要大幅论证或不便直接论证的。在推类过程中往往采取隐含义的形式出现。是“于是推之”的由“这个”推“那个”的那个“之”，同于传统逻辑中推理的结论，是推类论型的论题。类似于修辞格比喻的本体。

3. 先秦推类模式的依据

两类事物在某一性质上具有相似性或相同性，即所引征的事物（所言之“事”）与所要谕证的道理（所论之“道”）在类事理（物理之属性、物象之情状、物事之因果）上有相类似或相同的可比之处。即“故凡同类者，举相似也”；“以类取，以类予”；“法同则观其同”；“类不悖，虽久同理”。

同时，所言之“事”必须浅显易懂，是人们普遍承认、接受的；而所论之“道”也必须在某一类事理上与所言之“事”具有相同点。

4. 先秦推类模式的结论性质

是对所谕证事物事理的是非“说明”。这是因为作为结论的评价判断，往往已经隐含在论证者的前提预设中了，“说明”的目的无非是将这个预设的结论向对方展现。因此，先秦推类模式的结论基本上是“应该如此”的价值命题，具有道义性。

5. 先秦推类模式的作用

（1）是论辩的工具。将抽象的思想形象化或具体化，以“言事”的小事理（前提）一步到位地谕证（推）出“论道”的大道理（结论），让对方从人所共知的小事理中，领悟出所要“说明”的大道理，从而使人对所论之“道”有一个知性的认识。而这个知性认识的过程，充溢着说理的形象性与生动性。即“何以为辩，喻深以浅；何以为智，喻难以易”；“其称文小而其指极大，举类迩而见义远。……推此志也”。

（2）在谕证过程中，所要“说明”的道理对听者来说可能是还未清晰了解的认识，但对谕证者来说，则是已经清晰了解的认识。所以在谕证过程中，谕证者只是借助于推类模式或通俗化或形象化地说明了一个抽象的道理，或迁移了过去的经验，并未增加什么新的认识。即“夫譬喻也者，生于直告之不明，故假物之然否以彰之。物之有然否，非以其文也，必以其真也”。

6. 推类模式的评价性问题

由于先秦推类模式主要是一种“说明”的方法，其推导原则既包括类属性的同一或相似，又包括类事理的同一或相似。其所能提出的批判性问题就既包括了事实判断，更包括了价值判断，而在选取的“言事”前提中，由于预设着论证主体“论道”的个人思想倾向，对“类事理”的是非意义理解，有时会出现偏差，所以对“类事理”的原则要求更强烈一些。

三　先秦推类模式与类比推理的同异比较

1. 同

（1）在对两类事物进行对比分析上，两者大致具有从个别到个别、从特殊到特殊的共同点。

（2）在对事物的认知上，两者都是认知的方法。

（3）在启发、说明一个事理上，两者具有形象性、生动性的共同点。

2. 异

（1）在形式结构上，类比推理可以用半形式化语言（自然语言加特定的符号语言）构成，是纯粹的逻辑结构式；而先秦推类模式即使是用半形式化语言描述也很困难，虽然也可以对所言之“事”与所论之“道”比照类比推理附加特定的符号，但仍然容易与修辞格的纯粹比喻相混淆。

（2）在思维的依据上，类比推理是依据两种事物之间其他属性相通，进而推出在某一点上也相同，客观性强而论证主体性弱；而先秦推类模式的依据，是以引征事物与谕证事物之间在“类属性”或“类事理”上的“贯得通”，至于这种“贯得通”的客观依据，往往是以谕证者自己的内心尺度来衡量的，所以不但主观性强，论证主体性也强。

（3）在实际运用中，类比推理主要是证明的工具，不具有对抗性；而先秦推类模式主要是说理、论辩的工具，一定程度上具有对抗性。

（4）在所分析的对象上，类比推理是依据属性相同的两类事物；而先秦推类模式则可以是属性相同的两类事物，也可以是属性不相同的两类事物，只要它们在某一类事理上有共同点或相似点即可拿来引征做比。两种思维方法对“类”概念的理解不尽相同。

（5）在认识的扩展上，类比推理是证明的方法，可以推出新的知识来；而先秦推类模式则主要是说明的方法，是在向论敌“说明”或阐述一个已有思想的正确性或荒谬性。

（6）在结论的性质上，类比推理的结论是对未知事物属性的是非论证，其结论是“可能如此”的模态判断，具有或然性；而先秦推类模式的结论是对谕证事物的是非说明，是以引征之“实然”谕证当下之“应然”，在先秦政治伦理传播活动中，谕证的主张往往是极具道义性的价值判断。

（7）在推论过程中，类比推理不允许任何结论性的东西预设在前提中；而先秦推类模式往往将谕证者的结论性的东西潜在地预设在前提中了。

（8）在目的上，类比推理是要发现新的知识，而先秦推类模式是要说明、论证主体的思想感情或政治伦理主张。

（9）在评价性问题上，类比推理强调的是类属性的同一，主要涉及的是事实判断；而推类模式既强调类属性的同一或相似，更强调类事理的同一或相似，因此就既涉及了事实判断，也涉及了价值判断。

通过这种比较，我们认为，作为传统意象性思维方式引发出来的先秦推类模式，其关注点只是在于主观情愿与外在物象相融合的心象上，它在通过引征“言事”以谕证“论道”的过程中，其认识基础和心理基础，只是类事理、类属性的“智的直觉”下的“贯得通”。这种“论道”方法无疑在政治伦理传播活动中增强了所谕证主张的“说明”力度，以“应然”的态度，传达着谕证者现实的政治伦理思想。从而以这种思维模式最好地表达了它那个时代的理想诉求，熔铸了它那个时代求善、求治的振世精神和人文关怀。

但这种“说明”的推论方式对“类”概念的理解与西方类比推理不同。只要在某一事理上有共同点或相似点就可以将自己的“主观情愿与外在物象相融合”。因此其认知过程缺乏论证的严谨性和结论的严格性。因此在已经预设了一个“应该如此”的结论性前提基础上，作为其结论的“就应该如此”的价值判断，在“天下一致而百虑，同归而殊途”，均“务为治”的“为什么”目的上，诸子百家都一样，但在“为什么”的尺度把握上，各家都不尽相同。庄子在剽剥儒墨的过程中提出“辩无胜”的主张是有其历史原因的。

通过上述比较，我们怀着“温情与敬意”的态度，仍然可以这样说，由先秦历史文化催发的先秦推类模式，在见山是山、见水是水，而至见山不是山、见水不是水，而至见山还是山、见水还是水的认知不断升华中，以它既有用又有效的特有方式，适应着先秦时代的历史发展需要，在“逻辑与文化”的观照下，发挥着它的历史作用，展现着它的文化价值。

第十三章
意象性思维与推类模式知性融合的朴素逻辑方法论源头

我们已经论述了先秦推类模式的认知途径与工作机理，源于自古以来的意象性思维传统。但真正自觉将意象性思维与推类"法式"相结合，并使之作为一种具有普遍适用性的朴素逻辑方法使用的，还是应属《周易》。

第一节　问题的提出与启发

作为一部注重推演的文化典籍，其影响一直流传至今，《周易》也肯定有它的一定的现实存在的合理性。但它"最后的结论"是怎样得出来的？在科学方法论发展到今天的当下，对其"结论"得出的过程及性质，也争论不休。

在2004年9月举办的"北京2004文化高峰论坛"上，杨振宁向《易经》"开火"，认为"《易经》影响了中华文化的思维方式"，"这个影响是近代科学没有在中国萌芽的重要原因之一"。"很多人曾讨论过近代科学为何没在中国萌生，我觉得和《易经》有很大关系"。在他看来，中华文化有归纳法，可没有推演法。近代科学是把归纳法和推演法结合起来而发展的，推演法对于近代科学产生的影响无法估量。中华文化的归纳法的来源就是《易经》。《易经》中每一卦都包含天道、地道与人道，即天的规律跟人世的规律是一回事，所以受早年《易经》思维方式的影响，把自然跟人归纳成同一理。中国传统是摆事实，跟次序没关系，重要的是最后的结论。[1]

对于“最后的结论”来源过程及其性质，国内一些易学专家如刘大钧教授提出质疑，认为杨振宁演讲“有很多常识性错误”。比如，杨振宁说《周易》只有归纳而没有推演。可是众所周知，《周易》是最早的一部算卦的书，算卦的方法就是靠推演，举一反三，不能说没有推演。另外，《周易》是一本“普世之书”。从这个角度，也是一种广义的“推演”。[2] 显然，这种“推演”是否为亚里士多德逻辑意义上的演绎推理，这也是我们所关注的。

笔者认为，从广义论证有效性的观点出发，《周易》得出结论的过程及其性质，恰好是先秦推类模式作为“法式”所关注的。在“言事→论道”的过程中，“取辩于一物”只是一个随机选择的“言事”引征过程，“原极天下之污隆”才是使用这种“法式”最终的根本目的。

同时我们也认为，既然《周易》作为我国古代一部极为重要的文化典籍，它在古代思维科学和认识论方面的价值以及对古代自然科学和人文科学方面的广泛影响，历代都备受重视，那么在中国逻辑史研究方面自然也应得到重视。这是因为，《周易》在其形成过程中如同包含了其他学科方面的思想萌芽一样，也包含一定的逻辑思想萌芽，运用了一定的逻辑方法。因此《周易》也是研究中国逻辑史的一部重要史料。我们理应从中探讨、整理，看是否能够发掘出带有中国传统思维特色的自觉的逻辑思想和方法来。这也应成为研究中国逻辑史的题中应有之义。[3]

也正是在这个意义上，结合前述关于“辨名析理”的阐述，我们尝试分析在《周易》中，“为什么”既有朴素的“格式化方法”，也有在它的推演中展现的关

---

1 参见2004年9月24日中国新闻网。

2 参见杨猛《杨振宁指〈易经〉阻碍科学启蒙，众学者质疑》，2004年9月23日，新浪网—《北京科技报》。

3 在温公颐、崔清田主编的《中国逻辑史教程》修订版中，开篇第一章就是最早提出应把《周易》纳入中国逻辑史研究领域的周山先生撰写的“《周易》的逻辑思想”，南开大学出版社，2001；2005年人民出版社也出版了吴克峰教授所著的《易学逻辑研究》。

于“象”的方法、关于“辞”的方法、关于“取象比类”的方法。

第二节　格式化的方法

《周易·系辞下》和《系辞上》中分别说明了《周易》八卦的生成方法：“古者包牺氏之王天下也，仰则观象于天，俯则观法于地，观鸟兽之文与地之宜，近取诸身，远取诸物，于是始作八卦。以通神明之德，以类万物之情”；“是故《易》有太极，是生两仪，两仪生四象，四象生八卦。八卦定吉凶，吉凶生大业”。应该说，“以类万物之情”是个“比类”推导的过程，而“八卦定吉凶”则是“比类”推导的结果。这是因为：

“太极”为天地未分之前的混沌状态，是至高至极、绝对唯一的东西。由它生出“两仪”即阴与阳，《周易》分别以符号“⚊”和“⚋”来表示。“两仪”又可以相互搭配组成“四象”，由“四象”进一步按阴、阳消长的原则，又可进一步生成“八卦”，分别以符号来表示，即“☰”为“乾”、“☷”为“坤”、“☳”为“震”、“☴”为“巽”、“☵”为“坎”、“☲”为“离”、“☶”为“艮”、“☱”为“兑”[1]，并由此形成层级化的结构图。

一　层级化的结构及方位图

八卦的层次结构。

在“八卦”的基础上，“八卦”两两相互重叠，又可以推演生成“六十四卦”。在通行的《周易》本中，六十四卦的排列顺序是固定的，它们始于乾、坤，终于既济、未济。如对构成八卦乃至六十四卦的卦形做分析，可以

1　宋代朱熹为了能够使人尽快地记住八卦图像，曾专做一意象性的口诀：乾（☰）三连，坤（☷）六断，震（☳）仰盂，艮（☶）覆碗，离（☲）中虚，坎（☵）中满，兑（☱）上缺，巽（☴）下断。

发现，《周易》在采用“卦”的图像形式来意象性规定地反映事物状况、表达思想内容时，已经有了一定意义上的人工语言的符号化、形式化的特点。

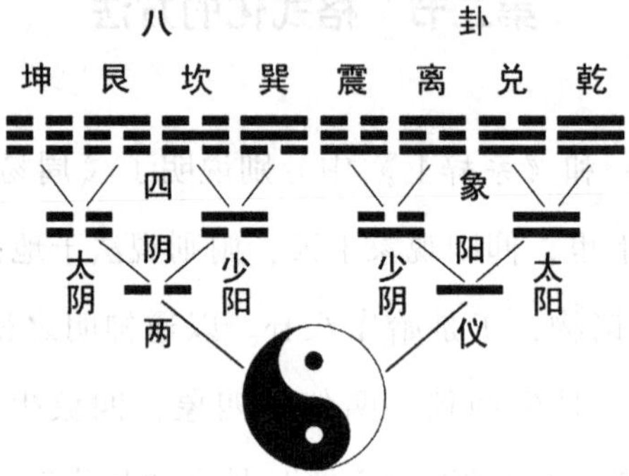

图 7　伏羲八卦方位

图 8　文王八卦方位

我们在第六章第三节之二中已述，汉字是具有社会功用的“有意味的形式”语言。同样，八卦乃至六十四卦的卦象也可视作“有意味的形式”，在“以通神明之德，以类万物之情”的过程中，蒸发了人们对林林总总各种事物的复杂认识，以综合、抽象出来的“八卦”和“六十四卦”的独立图像形式及其变化，推演与预测着人事、自然和社会。

按莱布尼茨所设想的形式化语言，他要求“它能这样地形成和排列符号，使得它能表达一些思想，或者说使得它们之间具有和这些思想之间的关系相同的关系。一个表达式是一些符号的组合，这些符号能表征被表示的事物，表达式的规律如下：如果被表示的那个事物的观念是由一些事物的一些观念组成的，那么那个事物的表达式也是由这些事物的符号组成的”[1]。我们是否可以这样认为，八卦乃至六十四卦的卦形图像也因“有意味的形式”，已经初步具有了这种形式化语言的特征。或者至少按半形式化语言的特征，“是在自然语言的基础上附加一些特定的符号，它们与自然语言相比更具形式化”[2]。亦即，它既有自然语言的表述，又有一些表征自然语言的符号，使得它的推导在自然语言与一定的符号之间相互转换。如是，八卦乃至六十四卦的卦形图像也算初步具有了这种半形式化语言的特征。它以独立形式及其变化，推演与预测着人事、自然和社会的“思维内容的再现”功能，不但在实际的应用中不断强化着“有意味的形式”，也以其所包含的思维主体的自我理解，在工具性与人文性的统一中，蕴含了人类心灵中求真的情怀、感悟、观念及精神，从而为其赋予了淳朴理性的意义。

当然，如果只是按形式化语言同有的无穷性、统一性、可操作性的特点来讲，即便按已经失传的古《易》的“连山”“归藏”[3] 看，也缺乏无穷性。不过，按莱布尼茨通过建立一种普遍的、没有歧义的语言，就可以把推理转变为演算的设想，以及数理逻辑的两个基本思想——“构造形式语言”和“建立演算”，不管是否自作多情，这种理念与方法，我们认为《周易》还是做到了。当然我们也不敢强说《周易》的推演系统就是纯粹的形式化的方法，只好弱化自己的说法，将之称为具有一定公理意识的“格式化的方法”。

八卦的基本符号“⚊”“⚋”称作“爻”。郭沫若认为是古代生殖器崇拜

1　参见张家龙《数理逻辑发展史》，社会科学文献出版社，1993，第 46—47 页。

2　李娜：《从语言发展的观点看逻辑学》，《哲学研究》2006 年增刊。

3　《连山》《归藏》《周易》合称“三易”，都是用“卦”的形式来说明宇宙间万事万物循环变化道理的古籍。《周礼·春官宗伯·大卜》：“太卜掌三易之法，一曰《连山》，一曰《归藏》，一曰《周易》。”据说，《连山》为神农（也称为连山氏）时代的筮书，《归藏》为黄帝（也称为归藏氏）时代的筮书。后夏用《连山》，商代用《归藏》，西周所用则名为《周易》。

观念的残存，以“⚊”象征男根，以“⚋”象征女阴。[1] 高亨则认为这是取自远古人们卜筮时所用竹节的象征，以“⚊”表示一节之竹，以“⚋”表示两节之竹。此外，还有取自日、月，取自结绳记事，取自古数字等说法。我们姑且不论“⚊”“⚋”两爻源于什么，只就这两爻的“形”与“意”来看，至少表明这样的人工符号，其象征事物的抽象性和表达内容的丰富性，已经远远超出了象形、指事、会意一类的自然语言文字的造字法。从它只须规定为阴、阳，通过自身的组合变化，就可以把万事万物的性质、运动法则、变化形式、变化趋势等都表现得淋漓尽致来看，它已经可以被认作一种纯粹的人工语言符号了。而且，在六十四卦中，均是以六爻构成，这本身就有了“数”的意义[2]，有了它自身的符号语言的形成规则和变形规则。

这种人工语言符号系统的排列顺序所遵从的原则是阴、阳两爻代表的“对立统一”“物极必反”的辩证思维原则。从“两两相耦，非覆即变”的形式，将六十四卦分为三十二对。其中：

或将卦象颠倒的一对卦排在一起，共二十八对，称作“覆卦”。如《泰》卦“䷊”（乾下坤上）和《否》卦“䷋”（坤下乾上），《剥》卦“䷖”（坤下艮上）和《复》卦“䷗”（震下坤上），《既济》卦“䷾”（离下坎上）和《未济》卦“䷿”（坎下离上）等。

或将卦象相反的一对卦排在一起，共四对，称作“变卦”。如《乾》卦“䷀”（乾下乾上）和《坤》卦“䷁”（坤下坤上），《坎》卦“䷜”（坎下坎上）和《离》卦“䷝”（离下离上），《颐》卦“䷚”（震下艮上）和《大过》卦“䷛”（巽下兑上）等。

无论是覆卦或变卦，在六十四卦的排列顺序中，每一对卦总是以“阴”、“阳”两爻之最直观的“有意味的形式”，处在相邻位置，构成了一个封闭的

---

1 参见郭沫若《〈周易〉时代的社会生活》，载《郭沫若全集》历史编第1卷，人民出版社，1982，第59页。

2 在2001年陕西长安县西仁村发掘的有字陶拍中，有两件即刻有数字卦。如《既济》卦（“䷾”）为“六一六一六一”；《未济》卦（“䷿”）为“一六一六一六”，可以证明这一点。

符号系统。在这个符号系统中，其形成规则（把符号串联成合式公式的规则），以及变形规则（把一个符号序列演变为另一个符号序列的规则），是否有一个规律？或者说在这个符号系统中，六十四卦的排列（或可说定理证明的顺序）可否有一定的顺序规律？细观六十四卦卦象，如果用数字“0”表示阳爻（“⚊”），用数字“1”表示阴爻（“⚋”），六十四卦就有两种排列方法。

一种排列方法是卦形排列。即伏羲六十四卦方位图[1]的排列顺序。

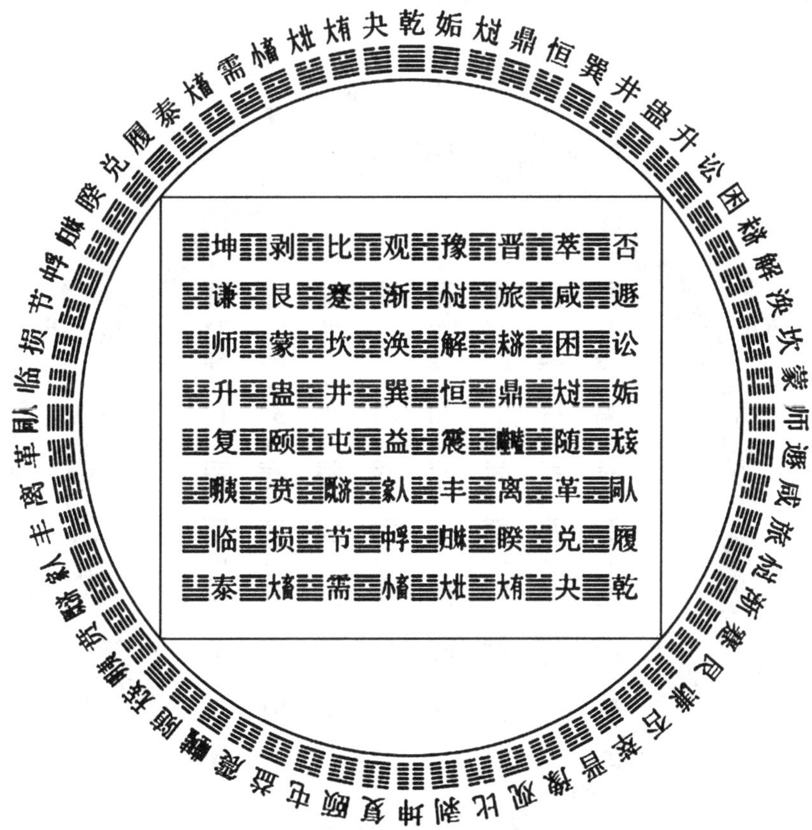

图 9　伏羲六十四卦方位图

1　参见（南宋）朱熹《周易本义》。

这似乎是严格按照二进制的减增次序，由《乾》卦“☰”（乾下乾上，自下而上为：000000），按逆时针方向从《乾》卦的正南方向（图上）经由东（图左）向北（图下）演变至《复》卦“☷”（震下坤上，011111），然后再返回到《乾》卦左侧（西方，图右）的《姤》卦“☰”（巽下乾上，100000），经顺时针（由西向北）演变到正北的《坤》卦“☷”（坤下坤上，111111）。这种方位图的排列顺序，通过“天圆地方”所表示的天道与地道，构筑了一个世界模式，为人们提供了昼夜运行、寒往暑来、阴阳变化的消息。

另一种排列方法是《周易》通行本（文王方位图）的卦义排列方法。

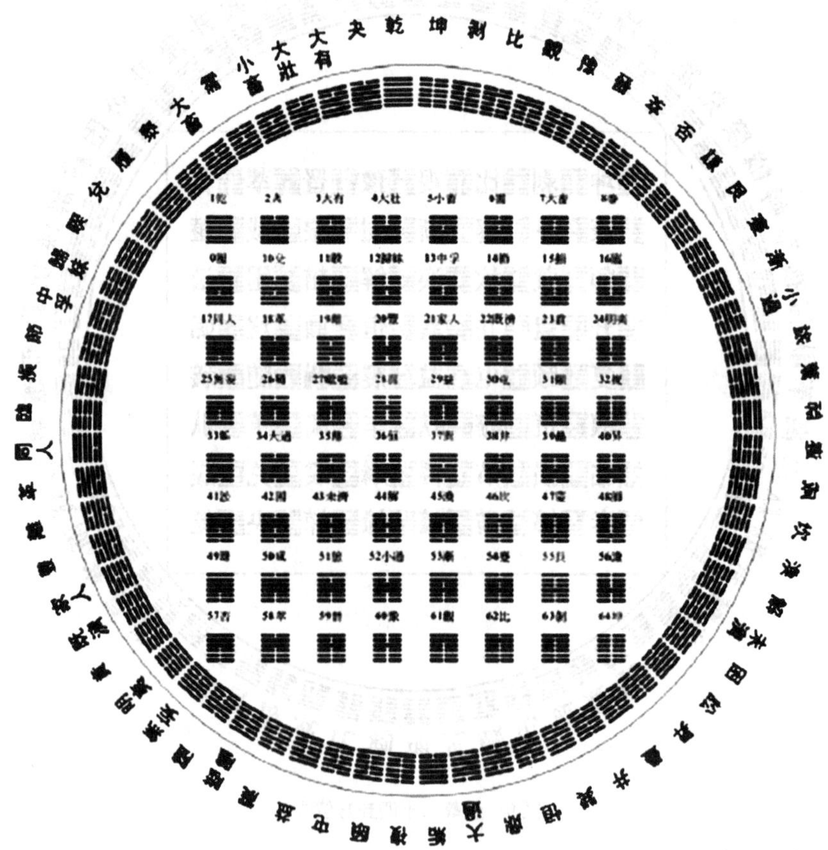

图10　六十四卦方位图

其卦象排列，无论是按《序卦》也好，还是按《杂卦》也好，其排列原则基本上是按照各卦的语义来说明语形次序的。这种卦义排列顺序，其语义说明是为了解卦的语用运作，即如何解卦。但探析其变化规律，除有卦象颠倒、相反所反映的符号形式（或数）的变化外，如《乾》《坤》两卦分别为“䷀”（000000）和“䷁”（111111），《既济》《未济》两卦分别为“䷾”（010101）和“䷿”（101010），其他并无一定的二进制递减递增的规律在内。

二　说明的问题

为什么《周易》会从伏羲六十四卦方位图可谓严密的数字化推演退化到文王方位图毫无“二进制”的规律可循呢？似为谜。不过似可说明两点：

其一，《周易》并非像有些人所说开创了二进制的先河，它只是希冀从阴阳的变化中，以对立蕴涵转化，描绘出一个世界模式来。如果说现代二进制理论是从《周易》的阴阳变化理论中得到某种启示的话，倒是可信的。据称，1667 年德国数学家莱布尼茨在法国巴黎参观博物馆，看到了帕斯卡的一台加法机，引起他要创造一台乘法机的兴趣。1701 年，正当 54 岁的莱布尼茨为此冥思苦想、无路可走的时候，法国传教士白晋（Joachim Bouvet，1656—1730）将“伏羲六十四卦次序图”与“伏羲六十四卦方位图”从北京寄给莱布尼茨，引起他极大兴趣。他从这两张图中受到了很大启发，认为八卦是象形文字的雏形，由“坤”的卦象经“艮”“坎”“巽”“震”“离”“兑”到“乾”的卦象，正是由 0 数到 7，这样 8 个自然数所组成的完整的二进位制数形；六十四卦正是从 0 到 63 的这 64 个自然数的完整二进位制数形。在数学中八卦属于八阶矩阵。经过了长时间通信讨论，莱布尼茨揭示了作为计算机原理“数学二进位制”与《周易》六十四卦的同一性。对此科学史家李约瑟评论说：“莱布尼茨除发展了二进位制算术而外，也是现代数理逻辑的创始人和计算机制造的先驱，这并不是一种巧合……中国的影响对他形成代数语言或数学语言的概念至少起了部分作用，正如《易经》中的顺序系统预示了二进位制的算术一样。”[1] 李约瑟虽然并不赞同二进位制直接出于《周易》的观点，但至少表明《周易》在莱布尼茨发现数学二进位原理过程中可能具有重要的启迪作用。

其二，《周易》的思维方式具有中国传统意象性思维那种只注重内容、不注重形式的特色。后世之所以通行现在所见的六十四卦排列，主要是在于中国古代所注重的是对于语形的语义解释，其语义说明是为了解卦的语用运用。其着眼点在于阴阳互变的辩证法上，其目的在于通过认识这种阴阳消长的变化规律，得到“守中”的最终目的。这里，其社会伦理色彩是浓厚的。

如果说《周易》也可以“一言以蔽之”的话，即为由吉凶对立到吉凶转化的“守中”。这种社会伦理色彩浓厚的“守中”思想，对后世的影响应该说是非常大的。至少在《尚书》中就已经有了体现。按《大禹谟》所载，舜告诫禹时，提出“允执其中”的思想：

> 人心惟危，道心惟微，惟精惟一，允执厥中。

按第九章第四节所述，“中”在《尚书》中为治国治民的方法，目的在于《大禹谟》的“刑期于无刑，民协于中”，所以要《盘庚中》的“各设中于乃心”；并且以合理认识的“度”的意识，经“有权”，在《吕刑》中得到彻底发挥。

除了体现在《尚书》中外，《周易》的“守中”思想在儒家那里也得到理论的阐发。“中和”作为儒家的重要伦理思想，指不偏不倚不乖戾，如

---

1 〔英〕李约瑟：《中国科学技术史》第二卷，科学出版社、上海古籍出版社，1990，第371页。

《礼记·中庸》："喜怒哀乐之未发，谓之中；发而皆中节，谓之和。中也者，天下之大本也；和也者，天下之达道也。致中和，天地位焉，万物育焉。"这也是为政的根本，如《荀子·王制》："中和者，听（政）之绳也。""中和"即"中庸"，即《论语·雍也》所提："中庸之为德也，其至矣乎，民鲜久矣。"按孔子本意，"中庸"就是指对待事物的态度，是一种寻求平衡的基本思维方法之一。这种思维方法的源头，应也可以归溯到《周易》那里。

三　格式化的符号系统

在《周易》那里，这种思维方法甚至可以视作一个我们弱化自己说法后称谓的"格式化方法"。因为从阴阳两爻的组合构成六十四卦来看，《周易》作为一个符号系统，总是有一些形式化方法的萌芽，如果用数理逻辑的形式化语言对其进行整理，这种格式化方法的萌芽表现在它是一个有限的、非有序的、封闭的符号系统：

（一）初始符号

（1）"⚊"（阳爻）

（2）"⚋"（阴爻）

（二）初始公理

（1）"☰"（乾）；（2）"☷"（坤）；（3）"☳"（震）；（4）"☴"（巽）；（5）"☵"（坎）；（6）"☲"（离）；（7）"☶"（艮）；（8）"☱"（兑）

（三）按照阴阳对立及对立蕴涵转化的因果联系的原则所推出的64个卦象所代表的64个公式（定理）。

在这个封闭系统中，各符号之间不表现为一种有序性，只表现为一种两两对称性，即"两两相耦，非覆即变"的形式。这种形式上的对称性，所反映的阴阳消长的蕴涵关系，只表现在每一对卦的语形上。如果从64个公式的整体分析，从《坤》卦至《既济》《未济》，在形式上并无一个整体的蕴涵关系，它们只反映了一种内涵上的辩证相关联系。即它们所遵循的只是语义上的相关“意义”分析，并非是语形上的内在必然因果联系。

这种语义上的相关性联系，完全是按照各卦内涵上的相关联系所衔接。如《周易·序卦传》中所言：

> 有天地，然后万物生焉。盈天地之间者唯万物，故受[1]之以《屯》。《屯》者，盈也；物之始生也。物生必蒙，故受之以《蒙》。《蒙》者，蒙也；物之稚也。物稚不可不养也，故受之以《需》。《需》者，饮食之道也。饮食必有讼，故受之以《讼》[2]。讼必有众起，故受之以《师》。《师》者，众也。众必有所比，故受之以《比》。《比》者，比[3]也。比必有所畜，故受之以《小畜》。物畜然后有礼，故受之以《履》[4]。履而泰[5]，然后安，故受之以《泰》。《泰》者，通[6]也。物不可以终通，故受之以《否》[7]。物不可以终否，故受之以《同人》[8]。与人同者，物必归焉，故受之以《大有》[9]。有大者不可以盈[10]，故受之以《谦》[11]。有大而能谦，必豫，故受之以《豫》。豫必有随，故受之以《随》。以喜随人者，必有事，故受之以《蛊》。《蛊》者，事也[12]。有事而后可大，故受

1 承续、承接。
2 一旦出现生活资料的分配问题，必然导致争论。
3 必然有所比。
4 循礼而行。
5 通泰。
6 通畅。
7 阻塞。
8 否则思通，通则人人同心同德，和同于人。
9 大获所有。
10 志得意满。
11 谦虚。
12 用事，侍奉，效力。

> 之以《临》。《临》者，大也[1]。物大然后可观，故受之以《观》。可观而后有所合，故受之以……有过物者必济，故受之以《既济》[2]。物不可穷也，故受之以《未济》[3] 终焉。

由此可看出，只有从内涵上先后相承的内在辩证相关联系来对《周易》的符号系统进行语义说明，才能够接近《周易》的本义。这种内涵上的辩证相关联系的推演，似为以后韩非创发"演连珠"连锁形式推导的滥觞。

但是，相关性联系未必就是必然因果联系。由此反溯《周易》，可以继续加强我们前述的认识：只有从内涵上的先后相承之内在联系对《周易》的符号系统进行语义说明，才能够接近《周易》的本义。因此，我们对《周易》思维方法的研究，其重点就应放在《周易》的语义学和语用学研究上来。

基于此，以先天（伏羲）六十四卦方位图为根据，就说《周易》是一个语形上按二进制的严格有序系统，似乎偏离了先秦传统思维方式只注重内涵而忽视形式的特点。同时，也无法说明先秦逻辑思想为什么以《周易》为分界线，从此由注重形式转为注重内涵。

如是，《周易》符号系统并没有语形上的有序性，格式化方法是为其对立蕴涵转化的语义分析服务的。但《周易》仍然可以被视为一个粗具朴素"公理"意识的"形式化"方法系统。它有一定的直观语法语言，如有初始语言，有初始公理，有一系列合式公式（定理）。并且，任何一个公式以及任何一个公式中的任何一爻，又都可以视为逻辑变项，可以代入任一自然、人生、社会的具体事物。因为按先秦"知类"的传统，《周易》显然认为，世上万事万物，林林总总，但每一事物均可归于某类，即《系辞上》"方以类

1　以上临下，以大临小。

2　功业已成。

3　功业未成。

聚，物以群分”。只要某类事物合于某一条件，就可以代入某一卦或某一爻。或者说，任一事物的可操作性如何，占得哪一卦即代入哪一卦。而这一卦的卦辞或爻辞即是这个事物的语义说明。

或如，《同人》卦九五爻辞说：“同人先号咷而后笑，大师克相遇。”虽然仅按爻辞讲，是说某一支军队先败后胜，但只要比附到这个卦爻上（即将某事物代入这个变项），这个事物的情况就一定是先凶后吉。这个凶虽是客观存在的，但只要经过主观努力，排除障碍，就一定会达到先苦后甜的结果。因为这类事物的因果关系符合这个卦爻所约定的因果联系，即合“道”。

这样的符号系统，按《系辞上》“简而天下之理得矣”。它虽然只有64卦、384爻，但因其每一卦、每一爻均可视作一个“思维样式”，均可以代入自然、人生、社会各类事物，可以“引而申之，触类而长之”，因此，这所有的卦、爻已经可以包括尽天下所有的“道”了。所以《系辞上》评价说：“易与天地准，故能弥纶天地之道。”“与天地准”是说它其中的道理跟自然、人生、社会的现象、规律是一一对应相当的，“弥纶天地之道”即遍包天地之道。《系辞上》还认为所有的事物既不能离开“道”，也不能违反“道”：“与天地相似故不违，知周乎万物而道济天下，故不过。……范围天地之化而不过，曲成万物而不遗”；“夫易广矣，大矣”；“其道甚大，百物不废”。由此可见，在《周易》这个符号系统中，所有的推演“样式”（卦爻组合之象）都是世间万物因果关系的概括抽象，万物无论怎样变化，都不能离开卦象所代表的“道”。《周易》这套符号系统，其推演的作用之大，万物因果已经尽在其中了。

但继续追问的问题是，这样的一套演绎系统，为什么没有“以启山林”地开辟出中国古代的科学发展之路？为什么没有发展出一种重演绎的逻辑传统？说到底，《周易》只是一部占筮之书，它的推演规则是从占筮过程中衍生出来的，从而使它的功用决定了它的命运；它的“思维样式”在比类自然、人生、社会各类事物可以“引而申之，触类而长之”的过程中，已经将结论预设在前提中了，由此也就有了命定论的结果。故而从认知的方法论角度看，《周易》的自系统语义解释可以在方法论意义上提升古代对于辩证思维方式的思考，对中国古代思想史曾产生过深远的影响，甚至中医理论、气功理论等均可上溯至《周易》。但随着两汉时期的谶纬化、魏晋时期的玄学化、宋明时期的理学化，它就离科学越来越远了。我们今天所要做的，应该是在研究中淡化《周易》的占筮色彩，从方法论角度探析它在推演中如何展现“据象而推”“据辞而推”“取象比类”的作用及意义，探讨它如何“奠定了中国人以类比为主要特征的传统思维方式的坚实基础”[1]。

第三节 关于“象”的逻辑概括、分类方法

《系辞下》说：“易者，象[2]也，象也者，像[3]也。”以八卦来看，它的卦象均以特定的人工符号表示，并且由此产生出特定的含义，这应当属于“名”的自我说明。或如，八卦各象分别由“☰”（乾）、“☷”（坤）、“☳”（震）、“☴”（巽）、“☵”（坎）、“☲”（离）、“☶”（艮）、“☱”（兑）来表示八种自然界的基本物质：天、地、雷、风、水、火、山、泽。

由于《乾》卦为纯阳之卦，象征阳性的事物，所以《乾》卦有刚健的属性，所以为天[4]、为马[5]、为首[6]、为父、为君[7]等有刚健属性的事物。《坤》卦为纯阴之卦，象征阴性的事物，所以《坤》卦有柔顺的属性，所以为地[8]、为牛、为腹、为母等具有柔性的事物。至于其他六卦，分别因卦象中阴阳爻

---

1 温公颐、崔清田主编：《中国逻辑史教程》修订版，南开大学出版社，2001，第11页。
2 象，道，道理。《老子·三十五章》：“执大象，天下往。”
3 像，法式，榜样。《楚辞·九章·抽思》：“望三五以为像兮，指彭咸以为仪。”
4 天主宰万物的再造生机。
5 良马健行。
6 天在上，人的头也为一身之首。
7 天主宰万物，父主一家，君主一国。
8 地藏乾所赋予的再造生机以便再造万物。

的不同位置而有动、入、丽、陷、止、说的不同属性，又分别象征着有这些属性的不同的人体部位、动植物、人伦关系乃至不同的季节、方位等。

应该说，这种基于直观判断、比较基础上，寻找不同事物中的共同因素，舍弃不同事物中的不同因素，按不同事物的共同属性来比拟各种事物的抽象思维过程，无疑已经有了“类事理”之物象、物理同一的逻辑概括、分类方法的端倪了。其结果就在寻找“类事理”的“比拟”抽象思维过程中，使八卦的卦“象”同样具有了抽象性。

“象”的这种由概括的过程—抽象的过程—寻找类事理同一的过程所体现出来的抽象性和概括性，通过立象以尽意，以《系辞》上、下的“以类万物之情”，有了语义规范、语用推演、认识现实事物的作用；“象”通过“拟诸其形容，象其物宜”，也已经具备了以“象”形指实的定名作用。因此“象”可以被认为是借助“象”形语言来反映思考对象属性的思维形式，它不但具有概括性和抽象性，而且以概括结果的定名之主观性和客观性，使之具有了普遍性。它可以指称任一个有这种“象”形所具有属性或规定的事物。但它还并不等同于认识对象，它不存在于客观事物中，它只存在于认知主体的主观意识中，仍然是一种观念性的东西。虽然“它们是主观的，但同时它们也反映着自在之物……人的概念，就其抽象性、隔离性来说是主观的，就其整体、过程、总和、趋势、泉源来说却是客观的”[1]。

基于此，《周易》中已经朴素地使用了一定的逻辑概括、分类方法，其“象”已经具有了一定的概念形式（卦象），也初步具有了《荀子·正名》所要求的“名足以指实”的意味。而且，这种逻辑思考的结果虽然有其直观性、模糊性，但却是自觉的、知性的思维结果。先秦逻辑思想一直注重“正名”问题，应该有一个前提准备的历史过程。

1　列宁：《哲学笔记》，人民出版社，1962，第195页。

第四节　关于“辞”的语义说明方法

《周易》中的卦爻辞是对卦象的语义说明。每一卦的卦象，只有在与卦辞、爻辞相联系起来时才有实际的语用意义。《系辞上》说：“系辞焉，所以告也”，“辞也者，各指其所之”，“辨吉凶者存乎辞”。这些均说明《周易》中“辞”的基本性质和功用，就是用“辞”的“有所断定”形式或告之，或指之，或辨之。即“断一卦之吉凶”或“断一爻之吉凶”。

从逻辑学角度讲，概念指称的只是某个事物，只有将其以“是”与“不是”的形式展开，才有了逻辑的判断问题。[1] 而逻辑中的判断是陈述性语句，“告”“指”“辨”“断”就有陈述、辨别的意义，亦即有判断的意义。因此，卦爻辞的“辞”就是主观判断的一种形式，它的最为重要的一点就是“有所断定”。这一点符合普通逻辑“判断”的第一个逻辑特征。[2]

试举《剥》卦（“䷖”）为例：卦形坤下艮上，卦辞为“剥，不利有攸往”。按《说文解字·刀部》：“剥，裂也。”引而申之，剥落、衰落、残谢等都可以叫剥。不过《剥》卦所讲的乃是阴剥阳的剥。照《周易》的解释，从《剥》卦的内外卦来看，内卦坤为顺，外卦艮为止。故“止顺”为大势所趋。而从整个卦体的六爻组合来看，下五爻均为阴爻，仅上九爻为阳爻。这表示阴性的东西正在生长，阳性的东西正在衰落。由阳代表君子，阴代表小人，则表示为阴盛阳衰，小人得势，君子困顿；小人壮而君子弱；天时与人事均与君子不利。所以君子宜藏器待时，勿有所往。即使要前进，

1　关于这方面的讨论，见程仲棠《无“是”即无逻辑：形而上学的神话》，《学术研究》2007 年第 3 期；王左立《也谈无“是”即无逻辑》，《学术研究》2007 年第 11 期；程仲棠《无“是”即无逻辑：语言主义的逻辑迷误——答王左立先生》，《重庆工学院学报》（社会科学版）2009 年第 3 期；王左立《再谈无“是”即无逻辑——答程仲棠先生》，《河南大学学报》（社会科学版）2012 年第 3 期。

2　判断有两个逻辑特征，一个是有所断定，一个是有真假。

因前进已被断定有所不利，所以前进时定要谨慎从事，要有所顺从。积极行动则不利。

这是从阴阳两义所做的断定。如从爻辞做断定，从初六至六五，无一不在讲诸阴如何一步步剥阳，可谓险象丛生。直到上九，仅余一阳像一颗果实未被剥尽。按照《剥·彖》“消息盈虚，天行也”的对立蕴涵转化的规律，阳不能尽剥，事物才有了一线转机。所以此时上九爻辞说：“硕果不食，君子得舆，小人剥庐。”此时人心思治，众心愿载君子，小人则不敢剥尽于上，否则他也将自失所覆，连安身之所也没有了。由之，《剥》卦的卦辞和爻辞均断定小人众强而得势，阴强阳弱，其有所往必败。所以占得此卦时，就可得知所从事的事物是主凶不吉的。这正是卦爻辞所表达出来的认识。

再看与《剥》卦卦象相反的《复》卦（“䷗”）：卦形震下坤上，初九爻为阳，表示阳性的东西正在复苏。虽然只有这一阳爻，但它却是新生力量，是正在发展向上的东西，所以《复》卦卦辞断定为：“亨，出入无疾，朋来无咎，反覆其道，七日来复，利有攸往。”即《复》卦为回、反本，阳剥极必复反于下，虽仅一阳，势单力薄，但因其是新生的、向上的、前进的，犹如冬至时节阳气复生，万物即将复苏，其生生之势必不可挡。在上五阴虽众，但必然要披靡消散，已经构不成在下一阳勃然生气的障碍了。在下一阳则是野火烧不尽、春风吹又生。所以卦辞告诉我们出入均无疾患，朋友自远方来也无咎，出行者往返于途中，七日即可回家。因此有所往、有所利。所以是主吉。至于《复》卦的六爻也各有其吉凶的断定内容，不一一列举了。

黑格尔曾指出，说现实的东西是合理的，并不意味着现存的一切事物都是现实的，因而都是合理的。“在日常生活中，任何幻想、错误、罪恶以及一切坏东西，一切腐败幻灭的存在，尽管人们都随便把它们叫做现实，但是，甚至在平常的感觉中，也会觉得一个偶然的存在不配享受现实的美名。因为所谓偶然的存在，只是一个没有什么价值的、可能的存在，亦即可有可无的东西。”[1] 在黑格尔看来，只有符合历史发展趋势的才是真正“现实的东西”：“现实性在它的开展中表明它自己是必然性。”[2] 因此，按黑格尔的观点，说现实的东西都是合理的，并不意味着现存的东西就绝对符合理性，都是好东西，“甚至坏的和不真的东西之所以存在，也还是因为它们的某些方面多少符合于它们的概念”，“那彻底的坏东西或与概念相矛盾的东西，因此即是自己走向毁灭的东西”。[3] 从黑格尔的观点反观《复》卦，它的卦爻辞断定了事物发展的现实必然性，从而也就表明了它的“主吉不凶”的现实合理性。

上述例证说明了一点，《周易》卦象的吉凶含义都是由卦辞、爻辞来断定的。“辞”已经具有了一定的逻辑判断的“有所断定”的意谓功能。其功能是建立在直观性上的，通过这种以“辞”来断定吉凶，“辞”的知性与“象”的“意象性”就构成了一个有机的整体。这种“所以告也”，“各指其所之”，“辨吉凶者存乎辞”，已经初步具有类似于《墨经・小取》的“以辞抒意”、《荀子・正名》的“辞足以见极”的含义了。不过，《周易》这种“辞”的逻辑判断的语义说明方法，仍然是以直观性、随意性和比附性为特点的，其所带来的模糊性也只能说是时代的特点了。

第五节　关于“取象比类”的推导方法

《周易》作为一部占卜之书，其主要功能还在于以卦爻辞来陈述卦象的吉凶，以卦象吉凶来比附所为之事的可操作性，因此，《周易》思维方法的底蕴还在于推论上。其推论的方法仍然主要是推类。

---

1 〔德〕黑格尔：《小逻辑》，商务印书馆，1981，第 44 页。
2 〔德〕黑格尔：《法哲学原理》，商务印书馆，1961，第 280 页。
3 〔德〕黑格尔：《小逻辑》，第 399 页。

《系辞下》说："古者包牺氏之王天下也，仰则观象于天，俯则观法于地，观鸟兽之文与地之宜，近取诸身，远取诸物，于是始作八卦。以通神明之德，以类万物之情。"在这种"取象"的过程中，《周易》按照男女交合生出子女这种自然生物学现象，进行了第一次类推。如《系辞下》：

> 天地氤氲，万物化醇，男女构精，万物化生。

在这第一次类推中，《周易》先将自然界最为根本的天地交合，生成乾、坤之下的六卦。[1] 又按照这八卦所比附的自然界最基本物质（天、地、雷、风、火、水、山、泽）的属性，加以经验归纳，分别赋予八卦以健、柔、止、说、动、入、陷、丽的属性，将八卦比附为八种人伦关系：父、母、长男、长女、中男、中女、少男、少女；八种动物：马、牛、龙、鸡、豕、雉、狗、羊；身体的八个部位：首、腹、足、股、耳、目、手、口；八个方位：西北、西南、东、东南、北、南、东北、西；八个季节：秋冬间、夏秋间、春、春夏间、冬、夏、冬春间、秋；以及八种植物，八种颜色等。

在这种比附中，《周易》就是按照不同事物中所具有的共同属性，将不同事物分别归纳于八卦中的某一卦中。这种比附的认识过程，接近于类比方法的认识过程。虽然在这种比附中有的尚有一定根据，有的则不免流于牵强。因为在比附过程中，事物化归一类的共同属性单一且不是本质属性，将不同事物归于一卦缺乏一种内在的、统一的、质的规定性。不过，能够分析各卦的属性并以此为基础，将其比附为各种人伦关系、各种动植物、各种方位等，说明《周易》已经自觉地认识到了"观象取类""取象比类"之逻辑推导的认识方法。同时，这种比类之"类"观念的初步认识，建立在对事物内涵的

1　至于"《易》有太极，是生两仪，两仪生四象，四象生八卦"只是一种二分法。

分析认识上，其“类”的划分基于各自的内涵属性上。

应该说，在以“类”相“推”的过程中，一定的心理因素会造成“其他因素影响推理”。其中作为最能影响论证主体的主要因素就是心理如何认定。因为，类比思维的客观基础是事物之间的某种“相似”，而类比思维的镜像选择与映射，是心理认定后思维反射或折射所形成的与原物相似的图景。但如同自然界不存在真正反射率为 1 的镜体一样，无论思维的入射角和反射角如何相等，它总不可能将所有的“相似”反射出来。如果入射角选择受先入为主的心理认定影响，想象与联想所具有的不确定性就很可能使思维反射出来的镜像变形。因此，在类比的搜索、映射过程中，如何发现相似性以寻找基础范围，并由此及彼地迁移相似点或相似关系，既受到思维主体的心理如何认定、如何接受的制约，也受到他人的心理如何认定、如何接受的制约。

从先秦推类模式如何引征以谕证来讲，引征之“事”与谕证之“道”如何在类事理上相通，往往是由谕证者自己来心理认定的。而这种心理认定也往往与他们各自的观念预设有着密切联系。由此再反观《周易》“观象取类”“取象比类”的推导方法，这种带有形象性、直观性特点的比附方法基于经验逻辑的基础上，其推类层次也基本上是以不同事物及现象的某一属性的相似或相同为根据，而这些属性可能就是推导者心理认定的人格化的“思维产物”，因此并非严格意义上的类比推理方法。但是：

第一，《周易》的这种基于内涵的推类方法，却为先秦时代以内涵分析为主的逻辑思想、推理方法奠定了一个稳定的方法论基础。至《周易》以后，先秦逻辑思想基本上是以内涵分析为主的“正名”思想，以及以推类模式为主的推论方法，类概念成为先秦逻辑范畴史上一个最重要的基本范畴，推类模式成为最具先秦时代特色的一种自觉推论方法论。这种贡献归于《周易》。

第二，《周易》的这种基于内涵的推类方法，其推导过程中也以一定的“秩序”，包含了“人伦”的意义指南。“伦”即有同辈、同类的含义。《礼记·曲礼下》“拟人必于其伦”。拟：比拟；伦：同类，同等。由此同篇有：

> 问天子之年，对曰：闻之，始服衣若干尺矣。问国君之年，长，曰能从宗庙社稷之事矣；幼，曰未能从宗庙稷社之事也。问大夫之子，长，曰能御矣；幼，曰未能御也。问士之子，长，曰能典谒矣；幼，曰未能典谒也。问庶人之子，长，曰能负薪矣；幼，曰未能负薪也。问国君之富，数地以对，山泽之所出。问大夫之富，曰有宰食力，祭器衣服不假。问士之富，以车数对。问庶人之富，数畜以对。

此外，“伦”还有条理、秩序的含义，如《诗经·小雅·正月》“维号斯言，有伦有脊”；《论语·微子》“言中伦”。亦即伦类的含义，如《荀子·劝学》：“伦类不通，仁义不一，不足谓善学。”继而引申出“人伦”之“名”，表达了人的等级关系，如《孟子·滕文公上》“使契为司徒，教以人伦：父子有亲，君臣有义，夫妇有别，长幼有序，朋友有信”。

如是，“伦”与人的关系就非常密切了，既可以指人类，如《荀子·富国》“人伦并处，同求而异道，同欲而异知，生也”；也可以用来辨别、评述人品，如《后汉书·郭太传》“林宗（郭太）虽善人伦，不为危言核论”。所以对于《周易》，后世朱熹的《朱子语类》才有了如下评价：“总论夫读《易》之方，与夫卦爻等义可以类推而通者，而复终之以人事，以明《易》为人事用也。”

先秦逻辑思想发展中的伦理化倾向，推导中掺杂着“人伦”的意义指南，《周易》也似为揭橥者。

如果说《周易》格式化方法的第一次推类是不严格的，那么在八卦生成六十四卦、六十四卦又比附于万事万物的第二次推类中，其推类方法就趋于完整，较为严格了。万事万物都可以在六十四卦中找到它必须遵循的原则，找到它的吉凶定位情况以及它如何运行的可操作性。无论人们要从事何种行为，只要占得某一卦，那么这一卦的卦爻辞就可以引出一串语义说明。

或如，《左传》《国语》等史书就引征了许多遇事占卜的例子。基本方法都是以卦爻辞的语义说明推论所为之事的吉凶。在这种以卦推论万事万物的第二次类推中，《周易》的使用价值才真正体现。万事万物，不管其原因、结果、过程，只要套入某一卦的思维“样式”中，其吉凶自有说明，可否操行也就一目了然，万物因果尽在其中了。其推论范围之广泛也是令人咋舌的。

不过，这样的推论，将千差万别的事物现象，不问其性质、特点，只要占卜得哪一卦，就以这一卦的吉凶情况推断某一事物的吉凶情况，并认定其操作性如何，一些生拉硬扯也是不言而喻的。据说清代纪晓岚在应乡试时占得《困》卦（“䷮”），他的先生按《困》卦的六三爻辞“困于石，据于蒺藜，入于其宫，不见其妻，凶”，断得此次乡试不利。但是纪晓岚却对此爻辞做了相反的语义说明：根据他当时尚未娶妻，所以“不见其妻”意即无偶，无偶就是第一名；而“困于石”意即“石”在“纪”之后，第二名应该姓石；“据于蒺藜”意指第三名的姓名与蒺藜有关，蒺藜形状如“米”，所以第三名应该姓米。后来发榜果真如纪晓岚所断。[1] 不管这个故事真实与否，倒是可以说明一点，就是《周易》卦爻辞的语义说明随意性很强。

如果说纪晓岚之例“疑莫大焉”，在《左传·襄公二十五年》中，却实实在在记载有一则同样都占得《困》卦的事情：

> 齐棠公之妻，东郭偃之姊也。东郭偃臣崔武子。棠公死，偃御武子以吊焉。见棠姜而美之，使偃取之。偃曰：“男女辨姓，今君出自丁，臣出自桓，不可。”武子筮之，遇《困》三之《大过》三。史皆曰：“吉。”

1　参见《百度文库》“由纪晓岚解卦说算卦”。

示陈文子，文子曰："夫从风，风陨妻，不可娶也。且其《繇》曰：'困于石，据于蒺藜，入于其宫，不见其妻，凶。'困于石，往不济也。据于蒺藜，所恃伤也。入于其宫，不见其妻，凶，无所归也。"崔子曰："嫠也何害？先夫当之矣。"遂取之。

同样都是《困》卦的六三爻辞，太史们都说"吉"，文子却解出"凶"来，而齐国大夫崔杼（武子）则认为，一个寡妇有什么害怕的，即使有"凶"也已经让她的先大夫棠公承担了。最后还是娶了棠姜。虽然按史书记载，崔杼后来还是因庄公与其妻棠姜私通，引发了后面一连串的事情，最后上吊自杀，尸体为景公戮曝，似乎印证了《困》卦之"凶"，但就当下的占卜解卦来看，究竟谁的断定更为真实准确呢？

看来，随意性应是《周易》的一个无法忽视或回避的弱点。只是在以后的逻辑思想发展中，先秦思想家才自觉认识到"别类""似类""异类""异类不比""类不可必推"的重要性，才使中国古代推类模式趋于完善、合理。

要之，从分析《周易》的卦爻符号系统及其语义说明看，《周易》已经使用了一定的逻辑方法。其思维模式奠定了中国传统思维模式的方法论基础，同时也是中国古代思想发展中注重正名、注重内涵、注重人伦、注重整体性思维的滥觞。

由此引申，在源于《周易》的中国传统医学中，其基本认知方法毋庸置疑是经验和直觉感受，从整体上来认识、处理包括疾病与生命等复杂事物和问题，而不先把它们分割成一个个单元来认识；而西方则主要是沿着"实证加推理"发展其认知方法。但也有学者认为，中医理论有其"形名"的逻辑特征，是通过"以形正名"来规范特征现象形成概念、证候和推理模式的；有其"类推"的逻辑特征，是通过"取象比类"，对生理、病理现象归类判断形成命题；有其"辨证"的逻辑特征；等等。因此，"中国传统的中医药应用《易传》的‘一阴一阳之谓道’的思想，将‘阴阳’贯穿于（内在于）名、辞、说、故、理、类这些逻辑范畴中，矛盾是概念（类）的本质，故的根据，理、辞、说的法则。完成了由现象把握本质、由感性上升到理性、由经验上升到理论的认识过程，使中医药学能够通过现象抓住生命和疾病的本质规律，构筑起中国人的辩证、形名、类推逻辑的医学理论体系”。[1] 从中我们依然可以寻觅并总结出按“故、理、类”法则所进行的推类模式。

对于这种来自以往的经历且有效验的“生活经验”，其思维特征是实象，在生活实践中，它们虽然不可能一蹴而就地直接理性揭示、把握事物的本质和规律，但也一定会在经年累月中，经过感性、知性的途径，由朦胧自发而自觉自为地触及事物的本质和规律。尽管它仍然是发自感性直觉而达致知性认识，却仍然缺乏理性的充足说明论证。如果我们一味坚持“以往的经历且有效验”之“理之固然”，思维就会一以贯之地接受了这种“习惯的结果”，也会形成思维障碍，从而难以在理论分析、研究上取得突破。[2]

基于上，对《周易》逻辑方法进行历史的、逻辑的、辩证的分析，从语义学、语法学和语用学角度，探讨《周易》中卦象与卦名、卦名与卦辞、卦辞与爻辞、爻辞与爻辞之间的关系，各卦象之间的关系，其矛盾推移演化的内在规律，其卦爻辞语义解释的可信度和精确性，其推论比喻的复杂性和广泛性等，应当成为中国逻辑史研究领域的一个课题。李约瑟曾说：“道家对自然界的推究和洞察完全可与亚里士多德以前的希腊思想相媲美，而且成为整

1　任秀玲：“中医药理论是辩证、形名、类推逻辑体系”，第十一次中国逻辑史研讨会论文集（2011年，开封）；任秀玲《中医理论范畴——〈黄帝内经〉建构中医理论的基本范畴》，中医古籍出版社，2001。

2　不过，据2007年10月世界卫生组织和国家中医药管理局召开的新闻发布会，经过中、韩、日等国家及地区专家4年来的持续努力，在要求准确反映中医原始概念的基础上，完成了世界卫生组织（WHO）传统医学术语国际标准的制定任务，3000多条传统中医名词都有了国际统一的英文名，其中，奇经八脉翻译为eight extra meridians，任、督二脉分别译为conception vessel（CV）与governor vessel（GV）。这样，就向全球中医标准化迈出重要一步。参见郭莹《世卫组织首次颁布中医术语国际标准》，2007年10月17日，新浪网—《京华时报》。

个中国科学的基础。”[1] 而没有《周易》也就没有道家。如果能从《周易》中整理出系统的、有认识价值的逻辑思想和逻辑方法，对于发掘古代文化遗产、弘扬传统文化的意义也是重大的。同时，这对于如中医药理论的研究，也可以帮助揭示它们更多奥秘的重要一环。譬如，中医药是以整体观为主导思想，以脏腑经络的生理、病理为基础，以辨证论治为诊疗依据，对症下药。其基本理念就是盛则泄之，虚则补之，寒则热之，热则寒之，促使阴平阳秘，补偏救弊，呈现着天人一体，内外协调，并存并育，守中致和的理论本质与思想内涵。[2] 由之，通过比较研究，从整体上了解不同逻辑思想的发展对不同文化发展的影响，也是我们研究逻辑与文化关系的题中应有之义。

1 〔英〕李约瑟：《中国科学技术史》第二卷，科学出版社、上海古籍出版社，1990，第1页。
2 关于中医药理论的问题，曾与河南中医药大学的孙可兴教授探讨过，在此感谢可兴教授。

第十四章

先秦推类模式“用逻辑”的历史践行

我们已前述，先秦时代因袭传统而自然选择的推类模式，它的发生、发展是一个历史化过程，遵循的是“历史文化对逻辑的要求”，以及“逻辑对历史文化的观照”之思想路数，它在先秦逻辑思想一以贯之地融贯“观乎天文以察时变”之科学精神与“观乎人文以化成天下”之人文精神的统一下，是一个求真精神与求善精神的统一、“正名—用名”与“谈辩—用辩”的统一、论辩理论与论辩实践的统一、“讲逻辑”与“用逻辑”的统一。

作为时代逼迫出来的传统论证方法，先秦推类模式在“讲逻辑”上有着时代的适宜性、有效性或生效性的文化特点，同时也在“用逻辑”上显现着它具有普遍适用性的政治伦理传播方式的方法论意义。从而在不断“讲逻辑”的历史探讨中，在不断“用逻辑”的历史践行中，生生不息，不断复制，彰显着自己特有的逻辑思想与方法之信念或行为，发挥着自己的历史作用，瓜瓞唪唪、瓜瓞连绵，成为一个沧桑着诗意生命力的“能走远路的人”。

我们分别以“例题”形式概略简述之。

第一节　《诗经》《尚书》《左传》"用逻辑"的历史践行

1.《诗经》[1]

前已述，对于先秦推类模式的自发意识，应该说《诗经》即已开始，《大雅·抑》所言"取譬不远"成为《诗经》时代人们娴熟应用的比喻方法。而我们下述各家在形象说明"君子比德于玉"时，也总要引征"《诗》曰"。这是因为在我国最早一部现实主义诗歌总集《诗经》中，基于生活经验意义下"取譬不远"的比喻思维技巧，在其《风》《雅》《颂》三百余篇中比比皆是，成为《诗经》赋、比、兴三大艺术形式之一。其引征的事物物理（属性）、物事（因果联系）、物象（情状）范围广泛，在《卫风·淇奥》"如切如磋，如琢如磨"的感抒下，娴熟运用着大量比、兴艺术手法，倾诉着作者自己的情怀。如《周南·关雎》：

关关雎鸠，在河之洲。窈窕淑女，君子好逑。……

这是《诗经》的首篇。诗人以水域为依托背景，以一对水鸟在河洲之上求偶的鸣叫声中起兴，联想到自己所爱慕的姑娘，希望与她永结伴侣。此"兴"就是以联想美好事物之同一性为依托的。

著名的还有《魏风·硕鼠》和《豳风·鸱鸮》等篇。

硕鼠硕鼠，无食我黍！三岁贯汝，莫我肯顾。逝将去汝，适彼乐土。

1　对于《诗经》与《楚辞》引征方法的探讨，曾与我所带的硕士研究生张琦、乔凯丽一块文献研读与讨论几近两年。在此感谢她们并怀念那段互为师生的时光。

乐土乐土，爰得我所……

鸱鸮鸱鸮，既取我子，无毁我室。恩斯勤斯，鬻子之闵斯……予羽谯谯，予尾翛翛，予室翘翘。风雨所飘摇，予维音哓哓。

诗人引征大老鼠的贪婪肆虐，比喻不劳而获的剥削者；引征一只禽鸟控诉猫头鹰掠夺其子女，毁坏其家园，控诉了残暴的统治者以暴力摧毁百姓家园的罪恶行径。在这些比喻中，大老鼠和猫头鹰与统治者在凶狠、贪婪、残暴上具有类事理的相通点，作者无须转换认识对象，只要在具有确定意涵的公共知识基础上，就可以认识、理解引征谕证两物之间的联想意涵，“写物以符意，扬言以切事”[1] 了。“比也，民困于贪残之政，故托言大鼠害己而去之也。”[2] 又如《魏风·伐檀》：

坎坎伐檀兮，置之河之干兮。河水清且涟漪。不稼不穑，胡取禾三百廛兮？不狩不猎，胡瞻尔庭有县貆兮？彼君子兮，不素餐兮！……

诗人以“坎坎伐檀兮”起兴，从艰苦的劳动中触动情感，联想到劳动艰辛却一无所获，于是咏唱出对不劳而获的统治者的质问。在这种起情的思维过程中，思维联想也受意象同一性的规范。

又，《诗经》中对于“如”的使用已是《郑风·出其东门》所言“有女如云”般的娴熟自如，达 240 多回次。同篇有一用至十一[3] 用的；其中有些

---

1 （南朝梁）刘勰：《文心雕龙·比兴》。

2 （南宋）朱熹：《诗集传》。

3 《诗经·大雅·常武》：“……如雷如霆，徐方震惊。王奋厥武，如震如怒。进厥虎臣，阚如虓虎。……王旅啴啴，如飞如翰。如江如汉，如山之苞。如川之流，绵绵翼翼。不测不克，濯征徐国。……”

“如”用，成为至今还在使用的成语[1]。而“君子九如”，本为祝颂人君之词，后世多为祝寿之词。《小雅・天保》：

> 如山如阜，如冈如陵；如川之方至，以莫不增……如月之恒；如日之升；如南山之寿，不骞不崩；如松柏之茂；如不尔或承。

正因为《诗经》以比兴艺术手法很好地表达了内容的思想情感，才可能以这种心物交融、虚实相生、由此及彼的思维方式，在借具象表达心志时，为创作、歌吟者留下许多需要推导的意象空白和关联性的想象空间。这也为中国古代诗词发展，铺展开它的观念、方法的影响之路，从而在“诗言志”的传统熏陶中，让从古到今的无数创作者，“诗人比兴，触物圆览，物虽胡越，合则肝胆。拟容取心，断辞必敢。攒杂咏歌，如川之澹”[2]；无数欣赏品味者，“味之者无极，闻之者动心”[3]。表明了“类事理”为什么“贯得通”的观念与如何“贯得通”的方法之统一，才是现实的。这种现实性体现在《诗经》乃至其后又一论述方法相同的历史文学著作《楚辞》中，历朝历代均有对这种“由某至某”的引征谕证“方法”的各种评价。

(1) 在“比”的意义上，对这种方法工作流程的评价。

汉代郑玄的《〈毛诗传〉笺》，“某喻某”；汉代王逸的《楚辞章句》，“某以喻某”；唐代孔颖达的《毛诗注疏》，“某以喻某”；宋代朱熹的《诗集传》，“某以比某”；宋代朱熹的《楚辞集注》，“某以比某”；清代孙联奎的《诗品臆说》，“犹有以物比物”；清代姚际恒的《诗经通论》，“某喻某”；清

1　或如，“风雨如晦，鸡鸣不已”（《诗经・郑风・风雨》）；“巧舌如簧”（《诗经・小雅・巧言》）；“如临深渊”“如履薄冰”（《诗经・小雅・小旻》）；“德輶如毛”“穆如清风”（《诗经・大雅・烝民》）；“鳞次栉比”（《诗经・周颂・良耜》）；等等。更有《诗经・卫风・淇奥》的连用：“如切如磋，如琢如磨……会弁如星……绿竹如箦……如金如锡，如圭如璧……”

2　（南朝）刘勰：《文心雕龙・比兴》。澹淡，水势大，指比喻运用得广泛。

3　（南朝）钟嵘：《诗品・序》。

代王先谦的《诗三家义集疏》，“某喻某”；清代方玉润的《诗经原始》，“某取譬某”；闻一多的《诗经通义》，“以某喻某”；等等。

当然，对于《诗经》《楚辞》引征谕证方法之评价，上述各“……喻……”的评价用语，上述历代注解《诗经》的大家也是交互使用的。

（2）对这种方法工作机理的评价。

《文心雕龙》专有《比兴》篇，所认为的即前述，“诗人比兴，触物圆览，物虽胡越，合则肝胆。拟容取心，断辞必敢。攒杂咏歌，如川之澹”。

宋代朱熹的“《诗》无许多事。《大雅》精密。‘遐’是‘何’字。以类推得之。又曰：‘解《诗》，多是类推得之’”[1]，就是对这种方法的工作机理是类事理相通或相似评价，故而在其《诗集传》中，也多见“凡此类也”。

又如，对《召南·鹊巢》引征物（喜鹊和鸤鸠）的评价有，“鹊巢自喻他人成室耳，鸠乃取譬新婚人也”[2]；对《齐风·东方之日》引征物的评价有，“古人喻人颜色之美，多取譬于日月”[3]。

（3）对这种方法特点的评价。

《史记·屈原贾生列传》在评价《离骚》使用这种方法时的功用性分析有，“其称文小而其指极大，举类迩而见义远。……推此志也”；南朝钟嵘《诗品·总论》对于方法特点的语义解释有，“因物喻志，比也”。

（4）对这种方法效用的评价。

前已述，刘勰所说的“比类寓意，又覃及细物”，“比类”与“寓意”相连，表明“比类”有一种更深刻的意义需要表达；“寓意”则表明在这种方法下的“意义转移”现象；“覃及细物”则表明在这种作文方法下，要深思意义转移之后所论证的道理。只是这种道理在宋代朱熹《诗集传》那里，是

1　（南宋）朱熹：《朱子语类·卷八十一》。
2　（清）方玉润：《诗经原始》。
3　（清）马瑞辰：《毛诗传笺通释》。

“理或然也”。尽管如此，仍然可以做到：朱熹对《邶风·燕燕》引征物评价，“譬如画工一般，直是写得他精神出”[1]；对《召南·甘棠》的评价，“后人思其德，故爱其树而不忍伤也”，“此诗之所以厚也”。[2]

这些评价所表明的是，建立在类事理相通或相似基础上的这种“贯得通”方法，即使“理或然”，但也生效了。即如讽刺《陈风·株林》中陈灵公和夏姬淫乱的“隐约其辞”[3]。这种“生效”，现代余冠英认为是一种“隐语”的生效，是在隐喻的语用意义下说明了这种方法的工作机理及其推导作用。它以一种内在的逻辑思维将不同形象联系起来，以“清风徐来，水波不兴”之“不言之喻”的“意会”认知过程，在特定语境中实现了由“言事”而“论道”隐喻手法的意义转移或扩大。[4] 虽然这种理解可能模糊，但只要有一定的“灵性直觉”，就会自然接受“隐喻是最重要的一种修辞格式，其中有关话题（意旨）被一种用于非字面意义描述的语词或句子来指称；在一种典型的隐喻用法中，‘相关特征的结合成为不合逻辑和荒谬的，但是理解并不因此而失效’”[5]。

又有，以屈原《离骚》为主体的《楚辞》，是中国文学史上第一部浪漫主义诗歌总集，是公认与《诗经》并峙的一座诗的丰碑，丰富了诗歌的题材，拓展了诗歌的表现领域。与《诗经》相比较，在王逸《楚辞章句》评价“屈原以喻谗人虽欲困己，己受天性，终不可变易”意义上，其引征事物之多，范围之广，尤胜《诗经》一筹。刘勰《文心雕龙·颂赞》中，就以分析评价《楚辞·橘颂》篇认为，“及三闾橘颂，情采芬芳，比类寓意，又覃及细物矣”。限于篇幅，不再细述。

---

1 （南宋）朱熹：《朱子语类》。

2 （南宋）朱熹：《诗集传》。

3 （清）方玉润：《诗经原始》。

4 “隐喻”（metaphor）的英文源于希腊语的“转换”（meta），意谓“跨越”“负载”“传送”。原义是将某种负担从一个地方转移到另一个地方。参见张沛《隐喻的生命》，北京大学出版社，2004，第2页。

5 张国宁、沈寿林、李继东：《战斗复杂性的研究方法》，《重庆理工大学学报》2010年第9期。

2.《尚书》

《尚书》是中国最古老的皇室文集，最初书名为《书》，约成书于公元前5世纪，传说为上古文化《三坟五典》遗留著作，是中国第一部上古历史文件和部分追述古代史迹著作的汇编，它保存了商周特别是西周初期的一些重要史料。后来《左传》常在臧否人物、事件时引征此《书》，多是在历史经验的意义下引征历史例证以谕证当下。

除了那许多在论述问题时引征历史经验外，《尚书》中也有一些引征生活经验的意象性思维方法应用。如《尚书·尧典》：

> 静言庸违，象恭滔天。

尧帝打算选拔接班人，让大臣们推荐人选，当有人举荐共工时，尧帝说了此句话。意思是，花言巧语，阳奉阴违，貌似恭敬，实际上对上天轻慢不敬。这也表明了尧帝对公正的道德品质和行为的评价。又如《盘庚上》：

> 若网在纲，有条而不紊。

这是盘庚以生活中浅显易懂的“网”“纲”作比喻，自己为“纲”，群臣是“网”，谕证了主次有序、有条不紊的深刻寓意。又如《旅獒》：

> 为山九仞，功亏一篑。

以堆山为喻，堆垒九仞高的土山，只差一筐土，还是不算完成。从而告诫武王修养品德应自强不息，持之以恒，不可半途而废。

在《尚书·梓材》中还连用日常生活中的三个常见事理做引征：种地、建房、作器。通过这种生活经验，论证了创业和守成的关系。

> 若稽田，既勤敷菑，惟其陈修，为厥疆畎。……若作室家，既勤垣墉，惟其涂塈茨。……若作梓材，既勤朴斫，惟其涂丹雘。

意谓，治理国家好比种田，既已勤劳开垦、播种，就应考虑整治土地，修筑田界，开挖水沟；好比建造房屋，既已勤劳筑起墙壁，就应考虑完成涂泥和盖屋的工作；好比制作梓木家具，既已勤劳去皮砍削，就应考虑完成油漆彩饰的工作。对于这个连“譬”，我们从创业艰难和守业更艰难的意象同一性上，在意义转移中清晰得到一个从“已知”到“未知”的理解思路。

《说命上》中殷高宗武丁用一系列的比喻，希望傅说发挥作用，使殷商中兴：

> 命之曰：“朝夕纳诲，以辅台德。若金，用汝作砺；若济巨川，用汝作舟楫；若岁大旱，用汝作霖雨。”……说复于王曰：“惟木从绳则正，后从谏则圣。”

《说命下》中武丁向傅说诚恳地求教：

> 尔惟训于朕志。若作酒醴，尔惟麴糵；若作和羹，尔惟盐梅。

又有，《尚书·胤征》以“烈火”作比喻说明官吏过错的危害：

> 火炎昆冈，玉石俱焚。天吏逸德，烈于猛火。

对于这个“譬”，我们仍然可以从烈火的意象同一性上，清晰地理解为官不正的可怕。“玉石俱焚”即从此比喻来。此后类似于此的还有《礼记·檀弓下》的“苛政猛于虎”：

> 孔子过泰山侧，有妇人哭于墓者而哀。夫子式而听之，使子路问之曰：“子之哭也，壹似重有忧者。”而曰：“然。昔者吾舅死于虎，吾夫又死焉，今吾子又死焉。”夫子曰：“何为不去也?”曰：“无苛政。”夫子曰：“小子识之！苛政猛于虎也。”

这个故事以苛刻繁重的政令及赋税、徭役比老虎还要可怕，形容暴政伤民。在“危害人民”这一点上，暴政和猛虎的确有相比的同一性，具有类事理相同的意义转移现象。

3. 《左传》[1]

《左传》是我国第一部规模宏大而内容翔实的史学巨著，为春秋末年鲁国左丘明为《春秋》做注解所著。记述范围始于鲁隐公元年（公元前722年），终于鲁哀公二十七年（公元前468年）。主要记载了东周前期254年间涉及周王朝和晋、鲁、楚、郑、齐、卫、宋、吴、秦、越、陈等十多个诸侯国的政治、经济、军事、外交和文化方面的重要事件和重要人物。按“春秋之中，弑君三十六，亡国五十二，诸侯奔走不得保其社稷者不可胜数”[2]，《左传》在思想倾向性上，总是在不同事件的叙述中，通过不同的引征，论证了作者在对不同事件的描述中，自己不同的爱憎、臧否态度。此因《昭公八年》所

---

1 对于《左传》引征方法的探讨，曾与我所带的硕士研究生张美娜一块文献研读与讨论也几近两年。在此感谢她并也怀念那段互为师生的时光。

2 （西汉）司马迁：《史记·太史公自序》。

言，“君子之言，信而有征，故怨远于其身。小人之言，僭而无征，故怨咎及之”。反映了在历史化过程中，对历史人物的褒贬，仍然是仁、义、礼、德等道德规范的标准。

如果说，《左传》中的“凡……曰”论式是在“类属性”相同的意义上，以“例”为据，以“辨物之理，以正其名”为“名”的准确规定、正确使用而服务的，那么，《左传》中的各种引征则是在“类事理”相通的意义上，为适宜的推类谕证以示臧否而服务的。

《左传》开篇就很快出现了引征谕证的推类模式。《隐公元年》：

> 君子曰：“颍考叔，纯孝也，爱其母，施及庄公。《诗》曰‘孝子不匮，永锡尔类。’其是之谓乎！”

对于颍考叔“真是一个大孝子”的评价，《左传》是引征了《诗经·大雅·既醉》中“孝子之孝道无穷尽，永远赐与你同类”，以“其是之谓乎”的类事理相通，完成了这一引征谕证的推类过程。在这里，“其是之谓乎”就是一个前述的“类事理联结词”——“→”。

可以说，在《左传》引征谕证的推类模式中，无论是引征《诗》还是引征其他，按类事理相同、相通而推出的基本标准格式化语言还是有的。如下：

(引征)“《某》曰……”，其是（类事理联结谕证当下事物之理）之谓矣！其此之谓乎！其是之谓乎！此之谓也！其某之谓矣！其某之谓也！其如某乎！

或如《僖公五年》：

> 谚所谓“辅车相依，唇亡齿寒”者，其虞、虢之谓也。

或如《庄公十四年》：

君子曰：“《商书》所谓‘恶之易也，如火之燎于原，不可乡迩，其犹可扑灭’者，其如蔡哀侯乎。”

这些基本格式，都是先论述当下之场景，然后引征，其所述意义是具有特定意涵的公共知识，它们或者是以往的生活经验，或者是历史经验，然后通过两者之间“之谓”之“比”，或推类谕证当下场景的“应然”，或推类谕证作者自己就当下场景的爱憎、臧否态度。虽然在每一个引征处并不一定出现上述的推类模式，但从这些论述的整个场景来看，即使没有使用这些格式化语言，但它还是潜存在整个场景的叙述中并通过当下场景的描述、所引征事物具有的公共知识，然后经验地品察出来的。这种推类模式之多，以至于现代学者都认为，“左氏浮夸，最喜征引”[1]。

（1）引征《诗经》。《左传》引征类中数引征《诗经》量最多，粗略梳理文献，达 270 多见[2]。一般采用的引征方式基本分为几种。

一种是“《诗》曰”；一种是“赋《诗》”；一种是“赋《诗的具体篇名》”。但无论哪种，基本的推类过程基本都可以整理如下：

《诗》曰：“……（引征《诗经》某段）”，……（谕证当下事物之理）之谓也。

……《诗》云：“……”，……之谓矣。

为什么《左传》引征《诗经》处最多？可能是在当时的社会条件下，《诗经》作为文学作品，其内容多为浅显的生活经验和时间并不久远的历史经验，其源于感性直观联想的比兴方法也简洁易懂，已然成为最容易为当时社会各界所接受的公共知识了吧。这才使得“自朝聘会享以至事物细微，皆

1　罗根泽：《古史辨》，上海古籍出版社，1982，第 30 页。

2　按毛振华《〈左传〉赋诗、引诗与春秋解〈诗〉之学》，为 250 多见。见《诗经研究丛刊》2013 年第 2 期。

引诗以证其得失焉”，“引诗者，引诗之说以证其事也”。[1] 借用北朝民歌《木兰诗》的话，真可谓“军书十二卷，卷卷有爷名”。《左传》几乎到了“无《诗》不能言”的地步了。

（2）引征《尚书》。据粗略梳理统计，《左传》引征《尚书》也达40多见。其基本引征方式有三种。其一是“《书》曰”；其二是“《夏书》曰、《商书》曰、《周书》曰”等；其三是“《大誓》曰”，即具体的篇章名。其基本的引征谕证过程同于引征《诗经》。或如《宣公六年》《宣公十五年》《成公十六年》：

> 中行桓子曰：“使疾其民，以盈其贯，将可殪也。《周书》曰：‘殪戎殷。’此类之谓也。”

> 《周书》所谓“庸庸祗祗”者，谓此物也夫。

> 晋入楚军，三日谷。范文子立于戎马之前，曰：“君幼，诸臣不佞，何以及此？君其戒之！《周书》曰‘唯命不于常’，有德之谓。”

为什么《左传》引征《尚书》要弱于《诗经》很多？大约是《尚书》毕竟是历史文献，多是历史经验，相比于文学形式且多为生活经验的《诗经》，在实际的引征运用方面，要弱上许多吧。尽管如此，这些引征均是“假借古之‘章句’以道今之‘情物’”[2]，“开后世用典之先河”[3]。

（3）引征《周易》。《左传》引征《周易》处有20多见[4]，基本是以

1 （清）劳孝舆：《春秋诗话》，中华书局，1985，第25、41页。
2 钱锺书：《管锥编》第一册，中华书局，1985，第41页。
3 张高评：《〈左传〉之文学价值》，台北：文史哲出版社，1982，第30页。
4 按聂玉海《〈左传〉记载的〈周易〉应用情况》为19见。《殷都学刊》1997年第2期。

《周易》卦义来预测推导当下。多为“占之曰”，“筮之曰”，“《周易》有之，在《某卦》三之《某卦》三，曰”等方式表达引征过程。不过，这个过程就不算是严格的论证了，而是以卦义来推导当下事之所为是否可行。

①用占卜推算婚嫁。或如《庄公二十二年》：

> 初，懿氏卜妻敬仲，其妻占之，曰：“吉，是谓‘凤皇于飞，和鸣锵锵，有妫之后，将育于姜。五世其昌，并于正卿。八世之后，莫之与京。’”

根据《周易》的卦爻辞进行解释。懿氏将以女嫁绘敬仲，懿氏之妻根据占卜结果得出“吉”的结论，“凤凰于飞，和鸣锵锵”指两只象征祥瑞的凤鸟鸣声相互应和，飞在天上，以此推类敬仲夫妻二人如同凤鸟一样和谐。

②引征《周易》以预测人的未来。或如《庄公二十二年》：

> （敬仲）其少也，周史有以《周易》见陈侯者，陈侯使筮之，遇《观》之《否》。曰：“是谓‘观国之光，利用宾于王。’代陈有国乎。不在此，其在异国；非此其身，在其子孙。光，远而自他有耀者也。《坤》，土也。《巽》，风也。《乾》，天也。风为天于土上，山也。有山之材而照之以天光，于是乎居土上，故曰：‘观国之光，利用宾于王。’庭实旅百，奉之以玉帛，天地之美具焉，故曰：‘利用宾于王。’犹有观焉，故曰其在后乎。风行而着于土，故曰其在异国乎。若在异国，必姜姓也。姜，大岳之后也。山岳则配天，物莫能两大。陈衰，此其昌乎。”

由《周易》中“风”“山”“天”之间的关系，推类敬仲所要生存的环境；用“风源于天”“风吹于地”“地形成山”等运动过程，推类敬仲将来的成长轨迹。

③引征《周易》以预测战争吉凶。或如《昭公十二年》：

> 南蒯之将叛也……南蒯枚筮之，遇《坤》之《比》，曰："黄裳元吉。"以为大吉也，示子服惠伯，曰："即欲有事，何如?"惠伯曰："吾尝学此矣，忠信之事则可，不然必败。外强内温，忠也。和以率贞，信也。故曰'黄裳元吉'。黄，中之色也。裳，下之饰也。元，善之长也。中不忠，不得其色。下不共，不得其饰。事不善，不得其极。外内倡和为忠，率事以信为共，供养三德为善，非此三者弗当。且夫《易》，不可以占险，将何事也？且可饰乎？中美能黄，上美为元，下美则裳，参成可筮。犹有阙也，筮虽吉，未也。"

南蒯占筮得到《坤》卦变成《比》卦，根据卦辞认为吉。而子服惠伯却认为只有忠信的事可以占筮，不忠信则必然失败。这也表明，《左传》对于引征《周易》推类当下合理性的分析是多元素的。

（4）引征其他。有评价，《左传》是反映春秋时期社会风貌的一部百科全书。在引征的文献中，除了上述《诗经》《尚书》《周易》三大类外，《左传》还娴熟运用了流行于当时的各种可资引征的材料。既有王室档案、诸侯国史等文献，也有上古以来的各种礼仪风俗、典章制度、道德规范、天象历法、历史故事、神话宗教、前贤言语、民间俗语，等等。概言之，《左传》广征博引的范围之广，在先秦文献中是无出其右的。大致列下。

①引征《志》[1] 类。其中包括，《志》，《周志》，《前志》[2]，《军志》[3]，

---

1 《志》是先秦时期出现的一种史籍体裁。内容多以格言、箴言、谚语为主。参见段澜涛、张继军《〈左传〉中所见"志"类文献》，《中国社会科学报》2018 年 7 月 16 日。

2 前人的著述。

3 反映西周军事思想的兵书，是中国最早的兵书。

史佚之《志》，《仲虺之志》[1]，等等。或如《襄公四年》：

《志》所谓“多行无礼，必自及也”，其是之谓乎！

②引征文王之法。“周文王之法曰”。

③引征鼎铭。“《谗鼎之铭》曰”。或如《昭公七年》：

孟僖子病不能相礼，乃讲学之，苟能礼者从之。……“吾闻将有达者曰孔丘，……三命兹益共（恭）。故其鼎铭云：‘……’其共也如是。”……《诗》曰：“君子是则是效。”孟僖子可则效已矣。

④引征古代官吏的言论。“先大夫子犯有言曰”。或如《昭公五年》：

仲尼曰：“叔孙昭子之不劳，不可能也。周任[2]有言曰：‘为政者不赏私劳，不罚私怨。’《诗》云：‘有觉德行，四国顺之。’”。

⑤引征古代史官。“史佚[3]有言曰”。如《僖公十五年》：

晋未可灭而杀其君，只以成恶。且史佚有言曰：“无始祸，无怙乱，无重怒。”重怒难任，陵人不祥。

⑥引征古人的话。“古人有言曰”。或如《成公十七年》：

1　仲虺是商汤时期的著名大臣，他辅佐成汤灭夏，建立商王朝，成为一代名相。《仲虺之志》应讲的是仲虺自己的政治见解。

2　周时大夫。一说古之良吏。为人正直无私，疾恶务去。

3　史佚，原名尹佚，尹逸。西周初年太史。

古人有言曰："杀老牛莫之敢尸。"而况君乎？

⑦引征箴言。"箴之曰"；"《虞人之箴》曰"。官箴，是古代中国居官格言之类的著作。

⑧引征典故："昔……曰"。或如《闵公二年》《僖公六年》：

昔辛伯谂周桓公云："内宠并后，外宠二政，嬖子配适，大都耦国，乱之本也。"周公弗从，故及于难。今乱本成矣，立可必乎？

对曰："昔武王克殷，微子启如是。武王亲释其缚，受其璧而祓之。焚其榇，礼而命之，使复其所。"楚子从之。

⑨引征谚语。"谚曰"，"周谚有之曰"。或如《僖公五年》《宣公十六年》：

晋侯复假道于虞以伐虢。宫之奇谏曰："虢，虞之表也。虢亡，虞必从之。……谚所谓'辅车相依，唇亡齿寒'者，其虞、虢之谓也。"

谚曰："民之多幸，国之不幸也。"是无善人之谓也。

按《文心雕龙·书记》"谚者，直语也"，引征谚语，也是借他人之口委婉表达自己意思的一种思维方法技巧吧。

⑩引征俗语。如《宣公十一年》：

抑人亦有言曰："牵牛以蹊人之田，而夺之牛。"牵牛以蹊者，信有罪矣；而夺之牛，罚已重矣。……王曰：“善哉。”

⑪引征童谣。“童谣云”。如《昭公二十五年》：

有鸲鹆来巢，书所无也。师己曰：“异哉！吾闻文、武之世，童谣有之，曰：‘鸲之鹆之，公出辱之。……’童谣有是，今鸲鹆来巢，其将及乎？”

此可谓是引征异象以铺陈事，引征童谣以诉因，谕证导出“恐怕将要发生祸难了啊”。又按童言无忌，引征童谣，同样也是借无忌之口委婉表达自己意思的一种思维方法技巧。

⑫引征民间诗歌。或如，造车工匠唱的民间诗歌。如《僖公二十八年》：

听舆人之诵，曰：“原田每每，舍其旧而新是谋。”

⑬引征百姓的生活经验。“皮之不存，毛将焉附？”如《僖公二十二年》《庄公六年》《庄公二十八年》：

君其无谓邾小。蜂虿有毒，而况国乎？弗听。……我师败绩。

君王不要认为邾国弱小，黄蜂、蝎子尚且有毒，何况是一个国家呢？

楚文王伐申，过邓。……三甥曰：“亡邓国者，必此人也。若不早图，后君噬齐。其及图之乎？图之，此为时矣。”……弗从。……楚复伐邓，灭之。

人不能自己咬住自己的肚脐。在此用这个生活经验比喻将会后悔不及。

> 郑人将奔桐丘，谍告曰："楚幕有乌。"乃止。

郑国的人本来已经准备逃亡了，探子报来，楚国军队的帐篷上有鸟，表明已经撤退了。所以郑国人放弃了逃跑。

⑭引征梦境。"梦帝谓己"；"梦河神谓己曰"。或如《昭公元年》：

> 当武王邑姜方震大叔，梦帝谓己："余命而子曰虞，将与之唐，属诸参，其蕃育其子孙。"及生，有文在其手曰："虞"，遂以命之。

引征梦境一般采用"梦因—做梦—占梦—梦验"的引征谕证步骤。

⑮引征异象。《左传》引征异象之多也是令人咋舌的。有统计：

> 春秋二百四十二年之间，凡纪灾异一百二十二，日食三十六也，星孛三也，星陨、陨石各一也，不雨七也，无冰三也，大雨震电一也，雨雪三也，大雨雹三也，地震五也，山崩二也，大水九也，有年二也，大旱二也，饥三也，无麦亩一也，大无麦禾一也，陨霜不杀草李梅实一也，陨霜杀菽一也，雨木冰一也，多麋、有蜮、有蜚、蝝生各一也，六鹢退飞一也，螟三也，螽十也，牛伤四也，牛死二也，宫室灾六也，震庙一也，屋坏二也，齐大灾一也，宋、陈、卫、郑灾一也，宋、陈灾各一也。其间非无惊世骇俗更甚于此者，而圣人不书。[1]

《左传》往往将这些异事与现实联系起来，在物事（相关因果关系）上

1　（清）高士奇：《左传纪事本末》，中华书局，1979，第832—833页。

与现实有相关因果上的联系。或如《文公十四年》：

有星孛入于北斗，周内史叔服曰：“不出七年，宋、齐、晋之君皆将死乱。”

通过引征异象，继而解释异象，来推类异象将如何应验。《昭公七年》：

夏四月甲辰朔，日有食之。晋侯问于士文伯曰：“谁将当日食？”对曰：“鲁、卫恶之，卫大鲁小。”公曰：“何故？”对曰：“去卫地，如鲁地。于是有灾，鲁实受之。其大咎，其卫君乎？鲁将上卿。”公曰：“《诗》所谓‘彼日而食，于何不臧’者，何也？”对曰：“不善政之谓也。国无政，不用善，则自取谪于日月之灾，故政不可不慎也。务三而已，一曰择人，二曰因民，三曰从时。”

夏四月有日食发生，晋侯向士伯文询问日食将要带来的灾祸，士伯文预言鲁、卫两国将会遭受凶险，而卫国所遭受的凶险会大于鲁国。究其原因在于发生日食的时候日头离开卫国的分野，到了鲁国的分野，这次的灾祸就该鲁国承受，大灾祸会落在卫国国君的头上，鲁国则会有鲁国的上卿承受祸患。至于为什么会发生日食，是因为国家没有善政，贤人没有重用。所以治国理政需慎重，任用贤人，依靠百姓，顺应时令。这是通过引征异象，继而回溯产生异象的原因终究是社会政治的变化所致，推类应当怎么做。

《僖公十六年》中也记载了异象只是自然现象，并不关乎人事的例子。

十六年春，陨石于宋五，陨星也。六鹢退飞过宋都，风也。周内史叔兴聘于宋，宋襄公问焉，曰：“是何祥也？吉凶焉在？”对曰：“今兹

> 鲁多大丧，明年齐有乱，君将得诸侯而不终。”退而告人曰：“君失问。是阴阳之事，非吉凶所在也。吉凶由人，吾不敢逆君故也。”

对于宋国为什么会发生从天上坠落五块陨石、六只鹢从天上倒着飞的异象，叔兴先是向襄公解释，这预示着鲁国将会有大丧之事，齐国也会有动乱，而宋国将会兴旺。下来后却告诉随从，这些异象都是自然“阴阳之事”，而人间吉凶自由人定，刚才的解释是因为不敢逆违襄公。前一种解释是引征谕证方法的运用；至于后一种，应也是“权力距离指数”之因所致吧。

《左传》中引征异象的种类与范围甚广，有自然异象如星象位移、日食、月食等，也有天灾如水灾、虫害等，以及鬼神、动物异象。这应该是当时人们敬畏自然、膜拜自然的文化背景使然。引征异象的目的，在于为后人总结的“以类合之，天人一也”[1] 观念指导下，“记灾异以警人君”。即如上举，“有星孛入于北斗”之异象，按西晋杜预《春秋左氏传集解》注，“后三年，宋弑昭公，五年齐弑懿公，七年晋弑灵公”。

⑯引征处不定。“吾闻之曰”，“吾闻之”，“人有言曰”，“抑人亦有言曰”，“上国（中原各国）有言曰”。或如《僖公二十四年》：

> 王德狄人，将以其女为后。富辰谏曰：“不可。臣闻之曰：‘报者倦矣，施者未厌。’狄固贪淋，王又启之，女德无极，妇怨无终，狄必为患。”

至于“受惠报恩的人已经厌倦了，但施恩望报的人却还没有满足”是从哪来的，只要引征推类谕证了“狄人本性贪婪，一味助长，必定为患”，出

---

1 （西汉）董仲舒：《春秋繁露·阴阳义》。

处在哪里似乎就不是那么重要了。

总之，《左传》为了达到其推类论证的目的或效果，其引征来源多元化、多样化，都是以“类事理相通”来为它的推类论证服务的。对此历代也是做过一些分析评价的。如《礼记·经解》，“属辞比事，《春秋》教也”。所谓“属辞比事”就是一种比较、归纳的方法，“通过类比相关经文，以发现经文在记载上的一些特殊之点，以此作为解释的突破点”[1]。既要“比”就有“推”，因此，“属辞比事”往往与“类”“例”相结合，演变成“类推”“例推”的逻辑推理方法。如董仲舒所提出的《春秋》“以比贯类”的解经方法，“《春秋》……故能以比贯类，以辨付赘者，大得之矣”；“翻援比类”的推导方法，“《春秋》……翻援比类，以发其端，卒无妄言，而得应于传者”。[2]

第二节　“比德”说

我们在第九章第一节之二中提到了先秦时期的“比德”说，认为这是“将自然现象与人的精神品质联系起来，从自然景物的特征上体验到属于人的道德含义，将自然物拟人化”。对于“比德”说，也可以做一种格式化分析。

1.“比山”“比水”说

或如《诗经·鄘风·君子偕老》，“委委佗佗，如山如河”。这是以山河比喻君子举止雍容自得，稳重如山深似河的美德。即朱熹《诗集传》所注：“雍容自得之貌。”

或如《论语·雍也》，“知者乐水，仁者乐山。知者动，仁者静，知者乐，仁者寿”。朱熹《四书章句集注》注：“知者达于事理而周流无滞，有似

1　赵友林：《春秋三传书法义例研究》，人民出版社，2010，第60页。

2　（西汉）董仲舒：《春秋繁露·玉杯第二》。

于水，故乐水；仁者安于义理而厚重不迁，有似于山，故乐山。”

或如，《荀子·宥坐》记载：

> 孔子观于东流之水。子贡问于孔子曰：“君子之所以见大水必观焉者，是何？”孔子曰：“夫水，遍与诸生而无为也，似德。其流也埤下，裾拘必循其理，似义。其洸洸乎不淈尽，似道。若有决行之，其应佚若声响，其赴百仞之谷不惧，似勇。主量必平，似法。盈不求概，似正。淖约微达，似察。以出以入，以就鲜絜，似善化。其万折也必东，似志。是故见大水必观焉。”

孔子的这种“比德于水”在后人汇编的有关文献中更明晰得直截了当：

> 子贡曰：“君子见大川必观，何也？”孔子曰：“夫水者，君子比德焉。……是以见大川必观焉。”[1]
>
> 孔子观于东流之水。子贡问曰：“君子见大水必观焉，何也？”孔子曰：“夫水者，君子比德焉。……是以君子见大水必观焉尔也。”[2]

至于《老子·八章》的“上善若水，水善利万物而不争，处众人之所恶，故几于道。居善地，心善渊，与善仁，言善信，政善治，事善能，动善时。夫唯不争，故无尤”，更在传统文化的发展中，成为一种人生哲学。

2. “比石”说

或如《诗经·小雅·节南山》，“节彼南山，维石岩岩。赫赫师尹，民俱

---

1 《大戴礼记·劝学》。
2 （清）孙星衍辑：《孔子集语》。

尔瞻”。这是周朝将领尹吉甫的父亲在他讨伐戎夷作乱的出征前，对他的勉励告诫之语。以南山巍峨和峻石耸立来比喻威名赫赫的军队，百姓都仰望着他，期待他凯旋。

3. “比松”说

或如《论语·子罕》，“岁寒，然后知松柏之后凋也”。这是孔子困于陈蔡，以松柏自喻。而有关赞美松柏品德的诗句，从古至今不绝。或如陈毅的《青松》：“大雪压青松，青松挺且直，要知松高洁，待到雪化时。”从这首诗写作的时代背景（1960 年的国际形势）看，这首诗的意喻自不待言。

4. “君子比德于玉”说

在“比德”说中，最为经典的莫过于“君子比德于玉”了。早在《诗经·大雅·卷阿》中，“有冯有翼，有孝有德，以引以翼。岂弟君子，四方为则；颙颙卬卬，如圭如璋，令闻令望。岂弟君子，四方为纲”，就已经将德、玉、君子、法则四者相互联系在了一起。其后的文献记载还有数条。

《管子·水地》篇夸赞了玉之品相，并将之喻为人主所珍贵的玉之品德。

> 夫玉之所贵者，九德出焉。夫玉温润以泽，仁也；邻以理者，知也；坚而不蹙，义也；廉而不刿，行也；鲜而不垢，洁也；折而不挠，勇也；瑕适皆见，精也；茂华光泽，并通而不相陵，容也；叩之，其音清搏彻远，纯而不杀，辞也。是以人主贵之，藏以为室，剖以为符瑞，九德出焉。

《荀子·法行》篇的描述语言与《管子·水地》篇几无差别，但已按玉之品德，将玉与君子相联系了起来。

> 子贡问于孔子曰："君子之所以贵玉而贱珉者，何也？为夫玉之少而珉之多邪？"孔子曰："恶！赐！是何言也！夫君子岂多而贱之，少而贵之哉！夫玉者，君子比德焉。温润而泽，仁也；栗而理，知也；坚刚而不屈，义也；廉而不刿，行也；折而不挠，勇也；瑕适并见，情也；扣之，其声清扬而远闻，其止辍然，辞也。故虽有珉之雕雕，不若玉之章章。《诗》曰：'言念君子，温其如玉。'此之谓也。"

如今，最常引用的经典记载是《礼记·聘义》篇中孔子的认识。

> 孔子曰："……夫昔者君子比德于玉焉：温润而泽，仁也；缜密以栗，知也；廉而不刿，义也；垂之如队，礼也；叩之其声清越以长，其终诎然，乐也；瑕不掩瑜、瑜不掩瑕，忠也；孚尹旁达，信也；气如白虹，天也；精神见于山川，地也；圭璋特达，德也；天下莫不贵者，道也。《诗》云：'言念君子，温其如玉。'故君子贵之也。"

并也引征了《诗经·秦风·小戎》之"《诗》云"，加强了自然物拟人化与道德化的谕证可接受性。

之所以如此，在于这种引征中，对"比"之自然物的自然属性的感性体会，能够映射并与"比"之人类道德情感的知性认识相融合，成为一种"主观情愿与外在物象相融合的心象"。无论文献中"玉"的品德是"九德"还是"十德"，这种意象上的融合总是在类属性、类事理相似性或同一性的规导下，由感性而知性继而理性化了。如下：

（1）"温润而泽，仁也"。玉的光泽给人温润之感觉。"比之君子"，心地善良、忠厚，能够关爱、包容别人。此为"仁"。

（2）"缜密以栗，知也"。玉的质地细腻、致密、坚实。"比之君子"，博览群书，知识丰富。此为“智”。

(3)“廉而不刿，义也”。玉有棱角而不伤人。“比之君子”，为人正直、有棱有角，也不伤害他人。此为“义”。

(4)“垂之如队，礼也”。佩玉自然下坠不张扬。“比之君子”，为人谦和、沉稳。此为“礼”。

(5)“叩之其声清越以长，其终诎然，乐也”。轻轻敲击，玉声清脆悠扬又戛然而止。“比之君子”，为国效力不遗余力且节制自己。此为“乐”。

(6)“瑕不掩瑜、瑜不掩瑕，忠也”。玉的瑕疵不会掩盖玉之美好，也不会因美好掩饰瑕疵。“比之君子”，为人坦荡且不掩饰自己缺点。此为“忠”。

(7)“孚尹旁达，信也”。玉光彩晶莹，表里如一。“比之君子”，言而有信，诚恳如一。此为“信”。

(8)“气如白虹，天也”。玉气如长虹，贯于天穹。“比之君子”，浩然正气，凛然而立。此为“天”。

(9)“精神见于山川，地也”。玉的精神浸润融贯于山川大地。“比之君子”，做人做事踏实、稳重。此为“地”。

(10)“圭璋特达，德也”。玉因品质优良而被以圭璋作为朝聘礼物。“比之君子”，因品性才能高尚突出而受到重用。

(11)“天下莫不贵者，道也。”普天之下都看重玉的美德。“比之君子”，也得到普天之下的敬重。这是亘古不变的道理。

有了这种“君子之贵”，也就容易理解、接受为什么会有《诗经》的“思念君子，温其如玉”了。作为审美客体的自然物象之美与作为审美主体对于德性之美的期盼，在人格美的“心象”情状下完整地融贯在一起了。

第三节 先秦诸子“用逻辑”的历史践行

在先秦逻辑思想史上，先秦诸子在如何“讲逻辑”的“名辩思潮”中，人人谈“类”用“譬”，都对先秦逻辑思想的发展起到了或多或少的推动作用。在“用逻辑”的政治伦理传播活动中，在先秦诸子文献中，他们得心应手地应用着推类模式之例比比皆是[1]，均属于与“讲逻辑”相互促动的“用逻辑”。我们在此仅举他们的有关“例题”。

1. 孔子《论语·为政》中的“例题”

为政以德，譬如北辰，居其所而众星共之；

人而无信，不知其可也。大车无輗，小车无軏，其何以行之哉？

2. 孟子《梁惠王上》中的“例题”

寡人之于国也，尽心焉耳矣。河内凶，则移民于河东，移其粟于河内；河东凶亦然。察邻国之政，无如寡人之用心者。邻国之民不加少，寡人之民不加多，何也？

针对梁惠王的咨询，孟子就引征与治理国家似乎不相干的战场情况做比来谕证：

“王好战，请以战喻：填然鼓之，兵刃既接，弃甲曳兵而走。或百步而后止，或五十步而后止。以五十步笑百步，则何如？”曰：“不可。直不百步耳，是亦走也。”曰：“王如知此，则无望民之多于邻国矣。”

---

1 参见张晓芒《先秦诸子的论辩思想与方法》，人民出版社，2011。

实在是把“论辩”当作了一件“正人心，息邪说，距诐行，放淫辞，以承三圣”的孟子，在其“予岂好辩哉？予不得已也”的论辩过程中，极其善用“譬”。按粗略梳理统计，《孟子》中运用譬式推论有60多见。其“长于比喻，辞不迫切，而意已独至”，充分展示了推类模式的工具性效用。

3. 墨子的“例题”

墨子是最先高举“谈辩”大旗的人，《墨子》中的“例题”也是不胜枚举，“此犹”“譬犹”“此譬犹”比比皆是，这些都是墨子在运用推类模式时的“类事理联结词”。如《耕柱》篇：

> 大国之攻小国，譬犹童子之为马也。童子之为马，足用而劳。今大国之攻小国也，攻者，农夫不得耕，妇人不得织，以守为事。攻人者，亦农夫不得耕，妇人不得织，以攻为事。故大国之攻小国也，譬犹童子之为马也。

4. 庄子的“例题”

庄子虽然主张“辩无胜”，但在《庄子》一书中，却在大量运用着推类模式引征谕证着自己的相对论的观念主张或精神快乐主义的思想情绪。说来说去，还是在“大辩”“特辩”。或如《外物》篇：

> 庄周家贫，故往贷粟于监河侯。监河侯曰：“诺。我将得邑金，将贷子三百金，可乎？”庄周忿然作色曰：“周昨来，有中道而呼者。周顾视车辙中，有鲋鱼焉。周问之曰：‘鲋鱼来，子何为者邪？’对曰：‘我，东海之波臣也。君岂有斗升之水而活我哉？’周曰：‘诺。我且南游吴越之王，激西江之水而迎子，可乎？’鲋鱼忿然作色曰：‘吾失我常与，我

无所处。吾得斗升之水然活耳，君乃言此，曾不如早索我于枯鱼之肆！'"

对于庄子"指事类情，用剽剥儒墨"[1] 之大量的寓言说理[2]论证，《文心雕龙》之"述道以翱翔"[3]，与现代思想史家侯外庐之"总是拿人和木石鱼鸟等量齐观。这个类推的大前提是他一切辩说的依据"[4]，应该就是"历史意见"与"当代意见"的同声赞叹。

5. 荀子的"例题"

荀子在其《正名》中感于"今圣王没，天下乱，奸言起，君子无势以临之，无刑以禁之，故辨说也"，故而他在《非相》中主张"君子必辩"，希冀《正名》之"以正道而辨奸，犹引绳墨以持曲直。是故邪说不能乱，百家无所窜"。在这个过程中，《儒效》《王制》明确要求"其言有类""听断以类"，娴熟应用着推类模式。

或如，《荀子》首篇之《劝学》，为了谕证"学不可以已"的话题，开篇就山高海阔地广征博引。

君子曰：学不可以已。

青，取之于蓝，而青于蓝；冰，水为之，而寒于水。木直中绳，𫐓以为轮，其曲中规。虽有槁暴，不复挺者，𫐓使之然也。故木受绳则直，金就砺则利，君子博学而日参省乎己，则知明而行无过矣。……

吾尝终日而思矣，不如须臾之所学也；吾尝跂而望矣，不如登高之

1 （西汉）司马迁：《史记·老子韩非列传》。
2 关于庄子的寓言说理，将在第十五章详述。
3 （南朝）刘勰：《文心雕龙·诸子》。
4 侯外庐：《中国思想通史》第1卷，人民出版社，1980，第312页。

博见也。登高而招，臂非加长也，而见者远；顺风而呼，声非加疾也，而闻者彰。假舆马者，非利足也，而致千里；假舟楫者，非能水也，而绝江河。君子生非异也，善假于物也。

南方有鸟焉，名曰蒙鸠，以羽为巢，而编之以发，系之苇苕，风至苕折，卵破子死。巢非不完也，所系者然也。西方有木焉，名曰射干，茎长四寸，生于高山之上，而临百仞之渊，木茎非能长也，所立者然也。蓬生麻中，不扶而直；白沙在涅，与之俱黑。兰槐之根是为芷，其渐之滫，君子不近，庶人不服。其质非不美也，所渐者然也。故君子居必择乡，游必就士，所以防邪辟而近中正也。

物类之起，必有所始。荣辱之来，必象其德。……君子慎其所立乎！

积土成山，风雨兴焉；积水成渊，蛟龙生焉；积善成德，而神明自得，圣心备焉。故不积跬步，无以至千里；不积小流，无以成江海。骐骥一跃，不能十步；驽马十驾，功在不舍。锲而舍之，朽木不折；锲而不舍，金石可镂。蚓无爪牙之利，筋骨之强，上食埃土，下饮黄泉，用心一也。蟹六跪而二螯，非蛇鳝之穴无可寄托者，用心躁也。……故君子结于一也。

对此洋洋洒洒的广征博引，从头到尾充盈着《正名》之“以喻动静之道”，真是令人叹为观止。我们也只能用荀子自己的“时代意见”来评价，就是洋洋洒洒的如《非相》所言“以情度情，以类度类”，“譬称以喻之”。

6. 韩非的“例题”

处于即将亡国之际的韩非，“为人口吃，不能道说，而善著书”[1]，是

1 （西汉）司马迁：《史记·老子韩非列传》。

"文章的妙手"[1]。其文章内容严峻峭刻、明切犀利，抉剔世情、深入隐微；其文章手法也多《韩非子·难言》中自己所言"连类比物"，是先秦逻辑史上第一个将"连类"与"比物"串在一起的。是韩非将庄子擅长的寓言式推类方法发展到极致，其《说林》上、下篇，基本就是一个引征谕证的寓言说理集。故而《文心雕龙·诸子》也赞叹"韩非著博喻之富"。

第四节　先秦推类模式比德、比志、比智的历史延续

"类事理"为什么相通的观念与如何相通的方法之统一，才是现实的思维工具。这种现实性在历史化的过程中，始终保留着先秦推类模式"意象性"的文化本质，始终展现着它普遍适用性的方法论特色，以及它的比德、比志、比智的伦理特点。

因此，正是由于推类模式有一种言此意彼、旨溢句外的神妙，是言浅显谕深远的辩说方法，在古人临物用情的悉心考量中，充满了对超越物象拘制、扩展思想意境的执着追求。《文心雕龙》的"诗人比兴，触物圆览，物虽胡越，合则肝胆。拟容取心，断辞必敢。攒杂咏歌，如川之澹"，很好地诠释了推导内容的思想情感与思维路径，所以它自古以来就是中国人在谈说论辩中广泛运用的方法，成为具有中国特色的主导推理类型。"不同处愈多愈大，则相同处愈有烘托。分得愈开，则合得愈出意外，比喻即愈新异，效果愈高。中国古人论譬，说不能'以弹喻弹'，又说'凡谕必以非类'，正是这个道理。"[2]

因此，在历史长河中，先秦推理模式不断以"S（论辩主体）知道并接

1　郭沫若：《十批评书》，科学出版社，1956，第384页。
2　钱锺书：《读〈拉奥孔〉》，《文学评论》1962年第5期。

受P（推类），当且仅当：（1）P是有效的；（2）S相信P是有效的；（3）S的这一信念不断得到历史积淀的意象性思维辩护”，不断巩固着这种传统思维方式运用中的公共知识作用，不断放大着它“相信”之“信念”意义下的可接受性和普遍适用性。而这样的范式从古到今不胜枚举，我们仍以例题展示之。

（1）或如，《战国策·齐策三》中的“淳于髡一日而见七人于宣王”。

淳于髡一日而见七人于宣王。王曰：“子来临，寡人闻之，千里而一士，是比肩而立；百世而一圣，若随踵而至也。今子一朝而见七士，则士不亦众乎？”

淳于髡曰：“不然，夫鸟同翼者而聚居，兽同足者而俱行。今求柴葫、桔梗于沮泽，则累世不得一焉；及之睾黍梁父之阴，则郄车而载耳。夫物各有畴，今髡贤者之畴也。王求士于髡，譬若挹水于河，而取火于燧也。髡将复见之，岂特七士也？”

对于齐宣王的疑问，淳于髡一连串生活小事理的引征，无非是想谕证一个道理：物以类聚，人以群分。“我这里可举荐的贤士还多着呢！”

（2）或如，按《论衡·佚文》所示，一生致力于“正真是”“疾虚妄”的王充，由于《对作》所言“虚妄显于真，实诚乱于伪，世人不悟，是非不定，紫朱杂厕[1]，瓦玉集糅，以情言之，岂吾心所能忍哉？”在《薄葬》《论死》《定贤》等要求“方比物类”“以物类验之”“正是审明”的论辩中，就常以《自纪》所言“何以为辩，喻深以浅；何以为智，喻难以易”来诠释着推类模式的重要性。如《别通》：

1　紫是暗红色，为间色；朱是大红色，为正色。这里将紫朱比喻为是非。

富人之宅，以一丈之地为内[1]。内中所有，柙匮所赢[2]，缣布丝帛也。贫人之宅，亦以一丈为内。内中空虚，徒四壁立，故名曰贫。夫通人[3]犹富人，不通者犹贫人也。俱以七尺为形，通人胸中怀有百家之言，不通者空腹无一牒之诵。……慕料贫富不相如，则夫通与不通不相及也。世人慕富不荣通，羞贫不贱不贤，不推类以况之也。

（3）或如，《史记·项羽本纪》：

如今人为刀俎，我为鱼肉，何辞为？

以“刀俎”喻项羽一方，“鱼肉”喻刘邦一方，形象化地谕证了敌强我弱的态势。

（4）或如，魏晋曹操的《短歌行》：

对酒当歌，人生几何！譬如朝露，去日苦多。
慨当以慷，忧思难忘。何以解忧？唯有杜康。
青青子衿[4]，悠悠我心。但为君故，沉吟至今。
呦呦鹿鸣[5]，食野之苹。我有嘉宾，鼓瑟吹笙。
明明如月，何时可掇？忧从中来，不可断绝。
越陌度阡，枉用相存。契阔谈谦，心念旧恩。
月明星稀，乌鹊南飞。绕树三匝，何枝可依？

1 内室。这里指储藏室。
2 柙通匣；匮同柜；赢通盈，充满。
3 博览群书，通晓古今的人。
4 《诗经·郑风·子衿》，为女子思念情人。“青青子衿，悠悠我心。纵我不往，子宁不嗣音？”
5 《诗经·小雅·鹿鸣》，为宾主之间的互敬互融，和谐愉悦。“呦呦鹿鸣，食野之苹。我有嘉宾，鼓瑟吹笙。吹笙鼓簧，承筐是将。人之好我，示我周行。”

山不厌高，海不厌深。周公吐哺，天下归心[1]。

全诗中巧妙运用着比兴手法，既引征生活经验，又引征《诗经》和历史经验，言志与抒情融贯，抒发了自己求贤若渴、懂得生命规律要及早建功立业的宏图大愿。在寓理于情中，曹操将自己的政治路线和政治策略熔铸在浓郁的抒情意境中，充盈着积极进取的精神，激荡着慷慨激昂的壮士情怀。

（5）或如，中国的儒、道、佛所以能够共同成为中国传统文化的三大源流，从而“以佛治心，以道治身，以儒治世”[2]，撑起了不同情怀的蓝天，其间的对话、冲突、磨合历经百难，以至于“这餐饭整整吃了千年”[3]。因此，在佛教中国化的过程中也一定要吸收中国传统的思维方式。南朝梁僧祐编撰的《弘明集》，作为中国佛教史上第一部护法弘教的文献汇编，收录了东汉至南朝齐、梁五百余年间阐明佛法的各种护法论集 57 篇，在其“弘道明教”的过程中也充足显现着这一点。

如《弘明集》之《王该日月蚀》篇中对推类模式工作机理及功用性的认识，“莫触类以取意……信于明识者乎”。

如第十二章第一节第三小节注释所引，《慧通法师驳夷夏论》中类似于惠施“弹之状何若”的“麒麟之譬”，其“问者乃晓然而悟”的结果，显然对“譬”的方法论效用也有着一定的认识。

如《庄严寺法云法师与公王朝贵书》对作为引征前提的公共知识作用的认识，“《孝经》云……《乐记》云……《诗》云……《周官宗伯职》云……《祭义》云……《尚书》云……《左传》云……略说七条，皆承经典，譬犹

1　（西汉）韩婴：《韩诗外传》：“（周公）吾文王之子，武王之弟，成王之叔父也；又相天下，吾于天下亦不轻矣。然一沐三握发，一饭三吐哺，犹恐失天下之士。”又，《韩诗外传》由 360 条轶事、道德说教、伦理规范以及实际忠告等不同内容杂编而成，一般每条都以一句恰当的《诗经》引文作结论，以支持作者自己的礼乐教化、道德伦理等方面的思想。

2　（元）刘谧：《三教平心论》卷上。

3　黎锦熙：《佛教十宗概要》，京城印书局，1935，第 4 页。

秋毫之凭五岳”。甚至在《牟子理惑论》中这种公共知识都可以用来谕证佛教在中国传播的合法性和合理性：

问曰：“黄帝垂衣裳制服饰，箕子陈洪范貌为五事首，孔子作孝经服为三德始。”又曰：“正其衣冠尊其瞻视，原宪虽贫不离华冠，子路遇难不忘结缨。今沙门剃头发、披赤布，见人无跪起之礼仪，无盘旋之容止。何其违貌服之制，乖搢绅之饰也。”

牟子曰：“老子云：‘上德不德是以有德。下德不失德是以无德。’三皇之时食肉衣皮，巢居穴处，以崇质朴。岂复须章甫之冠、曲裘之饰哉。然其人称有德而敦庬，允信而无为。沙门之行有似之矣。”

这种从前提到结论“理上贯得通”的认识，在《谢镇之析夷夏论》表现为，“虫鸟殊类化道本隔，夫欲言之宜先究其由。……则知人必人类，兽必兽群。……故华夷同贵。……今见在鸟而鸟鸣，在兽而兽吼，……感异类而殊应”。这种正反联导谕证显然增加了对推类模式的说明力度。

甚至在说明“佛道至尊至大”的过程中，《弘明集》采用的仍然是引征谕证方法：“四师虽圣，比之于佛，犹白鹿之与麒麟，燕鸟之与凤凰也。”[1]

据粗略统计，《弘明集》中在物类、类别、比类、是类、理类、推类、类属性、类事理意义上，“类”有111见。

推类意义上的两物之“比”有51见，如：以比，当比，比及，比称，比象，比对，比思，比见，比自，比理，比故，比之，比之于，比性于，比其，

1　（南朝梁）僧祐：《弘明集·牟子理惑论》。四师指尧、舜、周、孔。

比类，比其类，比者，比犹，此之比，远比近譬，付比言展，“言比性道，暗比求名”，等等。与此相应的两物之“似”55见。

“譬”53见，如：譬，譬喻，譬犹，譬如，譬若，譬诸，譬彼，譬以，譬说，譬道，譬之，之譬，譬之于，引譬取喻，能近取譬，深见劝譬，证譬坚明，为神用譬，譬……喻……，譬……犹……，譬……如……，譬……以……，远比……近譬……，等等。

对于推类模式类事理联结词的使用，推类意义上的“之谓”也有很多，完整表达的“此之谓”“是之谓”“其斯之谓”共8见。

可以说，《弘明集》中对推类模式的认识和运用比比皆是。在佛教传入中国的几百年间，它所辑录的东汉至南朝齐、梁的各种护法论，无一不是在自然选择着传统政治伦理传播活动中的“谈辩—用辩”方法。

（6）或如，唐宋八大家之首的韩愈的《答李翊书》：

将蕲至于古之立言者，则无望其速成，无诱于势利，养其根而俟其实，加其膏而希其光。根之茂者其实遂，膏之沃者其光晔。

此为用种树必须要培养好树根、点灯必须要多加灯油为喻，由言事而论道，谕证要达到“古之立言者”的水平，就要加强自身的修养。

这里我们还有必要再举韩愈的《送孟东野序》。节选如下：

大凡物不得其平则鸣。草木之无声，风挠之鸣。水之无声，风荡之鸣。其跃也，或激之；其趋也，或梗之；其沸也，或炙之。金石之无声，或击之鸣。人之于言也亦然，有不得已者而后言。其歌也有思，其哭也有怀，凡出乎口而为声者，其皆有弗平者乎！

……择其善鸣者而假之鸣。是故以鸟鸣春，以雷鸣夏，以虫鸣秋，以风鸣冬。四时之相推夺，其必有不得其平者乎？

其于人也亦然。人声之精者为言，文辞之于言，又其精也，尤择其善鸣者而假之鸣。其在唐[1]、虞[2]，咎陶[3]、禹，其善鸣者也，而假以鸣，夔[4]弗能以文辞鸣，又自假于《韶》以鸣。夏之时，五子[5]以其歌鸣。伊尹[6]鸣殷，周公[7]鸣周。凡载于《诗》《书》六艺[8]，皆鸣之善者也。周之衰，孔子之徒鸣之，其声大而远。传曰："天将以夫子为木铎。"其弗信矣乎！其末也，庄周以其荒唐[9]之辞鸣。楚，大国也，其亡也以屈原鸣。臧孙辰[10]、孟轲、荀卿，以道鸣者也。杨朱、墨翟、管夷吾、晏婴、老聃、申不害、韩非、慎到、田骈、邹衍、尸佼、孙武、张仪、苏秦之属，皆以其术鸣。秦之兴，李斯鸣之。汉之时，司马迁、相如、扬雄，最其善鸣者也。其下魏晋氏，鸣者不及于古，然亦未尝绝也。……

唐之有天下，陈子昂、苏源明、元结、李白、杜甫、李观，皆以其所能鸣。其存而在下者，孟郊东野始以其诗鸣。……

按，孟郊一生潦倒，直到近50岁才被任命为溧阳县尉，韩愈写此序文送

---

1 帝尧的国号。
2 帝舜的国号。
3 皋陶，舜的臣子。
4 舜时乐官。相传为舜作《韶》乐。
5 夏王太康的五个弟弟。相传太康淫佚失国，五子作《五子之歌》陈述大禹的警诫。
6 商代贤相，作《伊训》《太甲》。
7 姬旦，周武王之弟，成王之叔，作《大诰》《多士》《无逸》等。
8 指《诗经》《尚书》《周易》《礼》《乐》《春秋》六经。
9 指庄子的"无端崖之词"。
10 春秋时期鲁国大夫。世袭司寇，执礼维护公室。博闻强识，不拘常理。

他上任。但整篇文章仅两处提到孟郊[1]，却天上地下，纵贯古今，洋洋洒洒，比物连类，通篇引征，为孟郊怀才不遇不得志而鸣不平。其比兴手法的从“物不平则鸣”，到先秦至唐的各种“人不平则鸣”，均为言在彼而意在此的引征谕证。其“自首至尾，不肯使一直笔，顿挫抑扬，离合缓急，无法不备，而又变化诡谲，不可端倪，那得不横绝古今”[2]，也是先秦推类模式的一次“用逻辑”践行吧。

（7）或如，与韩愈并称“韩柳”的柳宗元之《种树郭橐驼传》：

残疾人郭橐驼以种树为职业，“凡长安豪家富人为观游及卖果者，皆争迎取养。视驼所种树，或迁徙，无不活，且硕茂，蚤实以蕃。他植者虽窥伺效慕，莫能如也”。当有人问他如何种得好的原因时，他将一系列“顺木之天以致其性焉尔”的经验落脚在“则其天者全而其性得矣”上，以树喻人，讲述了种树育人、治国养民的道理。难怪问者“不亦善夫！吾问养树，得养人术”。于是“传其事以为官戒也”。全篇即为“取辩于一物而原极天下之污隆”。

柳宗元在其《封建论》中，还以“周有天下，裂土田而瓜分之。……布履星罗，四周于天下，轮运而辐集”，连续引征四喻，谕证了“周有天下”的辉煌：“瓜分”“星罗”“轮运”“辐集”。

（8）或如《旧唐书·魏征传》：

> 夫以铜为镜，可以正衣冠；以史为镜，可以知兴替；以人为镜，可以明得失。[3]

1　一处是夸赞孟郊“以其诗鸣”的“善鸣”；一处是“东野之役于江南也，有若不释然者，故吾道其于天者以解之”的安慰。

2　（清）余诚：《古文释义》。

3　《新唐书·魏征传》的用语与此不一样。“镜”为“鉴”。比照的动词意谓更浓。

这是唐太宗李世民引征生活经验，希望借历史上的成败得失作为鉴戒。以史为鉴、以古为鉴、以史为镜等成语源出于此。

（9）或如北宋周敦颐的《爱莲说》：

> 水陆草木之花，可爱者甚蕃。晋陶渊明独爱菊[1]。自李唐来，世人甚爱牡丹。予独爱莲之出淤泥而不染，濯清涟而不妖，中通外直，不蔓不枝，香远益清，亭亭净植，可远观而不可亵玩焉。
>
> 予谓菊，花之隐逸者也；牡丹，花之富贵者也；莲，花之君子者也。噫！菊之爱，陶后鲜有闻。莲之爱，同予者何人？牡丹之爱，宜乎众矣！

在《爱莲说》中，周敦颐先极尽铺陈了莲花的高洁物象情态，然后托物寄兴言志，以花之三品，抒发着以莲自况的深沉慨叹。叙述、描写、议论、抒情熔为一炉，引征谕证相得益彰。

（10）在中国古代逻辑思想史上，继先秦两汉的“谈类”“用类”高峰后，宋代理学是又一个“谈类”“用类”的高峰，使得推类模式在其历史化过程中，越来越理性化了。或如，张载继先秦两汉之后，进一步强调要通过“穷理”“比较”，明确提出了“据理”以“推类”。

> 凡所当为，一事意不过，则推类如此善也；一事意得过，以为且休，则百事废，其病常在。[2]
>
> 所以欲尽其心也。穷理则其间细微甚有分别，至如偏乐，其始亦但知其大总，更去其间比较，方尽其细理。若便谓推类，以穷理为尽物，

---

1 （东晋）陶渊明《饮酒》（其五）：“结庐在人境，而无车马喧。问君何能尔？心远地自偏。采菊东篱下，悠然见南山。山气日夕佳，飞鸟相与还。此中有真意，欲辨已忘言。”作者借悠闲的情状，隐晦地表达了自己厌倦官场腐败，决心归隐田园，超脱世俗的思想感情。

2 （北宋）张载：《经学理窟·学大原下》。

则是亦但据闻见上推类，却闻见安能尽物！今所言尽物，盖欲尽心耳。[1]

在对“推类”进行“讲逻辑”的理论分析评价过程中，宋代理学家们几可人人论及，其中的贡献尤以朱熹为著。

格物，非欲尽穷天下之物，但于一事上穷尽，其他可以类推。……譬如千蹊万径，皆可以适国，但得一道而入，则可以推类而通其余矣。盖万物各具一理，而万理同出一原，此所以可推而无不通也。[2]

万物各具一理，而万理同出一源，此所以可推而无不通也。[3]

但求众物比类之同，而不究一物性情之异，则于理之精微者有不察矣。不欲其异而不免乎四说之异，必欲其同而未极乎一原之同，则徒有牵合之劳，而不睹贯通之妙矣。[4]

读书推类反求，固不害为切己，但却又添了一重事。不若且依文看，逐处各自见个道理。久之自然贯通，不须如此费力也。[5]

“究其精微之蕴，而又推类以通其余。”何也？曰：“大伦有五，此言其三，盖不止此。‘究其精微之蕴’，是就三者里面穷究其蕴；‘推类以通其余’，是就外面推广，如夫妇、兄弟之类。”[6]

问以类而推之说。曰：是从已理会得处推将去。如此，便不隔越。若远去寻讨，则不切于己。[7]

所谓以类而推，只是要近去不要远了。如学者且只是做学者事。[8]

1　（北宋）张载：《张子语录·语录下》。
2　（南宋）朱熹：《大学或问》。
3　（南宋）朱熹：《大学或问》。
4　（南宋）朱熹：《大学或问》。
5　（南宋）朱熹：《朱子语类·卷十一》。
6　（南宋）朱熹：《朱子语类·卷十六》。
7　（南宋）朱熹：《朱子语类·卷十八》。
8　（南宋）朱熹：《朱子语类·卷二十三》。

杨问："程子曰：'近思，以类而推。'何谓类推?"曰：此语道得好。不要跳越望远，亦不是纵横陡顿，只是就这里近傍那晓得处挨将去。如这一件事理会得透了，又因这件事推去做那一件事，知得亦是恁地。[1]

问："'以类而推'，是如何?"曰："只是就近推将去。"曰："如何是'就近去'?"曰："且如十五志学，至四十不惑，学者尚可以意会。若自知命以上，则虽苦思力索，终摸索不着。纵然说得，亦只是臆度。除是自近而推，渐渐看将去，则自然见得矣。"[2]

能因事推穷以至其极，而又推类以尽其余，则天下之物皆有以见其至善之所在而止之矣。[3]

事有日生者，须推类以通之，则告者不费而闻者有深益耳。[4]

诸如这种对"推类"的理论分析评价，朱熹那里还有许多。[5]

朱熹不仅在"讲逻辑"上贡献多多，而且在"用逻辑"上也常引征"物理"之性来谕证人之性，践行着他的"推类"思想。如散落在《朱子语类》各篇中的例证。

性譬之水，本皆清也。以净器盛之，则清；以不净之器盛之，则臭；以污泥之器盛之，则浊。本然之清，未尝不在。[6]

这是以水比性来说明人性之清、净、平。

---

1 （南宋）朱熹：《朱子语类·卷四十九》。

2 （南宋）朱熹：《朱子语类·卷四十九》。

3 （南宋）朱熹：《晦庵先生朱文公文集·卷十五·经筵讲义》。

4 （南宋）朱熹：《晦庵先生朱文公文集·卷三十三·答吕伯恭》。

5 参见郎需瑞《朱熹的名辩思想与方法研究》，博士学位论文，南开大学，2018年。

6 （南宋）朱熹：《朱子语类·卷四》。

仁与心本是一物。被私欲一隔，心便违仁去，却为二物。若私欲既无，则心与仁便不相违，合成一物。心犹镜，仁犹镜之明。镜本来明，被尘垢一蔽，遂不明。若尘垢一去，则镜明矣。[1]

这是以镜比心来诠释心之空净与抹去尘垢。

理者，如一宝珠。在圣贤，则如置在清水中，其辉光自然发见；在愚不肖者，如置在浊水中，须是澄去泥沙，则光方可见。今人所以不见理，合澄去泥沙，此所以须要克治也。至如万物亦有此理。[2]

这是以宝珠比理来寓意理之不为物蔽等，不一而足。

（11）或如北宋苏轼的《百步洪》：

有如兔走鹰隼落，骏马下注千丈坡，断弦离柱箭脱手，飞电过隙珠翻荷。

连引征七喻，渲染了水波冲泻的壮观。而这种情状又为接下来的人生哲理慨叹做足了前提准备：“我生乘化日夜逝，坐觉一念逾新罗。”[3] 其引征洪波的激越，其谕证佛家思想时的飘逸，充溢着庄子式的自由、自足、自得。

（12）唐代刘禹锡的《陋室铭》开篇以山水起兴，托物言志，表达了自己高洁傲岸的情操与安贫乐道的情怀。类似这样的《铭》《赋》还有许多。或如北宋吕蒙正的《寒窑赋》（也叫《劝世章》）：

1 （南宋）朱熹：《朱子语类 · 卷三十一》。
2 （南宋）朱熹：《朱子语类 · 卷十七》。
3 佛家用语。“新罗在海外，一念已逾”。见（北宋）释道原《景德传灯录》。

天有不测风云，人有旦夕祸福。蜈蚣百足，行不及蛇；雄鸡两翼，飞不过鸦。马有千里之程，无骑不能自往；人有冲天之志，非运不能自通。

盖闻：人生在世，富贵不能淫，贫贱不能移。文章盖世，孔子厄于陈邦；武略超群，太公钓于渭水。颜渊命短，殊非凶恶之徒；盗跖年长，岂是善良之辈。尧帝明圣，却生不肖之儿；瞽叟愚顽，反生大孝之子。张良原是布衣，萧何称谓县吏。晏子身无五尺，封作齐国宰相；孔明卧居草庐，能作蜀汉军师。楚霸虽雄，败于乌江自刎；汉王虽弱，竟有万里江山。李广有射虎之威，到老无封；冯唐有乘龙之才，一生不遇。韩信未遇之时，无一日三餐，及至遇行，腰悬三尺玉印，一旦时衰，死于阴人之手。……

嗟呼！人生在世，富贵不可尽用，贫贱不可自欺，听由天地循环，周而复始焉。

在此一连串生活经验、历史经验的引征基础上，将前之引征与后之证说呼应互映，慨叹了世事人生的起起落落。其“言事”的状物之精，其“论道”的明理之深，据说都感动了当时的狂傲太子即后来的宋真宗。

对于上述这些“例题”的理解，我们可能还没有深刻理解理论层面的虎啸龙吟，甚至可能还会觉得有些不明觉厉。但在实践层面上，我们仍然会在传统意象性思维和推类模式的文化框架熏陶下，接受了它引征的意义“能指”，相信了它谕证的意涵“所指”。

第五节 先秦推类模式的现代转化何以可能

上一节已述，“类事理”为什么相通的观念与如何相通的方法之统一，才是现实的思维工具。这种现实性在历史化的过程中，始终保留着它的“意象性”的文化本质。这是因为，先秦推类模式的形成与发展，不是由谁一厢情愿设定的，也不是由谁善意默契颔首的，它是先秦时代社会历史文化发展的必然和思维发展的必然，它是集体思考“观乎天文以察时变，观乎人文以化成天下”之历史责任感所推动的历史文化选择，并在历史流变中，以作为历史文化主体的每个时代人的代代相传，不断扩大着自己的工具效用，展现着自己的历史价值。尽管“俩五俩五”[1] 的思维方式，作为它基础的意象性思维可能嫌直观、模糊、笼统，但它在先秦时代的政治伦理传播中却可以直指问题本质，使之具有本土文化的理性特色。此为一。

张岱年先生曾经说：“由于重视了整体思维，因而缺乏对事物的分析研究。由于哲学直觉，因而特别忽视缜密论证的重要。中国传统之中，没有创造出欧几里得几何学那样完整的体系，也没有创造出亚里士多德的形式逻辑的严密体系；到了近古时代，也没有出现西方十六、十七世纪盛行的形而上学思维方法，更没有伽利略所开创的实证科学方法。应该承认，这正是中国传统思维方法的重大缺陷。英国哲学家罗素在晚年著作《西方的智能》中说：‘在全世界，唯有希腊文化是显赫学运动与科学传统携手并进的。’我们虽然不能说中国古代没有科学，然而中国古代科学比起西方近代科学还是相形见绌的。在这方面，我们只有诚心诚意地学习西方。”[2] 此为二。

从上述两个意义上讲，我们是否可以这样认为，在西方逻辑学发展至今的大多数成果自近代开始陆续传入中国并为中国人所接受的今天，我们如何在“反以知彼，复以知己”的基础上，从学理上探讨传统意象性思维是何以成为先秦推类模式的最大“文化公约数”？作为传统思维工具的推类模式何以现代化？此如能得到更为充足、满意的学理解释，也就找到了了解并心怀

1　参见本书第十二章第二节。

2　张岱年：《试论价值观与思维方式的变革》，《文化与哲学》，教育科学出版社，1988，第208页。

敬意地理解、转化“文化逻辑”[1] 的钥匙。

这样的思考，基于两件事情的触动。

其一是一位在华学习的美国人所言，他“经过多年的观察与思考，发现在与中国人讨论文化和思想等方面的话题时，大多会面临一个巨大难题。该难题由三个‘难以’组成：一是难以适应中国人的思维方式；二是难以全面了解中国国情背后那些具有中国特色的相关因素；三是难以领悟中国人做人处事的方式和所谓的人情世故”[2]。我们认为，在这三个“难以”中，第一个“难以”即为提纲挈领的关键所在。

其二是，曾有韩国媒体发现，在中国国家主席习近平 2014 年 4 月访问欧洲时，“总是把四字成语挂在嘴边”，“中国人喜欢使用成语是因为成语的几个字中浓缩了先辈的聪明才智，它不需要长篇大论就能表达自己想要表达的意思，因此，普通大众平时交谈时也经常使用成语”。[3]

当今天的中国人在人际沟通中不经意地使用成语时，我们是否能够“反躬自省”地意识到我们正是在不经意间延续着中国式的推类模式论证？

站在这种方法历史延续传承的普遍适用性之价值上，我们不妨再重读梁启超《少年中国说》中之一段：

> 红日初生，其道大光；河出伏流，一泻汪洋。潜龙腾渊，鳞爪飞扬；乳虎啸谷，百兽震惶；鹰隼试翼，风尘吸张。奇花初胎，矞矞皇皇；干将发硎[4]，有作其芒。天戴其苍，地履其黄，纵有千古，横有八荒，前途似海，来日方长。美哉我少年中国，与天不老！壮哉我少年中国，与国无疆！

---

1 参见本书第一章第三节“逻辑与文化的关系”。

2 参见亚当《了解“和谐”精髓，消除长久偏见》，《环球时报》2010 年 2 月 25 日第 13 版。

3 参见《韩媒：习近平爱用成语》，《环球时报》2014 年 4 月 4 日第 6 版。

4 干将，古代传说中的一把名剑；硎，磨刀石。《庄子·养生主》：“今臣之刀十九年矣，所解数千牛矣，而刀刃若新发于硎。”“干将发硎”的成语现比喻为初展抱负或刚显露才干。

而这些年来，习近平主席在众多调研考察、国事访问、与会发言期间，也在用一个又一个精辟巧妙的明喻暗喻，向各国人民讲述共同发展的愿景，为世界塑造出生动、鲜活的“一带一路”蓝图。[1]

或如，“茶酒之喻”。这是习近平主席在比利时古城布鲁日提出：“正如中国人喜欢茶，而比利时人喜爱啤酒一样，茶的含蓄内敛和酒的热烈奔放代表了品味生命、解读世界的两种不同方式。但是，茶和酒并不是不可兼容的，既可以酒逢知己千杯少，也可以品茶品味品人生。”这个比喻向欧洲以及世界传递了“一带一路”建设的共商原则。

或如，“地瓜之喻”。取材于拉美当地的农作物。“地瓜的藤蔓向四面八方延伸，但它的块茎始终长在根基位置。同样道理，无论发展到什么程度，中国都将扎根亚太、建设亚太、造福亚太。”这是在APEC峰会上，习近平主席告诉亚太及世界各国，中国一贯秉持共建原则。

或如，“百花园之喻”。习近平主席在“上有天堂，下有苏杭”的杭州G20峰会上说，中国的新倡议不是为了另起炉灶，不是要唱独角戏，不是要营造自己的后花园，而是要建设各国共享的百花园。在西子湖畔秀美风光的衬托下，这个妙喻让遵循共享原则的发展愿景愈加引人瞩目。

或如，“钥匙之喻”。习近平主席和“一带一路”沿线国家说，对于大多数亚洲国家来说，发展是解决地区问题的“总钥匙”。这把钥匙开启了中华民族的复兴路，也能够开启亚洲经济的腾飞，以及世界经济的复苏。

或如，“游泳之喻”。讲的是中国发展的问题。“世界经济的大海，你要还是不要，都在那儿，是回避不了的”，“中国勇敢迈向了世界市场。在这个过程中，我们呛过水，遇到过风浪，但我们在游泳中学会了游泳”。

或如，“快车之喻”，讲的是共同发展的问题。习近平主席在各国代表聚集的“达沃斯论坛”上明确告诉世界：“中国人民深知实现国家繁荣富强的艰辛，对各国人民取得的发展成就都点赞，都为他们祝福，都希望他们的日

1　参见钱景童《习近平十个比喻描绘一带一路蓝图》，2017年5月9日“央视网”。

子越过越好，不会犯‘红眼病’，不会抱怨他人从中国发展中得到了巨大机遇和丰富回报。中国人民张开双臂欢迎各国人民搭乘中国发展的‘快车’‘便车’。”

此外还有“开绿灯”“做蛋糕”和“架桥梁”等妙喻。

概言之，在先秦推类模式的现代转换中，我们需要通过自己对于传统逻辑思想及方法的当代理论研究，在理论形态或层面上，把握使之从古贯到今，并在今天的文化交往中，在“和而不同”的意义框架下，仍然发挥沟通交际作用的“互相摄爱”的“共命慧”，从而使它的现代转换成为可能。

综上所述，从先秦推类模式的发生学角度看，文化与逻辑的发生有着内在的关联，它们的发生都是特定文化群体内的人们自由自觉的类本质体现。它们不仅是一种历史文化现象，同时也是一定的社会生活使然。从它的普遍适用性看，它在历史的不断复制中，瓜瓞唪唪、瓜瓞绵绵，不断巩固并展现着思维“法式”的工具性效用，不断扩散着“法式”的工具性价值。这也使我们能够在理解、把握先人思维方法论的同时，通过传统思维方法的现代转换，在现代生活中，更好地理解、掌握、传授一种源于传统的沟通说理的推理论证工具。

每念至此，与有荣焉！

第十五章
先秦推类模式承上启下的固化形式

中央电视台前些年举办有两个收视率极高的大赛。一个是“汉字大赛”，一个是“成语大赛”。如果说前者展示了中国人在“定名”“用名”方面的正名精神，那么，后者则展示了中国人在“谈辩”“用辩”方面的推类方法。因为在现实的人际沟通或论证实践中，中国人有用成语的习惯。

“成语”作为“传统文化的一部分，并深深融入中华民族语言思维系列”中，它有固定的结构形式，大多由四个字组成；有意义的整体性，“词简义丰、形象生动、透彻犀利”。[1] 是“人们长期以来习用的、简洁精辟的定型词组或短句”[2]。亦即，在其字面意的后面总存在着一定的需要领会的意涵。又由于成语有很大一部分是从古代相承沿用下来的，总代表着一个历史故事，或寓言故事，或古代文章成句。甚或成语就是说出来大家都知道（一时不知道也可以查到），可以引经据典，有明确出处和典故，以具有特定意涵的“公共知识”来表达某种“意义”且具有一定使用度的固定用语。

此其中，如要论说有什么是思想性与艺术性并重，能够从认识论与方法论角度，以发人深省的形象描述，阐明着精深哲理，当属源于寓言的成语了。我们今天使用的成语，有许多是先秦以来推类模式以承上启下的固化形式而成的结晶，它们积淀在中华文化的血脉里，影响了中国人传统的思维方式。

1　刘万国、侯文富主编：《中华成语辞海》，吉林大学出版社，2000，修订版“前言”。

2　《现代汉语词典》第5版，商务印书馆，2005，第174页。

此其中，尤以庄子的寓言说理为甚。为此，我们辟专章概要讨论之。

第一节　庄子无拘无束的寓言说理

寓言是以假托的故事或自然物的拟人手法来说明某个道理或教训，常带有讽刺或劝喻的性质，是潜含着说理论辩的故事。“寓言”一词，即来自《庄子·寓言》。“寓言十九，藉外论之”，亦即所谓的“寄寓之言”。因此，寓意是寓言的生命所在，是寄托或隐含的意思。

在形式上，寓言的语言结构一般都很短小，但充满智慧哲理。在表达方式上，寓言一般都可视为暗喻，即意义转移。按照类事理的同一性，借此谕彼，或借小谕大，借远谕近，将深奥道理通过简单的故事体现出来。

寓言说理的方法论基础是推类，是根据寓言所表达的事理，不显山露水地说明、谕证与其具有意象同一性的某一事理。

据统计，《庄子》一书中有一百多个寓言故事，这些寓言故事大多演变成为中国人谕证事理中常用的成语。或如，《逍遥游》。

> 北冥有鱼，其名为鲲，鲲之大，不知其几千里也。化而为鸟，其名为鹏。鹏之背，不知其几千里也。怒而飞，其翼若垂天之云。是鸟也，海运则将徙于南冥。南冥者，天池也……故曰：至人无己，神人无功，圣人无名。

在这则寓言中，庄子的主旨是想通过“鲲鹏之变”、蝉与斑鸠、朝菌与蟪蛄、冥灵与大椿、彭祖等的描写，说明大小、贵贱的相对性和绝对的自由主义。从而谕证一个人应当突破功名、利禄、权势、尊位的束缚，使精神活动达到悠游自在、无牵挂、无阻碍的境地。但庄子对这种思想的表达，是通过虚构的鱼鸟虫兽的活动、变化，与自然事物间的关系，比物连类，融会贯通，把自己的思想形象化地表达出来。即人生不能“有待”，受到时间、空间等各种因素的局限。要“无待”，即不需要任何依赖和凭借，可以摆脱任何条件束缚，因循自然的本性。这种境界才是真正无所依赖的逍遥自在，才能与大自然融为一体，达到“无己”即“无我”的绝对自由的境界。和谐、自由、中正。

通过这些寓言故事，我们在感受那奇特想象的过程及领略那语锋逼人的变化超脱中，不知不觉受到了感染，完成了寓言说理吸引人、感染人的任务，理解了庄子理想人格所追求的目标。所谓“逍遥游”，就是人的一种精神境界，就是人追求精神自由的历程。或曰“素心”。或如《秋水》。

> 秋水时至，百川灌河，泾流之大，两涘渚崖之间，不辨牛马。于是焉河伯欣然自喜，以天下之美为尽在己。顺流而东行，至于北海，东面而视，不见水端。于是焉河伯始旋其面目，望洋向若而叹曰：“野语有之曰：‘闻道百以为莫己若者。’我之谓也。且夫我尝闻少仲尼之闻而轻伯夷之义者，始吾弗信；今我睹子之难穷也，吾非至于子之门则殆矣。吾长见笑于大方之家。”……

《秋水》篇与《齐物论》一样，是庄子集中讨论相对主义认识论的篇章。它通过河神与海神的对话，以求惑的问道与解惑的释难，以一个个寓言说理，从“以道[1]观之”“以物[2]观之”“以类观之”“以俗[3]观之”“以差[4]观之”

1　自然常理。
2　认识事物的途径。
3　世俗。
4　事物的相对差别。

“以功[1]观之”“以趣[2]观之”等，阐述了事物相对性的道理。其中的“望洋兴叹”“井底之蛙”“贻笑大方”等寓言说理，讲的也是一切差别皆相对。“万物一齐”，追求“自化”。如怎样区分物的贵贱、大小；关于精和粗；关于物的有用、无用；关于是非；关于有为与无为；关于小胜与大胜等，在“以类观之”之“万物一齐”的大观念下，它们之间的区别均无意义。

应该说，《齐物论》与《秋水》在认识论上是一致的，都是庄子集中讨论其相对主义认识论的篇章。但论述方法不同，前者大多是直接论证，是绕口令般地自说自话，间或加一两个寓言说理式的谕证；而在后者中，庄子则是比物连类，融会贯通，以寓言说理式的推类谕证为主，并借助于河神与海神在海天缥缈中的质疑与解惑，以形象的感性直观的事物描述，阐明了他的相对主义认识论思想。这些相对主义认识论思想虽然仍不免有些水雾氤氲，但在庄子的形象化描述及推类中，却又似乎变得心有觉厉、心照神交了。我们自可以从那些生动的寓言人物形象中，知晓并领略在不明白事物大小、贵贱的事理之前，盲目自大是井底之蛙，孤陋寡闻而又自鸣得意也是贻笑大方的。故而在现实生活中不能做“贻笑大方”的事情。

有哲人曾经说，理论是灰色的。但在《秋水》中，庄子的这些绝对相对主义理论却被说得绘声绘色。故而寓言说理具有生动性、形象性、完整性，能够将事理的前后因果关系交代得清晰而完整，使人更容易“意象性”地感觉并理解不同事物在事理因果关系的类事理同一性上，是如何达于一致的。但是，虽然我们可以在这种“天地与我并存，万物与我为一”的绝对相对主义的幻境里，品味“庄周梦蝶”的奇妙，但不能为他解梦。我们倒是似乎看到了庄子这位哲人，在绝对相对主义的崎岖山路上特立独行的踽踽孤影。

总之，庄子的寓言说理真是太多了，均是《天下》所言“以谬悠之说，

---

1 功用。
2 取向。

荒唐之言，无端崖之辞，时恣纵而不傥，不以觭见之也”的张扬下，通过推类模式，以小谕大、以浅谕深地阐述他的思想。从这些无拘无束的寓言说理中，我们可以体会出在阐述自己的主张或进行论辩时，寓言故事的确是一种非常好的形式。即上述，它以其说理的生动性、形象性、完整性，将事理的前后因果关系交代得清晰而完整，使人更容易理解不同事物在事理因果关系的类事理同一性上，如何由“言事”而“论道”地达于一致。因此，在对精深哲理思想进行形象化的描述中，寓言说理以其“意在此而言寄于彼”[1]，“放词乎无方，措旨于至适”[2]，“九奏中新声，八珍中异味”[3]，显示了它自身的艺术特色。

第二节　庄子寓言说理的艺术特色

一　寓言说理的特点

1. 具有完整的故事结构

在性质上，庄子的寓言说理基本大多为虚构，是庄子借助于一个足以说明一个事理的虚构故事来启发人的智慧，故而把抽象的思想与生动的生活经验故事化、形象化，并将其寄托在寓言故事中，从而表达自己的思想。这样，寓言说理首要的特征就是一种带有劝谕或讽刺意味的潜含着说理论辩的完整故事。或如，《山木》中的“螳螂捕蝉，黄雀在后”：

庄周游于雕陵之樊，睹一异鹊自南方来者，翼广七尺，目大运寸，

1　（清）王先谦《庄子集解》注：“寄寓之言，十居其九，意在此而言寄于彼。”

2　（唐）刘禹锡《因论·序》：“放词乎无方，措旨于至适，其寓言之徒。”

3　（唐）白居易《禽虫十二章·序》：“庄（子）列（子）寓言，风骚比兴，多假虫鸟以为筌蹄。故诗义始于关雎鹊巢，道说先乎鲲鹏蜩（晏鸟）之类是也。……此乃九奏中新声，八珍中异味也。”

感周之颡，而集与栗林。庄周曰："此何鸟哉，翼殷不逝，目大不睹？"蹇裳躩步，执弹而留之。睹一蝉，方得美荫而忘其身；螳螂执翳而搏之，见得而忘其形；异鹊从而利之，见利而忘其真。庄周怵然曰："噫！物固相累，二类相召也。"捐弹而反走，虞人逐而谇之。

在这则寓言说理中，庄子描述出了一个触目惊心的场景：螳螂企图捕捉蝉，怪鸟要吃掉螳螂，庄子要打下怪鸟，看守栗园的小官吏在监视庄子。通过这一场景，庄子发出了自己的感慨："咦！万物原是互相牵累残害的，彼此之间，利害也都是互相招致的呵！"或如，《应帝王》中的"混沌之死"：

南海之帝为倏，北海之帝为忽，中央之帝为混沌。倏与忽时相与遇于混沌之地，混沌待之甚善。倏与忽谋报混沌之德，曰："人皆有七窍，以视听食息，此独无有，尝试凿之。"日凿一窍，七日而混沌死。

这则寓言说理的故事场景是：倏和忽为了报答混沌殷勤款待的好意，不听其自然，反而把混沌折腾死了。或如，《山木》中的"齐人有二妾"：

阳子之宋，宿于逆旅。逆旅人有妾二人，其一人美，其一人恶，恶者贵而美者贱。阳子问其故，逆旅小子对曰："其美者自美，吾不知其美也；其恶者自恶，吾不知其恶也。"阳子曰："弟子记之！行贤而去自贤之行，安往而不爱哉！"

这则寓言说理中，庄子以故事形式，讲述了美丑的衡量标准问题，美丑因人而异。或如，《养生主》中的"庖丁解牛"：

吾生也有涯，而知也无涯，以有涯随无涯，殆已！已而为知者，殆而已矣！为善无近名，为恶无近刑，缘督以为经，可以保身，可从全生，可以养亲，可以尽年。

庖丁为文惠君解牛，手之所触，肩之所倚，足之所履，膝之所踦，砉然响然，奏刀騞然，莫不中音，合于《桑林》[1] 之舞，乃中《经首》[2] 之会。

文惠君曰："嘻，善哉！技盖至此乎？"

庖丁释刀对曰："臣之所好者道也，进乎技矣。始臣之解牛之时，所见无非全牛者，三年之后未尝见全牛也。方今之时，臣以神遇而不以目视，官知止而神欲行。依乎天理，批大郤，导大窾，因其固然。技经肯綮之未尝，而况大軱乎！良庖岁更刀，割也；族庖月更刀，折也。今臣之刀十九年矣，所解数千牛矣，而刀刃若新发于硎。彼节者有间，而刀刃者无厚，以无厚入有间，恢恢乎其于游刃必有余地矣。是以十九年而刀刃若新发于硎。虽然，每至于族，吾见其难为，怵然已戒，视为止，行为迟，动刀甚微，謋然已解，如土委地。提刀而立，为之四顾，为之踌躇满志，善刀而藏之。"

文惠君曰："善哉！吾闻庖丁之言，得养生焉。"

"庖丁解牛"的寓言故事，主旨是在讲养"生之主"，即养精神的意思。养生的道理重在顺应自然，忘却情感，不为外物所困扰；养生的关键在于"缘督以为经"。

在具有完整故事结构这一特点上，寓言与单纯的比喻式推类有别，后者没有完整的故事结构。如《孟子》《墨子》中的许多"譬"式论辩等。

1　商汤时的乐曲名。

2　传说尧时的乐曲名。会：音节。

2. 具有寓意性

庄子的寓言说理不是空穴来风，而是根据故事中活灵活现的各种形象的特定生活场景和习性来寓意的。因此，具有寓意性是寓言的生命所在。

在表达方式上，寓言一般都可视为暗喻（隐喻），按照类事理同一性，通过对寓言人物生活习性的描写，在生活经验的公共知识基础上，以小谕大、以浅谕深，寄寓自己的思想观点。或者说，“二类相召”是在经验直观上连通所“言”之“事”与所“论”之“道”的。

或如，《秋水》中“望洋兴叹”之河神从小河川来到浩渺无际的海洋时，洞天豁然的感觉，寓意偏于一隅、小不知大的狭隘；又如《秋水》中“井底之蛙”由于坐井观天却又至乐无穷，寓意目光短浅却又自视清高；以海鳖生活领域的宽广寓意其见多识广。通过对这些寓言人物生活习性的描写，寓言的寓意得到了清晰、生动的表现。

或如，在“螳螂捕蝉，黄雀在后”的寓言故事中，从庄子设置的故事场景以及他的感叹中，我们自可以从生物之间的关系，启发联想至人与人的关系。只顾眼前利益，往往免不了有不测的后患。按着这种思维的一贯性，一个普遍的道理也就昭然若揭了：利与害、祸与福都是相因相依的，顾前不顾后，见利忘害，是非常危险的。而这，也就是庄子最后由“言事”而“论道”想要说明的主旨：事事应该“无为”。至于“二类相召”的说法，此后的《吕氏春秋》有“类同相召”，《淮南子》有“类固相召”。都是在“类在理上说得通”之意义上表达的。

或如在“混沌之死”的故事场景中，庄子安排的悲剧结局，出人意料，却又发人深省。混沌的自得其乐，表明了庄子渴望一种自然无序状态中的自然无为，无是无非，无贵无贱。如《大宗师》所言，不知梦：“其寝不梦”；不知忧：“其觉无忧”；不知味：“其食不甘”；不贪生怕死：“不知悦生，不知恶死”。宁肯如《天地》所言采用“用力甚多而见功寡”的手工劳动去耕耘浇灌，也不使用“用力甚寡而见功多”的机械去引水。如果人为地对这种自然无为的状态横加干涉，反而要损害它的本性。顺着庄子的思路，我们从“混沌之死”，理解了庄子对人类社会完善状态被破坏的叹息；同时也可以理解这则寓言说理中的意喻：一切事情都要“顺乎自然，清净无为”。

不过，从说理论辩所必须遵循的“类事理”必须同一的角度分析，混沌的自然无为与庄子所要阐发的消极社会观之间还是缺乏贯通同一性的因果联系。从积极的方面来讲，这则寓言也可揭示一个道理：无论做什么事情都应使动机和效果相联系，不顾实际需要和客观条件，任何良好的动机和热忱都可能换来适得其反的结果。这仍可以从庄子寓言说理的推类论证中理解到。

对于庄子“混沌之死”中谕证的“动机与效果必须要统一”的道理，《墨子・耕柱》中也曾有过相关的论证。只不过墨子在论证这个道理时，并没有采用故事形式，而是直接援例推类。

> 子墨子怒耕柱子。耕柱子曰：“我毋愈于人乎?”子墨子曰：“我将上太行，驾骥与羊，我将谁驱?”耕柱子曰：“将驱骥也。”子墨子曰：“何故驱骥也?”耕柱子曰：“骥足以责。”子墨子曰：“我亦以子为足以责。”

在《鲁问》篇中，墨子认为，“钓者之恭，非为鱼赐也；饵鼠以虫，非爱之也”。要“合其志功而观焉”。意即要结合一个人的动机和效果来看他的行为是否有利于人。后期墨家也在《墨经》中强调要“志功合一”。这表明，墨子在上述谕证中，“志功为辩”“志功合一”的推类，均为援例推类。

再回到庄子的话题。在“齐人有二妾”中，故事表面的“论道”是讲美丑的衡量标准问题，美与丑皆为因人而异；但实质上是庄子借寓言批判当时的儒墨之是非。在“恶者贵而美者贱”上，《齐物论》所言“儒墨之是非，以是其所非，而非其所是”，此与“自美者”并无二致。按照“二类相召”的思维规范，我们理解了庄子“弟子记之！行贤而去自贤之行，安往而不爱哉”的告诫，自然也就明白了《在囿》中对“儒墨毕起，于是乎喜怒相疑，愚知相欺，善否相非，诞言相讥，而天下衰矣”的痛彻心骨了。

基于上，在怎样“意在此而言寄于彼”地寄寓自己的思想观点上，寓言故事是一种非常好的表达形式。如果失去寓意性，寓言也就无理可说，在这一特点上，它与单纯的叙事故事有别，单纯的叙事故事没有寓意性[1]，如《左传》《国语》《山海经》等中的一些历史故事或历史传说。

3. 故事奇特却又合理

寓言故事可以异想天开，极度夸张，却又旨趣归于恰当合理，即所谓的“放词乎无方，措旨于至适”。庄子的寓言说理就是按生活经验的公共知识判断，虽奇特而又合理，满溢着睿智哲理。或如，《外物》篇中的“任公子钓鱼”：

> 任公子为大钩巨缁，五十犗[2]以为饵，蹲乎会稽[3]，投竿东海。旦旦而钓，期年不得鱼。已而大鱼食之，牵巨钩陷没而下，骛扬而奋鬐。白波若山，海水震荡，声侔鬼神，惮赫千里。任公子得若鱼，离而腊之，自制河[4]以东，苍梧[5]以北，莫不厌若鱼者。

所述场面宏大，奇崛峭丽。其气韵生动，豪放峻发。如果没有非凡的想

1 单纯的叙述故事侧重于描述一件事情的发展过程，作者一般不在故事中对人物或事件加以评论。
2 xiá，阉割过的牛。
3 山名，在浙江省。
4 浙江。
5 山名，广西苍梧县。

象，是无法如此汪洋恣肆，大气磅礴的。在此笔底波澜中，读者自可以在这人神幻化的奇思异想中，随着庄子“无端崖之辞”之想象，纵驰天下，并从中领略庄子雄浑开阔的意境。但这种想象与夸张是以理解上的恰当性、合理性，有效表达着寓言说理的寓意所在。所“寓”之“意”在融贯“类、故、理”上生效了。

或如，在“庖丁解牛”中，庖丁的一系列眼花缭乱的解牛动作，其所表现出来的出神入化的手艺，以及从中所获得的内心愉快和精神满足，正是深深植根于现实生活土壤中的。因为，虽然养生的道理重在顺应自然，忘却情感，不为外物所困扰；养生的关键在于“缘督以为经”，但在这个论证说理过程中，“庖丁解牛”只是庄子用来论证说理的论据，或引征的事例，它是构成观点的材料，并非观点本身。虽然如此，但我们仍然可以通过庖丁开始解牛时全以“目视”，三年后就以“神遇”，可以直接透视牛体，运起刀来“以无厚入有间，恢恢乎其于游刃必有余地”的养生境界，体会到这是一种“道”的境界，一种绝对自由的“逍遥”境界。这个境界也就是“依乎天理”，“因其固然”，“独与天地精神往来，而不傲睨于万物”的状态。这仍然是“鲲鹏展翅”寓言故事中所要阐明的道理。

从这个意喻来看，处在复杂的社会里，要保全自己，就得像庖丁解牛一样，找空隙下刀，避开一切矛盾，“以无厚入有间”。这样就能像保护刀刃一样，不至于使自己受到损害，才可以“保身”“全生”。而这种意喻之所以能够成立，就在于从“庖丁解牛”的“合于《桑林》之舞，乃中《经首》之会”的乐音流泻中，我们可以品味出“缘督以为经，可以保身，可从全生，可以养亲，可以尽年”。在“依乎天理”“因其固然”的事理上，小小不言的“庖丁解牛”实在与“缘督以为经”的大道理有由此及彼的“类事理”的同一性。故而在“庖丁解牛”中，类事理的同一性决定了庄子所设论题与所举论据之间的联系性和可信度。试想一下，如果庖丁上来就说：“我们应该避开矛盾，逍遥地活在世上，此为养生之道啊！”会有几个人能够欣然接受呢？而如今人们接受了“庖丁解牛”的故事，也就理解并接受了寓言说理的魅力了。

作为题外话，“庖丁解牛”所揭示的道理，似乎也体现了一种消极的、滑头主义的处世哲学，它以人们绝不可能改变自然的约束，要求人们如《养生主》所言“适来夫子时也，适去夫子顺也。安时而处顺，哀乐不能入也”的处世态度，以《人间世》所言“知其不可奈何而安之若命，德之至也”的恬淡心境，超然物外，超越是非，安静恬足。虽然“庖丁解牛”也充满了这样的意喻，但从另一种角度讲，“庖丁解牛”仍然有其积极的启发意义，即一切客观事物都有它内在的规律性，我们如果能够按规律办事，就能够少碰钉子。而掌握客观事物的内在规律性，在于长期的生活实践。只有这样才能像庖丁解牛那样，顺应客观规律，“恢恢乎其于游刃必有余”。如果我们明白了这一点，无论做什么事情，都应该尊重客观规律，依客观规律办事，就可以像庖丁解牛后一样，“提刀而立，为之四顾，为之踌躇满志，善刀而藏之”了。而这一切感受、计划、组织、实施，我们仍然是从“庖丁解牛”这一寓言说理的推类谕证中得到的。

4. 语言简洁

寓言说理一般语言简洁，含蓄蕴藉，寓意深刻，耐人寻味。正因为如此，寓言说理才经得起咀嚼。“虽蛰吻裂鼻，缩舌涩齿，咸有笃好之者。”[1]

5. 具有一般推类的性质与特点

在方法论上，寓言说理中这种“用不着明说”的寓意，就具有了推类模式的性质与特点。即在描述一个故事时，无论它怎样“无端崖”的奇特，都

1 （唐）柳宗元：《读韩愈所著“毛诗传”后题》。

可以故事本身的小道理说明、寓意与寓言故事具有同一性的大道理。即庄子所说，“寓言十九，藉外论之”。在性质或因果关系上，小道理与大道理具有同一性、可比性，可以由此及彼，以小明大，由浅入深。如果丧失了这种性质和特点，人们将不知寓意所在，不明所以了。推类模式的固化形式由此而来。

二　寓言说理的根据

1. 隐喻的手法及其根据

按上一章第一节注释，“隐喻”（metaphor）的英文源于希腊语的“转换”（meta），意谓“跨越”“负载”“传送”。原义是将某种负担从一个地方转移到另一个地方。[1] 它的特征是话语在特定语境中产生意义转移现象：托物寓意。即《说文解字・宀部》“寓，寄也”“寄，讬也”。这种意义转移现象也可以称作“隐涵”。

人们在言语的沟通交际中，有时说话者的话语所传达的意义可分为两个部分，一部分是话语的言说内容，另一部分是话语的隐藏内容。这部分隐藏内容就是“隐涵”。隐涵之所以能够做到意义转移是因为它“话里有话”，让人们“意会”字面背后的意义。即理解所“言”之“事”后面的所“论”之“道”。这种意会式的理解可能是模糊的，但只要有一定的“灵性直觉”，就会倏忽之间自然转换认识对象，接受它意义转移后的“隐涵”意蕴。

2. 意义转移的稳定性

寓言说理为什么是这个故事而不是那个故事，本来具有偶然的、临时的

1　参见张沛《隐喻的生命》，北京大学出版社，2004，第 2 页。

个人因素。这与一般推类模式的“言事”引征没有什么本质区别，“比之为义，取类不常：或喻于声，或方于貌，或拟于心，或譬于事”。只不过一旦这些或为日常生活经验、或为历史归纳的史实经验之引征，在谕证者杜撰的故事场景中，将这些偶然的、临时的、个性化的语境隐涵浓缩凝固为一个成语，并且得到人们认可，使用频率不断增加，它就会在不断的拷贝、复制中，固化了它的意义转移现象，具有了固定隐涵的稳定性与价值扩散性。

庄子的寓言说理就是在这种方法论意义导引下，以一种稳定的文学形式，凝固为后世中国人谕证事理中常用的成语。我们今天在使用那些包括庄子创造的成语时，可能都不会再考虑甚至“得意而忘言”地忽略、遗忘了它产生之初的本来意义，但那种因固化而稳定的“言事而论道”之隐涵，却是我们当下说理的稳定依据。譬如，“运斤成风”[1]“河东狮子吼”[2] 等。

3. 意义转移的合理性

而成语的形成又反过来促进了寓言说理意义转移的合理性。一个寓言说理，无论它在历史的“当时”如何谕证说理，还是在如今之“当下”如何引用成语表明自己的意图，都意味着它无论原初场景是怎样的“无端崖”，我们都相信了这个“言事”场景的存在，在共知性上相信了这种“预设”[3]。

庄子的寓言说理故事能够成立并为人们所传诵，就在于人们在理解这些故事时相信了寓言所预设的故事情景存在并理解接受了。即“（庄子）总是拿人和木、鱼、石等量齐观，这个假言的大前提是他的一切辩说的依据”[4]。

1　《庄子·徐无鬼》。一般用来比喻技术极为熟练高超，有时也用于形容自信。

2　南宋洪迈的《容斋随笔·陈季常》记载苏东坡嘲笑龙丘居士陈季常怕老婆：“龙丘居士亦可怜，谈空说有夜不眠，忽闻河东狮子吼，拄杖落地心茫然。”河东为古代郡名，在今山西南部；柳姓是世居当地的显贵家族；狮子吼为佛家用语，比喻威严，一吼百兽慑服。龙丘居士好谈佛，其妻子为柳姓，又妒悍非常，所以苏东坡便以“河东狮子吼”戏谑他。现在一般比喻妇人妒悍，并借以讥讽惧内的人。

3　“共知性”是预设规则的最基本特点，预设规则也成为人际沟通中普遍遵守的语用规则。参见第二章第六节之三的“预设”注释。

4　侯外庐：《中国思想通史》第一卷，人民出版社，1980，第 312 页。

这也正是这些寓言说理故事能够发挥“说理”作用的原因所在。因为，无知无觉、自生自灭的大自然中一切看似不合理的事物，在庄子“无端崖之辞”的认识中焕然在不合理的事物中隐藏着合理的傲气与伟岸，而不管这种不合理的事物是在泥里拖着尾巴爬行的神龟，还是在污泥浊水里游戏的小猪。[1]因此在其寓言推类的过程中，自然要将其人格化。自然成为人无机的身体，人成为自然有机的部分。因此在庄子“述道以翱翔”的引征谕证中，庄子借助于主观情愿与外在物象相融合的心象，心物交融、虚实相生，使寓言说理成为一种意象性的诗意逻辑。

这种诗意逻辑以一种“体验的真实”，要求“以身体之，以心验之”，指向善的价值世界。在“比类寓意，又覃及细物”的思维过程中，以“比类”表明总有一种更深刻的意义需要表达，以“寓意”表明在这种思维方法下这种意义能够表达，以“覃及细物”表明在这种论证方法下，要深思意义转移后所谕证的真、善道理。按此，庄子的寓言说理，就以意象性的推类模式的固化形式，在“取辩于一物而原及天下之污隆”的思辨中，去寻求、体味创造生活的意义和诗意中的逻辑意义了。

第三节　庄子寓言说理的固化根据及对传统思维方式的影响

一　庄子寓言说理的固化根据

庄子寓言说理之所以能够形成先秦推类模式的一种特有的固化论证形式，并影响了中国人传统的思维方式，其原因在于：

1　见（西汉）司马迁《史记·老子韩非列传》中评庄子语。

在先秦推类模式发展过程中诸子大多重视对“类”的研究。如前述邓析的“谈辩者，别殊类使不相害，序异端使不相乱，谕志通意，非务相乖。若饰词以相乱，匿词以相移，非古之辩也”；孔子“能近取譬”的思维方法；墨子“察类”“知类”“明故”的论辩要求；孟子“故凡同类者，举相似也”的初步界定；惠施“以其所知谕其所不知而使人知之”的理论概括；等等。

这种对“类”的认识及“援类而推”的论辩方法，关注点只是两个思维对象，或用来做“比”的事物与所论证事物之间有“举相似”的同一性，从而断定对于它们肯定或否定的思维取舍也应该相同。显然，这种类事理上“同情”“同理”的同一性，可以增强引征谕证“说明”的力度，对于古人论辩各种政治伦理问题时“取辩于一物”有着非常积极的意义，表明了现世应该怎样做和为什么这样做的伦理精神，并以这种思维方法最好地表达了先秦时代的理想诉求，熔铸了那个时代求真的态度与精神，以及求善、求治的振世精神和人文关怀。这样，作为一种具有先秦时代特色的思维“法式”，“援类而推”的方法适时地成为当时历史条件下的一种主导推理类型。

但是，在通过推类模式以论说自己各自主张的方法使用上，可以说先秦诸子都是善于引征谕证的好手，这是他们的共性。但在引征之“言事”的随机选择上，还是有所区别的。

庄子以前的其他诸子对“推类”方法的使用，基本上是引征某一或生活经验或历史经验，来说明与此具有相似事理的“当下”政治伦理大事，故事性还不强，谕证完就结束。此其一。其二，其他诸子的引征过程一般采用援例推类法，其所援引的事例一般是现实生活中实际存在的。

而庄子为了谕证他的哲学认识论或精神快乐主义，基本采用的是谕证推类法，其随机选择的引征之“言事”，可以是现实存在的生活经验或历史经验，但大多是庄子在现实存在的生活经验或历史经验基础上，在类事理相通的意义下，随机杜撰出来的“无端崖之辞”，其类事理的说明作用往往不会随着当下引征谕证的结束而终结，反而以“有意味的故事”形式长久流传，并以其隐涵的深刻类事理说明作用，恒久地告诫着历史长河中的后人。大概正是在此意义上，对于庄子这种“以谬悠之说，荒唐之言，无端崖之辞，时恣纵而不傥，不以觭见之也”的引征谕证风格，司马迁才感慨评价：“其著书十余万言，大抵率寓言也。……皆空语无事实。然善属书离辞，指事类情，用剽剥儒墨，……其言洸洋自恣以适己，故自王公大人不能器之。”[1]

或如《逍遥游》中庄子与惠施关于“有用”“无用”论辩时的援例推类。

惠子谓庄子曰：“魏王贻我大瓠之种，我树之成而实五石。以盛水浆，其坚不能自举也；剖之以为瓢，则瓠落无以所容。非不呺然大也，吾为其无用而掊之。”

庄子曰：“夫子固拙于用大矣。宋人有善为不龟手之药者，世世以洴澼絖为事。客闻之，请买其方百金。聚族而谋曰：‘我世世为洴澼絖，不过数金。今一朝而鬻技百金，请与之。’客得之，以说吴王。越有难，吴王使之将。冬，与越人水战，大败越人，裂地而封之。能不龟手，一也，或以封，或不免于洴澼絖，则所用之异也。今子有五石之瓠，何不虑以为大樽而浮乎江湖，而忧其瓠落无所容？则夫子犹有蓬之心也夫！”

这段论辩说的是：有用、无用，是看怎么认识。在论辩方法上，采用的是援例推类法，所引征例证应该是现实生活中真实存在的。

惠施说了“大瓠”，又接着说“大树”：

惠子谓庄子曰：“吾有大树，人之谓樗，其大本臃肿，而不中绳墨，

1　（西汉）司马迁：《史记·老子韩非列传》。

其小枝卷曲，而不中规矩。立之涂，匠者不顾。今子之言，大而无用，众所同去也。”

庄子曰：“子独不见狸狌乎？卑身而伏，以候遨者。东西跳梁，不辟高下，中于机辟，死于网罟。今夫斄牛，其大若垂天之云，此能为大矣，而不能执鼠。今子有大树，患其无用，何不树之于无何有之乡，广莫之野，彷徨乎无为其侧，逍遥乎寝卧其下。不夭斤斧，物无害者。无所可用，安所困苦哉！”

这段论辩说的也是：有用、无用，是看怎么认识。既采用现实生活中真实存在的援例推类，也有夸张手法的纯粹谕证推类。

于是，自《诗经》开始的“善假于物”的推类模式，至庄子就以“寓言”形式更进一步固定了。因为，尽管如前所述，“援类而推”的思维方法具有一定的依据、取法标准、思维进程等，既是经验积累的结果，又是理论总结的结晶，但在这种“取辩于一物而原及天下之污隆”的推类谕证中，“取辩于”什么，有其随意性，而由庄子大量开发由随意推类发展而来的寓言说理故事，不但以其“意在此而言寄于彼”的推类特点，更以其具有完整的故事结构、具有寓意性、故事奇特却又合理、语言简洁等特点，在其隐喻手法之意义转移的稳定性与合理性的根据中，以思维规范的知性与寓言说理的感性，充当了说理谕证的有效形式。

二　庄子寓言说理对传统思维方式的影响

庄子寓言说理的思维方法，至韩非又发展到了极致，《韩非子》一书中即保存有大量生动的寓言说理故事，故而《文心雕龙·诸子》也认为“韩非著博喻之富”。他们那些富有较高思想性和艺术性的寓言说理故事，同古代诸多同样富有较高思想性和艺术性的寓言说理故事一样，以有效论证的一种合适载体，以小谕大、以浅谕深，在以明类事理因果关系的同一上，展现了寓言说理更加完整、清晰、形象、同一性明显的魅力。这也就是中国古人在说理时喜欢并擅长使用寓言说理这种形式的原因所在。

正因为寓言说理的思维方法是为了满足中国古代人的思维论辩需要而创生，在历史的长河中，它以其意象性的思维方式反映了中国人在生活态度上更偏重于经验的、直觉的精神感受。表现在认知与行动的关系上，寓言说理的思维方法就被不断通过传递而得以自我复制。在古人创造下，许许多多的寓言说理已将其以小谕大、以浅谕深的真知灼见凝固为一个个成语，积淀在中华文化的血脉里，并且潜移默化地影响着中国人的思维方式。这也就是我们今天在使用这些成语时，为什么会按照“类事理”同一性的规范，从这些成语所显现的小事理中去理解其所蕴含的思想深邃的大道理了。

实际上，当我们今天在沟通交际或说理论证时，每使用一次成语，每使用一个成语，就是在使用一次推类模式。而这每个人每一次的使用，不管是否意识到，都是对先秦推类模式的不断复制、不断固化，并在对其方法论价值的不断扩散中，持续不断地强化着我们这个民族的传统思维方式，代代相传地使之成为具有恒久价值的文化内容。从这个意义上讲，中国传统思维方式的形成，庄子所擅长的寓言说理也是功不可没的。

第十六章 先秦推类模式固化形式的经典历史果实

相比于庄子的“述道以翱翔”，处于亡国之际的韩非就不那么浪漫了。其《孤愤》《五蠹》《说难》诸篇，“镮药之祸，非虚至也”，充满愤怒的情绪，但“韩非著博喻之富”，[1] 也以冷峻面孔留给后世大量生动的寓言说理故事，将先秦推类模式的固化形式推至一个新高峰。其中，直至“逻辑意识”已完全浸入每一个人思想深处的当下，在人们日常使用的有关逻辑思维概念中，使用最频繁词汇之一的“矛盾”一词，就是由韩非在论证着社会方方面面的同时，以先秦推类模式固化形式催发出来的经典历史果实。

“矛盾”一词的产生所表明的是，作为逻辑学基本规律之一的矛盾律，其基本内容和要求，虽然不会因逻辑传统所依赖的历史文化不同而有所区别，但不同文化背景下的产生过程，却有着各自传统文化的特色。“矛盾”一词产生于韩非的寓言说理，也是他所处时代的历史文化“逼迫”出来的。

第一节 “矛盾”思想产生的时代背景

韩非所处的战国后期，社会生活中各种对立现象日益突出。

---

1 （南朝）刘勰：《文心雕龙·诸子》。

一　反映在社会现象中的对立

其一，是农业与商业的对立。

其时，随着奴隶制向封建制度的过渡，社会经济形态也随之发生变化。虽然农业随着各种技术的进步得到了发展，但由于“交通打开，货币盛行，经济重心由农业趋向于商业”[1]，那些较之商周时期更加领域化的商人群体，按《国语·齐语》所言“服牛轺马，以周四方，以其所有，易其所无”，冲击着“以农为本”的传统基础。面对如是的农、商对立，极度维护春秋以来重农抑商传统的法家代表人物韩非，在其《五蠹》中痛彻心扉地把“商工之民”列为社会“五蠹”之一，认为既要图强，就必须“使其商工游食之民少而名卑，以寡趣本务而趋末作”。

其二，是公田与私田的对立。

战国后期，随着社会进一步发展，春秋以来“井田制”所代表的“公田”，一点点地被以往的封地者转化为“私田”，继而又随着土地交易的实际发生，成为真正耕作者的“私田”。“公”与“私”的对立在“以农为本”的基础领域也溢出台面。

其三，是礼仪制度的对立。

春秋时期，礼崩乐坏，“公”“私”对立，伦理现实地表现为“义”“利”对立。“春秋时犹尊礼重信，而七国则绝不言礼与信矣。春秋时犹宗周王，而七国则绝不言王矣。春秋时犹严祭祀，重聘享，而七国则无其事矣。春秋时犹论宗姓氏族，而七国则无一言及之矣。春秋时犹宴会赋诗，而七国则不闻矣。春秋时犹有赴告策书，而七国则无有矣”[2]。

1　梁启超：《先秦政治思想史》，东方出版社，1996，第74页。

2　（清）顾炎武：《日知录集解》，花山文艺出版社，1990，第585页。

二　反映在思想上的对立

战国时期，如何“思以其道易天下”的百家争鸣已持续几百年，但相左的思想仍然在激烈争论。《孟子·滕文公下》所言的“圣王不作，诸侯放恣，处士横议，杨朱墨翟之言盈天下，天下之言，不归杨即归墨”，《淮南子·泛论训》所评价的“孔子立，墨子非，墨子立，杨朱非，杨朱立，孟子非”的政治思想纷繁复杂情况仍然存在，如何培养《孟子·公孙丑上》的“是非之心，智之端也”始终是一个需要世代继续探讨的问题。

三　在“名辩”问题的探索方面，也存在着如何制定思维规范的对立

虽然其间有老子要求在认识事物中，要正确从事物的正面规定性中，分析出反面规定性，在语言表达形式上，以《老子·六十五章》“知此两者亦稽式”的认识法式为归结的辩证认识，但《老子·七十八章》“正言若反”的思维方法，仍然只是一种带有道统思想的“相关律名学”或“辩证法的名学”[1]。

虽然墨子通过揭露论敌混淆概念的逻辑错误，提出了“悖”的问题，将“悖”之“违反”“背逆”的最初意义上升为一个具有逻辑学意义的概念，并通过对各种“悖”现象的语言分析，揭露了论敌自相矛盾的逻辑错误。但这个具有逻辑学意义的概念，并没有在总结“矛盾”现象的意义上得到普及。不论当时如何，至少在现在，“悖”概念反而与先秦名家的一些“怪论”有

1　张东荪：《思想言语与文化》，张汝伦编《理性与良知——张东荪文选》，上海远东出版社，1995，第365页。

了相互映照的“广义悖论”意义解释。[1]

虽然庄子从“齐物”“齐是非”“辩无胜”的心路轨迹，以其“不谴是非，以与世俗处”的反调，提出了“辩无胜”的问题，以此来剽剥儒墨。但“辩无胜”所提出的思维法则问题即我们前述的，一是关于“是非”及“是非”的标准问题；二是由“是、非”所引申出来的关于如何认识矛盾、解决矛盾以及对于是非的判断有无一个规范认识的思维规律问题。这些问题仍然是当时百家争鸣的政治伦理传播活动中所出现的是非“樊然殽乱”的现实情况。但庄子的哲学认识论理念也决定了他不可能解决这些问题，只是把这些问题丢给了《齐物论》中的“圣人”，“圣人和之以是非而休乎天钧”，希望通过“化声之相待，若其不相待。和之以天倪，因之以曼衍，所以穷年也。忘年忘义，振于无竟，故寓诸无竟”的根本途径，以超越是非的“莫若以明”之境界，使是非均衡、齐一，忘掉生死，忘掉是非仁义，畅游于无穷境域，神骛八极，心游万仞，终身作逍遥游了。

从理论上解决这些问题的是后期墨家及韩非。

《墨经》之《经下》《经说下》提出，“谓辩无胜，必不当，说在辩”；“所谓非同也，则异也。同则或谓之狗，其或谓之犬也。异则或谓之牛，其或谓之马也。俱无胜。是不辩也”。但后期墨家对矛盾思想的理论分析，也是借助“取辩于一物”来谕证完成的。《经说上》“或谓之牛，或谓之非牛，是争彼也。是不俱当，不俱当，必或不当。不当若犬”。才有了《经说下》“辩也者，或谓之是，或谓之非，当者胜也”的对矛盾思想的分析。这些分析表明

1　陈波曾在对先秦名家的一些“怪论”研究基础上，对“广义悖论”有过一个界定：“它们的共同特点是‘抓住一点，不及其余’，或者仅从运动的一面，或者仅从静止的一面，或者以局部涵盖整体，或者以相对为绝对，或者以特殊为普遍，或者以个别为一般，得出了一些违反语言常识和经验常识的命题，因而它们都是诡辩命题，都是‘悖谬之辞’，即广义的‘悖论’。”陈波：《先秦文化中的怪论与悖论》，《华中师范大学学报》2012 年第 6 期；陈波：《悖论研究》，北京大学出版社，2014，第 353 页。青年学者杨晓军对“广义悖论”也有一个评价：“在现实生活中，与‘悖论’的狭义用法比起来，广义悖论更符合人们的日常用法，这是因为，广义悖论具有如下几个特征：第一个特征，违反常识或直觉；第二个特征，相对性——时代性与主体性。”杨晓军：《先秦名辩中的“悖”思想研究》，博士学位论文，南开大学，2019 年。

了：其一，一对相互反对的对立判断不能同时都正确："是不俱当"；其中必有一个是错误的："必或不当"。其二，判断正确的就为"辩胜"一方："当者胜也"。但《墨经》的这些分析只说明了矛盾律的基本内容[1]及逻辑要求，[2]"争彼"并不是一个具有普遍意义的"定名"。

上述这些"战国时期社会历史的事实矛盾在逻辑思维中已不能不有所反映"[3]。因此，出于统一概念的"正名""定名"需要，出于统一规则的功用需要，韩非就在反对"无度"[4]基础上，《解老》篇在探索"万物莫不有规矩，议言之士计会规矩也，圣人尽随于万物之规矩"的过程中，如《史记·老子韩非列传》所言"悲廉直不容于邪枉之臣，观往者得失之变"，索察当时社会的政弊成因，从分析自然、社会、思维中存在的大量矛盾对立现象，开始了他寻求"常仪"的艰难创新之旅。

第二节 韩非对"矛盾"现象的考察

同荀子一样，韩其实也并不主张"辩"。他在《外储说左上》中，还以"虞庆造屋"[5]与"范且制弓"[6]的寓言说理，指出在现实生活中，总有虞

---

1 在同一个推理论证过程中，互相否定的判断不可能都是真的，其中必有一个是假的。并非（A 且非 A），$\neg(A\wedge \neg A)$。

2 一贯性要求，不能自相矛盾。

3 温公颐：《先秦逻辑史》，上海人民出版社，1983，第 338 页。

4 韩非所反对的"无度"之"度"多为"标准"之意。诸如，"赏罚无度，国虽大，兵弱者，地非其地，民非其民也"（《饰邪》）；"处乡不节，憎爱无度，则争斗之爪角害之"（《解老》）；"废置无度则权渎，赏罚下共则威分"（《八经》）；"有度难而无度易也。有常仪的，则羿、逢蒙以五寸为巧；无常仪的，则以妄发而中秋毫为拙。故无度而应之，则辩士繁说；设度而持之，虽知者犹畏失也，不敢妄言"（《外储说左上》）等。

5 虞庆将为屋，匠人曰："材生（没晾干）而涂（泥）濡（湿），夫材生则挠（弯曲），涂濡则重，以挠任重，今虽成，久必坏。"虞庆曰："材干（干燥）则直，涂干则轻，今诚得干，日以轻直，虽久必不坏。"匠人诎，作之成。有间，屋果坏。

6 范且曰："弓之折，必于其尽（制作的最后阶段）也，不于其始也。夫工人张弓也，伏檠（矫正器具）三旬而蹈（装）弦，一日犯机，是节之其始而暴之其尽也，焉得无折？且（我）张弓不然：伏檠一日而蹈弦，三旬而犯机，是暴之其始而节之其尽也。"工人穷（词穷）也，为之，弓折。

庆、范且那样的人，夸夸其谈，似无可辩驳，一旦干起实事，终会遭到失败。同篇意旨“范且、虞庆之言，皆文辩辞胜而反事之情。人主说而不禁，此所以败也”。故而韩非也把能言善辩者列为治理国家中必定要清除的“五蠹”之一，《亡征》中认为这些“好辩说而不求其用，滥于文丽而不顾其功者，可亡也”。于是一生以“事君”期许的韩非，在《奸劫弑臣》中“审于是非之实，察于治乱之情”，《解老》中在“从于道而服于理”，“欲成方圆而随其规矩，则万事之功形矣”的驱动下，在总结前人对矛盾现象认识的成果上，对举凡自然、社会、思维中所存在的大量矛盾现象进行了系统辨察分析。

一　对自然领域的考察

（1）自然界中对立事物不能相容。如《显学》：

> 夫冰炭不同器而久，寒暑不兼时而至。

应该说，这是从本体论意义上，对同一时间、同一关系下对同一对象不能“存在又不存在”的“三同一”思维认识要求。

（2）人的生理特点中对立功能不能两成。如《功名》：

> 左手画圆，右手画方，不能两成。

这应该是一种最基本的生活常识。

二　对社会领域的考察

（1）社会领域人与人之间关系建立在利害基础上。按《战国策》刘向书录：

仲尼既没之后，田氏取齐，六卿分晋，道德大废，上下失序。至秦孝公，捐礼让而贵战争，弃仁义而用诈谲，苟以取强而已矣。夫篡盗之人，列为侯王；诈谲之国，兴立为强。是以转相放效，后生师之，遂相吞灭，并大兼小，暴师经岁，流血满野，父子不相亲，兄弟不相安，夫妇离散，莫保其命，湣然道德绝矣。

体现在韩非时代也如此。如《备内》：

医善吮人之伤，含人之血，非骨肉之亲也，利所加也。故舆人成舆，则欲人之富贵；匠人成棺，则欲人之夭死也。非舆人仁而匠人贼也，人不贵则舆不售，人不死则棺不买，情非憎人也，利在人之死也。

从认识论意义上这也表达了辩证思维的特征，即条件变化了，人的认识也应该相应发生变化。

(2) 父母与子女是利害关系的结合。如《六反》：

父母之于子也，产男则相贺，产女则杀之。此俱出父母之怀衽，然男子受贺，女子杀之者，虑其后便，计其长利也。故父母之于子也，犹用计算之心以相待也，而况无父子之泽乎？

在《外储说左上》以及《内储说下》中，对于“长幼之间”“夫妻之间”也有这种“以薄制薄”的论述。

人为婴儿也，父母养之简，子长而怨。子盛壮成人，其供养薄，父母怒而诮之。子父，至亲也，而或谯或怨者，皆挟相为而不周于为己也。

卫人有夫妻祷者，而祝曰：“使我无故，得百束布。”其夫曰：“何少也?”对曰：“益是，子将以买妾。”

（3）君臣之间存在着利害冲突。韩非在其《孤愤》中曾悲愤地说：

主利在有能而任官，臣利在无能而得事；主利在有劳而爵禄，臣利在无功而富贵；主利在豪杰使能，臣利在朋党用私。

由此《内储说下》所言“君臣之利异”，“臣利立而主利灭”，是因为《饰邪》之“君臣异心”，“害身而利国，臣弗为也；害国而利臣，君不行也。臣之情，害身无利；君之情，害国无亲。君臣也者，以计合者也”。

（4）君民之间的对立更为严重。如《六反》：

君上之于民也，有难则用其死，安平则尽其力。亲以厚爱关子于安利而不听，君以无爱利求民之死力而令行。明主知之，故不养恩爱之心而增威严之势。

（5）法术之士（明法的人）与当涂之人（玩弄权术的人，重人）势不两立。如《孤愤》《人主》：

重人也者，无令而擅为，亏法以利私，耗国以便家，力能得其君，此所为重人也。智术之士，明察听用，其烛重人之阴情；能法之士，劲直听用，且矫重人之奸行。故智术能法之士用，则贵重之臣必在绳之外矣。是智法之人与当涂之人，不可两存之仇。

且法术之士，与当涂之臣，不相容也。……而势不两立。

(6) 治理国家上贤治与势治对立。如《难势》：

夫贤之为道不可禁，而势之为道也无不禁，以不可禁之贤与无不禁之势，……不相容亦明矣。

社会各阶层的利益对立如此，也会浸染在思维领域。

三 对思维领域的考察

不仅自然、社会领域存在着广泛的冲突和对立，在思维领域也存在着大量冲突和对立现象。

(1) 杂反之观念不两立而治。如《显学》：

墨者之葬也，冬日冬服，夏日夏服，桐棺三寸，服丧三月，世主以为俭而礼之。儒者破家而葬，服丧三年，大毁扶杖，世主以为孝而礼之。夫是墨子之俭，将非孔子之侈也；是孔子之孝，将非墨子之戾也。今孝戾、侈俭俱在儒、墨，而上兼礼之。漆雕之议，不色挠，不目逃，行曲则违于臧获，行直则怒于诸侯，世主以为廉而礼之。宋荣子之议，设不斗争，取不随仇，不羞囹圄，见侮不辱，世主以为宽而礼之。夫是漆雕之廉，将非宋荣之恕也；是宋荣之宽，将非漆雕之暴也。今宽廉、恕暴俱在二子，人主兼而礼之。自愚诬之学、杂反之辞争，而人主俱听之，故海内之士，言无定术，行无常仪。……杂反之学不两立而治，今兼听杂学缪行同异之辞，安得无乱乎？

在丧葬观念上，墨家与儒家对立；而漆雕所主张的“勇敢为正”与宋钘的“见侮不辱”也对立；但“世主”对这些相互对立的“俭而戾”与“孝而侈”以及“廉而暴”与“宽而恕”的理念及践行，都是无原则地“兼礼之”。韩非认为如果对这些相反思想都认可，必然会造成是非不明、思想混乱的局面。

（2）圣尧与贤舜之治理方针不可两誉。如《难一》：

历山之农侵畔，舜往耕焉，期年，甽亩正。河滨之渔者争坻，舜往渔焉，期年而让长。东夷之陶者器苦窳，舜往陶焉，期年而器牢。仲尼叹曰：“耕、渔与陶，非舜官也，而舜往之为者，所以救败也。舜其信仁乎？乃躬藉处苦而民从之。故曰：圣人之德化乎。”

或问儒者曰：“方此时也，尧安在？”其人曰：“尧为天子。”然则仲尼之圣尧奈何？圣人明察在上位，将使天下无奸也。今耕渔不争，陶器不窳，舜又何德而化？舜之救败也，则是尧之有失也。贤舜则去尧之明察，圣尧则去舜之德化。不可两得也。……不可两誉。

从对民有利的角度讲，贤舜就应该非尧，圣尧就应该非舜。但儒者还是一概加以溢美之词。韩非认为这也必然会因无“常仪”而造成是非不明、思想混乱的局面。

（3）君主言行对立的现象。如《诡使》：

圣人之所以为治道者三：一曰利，二曰威，三曰名。夫利者所以得民也，威者所以行令也，名者上下之所以同道也。……今利非无有也而民不化上，威非不存也而下不听从，官非无法也而治不当名。三者非不存也，而世一治一乱者，何也？夫上之所贵与其所以为治相反也。

所以，“上之所贵与其所以为治相反也”就是是非不明、思想混乱，而“世一治一乱者”就是这种状况的恶果。即《五蠹》：“无功而受事，无爵而显荣，有政如此，则国必乱，主必危矣。故不相容之事，不两立也。”

四　韩非对对立现象寓言说理式的概括分析

正是由于考察了这许多自然、社会、思维领域的种种对立和冲突，韩非认识到了这许多现象的“势不两立”，并将其归结到自己的政治主张上来。《难势》：“抱法处势则治，背法去势则乱。”并在《难一》中以楚人卖矛、盾的寓言说理故事，从认识论角度，引征谕证了这些矛盾对立现象的“不可同世而立”的特点：

> 楚人有鬻盾与矛者，誉之曰：“吾盾之坚，物莫能陷也。”又誉其矛曰：“吾矛之利，于物无不陷也。”或曰：“以子之矛，攻子之盾，何如？”其人弗能应也。夫不可陷之盾与无不陷之矛，不可同世而立。今尧、舜之不可两誉，矛盾之说也。

并且韩非还在《难势》中从谈说论辩的思维规律角度强调了对立判断之间，“为名不可两立”：

> 人有鬻矛与盾者，誉其盾之坚“物莫能陷也”。俄而又誉其矛曰：“吾矛之利，物无不陷也。”人应之曰：“以子之矛，陷子之盾，何如？”其人弗能应之。以为不可陷之盾与无不陷之矛，为名不可两立也。夫贤

之为道不可禁，而势之为道也无不禁，以不可禁之贤与无不禁之势，此矛盾之说也。夫贤势之不相容亦明矣。

所谓“不可同世而立”，强调的是“同世”这一概念。即在同一时间、同一条件下，“不可陷之矛”与“无不陷之盾”这两种对立事物不可能同时“存在”。而“以子之矛，攻子之盾”即把这一矛盾现象揭示出来。因为，“吾盾之坚，物莫能陷也”，即言“一切东西都不能刺穿我的盾”，此也蕴含着“我的矛不能刺穿我的盾”；而“吾矛之利，于物无不陷也”，即言“我的矛能刺穿一切东西”，此也蕴含着“我的矛能刺穿我的盾”。在同一时间、同一条件下，这种对立现象不可能同时存在——“不可同世而立”。

所谓“为名不可两立”，则是强调了在同一时间、同一条件下，针对同一事物所构成的不相容，反映在思维判断上的不相容；或针对同一事物构成的一对相互对立判断，思维不能同时予以肯定为真，其中必有一个为假。这也就是《显学》所说的，“夫是墨子之俭，将非孔子之侈也；是孔子之孝，将非墨子之戾也。今孝戾、侈俭俱在儒、墨，而上兼礼之。……夫是漆雕之廉，将非宋荣之恕也；是宋荣之宽，将非漆雕之暴也。今宽廉、恕暴俱在二子，人主兼而礼之。……今兼听杂学缪行同异之辞，安得无乱乎？”“不可陷之盾与无不陷之矛，为名不可两立”实际上为这种“安得无乱乎”做了一个注脚。

亦即，“不可两存……不可两立”的思维进程，表明了客观事物“两存”的对立，是思维中“两立（可）”对立的原因。这仍然表明了客观事物的同异差别是思维认识中是非分立的客观基础，客观事物在确定条件下的同一性，决定了思维认识在反映这种同一性时也要保持自我同一性。由是，韩非以其反对“矛盾之说”的态度，将“矛盾”现象提高到哲学和“名辩”规则的高度予以了评断："杂反之学不两立而治"，"不相容之事，不两立也"。并且用"矛盾"一词形象概括了逻辑规律中矛盾律的基本内容：两个相互反对的命题不能同真，必有一假。明确表述了矛盾律的本质。

不忍见"韩之削弱"，又愤怒于"治国不务修明其法制，执势以御其臣下，富国强兵而以求人任贤，反举浮淫之蠹而加之于功实之上"的韩非，"引绳墨，切事情，明是非"，[1] 其对社会领域各阶层利益对立以及思维领域"矛盾"现象的辨察、归纳、概括，严峻峭刻、明切犀利，抉剔世情、深入隐微。难怪后人评价说，韩非善于笔谈，但其文"沉郁孤峻，如江河出峡，遇石而未伸者，有哽咽之气焉"[2]，"是绝顶的聪明人，他的头脑异常犀利，有时犀利得令人可怕"[3]。

第三节 "矛盾"定名的历史必然性与思维必然性

韩非的"矛盾之说"，为先秦以来诸子谈说论辩中体现出来的是非对立做了最后总结，并使这种思想以"定名"形式，从以往不同的"悖""谬""惑"等词语上根基于"矛盾"一词。这一"定名"比以往的"两端""两可"更为直观形象，使后人对于"矛盾"思想的理解更为清晰。探索之下，韩非"矛盾"的"定名"过程有其历史的必然性和思维的必然性。

一 历史发展的必然性

先秦诸子百家均"思以其道易天下"，其间的相左思想訾应对诤，可谓激

1 （西汉）司马迁：《史记 · 老子韩非列传》。
2 （明）茅坤：《韩非评选后语》。
3 郭沫若：《十批评书》，科学出版社，1956，第 348 页。

烈。大都希望能以一个思维标准来规范是非认识。而韩非之前对这种是非相反现象，大多是以“悖”“谬”“惑”等不同词语来表示，缺乏一个具有普遍意义的“共识”定名。这也涉及先秦诸子谬误观的认识过程。

1. 邓析的“饰词”和“匿词”

从先秦文献看，是邓析最早分析了论辩中“饰词”和“匿词”的思维错误。如《邓析子·无厚》：

> 谈辩者，别殊类使不相害，序异端使不相乱，谕志通意，非务相乖。若饰词以相乱，匿词以相移，非古之辩也。

所谓“饰词以相乱”是指在辩中对表示“实”的“名”加以修饰，或改变“名”的语词形式，使“名”与“名”之间各自的确定性混乱不清；所谓“匿词以相移”是指在辩中偷换了表示“实”的“名”。两者结果都将造成名与实同一的确定性被破坏。以此在“名”的正确使用上，邓析分析了谬误产生的原因和危害，涉及名实关系、名的确定性问题、名的语词表达诸方面。按同一律与矛盾律是逻辑等价的，违反同一律也意味着违反矛盾律。我们以下对于名实是否同一的问题探讨，都在这个思路上展开。

2. 孔子的“惑”

孔子提出“正名”学说，以期为指导人们的社会行为提供一个思维尺度。用在语言运用上就是在使用一个“名”时，要明确它的“所指”和“能指”范围。否则就是“惑”。或如，《论语·子路》载：

> 冉子退朝。子曰：“何晏也?”对曰：“有政。”子曰：“其事也。如

有政，虽不吾以，吾其与闻之。”

“政”为国家大事，“事”则属一般事务，冉有不明白两者区别而将其混淆，所以受到孔子批评。又如，《论语·颜渊》载：

子张问崇德辨惑。子曰：“主忠信。徙义，崇德也。爱之欲其生，恶之欲其死。既欲其生，又欲其死，是惑也。”

在这里，孔子认为爱与恶、生与死是一对矛盾概念，如果将它们加于同一对象上，就会使人不明所以，故而将此称为“惑”。

3. 墨子的“悖”

墨子承续了邓析“类”概念的逻辑意义，在“类事理”相同的意义上强调了“类”概念同一性质的普遍性，并以“不察类”揭露了论敌诸多混淆概念的思维错误。如《非攻下》《鲁问》《非攻上》中对“攻”与“诛”以及“义”与“不义”的分析。

(好攻伐之君责问墨子)“以攻伐为不义，非利物与？昔者禹征有苗，汤伐桀，武王伐纣，此皆立为圣王，是何故也？”

子墨子曰：“子未察吾言之类，未明其故也。彼非所谓‘攻’，谓‘诛’也。”

世俗之君子，皆知小物，而不知大物。今有人于此，窃一犬一彘，则谓之不仁；窃一国一都，则以为义。譬犹小视白谓之白，大视白则谓之黑。是故世俗之君子，知小物而不知大物者，此若言之谓也。

> 今有一人，入人园圃，窃其桃李。众闻则非之，上为政者，得则罚之。此何也？以亏人自利也。至攘人犬豕鸡豚者，其不义，又甚入人园圃窃桃李。是何故也？以亏人愈多，其不仁兹甚，罪益厚。至入人栏厩，取人牛马者，其不仁义，又甚攘人犬豕鸡豚。此何故也？以其亏人愈多。苟亏人愈多，其不仁兹甚，罪益厚。至杀不辜人也，拖其衣裘，取戈剑者，其不义，又甚入人栏厩，取人牛马。此何故也？以其亏人愈多。苟亏人愈多，其不仁兹甚矣，罪益厚。当此，天下之君子皆知而非之，谓之不义。今至大为不义攻国，则弗知非，从而誉之，谓之义。此可谓知义与不义之别乎？
>
> 杀一人谓之不义，必有一死罪矣。若以此说往，杀十人，十重不义，必有十死罪矣。杀百人，百不义，必有百死罪矣。当此，天下之君子皆知而非之，谓之不义。今至大为不义攻国，则弗知非，从而誉之谓之义，情不知其不义也。……
>
> 今有人于此，少见黑曰黑，多见黑曰白，则必以此人为不知白黑之辩也。少尝苦曰苦，多尝苦曰甘，则必以此人为不知甘苦之辩矣。今小为非则知而非之；大为非攻国，则不知非，从而誉之，谓之义。此可谓知义与不义之辩乎？是以知天下之君子也，辩义与不义之乱也。

由此出发，墨子更从反面要求以事物的“类异”确定认识上的区别，使“白黑之辩”“甘苦之辩”“义与不义之辩”判然两明，如果“今小之为非则知而非之，大为非攻国则不知非，从而誉之为义”，就是“辩义与不义之乱也”了。墨子将这种思维混乱称为“悖”。《墨子》中列举了大量事实批驳了这种思想本身以及认识与行为的“悖”现象，不但表明墨子对这种“悖”之荒谬深恶痛绝，而且从思想认识与语言运用上，前无古人地对“悖”现象产生根源进行了分析。后将详述。

4. 孟子的“诐辞”“淫辞”“邪辞”“遁辞”

孟子倡导在“辩”中要“知言”，在“不以文害辞，不以辞害志”的正确运用语言基础上，对四种不当之“辞”作了具体分析，《公孙丑上》：

> 诐辞知其所蔽，淫辞知其所陷，邪辞知其所离，遁辞知其所穷。

亦即，对不全面的“辞”要知道其认识上的局限性或片面性，对过分之“辞”要知道其失当于何处，对背理之“辞”要知道其何以离开正道，对闪烁含糊之“辞”要知道其为何理屈词穷。孟子所讲“四辞”，有认识方面的，有语言表达方面的，有政治伦理方面的，但就孟子知道如何在“知言”基础上杜绝它们，表明孟子显然对论辩中因语言运用错误而可能产生的“四辞”谬误，有了足够的清醒认识。孟子好辩，《孟子》中归谬式推类比比皆是，也表明他同墨子一样，对如何消除思维认识与语言表达上的谬误已有了得心应手的工具。或如，孟子对于“弑”与“诛”的分析，《梁惠王下》：

> （齐宣王的诘难：）“汤放桀，武王伐纣，有诸?”孟子对曰：“于传有之。”
>
> 曰：“臣弑其君可乎?”曰：“贼仁者谓之贼，贼义者谓之残。残贼之人，谓之‘一夫’。闻诛一夫纣矣，未闻弑君也。”

通过纠正这种背理“邪辞”，孟子显然暗示了论辩过程中，所使用的词语、概念一定要有确定的含义。

5. 公孙龙的“狂举”

公孙龙以其“唯谓”原则，通过对“二无一”等的论证，对“正举”和“狂举”进行了分析，认为“正举”按其名实关系，就是名当于实，按《名实论》“位其所位焉，正也”，“以当而当，正也”；而《通变论》所言“举是乱名”之“狂举”，则会使“名实无当……其无有以正焉”。通过这种对比分析，公孙龙主张以类相比，反对异类作比，要求在思维认识中或论辩中，应保证思维的同一性和确定性。为此，“假物取譬，以‘守白’辩”的公孙龙在《迹府》篇中，对孔穿欲其为师却又要求去掉他的“白马非马”之论，感到非常不满。

> “先生之言悖……且欲师之者，以智与学不如也。今使龙去之，此先教而后师之也。先教而后师之者，悖。且白马非马，乃仲尼之所取……夫是仲尼异楚人于所谓人，而非龙异白马于所谓马，悖。先生修儒术而非仲尼之所取，欲学而使龙去所教……固不能当前矣。”孔穿无以应焉。

在同篇中，公孙龙还以同时肯定“上之所是”和“上之所非”，必然会因不明类、不遵守《名实论》中所强调的“唯乎其彼此”，陷入自我设置的思维陷阱中。公孙龙对“悖”辞的反驳方法，再一次证明，利用矛盾法则的归谬法在当时的确是论辩中的一大有力武器。

6. 《墨经》的“不当”

《经下》以“谓辩无胜，必不当，说在辩”，将对“辩”的研究真正置于“名辩”问题位置上，并且《经说下》以“或谓之是，或谓之非，当者胜也”的实证态度，引征牛、犬，将是非标准定位于客观存在上，找到了思维法则的真正客观基础，使矛盾法则在相互矛盾之“辞”[1] 的孰是孰非争辩中，真正发挥了其应有的规范作用。在此基础上，《墨经》对于谬误的分析可谓之全，它从“名”“辞”“说”“故”的不同角度论证了产生谬误的各种原因。

或如，《经下》以“狂举不可以知异，说在有不可”，论证了如果不以“名”所反映的事物本质属性作为辨别类之同异关系的根据，就不可能知道为何类同、类异。如“以牛有齿，马有尾，说牛之非马”和“以牛有角，马无角，是类之不同也”。

或如，《墨经》通过对“言尽悖，悖”“非诽者悖”“或谓之牛，或谓之非牛”的分析，详尽说明了在语言运用中，不但会因语言涉及自身而造成自语相违，而且揭示了由全称命题和特称命题或由单称肯定命题和单称否定命题构成一组矛盾命题时，它们所表明的事物的存在或不存在，在同一时间、同一关系下具有质的稳定性，不能同时为真，必有一“当”一“不当”。如果对其操“两可”之说，不但“辩”无“胜”可言，而且思维对于事物的认识也会陷于“悖”之荒谬中。

7. 荀子的“三惑”

荀子在其《正名》篇中，从名实关系角度出发，对当时“擅作名以乱正名”的有关“名”之谬误进行了系统梳理，提出了“三惑”说，并对它们进行了深入分析，指出了“禁之”方法。

对于“见侮不辱，圣人不爱己，杀盗非杀人”的“惑于用名以乱名者”，指出“验之所以为有名而观其孰行，则能禁之矣”。

对于“山渊平，情欲寡，刍豢不加甘，大钟不加乐”的“惑于用实以乱名者”，指出“验之所缘以同异而观其孰调，则能禁之矣”。

---

1 《墨经·小取》：“以辞抒意。”

对于“非而谒楹，有牛马非马”的“惑于用名以乱实者”，指出“验之名约，以其所受，悖其所辞，则能禁之矣”。

对于判断和推论方面的谬误，荀子也认为类同于“三惑”，“凡邪说辟言之离正道而擅作者，无不类于三惑者矣”。所以，“明君知其分而不与辩也”。

8. 韩非的“矛盾”

至韩非，则明确以“矛盾”一词揭示了谬误的逻辑错误实质，“矛盾”一词也以其形象化思维，“意象”地将“矛盾”这一人类思维大敌，永远置于人类思维发展史的批判点上。

二　思维发展的必然性

在先秦诸子“用逻辑”的訾应对诤中，所涉及的矛盾思想非常突出。但诸子对于矛盾思想的论述大多以最为简单的随意推类谕证来说明，说完拉倒。限于篇幅，我们在此仅以墨子与孟子的谕证为例。

1. 墨子矛盾思想的推类谕证

（1）墨子对“悖”概念的提出。

其一是自相矛盾。这是直接意义上的逻辑矛盾。或如《耕柱》：

> 子墨子曰：世俗之君子，贫而谓之富则怒，无义而谓之有义则喜，岂不悖哉？

均为“过誉”，按“以类取”，应采取同一种态度。但世俗君子一“怒”一“喜”的态度，显然是逻辑矛盾的表现。“岂不悖哉”之“悖”即指这种内含的自相悖反。或如《贵义》：

> 子墨子曰：世之君子，使之为一犬一彘之宰，不能则辞之。使为一国之相，不能而为之。岂不悖哉？

均为“不能”，按“以类取”，应采取同一种态度。但世俗君子的一“辞”一“为”之选择行为，显然也是逻辑矛盾的表现。

其二是荒谬、背理。这是由于没有遵守事物类属性、类事理相似性或同一性的“法式”标准产生的逻辑矛盾，或是间接地包含着逻辑矛盾。

或如，王公大人的行为违背了具有普遍历史经验性的公共知识，使得行为和一般事理相矛盾。《非攻下》：

> 此[1]其为不利于人也，天下之害厚矣。而王公大人乐而行之，则此乐贼灭天下之万民也。岂不悖哉？

或如，世之君子的思想认识违背了具有普遍生活经验的公共知识，使得思想认识和一般事理相矛盾。《贵义》：

> 子墨子曰：世之君子，欲其义之成，而助之修其身则愠。是犹欲其墙之成，而人助之筑则愠也。岂不悖哉？

在《墨子》一书的《鲁问》《兼爱下》《非攻下》篇中，还有五处使用“悖”概念，都是使用推类谕证之例，都可做近似分析。

---

1 指攻伐掠夺战争。

（2）墨子还用推类方法，将自相矛盾的荒谬性和不合理性引征谕证出来。如《公孟》：

公孟子曰："贫富寿夭，齰然在天，不可损益。"又曰："君子必学。"子墨子曰："教人学而执有命，是犹命人葆而去其冠也。"

公孟子曰："无鬼神。"又曰："君子必学祭祀。"子墨子曰："执无鬼而学祭礼，是犹无客而学客礼也，是犹无鱼而为鱼罟也。"

"命人葆而去其冠"以及"无客而学客礼""无鱼而为鱼罟"的荒谬，在墨子以普遍生活经验的引征谕证下，一目了然了。

至于类似于此的"禁耕求获"，也是墨子不齿于当时"世俗之君子"，一方面希望国家富强；另一方面却又提倡"厚葬"，还是借助于普遍生活经验引征谕证出来的。如《节葬下》：

以此求富，此譬犹禁耕而求获也。富之说无可得焉。

关于同篇"负剑求寿""三还而毋负己"的引征谕证，墨子的批驳路径同上。

以此求众，譬犹使人负剑而求其寿也。众之说无可得焉。

以此求治，譬犹使人三还[1]而毋负己也。治之说无可得焉。

（3）墨子还将这种事物属性、事理的相似性或同一性的"法式"标准运

1　多次遣返投靠自己的人。

用在归谬式推类论辩中。

其一，把矛盾律运用于反驳——推类归谬法。或如《非儒》：

> 儒者曰："君子必古服古言然后仁。"应之曰："所谓古之言服者，皆尝新矣，而古人言之服之，则非君子也？然则必服非君子之服，言非君子之言，而后仁乎？"

先肯定对方观点，然后从这一观点推出对方无法接受的观点，这正是推类归谬法的精妙所在。持有"非攻"理念的墨子，在批驳"天下之君子也，辩义与不义之乱也"的过程中，还是用推类归谬法，先是从"小"的角度，既引征了历史经验中的"不义"行为，又引征了生活经验中的"不义"行为，而这些行为都是"天下之君子皆知而非之"的，然后从"大"的角度引出与"小"的类事理相通的当下话题"大为攻国"，"天下之君子"却"从而誉之，谓之义"，于此也就论证了他们"辩义与不义之乱也"。

其二，在墨子那里，应用矛盾律的归谬式推类还有又一种形式：即指出论辩对方"明于小而不明于大"。如《鲁问》中指出甲（小）与乙（大）属于同类，但对方只承认甲，不承认乙。因此，这是荒谬的。

在《公输》的"止楚攻宋"中。公输班说："吾义固不杀人。"墨子反驳说："杀一人，谓之不义，必有一死罪矣。若以此说往：杀十人，十重不义，必有十死罪矣。……义不杀少而杀众，不可谓知类。"《非攻上》《天志下》《鲁问》中的这些"小视白谓之白，大视白则谓之黑"，"少见黑曰黑，多见黑曰白"，"少尝苦曰苦，多尝苦曰甘"等例，均为归谬式推类论证。

2. 孟子矛盾思想的推类论证

孟子矛盾思想的推类论证，也从同一律的反向要求推类论证过程中要保持事物类事理相似性或同一性的法式标准。《孟子》中运用譬式谕证有六十多处，许多处用于各种反驳中。如《滕文公下》中宋国大夫戴盈问孟子说：“抽取十分之一的低税率，废除关卡市场的征税，今年还做不到；只能先减少些，等明年再实行，怎么样？”孟子立即用归谬推类进行了反驳：

> 今有人日攘其邻之鸡者。或告之曰：“是非君子之道。”曰：“请损之，月攘一鸡，以待来年，然后已。”如知其非义，斯速已矣，何待来年？

偷鸡与重税这两件事，在“非义”上具有“举相似”的类事理相通属性，“量”上的差别不能改变“质”上的“不义”。既然如此，对于它们只能采取同一种否定的态度，也即停止（已）；而不能对其中一种采取貌似否定实质肯定的“损之”态度，对另一种采取停止（已）的否定态度。于此，推类归谬法又一次显现了它论辩的合理性，加强了陈说事理的论辩性。

或如，《告子上》中的“小仁不可能胜大仁”的引征谕证，也以生活经验的“杯水车薪”为归谬推类依据。

> 仁之胜不仁也，犹水胜火。今之为仁者，犹以一杯水救一车薪之火也。不熄，则谓之水不胜火。此又与于不仁之甚者，亦终必亡而已矣。

值得一提的是，对于矛盾律原理，孟子还曾以“不可某且非某”的说法，对矛盾律思想作了直观的推类谕证总结。如《滕文公上》：

> 陈相见孟子，道许行之言曰：“滕君则诚贤君也。虽然，未闻道也。贤者与民并耕而食，饔飧而治。今也滕有仓廪府库，则是厉民而以自养也。恶得贤？”

孟子曰:“许子必种粟而后食乎?”(陈相)曰:“然。”

(孟子曰:)“许子必织布而后衣乎?”曰:“否。许子衣褐。”

“许子冠乎?”曰:“冠。”

曰:“奚冠?”曰:“冠素。”

曰:“自织之与?”曰:“否。以粟易之。”

曰:“许子奚为不自织?”曰:“害于耕。”

曰:“许子以釜甑爨,以铁耕乎?”曰:“然。”

“自为之与?”曰:“否。以粟易之。”

(孟子曰:)“以粟易械器者,不为厉陶冶;陶冶亦以其械器易粟者,岂为厉农夫哉?且许子何不为陶冶,舍皆取诸其宫中而用之?何为纷纷然与百工交易?何许子之不惮烦?”

曰:“百工之事,固不可耕且为也。”

(孟子曰:)“然则治天下独可耕且为与?有大人之事,有小人之事。且一人之身,而百工之所为备,如必自为而后用之,是率天下而路也。故曰,或劳心,或劳力。劳心者治人,劳力者治于人。治于人者食人,治人者食于人,天下之通义也。”……

(陈相曰:)“从许子之道,则市贾不贰,国中无伪;虽使五尺之童适市,莫之或欺。布帛长短同,则贾相若;麻缕丝絮轻重同,则贾相若;五谷多寡同,则贾相若;屦大小同,则贾相若。”

(孟子)曰:“夫物之不齐,物之情也。或相倍蓰,或相什百,或相千万。子比而同之,是乱天下也。巨屦、小屦同贾,人岂为之哉?从许子之道,相率而为伪者也,恶能治国家?”

这种不能在同一个思维过程中采取“A并且非A”的“两可”态度,其论证过程显然也是一个“取辩于一物而原极天下之污隆”的引征谕证过程。

又按，如对“不可耕且为”的思维内容进行抽象，可为“不可某且非某”。这与矛盾律思想的逻辑表达式——“$\neg(A \wedge \neg A)$”，无论是在矛盾律的基本内容，还是矛盾律的逻辑要求上，都是没有任何差异的。

当然，上述墨子与孟子对于矛盾律思想的推类论证，具象盈矣，但学理不足。在学理上作出总结的是《墨经》和韩非。

3. 由庄子而韩非

应该说，先秦推类模式以其引征论证的方便适宜、有用有效，映射着中国人实用理性的心理特征、道德观念，乃至认知态度上“具象”的精神感受。但在矛盾思想历时性与共时性统一的表述上，仅凭“说完拉倒”的随意引征论证，总还是存在着如何统一“定名”的问题。

随着时间延续，先秦推类模式的说明方法，至庄子以寓言说理的形式得以固化了。而“为人口吃，不能道说，而善著书”的韩非，理应也注意到这一形式。同先秦诸子一样，韩非也非常重视“类”概念与推类方法。他一再提出“知类”“察类”“取类”的重要性。如《孤愤》“智不类越，而不智不类其国，不察其类者也”，《难势》“此则不知类之患也”，《定法》“自是以来，诸用秦者，皆应、穰之类也”。《内储说下》反对“似类”。韩非对“类”同样重视，固然是他对先秦诸子重视“类”传统的承继，但韩非讲“类”，不是仅做理论分析，他更是通过对历史事例和各种故事的分析继而类推现世。可以说，在阐发思想方面，韩非也是一个运用寓言说理方法的好手，其中较为著名且已固化为成语，并常被如今人们所引用的也多有珠玉之论。[1]

1　或如，谕证由于存在偏见，同样的事情可以做出完全不同判断的“亡财疑邻”；谕证掩饰自己的缺点错误，害怕批评，不愿改正的“讳疾忌医”；谕证阅历多富有经验的“老马识途”；谕证如掌握了真理，就要勇于牺牲，始终坚持的“和氏之璧”；谕证大的坏事是从小的坏事发展而来，对处于萌芽状态的坏事，千万不可掉以轻心的“纣为象箸”；谕证舍近求远，是解决不了实际问题的“远水不救近火”；谕证贪图小利，牺牲邻邦，其结果必然是因小失大，自取灭亡的“唇亡齿寒”；谕证任何一种事物，破坏容易建设难的“树难去易”；谕证谎言重复多次，往往会被人误认为真理的“三人成虎”；讽刺那些并无真才实学却又专事招摇撞骗的人的“滥竽充数”；谕证不能主次颠倒，也不能只重形式不重内容的“买椟还珠”；讽刺那些迷信教条，不从实际出发的人的“郑人买履”；谕证不能墨守成规，思想僵化的“守株待兔”；等等。其珠辉玉映，不一而足。

可以说，在熟练且大量运用寓言说理方法方面，韩非与庄子不分伯仲，从《韩非子》中三四百则寓言说理故事，并由此被刘勰赞誉“韩非著博喻之富”可说明这一点。故而，由庄子掀起高潮由随意谕证而来的寓言说理，不但以其“意在此而言寄于彼”的推类特点，更以其具有完整的故事结构、具有深隽寓意性、故事奇特却又合理、语言简洁等特点，在其隐喻手法之意义转移的稳定性与合理性根据中，以思想性和艺术性完美结合的形式，也充当了韩非“矛盾之说”的“论证型式”。

这种形象化的直观感受，很容易让人“相信”了寓言所预设的故事情景存在，从浅显的小事理中理解并接受了其所蕴含的深邃道理。《韩非子》中所保存的这许多寓言说理，表明韩非已经是在自觉使用这种形式“取辩于一物”地“说理”了。这理应是古人善“譬”思维方法的自然延伸及不断自我复制。如今这些成语依然跨越时空地继续在固化着这种论证模式。

三　彪炳千秋的贡献

由上，随着社会历史发展以及思维发展，必然要求用一个合适词语来描述或简洁判定思维中的对立现象。并使大家理解并接受这个具有普遍意义的定名，以适应“求胜”“求当”的实践理性要求。这种希冀洞察是非论辩的实践理性要求，赋予“辩胜”“论当”更多的自觉理性内容。在这种情况下，以往对事物“种类”的认识必然要进一步深化。即事物自身的发展变化虽然毋庸置疑，但在确定条件下总是有它“是这样而不是那样”的本质规定性，我们也总是可以用语言来一点点接近真实地认识它、描述它、分析它，并以此断定它的“是非”。这也就是思维判断中的是非对立，就是从对认识对象属性的同异比较开始的。因此，解决思维中的是非矛盾，只有根据思维规律的规范，坚决按事物质的规定性划分是非、真假的区别界限，肯定真思想，否定假思想，不允许在同一个思维过程中，无条件地让思维中的是非矛盾调和及同一。这个探索思维标准以规范是非认识的工作，就是由韩非深化了。

其后王充在《论衡·案书》“两刃相割，利钝乃知；两论相订，是非乃见”的论证中，在《语增》《薄葬》中对“矛盾”思想进行了语义说明。

> 凡天下之事，不可增损。考察前后，效验自列。自列，则是非之实，有所定矣。世称纣力能索铁伸钩；又称武王伐之，兵不血刃。夫能索铁伸钩之力当人，则是孟贲、夏育之匹也。以不血刃之德取人，是则三皇五帝之属也。以索铁之力，不宜受服；以不血刃之德，不宜顿兵。今称纣力则武王德贬；誉武王则纣力少。索铁、不血刃，不得两立；殷、周之称，不得二全。不得二全，则必一非。

这种从“考察前后，效验自列。自列，则是非之实，有所定矣”的实证出发，到思维认识有所确定（“不得两立”“不得二全，则必一非”）的过程，与韩非“矛盾之说，不得两立”的概括，实在有异曲同工之妙。

> 墨家之议，自违其术。其薄葬而又右鬼，右鬼引效，以杜伯[1]为验。杜伯死人，如谓杜伯为鬼，则夫死者审有知。如有知而薄葬之，是怒死人也。人情欲厚而恶薄，以薄受死者之责，虽右鬼，其何益哉？如以鬼非死人，则其信杜伯非也；如以鬼是死人，则其薄葬非也。术用乖错，首尾相违，故以为非。非与是不明，皆不可行。

1　杜伯，西周杜国伯爵。相传杜伯无罪但周宣王却要杀他，杜伯对周宣王说：“我无罪而被杀，如果死后无知，也就算了；如果死后有知，不出三年，一定要让你知道你杀错了。”在第三年头上，周宣王外出打猎，杜伯乘白马白车，披戴红色衣冠，执红色弓箭，追杀周宣王。周宣王中箭死于车上。见《墨子·明鬼》。

对这种“术用乖错，首尾相违，故以为非。非与是不明，皆不可行”的矛盾现象，王充在同篇采取了另外一种说法：“异道不相连”。这应该是对“不得两立”“不得二全，则必一非”等“矛盾”思想内容“一贯性”逻辑要求的进一步说明。

王充这种对矛盾律思想的明确认识，使其能够对所有“圣贤之言，上下多相违；其文，前后多相伐”的矛盾现象大加挞伐；对当时传言的谶纬迷信和灾异怪诞之事也大肆鞭笞。在王充的批判精神和批判意识中，“质疑”是他考订世俗虚实、考论事物真伪的“武器的批判”，而矛盾律思想则是他最得心应手的“批判的武器”。但王充对“矛盾”思想从感性经验到理性感知的概括规定，在理论深度上仍然没有超出韩非。

至东汉末年，王符在《潜夫论·释难》中也对“矛盾之说”有专门评论；东晋孙盛在《老子疑问反讯》一文中用“矛盾之论”反驳老子的自相矛盾。

清人方以智曾经说过：“设教之言惟恐矛盾，而学天地者不妨矛盾。”[1]此话鲜明表述了人们应如何认识思维中的矛盾现象与事物中的矛盾现象。如今，“矛盾”一词的广泛使用，对于人们自觉保持思维确定性，避免自相矛盾，时刻发挥着积极的思维规范作用。并且，只要人类还在思维，“矛盾”一词就永远灿烂。此功归于韩非，彪炳千秋。

此处还值得一说的是，曾有报道，根据中俄两国政府的决定，2010 年是俄罗斯的“汉语年”。作为俄罗斯“汉语年”期间重要活动之一，由国家广电总局主办、中国国际广播电台策划实施的大型多媒体文化项目《你好，中国》，于 2010 年 5 月 28 日在北京正式启动。《你好，中国》选取了 100 个从不同侧面反映中国传统文化精髓的汉语词汇，如“中国、京剧、书法、太极

---

1 （清）方以智：《一贯问答》。

拳、春节、风筝、吃醋、知音”等，要制作100集电视系列片等，向俄罗斯民众介绍中国文化。主办方表示，《你好，中国》将被打造成一个面向全球各个国家民众的多语种文化项目。在这精选的100个代表中国传统文化精髓的词汇中，就包括了“矛盾”一词。[1]

第四节　韩非的“矛盾”思想应用

韩非不仅创造了“矛盾”一词，而且由于“韩非在矛盾上的发现，主要是由于社会政治上有了客观矛盾事实的暴露，他在主观上想由逻辑方法解除不相容、不两立的形式，因而大量运用矛盾杂反的例证，展开所谓极骋智辩的思想方法，使战国名辩诸家的重要思想无形中得以从认识上推进一步”[2]。在韩非将“矛盾”思想广泛运用的例证中，最具特色的“引绳墨，切事情，明是非”[3]，就是两难论式的“两刀论法”和“演连珠”了。

一　两刀论法

据《韩非子·说林上》记载：

有献不死之药于荆王者，谒者[4]操之以入。中射之士[5]问曰：“可食乎？”曰：“可。”因夺而食之。

王大怒，使人杀中射之士。中射之士使人说王曰：“臣问谒者曰可

1　参见应妮《中国将精选100个词汇向世界介绍中华文化》，2010年5月29日中国新闻网。
2　汪奠基：《中国逻辑思想史》，上海人民出版社，1979，第192—193页。
3　（西汉）司马迁：《史记·老子韩非列传》。
4　主管通报传达的官吏。
5　为宫中办事的官吏。

食，臣故食之，是臣无罪，而罪在谒者也。且客献不死之药，臣食之而王杀臣，是死药也，是客欺王也。夫杀无罪之臣，而明人之欺王也，不如释臣。”王乃不杀。

这则寓言说理故事内含一种受“矛盾”思想规范的论辩技巧。谒者所说“可食”的意思是“可以食用的东西”；中射之士获罪后的辩解则偷换了概念，把谒者的话曲解为“自己可以食用”。这里姑且不追究中射之士如何偷换了概念，只分析中射之士如何利用了“药，或者是不死之药，或者不是不死之药”这一不相容判断，从而使自己摆脱困境。我们做如下推理形式处理：

如果这药是不死之药，那么王杀不死我；$p \rightarrow q$

如果这药不是不死之药，那么就是“客”在欺骗王；$\neg p \rightarrow r$

或者这药是不死之药，或者这药不是不死之药。$p \vee \neg p$

所以，或者王杀不死我，或者是“客”在欺骗王。$q \vee r$

这种两难推论形式，在中国逻辑史上被称作“两刀论法”。

在逻辑学上，二难推理是由一个包含两个选言支的选言判断和两个假言判断构成的假言选言推理。二难推理来源于希腊文“Dilemma”，其含义为“两重假定”。二难推理常用于论辩。论辩一方提出一个断定事物两种可能性的选言前提，再由这两种可能前提演绎推导出对方均难以接受的两个结论，使对方在两种可能的选择中处于进退两难困境。二难推理由此得名。

在先秦逻辑史上韩非并非第一个运用“两刀论法”进行论辩的人，但他却是第一个在论辩中自觉运用“矛盾”思想规范，大量使用“两刀论法”进行“笔辩”的思想家。正是韩非在充分认识了大量存在的矛盾对立现象基础上利用矛盾现象“势不两立”的特点，为自己找到了一个得心应手的“批判的武器”。他在《难一》《难二》《难三》《难四》《难势》《问辩》《问田》《定法》《显学》等诸篇中，常常采用“两刀论法”进行辩难。或如《难一》：

> 齐桓公时，有处士曰小臣稷，桓公三往而弗得见。桓公曰："吾闻布衣之士，不轻爵禄，无以易万乘之主；万乘之主，不好仁义，亦无以下布衣之士。"于是五往乃得见之。……仁义者，不失人臣之礼，不败君臣之位者也。……使小臣有智能而遁桓公，是隐也，宜刑；若无智能而虚骄矜桓公，是诬也，宜戮。小臣之行，非刑则戮。……故曰：桓公不知仁义。

我们可以将韩非的这则"两刀论法"分析为如下形式：

如果小臣有智慧但又躲避桓公，则是隐藏不露，应该判之以刑罚；

如果小臣没有智慧但又虚骄矜桓公，则是捏造事实，应该判之以杀戮；

小臣之行或者是隐藏不露，或者是捏造事实；（省略）

所以，或者应该判小臣以刑罚，或者应该判小臣以杀戮。

从逻辑学角度看，这是一个省略了选言前提的二难复杂构成式。

对比逻辑学中的二难推理，韩非常用的"两刀论法"，主要有结构完整的完全式和省略了选言前提的省略式两种。完全式的如《显学》：

> 孔子、墨子俱道尧舜，而取舍不同，皆自谓真尧舜。尧舜不复生，将谁使定儒墨之诚乎？殷、周七百余岁，虞、夏二千余岁，而不能定儒墨之真，今乃欲审尧舜之道于三千岁之前，意者其不可必乎！无参验而必之者，愚也；弗能必而据之者，诬也。故明据先王，必定尧舜者，非愚则诬也。愚诬之学，杂反之行，明主弗受也。

韩非主张对谈说论辩的言辞，要进行比较验证的“参验”[1]。按此，他认为不能盲目相信儒墨主张的“先王之道”，其论辩可分析为如下形式：

如果没有“参验”而做，是愚蠢；

如果不能做而以此为根据，是虚妄；

或者是没有“参验”而做，或者不能做而以此为根据；

所以，或者是愚蠢，或者是虚妄。

省略式的如《孤愤》：

> 其可以罪过诬者，以公法而诛之；其不可被以罪过者，以私剑而穷之。是明法术而逆主上者，不戮于吏诛，必死于私剑矣。

所谓“明法术而逆主上者”是指推行法治的“法术之士”。显然这则论辩省略了由选言判断构成的小前提：法术之士，或者是“可以罪过（诬）者”，或者是“不可被以罪过（诬）者”。所以这则论辩是一个充满悲愤的省略式两难复杂构成式。

韩非在论辩中大量运用省略式“两刀论法”，原因盖因假言判断构成的大前提中，矛盾对立的事物已经构成了明显“不两立”或“不两存”的关系，按照矛盾律和排中律的规范，对这两相对立现象，只能肯定其一而否定另一判断。大概韩非认为这当是不言自明，故而无须再费什么笔墨了。

在现实生活中，二难推理的作用在于使对方在两种可能选择中处于进退两难困境。其后件意义在于，总存在一个需要思考的问题。因此在韩非那里，“两刀论法”在思维与论辩中有很重要的作用。由上述例证可以看出，“两刀论法”也是韩非运用“矛盾”思想进行严密论证时的一种强有力论辩工具。

---

1 如《韩非子・八经》“似类则合其参”。

二　演连珠

第十三章第二节已述，《周易》中内涵上辩证相关联系的推演，应是韩非“演连珠”形式推导的滥觞。作为先秦别具特色的推论形式，连珠形式的真正始创及其应用者还是韩非。

对于“矛盾之说”，韩非不仅看到了它们之间的“势不两立”，同时他还主张对矛盾着的两个方面进行全面分析，继而权衡利弊，联导掂量，然后再思考对立的两者之间如何取舍。如《八说》“出其小害而计其大利”，“权其害而功多则为之”。再者，出于事物的不断变化，如《解老》“定理有存亡，有死生，有盛衰”，“物之一存一亡，乍死乍生，初盛而后衰者，不可为常”，韩非还认为矛盾对立双方，在一定主观因素下可以相互转化。即如《老子·五十八章》人之“祸兮福之所倚，福兮祸之所伏”的相互转化等。对于“这种矛盾的表现，反映了社会现实矛盾现象的存在，所以它不是简单属于形式逻辑的矛盾律，这是应加重重视的矛盾性质问题”[1]。

在韩非那里，这种认识是以“演连珠”的论辩型式表达的。一般是“先列其纲而后著其解，谓之‘连珠’”[2]。或如《储说》中的三十三则连珠，都是先列出总纲，即所谓的“经”；然后再逐条解析，列举例证，称之为“说”。“经”表达所要论证的论题，“说”表达论证“经”的论据。至西汉末年扬雄吸收了韩非的“连珠”形式，使之与文学结合，赋予了“连珠”之名。

在表现形式上，中国古代连珠形式一般有两段式与三段式。两段式中前一段为前提，后一段为结论。三段式又分几种情况，其一是“……何则……”，

1　汪奠基：《中国逻辑思想史》，上海人民出版社，1979，第192页。
2　梁启雄：《韩子浅解》上册，中华书局，1960，第226页。

其二是“……是以……故……”。但由于韩非的连珠是初创，还没有固定格式。

或如《备内》：

徭役多则民苦，
民苦则权势起，
权势起则复除重[1]，
复除重则贵人富。
苦民以富贵人，起势以借人臣，非天下长利也。(结论)
故曰：
徭役少则民安，
民安则下无重权，
下无重权则权势灭，
权势灭则德在上矣。(结论)

这则连珠也可分析为上述连珠的形式，但又较为复杂一些，它是数个连珠连接在一起交错推演的。这与逻辑学中连锁推理的固定形式有很大不同。

作为论辩型式的“连珠”，特点是论据首尾相连，环环紧扣，好像项链一般。[2] 所以后人评价说：“所谓连珠者，……其文体辞丽而言约，不指说事情，必假喻以达其旨，而览者微悟，合于古诗讽兴之义，欲使历历如贯珠，易看而可悦。”[3]

从推导形式上看，韩非的连珠似与逻辑学中的假言连锁推理相似：

---

1 免除徭役的人多了。

2 这一点与修辞学上的“顶真”相似。但作为修辞格的“顶真”，是用上一句的结尾词语做下一句的起头词语，从而使语句连接紧凑，生动流畅。如李白的《白云歌送刘十六归山》：“楚山秦山皆白云，白云处处长随君。长随君，君入楚山里，云亦随君渡湘水。湘水上，女萝衣，白云堪卧君早归。”

3 （西晋）傅玄：《连珠序》。见《艺文类聚》五十七。

$p \to q$

$q \to r$

$r \to s$

$s \to t$

————————

$p \to t$

最典型与最简洁的莫如孔子名言了："名不正则言不顺，言不顺则事不成，事不成则礼乐不兴，礼乐不兴则刑罚不中，刑罚不中则民无措手足。"韩非的一些连珠也与此类同。或如《解老》：

人有欲则计会[1]乱，

计会乱则有欲甚，

有欲甚则邪心胜，

邪心胜则事经绝，

事经绝则祸难生。（反推连珠）

由是观之，

祸难生于邪心，

邪心诱于可欲。（正推连珠）

可欲之类，进则教良民为奸，退则令善人有祸。

奸起则上侵弱君，

祸至则民人多伤。……

夫上侵弱君而下伤人民者，大罪也。（反推连珠）

故曰：祸莫大于可欲。……祸莫大于不知足。（结论）

1　思虑。

即“连珠者，盖谓辞句连续，互相发明，若珠之结排也”[1]。

从论辩型式上讲，这则连珠较上则连珠复杂一些，它是数个连珠联合在一起，交错推演的。这与逻辑学中连锁推理的固定形式还是有很大不同。这可从韩非又一个连珠例证得到证明。《解老》：

人有祸则心畏恐，
心畏恐则行端直，
行端直则思虑熟，
思虑熟则得事理。
行端直则无祸害，
无祸害则尽天年。
得事理则必成功。
尽天年则全而寿。
必成功则富与贵。
全寿富贵之谓福。
而福本于有祸。故曰：“祸兮福之所倚”，以成其功也。
人有福则富贵至，
富贵至则衣食美，
衣食美则骄心生，
骄心生则行邪僻而动弃理。
行邪僻则身死夭，
动弃理而无成功。
夫内有死夭之难，而外无成功之名者，大祸也。

1 （南朝梁）沈约：《注制旨连珠表》。见《艺文类聚》五十七。

而祸本生于有福。故曰："福兮祸之所伏。"

这个连珠是韩非对祸福贯通、辩证转化的论述，是对老子消极辩证法的改造。老子的"祸兮福之所倚，福兮祸之所伏"，看到了祸福相互转化的辩证法，但他似乎把祸福的相互转化看作是无条件的。而韩非的演连珠指出了祸和福的辩证转化过程不是无原则变通，变通有其条件。这是韩非对老子消极辩证法进行改造时最有价值的部分。

第五节　中西矛盾律思想的比较

韩非通过寓言说理所概括的"矛盾"之说，与传统逻辑学及现代逻辑学的矛盾律思想相比，还是有所区别。

亚里士多德的矛盾律思想主要是指同一主项不能有相互矛盾律的谓项。他说："有人肯定过的事物，必定也可以加以否定，有人否定过的事物，必然也可以加以肯定，所以，肯定命题便有与其对立的否定命题，否定命题也有与其对立的肯定命题"[1]；"存在物的本原是互相反对的"[2]。由此可以看出，亚里士多德的矛盾律思想所涉既有矛盾的基本内容，也有矛盾律的逻辑要求。

现代逻辑是这样定义矛盾原则的：一个逻辑系统是一致的，当且仅当，不存在任何公式 A，A 和非 A 在这个系统内同时都可证。换言之，在一个无矛盾系统内，没有在该系统中同时都可证的一对相互矛盾的公式 A 和非 A。

1　〔古希腊〕亚里士多德：《解释篇》，17a28—31，亚里士多德《工具论》上，中国人民大学出版社，2003，第 53—54 页。

2　〔古希腊〕亚里士多德：《形而上学》，986b4—5，苗力田主编《亚里士多德全集》第七卷，中国人民大学出版社，1993，第 41 页。

应该说，韩非对“矛盾”思想的概括总结，既有“名辩”思想总结，又有本体论分析。在“明辩是非”上，韩非“矛盾”思想的“不可同世而立”，有似于亚里士多德“同一种东西不可能在同一个方面既依存于又不依存于同一事物……任何人都不可能主张同一事物存在又不存在”[1]；而其“为名不可两立”，也有似于亚里士多德“一切意见中最为确实的是，对立的陈述不能同时为真”[2]。

在亚里士多德那里，两者的结合就是：“既然对立的陈述不能同时对同一事物为真，显然对立物不能同时依存于同一事物。”[3] 亚里士多德也曾援引例证说明这一思想：“为什么一个人去了麦加拉而不是想着应该去却呆在家里？”[4] 中国古代成语“南辕北辙”“缘木求鱼”有似于此。

而韩非的“矛盾”思想就是这两者的结合——“矛盾之说”。比起亚里士多德的例证有着更为形象直观的故事化、寓意化。比起《墨经》驳“辩无胜”时只注重名辩总结，不重本体论分析；只注重实质，不重形式来讲，在理论深度上更进了一步。

再进一步，韩非的矛盾律思想，从“不可陷之盾与无不陷之矛，为名不可两立”来看，应该是两个主项不同、谓项也不同的关系命题（判断）之间的真假关系问题，似乎并非是A和非A的一对直言矛盾命题之间的真假关系问题。但从对韩非“矛盾之说”所做分析看，“矛盾之说”显然也蕴含着一对矛盾命题：“我的矛不能刺穿我的盾”与“我的矛能刺穿我的盾”。韩非虽没有明确指出这一点，但从他认识到“不相容之事”之“不得两立”来看，无论是矛盾关系还是反对关系，它们之间谈说论辩之思维规则的共性，都足以从他所揭示的不相容思想不得同真中得以体现了。而从对立现象归二为一

---

1 〔古希腊〕亚里士多德：《形而上学》，1006b15—25，《亚里士多德全集》第七卷，第90页。

2 〔古希腊〕亚里士多德：《形而上学》，1011b15，《亚里士多德全集》第七卷，第106页。

3 〔古希腊〕亚里士多德：《形而上学》，1011b15—20，《亚里士多德全集》第七卷，第106页。

4 〔古希腊〕亚里士多德：《形而上学》，1008b15—20，《亚里士多德全集》第七卷，第98页。

的目的看，矛盾对立在“同世”“兼时”“同器”所明示的同一时间、同一条件因素规定下，也只能是一真一假，一是一非了。

按同一律、矛盾律、排中律的形式等价性，韩非的矛盾认识也有着类似于亚里士多德“每个真理必须在各个方面都自相一致”[1]，“在对立的陈述之间不允许有任何居间者”[2] 的影子，并践行在“两刀论法”的实际应用中。

因此，对于韩非的矛盾律思想，我们用不着苛求它适用于矛盾关系还是反对关系，直言判断还是关系判断，只要理解了“不相容之事”之“不可同世而立”，就足以借此认识为什么“今尧舜不可两誉”的“矛盾之说”了。此即如刘培育早在20世纪70年代末所言：“韩非子提出著名的‘矛盾之说’，不仅形象地表述了矛盾律的精神实质，而且把矛盾律应用到关系命题，以揭露论证中自相矛盾的错误。”[3]

这些都表明，韩非用推类模式之固化形式所表述的“矛盾”一词，在矛盾律的基本内容上，与西方逻辑中的矛盾律思想并无实质差别；而韩非“矛盾之说”却具有形象直观的体悟，符合了中国人的意象性思维特征。

综上，虽然韩非以先秦推类模式的固化形式，前无古人地提炼出了“矛盾”一词，解决了先秦以来关于“矛盾”思想的“正名—用名”的规范问题，丰富了先秦逻辑思想史中对于逻辑基本规律的理论，但是韩非的“矛盾”思想还是为其政治伦理服务的。这仍然是先秦历史文化对先秦逻辑思想的要求，先秦逻辑思想也必然对先秦历史文化具有一定影响使然。故而“矛盾”思想作用在法家那里则是，法家对于“势不两立”之“不可两存之仇”的矛盾解决办法，却是为了避免《慎子·德立》的“两则争，杂则相伤”，

---

1 〔古希腊〕亚里士多德：《前分析篇》，47a5，亚里士多德《工具论》上，第161页。

2 〔古希腊〕亚里士多德：《形而上学》，1011b25，《亚里士多德全集》第七卷，第106页。

3 刘培育：《论韩非的“矛盾之说”》，载《中国逻辑思想论文选（1949—1979）》，生活·读书·新知三联书店，1981，第47页。

只能归二为一[1]。体现在国家政治生活中，君主就为“一”，亦即《管子·明法》的“威不两错，政不二门”；体现在社会经济生活中，是《管子·权修》的“末产不禁，则野不辟”；体现在思想领域，则是《管子·法禁》的“一国威，齐士义”。《韩非子》之《有度》则将上述一切归于“一民之轨莫如法”，即《问辩》所言“明主之国，令者，言最贵者也；法者，事最适者也。言无二贵，法不两适，故言行而不轨于法令者必禁”。如是，韩非的矛盾观就与他的历史发展观以及“大一统”的社会政治思想紧密联系在一起。即《五蠹》之“不期修古，不法常可”，“世异则事异”，“事异则备变”；《扬权》之“事在四方，要在中央；圣人执要，四方来效”。而这种“是非”的标准问题，同如何认识矛盾、解决矛盾以及对于是非的判断有无一个规范一样，同样是先秦时代历史文化发展的必然和思维发展的必然所致。

1 有“手表定律”。如果一个人有一块手表时，可以知道现在是几点钟；而当他有两块手表时，他却无法确定时间了。因为两块手表并不能告诉一个人更准确的时间，反而会使看表的人失去对准确时间的判定信心。这个“手表定律”意谓在企业组织管理方面的一种直观启示，就是对同一个人或同一个组织不能采取两种不同的方法，不能同时设置不同的目标，甚至每一个人都不能由两个人来同时领导。否则将会使这个组织或者个人无所适从。这可以算作是矛盾律思想在组织管理中的作用，其意喻或启示也体现了创新思维中的选择意识。我们用在此也可作为法家“势不两立”“归二为一”的直观谕证。

主要参考文献

（一） 著作类

1. 古代文献

（晋）鲁胜：《墨辩注叙》。

（晋）王弼注：《老子注》，《诸子集成》三，中华书局，1954。

（明）薛瑄：《薛文清公读书录·论学》，《古今图书集成》，人民中国出版社，1998。

（清）戴望：《管子校正》，《诸子集成》五，中华书局，1954。

（清）高诱注：《淮南子》，《诸子集成》七，中华书局，1954。

（清）高诱注：《吕氏春秋》，《诸子集成》六，中华书局，1954。

（清）郭庆藩：《庄子集释》，《诸子集成》三，中华书局，1954。

（清）焦循：《孟子正义》，《诸子集成》一，中华书局，1954。

（清）刘宝楠：《论语正义》，《诸子集成》一，中华书局，1954。

（清）孙诒让：《墨子间诂》，《诸子集成》四，中华书局，1954。

（清）王先谦：《荀子集解》，《诸子集成》二，中华书局，1954。

（清）王先慎：《韩非子集解》，《诸子集成》五，中华书局，1954。

（清）严万里校：《商君书》，《诸子集成》五，中华书局，1954。

陈鼓应：《老子注译及评介》，中华书局，1984。

陈鼓应：《庄子今注今译》，中华书局，1993。

戴逸主编，吴顺东等译注：《史记全译》，贵州人民出版社，1994。

范文澜注：《文心雕龙注》，人民文学出版社，1978。

高亨注译：《商君书注译》，中华书局，1974。

韩路注译：《孟子》，《四书五经大系》第一卷，天津古籍出版社，1998。

江灏、钱宗武译注：《尚书全译》，贵州人民出版社，1990。

李梦生：《左传译注》，上海古籍出版社，2016。

刘道彩注译：《礼记》，《四书五经大系》第二卷，天津古籍出版社，1998。

栾星：《公孙龙子长笺》，中州书画社，1982。

庞朴：《公孙龙子译注》，上海人民出版社，1974。

谭戒甫：《公孙龙子形名发微》，中华书局，1964。

谭戒甫：《墨辩发微》，中华书局，1964。

汤可敬：《说文解字今释》，岳麓书社，2001。

王焕镳：《墨子校释》，浙江古籍出版社，1987。

王介宏注译：《大学》，《四书五经大系》第一卷，天津古籍出版社，1998。

王介宏注译：《论语》，《四书五经大系》第一卷，天津古籍出版社，1998。

王介宏注译：《中庸》，《四书五经大系》第一卷，天津古籍出版社，1998。

王森：《荀子今译》，中国书店，1992。

徐志锐：《周易大传新注》，齐鲁书社，1989。

张纯一：《墨子集解》，上海人文书局，1932。

张东端注译：《尚书》，《四书五经大系》第四卷，天津古籍出版社，1998。

张荣明：《墨经公孙龙子译注》，中华书局，2021。

张双棣等：《吕氏春秋译注》，吉林文史出版社，1986。

张湘泽注译：《诗经》，《四书五经大系》第一卷，天津古籍出版社，1998。

赵守正：《管子通解》上、下，北京经济学院出版社，1989。

周云之：《墨经校注·今译·研究》，甘肃人民出版社，1993。

朱杰人、刘永祥、严佐之主编《朱子全书》第15册，上海古籍出版社、安徽教育出版社，2010。

2. 近现代逻辑史文献

陈波：《逻辑哲学导论》，中国人民大学出版社，2000。

陈大奇：《实用理则学》，台北：远东图书公司，1964。

陈孟麟：《墨辩逻辑学》，齐鲁书社，1983。

程仲棠：《“中国古代逻辑学”解构》，中国社会科学出版社，2009。

崔清田：《墨家逻辑与亚里士多德逻辑比较研究》，人民出版社，2004。

崔清田主编：《名学与辩学》，山西教育出版社，1997。

董志铁：《名辩艺术与思维逻辑》，中国广播电视出版社，2007。

《杜国庠文集》，人民出版社，1962。

傅季重主编：《哲学大辞典·逻辑学卷》，上海辞书出版社，1988。

郭湛波：《先秦辩学史》，中华书局，1932。

何向东、张建军、任晓明主编：马克思主义理论研究和建设工程重点教材《逻辑学》，高等教育出版社，2017。

胡适：《先秦名学史》，学林出版社，1983。

金岳霖：《逻辑》，生活·读书·新知三联书店，1982年重印版。

金岳霖学术基金会学术委员会编：《金岳霖文集》1—4卷，甘肃人民出版社，1995。

晋荣东：《中国近现代名辩学研究》，上海古籍出版社，2015。

鞠实儿主编：《当代中国逻辑学研究（1949—2009）》，中国社会科学出版社，2013。

李继东：《中国现代逻辑史论（1919—1949）》，延边大学出版社，2001。

李匡武主编：《中国逻辑史》五卷本，甘肃人民出版社，1989。

林铭均、曾祥云：《名辩学新探》，中山大学出版社，2000。

刘培育：《中国古代哲学精华·名辩篇》，甘肃人民出版社，1992。

刘师培：《攘书·正名》，李妙根编《国粹与西化——刘师培文选》，上海远东出版社，1996。

牟宗三：《理则学》，台北：正中书局，1995 年印行。

牟宗三：《逻辑典范》，香港：商务印书馆，1941 年，台北：台湾师范大学影印本。

南开大学哲学院逻辑学教研室编著：《逻辑学基础教程》，南开大学出版社，2014。

彭漪涟、马钦荣主编：《逻辑学大辞典》，上海辞书出版社，2004。

彭漪涟：《中国近代逻辑思想史》，上海人民出版社，1991。

任秀玲：《中医理论范畴——〈黄帝内经〉建构中医理论的基本范畴》，中医古籍出版社，2001。

沈剑英：《因明学研究》，中国大百科全书出版社，1985。

沈有鼎：《墨经的逻辑学》，中国社会科学出版社，1980。

宋文坚：《逻辑学的传入与研究》，福建人民出版社，2005。

孙诒让：《与梁卓如论墨子书》，《籀庼述林》，中华书局，2010。

孙中原编著：《墨学大辞典》，商务印书馆，2016。

孙中原：《逻辑哲学讲演录》，广西师范大学出版社，2009。

孙中原：《中国逻辑史》（先秦），中国人民大学出版社，1987。

孙中原：《中国逻辑研究》，商务印书馆，2006。

汪奠基：《中国逻辑思想史》，上海人民出版社，1979。

王路：《理性与智慧》，上海三联书店，2000。

王路：《逻辑的观念》，商务印书馆，2000。

王路：《亚里士多德的逻辑学说》，中国社会科学出版社，1991。

王路：《走进分析哲学》，生活·读书·新知三联书店，1999。

温公颐、崔清田主编：《中国逻辑史教程》，上海人民出版社，1988，南开大学出版社，2001年修订版。

温公颐：《温公颐文集》，山西高校联合出版社，1996。

温公颐：《先秦逻辑史》，上海人民出版社，1983。

温公颐：《中国近古逻辑史》上海人民出版社，1993。

温公颐：《中国中古逻辑史》，上海人民出版社，1989。

严复：《穆勒名学》“引论”的案语，《中国逻辑史资料选》近代卷。

杨百顺：《比较逻辑史》，四川人民出版社，1989。

杨沛荪主编：《中国逻辑思想史教程》，甘肃人民出版社，1988。

曾祥云：《近代墨辩研究》，辽宁教育出版社，1994。

曾昭式：《先秦逻辑新论》，科学出版社，2018。

翟锦程：《先秦名学研究》，天津古籍出版社，2004。

詹剑锋：《墨家的形式逻辑》，湖北人民出版社，1979。

张斌峰：《近代墨辩复兴之路》，山西教育出版社，2000。

张家龙主编：《逻辑学思想史》，湖南教育出版社，2004。

张汝伦编选：《理性与良知——张东荪文选》，上海远东出版社，1995。

张晓芒：《先秦辩学法则史论》，中国人民大学出版社，1996。

张晓芒：《先秦诸子的论辩思想与方法》，人民出版社，2011。

章士钊：《逻辑指要》，生活·读书·新知三联书店，1961。

赵总宽主编：《逻辑学百年》，北京出版社，1999。

《中国大百科全书·哲学1》，中国大百科全书出版社，1987。

中国逻辑史研究会资料编选组：《中国逻辑史资料选》五卷本，甘肃人民出版社，1985—1991年陆续出版。

中国逻辑学会中国逻辑史专业委员会编：《回顾与前瞻——中国逻辑史研究

30 年》，学林出版社，2011。
周礼全主编：《逻辑——正确思维和成功交际的理论》，人民出版社，1994。
周山：《易经新论》，辽宁教育出版社，1991。
周山：《中国逻辑史论》，辽宁教育出版社，1988。
周文英：《中国逻辑思想史稿》，人民出版社，1979。
周云之、陈正英、郑伟宏：《中国逻辑史》，山西教育出版社，2004。
周云之、刘培育：《先秦逻辑史》，上海人民出版社，1993。
周云之：《名辩学论》，辽宁教育出版社，1996。
周云之：《先秦名辩逻辑指要》，辽宁教育出版社，1993。
朱志凯：《墨经中的逻辑学说》，四川人民出版社，1988。

3. 近现代其他文献

陈复华主编：《古代汉语词典》，商务印书馆，2005。
陈寅恪：《陈寅恪集·金明馆丛稿二编》，生活·读书·新知三联书店，2001。
《辞源》修订本，商务印书馆，1990。
崔清田：《关于张东荪的"逻辑与文化"》，《南开哲学》第四辑，南开大学出版社，2009。
段石羽：《汉字中的中国古代哲学思想》，新疆人民出版社，2006。
方东美：《方东美文集》，武汉大学出版社，2013。
方东美：《中国哲学之精神及其发展》，中华书局，2012。
方冬美：《哲学三思》，胡晓明、傅杰主编《释中国》第 1 卷，上海文艺出版社，1998。
冯艳：《常用汉字语义研究》，人民出版社，2012。
冯友兰：《中国哲学史》上下册，华东师范大学出版社，2000。
高瑞泉编选：《返本开新——熊十力文选》，上海远东出版社，1997。

辜鸿铭:《中国人的精神》,海南出版社,2007。

《古代汉语词典》,商务印书馆,2005。

《郭沫若全集》历史编第1卷,人民出版社,1982。

郭沫若:《中国古代社会研究》,河北教育出版社,2004。

侯外庐:《中国思想通史》第1卷,人民出版社,1980。

《胡适文集》(3),北京大学出版社,1998。

《胡适文集》(卷上)第3册,北京燕山出版社,2019。

《胡适学术文集·中国哲学史》,中华书局,1991。

胡适:《中国哲学史大纲》卷上,商务印书馆,1987。

金岳霖:《金岳霖学术论文选》,中国社会科学出版社,1990。

金岳霖:《中国哲学》,胡军编《金岳霖选集》,吉林人民出版社,2005。

劳思光:《哲学问题源流》,香港中文大学出版社,2001。

李国山、王建军编著:《欧美哲学通史》古代哲学卷,南开大学出版社,2006。

李先焜:《中国古代逻辑史是非形式逻辑的发展史》,《李先焜文集》,长江出版社,2018。

李行健主编:《现代汉语规范词典》,外语教学与研究出版社、语文出版社,2004。

李学俊、李元甲:《独体象形字解析》,中国言实出版社,2015。

李泽厚:《美的历程》,天津社会科学院出版社,2001。

李泽厚:《中国古代思想史论》,人民出版社,1986。

梁启超:《先秦政治思想史》,《饮冰室合集》,中华书局,1988。

梁漱溟:《中国文化要义》,上海人民出版社,2005。

刘文英:《漫长的历史源头——原始思维与原始文化新探》,中国社会科学出版社,1996。

刘泽华、葛荃主编:《中国古代政治思想史》,南开大学出版社,2001。

吕思勉:《白话本国史》上,上海古籍出版社,2005。

吕思勉：《中国通史》，上海古籍出版社，2009。
牟宗三：《才性与玄理》，广西师范大学出版社，2006。
牟宗三：《牟宗三先生全集》第1册，台北：联经出版事业有限公司，2003。
牟宗三：《认识心之批判》，台北：联经出版事业有限公司，2003。
牟宗三：《中国哲学的特质》，上海古籍出版社，1997。
钱穆：《国史大纲》，商务印书馆，1996。
钱穆：《中国历代政治得失》，生活·读书·新知三联书店，2005。
钱穆：《中国历史研究法》，生活·读书·新知三联书店，2005。
钱锺书：《管锥编》第一册，中华书局，1986。
苏新春：《汉语语义学》，外语教学与研究出版社，2008。
索振羽：《语用学教程》，北京大学出版社，2000。
唐兰：《中国文字学》，上海世纪出版集团，2005。
王国维：《论新学语之输入》，《静庵文集》。
王国维：《奏定经学科大学文学科大学章程书后》，《静庵文集·续集》。
王建军、李国山、贾江鸿编著：《欧美哲学通史》近代哲学卷，南开大学出版社，2007。
王力：《同源字典》，商务印书馆，1982。
王力主编：《古代汉语》修订第一册，中华书局，1985。
王晓德、张晓芒主编：《历史与现实——世界文化多元化研究》，天津人民出版社，2007。
王孝廉：《中国的神话故事》，作家出版社，1991。
严复：《救亡决论》，《严复集》第1册，中华书局，1986。
严复：《论世变之亟》，《严复集》第1册，中华书局，1986。
严复：《原强》，《严复集》第1册，中华书局，1986。
余英时：《一生为故国招魂》，《钱穆与中国文化》，上海远东出版社，1994。

翟锦程、杨岗营：《论逻辑观念》，《南开哲学》第四辑，南开大学出版社，2009。
张岱年、成中英：《中国思维偏向》，中国社会科学出版社，1991。
张岱年：《文化与哲学》，教育科学出版社，1988。
张岱年：《中国哲学大纲》，中国社会科学出版社，1982。
张晓芒：《创新思维方法概论》，中央编译出版社，2008。
朱凤翰：《商周家族形态研究》，天津古籍出版社，1990。
朱光潜：《诗论》，生活·读书·新知三联书店，1984。
朱光潜：《朱光潜美学文集》，上海文艺出版社，1982。
庄孔韶主编：《人类学通论》，山西教育出版社，2004。
左安民：《汉字例话》，中国青年出版社，1984。

4. 外国文献

埃里克·麦格雷：《传播理论史——一种社会学的视角》，中国传媒大学出版社，2009。
艾耶尔：《语言、真理与逻辑》，上海译文出版社，1981。
爱因斯坦：《爱因斯坦文集》第一卷，商务印书馆，2009。
北京大学外国哲学史教研室：《古希腊罗马哲学》，商务印书馆，1963。
陈汉生：《中国古代的语言和逻辑》，社会科学文献出版社，1998。
狄德罗：《狄德罗哲学选集》，生活·读书·新知三联书店，1956。
笛卡尔：《方法谈》，《十六—十八世纪西欧各国哲学》，商务印书馆，1975。
黑格尔：《法哲学原理》，商务印书馆，1982。
黑格尔：《历史哲学》，生活·读书·新知三联书店，1956。
黑格尔：《小逻辑》，商务印书馆，1980。
黑格尔：《哲学史讲演录》，商务印书馆，1983。

亨利・肖尔兹：《简明逻辑史》，商务印书馆，1977。

卡西尔：《人论》，上海译文出版社，1985。

康德：《纯粹理性批判》，人民出版社，2004。

康德：《判断力批判》，人民出版社，2002。

克莱夫・贝尔：《艺术》，中国文联出版公司，1984。

克莱因：《古今数学思想》第1册，上海科学技术出版社，2009。

库恩：《科学革命的结构》，北京大学出版社，2005。

蓝德曼：《哲学人类学》，工人出版社，1988。

李约瑟：《中国科学技术史》第二卷，科学出版社、上海古籍出版社，1990。

理查德・泰勒：《形而上学》，上海译文出版社，1984。

列宁：《黑格尔〈逻辑学〉一书摘要》，人民出版社，1972。

列维-布留尔：《原始思维》，商务印书馆，1981。

罗素：《西方哲学史》上卷，商务印书馆，1982。

麦克奈尔：《政治传播学引论》，新华出版社，2005。

培根：《新工具》，《十六—十八世纪西欧各国哲学》，商务印书馆，1975。

索绪尔：《普通语言学教程》，外语教学与研究出版社，2011。

威廉・涅尔、玛莎・涅尔：《逻辑学的发展》，商务印书馆，1985。

梶山雄一：《印度逻辑学的基本性质》，商务印书馆，1980。

希尔斯：《论传统》，上海人民出版社，1991。

休谟：《道德原则研究》，商务印书馆，2006。

亚里士多德：《工具论》，中国人民大学出版社，2003。

亚里士多德：《前分析篇》，亚里士多德《工具论》，中国人民大学出版社，2003。

亚里士多德：《形而上学》，苗力田主编《亚里士多德全集》第七卷，中国人民大学出版社，1993。

亚里士多德：《政治论》，商务印书馆，1965。

〔日〕《国语大辞典》，日本小学馆，1982。

Anton Dumitiu, *History of Logic*, Tunbridge Wells: Abacus Press, 1977.

Graham, Disputers of the Dao: Philosophical Argument in Ancient China, Open Court Publishing Company, 1989.

Graham, Later Mohist Logic, Ethics and Science, The Chinese University Press, 1978.

Schwars, The World of Thought in Ancient China, The Belknap Press of Harvard University Press, 1985.

（二）论文类

陈波:《“逻辑的可修正性”再思考》,《哲学研究》2008 年第 8 期。

陈波:《荀子的名称理论：诠释与比较》,《社会科学战线》2008 年第 12 期。

陈晓平:《“信念”与“知识”辨析——从“盖梯尔”问题谈起》,《重庆理工大学学报》（社会科学版）2013 年第 5 期。

程仲棠:《爱因斯坦引发的逻辑哲学问题》,《重庆理工大学学报》（社会科学版）2012 年第 4 期。

程仲棠:《文化的终极关怀与逻辑学的命运——兼论中国文化不能产生逻辑学的根本原因》,《中国逻辑史全国学术研讨会论文集》，2007。

程仲棠：《无“是”即无逻辑：形而上学的神话》，《学术研究》2007 年第 3 期。

程仲棠：《无“是”即无逻辑：语言主义的逻辑迷误——答王左立先生》，《重庆工学院学报》（社会科学版）2009 年第 3 期。

崔清田:《墨家辩学研究的回顾与思考》,《南开学报》1995 年第 1 期。

崔清田:《墨家逻辑与亚里士多德逻辑的比较研究》,《南开学报》2002 年第 6 期。

董志铁：《扶义而动，推理而行》，周山主编《中国传统思维方法研究》，学林出版社，2010。

董志铁：《言道、言事与援类、引譬》，《信阳师范学院学报》2003 年第 2 期。

高玉：《清末汉字汉语变革方案及其对国语建设的影响》，《学术月刊》2015 年第 7 期。

何扬、鞠实儿、沈榆平：《评析现代逻辑视野下的中国古代逻辑研究——以〈白马论〉为例》，《第七届海峡两岸逻辑教学与学术研讨会论文集》，台湾大学，2015 年。

晋荣东：《“名辩”三义》，《西南大学学报》（社会科学版）2013 年第 5 期。

晋荣东：《四柱命理类比推断的逻辑重建》，周山主编《中国传统思维方法研究》，学林出版社，2010。

晋荣东：《推类理论与中国古代逻辑特殊性的证成》，《社会科学》2014 年第 4 期。

鞠实儿：《论逻辑的文化相对性——从民族志和历史学的观点看》，《中国社会科学》2010 年第 1 期。

鞠实儿：《逻辑学的问题与未来》，《中国社会科学》2006 年第 6 期。

李贤中：《先秦说服术之比较》，《第七届海峡两岸逻辑教学与学术研讨会论文集》，台湾大学，2015 年。

李贤中：《中国哲学的方法问题——论“推理”的思想单位》，2004 年澳门两岸四地中青年哲学家学术论坛论文。

李贤中：《中国哲学中“推理”思维的特性》，《哲学与文化》2003 年第 355 期，中国逻辑专题。

刘家河：《理性的结构：比较中西思维的根本异同》，《北京师范大学学报》2020 年第 3 期。

刘培育：《名辩学与中国古代逻辑》，《哲学研究》1998 年逻辑学增刊。

刘新文：《求是与求真——王路学术思想历程》，《重庆理工大学学报》（社会科学版）2020 年第 2 期。

任晓明、曹青春：《逻辑是可修正的吗?》，《哲学研究》2008 年第 3 期。

任晓明：《中国逻辑史研究面临的挑战与发展机遇》，《第七届海峡两岸逻辑教学与学术研讨会论文集》，台湾大学，2015 年。

孙中原：《传统推论范畴分析》，《重庆工学院学报》（社会科学版）2009 年第 5 期。

孙中原：《中国逻辑史研究方法论刍议》，《第七届海峡两岸逻辑教学与学术研讨会论文集》，台湾大学，2015 年。

王克喜：《文化视角下的逻辑东渐》，《中州学刊》2006 年第 4 期。

王克喜：《中国逻辑史比较研究之反思》，《南京社会科学》2007 年第 12 期。

王路、张立娜：《逻辑的观念与理论——中国逻辑史研究的两个重要因素》，《求是学刊》2007 年第 3 期。

王南湜：《中西思维方式的差异及其意蕴析论》，《天津社会科学》2011 年第 5 期。

王左立：《也谈无"是"即无逻辑》，《学术研究》2007 年第 11 期。

王左立：《再谈无"是"即无逻辑——答程仲棠先生》，《河南大学学报》（社会科学版）2012 年第 3 期。

吴建国：《中国逻辑思想史上类概念的发生、发展与逻辑科学的形成》，《中国社会科学》1980 年第 2 期。

吴克峰：《易学推类逻辑的类型分析》，《南开学报》2006 年第 6 期。

吴克峰：《中国逻辑史视野下的先秦易学与名辩学》，《周易研究》2006 年第 2 期。

徐向东：《道德知识与伦理客观性》，《云南大学学报》2013 年第 1 期。

杨国荣：《以人观之、以道观之与以类观之——以先秦为中心看中国文化的认知取向》，《中国社会科学》2014 年第 3 期。

杨武金、郭哲：《论中国古代逻辑的基本性质》，《中共南京市委党校学报》2008 年第 1 期。

杨武金：《墨家逻辑的科学地位和当代价值》，《武汉大学学报》2013 年第 5 期。

曾祥云：《20 世纪中国逻辑史研究的反思——拒斥名辩逻辑》，《江海学刊》2006 年第 6 期。

曾昭式、谢耘：《梁启超范式与中国逻辑史研究》（英文），《逻辑学研究》2012 年第 1 期。

曾昭式：《从语言与逻辑关系看古代汉语与中国古代逻辑思想》，《信阳师范学院学报》2002 年第 4 期。

曾昭式：《中国逻辑史研究的三种立场》，《哲学动态》2002 年第 8 期。

翟锦程：《从〈逻辑史手册〉》看逻辑史研究与逻辑学发展的新趋势》，《东南大学学报》2007 年第 4 期。

翟锦程：《近代中国逻辑思想研究源论》，《中国高校社会科学》2016 年第 1 期。

翟锦程：《用逻辑的观念审视中国逻辑研究》，《南开学报》2007 年第 4 期。

张立娜：《王路逻辑的观念与逻辑教学——访清华大学王路教授》，《学术研究》2013 年第 12 期。

张晓芒：《从法律制度建设看逻辑的科学理性与人文理性》，《政法论丛》2009 年第 4 期。

张晓芒：《文化交往中的公理问题》，《南开学报》2005 年第 3 期。

张晓芒：《先秦辩学界定之探讨》，《哲学动态》1994 年逻辑学研究专辑。

张学新：《汉字拼义理论：心理学对汉字本质的新定性》，《华南师范大学学报》（社会科学版）2011 年第 4 期。

周云之：《名辩学研究与中国逻辑史》，《哲学研究》1998 年逻辑学增刊。

索　引

W

Z

后 记

自温公颐先生开始，崔清田先生继之，我辈浸润也紧随其后，“南开”自有中国逻辑史研究的传统。而中国传统逻辑思想研究说到底，还是在比较逻辑框架下进行的，也总要涉及“是什么”和“为什么”的问题，也总有许多质疑的问题需要回答。因之，本书的思考与写作与授课相结合，历经二十多年，许多想法也是前前后后一变再变，其间的感受亦如冬日饮冰水，似乎是一辈子都完不成的任务，又因各种因素影响，如今也只能这样了。

承蒙中国社会科学出版社厚爱，力荐本书申报《国家哲学社会科学成果文库》，也藉以评审专家赏识，得以成功。深切谢意，情难乎辞。

又，南开大学哲学院此前曾计划资助本书的出版，在此也要向翟锦程教授、贾江鸿教授等表示感谢。

又，十多年来，与南开大学哲学院逻辑教研室诸同人的问题讨论，受益良多，在此也一并致谢。

又，我曾于图书编辑工作此道，心有同然此工作的艰辛，故与责任编辑冯春凤老师合作很是愉快。在此也表示感谢。

又，本书的部分内容也是国家社科基金重大项目“八卷本《中国逻辑史》”的阶段性成果。

2022 年 11 月记